高等院校生命科学专业基础课教材

生 物 化 学

主编　余瑞元
编者　陈　红　胡晓倩
　　　余瑞元

北京大学出版社
PEKING UNIVERSITY PRESS

图书在版编目(CIP)数据

生物化学/余瑞元主编. —北京:北京大学出版社,2007.7
ISBN 978-7-301-08901-9

Ⅰ.生… Ⅱ.余… Ⅲ.生物化学 Ⅳ.Q5

中国版本图书馆 CIP 数据核字(2006)第 128180 号

书　　　名:生物化学
著作责任者:余瑞元 主编
责任编辑:黄 炜
标准书号:ISBN 978-7-301-08901-9/Q·0104
出版发行:北京大学出版社
地　　　址:北京市海淀区成府路 205 号　100871
网　　　址:http://www.pup.cn 电子邮箱:zpup@pup.pku.edu.cn
电　　　话:邮购部 62752015　发行部 62750672　编辑部 62752038　出版部 62754962
印　刷　者:北京大学印刷厂
经　销　者:新华书店
　　　　　787 毫米×1092 毫米　16 开本　32 印张　777 千字
　　　　　2007 年 7 月第 1 版　2011 年 11 月第 2 次印刷
定　　　价:58.00 元

内 容 提 要

全书 20 章,第 1~7 章(糖类、脂质和生物膜、蛋白质、酶、核酸、维生素、激素)讲述生物分子的结构与功能;第 8~13 章(生物能学和生物氧化、糖代谢、光合作用、脂类代谢、蛋白质降解和氨基酸代谢、核苷酸代谢)讲述能量与物质代谢;第14~20 章(DNA 的复制、DNA 的修复和重组、转录、RNA 的转录后加工、遗传密码和蛋白质合成、原核生物基因表达的调控、真核生物基因表达的调控)讲述遗传信息的贮存、传递和表达。

本书属精编简明教程,读者花费相对较短时间便能看完全书,了解本学科的面貌。

本书适合普通高校、民办高校生物学专业、生物技术专业以及工、农、医各相关专业本科生作教学用书,也可作为大学专科各相关专业学生的参考教材,还适于化学、物理等自然科学其他专业的学生使用。

前　言

我青年时代就读于北京大学生物学系,师从沈同教授(1911—1992)、张龙翔教授(1916—1996)学习生物化学,1965年毕业后留校任教。除了到国外做过一段时间的访问学者之外,未离开过北大,因此,有机会长期为北大本科生系统、全面地讲授《生物化学》课程。此外,还多次受聘于北京不同档次高校兼过课。这本篇幅不大的《生物化学》教材,是我在多年教学实践的基础上主持并亲自参与编写完成的。

遵照循序渐进原则,本书采用先"静态",后"动态"和"遗传信息"的编排系统。第1～7章(糖类、脂质和生物膜、蛋白质、酶、核酸、维生素、激素)讲述生物分子的结构与功能,即"静态"生化;第8～13章(生物能学和生物氧化、糖代谢、光合作用、脂类代谢、蛋白质降解和氨基酸代谢、核苷酸代谢)讲述能量与物质代谢,即"动态"生化;第14～20章(DNA的复制、DNA的修复和重组、转录、RNA的转录后加工、遗传密码和蛋白质合成、原核生物基因表达的调控、真核生物基因表达的调控)讲述遗传信息的贮存、传递和表达。全书知识衔接合理,构成内容完整的学科体系。

"静态"部分的糖类、脂质和生物膜、维生素、激素各章从简编写,蛋白质、酶和核酸3章则有意多费笔墨。"动态"部分,对纷繁复杂的代谢过程,尽量多用图解勾勒,使其直观易懂。遗传信息贮存、传递和表达部分的编写也是图文并茂,叙述较详尽而又力忌冗繁。

生物化学需要有机化学和物理化学知识作铺垫,对相关基础知识有扼要介绍。在生物能学和生物氧化一章中,对热力学第一、第二定律略加提示,并尽量增加计算例题,使学生通过计算加深理解该章内容。

本书属精编简明教程,共20章,其中,胡晓倩编写"蛋白质"、"酶"两章,陈红编写"光合作用"一章,其余由余瑞元负责编写。选材程度深浅适中,交待基本概念力求准确,讲解深入浅出,条理清楚,文字流畅。读者花费相对较短时间便能看完全书,了解这个学科的面貌。

在编写本书时,参考了不少国内新近编写出版的相关教材,也阅读了当今国际上流行的有关教科书,还有其他参考文献,力求编入近年来研究的重大成果,使本书能反映生物化学领域的最新进展。由于本书引用了大量的其他作者的插图和表格,在书中未能注明出处,在此特对原作者深表歉意并致以诚挚的感谢。

本书适合普通高校、民办高校生物学专业、生物技术专业以及工、农、医各相关专业本科生作教学用书,此外,也可作为大学专科各相关专业学生的参考教材,还便于化学、物理等自然科学其他方面的学生使用。

本书的编写出版得到北京大学出版社、北京城市学院生物学部的大力支持,特此致谢。

北京大学何笃修教授审阅了本书的部分章节。北京大学出版社黄炜编辑熟悉生物化学内容,为本书的出版付出了辛勤劳动。对她们的帮助和努力表示衷心感谢。

由于编者水平有限,书中疏漏、不妥之处在所难免,恳请读者不吝指正。

余瑞元

2006年12月

目 录

第一章 糖 类

糖(saccharide),这一术语系由希腊词 sakchar 衍生而来,意为甜味。早年,糖类又称碳水化合物(carbohydrate),是含多羟基的醛类或多羟基的酮类,它主要由 C、H 和 O 三种元素按化学式$(CH_2O)_n$组成,其中 $n \geqslant 3$。

糖类物质是生物界中分布最广、含量最丰富的生物分子,几乎存在于所有的生命有机体内。植物通过光合作用,把 CO_2 和 H_2O 合成糖,因此,其含糖量最丰富,约占干重的80%,芹菜糖、果糖、果胶、蔗糖、淀粉和纤维素都是植物糖类;人和动物的血液、乳汁、脏器、组织中含有葡萄糖、乳糖、糖原和 N-乙酰神经氨酸等;细菌中存在鼠李糖、庚糖、胞壁酸及酮-脱氧辛糖酸等。

糖类的主要生物学功能是作为能源和结构物质,此外还参与蛋白质之间以及细胞之间的许多识别活动。

一、糖 的 分 类

糖分为四大类。

(一) 单糖及其衍生物

单糖是构成复杂糖类物质的单体。根据单糖含碳原子的多少,将其分为丙糖、丁糖、戊糖、己糖和庚糖。根据羰基在碳链中的位置,将其分为醛糖(aldose)(羰基位于碳链的末端)和酮糖(ketose)(羰基位于碳链的内部)。单糖中的重要代表有:

丙糖 甘油醛和二羟丙酮。

戊糖 核糖、核酮糖、阿拉伯糖和木糖等。

己糖 葡萄糖、果糖、半乳糖和甘露糖等。

庚糖 景天庚酮糖。

单糖的重要衍生物有:

糖醇 糖醇有甜味,如广泛分布于植物界的甘露醇和山梨醇等。

糖醛酸 最常见的有葡萄糖醛酸和半乳糖醛酸等。

氨基糖 如 N-乙酰-α-D-氨基葡萄糖和 N-乙酰-α-D-氨基半乳糖。

糖苷 它是单糖的半缩醛羟基与非糖物质缩合形成的化合物,非糖物质称为配基。常见的有毛(洋)地黄毒苷(digitoxin)、根皮苷(phlorhizin, phloridzin)和皂苷(saponin)等。

(二) 寡糖

寡糖(oligosaccharide)是由 2～20 个单糖通过糖苷键连接而成的糖类物质。自然界中常见的寡糖有:

二糖 如麦芽糖(葡萄糖-葡萄糖)、蔗糖(葡萄糖-果糖)和乳糖(半乳糖-葡萄糖)等。

三糖 如棉子糖(半乳糖-葡萄糖-果糖)。

(三) 多糖

多糖(polysaccharide)也称聚糖,是由很多个单糖分子失水缩合构成的糖类物质。其水解产物为单一形式单糖的称同多糖(homopolysaccharide)或均一多糖;水解产物不是单一形式单糖或含有单糖衍生物的称杂多糖(heteropolysaccharide),也称不均一多糖。自然界中广泛存在的淀粉、糖原和纤维素属于同多糖,因为它们的水解产物只含葡萄糖。植物来源的半纤维素和树胶、动物来源的黏多糖(糖胺聚糖,glycosaminoghycan)属于杂多糖。

(四) 复合糖

复合糖(glycoconjugate)又称结合糖,是糖与非糖物质的结合物,分布广泛,功能多种多样。重要的复合糖有糖蛋白、蛋白聚糖和糖脂。

二、单糖的结构和构象

葡萄糖是最常见的最重要的单糖,所以,主要以它为例阐明单糖的结构,也述及果糖。

(一) 葡萄糖的链状结构

分析纯净葡萄糖的元素组成,从所得元素比例得知其实验式为(CH_2O)。用冰点降低法或沸点升高法测得其 M_r 为180,由此断定葡萄糖分子式为$(CH_2O)_6$,即 $C_6H_{12}O_6$。

葡萄糖能和 Fehling 试剂或其他醛试剂起反应,证明它的分子中含有醛基。葡萄糖能和乙酸酐结合,产生具有 5 个乙酰基的衍生物,证明它的分子中含有 5 个羟基。葡萄糖与钠汞齐作用,被还原成具有 6 个羟基的山梨醇,而山梨醇是由 6 个碳原子构成的直链醇,证明葡萄糖 6 个碳原子连成一条直链。葡萄糖和果糖分子的链状结构式是:

$$
\begin{array}{cc}
\text{CHO} & \text{CH}_2\text{OH} \\
\text{H—C—OH} & \text{C═O} \\
\text{HO—C—H} & \text{HO—C—H} \\
\text{H—C—OH} & \text{H—C—OH} \\
\text{H—C—OH} & \text{H—C—OH} \\
\text{CH}_2\text{OH} & \text{CH}_2\text{OH}
\end{array}
$$

D-(＋)-葡萄糖(醛糖)   D-(－)-果糖(酮糖)

上述结构式可以简化,用"△"代表醛基(—CHO)、"—"代表羟基(—OH),"○"代表末端羟甲基(—CH₂OH),"|"代表碳链,则葡萄糖和果糖的链状简化式为:

D-(+)-葡萄糖   D-(−)-果糖

由于葡萄糖有 4 个不对称碳原子,所以其异构体总数为 2^4,即 16 种。在这些异构体中,每两个分子之间,仅围绕着一个不对称碳原子彼此呈现不同的构型,即构成一对差向异构体(epimer)。例如:

| D-(+)-甘露糖 | D-(+)-葡萄糖 | D-(+)-葡萄糖 | D-(+)-半乳糖 |

D-(+)-甘露糖和 D-(+)-葡萄糖围绕 C2 互为差向异构体,D-(+)-葡萄糖和 D-(+)-半乳糖围绕 C4 互为异构体。两个差向异构体相互转化即为差向异构化作用,催化这种反应的酶称为差向异构酶,简称差向酶。

(二) 葡萄糖的环状结构

葡萄糖不具有某些醛类特性,它的一些物理化学性质不能用链状结构来解释,比如:缺少 Schiff 反应,不能发生醛的 $NaHSO_3$ 加成反应,从而怀疑典型醛基是葡萄糖分子唯一的还原性基团。后来实验证明,葡萄糖的确与醛不同,不能与两分子醇而仅能与一分子醇起反应,不能生成缩醛而仅能生成半缩醛。此外,新配制的葡萄糖溶液有变旋现象,即 α 型葡萄糖的旋光率 $[\alpha]_D^{20}=+112.2°$,而 β 型葡萄糖的旋光率 $[\alpha]_D^{20}=+18.7°$,放置一定时间后,它们的旋光率达到同一恒定值 $+52.6°$。变旋是由于分子立体结构发生某种变化的结果。变旋现象有力地证明了葡萄糖分子环状结构的存在。根据以上证据,1893 年 E. Fischer 提出了葡萄糖分子环状结构学说,认为 α-D-葡萄糖和 β-D-葡萄糖分子结构间仅头部不同,它们互为异头物(anomer)。按照 Fischer 式,半缩醛环状结构中 C1 与 C5 通过 O 形成六元环,C1 为异头碳。

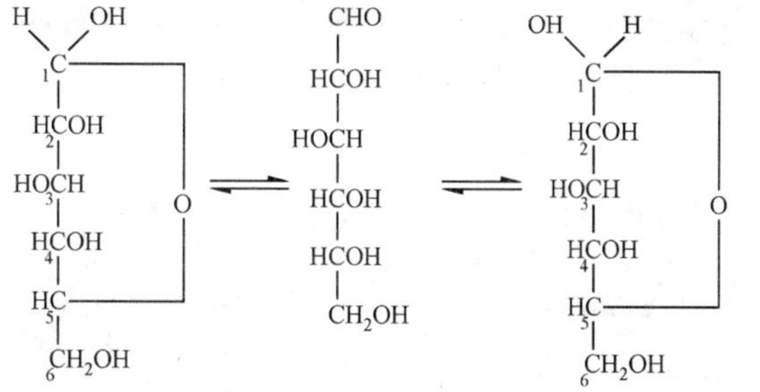

α-D-吡喃型葡萄糖　　　D-葡萄糖　　　β-D-吡喃型葡萄糖

Fischer 式

Fischer 式结构中过长的氧桥不合理,于是,1926 年 W. N. Haworth 提出用另一种形式(Haworth 式)表达糖的环状结构,见图 1-1。

葡萄糖结构由 Fischer 式改写为 Haworth 式时,Fischer 式中 C1 的右向羟基在 Haworth 式中处于含氧环面的下方,左向羟基在 Haworth 式中处于环面的上方。异头碳羟基与末端羟甲基是反式的为 α 异头物,顺式的为 β 异头物。

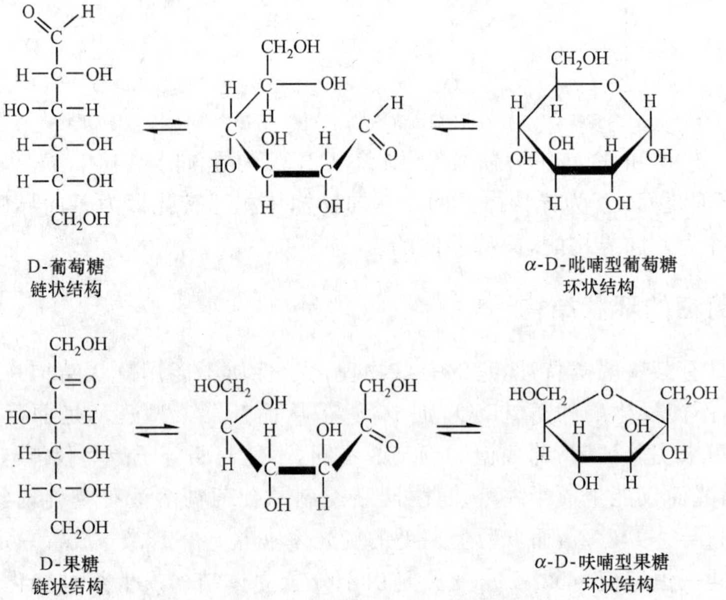

图 1-1　吡喃型葡萄糖和呋喃型果糖的 Haworth 式

(三) 葡萄糖分子的构象

20 世纪 40 年代对环己烷构象(conformation)分析的结果表明,它的六元环上的碳原子不在一个平面上,因此有船式(boat form)和椅式(chair form)两种构象,其中椅式更稳定。吡喃型葡萄糖主要以比较稳定的椅式构象存在,见图 1-2。

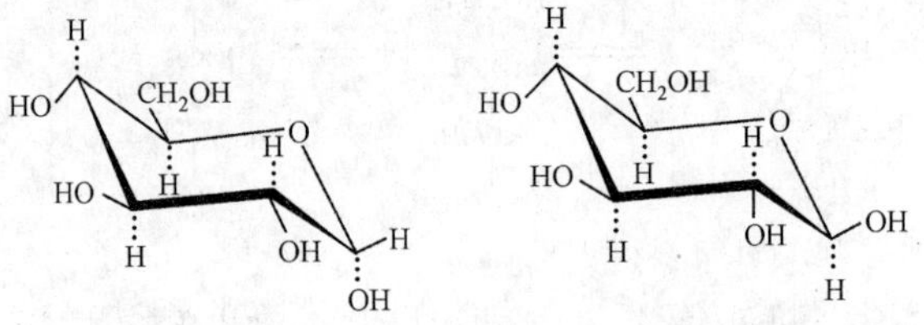

α - D - 吡喃型葡萄糖　　　　　　β - D - 吡喃型葡萄糖

图 1-2　葡萄糖分子的构象

三、单糖的物理化学性质

寡糖、多糖均可水解为单糖,今以单糖为代表说明其一般物理化学性质。

（一）物理性质

1. 旋光性

单糖具有不对称碳原子,故有旋光性(optical rotation)。旋光物质使平面偏振光的偏振面发生旋转的能力称旋光性、光学活性或旋光度。旋光率(比旋值)$[\alpha]_D^t$是旋光化合物的物理常数,按下式求出:

$$[\alpha]_D^t = \frac{\alpha_D^t \times 100}{l \cdot c}$$

式中:α_D^t—实际测得的旋光度,D—波长为 589 nm 的钠光,t—指定的温度,一般为 20℃,l—测液管的长度,以分米(dm)表示,c—100 mL 溶液中含溶质的克数。

甘油醛含有不对称碳原子,在一个不对称碳原子上的—H 和—OH 有两种可能的排列法,即—OH 可以在不对称碳原子的右边,也可以在左边。因此可形成互为镜像的对映体。—OH 在不对称碳原子右边的,人为规定为 D 型,在左边的则为 L 型。早期研究旋光物质用 D 型和 L 型来表示甘油醛的两个旋光异构体时,不知道哪个代表右旋分子,哪个代表左旋分子,于是又人为地规定 D 型为右旋甘油醛,标为 D-(＋)-甘油醛,L 型为左旋甘油醛,标为 L-(－)-甘油醛。以甘油醛为参照物,单糖构型(configuration)也有右旋和左旋之分,分别以 D 型和 L 型表示,而旋光方向的右偏转和左偏转则分别以(＋)和(－)表示。随着 X 射线衍射技术的发展,后来测定了某些对映体的真实旋光方向,发现,对甘油醛来说,两者是一致的,即 D 与(＋)、L 与(－)彼此一致。除甘油醛外,其他糖的构型和旋光方向两者不尽一致。以醛基碳原子为 C1,以下顺数,凡倒数第二个 C 原子上羟基与 D-甘油醛相应羟基一致的糖均属 D 型糖,即右旋糖,与 L-甘油醛相应羟基位置一致的糖均属 L 型糖,即左旋糖。至于其旋光方向(使平面偏振光的偏振面右偏转或左偏转)和旋光率,则由旋光仪测定的结果而定。寡糖、多糖也有不对称碳原子,故也呈现旋光性。

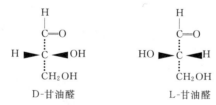

彼此互为镜像的对映体

由于自然界中主要是 D 型糖,所以下面将 3～6 个碳原子的 D 型醛糖和 3～6 个碳原子的 D 型酮糖分别表示于图 1-3 和图 1-4 中。

2. 甜度

严格说甜度(sweetness)不是糖的物理特性,它只是一种感觉,因此,甜度的比较不可能十分精确。常以蔗糖的甜度作标准,定为 100,这样,果糖、葡萄糖、麦芽糖、半乳糖和乳糖的甜度分别为 173、74、32、32 和 16。人工合成的糖精甜度更高。

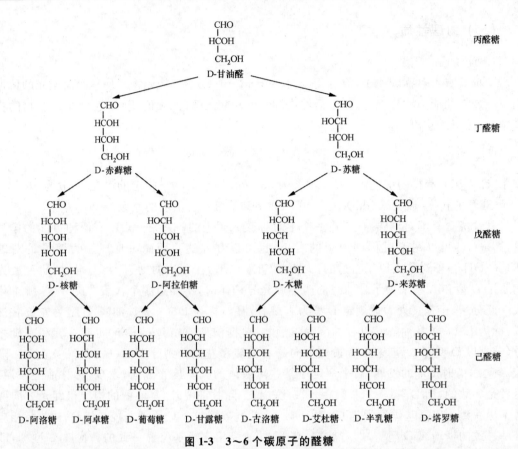

图 1-3　3～6 个碳原子的醛糖

箭头表示立体化学关系(不是生化合成途径),C2 周围的构型把每对单糖中的两种糖区分开来。这 15 种糖的 L 型对应物就是它们的对映体

3. 溶解度

单糖分子有多个羟基,增加了它的水溶性,除甘油醛微溶于水外,其他单糖均易溶于水,特别是在热水中溶解度更大。单糖微溶于乙醇,不溶于乙醚、丙酮等非极性有机溶剂。

(二) 化学性质

1. 与酸作用

戊糖和己糖与强酸共热,因脱水分别生成糠醛和羟甲基糠醛,它们能与某些酚类作用生成有色的缩合物。

糠醛　　　　　　　羟甲基糠醛

α-萘酚与糠醛、羟甲基糠醛作用生成紫色物质,以此鉴定糖的存在;间苯二酚与盐酸遇酮糖呈红色,遇醛糖呈很浅的颜色,利用这一特性来鉴别酮糖和醛糖。

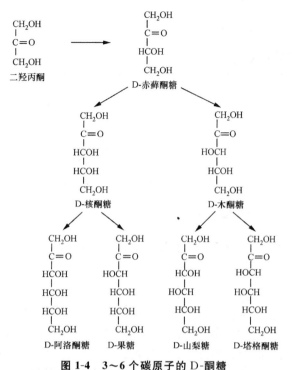

图 1-4 3~6 个碳原子的 D-酮糖

C3 的构型把每对单糖中的两种糖区分开来

2. 成酯作用

单糖与酸作用生成酯,生物化学上较重要的糖酯是磷酸酯。

D-核糖-5-磷酸
(R-5-P)
$[\alpha]_D^{20}+165°$

D-核酮糖-5-磷酸
(Ru-5-P)
$[\alpha]_D^{20}-40°$

α-D-葡萄糖-6-磷酸
(G-6-P)
$[\alpha]_D^{25}+34.2°$

α-D-葡萄糖-1-磷酸
(G-1-P)
$[\alpha]_D^{25}+120°$

α-D-果糖-6-磷酸
(F-6-P)
$[\alpha]_D^{19}$钡盐+3.58°

α-D-果糖-1,6-二磷酸
(F-1,6-2P)
$[\alpha]_D^{17}+4.1°$

Ⓟ 为磷酸基团

3. 与碱作用

在与弱碱作用时,葡萄糖、果糖和甘露糖三者可通过烯醇化而相互转换。在体内,通过酶的催化也能进行类似的转换。单糖在强碱溶液中很不稳定。

4. 形成糖苷

环状单糖的半缩醛羟基与醇或酚的羟基反应,失水形成缩醛式的衍生物通常称为糖苷,非糖部分叫配糖体,也叫配基。

由于单糖有 α 型和 β 型,所以生成的糖苷也有 α 型与 β 型之分。天然存在的糖苷多为 β 型。

核糖与脱氧核糖,以嘌呤或嘧啶碱为配基所形成的糖苷,在生物学上具有重要意义。

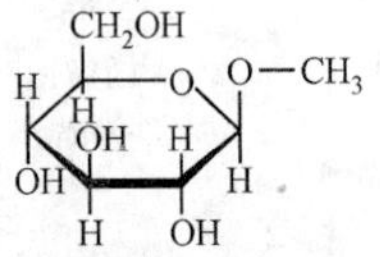

β-甲基-D-葡萄糖苷 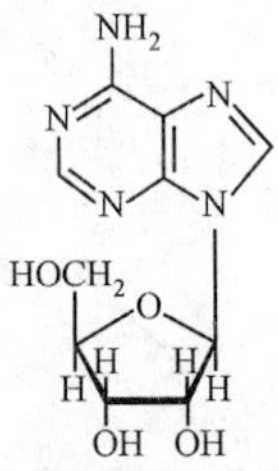　　　　　　　腺嘌呤核苷

5. 氧化作用

醛糖含有游离醛基,因此具有很好的还原性。碱性溶液中的金属离子(Cu^{2+}、Ag^+、Hg^{2+} 或 Bi^{3+} 等),如 Fehling 试剂(酒石酸钾钠、NaOH 和 $CuSO_4$)或 Benedict 试剂(柠檬酸、碳酸钠和 $CuSO_4$)中的 Cu^{2+} 是一种弱氧化剂,能使醛糖(还原剂)的醛基氧化成羧基,产物为醛糖酸(aldonic acid),金属离子自身被还原。能使氧化剂还原的糖称还原糖。所有的醛糖都是还原糖。许多酮糖也是还原糖,例如果糖,因为它在碱性溶液中能异构化为醛糖。醛糖氧化的反应如下:

$$CuSO_4 + 2NaOH \longrightarrow Cu(OH)_2 + Na_2SO_4 \tag{1}$$

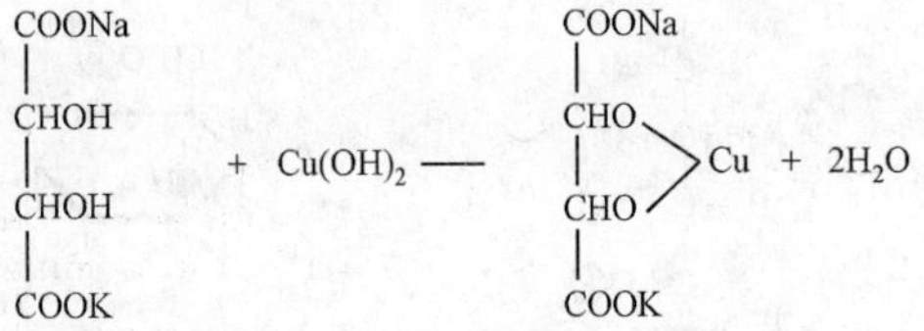

酒石酸钾钠　　　　　　　　　可溶性的氧化铜络合物

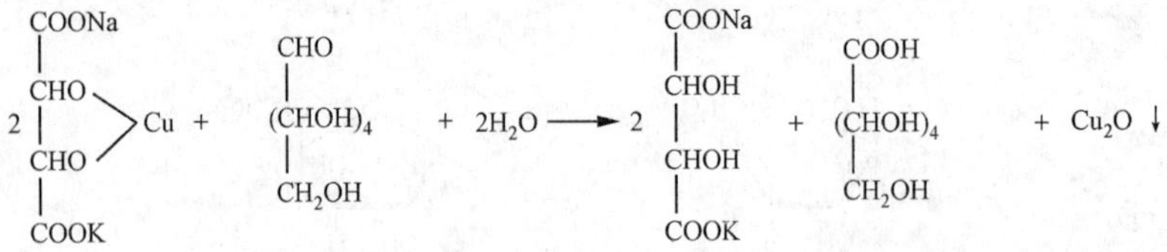

葡萄糖　　　　　　　　　　　　葡萄糖酸　　　氧化亚铜

反应生成的 Cu_2O 是黄色或红色的沉淀物。Fehling 试剂或 Benedict 试剂常用于检测还原糖。

酮糖对溴水的氧化不敏感,但在氧的作用下,却能在羰基处断裂形成两种酸。

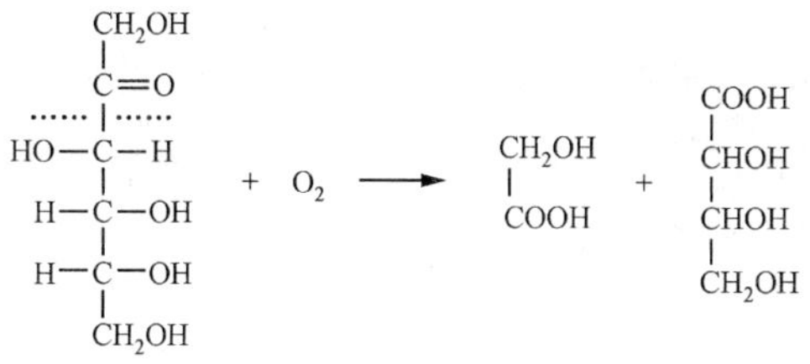

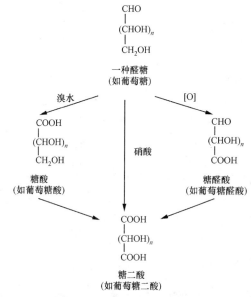

醛糖被氧、溴水和硝酸氧化的情况如下：

氧化作用发生在羟基，条件不同则氧化产物各异。酮糖对溴水的氧化不敏感，醛糖则敏感，根据这一特性，可将二者区别开。

6. 还原作用

单糖的羰基在适当的还原条件下，被还原成多元醇(polyol)，称为糖醇，如：

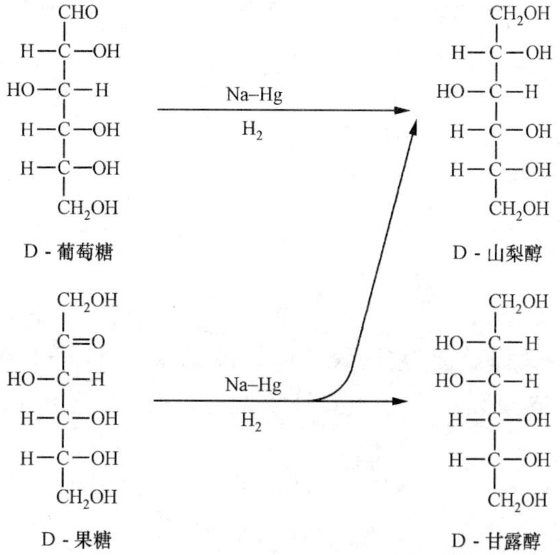

7. 成脎反应

糖游离羰基与苯肼作用生成糖腙,糖腙再与苯肼作用,最终生成糖脎。成脎反应如下:

$$
\begin{array}{l}
\text{H} \\
\text{C=O} + \text{H}_2\text{NNHC}_6\text{H}_5 \\
\text{H—C—OH} \\
\text{HO—C—H} \\
\text{H—C—OH} \\
\text{H—C—OH} \\
\text{CH}_2\text{OH} \\
\text{D-葡萄糖}
\end{array}
\xrightarrow{\ \text{苯肼}\ }
\begin{array}{l}
\text{H} \\
\text{C=N—NHC}_6\text{H}_5 \\
\text{H—C—OH} \\
\text{HO—C—H} \qquad + \text{H}_2\text{O} \\
\text{H—C—OH} \\
\text{H—C—OH} \\
\text{CH}_2\text{OH} \\
\text{葡萄糖腙}
\end{array}
\tag{1}
$$

$$
\begin{array}{l}
\text{H} \\
\text{C=N—NHC}_6\text{H}_5 \\
\text{H—C—OH} \\
\text{HO—C—H} + \text{H}_2\text{NNHC}_6\text{H}_5 \\
\text{H—C—OH} \\
\text{H—C—OH} \\
\text{CH}_2\text{OH}
\end{array}
\longrightarrow
\begin{array}{l}
\text{H} \\
\text{C=N—NHC}_6\text{H}_5 \\
\text{C=O} \\
\text{HO—C—H} \qquad + \text{C}_6\text{H}_5\text{NH}_2 + \text{NH}_3 \\
\text{H—C—OH} \\
\text{H—C—OH} \\
\text{CH}_2\text{OH} \\
\text{葡萄糖酮腙}
\end{array}
\tag{2}
$$

$$
\begin{array}{l}
\text{H} \\
\text{C=N—NHC}_6\text{H}_5 \\
\text{C=O} + \text{H}_2\text{NNHC}_6\text{H}_5 \\
\text{HO—C—H} \\
\text{H—C—OH} \\
\text{H—C—OH} \\
\text{CH}_2\text{OH}
\end{array}
\longrightarrow
\begin{array}{l}
\text{H} \\
\text{C=N—NHC}_6\text{H}_5 \\
\text{C=N—NHC}_6\text{H}_5 + \text{H}_2\text{O} \\
\text{HO—C—H} \\
\text{H—C—OH} \\
\text{H—C—OH} \\
\text{CH}_2\text{OH} \\
\text{葡萄糖脎}
\end{array}
\tag{3}
$$

糖脎为黄色结晶,难溶于水。各种糖生成的糖脎形状及熔点都不相同,常以此鉴定不同的糖。

四、二糖和三糖

二糖和三糖属于寡糖。

(一) 二糖

二糖(disaccharide)又称双糖,它是最简单的寡糖,由 2 分子单糖缩合而成。据报道,已知的二糖有 140 多种。这里列举一些重要且常见的二糖,如麦芽糖、蔗糖和乳糖。

1. 麦芽糖

麦芽糖(maltose)是淀粉和其他葡聚糖的酶促降解物,属于次生寡糖。当种子萌发时,借助淀粉酶的降解作用即可生成麦芽糖。麦芽糖是一种还原糖,其分子结构式如下:

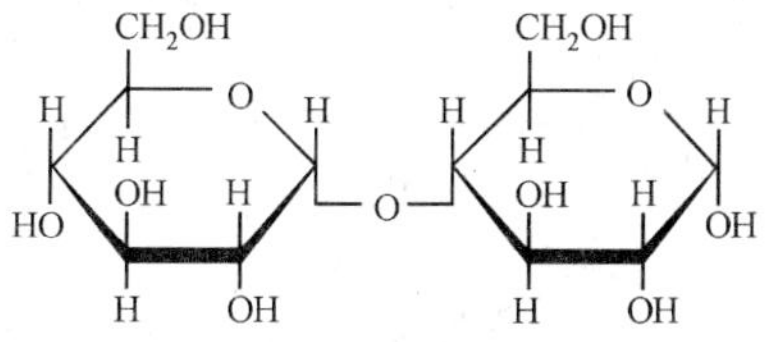

葡萄糖　　葡萄糖

麦芽糖的系统学名为 O-α-D-吡喃型葡萄糖基-(1→4)-α-D-吡喃型葡萄糖。麦芽糖是饴糖(俗称)的主要成分,在食品工业中用做膨松剂和稳定剂。

2. 蔗糖

蔗糖(sucrose)是普通食糖,其主要来源是甘蔗和甜菜。它的分子结构式如下:

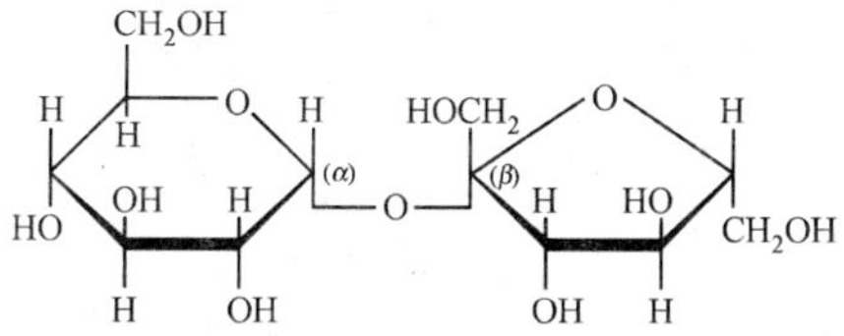

葡萄糖　　果糖

从蔗糖分子结构中可见,具有还原能力的葡萄糖 C1 和果糖 C2 以糖苷键形式连接起来,导致蔗糖缺乏还原能力,故蔗糖是非还原糖。蔗糖的系统学名为 O-α-D-吡喃型葡萄糖基-(1→2)-β-D-呋喃型果糖苷。

3. 乳糖

自然界乳糖(lactose)主要存在于乳汁中,哺乳动物乳汁内乳糖的含量约为 5%。乳糖的分子结构式如下:

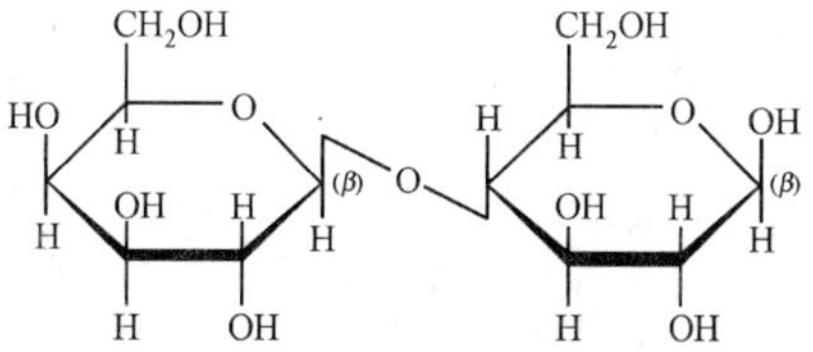

半乳糖　　葡萄糖

乳糖中的葡萄糖残基有一个自由的异头碳,它未参与糖苷键的形成,因此,乳糖具有还原性,是还原糖。乳糖的系统学名为 O-β-D-吡喃型半乳糖基-(1→4)-β-D-吡喃型葡萄糖。乳糖作为乳汁的成分,是婴儿糖类营养的主要来源。

(二) 三糖

三糖的代表是棉子糖(raffinose),它广泛分布于高等植物界。棉子糖的分子结构式如下:

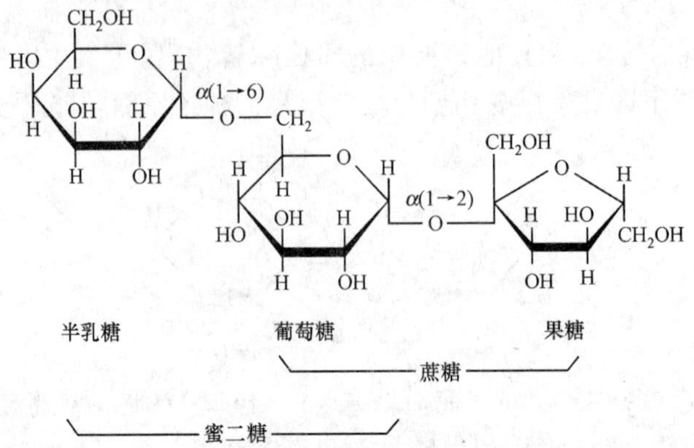

半乳糖　　　葡萄糖　　　果糖
蔗糖
蜜二糖

用蜜二糖酶(melibiase)水解棉子糖生成蔗糖和半乳糖。

五、贮存多糖和结构多糖

（一）贮存多糖

贮存多糖(storage polysaccharide)包括淀粉和糖原。

1. 淀粉

淀粉(starch)是由直链淀粉和支链淀粉组成的混合物,普通谷物和块茎含量丰富。
α-直链淀粉是由数千个葡萄糖残基以 α(1→4)糖苷键相连而成的线性多聚体。支链淀粉由
葡萄糖残基通过 α(1→4)糖苷键连接而成,但是平均每隔 20～30 个葡萄糖残基就会产生一
个 α(1→6)糖苷键的分支点,因此,支链淀粉是分支分子,含多达 10^6 个葡萄糖残基。

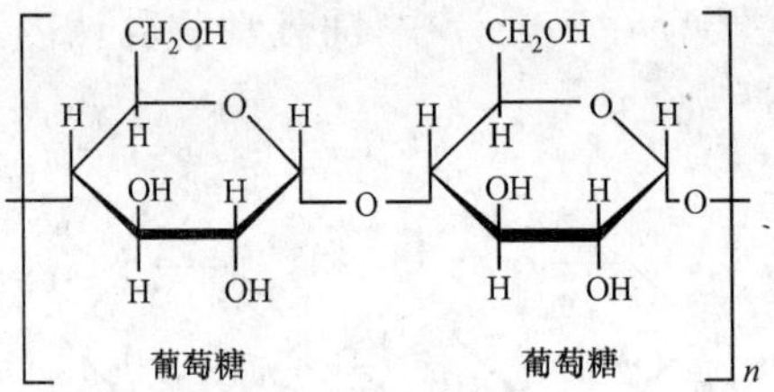

葡萄糖　　　葡萄糖
α-直链淀粉

α(1→6)分支点

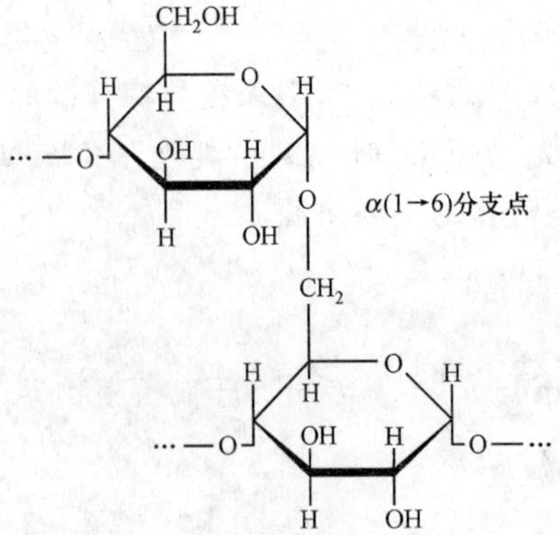

支链淀粉

由于直链淀粉具有螺旋盘绕结构,所以能与碘相互作用生成深蓝色产物,见图 1-5。纯

净的支链淀粉与碘作用生成红色产物。淀粉的水解产物叫糊精,依据分子大小,与碘反应分别生成红色糊精或无色糊精。

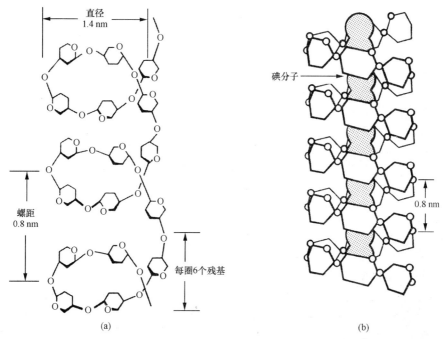

图 1-5 直链淀粉的螺旋结构(a),直链淀粉-碘络合物(b)

(引自王镜岩,等,2002)

在人类饮食中,淀粉的消化开始于口腔,唾液和小肠中都有相应的淀粉酶(amylase),水解淀粉的最终产物单糖被小肠吸收,之后再转运到血液。

2. 糖原

糖原(glycogen)是动物的贮存多糖,俗称动物淀粉。它们主要存在于动物的肝脏和肌肉中,以细胞质颗粒的形式存在。糖原的结构与支链淀粉相似,也是带有 $\alpha(1\rightarrow6)$ 分支点的 $\alpha(1\rightarrow4)$ 葡萄糖多聚物,两者的不同仅在于糖原的分支更多,大约每隔 12 个残基就有一个分支点,其基本结构如图 1-6 所示。糖原与碘反应呈红色。在细胞中,糖原被糖原磷酸化酶降解,生成的葡萄糖满足代谢需要。

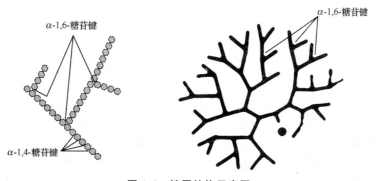

图 1-6 糖原结构示意图

淀粉和糖原的基本结构单位都是葡萄糖,因此,它们都属于同多糖。

(二) 结构多糖

关于结构多糖,这里介绍纤维素和几丁质。

1. 纤维素

纤维素(cellulose)是自然界中存在的最丰富的有机物,它占生物圈中半数以上的碳量,据估计,每年合成和降解的纤维素约 10^{15} kg。纤维素是由多达 15 000 个 D-葡萄糖残基以 $\beta(1\rightarrow4)$ 糖苷键相连而成的线性多聚物,其结构如下:

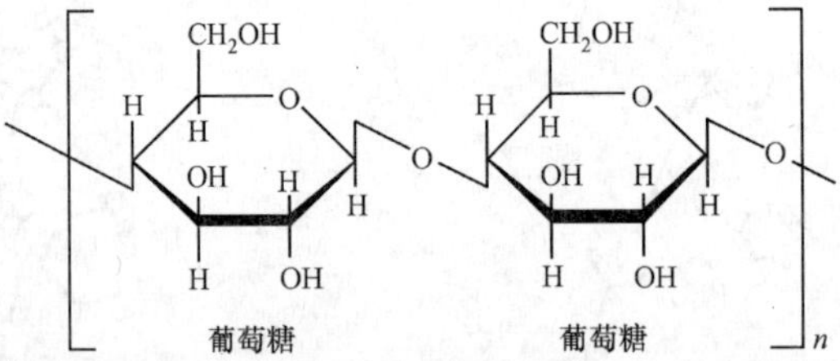

纤维素是植物(包括某些真菌和细菌)的结构多糖(structural polysaccharide),是构成它们细胞壁的主要成分。纤维素虽有亲水性,却无水溶性。人和其他单胃动物不能利用纤维素作能源,因为缺乏水解 $\beta(1\rightarrow4)$ 糖苷键的纤维素酶(cellulase),仅反刍动物,如牛、羊等的消化道中有共生微生物,能分泌纤维素酶,故可有效水解和利用纤维素。

纤维素也属于同多糖。

2. 几丁质

几丁质(chitin)也称壳多糖,是无脊椎动物(如甲壳虫、昆虫和蜘蛛外骨骼)的主要结构成分,也存在于大多数真菌和许多藻类生物的细胞壁中,所以它和纤维素一样丰富。几丁质是 N-乙酰-D-葡萄糖胺残基以 $\beta(1\rightarrow4)$ 糖苷键相连而成的同聚物(homopolymer),结构如下:

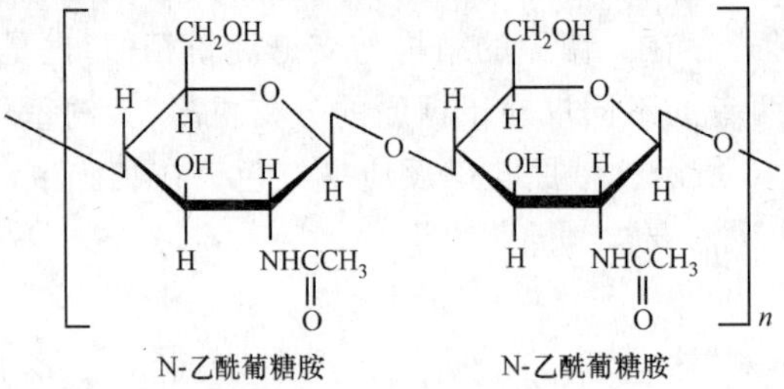

六、糖胺聚糖(黏多糖)

(一) 结构

糖胺聚糖(glycosaminoglycan)是含氮杂多糖,为不分支的长链聚合物,它由二糖单元重复组成,重复次数 n 随种类而异,一般在 30~250 之间,也有数目更大的。一些糖胺聚糖的二糖重复单元见图 1-7。从图中可见,二糖单元内至少有一个单糖残基含带负电荷的羧基或硫酸基,因此呈酸性。生物体内糖胺聚糖以糖蛋白形式存在,但透明质酸则例外。

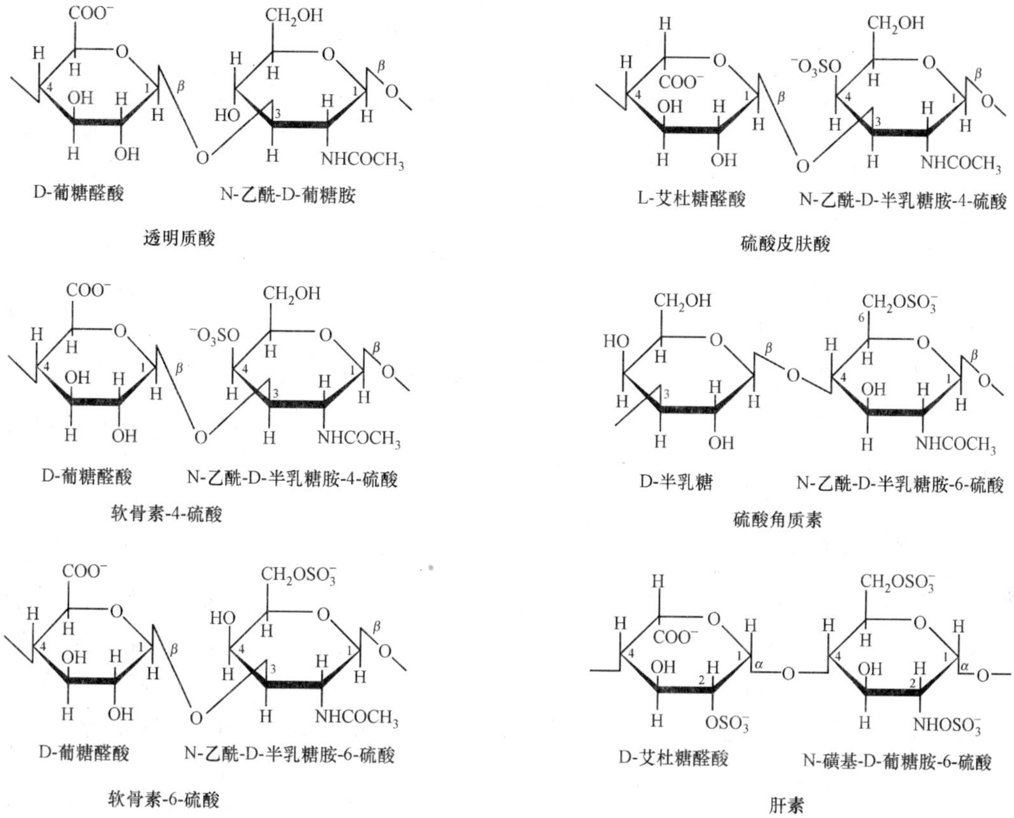

图 1-7 一些糖胺聚糖的二糖重复单元

（二）功能

糖胺聚糖构成软骨、肌腱、皮肤和血管壁的细胞间质。各种腺体分泌出来起润滑作用的黏液富含糖胺聚糖，可以说，糖胺聚糖是很好的生物减震剂。此外，它在组织生长和再生过程中，在受精过程中，在机体与致病细菌和病毒的相互作用中都起着重要作用。

肝素不是结缔组织的组成成分，它存在于动脉壁出现的肥大细胞内的颗粒中。肝素能抑制血液凝固，因此，在临床上被广泛用做抗凝血剂。

七、糖 蛋 白

糖蛋白(glycoprotein)是糖和蛋白质的共价结合物，其含糖量的范围从小于 1％到大于 90％。糖蛋白中，蛋白质结合到作为主体的多糖分子上的称为蛋白聚糖，其含糖量可达 95％或更多；糖结合到作为主体的蛋白质分子上的称为糖基化蛋白，这一类中，如胶原蛋白的含糖量不到 1％。糖蛋白广泛分布于动植物组织、真菌、细菌和病毒中，越来越多的证据表明，几乎所有的细胞都能合成糖蛋白。

糖蛋白中糖链与肽链主要通过两种不同类型的糖苷键相连接：一种是糖基上的半缩醛羟基与肽链上苏氨酸、丝氨酸等残基的羟基形成 O-糖苷键(氧-糖苷键)；另一种是糖基上的半缩醛羟基与肽链上天冬酰胺残基的氨基形成 N-糖苷键(氮-糖苷键)，见图 1-8。

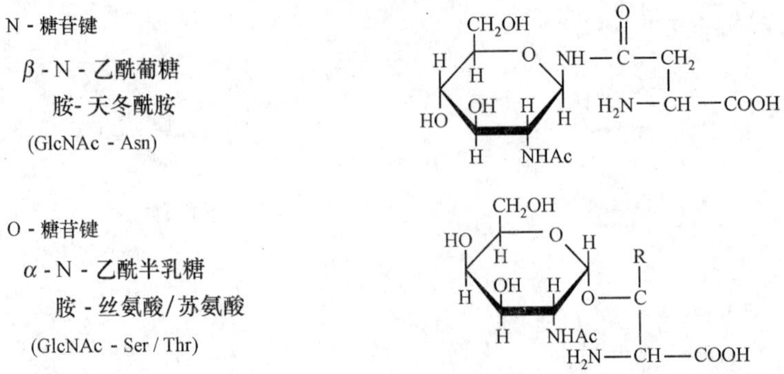

N - 糖苷键
β - N - 乙酰葡糖
胺- 天冬酰胺
(GlcNAc - Asn)
O - 糖苷键
α - N - 乙酰半乳糖
胺 - 丝氨酸/苏氨酸
(GlcNAc - Ser / Thr)

图 1-8　糖蛋白中的 N-糖苷键和 O-糖苷键

糖蛋白中多肽链的合成是受基因调控的，而糖链则是酶促合成，并不需要核酸模板的指导。因此，糖蛋白含有多种多样的糖组分。

(一) 蛋白聚糖

蛋白聚糖(proteoglycan)是由蛋白质和糖胺聚糖在细胞外基质中，通过共价键和非共价键聚集成的一组多样化的大分子。电子显微镜照片表明，蛋白聚糖具有一种瓶刷样的分子结构，其中“刷毛”以非共价键结合在丝状透明质酸骨架上。“刷毛”由核心蛋白和糖胺聚糖(硫酸角质素、硫酸软骨素)共价相连形成(图 1-9)。较小寡糖与核心蛋白结合位点靠近透明质酸，以 N-糖苷键相连；硫酸角质素和硫酸软骨素与核心蛋白则以 O-糖苷键相连。在图 1-9 显示的瓶刷模型中，大量的核心蛋白以非共价键连接到透明质酸中心链上，每个核心蛋白有 3 个糖类结合区，即靠近透明质酸的较小寡糖结合区、硫酸角质素结合区和硫酸软骨素结合区。

N-连接的寡糖
核心蛋白
硫酸角质素
硫酸软骨素
透明质酸

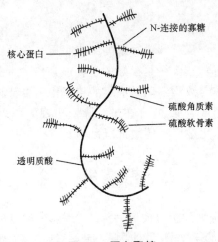

图 1-9　蛋白聚糖

蛋白聚糖中的糖胺聚糖具有多负电荷特性，这使它高度亲水。软骨是由胶原蛋白原纤维形成的网状结构构成，其中充满蛋白聚糖，具有良好的弹性。对软骨加压，水从蛋白聚糖的电荷区中被挤出；当压力消除时，水又重新进入蛋白聚糖。关节中的软骨缺乏血管，靠身体运动引起的液体流动来滋养，这就是为什么长时间不活动会引起软骨变薄、变脆。

（二）糖基化蛋白

糖基化蛋白（glycosylated protein）是寡糖通过 N-糖苷键或 O-糖苷键结合到作为主体的蛋白质上的糖蛋白。真核细胞中几乎所有分泌蛋白和膜蛋白都是糖基化蛋白。在 N-糖苷键连接的寡糖中，N-乙酰-D-葡萄糖胺（葡糖胺）总是以 β 键与存在于天冬酰胺-X-丝氨酸或苏氨酸序列中的天冬酰胺残基的酰胺氮原子相连，X 代表除脯氨酸和天冬氨酸之外的其他氨基酸。最常见的 O-糖苷键连接涉及二糖核心 β-半乳糖基-(1→3)-α-N-乙酰半乳糖胺，该二糖核心与丝氨酸或苏氨酸的羟基相连。O-糖苷键连接的还有其他寡糖形式。

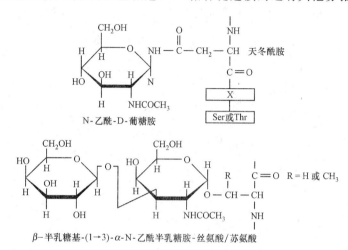

N-乙酰-D-葡糖胺

β-半乳糖基-(1→3)-α-N-乙酰半乳糖胺-丝氨酸/苏氨酸

（三）肽聚糖

肽聚糖（peptidoglycan）的多糖组分是由 N-乙酰葡萄糖胺和 N-乙酰胞壁酸相间排列，通过 β-(1→4)糖苷键连接而成的线性链状化合物。N-乙酰胞壁酸的乳酸基与含有 D-氨基酸的四肽形成酰胺键，构成肽聚糖的重复单元（图 1-10）。平行排列的肽聚糖链通过它们的四肽侧链彼此交联。细菌的细胞壁是由共价连接的多糖和多肽链组成，形成一个袋状大分子，包围着整个细菌细胞，这种袋状结构的主要成分就是肽聚糖。

（四）糖蛋白的生物学功能

生物体内许多酶、激素、抗体、凝集素、血型物质、膜蛋白及受体等重要的生物大分子都是糖蛋白，它们具有多种生物学功能。其中的糖链能维持蛋白质结构的稳定，参与多肽链在内质网的折叠启动，参与胞内物质转运，参与血液凝固，还参与分子识别和细胞识别等。分子识别（molecular recognization）是指生物分子的选择性相互作用，如，抗体与抗原间、酶与底物或抑制剂间、激素与受体间的专一性结合。分子识别是一种普遍的生物学现象，糖链、蛋白质、核酸和脂类，它们相互之间都存在分子识别。细胞识别实际上就是细胞表面分子的相互识别。

动物凝集素是动物体内重要的糖蛋白，它能将酶转运到前溶酶体区室中；参与血小板与单核细胞的相互作用；增强抗凝血酶活性，抑制凝血；还能诱导细胞凋亡反应等。

在人类 ABO 血型系统（ABO blood group system）中，A 型血个体的红细胞具有血型抗原 A，其血液含有抗 B 抗体；B 型个体则具有血型抗原 B，并携带抗 A 抗体；AB 型个体兼有

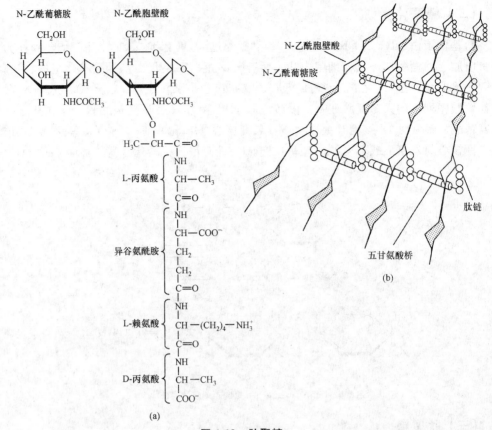

图 1-10 肽聚糖

(a) 肽聚糖的重复单元是 N-乙酰葡糖胺-N-乙酰胞壁酸二糖,其 2-羟丙酰基侧链与四肽形成酰胺键。图中给出的是金黄色葡萄球菌的四肽,选用异谷氨酰胺是因为它通过 γ-羧基形成肽键;(b) 金黄色葡萄球菌细胞壁的肽聚糖,它的五甘氨酸连接桥如图所示

血型抗原 A 和 B,但不携带抗 A 和抗 B 抗体;O 型既不具有血型抗原 A,也不具有血型抗原 B,但却携带抗 A 和抗 B 抗体。血型抗原 A 和 B 以糖蛋白和糖脂的形式存在。如果将 A 型血输给 B 型血的个体,会产生 A 抗原-A 抗体反应,从而使输入的红细胞凝集(成群聚集在一起),导致致死性血管堵塞。

癌细胞和非癌细胞表面糖类物质的分布存在很大差别,这可能与癌细胞的生长失控有关。正常细胞在它们彼此接触后即停止生长,这种现象称为接触抑制(contact inhibition)。可是癌细胞则不存在这种抑制,因此形成恶性肿瘤。

哺乳动物的精子识别卵子外层的一种糖蛋白,这种识别活动在受精过程中起重要作用。

内 容 提 要

糖类物质由 C、H、O 组成,是含多羟基的醛或酮以及它们的衍生物。糖在生物界分布极广,是重要的能源物质。

典型的单糖是葡萄糖和果糖,它们都具有环状结构,最容易形成五元环和六元环。醛糖和酮糖有 L 型和 D 型之分,它们具有旋光性,旋光方向为右旋或左旋。

戊糖、己糖与酸共热生成糠醛及其衍生物。在一定条件下生成磷酸酯。葡萄糖、果糖和甘露糖在碱或酶作用下可互相转换。葡萄糖可被氧化成糖酸或糖醛酸，还可与苯肼作用生成糖脎。

主要的寡糖是二糖，最常见的有麦芽糖、蔗糖和乳糖，蔗糖是非还原糖，其余二者为还原糖。

淀粉和糖原是贮存多糖，由 α-糖苷键相连的葡萄糖残基组成。纤维素和几丁质属于结构多糖，$\beta(1\rightarrow4)$ 糖苷键的连接使它们形成坚固和伸展的结构。糖胺聚糖是无分支的多糖。巨大的蛋白聚糖分子由透明质酸组成，带有大量的糖胺聚糖和寡糖的核心蛋白连接在透明质酸上。细菌细胞壁由肽聚糖组成，多糖和多肽链形成肽聚糖的网状结构。糖基化蛋白含有 N-连接的寡糖、O-连接的寡糖或二者兼有。寡糖在细胞表面识别现象中起重要作用。血型抗原 A 和 B 以糖蛋白和糖脂的形式存在。

习　题

1. 简述糖的分类，哪些糖对人类营养价值高？
2. 在糖的名称之前附有"D"或"L"，"＋"或"－"以及"α"或"β"，请说明这些符号的含义。
3. 什么叫旋光性？何为变旋现象？
4. 请说出糖苷键的定义。
5. 单糖有哪些重要性质？
6. 糖的还原性与糖的还原有何区别？是否所有的糖都有还原性？
7. 淀粉、糖原和纤维素的化学组成、结构和性质有何异同？
8. 指出糖胺聚糖的结构特点，它有何生物学功能？
9. 蛋白聚糖和糖基化蛋白的结构各有何特点？糖蛋白中的糖链有何重要功能？

第二章　脂质和生物膜

一、脂质的一般概念及其分类

(一) 脂质的一般概念

脂质(lipid)也称脂类,是不溶或微溶于水,而易溶于乙醚、氯仿和苯等非极性溶剂的生物有机分子,用这类非极性溶剂可将脂质化合物从细胞或组织中提取出来。就化学本质而言,脂质是由脂肪酸和醇所组成的酯类及其衍生物。脂质水解后,所产生的醇一般为甘油醇,也有鞘氨醇、高级一元醇和固醇;所产生的酸多为四碳以上的一元脂肪酸。化学分析结果表明,脂质分子主要由 C、H、O 组成,也含 N、P 和 S。

(二) 脂质的分类

脂质广泛存在于自然界,通常分四大类。

1. 单纯脂质

单纯脂质(simple lipid)是由脂肪酸和醇类形成的酯,其中三酰甘油(甘油三酯)是甘油的脂肪酸酯,也称脂肪,它占食物脂的 99%,而这一类中的蜡则是长链醇或固醇的长链脂肪酸酯。

2. 复合脂质

复合脂质(compound lipid)除含脂肪酸和醇外,还有其他非脂成分的物质,如含氮物质和磷酯中的磷等。

3. 衍生脂质

衍生脂质(derived lipid)由单纯脂质和复合脂质衍生而来,它们具有脂质的一般性质。如甘油、脂肪酸及其氧化产物——乙酰辅酶 A,还有胆酸、前列腺素和某些激素等。

4. 结合脂质

脂质与糖或蛋白质结合分别形成糖脂和脂蛋白,此二者均属结合脂。

(三) 脂质的生物学功能

脂质具有重要的生物学功能。

(1) 形成脂双层,和蛋白质一起共同作为生物膜的主要构成成分。

(2) 含有烃链的脂质是贮能物质。1 g 油脂在体内完全氧化将产生 37 kJ(9 kcal)能量。

(3) 脂质中某些萜类及类固醇类物质,如维生素 A、D、E、K,胆酸及固醇类激素具有调节代谢功能。

(4) 参与细胞内和细胞间的信号转导。真核细胞质膜上的磷脂酰肌醇及其磷酸化衍生物是细胞内信使的贮存库。作为细胞的表面物质,脂质与细胞识别、组织免疫等有密切关系。

(5) 在机体表面的脂质有防止机械损伤和防止热量散发等保护作用。

二、脂　肪　酸

（一）脂肪酸的概念

脂肪酸（fatty acid）由一条长的碳氢链和一个末端羧基组成，碳氢链具有疏水性，称为"尾"，羧基是极性基团，称为"头"。碳氢链有些是饱和的，如软脂酸和硬脂酸等；有些是不饱和的，含有一个或几个双键，如油酸和亚麻酸等。不同脂肪酸的区别，主要在于碳氢链的长度、双键的数目和位置。饱和脂肪酸化学性质相对稳定，不饱和脂肪酸因含有双键而易被氧化、分解生成醛或酮；也能氢化还原为饱和脂肪酸，卤化生成卤代脂肪酸；还能羟化生成羟基脂肪酸，这种脂肪酸的羟基能乙酰基化。

在生物组织和细胞中，绝大部分脂肪酸是以结合形式存在的，游离形式存在的脂肪酸数量极少。

（二）脂肪酸的共性

高等动植物的脂肪酸具有许多共性。

（1）多数脂肪酸链长为 14～20 个碳原子，最常见的是 16 或 18 个碳原子。碳原子数多为偶数，这是因为脂肪酸是由二碳单位循环途径进行生物合成的。

（2）普遍存在的饱和脂肪酸是软脂酸和硬脂酸，人体中，这两种脂肪酸约占总游离脂肪酸量的 85%。不饱和脂肪酸中普遍存在的是油酸。

（3）高等植物和在低温下生活的动物，其不饱和脂肪酸含量高于饱和脂肪酸。

（4）不饱和脂肪酸的熔点比相同链长的饱和脂肪酸的低。

（5）高等动植物的一烯酸的双键位置多在 C9～C10 之间。

（6）高等动植物的不饱和脂肪酸几乎具有相同的几何构型，而且绝大多数都属于顺式，只有少数为反式。

饱和脂肪酸和不饱和脂肪酸的构象有很大差别，前者的每个单键完全可以自由旋转，能在较大范围内形成不同的构象，后者的双键不能自由旋转，只有一种或少数几种构象。

哺乳动物不能合成正常生长所需要的亚油酸和亚麻酸，需要从植物中取得，所以这两种脂肪酸称为哺乳动物的必需脂肪酸。哺乳动物对亚油酸的需要量更大。在脂肪酸和磷脂中，亚油酸占总量的 10%～20%。

细菌所含脂肪酸的种类比高等动植物的少得多。细菌脂肪酸碳原子数目也在 12～18 之间，饱和的占绝大多数，不饱和的一般只带一个双键。

表 2-1 列出某些天然存在的脂肪酸。

脂肪酸常用简写法表示，其原则是：先写出碳原子的数目，再写出双键的数目，最后标明双键的位置。比如，软脂酸可以表示为 16:0，意思是含 16 个碳原子的饱和脂肪酸；油酸可写为 18:1(9) 或 $18:1^{\Delta 9}$，意思是含 18 个碳原子，在 C9～C10 之间有 1 个双键的不饱和脂肪酸；$18:2^{\Delta 9,12}$ 表示这个不饱和脂肪酸有 18 个碳原子，在 C9～C10 和 C12～C13 之间各有一个双键，即亚油酸。

表 2-1　某些天然存在的脂肪酸

简写符号	分子结构式	系统名称	习惯名称	熔点(℃)
	饱和脂肪酸			
12:0	$CH_3(CH_2)_{10}COOH$	n-十二烷酸	月桂酸	44.2
14:0	$CH_3(CH_2)_{12}COOH$	n-十四烷酸	豆蔻酸	53.9
16:0	$CH_3(CH_2)_{14}COOH$	n-十六烷酸	软脂酸	63.1
18:0	$CH_3(CH_2)_{16}COOH$	n-十八烷酸	硬脂酸	69.6
20:0	$CH_3(CH_2)_{18}COOH$	n-二十烷酸	花生酸	76.5
22:0	$CH_3(CH_2)_{20}COOH$	n-二十二烷酸	山萮酸	—
24:0	$CH_3(CH_2)_{22}COOH$	n-二十四烷酸	掬焦油酸	86.0
26:0	$CH_3(CH_2)_{24}COOH$	n-二十六烷酸	蜡酸	
	不饱和脂肪酸			
$16:1^{\Delta 9}$	$CH_3(CH_2)_5CH=CH(CH_2)_7COOH$		棕榈油酸	
$18:1^{\Delta 9}$	$CH_3(CH_2)_7CH=CH(CH_2)_7COOH$		油酸	13.4
$18:2^{\Delta 9,12}$	$CH_2(CH_2)_4CH=CHCH_2CH=$ $CH(CH_2)_7COOH$		亚油酸	−5
$18:3^{\Delta 9,12,15}$	$CH_3CH_2CH=CHCH_2CH=CHCH_2CH=$ $CH(CH_2)_7COOH$		亚麻酸	−11
$20:4^{\Delta 5,8,11,14}$	$CH_3(CH_2)_4(CH=CHCH_2)_3CH=$ $CH(CH_2)_3COOH$		花生四烯酸	−49.5
	少见脂肪酸			
$16:1^{\Delta 9}$反式	$CH_3(CH_2)_5CH=CH(CH_2)_7COOH$(反式)	反十六烯酸	反棕榈油酸	
$18:1^{\Delta 9}$反式	$CH_3(CH_2)_7CH=CH(CH_2)_7COOH$(反式)	反十八烯酸	反油酸	

$$CH_3(CH_2)_7\underset{\underset{CH_3}{|}}{CH}(CH_2)_8COOH$$

10-甲基硬脂酸　结核硬脂酸

$$CH_3(CH_2)_3\underset{\underset{CH_3}{|}}{CH}(CH_2)_5\underset{\underset{CH_3}{|}}{CH}(CH_2)_9\underset{\underset{CH_3}{|}}{CH}CH_2COOH$$

结核菌酸

$$CH_3(CH_2)_5\underset{\underset{CH_2}{\diagdown\diagup}}{HC\text{——}CH}(CH_2)_9COOH$$

乳杆菌酸

$$CH_3(CH_2)_{21}\underset{\underset{OH}{|}}{CH}COOH$$

α-羟二十四烷酸　脑羟脂酸

| $18:3^{\Delta 9,11,13}$ | $CH_3(CH_2)_3CH=CH-CH=CH-CH=CH$ $(CH_2)_7COOH$ | 十八碳三烯酸 | 桐油酸 | |
| $24:1^{\Delta 15}$ | $CH_3(CH_2)_7CH=CH(CH_2)_{13}COOH$ | 二十四烯酸 | 神经酸 | |

$$\underset{\underset{CH_2\text{—}CH_2}{|\quad\quad|}}{CH=CH}\diagdown CH(CH_2)_{12}COOH$$

大风子油酸

$$CH_3(CH_2)_5\underset{\underset{OH}{|}}{CH}CH_2CH=CH(CH_2)_7COOH$$

蓖麻酸

| $22:1^{\Delta 13}$ | $CH_3(CH_2)_7CH=CH(CH_2)_{11}COOH$ | | 芥子酸 | |

$$CH_3(CH_2)_7CH=CH(CH_2)_{12}\underset{\underset{OH}{|}}{CH}COOH$$

α-羟二十四烯酸

三、三 酰 甘 油

动植物的油脂是酰基甘油(acyl glycerol),其中大部分是三酰甘油(甘油三酯,triglyceride)的混合物,此外,还有少量二酰甘油和单酰甘油。常温下呈液态的酰基甘油称为油(oil),呈固态的称为脂(fat)。植物性酰基甘油多为油(可可脂例外),动物性酰基甘油多为脂(鱼油例外)。无论固态还是液态的酰基甘油都称油脂(脂肪,fat),也称中性脂(neutral fat)或真脂(true fat)。

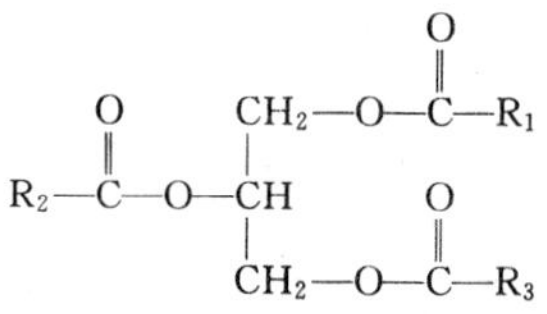

三酰甘油 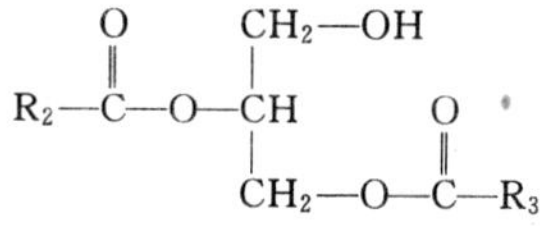　　　　　　　　　二酰甘油 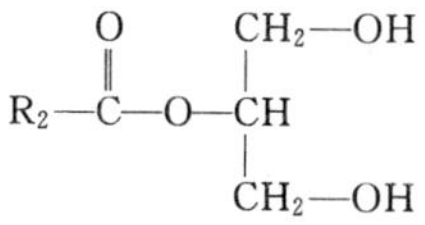　　　　　　　　　单酰甘油

三酰甘油是甘油(glycerol)的脂肪酸三酯(triester),其化学通式如上列。

(一)三酰甘油的类型

三酰甘油(triacylglycerol,TG)根据所含脂肪酸种类的不同可分为不同类型:三个脂肪酸相同的称为简单三酰甘油(simple TG),如三软脂酰甘油、三硬脂酰甘油和三油脂酰甘油等。含有两个或三个不同脂肪酸的称为混合三酰甘油(mixed TG),如,1-棕榈油酰-2-亚油酰-3-硬脂酰甘油等。混合三酰甘油中的不同脂肪酸又可以有不同的排列方式。

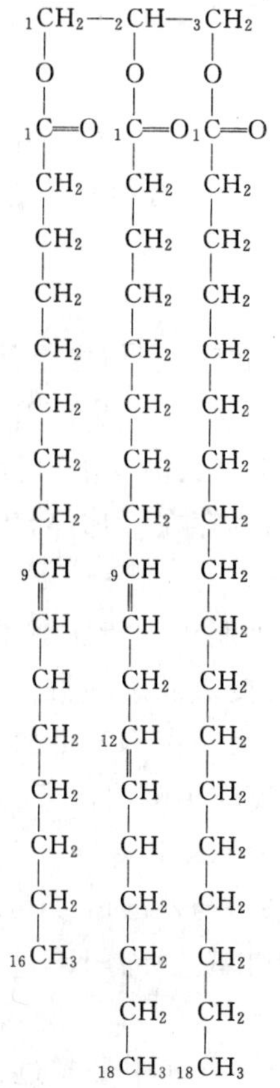

1-棕榈油酰-2-亚油酰-3-硬脂酰甘油

多数天然油脂是简单三酰甘油和混合三酰甘油的混合物。某些天然油脂的异构体和类型列于表 2-2。

表 2-2　天然油脂的异构体和类型

	GS$_3$/%	GS$_2$U/%	GSU$_2$/%	GU$_3$/%
猪　油	2.5	22.4	55.7	19.4
花生油	0.1	9.9	42.5	47.5
牛　油	12.6	43.7	35.3	8.4
可可油	7.1	67.5	23.3	2.1
豆　油	0	3.7	31.0	65.3
	GSUS/%	GSSU/%	GUSU/%	GUUS/%
猪　油	1.0	21.4	46.9	8.8
花生油	9.3	0.6	0.7	41.8
牛　油	30.6	13.1	3.4	31.9
可可油	65.0	2.5	0.2	23.1
豆　油	0	0	0	0

注：① G：甘油基；S：饱和脂酰基；U：不饱和脂酰基。

② GSU$_2$ 表示由一个饱和脂肪酸和两个不饱和脂肪酸组成的三酰甘油,而 SUS 按顺序表明甘油 1,2, 3 位分别是饱和的、不饱和的与饱和的脂酰基,其他类推。

③ 其中 GS$_2$U 和 GSU$_2$ 又各有两种情况,即 GSUS 和 GSSU,GUSU 和 GUUS。

(二) 三酰甘油的物理、化学性质

1. 物理性质

纯净三酰甘油是无色、无嗅、无味的稠性液体或蜡状固体；密度比水小,不溶于水,易溶于脂溶剂(fat solvent),如乙醚、氯仿、苯和石油醚等；天然油脂无确定的熔点。一般随饱和脂肪酸的数目和链长的增加而升高。

2. 化学性质

皂化 当三酰甘油在碱溶液中水解时,产物之一是脂肪酸盐,即肥皂,故称皂化。另一产物为甘油。此反应不可逆。皂化 1 g 油脂所需 KOH 的 mg 数称为皂化值(saponification value)。甘油味甜,能和水或乙醇以任何比例互溶,但不溶于乙醚、氯仿及苯等脂溶剂。甘油在脱水剂,如硫酸氢钾、五氧化二磷的存在下加热,生成带有刺激性臭味的丙烯醛。常用这一反应来鉴定甘油的存在。

氢化 在金属镍(Ni)的催化下,油脂中的脂肪酸不饱和键可发生氢化(hydrogenation)反应。氢化作用可将液态的植物油转变成固态的脂。

卤化 油脂或脂肪酸的不饱和键可与卤素发生加成反应,生成卤代油脂或脂肪酸,这类反应称为卤化(halogenation)。卤化反应中吸收卤素的量反映不饱和键的多少。100 g 油脂卤化时吸收碘的 g 数称为该油脂的碘值(iodine value)。

乙酰化 油脂中含羟基的脂肪酸可与乙酸酐或其他酰化剂作用形成相应的酯。1 g 乙酰化的油脂释放出的乙酸用 KOH 中和时,所需 KOH 的 mg 数称乙酰化值(acetylation value)。

酸败 酸败(rancidity)是指油脂在空气中暴露过久产生臭味的现象,其化学本质是油脂被水解释放出游离脂肪酸,小分子的脂肪酸有臭味；其次,不饱和脂肪酸被氧化生成的醛和酮也有难闻的气味。酸败程度一般用酸值(acid value)来表示。中和 1 g 油脂中的游离脂肪酸所需 KOH 的 mg 数称为酸值。

某些天然油脂的几个主要指标见表 2-3。

表 2-3 某些天然油脂的几个主要指标

	熔点/℃	皂化值	碘 值	乙酰化值	非皂化值*/%
牛 油	31～38	196～200	25.4～42.3	2.7～8.6	
鱼肝油	3	171～189	137～166	1.15	0.54～0.62
猪 油	27.1～29.9	195～203	47～65	2.6	
花生油	3	186～194	88～89	3.5	0.5～0.9
桐 油	2～3	190～197	163～171		0.4～0.8

* 一般油脂中常含有少量类固醇类化合物、脂溶性维生素等,其溶解性质与油脂大致相同,但不为碱所水解,故称为非皂化物质,其占总脂的百分比称为非皂化值。

(三) 三酰甘油的贮能功能

脂肪是重要的贮能物质,单位质量脂肪完全氧化比单位质量糖和蛋白质完全氧化产生更多的能量。脂肪是非极性物质,以无水形式存在,而糖原在生理条件下能结合两倍于自身重量的水分,因此,脂肪提供的能量是同等质量水合糖原的 6 倍。

人的脂肪正常储量是,男性 21%,女性 26%。肥胖人积储的脂肪可达 15～20 kg,足以供给一个月所需的能量,而体内糖原的能量贮备,仅够一天的能耗。皮下脂肪层的保温功能,对温血水生动物(鲸、海豹、企鹅)具有极为重要的意义。

四、甘油磷脂

甘油磷脂(glycerol phosphatide)是生物膜中主要的脂成分。

(一) 甘油磷脂的结构

甘油磷脂也称磷酸甘油酯(phosphoglyceride)。甘油的第三个羟基被磷酸酯化形成甘油-3-磷酸。甘油-3-磷酸中甘油骨架的 C1 和 C2 位置被脂肪酸脂化的产物称为磷脂酸(phosphatidic acid),它是最简单的甘油磷脂,也是其他甘油磷脂的母体化合物,在生物膜中的含量非常少。

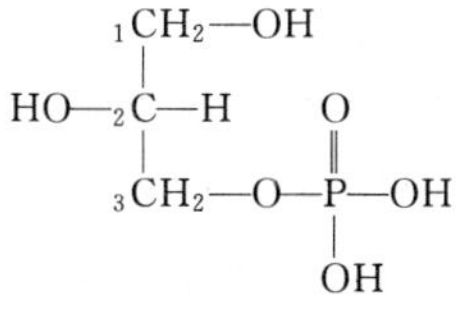

甘油-3-磷酸 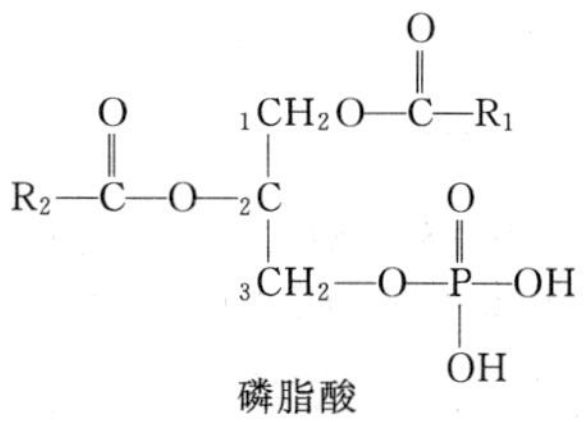　　　　　磷脂酸

磷脂酸中的磷酸基与一个极性基团 X 相连便构成各种常见的甘油磷脂。X 基团一般为胆碱(choline)、乙醇胺(ethanolamine)和丝氨酸(serine)等。甘油磷脂分子结构通式和立体结构模型见图 2-1。如图所示,甘油磷脂中两条长的脂肪酸残基链构成其非极性尾部,而磷酸-X 基团构成其极性头部,因此,甘油磷脂是两亲性的脂质分子。常见的几种甘油磷脂列于表 2-4。

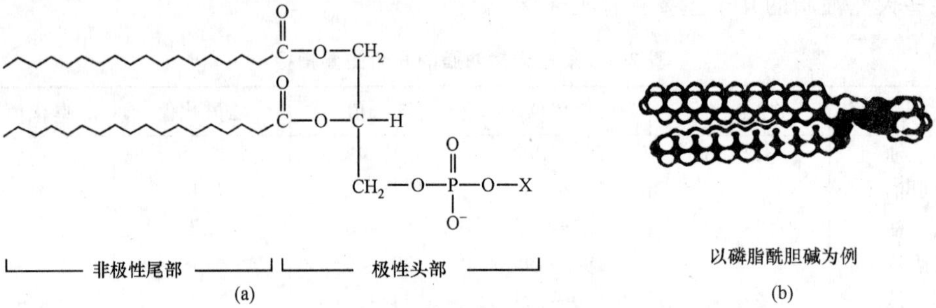

非极性尾部 ———— 极性头部

(a)

以磷脂酰胆碱为例

(b)

图 2-1　甘油磷脂的结构通式(a)和立体结构模型(b)

(引自王镜岩,等,2002)

表 2-4　常见的几种甘油磷脂

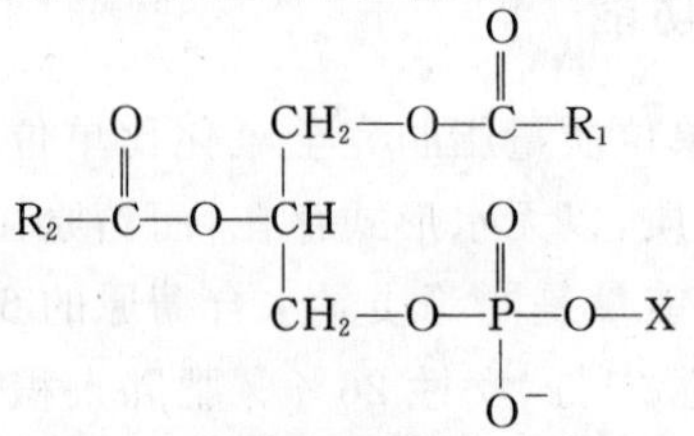

X—OH 名称	—X 分子式	磷脂名称
水	—H	磷脂酸
乙醇胺	$-CH_2CH_2NH_3^+$	磷脂酰乙醇胺
胆碱	$-CH_2CH_2N(CH_3)_3^+$	磷脂酰胆碱(卵磷脂)
丝氨酸	$-CH_2CH(NH_3^+)COO^-$	磷脂酰丝氨酸
肌醇	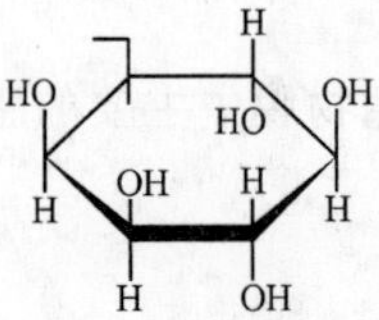	磷脂酰肌醇
甘油	$-CH_2CH(OH)CH_2OH$	磷脂酰甘油
磷脂酰甘油	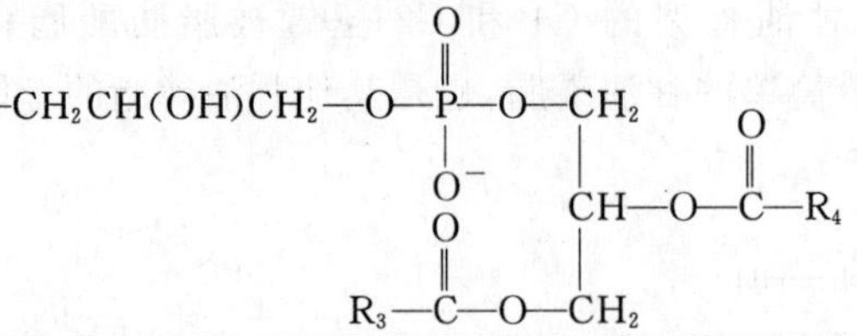	二磷脂酰甘油(心磷脂)

缩醛磷脂(plasmalogen)属于甘油磷脂,其结构中 C1 取代物通过一个 α,β-顺式不饱和醚键(不是酯键)与甘油相连,所以又称为醚甘油磷脂。缩醛磷脂中最常见的头部基团是乙醇胺、胆碱和丝氨酸。大多数缩醛磷脂的功能尚待进一步研究。

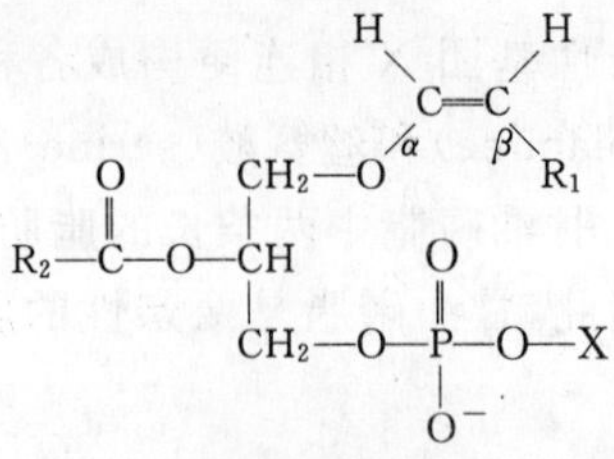

缩醛磷脂通式

（二）甘油磷脂的酶水解

甘油磷脂的酯键和磷酸二酯键能被磷脂酶（phospholipase）催化水解。这些酶根据它们作用的不同部位分别命名为磷脂酶 A_1、A_2、C 和 D，见图 2-2。

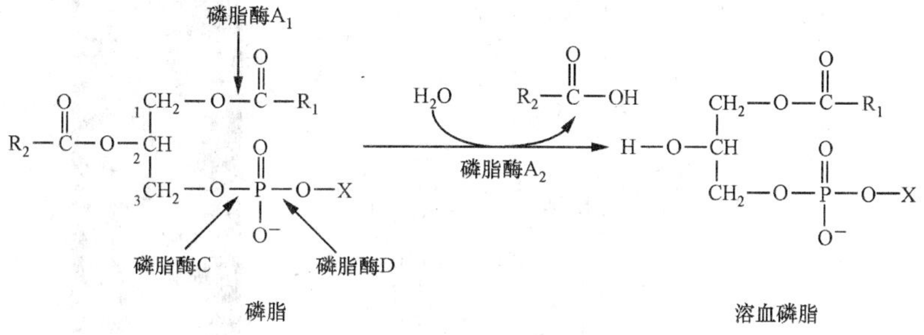

图 2-2 磷脂酶的作用

磷脂酶 A_2 水解切下三酰甘油 C2 处脂肪酸残基，生成相应的溶血磷脂。其他类型的磷脂酶根据水解部位不同而名称不同，见图示

磷脂酶 A_1 广泛分布于生物界；A_2 主要存在于蜂毒、蛇毒和哺乳动物的胰脏（酶原形式）；C 来源于细菌和其他生物组织；D 存在于高等植物中。磷脂酶 A_2 在 C2 位置水解下脂肪酸残基，产物为溶血磷脂（lysophospholipid），它是一种高效活性剂，可以裂解细胞膜。如果作用于红细胞，则造成溶血。然而，并不是所有甘油磷脂的酶水解产物都是对机体有害的，例如，当受损细胞的膜脂发生水解时，可产生溶血磷脂酸（lysophosphatidic acid），或称 1-酰基-甘油-3-磷酸，因其未经取代的磷酸基团构成的头部很小，不但不会导致溶血，反而会刺激细胞生长，促进伤口愈合。磷脂酶 C 水解膜脂的产物 1,2-二酰甘油是细胞间信号转导分子。

五、鞘　　脂

鞘脂（sphingolipid）包括鞘磷脂、脑苷脂和神经节苷脂。大多数鞘脂都是 C18 鞘氨醇（sphingosine）的衍生物，而 C18 鞘氨醇的双键为反式构型，它的 N-酰基脂肪酸衍生物为神经酰胺（ceramide）。

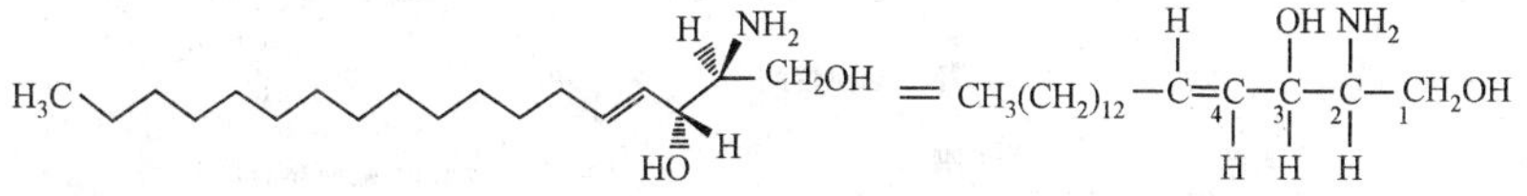

D-鞘氨醇
（反式-D-赤藓糖型-2-氨基-4-十八碳烯-1, 3-二醇）

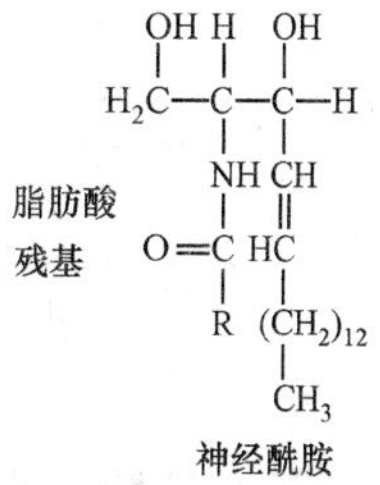

神经酰胺

（一）鞘磷脂

鞘磷脂（sphingomyelin）是最常见的鞘脂，由神经酰胺连接一个磷脂酰胆碱或磷脂酰乙醇胺头部基团组成，有人把它归类为神经鞘磷脂（sphingophospholipid）。尽管鞘磷脂与磷脂酰胆碱和磷脂酰乙醇胺化学组成不同，但是它们的构象和电荷分布却很相似。鞘磷脂的

结构见图 2-3。鞘磷脂是高等动物脑髓鞘的主要成分。

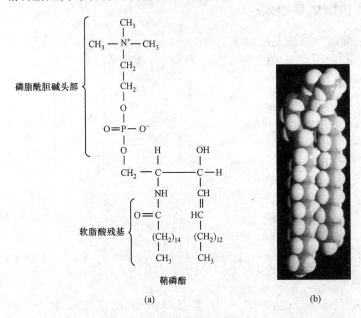

图 2-3　鞘磷脂

（a）分子式；（b）空间填充模型

（二）脑苷脂

脑苷脂（cerebroside）由一个单糖残基连接于神经酰胺的头部所构成，因此它又称糖鞘脂（glycosphingolipid）。脑苷脂中的葡萄糖脑苷脂、半乳糖脑苷脂和硫酸脑苷脂也简称为脑硫脂。它们各自的结构式表示于图 2-4。从分子结构式上看，与磷脂的区别在于，脑苷脂没有磷酸基团。

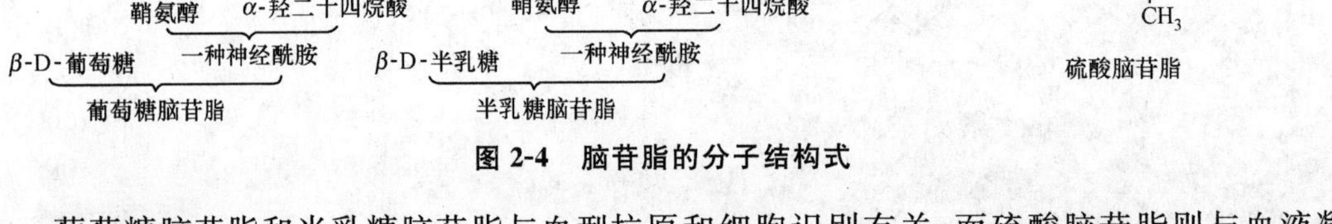

图 2-4　脑苷脂的分子结构式

葡萄糖脑苷脂和半乳糖脑苷脂与血型抗原和细胞识别有关，而硫酸脑苷脂则与血液凝固和细胞黏着有关。

（三）神经节苷脂

神经节苷脂(ganglioside)是最复杂的糖鞘脂,已知有六十多种,其中 G_{M1}、G_{M2} 和 G_{M3} 的结构式如图 2-5 所示。由结构式可见,含有至少一个唾液酸残基的寡糖链连在神经酰胺上。

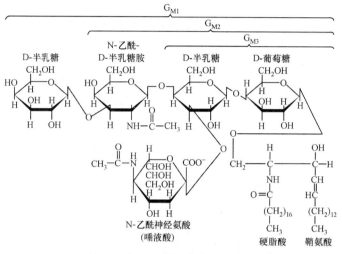

图 2-5　神经节苷脂

神经节苷脂主要存在于细胞表面膜上,约占大脑中脂含量的 6％。因其具有重要生理功能,所以医药应用价值很高。分子的头部是复杂的碳水化合物,伸出细胞膜的表面,可特异地接受某些垂体蛋白激素,这些垂体蛋白激素具有重要的调节功能。一些遗传性鞘脂过剩病与神经节苷脂分解代谢紊乱有关。如 Tyasachs 病,症状是幼年时神经衰退,进行性发育阻滞,麻痹,失明,出生后 3～4 年内死亡。其病因是由于溶酶体内先天性缺乏 β-N-乙酰己糖胺酶 A,引起 G_{M2} 在脑中的非常积累。

此外,很多证据表明,神经节苷脂在细胞识别中起决定性作用,因此,它们可能在组织生长、分化,甚至癌变中也扮演着重要的角色。

六、萜类和类固醇

萜类(terpene)和类固醇(steroid)与其他脂质有所不同,一般不含脂肪酸,都是非皂化性物质。它们在生物体内含量虽不多,但不少是重要的活性脂质。

（一）萜类

萜类的结构由两个或两个以上异戊二烯单位(isoprene unit)连接而成。异戊二烯是一种五碳化合物,连接方式是头尾相连或尾尾相连,见图 2-6。萜类分子,根据其所含异戊二烯单位数目的不同,构成单萜、双(二)萜、三萜和多萜等。由两个异戊二烯构成单萜,由 3 个异戊二烯构成倍半萜,由 4 个异戊二烯构成双(二)萜等。天然橡胶是由数千个异戊二烯构成的聚合物。表 2-5 列出了某些萜类物质。一些萜类物质,如法尼醇的焦磷酸酯和鲨烯是合成胆固醇的重要中间物。

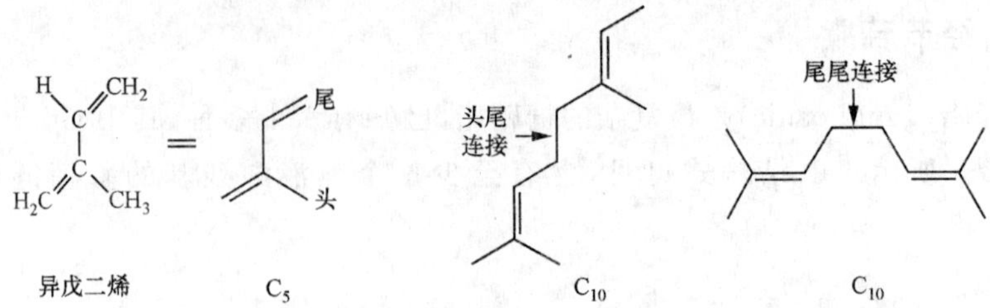

图 2-6　异戊二烯(2-甲基-1,3-丁二烯)的结构和异戊二烯在萜中的连接方式

表 2-5　萜类

碳原子数	异戊二烯单位数	类　名	重要代表
C_{10}	2	单　萜	柠檬苦素
C_{15}	3	倍半萜	法尼醇
C_{20}	4	二　萜	叶绿醇(即植醇)
C_{30}	6	三　萜	鲨　烯
C_{40}	8	四　萜	胡萝卜素
	几千	多　萜	天然橡胶

(二) 类固醇

类固醇(steroid)化合物多存在于真核生物中,它以环戊烷多氢菲为基本结构。环戊烷多氢菲由 4 个非平面的稠环(A,B,C,D)组成。4 个环中,A,B 之间,C,D 之间各有一个甲基(19,18),带甲基的环戊烷多氢菲称甾核(steroid nucleus),是类固醇结构的母体。甾核碳原子的编号从 A 环开始。

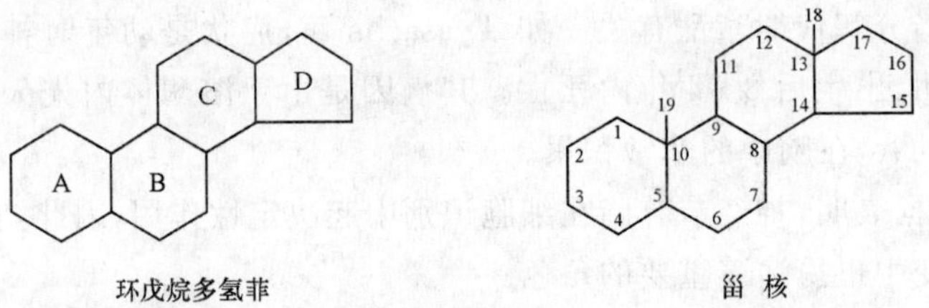

环戊烷多氢菲　　　　　　　　　　　　甾核

类固醇的种类很多,原因是环上的双键数目和位置不同;取代基的种类、数目、位置和取向(α,β)不同;稠环组合有顺、反构型之别。取代基的取向是指氢原子伸向分子(近似)平面下方的为 α 取向,伸向上方的为 β 取向。如取代氢原子的甲基伸向分子平面上方,那也算是 β 取向。

类固醇可分为固醇和固醇衍生物两大类。

1. 固醇(甾醇)

固醇(sterol)为环状高分子一元醇,其结构特点是在甾核的 C3 上有一个 β 取向的羟基,C17 上有一条含 8~10 个碳原子的烃链。固醇存在于大多数真核细胞的膜内,细菌不含固醇类物质。固醇又可分为动物固醇、植物固醇和酵母固醇三类,现将它们的综合对比列于表 2-6。

表 2-6　各种固醇名称、结构、分布和生物学意义的综合对比

类　别	名　称	分子结构式					分布、生物学意义
		羟基	双键	甲基	乙基	脂肪酸	
动物固醇	胆固醇	3					脊椎动物细胞的重要组分，神经组织和肾上腺中含量特别丰富。其功能是胆汁酸、固醇类激素的前体，维持生物膜的正常透过能力，神经鞘绝缘物质、解毒等
	胆固醇酯		Δ^5	18,19		3	
	7-脱氢胆固醇		Δ^5 Δ^7				维生素 D_3 前体
	粪固醇			18,19			动物粪便中
植物固醇	豆固醇		Δ^5 Δ^{22}		24		存在于大豆中
	麦固醇		Δ^5				存在于麦芽中
酵母固醇	麦角固醇		Δ^5 Δ^7 Δ^{22}	18,19 24			存在于酵母、麦角菌中，是维生素 D_2 前体

注：分子结构式项内数字表示固醇基本结构式中 C 原子序号。

胆固醇(cholesterol)受到不少非议，它是动物体内含量最丰富的一种类固醇，存在于脑、肝、肾和蛋黄中。胆固醇是膜中脂质的主要成分之一，它的—OH 具有微弱两性离子特征，而稠环结构使其具有比其他膜脂更强的刚性。胆固醇也是血液中脂蛋白复合体的成分，动脉壁上形成的粥样硬化斑块含有它。胆固醇还是类固醇激素和胆汁酸的前体。图 2-7 给出胆固醇的分子结构式。

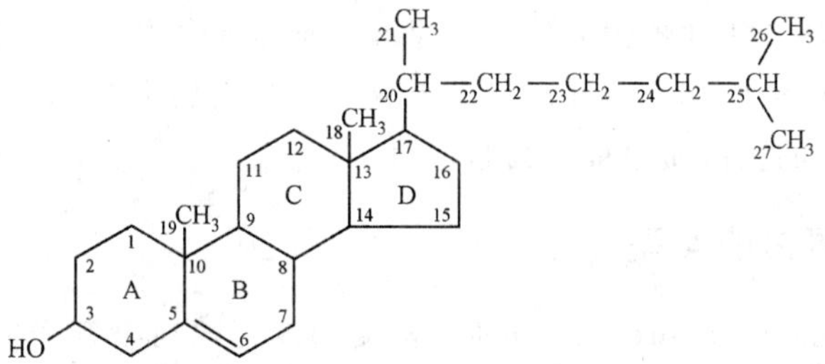

图 2-7　胆固醇

人体除自身合成胆固醇外，尚可从膳食中获取。如上所述，胆固醇既是生理上必需的，但过多时又会引起某些疾病。因此必须控制膳食中胆固醇的量。

胆固醇易溶于乙醚、氯仿、苯及热乙醇中，不能皂化。它与毛地黄毒苷容易结合生成沉淀，利用这一特性可以检测胆固醇的存在。在氯仿溶液中，胆固醇与乙酸酐及浓硫酸化合产生绿色反应，颜色的深浅与胆固醇的浓度成正比，因此，常用这一反应来定量测定胆固醇。

2. 固醇衍生物

在哺乳动物中,由胆固醇衍生而来的类固醇激素有雄性激素、雌性激素、孕酮、糖皮质激素和盐皮质激素;衍生来的其他类固醇还有维生素 D 和胆汁酸。玄参科和百合科植物生成的强心苷(如毛地黄毒素),蟾蜍分泌毒液中的蟾毒都是固醇衍生物。

类固醇激素可调节多种生理功能。维生素 D 促进肠道吸收膳食中的 Ca^{2+};强心苷和蟾毒生理作用相似,可使心跳速度减慢,强度增加;胆汁酸在肝脏合成,人体每天合成胆固醇约 $1\sim1.5$ g,其中约 $0.4\sim0.6$ g 在肝脏转变为胆汁酸,它是胆固醇的主要代谢终产物。人的胆汁中含有 3 种不同的胆汁酸,即胆酸、脱氧胆酸及鹅脱氧胆酸。

在肝脏中胆汁酸的羧基通过酰胺键与牛磺酸(taurine)或甘氨酸连接,分别生成牛磺胆酸(taurocholic acid)和甘氨胆酸(glyocholic acid),它们的钠盐或钾盐叫胆汁盐,是很强的去污剂,能使油脂乳化,便于水溶性脂酶发挥作用,从而促进肠道中油脂及脂溶性维生素的消化吸收。胆汁酸组分的对比列于表 2-7。

表 2-7　胆汁酸组分的对比

名　称	羟基位置			衍生物	分布、生物学意义
	C3	C7	C12		
胆　酸	√	√	√	甘氨胆酸 牛磺胆酸	胆汁中,是胆苦的主要原因,胆汁盐是一种乳化剂,促进脂酶消化作用
脱氧胆酸	√		√		
鹅脱氧胆酸	√	√			

七、脂 蛋 白

脂蛋白(lipoprotein)是由脂质和蛋白质以非共价键(疏水相互作用、范德华力和静电引力)结合而成的复合体。非共价键的作用力使得脂质和蛋白质的结合不是十分牢固,可通过高浓度酒精、丙酮和低温($-60℃$)处理将二者分离。脂蛋白主要存在于血浆中,此外,细胞膜系统中与脂质融合的蛋白质也被称为脂蛋白。

(一) 血浆脂蛋白的类型

血浆脂蛋白(plasma lipoprotein)可利用密度梯度超速离心方法使之分离,以分离物的密度递增为序将血浆脂蛋白分为五类:① 乳糜微粒;② 极低密度脂蛋白(VLDL);③ 中间密度脂蛋白(IDL);④ 低密度脂蛋白(LDL);⑤ 高密度脂蛋白(HDL)。脂蛋白中的蛋白质部分称脱辅基蛋白或载脂蛋白(apolipoprotein, apo),根据相对分子质量、在血浆中浓度和在各种脂蛋白中分布的不同,又将载脂蛋白分为 A-Ⅰ、A-Ⅱ、B-100、B-48、C-Ⅰ、C-Ⅱ、C-Ⅲ、D 和 E 等 9 种。

人血浆中主要脂蛋白种类的特性列于表 2-8。

表 2-8　人血浆中主要脂蛋白种类的特性

	乳糜	极低密度脂蛋白 VLDL	中间密度脂蛋白 IDL	低密度脂蛋白 LDL	高密度脂蛋白 HDL
密度/(g·cm^{-3})	<0.95	<1.006	1.006~1.019	1.019~1.063	1.063~1.210
粒径/nm	75~1200	30~80	25~35	18~25	5~12
相对分子质量	4×10^8	1×10^7~8×10^7	5×10^6~1×10^7	2.3×10^6	1.75×10^5~ 3.6×10^5
蛋白*/%	1.5~2.5	5~10	15~20	20~25	40~55
磷脂*/%	7~9	15~20	22	15~20	20~35
游离胆固醇*/%	1~3	5~10	8	7~10	3~4
三脂酰甘油**	84~89	50~65	22	7~10	3~5
胆固醇酯**	3~5	10~15	30	35~40	12
主要载脂蛋白	A-Ⅰ,A-Ⅱ,B-48, C-Ⅰ,C-Ⅱ,C-Ⅲ,E	B-100,C-Ⅰ, C-Ⅱ,C-Ⅲ,E	B-100,C-Ⅲ,E	B-100	A-Ⅰ,A-Ⅱ,C-Ⅰ, C-Ⅱ,C-Ⅲ,D,E

* 表面成分；** 核脂。

（二）血浆脂蛋白的结构和功能

1. 血浆脂蛋白的结构

血浆脂蛋白是球状颗粒,由一个三酰甘油和胆固醇酯组成的非极性内核,以及一个极性脂(磷脂和未酯化的胆固醇)与蛋白质参与的外壳层构成。外壳是单分子层结构,厚度2.0 nm。因颗粒外壳层的密度高于其内核密度,所以,脂蛋白密度随颗粒直径的递减而增加。HDL 在脂蛋白中密度最高,体积最小。LDL 颗粒结构如图 2-8 所示。由图可见,磷脂和未酯化的胆固醇(极性脂)的极性头朝向外部的水相。颗粒的外壳层将内部的疏水脂与外部的水溶剂隔离。载脂蛋白含有疏水和亲水氨基酸,构成两性 α 螺旋区,其疏水残基可以与脂质很好结合,而亲水残基又可以与水溶剂相互作用。

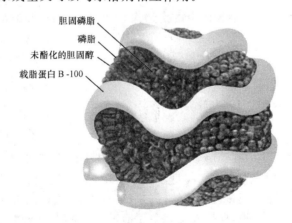

图 2-8　血流中胆固醇的主要载体 LDL 示意图

球状粒子由 1500 个胆固醇酯分子所组成,外覆盖一层由约 800 个磷脂分子、约 500 个胆固醇分子和单个相对分子质量为 550 000 的载脂蛋白 B-100 分子组成的两性层

载脂蛋白 B-100 是一个由 4536 个氨基酸残基构成的单体,只含少量两性 α 螺旋。每个 LDL 颗粒仅含一分子载脂蛋白 B-100(apo B-100)。

2. 血浆脂蛋白的功能

乳糜微粒将外源性(膳食提供)三酰甘油和胆固醇从肠道转运到组织;极低密度脂蛋白、

中间密度脂蛋白和低密度脂蛋白是一组相关的脂蛋白颗粒,将内源性(机体自身合成)的三酰甘油和胆固醇从肝脏转运到组织;高密度脂蛋白将内源性胆固醇从组织转运到肝脏。

载脂蛋白的主要作用是,作为疏水脂质的增溶剂;作为脂蛋白受体的识别部位(细胞导向信号)。

八、其 他

(一) 蜡

蜡不溶于水,由长链脂肪酸和长链一元醇或固醇酯化而成。天然蜡质存在于皮肤、毛皮、羽毛、树叶和昆虫的外骨骼中,对生物起保护作用。此外,蜂蜡和虫蜡可用做涂料和润滑剂等;而羊毛脂则被用做药品和化妆品。

(二) 前列腺素

前列腺素(prostaglandin,PG)是一类脂肪酸衍生物,目前已发现几十种,它们的基本结构是前列腺烷酸(prostanoic acid)。PG 主要分四大类:PGA、PGB、PGE 和 PGF。

前列腺素具有很强的生理活性,可影响血压、心搏频率、月经周期和生殖活动。此外,还能调节许多细胞的活动,其调节性质随细胞类型不同而异。

前列腺素存在于组织和体液中(包括精液、月经液),含量甚微。

九、生 物 膜

(一) 生物膜系统

生物膜(biomembrane)是生物体中由生物大分子,即蛋白质和脂质等组成的一种薄膜结构,其厚度约为 6～10 nm,广泛存在于一切生物体中。生物膜包括:① 高等动物的胸腔、腹腔的各种隔膜和黏膜等;② 动植物和微生物细胞的外周膜(质膜)和细胞内各种细胞器的膜(内膜系统)。

(二) 细胞膜系统

生物的基本结构和功能单位是细胞,膜又占细胞干重的 70%～80%,因此,20 世纪 70年代以来,生物膜的研究集中在细胞膜。本节主要论述细胞膜系统。

任何细胞都以一层薄膜将其包裹,使之与环境隔离开,这层膜称细胞膜或外周膜(质膜)。此外,真核细胞中还有很多内膜系统,例如:细胞核膜、线粒体膜、内质网膜、溶酶体膜、高尔基体膜和过氧化物酶体膜,在植物细胞中还有叶绿体膜。原核细胞只有少量的内膜结构,如某些细菌的间体(mesosome)膜、蓝绿藻中进行光合作用的类囊体膜等。外周膜和内膜称为细胞膜系统。

(三) 膜的化学组成

化学分析表明,所有生物膜几乎完全由蛋白质(包括酶)、脂质(主要是磷脂)和糖类组成,此外尚含有少量核酸,还有水和金属离子等。生物膜所含的蛋白质、脂质和糖的比例,随着膜种类的不同,存在很大差别,见表 2-9。一般来说,膜中所含的蛋白质比例愈大,其功能愈复杂多样,相反,膜功能就简单化。例如,线粒体内膜和细菌质膜,蛋白质占 75% 左右,脂质仅占 25%。线粒体内膜功能复杂,含有电子传递和偶联磷酸化等有关组分,共约 60 种蛋白质;而神经髓鞘,它的 3 种蛋白质只占 18%,脂质占 79%,所以,它仅起绝缘作用。

表 2-9　生物膜的化学组成

类　别	蛋白质/%	脂　质/%	糖　类/%
神经髓鞘质膜	18	79	3
人红细胞	49	43	8
小鼠肝细胞	44	52	4
嗜盐菌紫膜	75	25	0
线粒体内膜	76	24	0

1. 膜蛋白

所有生物膜都是由蛋白质结合脂双层基质所组成,见图 2-9。典型的真核细胞,约有 50% 的蛋白质与膜结构相关连。膜蛋白和其他蛋白质一样,其大小和形状都有很大差别。但是,根据它们与膜脂的相互作用方式及在膜中排列位置的不同,大致分为膜外周蛋白、膜内在蛋白及脂连蛋白三类,见图 2-10。图中所标的内源性蛋白也属于内在蛋白。

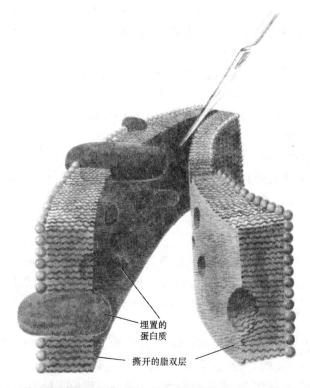

埋置的
蛋白质

撕开的脂双层

图 2-9　冰冻断裂撕开的膜,暴露出脂双层的内部和埋入其中的蛋白质

(1) 膜外周蛋白

膜外周蛋白(peripheral protein)分布在膜的外表面,通过静电引力或氢键相互作用与膜的外表结合。用温和的方法处理,例如,暴露在高离子强度的盐溶液中或改变 pH,它能从膜上解离下来而保留完整的膜。外周蛋白不直接结合脂,一旦被纯化,其行为与水溶性蛋白相似,不能与脂再形成膜结构。细胞色素 c 是一种外周蛋白,它与线粒体内膜的外表面结合。

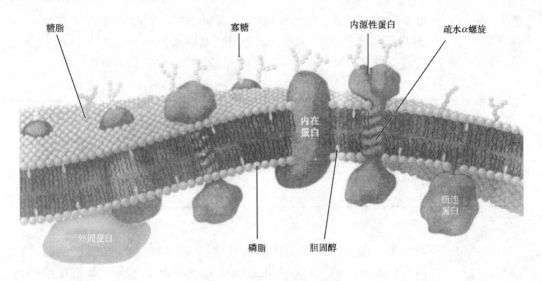

图 2-10　原生质膜的示意图

（2）膜内在蛋白

膜内在蛋白(intrinsic protein)镶嵌在由磷脂和胆固醇构成的脂双层里,甚至横跨全膜,通过疏水相互作用(蛋白质分子非极性氨基酸残基侧链与膜脂的疏水部分都与水疏远,它们之间存在一种相互趋近的作用)与磷脂非极性基团相结合,只有用较剧烈的方法处理,例如,加入去污剂(十二烷基磺酸钠)或有机溶剂,才能把它们分离出来。一旦去掉去污剂和有机溶剂,释放的内在蛋白能重新与磷脂结合形成膜结构。

膜内在蛋白在水溶液中倾向于聚集和沉淀。用去污剂或可与水混溶的有机溶剂(如丁醇或甘油)方可使沉淀溶解。

膜内在蛋白是不对称的定向两性分子,嵌入膜内的非极性环境的蛋白片段具有疏水表面残基,有的以单一 α 螺旋跨膜,有的以多段 α 螺旋跨膜,而伸出水溶液环境的那部分蛋白质多被极性残基所覆盖。研究表明,生物膜是不对称的,一种膜蛋白只能位于膜特定的一侧。已知膜蛋白没有一种完全包埋在膜内的,至少部分暴露在水环境中。

（3）脂连蛋白

有些膜结合蛋白以共价键与脂相连,脂将蛋白质锚定在膜上,叫做脂连蛋白(lipidlinked protein),也称锚蛋白(ankyrin)。脂连蛋白有三种:异戊烯化蛋白、脂酰化蛋白和糖基磷脂酰肌醇连接蛋白。这三种蛋白的每个分子可包含一个以上共价键连接的脂基团。

2. 膜脂

构成生物膜的脂质有磷脂、胆固醇和糖脂等,其中以磷脂为主要成分。磷脂排列成双分子层,形成脂双层结构,见图 2-9。在水中,磷脂的极性头指向水相,非极性尾部由于对水的排斥而聚集在一起,与水隔离,处于热力学稳定状态。磷脂的非极性尾部还可与内在蛋白非极性氨基酸残基的侧链基团通过疏水相互作用结合,有些横跨全膜的内在蛋白,其在膜中的片段形成疏水 α 螺旋。

3. 糖类

生物膜中含有一定量的糖类物质,它们以脂蛋白或糖脂的形式存在。糖蛋白或糖脂中的寡糖由半乳糖、甘露糖、岩藻糖、半乳糖胺、葡萄糖、葡萄糖胺和唾液酸等组成。真核细胞质膜中糖类占膜重量的 2%～10%,内膜系统也有分布。无论是细胞质膜或内膜系统,膜蛋白和膜脂中的寡糖一般都分布在非细胞质一侧。

细胞膜的多糖物质,在接受外界信息或细胞间相互识别方面具有重要作用。

(四) 流动镶嵌模型

由人造脂双层流动性和膜组分分布不对称性的启示,1972 年美国 S. J. Singer 和 G. Nicolson 提出了流动镶嵌模型(fluid mosaic model)的膜结构理论。该理论认为:膜是由脂质和蛋白质分子按二维排列的流体,膜的内在蛋白像"冰山"漂浮在一个二维的脂"海"里,约有 30%～90% 的膜蛋白能自由流动,侧向扩散的速度是变化的,比脂扩散速度慢;膜蛋白的分布具有不对称性,有的蛋白质只镶嵌在脂双层表面,有的则部分或全部嵌入其内部,有的还横跨全膜,见图 2-10。此外,必须指出,也有人曾提出过其他生物膜结构模型,但是,迄今为止,这些模型都还没有像流动镶嵌模型那样受到广泛支持。

(五) 红细胞膜

哺乳动物成熟的红细胞没有细胞器,基本上是一个血红蛋白的膜状包袋。红细胞膜也相对简单,便于分离得到,因此,对它有广泛的研究。

1. 红细胞膜蛋白的电泳图谱

红细胞膜的蛋白质,经 1% SDS(sodium dodecyl sulfate,十二烷基硫酸钠)溶液溶解,按聚丙烯酰胺凝胶电泳(SDS-PAGE)方法进行分离后,分别用染蛋白质的考马斯亮蓝(Coomassie brilliant blue)和染糖类的过碘酸希夫试剂(periodic acid-Schiff's reagent,PAS)两种染料进行染色,得如图 2-11 所示的电泳图谱。图中左侧对应于区带 1、2、4.1、4.2、5 和 6 的多肽通过离子强度或 pH 的改变,容易从膜中提取,因此它们属于外周蛋白。区带 2.1 是锚蛋白。图中右侧对应于区带 3、7 的多肽和 4 种 PAS 蛋白属于内在(内源)蛋白,需用去污剂或有机溶剂提取,才能从膜内分离出来。

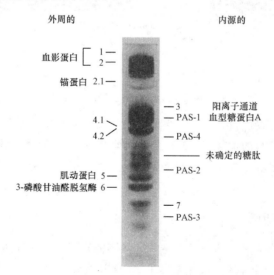

图 2-11　人红细胞膜蛋白的电泳图谱

继 SDS-PAGE 之后,蛋白质经考马斯亮蓝染色,为简单起见,次要区带没有标出,标明了 PAS 染色的 4 个糖蛋白的位置

2. 红细胞膜骨架

膜骨架(membrane skeleton)支撑着红细胞的外形,它的主要成分是血影蛋白(spectrin)。血影蛋白并不直接与膜结合,而是与其他蛋白质形成所谓的结合复合物,以此与膜相连。这个复合物包含肌动蛋白、原肌球蛋白、带4.1蛋白和其他蛋白质。图2-12给出了人红细胞膜骨架的模型,从图中可见,血影蛋白由两条相似的多肽链组成,即电泳图谱中的带1(α链)和带2(β链)。血影蛋白的两条链通过与带4.1蛋白和肌动蛋白以及原肌球蛋白结合,交联形成一个稠密而又不规则的蛋白网络。

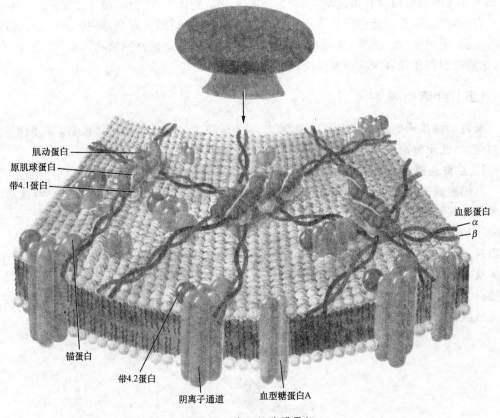

肌动蛋白
原肌球蛋白
带4.1蛋白
血影蛋白
α
β
锚蛋白
带4.2蛋白
阴离子通道
血型糖蛋白A

图 2-12　人红细胞膜骨架

红细胞膜骨架具有柔性,因而是可变形的,这种特性为红细胞挤过毛细血管提供了方便。患有遗传性红细胞病的个体,其红细胞膜骨架柔性降低,比较脆弱,当红细胞挤过毛细血管时,容易破裂,引起溶血性贫血(hereditary sperocytosis),这与红细胞原发性缺陷,降低了血影蛋白的合成有关。

(六) 生物膜的功能

生物膜具有多种功能。生物体内的物质运送、能量转换、细胞识别、细胞免疫、神经传导、代谢调控以及激素和药物作用、肿瘤发生等,这些重要过程都与生物膜有关。

内 容 提 要

脂质广泛存在于生物界,是细胞的水不溶成分,易溶于乙醚、氯仿和苯等脂溶剂中。

　　脂质分为单纯脂、复合脂、衍生脂和结合脂。它们结构不同，功能各异。三酰甘油是机体贮能物质，起热绝缘和脂肪垫作用。磷脂参与生物膜的构成，是一种表面活性物质。

　　天然脂肪酸常由偶数碳原子组成，可分为饱和与不饱和两类。不饱和脂肪酸一般具有顺式双键，易氧化、氢化、卤化，有羟基存在时尚能起乙酰化作用。

　　三酰甘油由三个相同或不相同的脂肪酸分子和甘油的三个羟基缩合生成，可发生皂化作用。通过测定天然油脂的酸值、碘值、乙酰化值和皂化值可确定其特性。

　　磷脂包括甘油磷脂和鞘磷脂，其中以甘油磷脂为主。甘油磷脂的结构是由两个脂肪酸分子与甘油-3-磷酸两个羟基缩合而成，其中磷酸残基再与胆碱、乙醇胺和丝氨酸等相连生成各种甘油磷脂。磷脂是两亲性分子，有一个极性头和一个非极性尾，在水介质中能形成脂双层。

　　天然存在的各种脑苷脂和神经节苷脂属于糖脂，在细胞内含量虽少，但具有许多特殊的生物学功能。

　　萜类是由异戊二烯聚合而成的有机物。类固醇类化合物的基本结构是环戊烷多氢菲，以胆固醇为主要代表。固醇衍生物包括胆酸、维生素 D 和某些激素。

　　脂蛋白是由脂质和蛋白质结合而成的复合物，具有多种生物学功能。蜡是多碳醇和多碳脂肪酸形成的酯。前列腺素对体内生物学过程起重要调节作用。

　　生物膜主要指质膜和内膜系统，由蛋白质、脂质和糖类等物质组成。流动镶嵌模型的膜结构理论获得广泛支持。红细胞膜骨架的柔性具有重要意义。生物膜具有多种功能，生命活动中许多重要过程与它有关。

习　题

1. 什么是脂类物质（脂质）？
2. 天然脂肪酸有哪些共性？
3. 油脂（三酰甘油）有哪些物理、化学性质？分析油脂常用哪些化学指标？
4. 何为混合三酰甘油？
5. 什么叫酸败？其原因是什么？
6. 甘油磷脂、鞘磷脂各有哪些重要代表？它们在结构上有何特点？
7. 什么叫溶血磷脂？
8. 胆固醇有何结构特点？试述其对人体健康的功与过。
9. 什么是生物膜？其主要组分是什么？
10. 试述流动镶嵌模型的膜结构理论。
11. 血浆脂蛋白分哪几类？各有何生理功能？
12. 红细胞膜骨架有何特点？其生物学作用如何？
13. 某乳制品的碘值为 68，如果此样品的皂化值为 210，那么原乳制品中平均每个三酰甘油分子中含几个双键？

第三章 蛋 白 质

一、引 言

(一) 蛋白质的重要地位

蛋白质和核酸是构成动物、植物和微生物细胞原生质的主要成分,而原生质是生命现象的物质基础,因此蛋白质在生物体内占有特殊的重要地位。

19世纪中期,荷兰化学家 G. J. Mulder 将蛋白质命名为 protein,"protein"一词源自希腊文,是"第一重要"的意思。近代生物化学的研究表明,蛋白质是由 α-氨基酸通过肽键相互连接而成的一类生物大分子,它具有一定的空间构象和特定的生物学活性。

蛋白质作为生命现象的物质基础,是构成一切细胞和组织的重要组成成分,具有多种生物学功能,在生命活动中非常活跃。如,生物体中新陈代谢的催化剂——酶,就是一些有生物活性的蛋白质,它们参与体内的各种化学反应;一些激素为多肽或蛋白质,它们调节生物体内各种物质代谢和生理功能;与高等动物机体免疫有关的抗体是蛋白质;收缩蛋白与细胞移动、肌肉收缩有关;生命活动中小分子物质的运输由转运蛋白来完成等。

蛋白质不仅在生命活动中起着重要的作用,而且在生产实践中也有着广阔的应用前景,在食品、饲料添加剂、医药等领域都是不可缺少的一部分。

(二) 蛋白质的元素组成

分析表明,蛋白质都含有 C、H、O、N 四种元素,有些还含有少量的 S、P、Fe、Cu 或 I 等。这些元素在蛋白质中所占的比例列于表 3-1。

表 3-1 蛋白质的元素组成

组成元素	C	H	O	N	S	其他元素
平均含量/%	53	7	23	16	1	微量

蛋白质元素组成中最值得关注的是平均含氮量为 16%,即

$$蛋白质含量 = 蛋白氮 \times 6.25$$

式中 6.25 是 16% 的倒数,称为蛋白质系数,代表 1 g 蛋白氮相当于 6.25 g 蛋白质,这是凯氏(Kjeldahl)定氮法测定蛋白质含量的计算基础。

(三) 蛋白质的分类

自然界蛋白质种类繁多,它们有不同的分类方法:

1. 根据蛋白质的分子形状进行分类

根据蛋白质分子形状进行分类是早期研究的一种粗略分类方法(表 3-2)。

表 3-2　根据蛋白质的分子形状分类

蛋白质分类	蛋白质形状特性
球状蛋白质(globular protein)	分子较对称,接近球形,溶于水,如血红蛋白、酶、抗体等
纤维状蛋白质(fibrous protein)	分子对称性差,呈纤维状,多数不溶于水,如角蛋白、丝蛋白等

2. 根据蛋白质的化学组成分类

根据蛋白质化学组成的不同,一般将其分为单纯蛋白质和结合蛋白质两大类。单纯蛋白质分子全部由氨基酸组成,不含其他物质,按溶解度不同又将单纯蛋白质分成几小类;结合蛋白质由单纯蛋白质与其他非蛋白质物质结合而成,非蛋白质部分称为辅基或配体,根据非蛋白质部分的差异又将结合蛋白质分成几小类(表 3-3)。

表 3-3　根据蛋白质分子的组成分类

	分 类	蛋白质溶解度特性和分布	实 例
单纯蛋白质	清蛋白	溶于水、稀酸、稀碱和稀盐溶液,可用饱和硫酸铵沉淀,广泛存在于生物体内	血清清蛋白、乳清蛋白
	球蛋白	溶于稀酸、稀碱和稀盐溶液,可用半饱和硫酸铵沉淀,有些不溶于水,称为优球蛋白,有些溶于水,称为假球蛋白,存在于各种生物体内	肌球蛋白、溶菌酶、大豆球蛋白
	谷蛋白	溶于稀酸、稀碱溶液,不溶于水、醇和中性盐溶液,存在于禾本科植物种子中	米谷蛋白、麦谷蛋白
	醇溶蛋白	不溶于水及无水乙醇,溶于 70%～80% 乙醇,脯氨酸和酰胺含量高,非极性侧链较多,存在禾本科植物种子中	玉米醇溶蛋白
	精蛋白	溶于水和稀酸溶液,不溶于氨水,含碱性氨基酸较多,分子呈强碱性,存在于精子中	鲑鱼精蛋白
	组蛋白	溶于水和稀酸溶液,不溶于稀氨水,含组氨酸、赖氨酸较多,分子呈弱碱性	小牛胸腺组蛋白
	硬蛋白	不溶于水、稀酸、稀碱和盐溶液,在加热时可溶于或部分溶于强酸、强碱溶液	胶原蛋白、角蛋白、丝心蛋白
	分 类	非蛋白质部分(辅基)	实 例
结合蛋白质	核蛋白	与核酸结合的蛋白质,分布广泛,存在于一切细胞的细胞核和细胞质中	DNA核蛋白、核糖体
	糖蛋白	与糖类共价结合的蛋白质,糖基可以是二糖、低聚糖或多糖	辣根过氧化物酶、γ-球蛋白
	脂蛋白	与脂类(如脂肪、磷脂和胆固醇)以次级键结合的蛋白质	低密度和高密度脂蛋白
	血红素蛋白	与血红素结合的蛋白质	血红蛋白、肌红蛋白
	黄素蛋白	与黄素核苷酸(FAD或FMN)结合的蛋白质	黄素氧还蛋白、琥珀酸脱氢酶
	磷蛋白	与磷酸共价结合的蛋白质	酪蛋白、胃蛋白酶
	金属蛋白	与金属(如铁、铜、锌等)离子结合的蛋白质	铁蛋白、乙醇脱氢酶

3. 根据蛋白质的功能分类

蛋白质又可分为活性蛋白质和非活性蛋白质。前者包括生物体中一切有活性的蛋白质及其前体;后者在生物体中起保护或支撑作用,又称结构蛋白。活性蛋白质又分若干小类(表 3-4)。

表 3-4 根据蛋白质的功能分类

分 类		功 能	实 例
活性蛋白	酶	高效、专一地催化生物体内的化学反应	乳酸脱氢酶、过氧化氢酶
	转运蛋白	在生物体内负责运送各种小分子和离子	血红蛋白、转铁蛋白
	运动蛋白	负责机体的运动机能,如肌肉收缩、细胞游动	肌动蛋白、肌球蛋白
	贮存蛋白	与某些物质结合将其贮存,需要时释放	卵清蛋白、酪蛋白
	保护或防御蛋白	保护机体,防御异体物质侵入	免疫球蛋白、干扰素、凝血酶
	受体蛋白	完成接受和传递信息的功能	视紫质
	毒蛋白	具有毒性的异体蛋白质,可引起机体中毒症状,甚至死亡	蛇毒、病毒蛋白
	调节蛋白	调节生物体的生长和代谢活动	胰岛素、促生长素
	膜蛋白	是生物膜的重要组成部分,完成活细胞的重要生物学功能	细胞色素 c、铁硫蛋白
非活性蛋白	结构蛋白	参与构建机体结构的材料,对生物体起支撑和保护作用	角蛋白、胶原蛋白、弹性蛋白

二、蛋白质的基本结构单位——氨基酸

(一) 氨基酸的结构

氨基酸(amino acid)是组成蛋白质的基本单位,参与蛋白质组成的常见氨基酸有 20 种。天然氨基酸主要是 α-氨基酸,β-氨基酸极少。除脯氨酸、羟脯氨酸外,常见氨基酸的结构特点是分子中与羧基相邻的 α-碳原子上有一个氨基,因而称为 α-氨基酸。它的结构通式为:

$$
\begin{array}{c}
COOH \\
| \\
H—C_\alpha—NH_2 \\
| \\
R
\end{array}
$$

从 α-氨基酸的结构通式可以看出,多数氨基酸只在 α-碳原子上有一个氨基,个别氨基酸如赖氨酸在 α 和 ϵ 位各有一个氨基。脯氨酸、羟脯氨酸是 α-亚氨基酸,没有自由的 α-氨基。各种氨基酸的区别就在于侧链 R 基的不同。形成氨基酸的酸一般为一羧酸,也有二羧酸。部分氨基酸 R 基含有环状结构或其他基团,如胍基、咪唑基、吲哚基或巯基等。

除甘氨酸外,α-氨基酸分子中 α-碳原子是一个不对称性碳原子(asymmetric carbon atom),与碳原子键合的羧基、氨基、R 基和一个氢原子构成四面体,四个不同的取代基有两种可能的空间排列方式,因此氨基酸都有两种立体异构体(stereoisomer):D 型及 L 型。以 D-甘油醛和 L-甘油醛为参照物,α-氨基酸的构型表示为:

$$
\begin{array}{cccc}
COOH & CHO & COOH & CHO \\
| & | & | & | \\
H_2N—C—H & HO—C—H & H—C—NH_2 & H—C—OH \\
| & | & | & | \\
R & CH_2OH & R & CH_2OH \\
\text{L-氨基酸} & \text{L-甘油醛} & \text{D-氨基酸} & \text{D-甘油醛}
\end{array}
$$

天然蛋白质中存在的主要是 L 型氨基酸。

(二) 氨基酸的分类

1. 常见氨基酸

常见氨基酸是参与蛋白质组成的氨基酸,又称为蛋白质氨基酸或基本氨基酸。各种 α-氨基酸的区别在于侧链 R 基不同,按照 R 基的化学结构,20 种常见氨基酸可以分为脂肪族、芳香族和杂环族三类,在脂肪族氨基酸中又可分为一氨基一羧基(中性氨基酸)、一氨基二羧基(酸性氨基酸)、二氨基一羧基(碱性氨基酸)、含羟基、酰胺基及含硫的氨基酸等几小类,表 3-5 中列举了各种氨基酸的名称和结构式,三字母简写符号和单字母简写符号。

表 3-5 常见氨基酸按照 R 基的化学结构分类

类 别	名 称	三字母符号	单字母符号	结构式
脂肪族氨基酸 / 一氨基一羧基氨基酸	甘氨酸 (glycine)	Gly	G	CH_2—COOH | NH_2
	丙氨酸 (alanine)	Ala	A	CH_3—CH—COOH | NH_2
	缬氨酸 (valine)	Val	V	CH_3 | CH—CH—COOH | | CH_3 NH_2
	亮氨酸 (leucine)	Leu	L	CH_3 | CH—CH_2—CH—COOH | | CH_3 NH_2
	异亮氨酸 (isoleucine)	Ile	I	CH_3—CH_2 | CH—CH—COOH | | CH_3 NH_2
一氨基二羧基氨基酸	天冬氨酸 (aspartic acid)	Asp	D	HOOC—CH_2—CH—COOH | NH_2
	谷氨酸 (glutamic acid)	Glu	E	HOOC—CH_2—CH_2—CH—COOH | NH_2
二氨基一羧基氨基酸	精氨酸 (arginine)	Arg	R	CH_2—CH_2—CH_2—CH—COOH | | NH NH_2 | C=NH | NH_2
	赖氨酸 (lysine)	Lys	K	CH_2—CH_2—CH_2—CH_2—CH—COOH | | NH_2 NH_2

类　别		名　称	三字母符号	单字母符号	结构式
脂肪族氨基酸	含羟基氨基酸	丝氨酸 (serine)	Ser	S	CH₂—CH—COOH OH NH₂
		苏氨酸 (threonine)	Thr	T	CH₃—CH—CH—COOH OH NH₂

	含酰胺基氨基酸	天冬酰胺
		(asparagine)
			Asn	N	H₂N—C—CH₂—CH—COOH
					    ‖ NH₂
					    O

		谷氨酰胺
		(glutamine)
			Gln	Q	H₂N—C—CH₂—CH₂—CH—COOH
					    ‖ NH₂
					    O

	含硫氨基酸	半胱氨酸 (cysteine)	Cys	C	CH₂—CH—COOH SH NH₂

		胱氨酸
		(cystine)
			Cys-Cys		S—CH₂—CH—COOH
					         NH₂
					S—CH₂—CH—COOH
					         NH₂

		甲硫氨酸 (蛋氨酸) (methionine)	Met	M	CH₂—CH₂—CH—COOH NH₂ SCH₃
芳香族氨基酸		苯丙氨酸 (phenylalanine)	Phe	F	⬡—CH₂—CH—COOH NH₂
		酪氨酸 (tyrosine)	Tyr	Y	HO—⬡—CH₂—CH—COOH NH₂

杂环族氨基酸		组氨酸
		(histidine)
			His	H	CH=C—CH₂—CH—COOH
					N NH NH₂
					 ＼／
					  C
					  H

		色氨酸 (tryptophan)	Trp	W	⬡—C—CH₂—CH—COOH ‖ NH₂ CH NH
		脯氨酸 (proline)	Pro	P	CH₂—CH₂ CH₂ CH—COOH ＼N／ H
		羟脯氨酸 (hydroxyproline)	Hyp		HO—CH—CH₂ CH₂ CH—COOH ＼N／ H

按照 R 基的极性,常见氨基酸可以分为极性 R 基氨基酸和非极性 R 基氨基酸,极性 R 基氨基酸又可分为不带电荷的极性 R 基氨基酸、带正电荷的极性 R 基氨基酸和带负电荷的极性 R 基氨基酸,表 3-6 中列举了各种氨基酸的侧链极性基团结构式。

表 3-6　常见氨基酸按照 R 基的极性分类(pH 7 时)

	名　称	亲水性的极性 R 基
极性 R 基氨基酸		
不带电荷的极性 R 基氨基酸	甘氨酸	H—
	丝氨酸	$HO-CH_2-$
	苏氨酸	CH_3 $\quad CH-$ HO
	半胱氨酸	$HS-CH_2-$
	天冬酰胺	NH_2-C-CH_2- $\quad\ \ \parallel$ $\quad\ \ O$
	谷氨酰胺	$NH_2-C-CH_2-CH_2-$ $\quad\ \ \parallel$ $\quad\ \ O$
	酪氨酸	$HO-\bigcirc-CH_2-$
带正电荷的极性 R 基氨基酸	赖氨酸	$^+NH_3-CH_2-CH_2-CH_2-CH_2-$
	精氨酸	$NH_2-C-NH-CH_2-CH_2-CH_2-$ $\quad\ \ \parallel$ $\quad\ \ ^+NH_2$
	组氨酸	$HC=C-CH_2-$ $H^+N\quad NH$ $\quad\ C$ $\quad\ H$
带负电荷的极性 R 基氨基酸	天冬氨酸	$^-OOC-CH_2-$
	谷氨酸	$^-OOC-CH_2-CH_2-$

	名　称	疏水性的非极性 R 基
非极性 R 基氨基酸	丙氨酸	CH_3-
	缬氨酸	CH_3 $\quad CH-$ CH_3
	亮氨酸	CH_3 $\quad CH-CH_2-$ CH_3
	异亮氨酸	CH_3CH_2 $\qquad CH-$ $\ \ CH_3$
	脯氨酸	H_2-C-CH_2 $H_2-C\quad CH-$ $\quad\ N^+$ $\quad\ H_2$
	苯丙氨酸	$\bigcirc-CH_2-$

名　称	疏水性的非极性 R 基
色氨酸	（吲哚环）CH_2-
甲硫氨酸	$CH_3-S-CH_2-CH_2-$
胱氨酸	$S-CH_2-$ $\|$ $S-CH_2-$

非极性 R 基氨基酸

2. 不常见氨基酸和非蛋白质氨基酸

（1）不常见氨基酸　除了 20 种常见氨基酸外，在有些蛋白质中还含有不常见氨基酸，它们都是相应的常见氨基酸的衍生物，由它们的前体（脯氨酸和赖氨酸）修饰而来。如弹性蛋白和胶原蛋白中含 5-羟赖氨酸、4-羟脯氨酸；肌球蛋白和组蛋白中含 6-N-甲基赖氨酸等，结构式如下：

$$H_2N-CH_2-CH-CH_2-CH_2-CH-COOH$$
$$OH \qquad\qquad NH_2$$
5-羟赖氨酸

$$CH_3-NH-CH_2-CH_2-CH_2-CH_2-CH-COOH$$
$$NH_2$$
6-N-甲基赖氨酸

（4-羟脯氨酸结构式）
4-羟脯氨酸

（2）非蛋白质氨基酸　近年来从各种组织和细胞中发现的新氨基酸已达 150 多种，这些特有的氨基酸大多是由常见氨基酸衍生而来的，也有 D 型氨基酸和 β、γ、δ 氨基酸，不少新氨基酸的生物学作用还不清楚，有待进一步研究。这些氨基酸中大多数是不参与蛋白质组成的，称为非蛋白质氨基酸。它们以游离或结合状态存在于生物的某些组织或细胞中，如维生素泛酸的组成成分 β-丙氨酸、尿素循环的中间产物鸟氨酸和瓜氨酸、动物细胞中的牛磺酸等，结构式如下：

$$H_2NCH_2CH_2COOH$$
β-丙氨酸

$$HO_3S-CH_2-CH_2-NH_2$$
牛磺酸

$$H_2NCONHCH_2CH_2CH_2CHCOOH$$
$$NH_2$$
L-瓜氨酸

$$H_2NCH_2CH_2CH_2CHCOOH$$
$$NH_2$$
L-鸟氨酸

3. 必需氨基酸和非必需氨基酸

在营养学中，一些氨基酸为人和动物机体维持正常发育和行使功能所必需，但它们不能自身合成而必须由食物中获得，这些氨基酸称为必需氨基酸，如 Val，Leu，Ile，Lys，Thr，Met，Phe，Trp 等 8 种是人体必需氨基酸。Arg 和 His 两种氨基酸在人体中可以合成一部分，但不足以维持正常的生理活动，须由食物提供一部分，这些氨基酸称为半必需氨基酸。动物机体能自身合成的氨基酸称为非必需氨基酸。

（三）氨基酸的性质

1. 氨基酸结晶和溶解性

α-氨基酸可以结晶,晶体呈白色,其形状各不相同,根据晶体形状可以鉴别氨基酸。氨基酸晶体熔点很高,一般在 200℃ 以上。

在水中,胱氨酸、酪氨酸、天冬氨酸和谷氨酸溶解度很小,精氨酸和赖氨酸溶解度特别大(表 3-7)。脯氨酸和羟脯氨酸还能溶于乙醇或乙醚中。

2. 氨基酸的旋光性

正如前述,α-氨基酸的 α-碳是一个不对称碳原子,因而氨基酸具有旋光性(甘氨酸除外),所谓旋光性(optical rotation),即一个氨基酸异构体溶液使偏振光平面向左(逆时针方向)或向右(顺时针方向)旋转的能力,向左旋转记为(一),向右旋转记为(＋)。氨基酸的旋光符号和大小取决于 R 基的性质和测定时溶液的 pH。旋光率(specific rotation)$[\alpha]_D^t$ 是 α-氨基酸的物理常数之一。常见氨基酸的溶解度和旋光性见表 3-7(旋光率的计算参看"糖类"一章)。

表 3-7　常见氨基酸的溶解度和旋光性

氨基酸	25℃（在水中）溶解度/%	旋光性				
		左或右旋*	旋光率	浓度/%	溶　剂	温度/℃
胱氨酸	0.011	一	-212.9	0.99	1.02 mol/L HCl	25
酪氨酸	0.045	一	-7.27	4.0	6.08 mol/L HCl	25
天冬氨酸	0.05	＋	$+24.62$	2.0	6 mol/L HCl	24
谷氨酸	0.84	＋	$+31.7$	0.99	1.73 mol/L HCl	25
色氨酸	1.13	一	-32.15	2.07	水	26
苏氨酸	1.59	一	-28.3	1.1	水	20
亮氨酸	2.19	＋	$+13.91$	9.07	4.5 mol/L HCl	25
苯丙氨酸	2.96	一	-35.1	1.93	水	20
甲硫氨酸	3.38	＋	$+23.4$	5.0	3 mol/L HCl	20
异亮氨酸	4.12	＋	$+40.6$	5.1	6.1 mol/L HCl	25
组氨酸	4.29	一	-39.2	3.77	水	25
丝氨酸	5.02	＋	$+14.5$	9.34	1 mol/L HCl	25
缬氨酸	8.85	＋	$+28.3$	3.40	6 mol/L HCl	20
丙氨酸	16.51	＋	$+14.47$	10.0	5.97 mol/L HCl	25
甘氨酸	24.99	无				
羟脯氨酸	36.11	一	-75.2	1.0	水	22.5
脯氨酸	62.30	一	-85.0	1.0	水	20
精氨酸	易溶	＋	$+25.58$	1.66	6 mol/L HCl	23
赖氨酸	易溶	＋	$+25.72$	1.64	6.08 mol/L HCl	25

＊"一"表示左旋,"＋"表示右旋。

旋光性物质在化学反应中,只要其不对称原子经过对称状态的中间阶段,便发生消旋作用,转变为 D 型及 L 型的等摩尔混合物,称外消旋物(racemate)。蛋白质在碱中加热水解或用一般的有机合成方法人工合成氨基酸时，得到的氨基酸都是无旋光性的 DL-消旋物。

苏氨酸和异亮氨酸除了 α-碳原子是不对称碳原子外，还有一个不对称碳原子，可以有四种光学异构体，分别称为 L-、D-、L-别-(L-allo-)、D-别-(D-allo-)氨基酸，其中 L-和 D-氨基酸、L-别-和 D-别-氨基酸分别为一对对映体。如苏氨酸的四种光学异构体如下式表示：

L-苏氨酸　D-苏氨酸　L-别-苏氨酸　D-别-苏氨酸

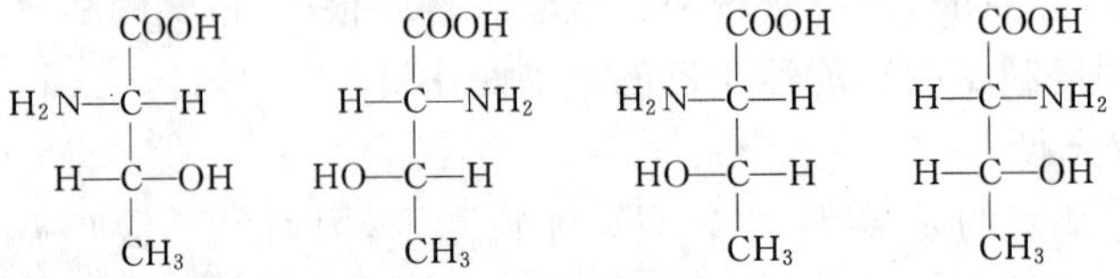

实验发现在蛋白质中只有 L-苏氨酸。

胱氨酸分子中两个不对称碳原子是相同的，当两个不对称碳原子的构型互为镜像时，分子内部旋光性互相抵消，为无旋光性的氨基酸，这种胱氨酸异构体称为内消旋胱氨酸(meso-cystine)。所以胱氨酸可以有三种光学异构体：L 型、D 型和内消旋胱氨酸，表示为：

L-胱氨酸　D-胱氨酸　内消旋胱氨酸

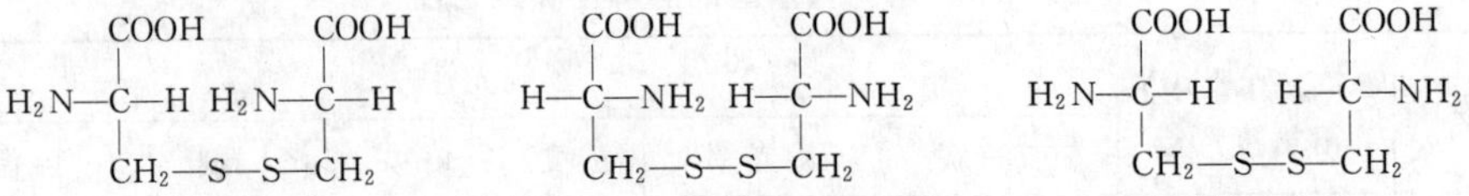

3. 氨基酸的紫外吸收

参与蛋白质组成的 20 种氨基酸在可见光区都没有光吸收，在波长小于 220 nm 的远紫外区均有光吸收，在 220～300 nm 近紫外区只有 R 基含有苯环共轭 π 键的酪氨酸、苯丙氨酸和色氨酸有光吸收。蛋白质由于含有这些氨基酸，所以也有紫外吸收能力。

4. 氨基酸的极性

氨基酸 R 基的极性影响氨基酸的性质，表 3-6 中将氨基酸分为 4 组：

(1) 非极性 R 基氨基酸　这组氨基酸 R 基侧链为脂肪烃、芳香环的氨基酸，含硫氨基酸(甲硫氨酸)和亚氨基酸(脯氨酸)，它们在水中的溶解度相对小。

(2) 不带电荷的极性 R 基氨基酸　这组氨基酸 R 基侧链中含有羟基、酰胺基或巯基等不解离的极性基团，能与水形成氢键，比非极性 R 基氨基酸易溶于水。

(3) 带正电荷的极性 R 基氨基酸　是一组碱性氨基酸，在 pH 7 时携带正电荷，有赖氨酸、精氨酸和组氨酸。赖氨酸除 α-氨基外，在脂肪链上还有一个 ε-氨基，精氨酸含有一个带正电荷的胍基，组氨酸有一个弱碱性的咪唑基。组氨酸是唯一一个 R 基的 pK 值在 7 附近的氨基酸。

(4) 带负电荷的极性 R 基氨基酸　是一组酸性氨基酸，有天冬氨酸和谷氨酸，它们的分子中都含有两个羧基，并且第二个羧基在 pH 6～7 范围内完全解离，分子带负电荷。

5. 氨基酸的两性本质

(1) 氨基酸的两性离子形式　氨基酸分子中同时含有酸性的羧基(—COOH)和碱性的氨基($—NH_2$)，因此它是两性电解质。它的—COOH 可解离释放 H^+ 而变为$—COO^-$，$—NH_2$可结合 H^+ 而变为$—NH_3^+$，这时氨基酸分子成为同时带有正、负两种电荷的两性离子(又称为兼性离子)，如下式所示：

$$R-\underset{\underset{H}{|}}{\overset{\overset{NH_2}{|}}{C}}-COOH \rightleftharpoons R-\underset{\underset{H}{|}}{\overset{\overset{\overset{+}{N}H_3}{|}}{C}}-COO^-$$

氨基酸　　　　　两性离子

在中性水溶液中或从中性水溶液中结晶的氨基酸都是以两性离子形式存在。

（2）氨基酸的两性解离和等电点　氨基酸的羧基和氨基的解离程度受溶液 pH 的影响，氨基酸在水中的两性离子既可作为质子供体，起酸的作用：

$$R-\underset{\underset{H}{|}}{\overset{\overset{\overset{+}{N}H_3}{|}}{C}}-COO^- \rightleftharpoons R-\underset{\underset{H}{|}}{\overset{\overset{NH_2}{|}}{C}}-COO^-+H^+$$

也可作为质子受体，起碱的作用：

$$R-\underset{\underset{H}{|}}{\overset{\overset{\overset{+}{N}H_3}{|}}{C}}-COO^-+H^+ \rightleftharpoons R-\underset{\underset{H}{|}}{\overset{\overset{NH_3}{|}}{C}}-COOH$$

如果向氨基酸溶液中滴加酸（H^+），氨基酸两性离子则作为 H^+ 的受体，它的—COO^- 接受 H^+，自身变为正离子，此时溶液中氨基酸的[正离子]＞[负离子]；如果向氨基酸溶液中滴加碱（OH^-），氨基酸两性离子的—NH_3^+ 解离出一个 H^+，与 OH^- 结合生成 H_2O，自身则变为负离子，此时溶液中氨基酸的[负离子]＞[正离子]。溶液在某一酸碱度时，氨基酸的羧基和氨基的解离度完全相等，此时氨基酸分子所带的净电荷为零，处于等电两性离子的状态，这时溶液的 pH 就称为该氨基酸的等电点（isoelectric point，简称 pI）。处于等电点的氨基酸在电场中不移动，此时氨基酸的溶解度也最小。不同氨基酸由于所带的可解离基团不同，等电点也不同。

$$\underset{\substack{\text{正离子}\\(pH<pI)}}{H_3\overset{+}{N}-\underset{\overset{|}{R}}{\overset{|}{C}}H-COOH} \xleftarrow{H^+} \underset{\substack{\text{两性离子}\\(pH=pI)}}{H_3\overset{+}{N}-\underset{\overset{|}{R}}{\overset{|}{C}}H-COO^-} \xrightarrow[-H_2O]{+OH^-} \underset{\substack{\text{负离子}\\(pH>pI)}}{H_2N-\underset{\overset{|}{R}}{\overset{|}{C}}H-COO^-}$$

（3）氨基酸的滴定曲线　氨基酸的两性解离特性使氨基酸既可被酸又可被碱滴定，从氨基酸的酸碱滴定曲线可以清楚地说明氨基酸的羧基和氨基在不同 pH 环境中的解离度。

氨基酸完全质子化时，可以看成是多元酸，如侧链 R 基不解离的中性氨基酸可看做二元酸，酸性氨基酸和碱性氨基酸可看做三元酸。现以最简单的氨基酸——甘氨酸为例说明氨基酸的解离情况，甘氨酸的两步解离反应式如下：

$$\underset{\text{阳离子}(A^+)}{H_3\overset{+}{N}-\underset{\overset{|}{H}}{\overset{\overset{|}{COOH}}{C}}-H} \underset{+H^+}{\overset{K_1'}{\rightleftharpoons}} \underset{\text{两性离子}(A^0)}{H_3\overset{+}{N}-\underset{\overset{|}{H}}{\overset{\overset{|}{COO^-}}{C}}-H} \underset{+H^+}{\overset{K_2'}{\rightleftharpoons}} \underset{\text{阴离子}(A^-)}{H_2N-\underset{\overset{|}{H}}{\overset{\overset{|}{COO^-}}{C}}-H}$$

第一步解离：

$$K_1' = \frac{[A^0][H^+]}{[A^+]} \tag{3-1}$$

第二步解离：

$$K_2' = \frac{[A^-][H^+]}{[A^0]} \tag{3-2}$$

在公式(3-1)中 K_1' 为—COOH 的表观解离常数(apparent dissociation constant)，公式 (3-2)中 K_2' 为—NH_3^+ 的表观解离常数，它们是在特定的溶液浓度、pH 和离子强度等条件下测得的。如果侧链 R 基上有可解离基团，其表观解离常数用 K_R' 表示。解离常数按照其酸性递减的顺序依次编号为 K_1'，K_2'，等等。

氨基酸的表观解离常数，可以通过实验绘制氨基酸的滴定曲线(解离曲线)，然后从中求得。当 1 mol 甘氨酸溶于水中，溶液 pH 约等于 6,用标准盐酸进行滴定,以加入盐酸的摩尔数对溶液的 pH 作图,得到滴定曲线 A(图 3-1),当滴定到$[A^+]=[A^0]$时,由公式(3-1)可得到 $K_1'=[H^+]$,则 $pK_1'=pH$,这就是曲线 A 转折点处的 pH 2.34,即 $pK_1'=2.34$;甘氨酸溶液用标准氢氧化钠滴定,以加入氢氧化钠的摩尔数对溶液的 pH 作图,得到滴定曲线 B,当滴定至 $[A^0]=[A^-]$时,由公式(3-2)可以得到 $pK_2'=pH$,这就是曲线 B 转折点处的 pH 9.60,即 $pK_2'=9.60$;在曲线 A 和曲线 B 之间的转折点处甘氨酸所带净电荷为零,此处的 pH 即甘氨酸的 pI。

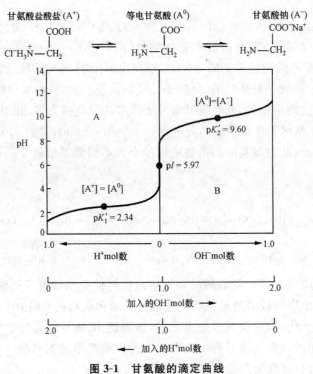

图 3-1　甘氨酸的滴定曲线
A. 用酸滴定的曲线；B. 用碱滴定的曲线

甘氨酸的滴定曲线代表 R 基不解离的一氨基一羧基氨基酸的两性解离情况,这类氨基酸的 pK_1' 在 2.0~3.0 范围内,pK_2' 在 9.0~10.0 范围内(表 3-8)。对于 R 基解离的氨基酸的滴定曲线比较复杂,它们相当于三元酸,滴定曲线分为三部分,对应有三个 pK'。

氨基酸在 pK' 附近表现出明显的缓冲容量,从表 3-8 中看到 20 种常见氨基酸,除组氨酸外,pK' 值都不在 pH 7 附近,所以在生理状态下这些氨基酸都没有明显的缓冲能力,只有组氨酸咪唑基的 pK' 为 6,在 pH 7 附近有明显的缓冲作用,这个性质在血红蛋白运输 O_2 和

CO_2 过程中起着重要作用。

(4) 甲醛滴定法 甲醛滴定法(formol titration)是测定氨基酸常用的方法。氨基酸在酸碱滴定时遇到的问题是氨基酸的 pK' 过高或过低,没有合适的指示剂显示滴定终点。在室温和中性 pH 条件下,向氨基酸溶液中加入过量的甲醛,由于甲醛与氨基酸中的 α-氨基反应生成二羟甲基衍生物(见反应式),降低了氨基的碱性,相应地增强了—NH_3^+ 的酸性解离,氢氧化钠滴定时—NH_3^+ 的 pK' 降低了 2~3 个 pH 单位,即 pK' 从 9.60 降到 7,滴定曲线由 B 降低到 C,滴定终点由 pH 12 左右降至 9 附近(图 3-2),正好是酚酞指示剂的变色范围(8.2~10)。用氢氧化钠滴定释放出的 H^+(1 个 H^+ 相当于 1 个氨基酸),从而可以计算出氨基酸量。

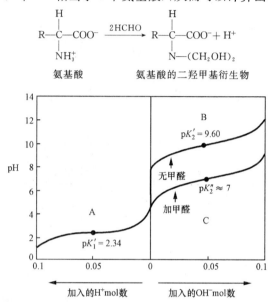

图 3-2 加甲醛后甘氨酸滴定曲线的变化
A. 用酸滴定的曲线;B. 用碱滴定的曲线;C. 加入甲醛后用碱滴定的曲线

(5) 计算氨基酸各种离子的比例 根据 Handerson-Hasselbalch 公式:

$$\text{pH} = \text{p}K' + \lg\frac{[\text{质子受体}]}{[\text{质子供体}]} \tag{3-3}$$

如果已知氨基酸各步解离的表观解离常数,可以计算出在某一 pH 条件下氨基酸各种离子的比例。

(6) pI 与 pK' 的关系

中性氨基酸 以甘氨酸解离为例,将公式(3-1)和(3-2)相乘,得到

$$K_1' \cdot K_2' = \frac{[\text{A}^0][\text{H}^+]}{[\text{A}^+]} \cdot \frac{[\text{A}^-][\text{H}^+]}{[\text{A}^0]}$$

当甘氨酸处于等电点时,$[\text{A}^+]=[\text{A}^-]$,则

$$K_1' \cdot K_2' = [\text{H}^+]^2$$

等式两边取对数,得到

$$\lg[\text{H}^+] = \frac{1}{2}\lg(K_1' \cdot K_2') = \frac{1}{2}(\lg K_1' + \lg K_2')$$

即

$$\text{pH} = \frac{1}{2}(\text{p}K_1' + \text{p}K_2')$$

氨基酸处于等电点时溶液的 pH 用 pI 表示,所以

$$pI = \frac{1}{2}(pK_1' + pK_2') \qquad (3\text{-}4)$$

所以甘氨酸的等电点

$$pI = \frac{1}{2} \times (2.34 + 9.60) = 5.97$$

碱性氨基酸

$$pI = \frac{1}{2}(pK_2' + pK_R') \qquad (3\text{-}5)$$

酸性氨基酸

$$pI = \frac{1}{2}(pK_1' + pK_R') \qquad (3\text{-}6)$$

从公式(3-4)~(3-6)可以看出,等电点只与等电两性离子 A^0 两侧的 pK'有关。求氨基酸的等电点 pI 时,只要写出该氨基酸的解离方程式,取两性离子两边的 pK'的平均值即为 pI。

表 3-8 中列出了常见氨基酸的解离常数和等电点。

表 3-8　常见氨基酸的 pK'和 pI 值[*]

氨基酸	pK_1'(α-COOH)	pK_2'(α-NH$_3^+$)	pK_R'(R 基)	pI
甘氨酸	2.34	9.60		5.97
丙氨酸	2.34	9.69		6.02
缬氨酸	2.32	9.62		5.97
亮氨酸	2.36	9.60		5.98
异亮氨酸	2.36	9.68		6.02
天冬氨酸	2.09	9.82	3.86(β-COOH)	2.97
天冬酰胺	2.02	8.80		5.41
谷氨酸	2.19	9.67	4.25(γ-COOH)	3.22
谷氨酰胺	2.17	9.13		5.65
精氨酸	2.17	9.04	12.48(胍基)	10.76
赖氨酸	2.18	8.95	10.53(ϵ-NH$_3^+$)	9.74
半胱氨酸	1.71	10.78	8.33(—SH)	5.02
甲硫氨酸	2.28	9.21		5.75
丝氨酸	2.21	9.15		5.68
苏氨酸	2.63	10.43		6.53
苯丙氨酸	1.83	9.13		5.48
酪氨酸	2.20	9.11	10.07(—OH)	5.66
组氨酸	1.82	9.17	6.00(咪唑基)	7.59
色氨酸	2.38	9.39		5.89
脯氨酸	1.99	10.60		6.30

[*] 除半胱氨酸是在 30℃测定数值外,其他氨基酸都是在 25℃测定数值。

(四) 氨基酸的重要化学反应

1. 氨基酸间的成肽反应

一个氨基酸的氨基与另一个氨基酸的羧基可以缩合成肽，两个氨基酸之间形成的酰胺键称为肽键。反应式如下：

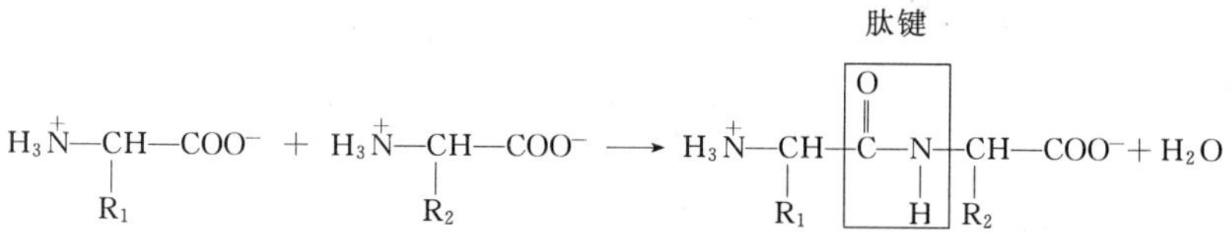

氨基酸 1　　氨基酸 2　　二肽

2. 与茚三酮的反应

茚三酮(ninhydrin)反应是 α-氨基的特异反应。当茚三酮与 α-氨基酸在弱酸性溶液中加热反应时，形成蓝紫色化合物，其反应式如下：

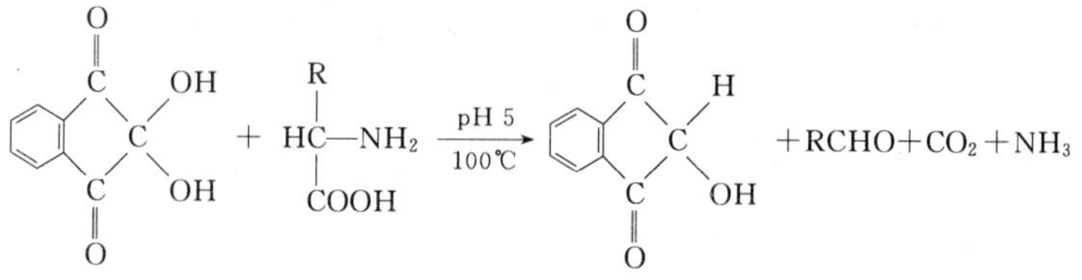

茚三酮（水合）　　氨基酸　　还原茚三酮

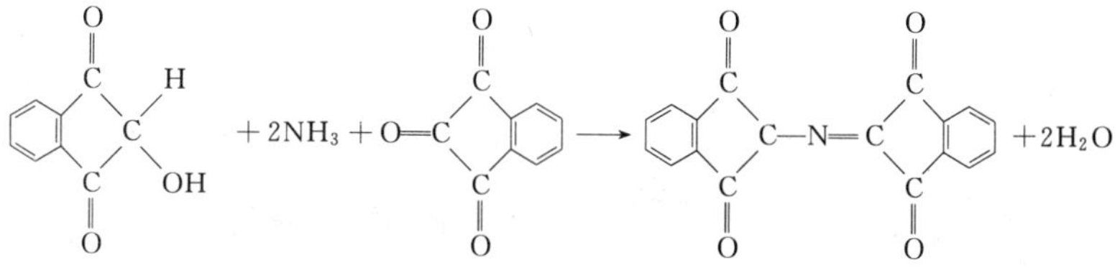

还原茚三酮　　茚三酮　　蓝紫色物

此反应可以用来鉴定氨基酸或定量测定氨基酸。脯氨酸和羟脯氨酸与茚三酮反应直接生成亮黄色化合物。

3. 与 2,4-二硝基氟苯的反应(Sanger 反应)

在弱碱性溶液中，氨基酸 α-氨基的一个氢原子被 2,4-二硝基氟苯(2,4-dinitrofluro-benzene,DNFB 或 1-fluoro-2,4-dinitrobenzene,FDNB)取代，生成稳定的黄色 2,4-二硝基苯氨基酸(DNP-氨基酸)。此反应首先被英国的 Sanger 用来鉴定多肽链的 N-末端氨基酸。其反应式如下：

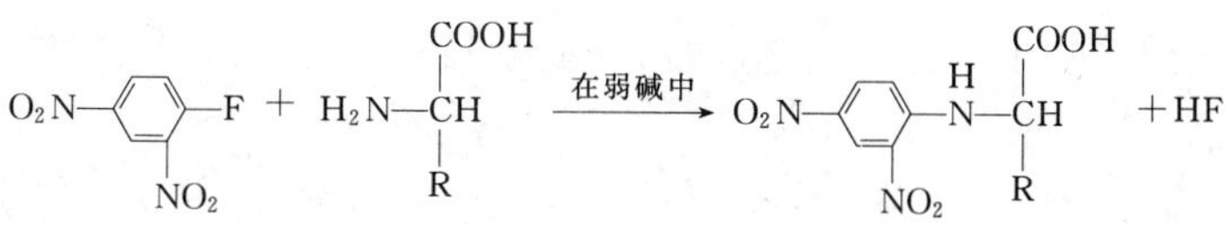

4. 与丹磺酰氯的反应

丹磺酰氯(dansyl chloride,DNS-Cl)是 5-二甲基氨基萘-1-磺酰氯(5-dimethylaminonaphthalene-1-sulfonyl chloride)的简称，它与氨基酸的 α-氨基反应，将氨基酰基化，生成有荧光的 DNS-氨基酸，此反应可用于多肽链的 N-末端氨基酸的鉴定和微量氨基酸的定量测定。其反应式如下：

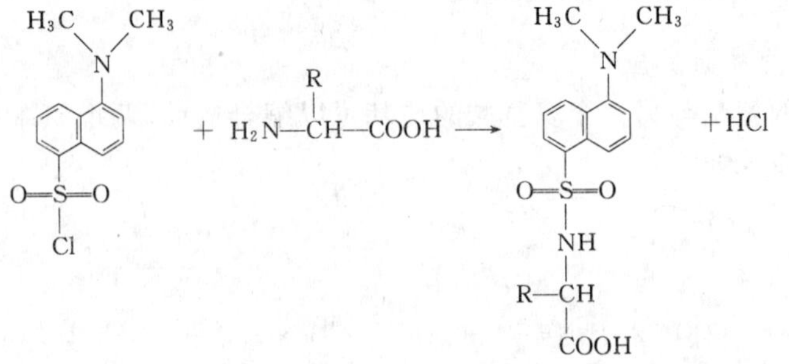

DNS　　　　　　　　　　　　　　　DNS-氨基酸(有荧光)

5. 与苯异硫氰酸酯的反应(Edman 反应)

在弱碱性条件下,苯异硫氰酸酯(phenylisothiocyanate,PITC)与氨基酸的 α-氨基反应生成苯氨基硫甲酰氨基酸(PTC-氨基酸),在硝基甲烷和酸的作用下,PTC-氨基酸发生环化生成苯乙内酰硫脲氨基酸(PTH-氨基酸),这些衍生物是无色的,可用层析法加以分离鉴定。瑞典科学家 Edman 首先使用这个反应鉴定多肽链 N-末端氨基酸的种类,它是多肽和蛋白质氨基酸序列分析的重要方法。

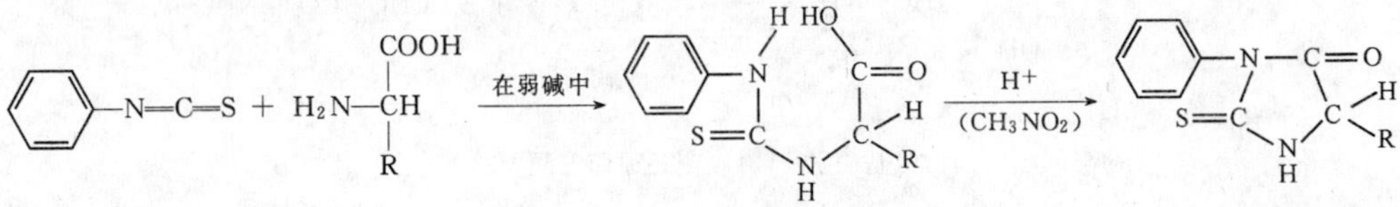

苯异硫氰酸酯　　　　　　　　　苯氨基硫甲酰氨基酸　　　　　　苯乙内酰硫脲氨基酸
　　　　　　　　　　　　　　　　(PTC-氨基酸)　　　　　　　　(PTH-氨基酸)

(五) 氨基酸的分离和分析

氨基酸混合物的分离和分析方法有分配柱层析、纸层析、薄层层析、离子交换柱层析、气液层析和高效液相层析等。这里着重介绍纸层析和离子交换柱层析。

1. 纸层析

(滤)纸层析法(paper chromatography)是一种"古老"的方法。但由于操作简便,不需要特殊仪器设备,消耗样品量少,所以它仍有一定的应用价值,对氨基酸等小分子物质的分离能得到比较满意的结果。

纸层析是最简单的液-液分配层析,采用滤纸作为支持物。当支持物被水饱和时,大部分水分子被滤纸的纤维素牢牢吸附,因此,纸及其饱和水是层析的固定相,与固定相不相混溶的有机溶剂为层析的流动相。如果有多种物质存在于固定相和流动相之间,将随着流动相的移动进行连续的、动态的不断分配。由于各种物质分配系数的差异,移动速度就不一样,分配系数大的组分在纸上迁移的速度慢,分配系数小的组分迁移的速度快,最后不同的组分可以彼此分开。

纸层析的操作方法是将氨基酸混合物点在滤纸的一个角上,称原点。然后在密闭的容器中用一种溶剂系统(如丁醇-乙酸)沿滤纸的一个方向进行展层(development)。烘干滤纸后,旋转 $90°$,再用另一种溶剂系统(如苯酚-甲酚-水)进行第二向展层。由于各种氨基酸在两个溶剂系统中具有不同的 R_f 值,因此就彼此分开,分布在滤纸的不同区域。当用茚三酮溶液显色时,得到一个双向纸层析谱(two-dimensional paper chromatogram)(图 3-3)。如果混合物中所含的氨基酸种类较少,并且其 R_f 值彼此相差较大,则在一个溶剂系统中进行单向层析即可。

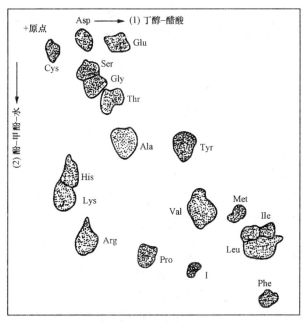

图 3-3　氨基酸的双向纸层析图谱

在纸层析中,从原点至氨基酸停留点的距离(X)与原点至溶剂前沿的距离(Y)之比,即 $\dfrac{X}{Y}$ 称为 R_f 值,即相对迁移率(图 3-4)。只要溶剂系统、温度、湿度和滤纸型号等实验条件确定,则每种氨基酸的 R_f 值是恒定的,据此可以鉴定氨基酸。纸层析法也用于氨基酸的定量测定。

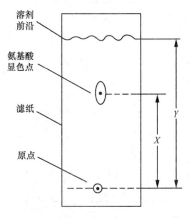

图 3-4　纸层析中的 R_f 值,$R_f = \dfrac{X}{Y}$

2. 离子交换层析

离子交换层析(ion-exchange column chromatography)是一种用离子交换树脂做支持物的层析法。

离子交换树脂是具有酸性或碱性基团的人工合成聚苯乙烯-苯二乙烯（polystyrenedi-vinylbenzene）等不溶性高分子化合物。聚苯乙烯-苯二乙烯是由苯乙烯（单体）和苯二乙烯（交联剂）进行聚合和交联反应生成的具有网状结构的高聚物。它是离子交换树脂的基质（matrix），带电基团是通过后来的化学反应引入基质的。树脂一般都制成球形的颗粒。

阳离子交换树脂含有的酸性基团如—SO_3H（强酸型）或—COOH（弱酸型）可解离出 H^+，当溶液中含有其他阳离子时，例如，在酸性环境中的氨基酸阳离子，它们可以和 H^+ 发生交换而结合在树脂上。同样阴离子交换树脂含有的碱性基团如—$N(CH_3)_3OH$（强碱型）或—NH_3OH（弱碱型）可解离出 OH^-，能和溶液里的阴离子，例如，和碱性环境中的氨基酸阴离子发生交换而结合在树脂上：

$$
\begin{matrix}
\text{树脂—}SO_3^-\cdot H^+\text{（氢型）} \\
\text{或} \\
\text{树脂—}SO_3^-\cdot Na^+\text{（钠型）}
\end{matrix}
+
\underset{(pH<pI)}{\overset{\overset{+}{N}H_3}{R-CH-COOH}}
\ \rightleftharpoons\
\text{树脂—}SO_3^-\cdot \overset{+}{N}H_3 \\ R-CH-COOH
+
\begin{matrix}
H^+ \\
\text{或} \\
Na^+
\end{matrix}
$$

$$
\begin{matrix}
\text{树脂—}NR_3^+\cdot OH^-\text{（氢氧型）} \\
\text{或} \\
\text{树脂—}NR_3^+\cdot Cl^-\text{（氯型）}
\end{matrix}
+
\underset{(pH>pI)}{\overset{NH_2}{R-CH-COO^-}}
\ \rightleftharpoons\
\text{树脂—}NR_3^+\cdot {}^-OOC-CH-R \\ NH_2
+
\begin{matrix}
OH^- \\
\text{或} \\
Cl^-
\end{matrix}
$$

分离氨基酸混合物经常使用强酸型阳离子交换树脂。在交换柱中，树脂先用碱处理成钠型，将氨基酸混合液（pH 2~3）上柱。在 pH 2~3 时，氨基酸主要以阳离子形式存在，与树脂上的钠离子发生交换而被"挂"在树脂上。氨基酸在树脂上结合的牢固程度即氨基酸与树脂间的亲和力，主要决定于它们之间的静电吸引，其次是氨基酸侧链与树脂基质聚苯乙烯之间的疏水相互作用。在 pH 3 左右，氨基酸与阳离子交换树脂之间的静电吸引的大小次序是碱性氨基酸（A^{2+}）＞中性氨基酸（A^+）＞酸性氨基酸（A^0）。因此氨基酸的洗出顺序大体上是酸性氨基酸、中性氨基酸，最后是碱性氨基酸。由于氨基酸和树脂之间还存在疏水相互作用，所以氨基酸的全部洗出顺序（分离图谱）如图 3-5 所示。为了使氨基酸从树脂柱上洗脱下来，需要降低它们之间的亲和力，有效的方法是逐步提高洗脱剂的 pH 和盐浓度（离子强度），这样各种氨基酸将以不同的速度被洗脱下来。目前已有全部自动化的氨基酸分析仪（amino acid analyzer）。氨基酸分析仪的图解见图 3-6。

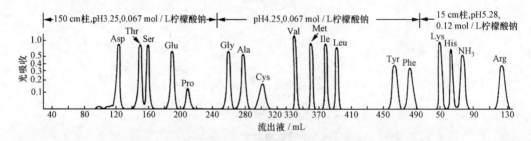

图 3-5　氨基酸自动分析仪记录的氨基酸混合物分析结果

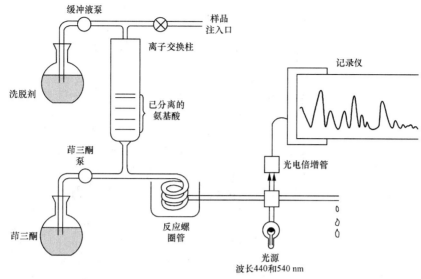

图 3-6 氨基酸分析仪的图解

三、蛋白质的分子结构

　　蛋白质是由氨基酸通过肽键连接而成的生物大分子。20 种常见氨基酸以不同数量按照一定排列顺序组成不同的蛋白质,其相对分子质量通常在 5000 以上,有的可达数十万甚至上百万。蛋白质分子的种类繁多,结构复杂,根据长期对蛋白质结构研究的结果,将蛋白质结构人为地分为一级结构(primary structure)、二级结构(secondary structure)、三级结构(tertiary structure)和四级结构(quarternary structure)几个层次。随着蛋白质结构分析方法如 X 射线衍射、核磁共振、荧光偏振和圆二色性光谱等技术的发展,使人们对蛋白质结构的研究不断深入,目前认为在二级结构和三级结构之间还存在超二级结构(supersecondary structure)和结构域(structural domain)。表 3-9 简单地概括了这几个层次的主要内容。

表 3-9 蛋白质结构层次的基本概念

蛋白质的结构层次	各结构层次的基本概念
一级结构	蛋白质多肽链中氨基酸的连接方式和排列顺序
二级结构	主要指蛋白质多肽链借助主链上的氢键盘绕折叠而形成的具有周期性的构象,还有少数转角、凸起和无规则卷曲等构象形式
超二级结构	相邻的二级结构单元在侧链基团非共价键的作用下彼此靠近而形成的规则的聚集体
结构域	多肽链折叠成局部结构紧密的近似球形的区域,是多肽链中相对独立的结构单位
三级结构	多肽链经过盘绕折叠而形成复杂的空间构象,包括肽链中所有原子的空间排列方式
四级结构	蛋白质的亚基缔合成具有生物学功能的蛋白质大分子的方式

　　蛋白质二、三、四级结构又称为三维结构、空间结构、高级结构或构象。构象(conformation)是指相同结构式和相同构型的化合物中,与碳原子相连的各原子或取代基团在共价键旋转时形成的多种相对空间排布。构象的改变不需要共价键的断裂和重新形成,只需单键

旋转方向或角度改变即可,会涉及氢键的形成和破坏。在这里要注意构象与构型(configuration)在概念上的区别,构型是指不对称碳原子上连接的四个不同取代基团的空间排布,只有两种可能的四面体形式,即两种构型:D 型和 L 型,构型的转变必定伴随着共价键的断裂和重组。

(一) 维持蛋白质构象的作用力

维持蛋白质构象的作用力主要是氢键、范德华力、疏水相互作用和离子键等非共价键,还常含有二硫键(图 3-7);此外在某些蛋白质分子中还有配位键和酯键的存在。非共价键的键能较低,稳定性较差,但它们在蛋白质分子中存在的数量相当大,尤其是氢键,所以对蛋白质构象的形成和稳定起着重要的作用;二硫键在稳定蛋白质构象中所起的作用也是举足轻重的。

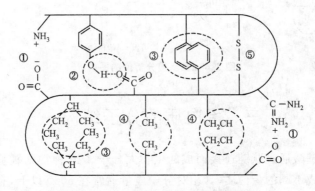

图 3-7　稳定蛋白质构象的主要作用力
① 离子键;② 氢键;③ 疏水相互作用;④ 范德华力;⑤ 二硫键

1. 氢键

蛋白质分子中含有大量的氢键,即多肽链中负电性很强的氮原子或氧原子的孤对电子与 N—H 或 O—H 的氢原子间的相互吸引力,另外溶液中水分子也能与多肽链之间形成氢键。蛋白质表面的侧链形成大量氢键,虽然氢键为弱键,但由于数量极大,所以在稳定蛋白质高级结构中起着重要作用。

2. 范德华力

范德华力一般是指原子、基团或分子间的短程作用力。当两个非键合原子的距离等于两个原子的范德华半径之和时,范德华力达到最大,它是一种很弱的作用力。在蛋白质分子中范德华力的数量也较大,且具有加和性,因此也是形成和稳定蛋白质构象的一种不可忽视的作用力。

3. 疏水相互作用

指蛋白质分子中非极性的疏水基团之间的相互作用,即疏水基团趋向于避开水相,彼此相互靠近聚集在一起,藏于蛋白质分子构象内部,对形成和稳定构象也起着重要作用。

4. 离子键

也称盐键,是正电荷和负电荷之间的静电作用。蛋白质分子中的某些极性氨基酸残基如 Lys、Arg、His、Asp 和 Glu 在生理 pH 条件下,其侧链基团带正电荷或负电荷,它们之间可以形成离子键。蛋白质分子中离子键数量较少,主要在侧链上起作用。离子键可以受微环境、溶剂和盐浓度的影响。

5. 二硫键

由蛋白质分子中两个 Cys 残基的巯基氧化形成,是一种共价键结构(—S—S—),形成二硫键的半胱氨酸残基可以在同一条肽链上,也可以不在一条肽链上,在绝大多数情况下,二硫键是在多肽链的 β 转角附近形成,它对于稳定蛋白质的构象和维持蛋白质生物活性起着重要作用。

(二) 蛋白质的一级结构

蛋白质的一级结构又称为共价结构、化学结构,是指肽链中的氨基酸连接方式和排列顺序,它是蛋白质分子高级结构的基础。

1. 蛋白质一级结构的形成

肽链由多个氨基酸残基组成,其基本连接方式是一个氨基酸残基的 α-羧基与另一个残酸的 α-氨基共价缩合去掉一个分子水后所形成的肽键(peptide bond),—CO—NH—。两个氨基酸残基组成最简单的二肽,其中只包含一个肽键。可以把含有 3 个、4 个、5 个……氨基酸残基的肽段称为三肽、四肽、五肽……,通常把含几个至十几个氨基酸残基的肽链称为寡肽(oligopeptide),将更长的肽链称为多肽(polypeptide),这种以氨基酸残基个数对多肽的区分并不严格。肽链中的氨基酸在形成肽键时失去水,已经不完整,因此称为氨基酸残基(amino acid residue)。肽链带自由氨基的一端称氨基末端(或 N-末端),带自由羧基的一端称羧基末端(或 C-末端)。这两个游离的末端基团有时连接而成环状肽(cyclic peptide),一般蛋白质的肽链为开链(有两个末端),抗生素中一些小肽为环链(无末端)。肽链可用以下通式表示:

$$NH_2—\overset{\overset{R}{|}}{CH}CO—(NH—\overset{\overset{R}{|}}{CH}CO)_n—NH—\overset{\overset{R}{|}}{CH}—COOH$$

N-末端　　　　　　多肽　　　　　　C-末端
R 代表不同的侧链基团

从通式中可以看出,肽链结构中有主链和侧链之分。主链骨架是由—N—$C_α$—C—单位有规律地重复排列而成。肽链中氨基酸的 R 基类型、数量和排列顺序是不同的。

肽键理论的形成是在蛋白质呈阳性双缩脲反应和人工合成肽的基础上确立的。已知双缩脲反应阳性的化合物分子中都含两个或两个以上酰胺(—CO—NH—)原子团。蛋白质溶液呈强烈的阳性双缩脲反应,显然分子中也含有—CO—NH—原子团,因此在 1888 年,Д. Я. Данилевский 在双缩脲反应的基础上提出蛋白质分子中氨基酸是由肽键(酰胺键)相连接的理论。1902 年,E. Fischer 人工合成了 18 肽,证实并发展了 Данилевский 的理论。近代生物化学家和有机化学家已成功地合成了有生物活性的催产素、胰岛素和其他肽类激素,现在公认肽键是蛋白质分子中氨基酸连接的基本方式。

肽的命名是根据参与组成的氨基酸残基来确定的,规定从肽链的 N-末端氨基酸残基开始,称为某氨基酰某氨基酰……某氨基酸。多肽链在书写时通常是 N-末端在左,C-末端在右,用氨基酸中文名称的字头、单字母符号或三字母符号从 N-末端氨基酸残基至 C-末端氨基酸残基表示,中间用"·"或"-"隔开,如舒缓激肽为 Arg-Pro-Pro-Gly-Phe-Ser-Pro-Phe-Arg。

2. 蛋白质一级结构的测定

(1) 蛋白质一级结构测定的基本步骤

1953 年,F. Sanger 等首次测定了胰岛素的氨基酸排列顺序。长期的研究证实,蛋白质的一级结构对于蛋白质分子的构象及其生物学功能至关重要。近年来由于蛋白质序列仪

(protein sequenator)的应用,可以一次连续测定近百个氨基酸的排列顺序,使蛋白质一级结构的研究进程大大加快。

蛋白质一级结构研究包括蛋白质的氨基酸组成、氨基酸排列顺序、二硫键位置、肽链数目、末端氨基酸的种类等,其测定的基本步骤是:

① 首先获得一定量的纯蛋白质样品,一般纯度要求在97%以上;杂蛋白含量在5%以上会给序列测定带来困难。通常序列测定样品纯度是以电泳时呈现一条带及单一的末端氨基酸残基为标准。

② 测定蛋白质样品的相对分子质量,常用凝胶过滤、SDS-聚丙烯酰胺凝胶电泳和蛋白质沉降等方法。

③ 根据蛋白质多肽链末端氨基酸残基的种类、摩尔数和蛋白质相对分子质量确定多肽链的数目。如果蛋白质是由多条肽链组成,可用高浓度变性剂(如 8 mol/L 尿素)、解聚剂(如 SDS)打开多肽链之间的非共价键,将多肽链拆分。如果几条多肽链之间有二硫键共价交联,用适当的化学反应断裂二硫键。最常使用的方法是用过量的巯基乙醇还原二硫键,在反应系统中还需加入变性剂(脲、胍等),将蛋白质变性,肽链处于松散状态,还原试剂能够直接作用于蛋白质分子内部的二硫键并使之断裂,然后用烷基化试剂将巯基保护起来,防止巯基被重新氧化。肽链拆分后,可用 SDS-聚丙烯酰胺凝胶电泳、N-末端测定和高效液相色谱(HPLC)等方法确定肽链的种类。若肽链种类不同,需要将各种肽链分离纯化,方法与蛋白质分离纯化相同;若各肽链相同,可省略分离纯化步骤。

④ 测定每条多肽链的氨基酸组成、N-末端和 C-末端氨基酸残基。

⑤ 用专一性的蛋白质水解酶或化学试剂,使多肽链在特定的部位断裂,产生大小不同的肽段,将这些肽段分离纯化,测定每一个肽段的氨基酸顺序,主要使用 Edman 降解法;另取一份样品,用不同的方法裂解多肽链,得到切点位置不同的肽段,同样分离纯化各肽段,测定肽段的氨基酸顺序;然后根据两套肽段(有氨基酸重叠部分)的序列,推断出完整肽链的氨基酸排列顺序并确定二硫键的位置。

(2) 蛋白质的氨基酸组成分析

① 蛋白质的水解 在蛋白质的研究中,蛋白质的水解作用为氨基酸组成和结构分析提供了重要信息。氨基酸组成分析是测定蛋白质序列的重要一步,其方法是首先把蛋白质水解成游离的氨基酸混合物。

用酸、碱或酶将蛋白质水解成大小不等的肽段(peptide fragment)和氨基酸,根据蛋白质水解程度可分为部分水解(水解产物为肽段和氨基酸的混合物)和完全水解(水解产物为各种氨基酸的混合物)。下面简单介绍几种蛋白质的水解方法(表 3-10)。

表 3-10 几种蛋白质水解方法的比较

方　法	水解条件	水解产物
酸水解	6 mol/L HCl 或 4 mol/L H$_2$SO$_4$ 进行水解,回流煮沸约 20 h	蛋白质完全水解为 L-氨基酸,不引起消旋作用(racemization)。Trp 被完全破坏,含羟基氨基酸(Ser、Thr 和 Tyr)被部分水解,含酰胺基氨基酸(Asn 和 Gln)的酰胺基被水解下来
碱水解	与 5 mol/L NaOH 共煮约 20 h	蛋白质完全水解为 D-和 L-氨基酸混合物,即 DL-消旋物,Arg 脱氨
酶水解	常用胰蛋白酶、糜蛋白酶、胃蛋白酶等水解,时间较长	主要用于蛋白质部分水解,水解产物为肽段,无消旋作用,不破坏氨基酸

用于蛋白质的氨基酸组成分析的水解方法主要是酸水解，同时辅以碱水解。蛋白质经 6 mol/L HCl 水解后，所得氨基酸不消旋。用 5 mol/L NaOH 水解蛋白质，能定量回收色氨酸。近年来应用甲基磺酸代替盐酸对蛋白质进行酸水解，可使 Trp 基本不被破坏，Ser、Thr、Cys 也可定量测定，此方法的最大优点是中性水解液可直接上机进行分析，色氨酸较稳定，因此新近已被广泛使用。

② 氨基酸的分离和定量测定　蛋白质样品经完全水解得到游离的氨基酸混合物，需要对它们进行分离和定量测定。当前使用最普遍、最有效的手段是以离子交换层析法为基础的氨基酸自动分析仪，也有用 HPLC 的。氨基酸自动分析仪定量分析氨基酸，具有快速、微量和自动化程度高的特点，用一根柱子就可分离全部氨基酸，仅需要不到 1 nmol 或更少的样品，半小时左右即可完成。

（3）末端氨基酸的测定方法

蛋白质多肽链两端的氨基酸残基与肽链内部的氨基酸残基不同，它们具有自由的 α-氨基或 α-羧基，化学方法和酶学方法都可用于末端氨基酸残基的测定。

① N-末端氨基酸残基的测定方法　早在 1945 年 Sanger 首先把二硝基氟苯（DNFB）应用于胰岛素的 N-末端测定，随后相继出现了用 Dansyl 试剂、Edman 试剂及氨肽酶解等测定 N-末端氨基酸的方法。下面分别介绍这些方法：

2,4-二硝基氟苯法（Sanger 法）　在弱碱性条件下，多肽链 N-末端氨基酸残基的 α-氨基与 2,4-二硝基氟苯（FDNB 或 DNFB）反应，生成 DNP-多肽，经酸水解，得到黄色的 DNP-氨基酸（即 N-末端氨基酸）和其他游离氨基酸的混合物[图 3-8(a)]，先以乙醚抽提出 DNP-氨基酸，然后通过纸层析、薄层层析或 HPLC 进行分析，用标准的 DNP-氨基酸作为对照，从而完成对 N 端氨基酸的鉴别。除了 α-氨基外，侧链氨基、酚羟基、咪唑基也有此反应，但生成的产物在酸性条件下不溶于有机溶剂，而留在水相中，以此与 N-末端氨基酸分开。

丹磺酰氯法　丹磺酰氯（DNS-Cl）法与 DNFB 法原理相同，标记试剂与多肽链 N-末端氨基酸残基的 α-氨基反应，生成 DNS-多肽，经酸水解后得到有强烈荧光的 DNS-氨基酸（即 N-末端氨基酸）和其他游离氨基酸的混合物[图 3-8(a)]，DNS-氨基酸可直接用纸电泳或薄层层析进行分析鉴定。此方法灵敏度比 DNFB 法高 100 倍。

苯异硫氰酸酯法（Edman 降解法）　这是瑞典科学家 P. Edman 在 1950 年提出来的化学降解法，在此基础上建立了一种连续测定多肽 N-末

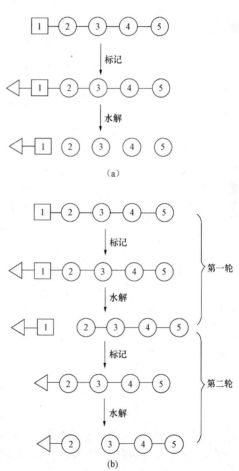

图 3-8　氨基酸 N-末端分析方法

（a）2,4-二硝基氟苯（FDNB）法或丹磺酰氯（DNS）法反应示意图；（b）Edman 降解法反应示意图（化学反应式见"氨基酸的重要化学反应"部分）

端氨基酸残基的方法,是蛋白质序列分析中最基本、最有效的手段。在弱碱性条件下,多肽链 N 端氨基酸残基的 α-氨基与苯异硫氰酸酯(PITC,又称 Edman 试剂)反应,生成 PTC-多肽,在酸性有机溶剂中加热,N-末端 PTC-氨基酸发生环化,生成 PTH-氨基酸(即 N-末端氨基酸),并从肽链上掉下来,剩下的是 N-末端少一个氨基酸残基的完整肽链[图 3-8(b)],它的 N-末端仍是自由的,可以进行第二轮 PITC 反应。用有机溶剂抽提出 PTH-氨基酸,可用薄层层析、气相色谱或 HPLC 进行分析鉴定。此方法的优点是可以连续分析鉴定多肽 N-末端的几十个氨基酸残基,蛋白质序列仪就是根据该反应原理而设计的。

氨肽酶法　氨肽酶(amino peptidase)是一类肽链外切酶或称外肽酶,能从多肽链的 N-末端开始,顺序切下氨基酸残基。对于不适合用化学方法测定的 N-末端,如酸水解使氨基酸不稳定或 α-氨基被封闭,可以用氨肽酶法来测定,这种方法的灵敏度较低。

最常用的氨肽酶是亮氨酸氨肽酶(LAP),它水解 N-末端为疏水侧链大的氨基酸如 Leu 的肽键速度最快,水解 N-末端的其他氨基酸如极性氨基酸或芳香族氨基酸时,水解速度非常慢。可见,LAP 对各种氨基酸的肽键的水解速度变化很大,所以在实际操作中,此法常常不能分辨氨基酸被切下的先后顺序,使结果不确切。

当肽链 N-末端为谷氨酰胺残基时,在一定条件下会发生环化反应,生成焦谷氨酰基衍生物,即没有游离的 α-氨基,使用焦谷氨酰氨肽酶可专一裂解焦谷氨酰 N-末端。

② C-末端氨基酸残基的测定方法　C-末端氨基酸残基的测定较 N-末端氨基酸困难,可供选用的方法相对较少。

肼解法　肼解法是目前测定 C-末端氨基酸残基最重要的化学方法。多肽链与过量的无水肼(NH_2NH_2)在 100℃条件下反应 5~10 h 后,除 C-末端氨基酸残基外,其他的都转变为相应的氨基酸酰肼,而 C-末端则以游离氨基酸放出,用苯甲醛将氨基酸酰肼除去,C-末端氨基酸残基用 FDNB 法或 DNS 法以及层析技术进行鉴定。由于半胱氨酸、谷氨酰胺、天冬酰胺等在肼解过程中被破坏,所以,C-末端如果是这些氨基酸残基时就不能使用肼解法测定。

还原法　肽链 C-末端氨基酸残基可用硼氢化锂还原成相应的 α-氨基醇,将肽链完全水解后,用层析法鉴别 α-氨基醇的种类,即可确定肽链的 C-末端氨基酸残基。Sanger 早年就是用此法鉴定胰岛素 A、B 链的 C-末端的。

羧肽酶法　羧肽酶是一类肽链外切酶,是最为有效、最为常用的 C-末端测定法。它可专一地将 C-末端氨基酸从肽链上逐个降解下来,释放出游离氨基酸。目前有四种羧肽酶可供利用,即羧肽酶 A、B、C 和 Y,它们的来源和专一性有所不同,使用最广泛的是羧肽酶 A 和 B。羧肽酶 A 能催化大多数的氨基酸水解,使肽链从 C-末端顺序降解;羧肽酶 B 只催化 C-末端赖氨酸和精氨酸的水解。

(4) 肽链的部分裂解方法和肽段的分离纯化

将肽链拆分并分离纯化后,即可进行氨基酸的序列测定。目前蛋白质序列分析最常用也是最有效的方法是 Edman 化学降解法,一次只能连续降解几十个氨基酸残基。因此对一条长肽链的序列测定前,先要选择合适的裂解试剂,将多肽链裂解成一系列小肽段,然后分别测定每一肽段的氨基酸序列。多肽链的裂解要求裂解点少,专一性强,收率高。常用的方法有化学裂解法和酶裂解法。

① 化学裂解法　化学裂解法裂解多肽链得到的肽段较大,适用于相对分子质量较大的蛋白质在自动序列仪中测定氨基酸序列,且有利于肽段的吻合。下面介绍两种常用的肽链化学裂解法。

溴化氰(CNBr)法　溴化氰专一性地断裂 Met 残基的羧基端肽键,断裂下来的肽段

C-末端为高丝氨酸内酯残基。

肽酰高丝氨酸内酯

由于多数蛋白质含 Met 很少,因此用溴化氰裂解得到的肽段较大。CNBr 裂解是在酸性条件下进行,可能引起多肽链中其他肽键的断裂,特别是 Asp-Pro 之间的肽键,如果多肽序列中含有这个键,则所得肽段数目要比根据 Met 量所预计的数目多。

羟胺法　羟胺(NH_2OH)能专一地断裂 Asn-Gly 间的肽键,Asn-Leu 及 Asn-Ala 间的肽键也能部分断裂,所以专一性不是很强。在蛋白质多肽链中,Asn-Gly 出现的概率很低,所以这种裂解方法产生的肽段都很大,对相对分子质量大的蛋白质的序列测定十分有用。

② **酶裂解法**　常用于肽链断裂的蛋白水解酶有胰蛋白酶、胰凝乳蛋白酶(也称糜蛋白酶)、胃蛋白酶、嗜热菌蛋白酶等,并不断有新的蛋白酶应用于肽链的水解,这些酶都是肽链内切酶,也称内肽酶。用专一性蛋白水解酶裂解肽键,具有专一性强、裂解后的肽段容易纯化,产率较高,副反应较少等优点,并且酸水解中不稳定的 Gln、Asn 和 Trp 在酶解中都不受影响。酶裂解法一般在最适 pH 和温度的条件下进行,合适的蛋白质与酶的比例、适度长短的反应时间是必要的,此外,还需待裂解蛋白质处于肽链松散的变性状态。控制好这些因素,才能使多肽链迅速裂解,得到一定大小和数目的肽段。

胰蛋白酶　是最常用的蛋白质水解酶,专一性地断裂 Lys 或 Arg 残基的羧基端肽键,得到的是以 Arg 或 Lys 为 C-末端的肽段。可以用化学修饰方法增加或减少胰蛋白酶的作用位点,如用马来酸酐可以保护 Lys 残基侧链的 ε-NH_2,胰蛋白酶就不会水解 Lys 残基的羧基端肽键;用氮丙啶处理多肽链样品,Cys 残基的侧链被修饰成类似 Lys 的侧链,也具有 ε-NH_2,使胰蛋白酶能断裂 Cys 残基羧基端的肽键。

糜蛋白酶　专一性较差,可断裂 Phe、Trp 和 Tyr 等疏水氨基酸残基的羧基端肽键。若断裂点邻近碱性基团,则裂解能力增强;若断裂点邻近酸性基团,则裂解能力减弱。

胃蛋白酶　专一性与糜蛋白酶类似,但它要求断裂点两侧的氨基酸残基均为疏水性氨基酸,如 Phe-Phe。此酶作用的最适 pH 为 2~4,常用于在酸性条件下确定二硫键的位置。

嗜热菌蛋白酶　是一个含锌和钙的金属酶,此酶热稳定性高。它的专一性由肽键的氨基端的氨基酸残基性质所决定,作用的专一性较差,常用于断裂较短的多肽链。

木瓜蛋白酶　专一性差,断裂位点与其附近的氨基酸序列关系密切,它对 Arg 和 Lys 残基的羧基端肽键敏感。

几种蛋白水解酶(内肽酶)的专一性见表 3-11。

酶作用位点

表 3-11 几种蛋白水解酶(内肽酶)的专一性

酶	酶作用氨基酸侧链的专一性	相邻氨基酸侧链的影响
胰蛋白酶	$R_1 = Lys$ 或 Arg(水解速度快),AECys*(较慢)	$R_2 = Pro$(抑制水解)
糜蛋白酶	$R_1 = Phe$、Trp 或 Tyr(快),Leu、Met 或 His(较慢)	$R_2 = Pro$(抑制水解)
嗜热菌蛋白酶	$R_2 = Leu$、Ile、Phe、Trp、Val、Tyr 或 Met(疏水性强的残基,快) $R_2 = Gly$ 或 Pro(不水解)	R_1 或 $R_3 = Pro$(抑制水解)
胃蛋白酶	R_1 和(或)$R_2 = Phe$、Leu、Trp、Tyr 及其他疏水性残基(快) $R_1 = Pro$(不水解)	

* AECys 为多肽链被氮丙啶处理后 Cys 的衍生物,具有 ε-NH$_2$,类似 Lys 的侧链。

③ 肽段的分离纯化 肽链裂解后得到各种大小不同肽段的混合物,需要根据它们的物化特性进行分离。常用的方法有凝胶过滤、离子交换、薄层层析、电泳等。HPLC 技术的应用,使肽段能够被快速地分离纯化。肽段的纯度一般以只有一个 N-末端为标准,达不到的要进一步提纯。

(5) 肽段的序列测定

获得纯肽后,即可进行肽段的氨基酸序列测定。最有效和最基本的方法是前面提到的 Edman 降解法,这个方法可以从 N-末端起连续测定肽段的几十个氨基酸残基。以 Edman 反应为基本原理的蛋白质序列仪的研制成功,大大减轻了研究人员的工作量,提高了灵敏度和测定速度。在蛋白质序列仪中,肽段的羧基端与不溶性的固相载体(树脂或微孔玻璃球)共价偶联,Edman 反应顺序地从 N-末端逐个切下末端氨基酸残基。游离的氨基酸与母体肽段只需通过简单的过滤即可完全分离,这是反应得以循环进行所必需的。蛋白质序列仪可自动控制反应进行,自动检测出氨基酸残基的性质与含量,最后自动报告出肽段的氨基酸序列。

肽段的序列测定还有酶降解法,应用肽链外切酶如氨肽酶和羧肽酶,可以分别从 N-末端和 C-末端逐个地向内切割肽链,但这种方法在实际应用中遇到很多困难,有很大局限性,只能测定末端很少几个氨基酸残基的序列。

自从胰岛素分子的一级结构首先被测定以来,蛋白质序列分析工作飞速发展。繁琐的手工操作已逐渐被液相序列仪、固相序列仪及气相序列仪所代替。一种改进的 Edman 试剂 DABITC 提高了 N-末端氨基酸检测的灵敏度和准确度;质谱法应用到多肽的测序中,速度快,特别适用于小肽的序列测定,质谱与 Edman 反应的结合、质谱-气相色谱联用、质谱-HPLC 联用,在测序研究中取得了很好的效果;根据 DNA 中核苷酸序列与蛋白质序列的对应关系,测定核苷酸序列即可推知蛋白质的氨基酸序列,将核苷酸序列测定技术与蛋白质序列测定技术有机地结合起来,可能是蛋白质一级结构研究的最佳途径。

(6) 由已知肽段的序列建立蛋白质一级结构

蛋白质多肽链氨基酸残基全序列的确定,必须要有至少两套断裂肽链的方法,要求其切点不同,断裂得到的肽段大小不同,经过肽段的序列测定,得到两套以上肽段的氨基酸排列顺序。两套肽段正好相互跨过切口而重叠,这种跨过切口而重叠的肽段称为重叠肽。借助两套肽段的氨基酸序列和重叠肽确定各肽段在原多肽链中的位置,拼凑出整个多肽链的氨基酸序列,同时根据两套肽段的氨基酸序列也可验证各个肽段氨基酸序列测定的正确性。如果有必要的话,还需要有第三种甚至第四种肽链的断裂方法,以得到足够的重叠肽来确定多肽链的全序列。

在测出蛋白质的一级结构后,若要确定二硫键的位置,就不能先还原蛋白质中的二硫键。方法是直接用酶来水解原来的蛋白质,保留二硫键的完整性。通过合适的酶裂解得到只含有一个二硫键的肽段,用特定的方法将它分离,再将其中的二硫键拆开,得到两个肽段,分别测定它们的序列,与已测定的一级结构对比,就能找出相应的二硫键位置。如果肽链中还含有其他半胱氨酸,应在拆分二硫键之前将它们的巯基封闭,这样就可确定参与二硫键形成的半胱氨酸的位置。

(三) 蛋白质的二级结构

20 世纪 30 年代,L. Pauling 和 R. Corey 用 X 射线衍射技术研究肽链的结构,测定了肽晶体中原子间的键长和键角。结果显示肽键中 C—N 有部分双键性质,不能自由旋转,形成肽键的 4 个原子(C、O、N、H)和肽键相邻的 2 个 α-碳原子(C_α)在一个平面上,称酰胺平面(amide plane)或肽平面(peptide plane),每一个肽平面为一个肽单位。肽平面中肽键的 C =O 与 N—H 呈反

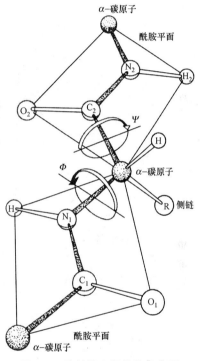

式构型(图 3-9),写成 $-\overset{\overset{\textstyle O}{\|}}{C}-\overset{}{\underset{\overset{|}{H}}{N}}-$ 。只有含 Pro 的肽键

是个例外,它可以是顺式的,也可以是反式的。

从图 3-9 中可以看到,肽链的主链是由许多肽平面组成,平面之间以氨基酸的 C_α 相连,C_α—N_1 和 C_α—C_2 是单键,可以自由旋转。将肽平面绕 C_α—N 旋转的角称 Φ 角,肽平面绕 C_α—C 旋转的角称 Ψ 角,这两个角称二面角或构象角,可以在 $0°\sim180°$ 范围内变化。一方面,二面角的旋转方向和旋转角度决定了相邻肽平面上所有原子在空间上的相对位置;另一方面,肽链主链上有 1/3 是不能自由旋转的 C—N 键,再加上主链上多个侧链 R 基相互作用的影响,使肽链的构象受到限制,在这些因素的影响下使肽链形成了特定的构象。

蛋白质二级结构是多肽链主链骨架依靠氢键的作用,盘绕折叠,形成有规律的空间排布。1951 年,L. Pauling和R. Corey 提出了 α 螺旋、β 折叠片两个结

图 3-9　肽键的空间结构示意图

构模型。天然蛋白的二级结构一般有 α 螺旋、β 折叠片、β 转角、β 凸起和非规则构象等。氢键是维持蛋白质二级结构稳定的主要作用力。

蛋白质的圆二色性光谱反映了主链的构象,所以,可以利用圆二色光谱仪对蛋白质二级结构进行研究。

1. α 螺旋

α 螺旋(α-helix)是蛋白质中最常见、含量最丰富的二级结构形式,是多肽链的主链围绕中心轴盘旋上升而形成的有规则且具周期性的构象,呈卷曲的棒状螺旋结构。α 螺旋是由于肽平面绕 C_α 旋转一定角度($\Phi=-57°$,$\Psi=-47°$)而形成的,每隔 3.6 个氨基酸残基螺旋上升一圈,每圈间距即螺距为 0.54 nm,每个氨基酸残基沿中心轴旋转 $100°$,螺旋上升 0.15 nm,即相邻两个氨基酸残基之间的轴心距为 0.15 nm。α 螺旋中氨基酸残基的侧链 R

基都伸向螺旋体外侧。肽链中全部 $\diagdown C=O$ 和 $\diagdown N-H$ 几乎都与中心轴平行,在同一多肽链中第 1 个氨基酸残基的 $\diagdown C=O$ 的 O 与第 5 个氨基酸残基的 $\diagdown N-H$ 的 H 之间形成氢键(如下式所示),氢键封闭环内共价键所连接的原子数为 13 个,氢键的取向几乎与中心轴平行,这种氢键的存在使 α 螺旋相当稳定。

$$-N-C-C-N-C-C-N-C-C-N-C-C-N-C-C-$$

(虚线表示氢键)

　　天然蛋白质中 α 螺旋大都是右手螺旋,即从羧基一端为起点围绕螺旋轴心向右盘旋上升(图 3-10)。左手 α 螺旋极少,只发现在嗜热菌蛋白酶中第 226~229 位氨基酸残基形成一圈左手螺旋。只有右手 α 螺旋是稳定的构象。

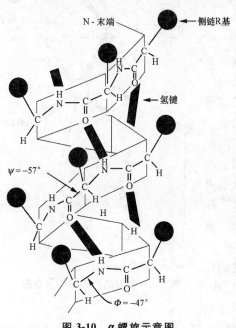

图 3-10　α 螺旋示意图

　　α 螺旋是手性结构,具有旋光能力,它的旋光性是 C_α 构型的不对称性和 α 螺旋构象的不对称性的综合反映。

　　多肽链的螺旋结构常用 n_s 表示,其中 n 表示螺旋上升一圈氨基酸残基的数目,s 表示氢键封闭环内的原子数目,以上描述的是典型的 α 螺旋,可以用 3.6_{13}-螺旋表示。目前在蛋白质中还发现几种不常见的螺旋构象,如 3_{10}-螺旋、4.4_{16}-螺旋(π 螺旋)等,但它们不够稳定。

　　蛋白质肽链能否形成稳定的 α 螺旋与它的氨基酸组成和排列顺序直接相关。如肽链中有 Pro 或 Hyp 时,α 螺旋就会中断,这是因为其 α-亚氨基形成肽键后,没有多余的氢离子形成氢键,并且 α 碳原子在五元环上 C_α—N 键不能自由旋转;肽链中的 Gly 残基由于没有 R 基的制约,难以形成 α 螺旋所需要的二面角,所以 Gly 也不利于稳定 α 螺旋的形成;而连续的 Ile 由于 R 基较大的空间阻碍,也不能形成 α 螺旋;肽链中有连续带相同电荷的氨基酸残基时,由于静电排斥,也会使 α 螺旋不稳定。

　　α 螺旋是典型的蛋白质二级结构单元,对蛋白质结构的稳定性影响很大。α 螺旋在某些蛋白质中的含量高达 80% 以上,如肌红蛋白,原肌球蛋白;有少数蛋白质中则无 α 螺旋结构,如糜蛋白酶,γ-球蛋白。α 螺旋在某些情况下可以伸展开来,如以 α 螺旋为基本结构的 α 角蛋白,在热水、稀酸或稀碱溶液中处理时 α 螺旋结构可以伸展,这种转变是可逆的。

　　2. β 折叠片

　　β 折叠片(β-pleated sheet)也是蛋白质中常见的二级结构形式,它是一条肽链的两个不同肽段、两条或两条以上多肽链聚集在一起形成的锯齿状有规则折叠的片层结构,肽链几乎呈完全伸展的状态,相邻两个氨基酸残基之间的轴心距为 0.35 nm,相邻肽链主链上的亚氨基和羧基之间形成有规则的氢键,使 β 折叠片结构稳定。在 β 折叠片中,所有肽键都参与链间氢键的形成,氢键的取向与肽链的走向近乎垂直。形成 β 折叠片的肽链氨基酸残基的 R 基都较小,这样才能容许两条肽链彼此靠近,侧链 R 基交替地分布在片层平面的上方和下方,以避免相邻侧链 R 基之间产生的空间障碍(图 3-11)。

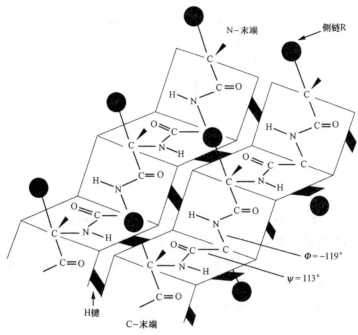

图 3-11 β 折叠片示意图

β 折叠片在结构上有平行和反平行两种类型。在平行结构中,相邻的肽链走向相同,即两条肽链从 N-末端到 C-末端的方向相同,形成的链间氢键不平行[图 3-12(a)];在反平行结构中,相邻的肽链走向相反,即两条肽链从 N-末端到 C-末端的方向相反,链间氢键近乎平行[图3-12(b)]。从能量上看,反平行 β 折叠片比平行 β 折叠片更加稳定,因为反平行 β 折叠片中形成氢键时 N—H…O 三个原子几乎位于同一条直线上,此时氢键最强。

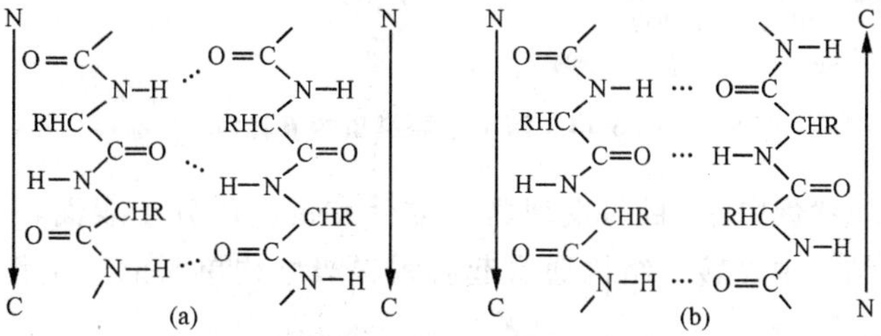

图 3-12 β 折叠片结构的类型
(a) 平行的 β 折叠片结构($\Phi = -119°$,$\Psi = +113°$)
(b) 反平行的 β 折叠片结构($\Phi = -139°$,$\Psi = +135°$)

β 折叠片是一种稳定的二级结构形式,为某些纤维状蛋白质的基本构象,如丝心蛋白便是。此外,在球状蛋白质中也普遍存在,如免疫球蛋白分子主要由 β 折叠片结构组成。

3. β 凸起

在 β 折叠片中,两条相邻的多肽链中的一条肽链上有时可能会多出一个氨基酸残基,使多肽链产生微小弯曲(图 3-13),称为 β 凸起(β-bugle),它经常出现在蛋白质的活性部位,不是普遍存在的构象。

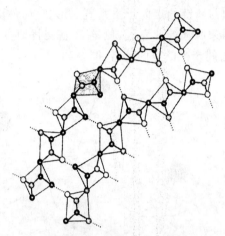

图 3-13　一种典型的 β 凸起

4. β 转角

β 转角(β-turn)也称 β 弯曲(β-bend)、β 回折(β-reverse turn)或发夹结构(hairpin structure),是一种非重复性的二级结构,其特点是肽链回折 180°,弯曲处一般由四个连续的氨基酸残基组成,第一个氨基酸残基的羧基氧与第四个氨基酸残基亚氨基的氢之间形成氢键,产生一个紧凑的环形(图 3-14),使 β 转角成为一个比较稳定的结构。图中示出 β 转角的两种主要类型,它们之间的区别是连接残基 2 和残基 3 的中央肽键旋转了 180°。

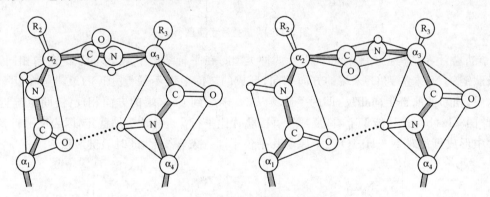

图 3-14　两种主要类型的 β 转角

β 转角存在于球状蛋白中,目前发现其多数处在蛋白质分子表面,且含量丰富,Gly 和 Pro 易出现在这种结构中。转角结构通常起各种二级结构单元的连接作用,对确定肽链的走向有重要贡献。

在嗜热菌蛋白酶中发现了由多肽链上三个连续的氨基酸残基组成的 γ 转角,这种转角有助于反平行 β 折叠片的形成。

5. 非规则构象

在球状蛋白质分子中,不能归入 α 螺旋和 β 折叠片等有序结构的多肽链区段称为非规则构象。在这些区段中,往往形成没有规律的"环",分布在蛋白质分子表面。它们在溶液中波动,没有固定位置,一旦与特异配基结合后,可转变为有序状态。这种非规则构象也与蛋白质的生物活性有关,经常出现在一些蛋白质特异的功能部位和酶的活性部位。

不应把非规则构象中的"环"与无规卷曲(random coil)相混淆,后者特指变性蛋白质失去有规则构象后的一种状态。

(四)蛋白质的超二级结构和结构域

1. 超二级结构

1973年M. Rossmann提出超二级结构(super-secondary structure)的概念。在多数球状蛋白质分子中,由相邻的二级结构单元(α螺旋、β折叠片等)相互聚集成有规律的二级结构的聚集体,称为超二级结构。它是介于二级结构和结构域之间的一个结构层次,之所以能形成是由于氨基酸残基侧链基团间相互作用的结果。超二级结构一般以一个整体参与多肽链的三维折叠,充做三级结构的构件。常见的超二级结构有$\alpha\alpha$、$\beta\beta\beta$和$\beta\alpha\beta$等几种聚集体,在球状蛋白质中尤其常见的是两个$\beta\alpha\beta$聚集体连接在一起形成$\beta\alpha\beta\alpha\beta$,磷酸丙糖异构酶就存在这种结构,称为Rossmann卷曲(Rossmann fold),见图3-15。

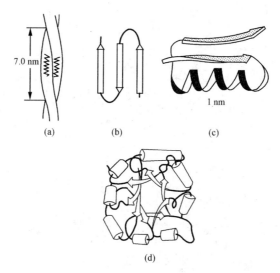

图3-15　几种超二级结构示意图

(a) $\alpha\alpha$超二级结构;(b) $\beta\beta\beta$超二级结构;(c) $\beta\alpha\beta$超二级结构;
(d) 磷酸丙糖异构酶分子中的Rossmann卷曲结构

2. 结构域

1970年,Edelman为了描述免疫球蛋白(IgG)分子的构象,提出了结构域(domain)的概念。结构域是介于蛋白质二级结构和三级结构之间的另一种结构层次。在较大的球状蛋白质分子中,在二级结构或超二级结构的基础上,多肽链往往进一步折叠形成几个相对独立的紧密的近似球形的三维实体,以松散的肽链相连,此球形构象就称为结构域。不同蛋白质中组成结构域的氨基酸残基数目不同,常见的结构域是由序列中连续的$100\sim200$个氨基酸残基组成,少至40个左右,多至400个以上。一般来说,大的蛋白质分子可以由两个或更多个结构域组成,如免疫球蛋白分子包含12个相似的结构域(图3-29)。结构域自身是紧密装配的,它们之间常常有一段长短不等的松散肽链相连,使两个结构域之间有一明显的颈部,形成所谓的铰链区(hinge region)。对于较小的蛋白质来说,结构域等同于它的三级结构。

结构域是多肽链中相对独立的结构,有利于多肽链的进一步有效组装,并折叠盘绕成为完整的立体结构。结构域与蛋白质的生物学功能密不可分,如酶的活性中心往往位于结构域之间,由于结构域在空间上的活动比较自由,有利于活性中心与底物的结合。

结构域不仅是一个有一定生物学功能的结构单位,又是一个遗传单位。在一些球蛋白,如 IgG 中,就发现了一个外显子编码一个结构域的对应关系。

(五) 蛋白质的三级结构

1958 年 Kendwer 等人用 X 射线结构分析法确定了抹香鲸肌红蛋白的三级结构,这是第一个获得完整构象的蛋白质。研究结果表明,在球状蛋白质中,多肽链在二级结构、超二级结构和结构域的基础上沿多方向进一步卷曲折叠,形成一个紧密的近似球状的结构(图3-16),这种蛋白质构象称为蛋白质的三级结构(tertiary structure)。在纤维状蛋白质分子的三级结构中,多肽链一般为平行排列,如角蛋白、丝心蛋白、胶原蛋白等。三级结构包括多肽链中所有原子的空间排列方式。

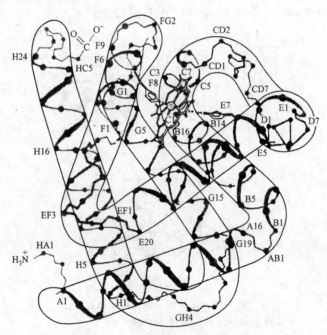

图 3-16　抹香鲸肌红蛋白的三级结构

自然界中纤维状蛋白质的种类要比球状蛋白质少得多,球状蛋白质结构复杂,功能多样。从结构上看,一般一种纤维状蛋白质只含有一种二级结构单元,如 α 角蛋白含 α 螺旋,丝心蛋白含反平行的 β 折叠片。球状蛋白质含有两种或两种以上的二级结构单元,如溶菌酶含有 α 螺旋、β 折叠片和非规则构象等。从功能上看,球状蛋白质由于其结构的复杂性,使其能够完成多样的、复杂的生物学功能。

蛋白质的三级结构是靠多肽链的主链与主链之间、侧链与侧链之间、主链与侧链之间的各种作用力如氢键、疏水相互作用、范德华力、离子键、配位键及二硫键等来稳定的。在球状蛋白质分子表面主要是亲水侧链,因此球状蛋白质在水中溶解性较好,亲水侧链带正负电荷的基团之间的静电引力和斥力也是蛋白质三级结构稳定的一个因素。许多非极性侧链基团聚集在一起被埋藏在分子内部,形成一个疏水核,正是这种疏水作用,使多肽链盘绕折叠,形成一个紧密的、近似球状的三级结构,所以说,非极性侧链间的疏水作用对于形成和维持水溶液中蛋白质的三级结构起着重要的作用。球状蛋白质分子表面多有一个疏水空穴,常常是结合底物、效应物并行使其生物学功能的活性部位。

研究证实,蛋白质分子的一级结构决定它的高级结构,线性的多肽链可以自发地形成独特的三级结构,按照从二级结构、超二级结构、结构域、三级结构的顺序装配成紧密的、球状的三级结构,在一定的环境中(溶剂、温度、pH、离子强度等),蛋白质分子总是采取低自由能的构象状态存在,达到热力学的稳定状态。

(六) 蛋白质的四级结构

一些蛋白质分子只含有一条多肽链,但很多相对分子质量较大的蛋白质分子含有两条或两条以上的多肽链,这些各自具有独立的、稳定的三级结构的多肽链通过非共价键相互缔合在一起,组装成具有稳定结构的聚合体,这种构象称为蛋白质的四级结构(quaternary structure)。其中每一条具有独立三级结构的多肽链称为亚基(subunit)。蛋白质的四级结构涉及亚基的种类、数目、空间排布、各亚基间的互补结构和相互作用力。很多具有四级结构蛋白质的亚基呈对称排列,这是蛋白质四级结构的重要特征之一。

由两个亚基组成的蛋白质称为二聚体蛋白质,由四个亚基组成的蛋白质称为四聚体蛋白质。由多个亚基组成的蛋白质统称为寡聚蛋白质或多聚蛋白质。多数寡聚蛋白质的亚基数目为偶数,少数为奇数。由相同亚基构成的四级结构称为均一四级结构,由不同亚基组成的四级结构称为不均一四级结构。亚基一般以 α、β、γ 命名,下标的数字表示此种亚基的数目,如血红蛋白通常写成 $\alpha_2\beta_2$,表示它是由 2 个 α 亚基和 2 个 β 亚基组成。

在四级结构中,各亚基之间存在着许多疏水作用和范德华力,还有一些氢键和少量离子键。各亚基在缔合时将表面的疏水侧链有效地包藏在亚基之间,故在四级结构的形成中疏水作用是最主要的作用力。用解离剂(SDS、脲或盐酸胍)可以破坏亚基之间的各种非共价键,将寡聚蛋白质分子拆离成亚基。

单个亚基无生物活性,只有缔合成四级结构才有生物活性,所以说,亚基是独立的结构单位,但不是独立的功能单位。

四、蛋白质的结构与功能

(一) 细胞色素 c 的氨基酸序列与生物学功能

在不同种属生物体中,执行相同功能的蛋白质称为同功能蛋白质,也称同源蛋白质(homologous protein)。细胞色素 c(cytochrome c)存在于所有真核生物的线粒体内膜上,是呼吸链中的成员,尽管它在不同物种中氨基酸组成略有不同,但都执行电子转运的功能,因此,它是一种同源蛋白质。

脊椎动物的细胞色素 c 含有 104 个氨基酸残基,昆虫的含有 108 个氨基酸残基,植物的含有 114 个氨基酸残基。来自不同物种的细胞色素 c 是 104～114 个氨基酸残基的单一多肽链,含有血红素辅基。从酵母到人的一百多种真核生物细胞色素 c 的分析结果表明,多肽链中约有 38 个位置上的氨基酸残基是相同的,为不变残基。这些不变残基对该种蛋白质的生物学功能是至关重要的,因此,它们所占据的位置不允许其他氨基酸取代。其余大多数位置的残基,在不同生物中可被相似的氨基酸取代,它们是可变残基,被更换不影响蛋白质的生物学功能。可变残基随进化水平而异,亲缘关系越接近,细胞色素 c 氨基酸组成的差异就越小,反之,则差异越大。

细胞色素 c 的氨基酸序列资料已被用来核对各个物种之间的分类学关系,并据此绘制了进化系统树(图 3-17)。对于一个树枝上的生物来讲,每个枝节点都表明有一个推论上的共同祖先。枝节点间的距离(阿拉伯数字)表示蛋白质肽链每 100 个残基中氨基酸残基差异的数目。这种进化系统树比宏观分类学更能准确反映不同物种间的亲缘关系。

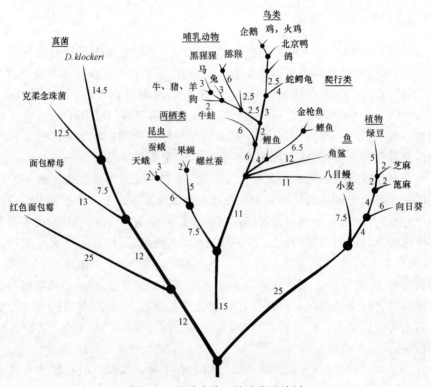

图 3-17　细胞色素 c 的进化系统树

(二) 几类蛋白质的构象与功能

蛋白质结构的复杂性和多样性使它们具有多种生物学功能。这里,以纤维蛋白、胰岛素、肌红蛋白、血红蛋白和免疫球蛋白为例,说明蛋白质分子高级结构与功能的关系。上列蛋白质中的多数,其功能与人类健康的关系十分密切。

1. 纤维状蛋白质的结构与功能

纤维状蛋白质在脊椎动物和无脊椎动物体内含量丰富,是动物体的基本支架和外保护成分,具有支撑和保护作用。多肽链二级结构的特点,使这类蛋白质分子为有规律的线性结构,外形呈纤维状或细棒状,与它们的生物学功能相适应。

纤维状蛋白质有很多种类,有的溶于水,如肌球蛋白和纤维蛋白原等,有的不溶于水,如角蛋白、胶原蛋白和弹性蛋白。

(1) 角蛋白

角蛋白(keratin)是动物外胚层细胞中的结构蛋白,存在于所有高等动物中,是构成表皮角质层及其相关附着物的主要成分。有 α 角蛋白和 β 角蛋白两类。

① α角蛋白　α角蛋白主要存在于动物的毛发、蹄、爪、甲、角、羽毛等组织中。它的二级结构为α螺旋。在毛发的α角蛋白中,由三股右手α螺旋的多肽链相互缠绕形成一条称为原纤维的左手超螺旋结构,原纤维中多肽链之间靠范德华力和二硫键使其稳定,它是α角蛋白的基本结构单位。几条原纤维纵向平行排列形成微纤维,成百根微纤维进一步结合成大纤维,大纤维沿轴向排列,形成无生命的鳞状细胞,这些无生命的细胞再平行交错排列就构成了毛发纤维的基本结构。α螺旋结构和排列方式决定了毛发的性能,毛发中含二硫键较少,使毛发具有很强的伸缩性,柔软可弯曲,属于软角蛋白;而蹄、爪等角蛋白含二硫键多,所以坚硬不可弯曲,难拉伸,属于硬角蛋白。

② β角蛋白　自然界存在天然的β角蛋白,蚕丝、蜘蛛丝中的丝心蛋白是这类蛋白质的代表,它的结构是多层反平行β折叠片以平行的方式堆积而成,相邻多肽链间主要以氢键连接,β折叠片层间主要以范德华力维系。丝心蛋白多肽链的一级结构中主要是由R基较小的Gly、Ser和Ala组成,有Gly-Ala-Gly-Ala-Gly-Ser这样的氨基酸序列重复出现,Gly多以间隔存在,这暗示着在多肽链的二级结构中Gly位于β折叠片层的一侧,Ser和Ala位于片层的另一侧,从而使交替叠成的β折叠片层间分别是Gly残基的聚集区和Ala(及Ser)残基的聚集区,即每层折叠片以Gly对Gly,Ser(或Ala)对Ser(或Ala)的方式堆积,这种交替堆积层之间的距离分别为0.35 nm和0.57 nm(图3-18)。丝心蛋白还有一些较大R基的Tyr、Pro等,构成分子中的无序区。丝心蛋白这种分子结构使它具有抗张强度高、柔软不易拉伸的特点,无序区的存在又使丝心蛋白具有一定的伸展度。

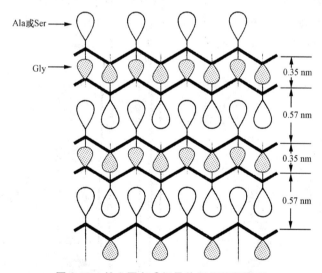

图3-18　丝心蛋白β折叠片层间残基排列

（2）胶原蛋白

胶原蛋白(collagen)在高等脊椎动物体内含量丰富,是皮肤、动脉管壁及结缔组织的主要成分。胶原蛋白在体内以胶原纤维形式存在,其基本组成单位是原胶原。

原胶原包含3条多肽链,每条多肽链的主链骨架略微向左扭转,生成左手螺旋。3股左手螺旋平行排列,相互缠绕组成右手超螺旋结构(图3-19)。由于氨基酸组成的特点,使多肽链不可能形成典型的α螺旋,而是生成比较伸展的左手螺旋。每条多肽链的一级结构频繁重复出现Gly-X-Y氨基酸序列,X残基往往是Pro,Y残基往往是羟脯氨酸或羟赖氨酸,也可以是其他氨基酸。羟脯氨酸和羟赖氨酸是在多肽链合成后,由脯氨酸羟化酶和赖氨酸羟化酶催化形成的。这两种酶的活性部位含有 Fe^{2+}。若缺乏维生素 C，Fe^{2+} 易被氧化为 Fe^{3+}，导致酶活性降低，Pro 和 Lys 的羟化受阻，使胶原纤维不能正常形成，引起皮肤损伤，血管变脆，患上坏血病。

图 3-19　三股螺旋示意图

多个原胶原分子平行排列，经聚集形成胶原纤维。使胶原纤维稳定的主要作用力有：原胶原分子 3 股螺旋链间的氢键和共价交联；原胶原分子间的共价交联。Lys-Lys 之间的共价交联为主要方式，此外还有二硫键。原胶原的肽链处于伸展状态，不易拉长，使胶原纤维韧性强，结缔组织具有高抗张强度。胶原纤维的共价交联程度和类型受动物组织器官的生理功能和年龄等因素影响。

2. 胰岛素的结构与功能

胰岛素（insulin）是具有生物活性的蛋白质激素，在胰岛 β 细胞内质网的核糖体上合成。最初合成物为单链蛋白质，称前胰岛素原，比胰岛素原在氨基端多一段信号肽（含二十余个氨基酸残基）。前胰岛素原、胰岛素原和胰岛素，三者中的前一个为后一个的前体，前体均没有生物活性。前胰岛素原进入内质网腔后在信号肽酶的作用下切去信号肽转变为胰岛素原，它是一条由八十余个氨基酸残基组成的多肽链，链内有三对二硫键（图 3-20）。在胰岛素原中，B 链（30 个氨基酸残基）在前，A 链（21 个氨基酸残基）在后，中间由一条连接肽（简称 C 肽）连接，即

$$H_2N—B 链—C 肽—A 链—COOH$$

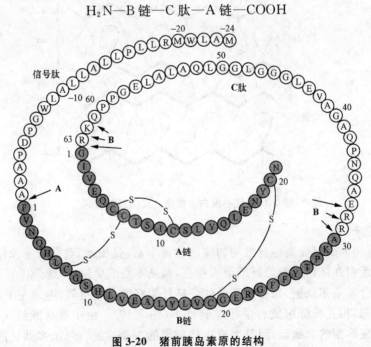

图 3-20　猪前胰岛素原的结构

A. 为信号肽酶的作用位点；B. 为特异性酶的作用位点

　　胰岛素原被运输到高尔基体中,在特异性酶的作用下,从胰岛素原分子上切下 4 个碱性氨基酸残基(Arg_{31}、Arg_{32}、Lys_{62} 和 Arg_{63}),从而释放出 C 肽,产生有生物活性的胰岛素。胰岛素由 A 链和 B 链两条多肽链组成,两条多肽链相互盘曲并通过两个链间二硫键和一个 A 链内的二硫键连接,形成特定的球状构象。

　　不同种属动物的 C 肽略有差别,如人的 C 肽为 31 肽,猪的 C 肽为 29 肽,牛的 C 肽为 26 肽。C 肽的作用可能是使胰岛素原更好地折叠,保证二硫键在三个正确位置上形成。不同来源的胰岛素尽管氨基酸组成有一定差别,但功能相同,这是因为分子中 6 个 Cys 的位置不变,三对二硫键使不同来源的胰岛素具有相同的空间构象。

　　一些蛋白质合成后是以没有生物活性的前体形式存在的,多肽链需要经过专一性地修饰和局部断裂,这是具有特定生物活性的蛋白质构象形成的必经过程。除了上述的胰岛素外,酶原转变为有活性的酶也是一个例子(详见第四章中"酶原的激活")。

　　1965 年我国生物化学家首先人工合成了具有活性的牛胰岛素,处于国际领先地位,1971 年我国科学家用 X 射线衍射技术完成了猪胰岛素晶体空间结构的分析工作。胰岛素 A 链中有一段非典型的右手螺旋结构,B 链中有螺旋结构、折叠结构和 β 转角,胰岛素分子内部是由非极性氨基酸侧链形成的一个疏水核,对稳定胰岛素分子的构象起重要作用,全部极性氨基酸侧链都分布在分子表面。在胰岛素分子表面有一个由疏水区和分散在其周围的极性基团组成的区域,推测这是胰岛素分子识别受体和与之特异结合的部位。

　　多个胰岛素分子(单体)在溶液中能够通过疏水作用和氢键发生聚合反应,可以形成二聚体、四聚体、六聚体或多聚体,但是胰岛素单体(与寡聚蛋白质的亚基不同)是胰岛素的功能单位。

3. 肌红蛋白和血红蛋白的结构与功能

　　肌红蛋白(myoglobin,Mb)和血红蛋白(hemoglobin,Hb)是结构与功能密切相关的两种球状蛋白质。肌红蛋白存在于哺乳动物肌肉组织中,在潜水哺乳类(鲸、海豹、海豚)的肌肉中含量十分丰富,起贮存氧的作用。血红蛋白则大量存在于红细胞中,起运输 O_2 和 CO_2 的作用。肌红蛋白和血红蛋白结合 O_2 的能力依赖于分子中的血红素辅基,辅基都是通过其中的 Fe^{2+} 与 O_2 结合,所不同的是血红蛋白能够根据组织对 O_2 的需求而恰当地释放所运输的 O_2,因此血红蛋白结合 O_2 受到更多因素的调节。血红蛋白具有的四级结构也使它能够完成较复杂的生理功能。

　　(1) 肌红蛋白

　　① 肌红蛋白的结构　从 X 射线衍射法分析得知抹香鲸肌红蛋白是一种只有三级结构的单链球状蛋白质,由一条包含 153 个氨基酸残基的多肽链和一个血红素辅基组成,相对分子质量为 17 800。肌红蛋白分子的整条多肽链折叠成紧密的球状分子,但留有一个袋状空穴,平面的血红素辅基居于其中。多肽链中包含有 A、B、…、H 8 段长度不一的 α 螺旋结构,约占分子中总氨基酸残基的 80%,多肽链的其余部分为非螺旋区,分布在各段 α 螺旋之间,如 AB、BC、…还有 N-末端 2 个氨基酸残基和 C-末端 5 个氨基酸残基的两个非螺旋区结构(图 3-16)。

　　肌红蛋白分子的肽链上带有极性侧链基团的氨基酸残基多分布在分子表面,使分子有较好的亲水性,因此肌红蛋白可溶于水;而非极性侧链基团的氨基酸残基分布在分子内部的空穴周围,形成疏水核心,唯有两个 His 残基在内部参与结合氧功能的调节。肌红蛋白的空穴为血红素提供了一个疏水的环境,使其中的 Fe^{2+} 不易被氧化成 Fe^{3+},从而保障血红素行使结合氧的功能。

　② 肌红蛋白血红素辅基与 O_2 的结合　血红素(heme)是肌红蛋白和血红蛋白的辅基,
使肌红蛋白和血红蛋白实现结合 O_2 的功能。血红素为铁卟啉化合物,由原卟啉 IX 与 Fe^{2+}
组成(图 3-21),它由 4 个吡咯环通过 4 个甲炔基相连成环形,Fe^{2+} 居于环中间。血红素中的
Fe^{2+} 可形成 6 个配位键,其中 4 个键与 4 个吡咯环的氮原子配位结合,另外两个键与原卟啉
的分子平面垂直,分布在卟啉平面的两侧,这两个键合部位分别称为第 5 配位和第 6 配位。
第 5 配位键与多肽链 93 位(F8)上的 His 残基(称为近位 His)的咪唑基的氮配位,第 6 配位
键与 O_2 可逆结合,64 位(E7)的 His 残基(称为远位 His)与 O_2 分子接近,被结合的 O_2 夹在
远位 His 咪唑环的氮和 Fe^{2+} 之间。$O{=}O$ 与 $Fe{-}O$ 约有 $60°$ 的倾斜[图 3-22(a)]。

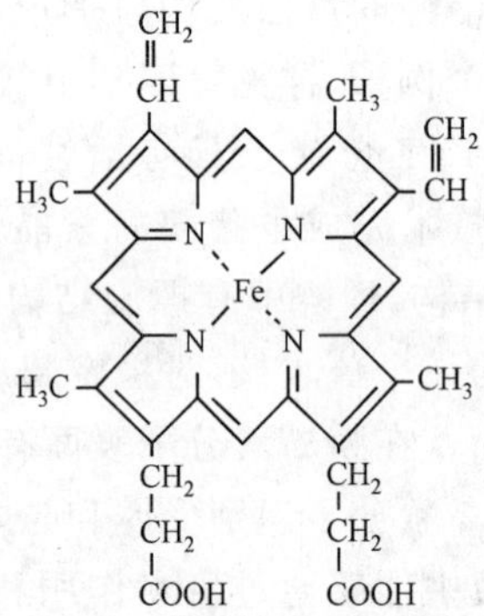

图 3-21　血红素的结构

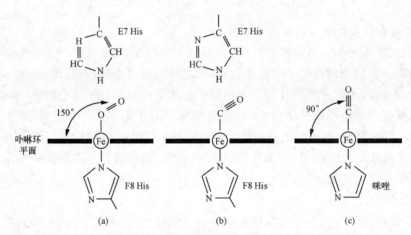

图 3-22　肌红蛋白血红素与游离血红素对 O_2 与 CO 的结合
(a) 肌红蛋白与 O_2 结合;(b) 肌红蛋白与 CO 结合;(c) 游离的血红素与 CO 结合

　　血红素中的铁可以是二价的,也可以是三价的,相应的血红素称为(亚铁)血红素和高铁
血红素,相应的肌红蛋白称为(亚铁)肌红蛋白和高铁肌红蛋白。只有亚铁态的肌红蛋白才
能与 O_2 结合,一旦肌红蛋白中的 Fe^{2+} 被氧化成 Fe^{3+},形成高铁肌红蛋白,其中氧结合部位
失活,丧失了可逆结合 O_2 的功能,往往是水分子取代了氧结合部位。

　　肌红蛋白中氧结合部位是一个空间位阻区域,具有重要的生物学意义。例如,溶液中游
离的血红素对 CO 的结合能力比结合 O_2 强 25 000 倍,$Fe{-}C{-}O$ 呈直线排列[图 3-22(c)];
而在肌红蛋白中,由于远位组氨酸阻碍了 CO 呈直线结合到血红素 Fe^{2+} 上,只能以一定角

度结合在 Fe^{2+} 上[图 3-22(b)]，使肌红蛋白结合 CO 的能力大大下降，仅比结合 O_2 强 250 倍。肌红蛋白和血红蛋白对 CO 亲和力降低可以有效地防止代谢过程中产生的少量 CO 占据它们的 O_2 结合部位。

③ 肌红蛋白的氧结合曲线　O_2 与肌红蛋白（Mb）结合可用下式表示：

$$Mb + O_2 \rightleftharpoons MbO_2$$

当反应达到平衡时，由亲和常数 $K = \dfrac{[MbO_2]}{[Mb][O_2]}$ 得到

$$[MbO_2] = K[Mb][O_2] \tag{3-7}$$

在给定的氧压下，将氧合肌红蛋白（MbO_2）的分子数与肌红蛋白的分子总数之比定义为氧饱和度，用 Y 表示，即

$$Y = \frac{[MbO_2]}{[MbO_2] + [Mb]} \tag{3-8}$$

将方程（3-7）代入（3-8），则

$$Y = \frac{K[Mb][O_2]}{K[Mb][O_2] + [Mb]} = \frac{K[O_2]}{K[O_2] + 1} = \frac{[O_2]}{[O_2] + 1/K} \tag{3-9}$$

当 $Y = 1$ 时，表示所有肌红蛋白分子的氧结合部位均被 O_2 所占据，即肌红蛋白被 O_2 完全饱和；当 $Y = 0.5$ 时，表示有一半肌红蛋白分子的氧结合部位被 O_2 所占据，此时的氧分压用 p_{50} 表示，即肌红蛋白被 O_2 半饱和时所对应的氧分压为 p_{50}，通常用 p_{50} 来表示肌红蛋白与 O_2 的亲和力。由于溶于液体中 O_2 的浓度与液面上 O_2 的分压成正比，因此 $[O_2]$ 可用分压 p_{O_2} 表示；当 $Y = 0.5$ 时，由方程（3-9）得到 $1/K = [O_2] = p_{50}$，则方程（3-9）可以改写为

$$Y = \frac{p_{O_2}}{p_{O_2} + p_{50}} \tag{3-10}$$

以 Y 对 p_{O_2} 作图得到肌红蛋白的氧结合曲线（又称氧解离曲线），为一双曲线（图 3-24）。从图中可以看到，肌红蛋白的 $p_{50} = 1$ Torr（相当于 1 mm 汞柱的压力，1 Torr = 133.3 Pa），说明肌红蛋白对 O_2 有很强的亲和力，在组织中肌红蛋白具有很好的贮氧功能，当肌肉收缩，线粒体中 O_2 含量下降时，它可以立即供 O_2。

（2）血红蛋白

① 血红蛋白的结构　脊椎动物的血红蛋白分子具有四级结构，4 个亚基两两相同。由于其结构比肌红蛋白复杂得多，因此还具有肌红蛋白所缺乏的功能，如除了运输 O_2 以外，还可运输质子和 CO_2。血红蛋白各亚基都有一个位于疏水空穴中的血红素辅基，每个辅基又各有一个氧结合部位，所以一分子血红蛋白能与 4 分子 O_2 结合（图 3-23）。

人在不同发育阶段血红蛋白的亚基种类是不同的，如成年人红细胞中主要为 Hb A，亚基组成为 $\alpha_2\beta_2$，胎儿期血红蛋白主要为 Hb F，亚基为 $\alpha_2\gamma_2$，胚胎期为 $\zeta_2\varepsilon_2$。它们都是具有正常功能的血红蛋白。

成年人血红蛋白（$\alpha_2\beta_2$）的 α 亚基含 141 个氨基酸残基，β 亚基含 146 个氨基酸残基，α 亚基和 β 亚基与

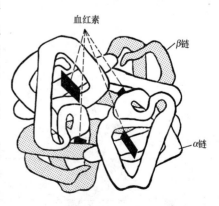

图 3-23　血红蛋白的四级结构示意图

4 个亚基缔合成四级结构，每条肽链各盘绕一个血红素

肌红蛋白的一级结构包括所含氨基酸的种类、数目和排列顺序有较大的差异,但它们的二级结构和三级结构大致相同,所以都具有氧合功能。通过对多种动物血红蛋白氨基酸序列的研究证明,一级结构中某些氨基酸残基可以调换,另一些则高度保守。血红蛋白内部非极性氨基酸残基的替换不影响其疏水特性。在血红素一侧与Fe^{2+}形成第5个配位键的近位组氨酸(F8His)位于α链第87位或β链第92位,另一侧的远位组氨酸(E7His)位于α链第58位或β链第63位,它们高度保守,这对血红蛋白的功能有重要意义。

研究发现,在强变性剂的作用下,血红蛋白可以解离成α亚基和β亚基,但用温和的变性条件可以使血红蛋白解离成$\alpha\beta$-二聚体,在这个意义上说血红蛋白是一个二亚基蛋白质,每个"亚基"是一个$\alpha\beta$-二聚体。

② 血红蛋白的氧结合曲线　肌红蛋白与血红蛋白虽然都可逆地与O_2结合,但其氧合曲线不同,肌红蛋白的为双曲线,而血红蛋白的则为"S"形曲线(图3-24)。

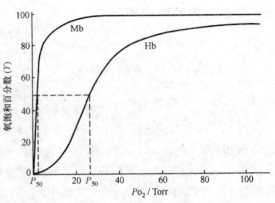

图 3-24　肌红蛋白(Mb)和血红蛋白(Hb)的氧合曲线

从图可见,肌红蛋白易与氧结合,P_{50}为1 Torr,而血红蛋白在氧分压较低时与氧结合较困难,P_{50}为26 Torr。血红蛋白与O_2结合的"S"形曲线提示其4个亚基结合O_2的平衡常数不同,从"S"形曲线的后半部呈直线上升可证明最后一个亚基与O_2结合的平衡常数最大。

在溶液中,血红蛋白的氧饱和百分数(Y)为血红蛋白分子上已结合O_2的位置数与可能结合O_2的位置数之比,用下式表示:

$$Y = \frac{[Hb(O_2)_n]}{[Hb] + [Hb(O_2)_n]} \tag{3-11}$$

在脱氧血红蛋白分子中,4条多肽链的C-末端都参与盐键的形成(图3-25)。由于多个盐键的存在,使其处于受约束的状态,当一个O_2冲破了某种阻力和血红蛋白的一个亚基结合后,使得亚基的构象发生变化,从而引起邻近亚基的构象也发生改变,改变后的构象更容易和O_2结合。这种效应相继延续至第三个、第四个亚基,故血红蛋白与O_2结合表现出"S"形的氧合曲线。生化学家Monod根据这种现象提出了寡聚蛋白质的别构效应。

血红蛋白与CO的亲和力比与O_2的亲和力大250倍,生活中的煤气中毒就是CO与血红蛋白结合,使血红蛋白不能再与O_2结合,最终导致缺氧死亡。

③ O_2结合过程中血红蛋白构象的变化和别构效应　X射线晶体结构分析显示在Fe^{2+}与O_2结合的过程中,Fe^{2+}与卟啉环平面的位置发生关键性的改变。在脱氧血红蛋白中Fe^{2+}只有5个配位键,Fe^{2+}处于高自旋状态,离子半径较大,无法进入原卟啉平面,又有近位His相接,故Fe^{2+}距离卟啉环平面0.04～0.06 nm,同时F8His咪唑基的氮与Fe^{2+}的连接有8°的倾斜,受空间和静电因素

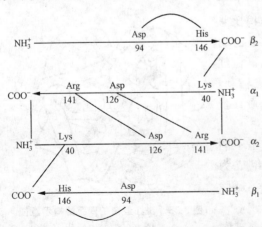

图 3-25　脱氧血红蛋白各亚基间和亚基内的盐键

的影响,使卟啉环平面向 F8His 方向凸起而呈圆顶状;当 Fe^{2+} 与 O_2 形成第六个配位键时,Fe^{2+} 从高自旋转变为低自旋状态,半径缩小,使 Fe^{2+} 落入卟啉环平面内,铁卟啉由圆顶状变为平面状(图 3-26)。这一微小的构象变化显著地影响着血红蛋白其他亚基血红素与 O_2 结合的功能。

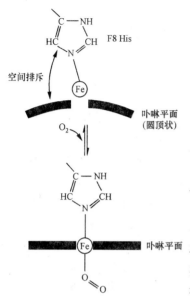

图 3-26　血红蛋白氧合时对 Fe^{2+} 和血红素平面的影响

Fe^{2+} 结合 O_2 时的移动,带动 F8 近位 His 残基位置的移动,并引起相近肽段的位移,这些移动传递到亚基的界面,影响亚基间氢键和盐键的稳定性,使整个血红蛋白分子的构象改变,导致其他亚基血红素结合 O_2 功能的改变,所以认为这是 O_2 结合协同效应的触发机制。

X 射线结构分析表明,氧合血红蛋白与脱氧血红蛋白的四级结构有明显的区别,存在着两种主要的构象态:紧张态(T 态,为脱氧血红蛋白)和松弛态(R 态,为氧合血红蛋白),R 态血红蛋白对 O_2 的亲和常数要比 T 态大 150~300倍。脱氧血红蛋白分子由于 4 条多肽链的 C-末端都参与了盐键的形成,使分子构象处于一种非常紧张的状态,不利于与 O_2 结合,此时分子的构象主要处于 T 态。根据上述研究提供的信息,推测当一个 O_2 冲破某种阻力与处于 T 态血红蛋白的一个亚基结合后,该亚基的构象发生变化,使得与相邻亚基间的氢键和盐键被打断,引起邻近亚基的构象也发生改变,这种构象的变化可促进第二个亚基与 O_2 结合,继而影响第三个、第四个亚基与 O_2 的结合,最后使四个亚基全部处于 R 态(别构蛋白质 T 态转变为 R 态的 MWC 和 KNF 模型见第四章"别构酶"部分)。这种由一个 O_2 与血红蛋白的一个亚基结合后,引起其他亚基的构象和性能发生改变的现象,即为别构效应,O_2 为效应物,血红蛋白为别构蛋白质。"S"形氧结合曲线反映了血红蛋白与 O_2 的结合和解离具有正协同性同促效应,即一个 O_2 的结合促进了血红蛋白分子中其他亚基对氧的结合能力,这种协同效应提高了血红蛋白输送氧的效率,在肺部(氧分压高)所有脱氧血红蛋白尽可能多地结合 O_2,在肌肉等组织(氧分压低)氧合血红蛋白能释放较多的 O_2。

④ 血红蛋白氧亲和力的影响因素

H^+ 和 CO_2 的影响　1904 年丹麦科学家 C. Bohr 发现,pH 和 CO_2 的分压影响血红蛋白与 O_2 的结合性质。在生理 pH 范围内,降低 pH 可使血红蛋白与 O_2 的亲和力降低,导致血红蛋白的氧结合曲线右移(图 3-27);在恒定的 pH 条件下,当增加 CO_2 的浓度时,也能降低血红蛋白与 O_2 的亲和力。在代谢旺盛的组织中,产生较多的 CO_2 和酸性物质,因此促进氧合血红蛋白释放 O_2 供该组织利用,这一现象称为 Bohr 效应。10 年后,J. S. Haldane 发现在肺泡中有相反的效应,当肺部呼出 CO_2 时,CO_2 分压下降,使血红蛋白对 O_2 的亲和力增加,有利于 O_2 的结合。这两种效应有同样重要的生理意

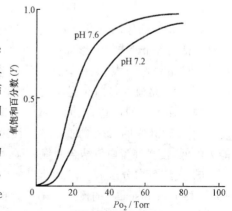

图 3-27　pH 对血红蛋白与氧亲和力的影响
(pH 由 7.6 到 7.2 使 HbO_2 放出 O_2)

义,当血流经过组织时,pH 较低,CO_2 分压较高,有利于氧合血红蛋白释放 O_2,同时 O_2 的释放又促进了脱氧血红蛋白与 CO_2 和 H^+ 结合;当血流经肺部时,氧分压较高,促进脱氧血红蛋白释放 CO_2 和 H^+,并有利于氧合血红蛋白的生成。这样血红蛋白就有效地实现了将 O_2 运输到组织并释放供组织利用,从组织中运走代谢产生的 CO_2 和 H^+ 并排出体外的功能。

经过研究了解到,在红细胞中 CO_2 经碳酸酐酶催化形成碳酸,解离出 H^+;同时,CO_2 与血红蛋白形成氨基甲酸血红蛋白,也能解离出 H^+。由于氨基甲酸血红蛋白的 N-末端带负电荷,可与带正电荷的基团形成盐键,使脱氧血红蛋白的构象稳定,从而降低了血红蛋白对 O_2 的亲和力。

$$Hb{-}NH_2 + CO_2 \rightleftharpoons Hb{-}NHCOO^- + H^+$$

2,3-二磷酸甘油酸(BPG)的影响　　1967 年 Reinhold Benesch 和 Ruth Benesch 发现红细胞中 2,3-BPG 对血红蛋白的氧合作用有很大的影响。当 2,3-BPG 不存在时,血红蛋白与 O_2 的亲和力强,与肌红蛋白相同($P_{50} = 1\,Torr$);当 2,3-BPG 与血红蛋白结合后,可极大地降低血红蛋白对 O_2 的亲和力,使血红蛋白的氧结合曲线右移(图 3-28)。

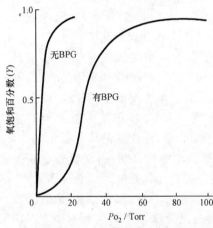

图 3-28　2,3-BPG 对血红蛋白氧结合曲线的影响

从 X 射线结构分析结果得知,1 分子的 2,3-BPG 结合在脱氧血红蛋白分子中央的一个孔穴中。在生理 pH 条件下,带负电荷的 2,3-BPG 与 β 亚基上带正电荷的氨基酸残基形成盐键,加上血红蛋白原来的 8 个盐键,使脱氧血红蛋白分子的四级结构更加稳定,处于不易和氧结合的状态;在氧合血红蛋白中,由于分子的盐键被打断,血红蛋白的四级结构发生变化,分子中央的孔穴变小,不能容纳 2,3-BPG 分子,同时 β 亚基也不能与 2,3-BPG 形成盐键,大大降低了对 2,3-BPG 的亲和力,所以 2,3-BPG 是与脱氧血红蛋白结合的。2,3-BPG 和 O_2 在脱氧血红蛋白分子上的结合是互相排斥的(见下式)。

$$Hb + BPG \rightleftharpoons Hb{-}BPG$$
$$Hb{-}BPG + 4O_2 \rightleftharpoons Hb(O_2)_4 + BPG$$

2,3-BPG 的作用具有重要的生理意义,2,3-BPG 使脱氧血红蛋白对 O_2 的亲和力降低,氧结合曲线呈正常的"S"形曲线。在氧分压高的肺部,血红蛋白几乎被 O_2 全部饱和,因此 2,3-BPG 的影响不大;但在氧分压低的外周组织中,2,3-BPG 的存在有利于 O_2 的释放,所以 2,3-BPG 是血红蛋白在组织的毛细血管中释放 O_2 所必需的。2,3-BPG 是在红细胞内存在的糖代谢的中间产物,在无氧或暂时缺氧的情况下如高原缺氧、心肺功能不全或贫血时,均可使 2,3-BPG 的产生增加,血红蛋白和 2,3-BPG 结合后,2,3-BPG 使血红蛋白结合氧的能力降低,使血红蛋白氧结合曲线右移,增加氧合血红蛋白释放 O_2 的量,以满足组织的需要。

⑤ 血红蛋白分子病　　1949 年 L. Pauling 等人对异常血红蛋白进行研究时提出了分子病(molecular disease)的概念。随着蛋白质一级结构和高级结构研究的进展,对血红蛋白分子病的了解越来越清楚。

分子病是由于编码蛋白质的遗传基因突变或缺失,导致机体合成了没有正常生物活性的异常蛋白质,或根本就不能合成此种蛋白质,从而造成的一种先天性遗传疾病。镰刀状红细胞贫血症就是最早被认识的一种分子病,患者红细胞数目减少,而且变为镰刀状或新月状的异常形态后显得很脆弱,易破碎,寿命缩短。病因就是由于基因突变,使合成的血红蛋白一级结构发生细微变化,从而影响了其正常的构象和生理功能。研究表明,镰刀状红细胞贫血症患者的血红蛋白(Hb S)与正常人的血红蛋白(Hb A)中 β 链 N-末端第 6 个氨基酸残基不同,Hb A 中为极性的 Glu,Hb S 中则为非极性的 Val,正是这一个氨基酸的更换改变了血红蛋白的物化性质,使处于脱氧状态时血红蛋白的溶解度下降,在细胞内易聚集而失去结合氧的能力。镰刀状红细胞贫血症的例子,最清楚地反映出蛋白质的氨基酸序列在决定它的二、三、四级结构及其生物学功能方面的重大作用。

4. 免疫球蛋白的结构与功能

机体免疫系统受抗原刺激后,免疫系统产生能与抗原发生特异性结合的抗体,抗体主要存在于血清中,其化学本质为球蛋白。1964 年国际卫生组织将具有抗体活性的球蛋白及化学结构与抗体相似的球蛋白统一命名为免疫球蛋白(immunoglobulin,简称 Ig)。免疫球蛋白分子的基本结构是由四条肽链组成,呈"Y"形,包括两条相同的轻链(light chain,L 链)和两条相同的重链(heavy chain,H 链),由二硫键连接形成一个四肽链分子,四条肽链两端游离的氨基和羧基的方向是一致的(图 3-29)。轻链大约由 214 个氨基酸残基组成,相对分子质量约为 24 000,每条 L 链含有两个由链内二硫键所组成的环肽;重链大约为轻链的两倍,含 450～550 个氨基酸残基,相对分子质量约为 55 000 或 75 000,每条 H 链含 4～5 个链内二硫键所组成的环肽。根据不同 L 链的抗原性可分为 κ 和 λ 两型,免疫球蛋白的两条轻链总是同型的,根据 H 链抗原性的差异可分为 μ 链、γ 链、α 链、δ 链和 ε 链 5 类,它们的氨基酸顺序、二硫键数目和位置、含糖种类和数量不同。不同 H 链与 L 链(κ 或 λ)组成的 Ig 分子分别称之为 IgG、IgA、IgM、IgD 和 IgE。其中 IgG 和 IgM 是血清中的主要抗体,直接参与和抗原的结合。

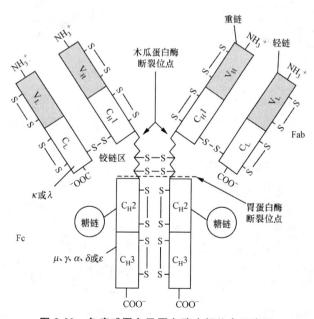

图 3-29　免疫球蛋白及蛋白酶水解位点示意图

根据免疫球蛋白分子中肽链的氨基酸残基组成的变化程度,将其分为可变区(variable region,V 区)和恒定区(constant region,C 区)。V 区位于轻链和重链的氨基端,在 V 区中某些局部区域的氨基酸组成和排列顺序具有更高的变化程度,这些区域称为高变区(hyper-variable region,HVR),为抗体与抗原的结合部位,高变区内氨基酸残基的高度变异性,保证了抗原结合部位的多样性和专一性。在 V 区中非 HVR 部位的氨基酸组成和排列相对比较保守,称为骨架区(framework region)。C 区位于轻链和重链的羧基端,这个区域氨基酸的组成和排列比较恒定,具有相同的抗原性。

　　用蛋白酶水解免疫球蛋白分子,是研究 Ig 结构和功能的重要方法。如 IgG 经木瓜蛋白酶水解得到两个可结合抗原的 Fab 片段和一个可结晶的 Fc 片段,经胃蛋白酶水解得到具有双价抗体活性的 $F(ab')_2$ 片段和 Fc′片段,Fc′继续被胃蛋白酶水解为无生物活性的更小片段(图 3-29)。

　　IgG 分子包含 12 个结构域,每条轻链含有两个结构域(V_L 和 C_L),每条重链含有四个结构域(V_H、C_H1、C_H2 和 C_H3)。由于这些结构域的氨基酸序列有高度的相似性,被称为同源区,因此三维结构也很相似。在结构域中,肽链折叠,形成 7 条 β 折叠股,4 条 β 折叠股构成一个反平行 β 折叠片层,称为 4 链层,3 条 β 折叠股构成另一个反平行 β 折叠片层,称为 3 链层,4 链层与 3 链层通过一个链内二硫键相连(图 3-30),此二硫键能维持结构域的稳定。β 折叠片层以外的肽段含有 α 螺旋或发夹结构。许多疏水侧链分布在二硫键周围,充满了两个 β 折叠片层之间。

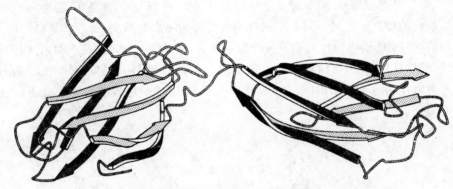

图 3-30　IgG 轻链的两个结构域

　　IgG 分子中有 6 个球形区域,它们每个都是由一对紧密结合的同源区组成,有一定的生物学功能,所以称为功能区。V_H 和 V_L 构成 V 功能区,含有抗原结合部位,具有结合抗原的功能;C_H1 和 C_L 组成 C_H1 功能区;两个 C_H2 组成 C_H2 功能区,含有补体结合部位,具有结合补体的功能;两个 C_H3 组成 C_H3 功能区,能结合各种细胞。

　　X 射线衍射结构分析和电镜观察表明,"Y"形的 IgG 分子的 C_H1 和 C_H2 之间有一个铰链区(hinge region),易发生伸展及一定程度的转动,调节两个 Fab 抗原结合部位的远近,以适应抗原的两个抗原决定簇之间的距离,有助于抗体与抗原的结合。

五、蛋白质的性质

(一) 肽的性质

1. 蛋白质和肽的区别
蛋白质和肽都是由氨基酸通过肽键连接而成的有机分子。从分子大小来看,二者没有绝对的界限,一般蛋白质的相对分子质量较大(大于 5000),肽的相对分子质量较小(小于 5000)。蛋白质和肽在构象和功能上都有所不同。蛋白质有特定的构象,分子中有螺旋、折叠和转角;肽可能处在活性状态时才有构象形成,一般不含 α 螺旋,只有 β 折叠或 β 转角。蛋白质是生物大分子,完成生物体内的多种功能,而活性肽则属于体内的化学信息传递物质,完成体内信息传递的功能。

2. 肽的物理和化学性质

肽和氨基酸一样,在晶体和溶液中都是以两性离子存在,肽的酸碱性质主要决定于肽链游离 N-末端氨基和游离 C-末端羧基以及侧链 R 基的解离。在不同 pH 溶液中,肽的解离情况不同,所带净电荷也就不同,有自己的等电点。

含有两个或两个以上肽键的肽(除二肽外)都有双缩脲反应。肽中游离的 α-氨基、α-羧基和 R 基可以发生与氨基酸相应基团类似的化学反应。

一般短肽的旋光度约等于组成此肽的氨基酸旋光度之和,但较长的肽或蛋白质的旋光度则不等于其组成氨基酸的旋光度的简单加和。

3. 天然存在的活性肽

除蛋白质部分水解得到长短不一的各种肽段外,生物体还有很多具有各种特殊生物学功能的活性肽游离存在,如很多激素、抗生素就属于肽类物质。动植物和微生物细胞中普遍存在着一种三肽,称还原型谷胱甘肽(reduced glutathione),是由谷氨酸、半胱氨酸和甘氨酸残基组成,其中谷氨酸的 γ-羧基和半胱氨酸的 α-氨基脱水缩合成 γ-肽键,即 γ-谷氨酰半胱氨酰甘氨酸,常用 GSH 表示,结构式如下:

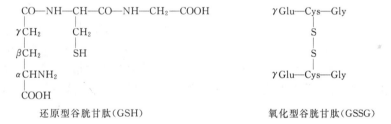

还原型谷胱甘肽(GSH)　　　　　　氧化型谷胱甘肽(GSSG)

还原型谷胱甘肽含有游离的巯基,易氧化成二硫键,生成氧化型谷胱甘肽。GSH 参与体内的氧化还原过程,作为某些氧化还原酶的辅因子,起保护巯基酶或清除过氧化物的作用。

自然界中存在的肽有开链结构和环状结构。环状肽没有自由的羧基端和氨基端,在微生物中常见,如短杆菌肽 S(见以下结构式),对革兰氏阳性细菌有强大的抑制作用。

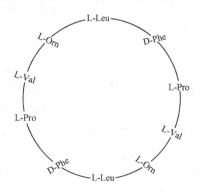

（二）蛋白质的物理和化学性质

1. 蛋白质的带电性质

蛋白质是由不同数量和比例的氨基酸组成的生物大分子,虽然蛋白质分子中绝大多数氨基酸的氨基和羧基已经相互结合成肽键,但仍有肽链末端的 α-氨基和 α-羧基,最主要的是氨基酸侧链上的可解离基团,如氨基、羧基、咪唑基、胍基等。蛋白质分子在一定 pH 下结合或释放质子而带正电荷或负电荷,所以蛋白质与氨基酸相似,也是一种两性电解质,既可与酸、又可与碱相互作用。

溶液中蛋白质的带电情况与环境的 pH 有关。蛋白质的净电荷是氨基酸侧链基团所带正负电荷的总和,蛋白质在某一 pH 时,所带净电荷为零,此时 pH 即为该蛋白质的等电点(isoelectric point,pI)。蛋白质在低于 pI 的 pH 环境中带正电荷;在高于 pI 的 pH 环境中带负电荷。等电点是蛋白质的物理化学常数,取决于蛋白质的氨基酸组成。

根据蛋白质分子在溶液中的带电性质,建立了离子交换层析、吸附层析、聚焦层析及各种电泳等方法对其进行分离和鉴定。

2. 蛋白质的光吸收

蛋白质由于含有 Tyr、Phe 和 Trp 等苯环共轭双键的氨基酸,所以也有紫外吸收能力,一般最大光吸收在波长 280 nm 处,因此,利用紫外分光光度法可以很方便地测定蛋白质的含量。但是,不同蛋白质氨基酸组成不同,具有紫外吸收的氨基酸含量也有差别,所以它们的消光系数(extinction coefficient)也不完全相同。

3. 蛋白质的变性与复性

蛋白质受到外界某些物理和化学因素,如加热、剧烈搅拌、超声波、紫外线照射、强酸、强碱、重金属盐类、有机溶剂、脲和胍等的作用时,分子内部的次级键、二硫键被破坏,多肽链失去了原有的空间构象,由有序而紧密的结构变为无序而松散的结构,即二级结构以上的高级结构被破坏,导致蛋白质物理化学性质和生物学功能发生变化,这一过程就称为蛋白质的变性(denaturation)。变性后的蛋白质称为变性蛋白,它的生物活性丧失,溶解度降低,分子的不对称性增加,失去结晶能力,易被蛋白酶水解。

如果引起变性的因素比较温和,蛋白质多肽链仅仅是较松散,当除去变性因素后,多肽链可重新自发折叠恢复原来的空间构象,使其生物学活性恢复,这个过程称为蛋白质的复性(renaturation)。

核糖核酸酶(RNase)分子由 124 个氨基酸残基组成。它的一条肽链经不规则折叠形成近似球形的三维构象。维持构象稳定的作用力,除了氢键等非共价键外,还有 4 个二硫键,它们在肽链中的位置分别是 26-84,40-95,58-110,65-72。在二硫键形成之前,RNase 分子已采取了它特有的三维构象。二硫键的形成并不规定多肽的折叠,然而,一旦蛋白质选定了它的三维构象,则二硫键对此构象起稳定作用。

20 世纪 60 年代,C. Anfinsen 以牛胰核糖核酸酶为对象研究其变性与复性。他的经典实验是,当天然的 RNase 在 8 mol/L 尿素或 6 mol/L 盐酸胍存在下用 β-巯基乙醇处理后,分子内的 4 个二硫键断裂,紧密的球状结构伸展成松散的无规卷曲状态,失去生物活性,然而,当用透析方法将尿素(或盐酸胍)和巯基乙醇除去后,RNase 又可恢复原来活性的 95% ~ 100%。这个实验说明,蛋白质(RNase)的变性是可逆的,变性蛋白在一定条件下之所以能自动折叠成天然构象,是由于多肽链的氨基酸排列顺序包含了自动形成正确构象的全部信息,即一级结构决定其高级结构。

4. 蛋白质的胶体性质

蛋白质的分子大小属于胶体质点范围。由于蛋白质分子表面有许多亲水基团,在水溶液中其结合水分子形成水化层;又由于蛋白质分子表面的可解离基团,在一定 pH 条件下,都带有电性相同的净电荷,与溶液中电性相反的离子形成稳定的双电层。基于这些因素,蛋白质溶液成为稳定的亲水胶体溶液,蛋白质不易从溶液中沉淀出来。蛋白质溶液和一般胶体溶液一样,也具有丁达尔效应、布朗运动及不能透过半透膜等性质。

5. 蛋白质的沉淀

如果向蛋白质溶液中加入某种沉淀剂,破坏了蛋白质表面的水化层或双电层,即破坏了溶液的稳定性,使蛋白质以沉淀形式析出。根据沉淀剂的不同,蛋白质沉淀的方法主要有盐析法、等电点沉淀法、有机溶剂沉淀法、重金属盐类沉淀法、生物碱试剂沉淀法、非离子型聚合物(如聚乙二醇 PEG)沉淀法、聚电解质(如聚丙烯酸)沉淀法,此外还有加热变性沉淀法等。蛋白质沉淀后,如果用透析等方法除去沉淀剂,使蛋白质恢复溶解状态,称为可逆的沉淀作用;如果除去沉淀剂后蛋白质仍不能重新溶解于原来的溶剂中,称为不可逆的沉淀作用。

(1) 盐析 蛋白质的盐析、盐溶现象就是一个可逆的沉淀过程。多数蛋白质在稀盐溶液中溶解度增加,这种现象称为盐溶作用(salting in);如果向蛋白质溶液中加入高浓度的中性盐如硫酸铵、氯化钠等,使蛋白质脱去水化层,蛋白质的溶解度下降,以致从溶液中沉淀出来,称为盐析作用(salting out)。最常用来沉淀蛋白质的盐是硫酸铵,它具有价廉、溶解度大、能使蛋白质稳定的优点。不同的蛋白质从溶液中析出所需要的盐浓度不同,利用蛋白质的这个性质,加入不同浓度的盐可使不同的蛋白质分别沉淀出来,这种方法常应用在蛋白质的分离纯化过程中,称为分级盐析。盐析出来的蛋白质仍保持原来的生物活性,当除去盐后,蛋白质沉淀又可溶解,因此它是蛋白质分离纯化常用的方法之一。

(2) 等电点沉淀 对于疏水性较强的蛋白质,在低离子强度下,调节溶液的 pH 至蛋白质的等电点,使其所带净电荷为零,由于相邻蛋白质分子之间没有静电排斥作用而聚集沉淀出来。因此在其他条件相同时,蛋白质在等电点的溶解度达到最低。等电点沉淀出来的蛋白质保持着天然构象,能重新溶解在适当的缓冲液中。

(3) 有机溶剂沉淀 和水互溶的有机溶剂(常用的有乙醇、丙酮)浓度增大时,溶液的介电常数降低,蛋白质分子表面可解离基团的离子化程度减弱,水化层被破坏,促使蛋白质聚集而沉淀。在使用有机溶剂沉淀蛋白质时,注意降低温度、缩短处理时间和避免有机溶剂局部浓度过高,这样可以减少蛋白质的变性。

(4) 重金属盐类沉淀 蛋白质在 pH>pI 条件下分子带负电荷,可与带正电的重金属离子如 Cu^{2+}、Hg^{2+}、Pb^{2+}、Ag^+ 等结合,生成不溶性的重金属蛋白盐而沉淀,并常使蛋白质变性。当人误食重金属盐时,可口服大量牛奶或豆浆等蛋白质含量丰富的食物,使重金属离子沉淀,然后催吐排出体外。

(5) 生物碱试剂沉淀 单宁酸、苦味酸等都能沉淀生物碱,故称生物碱试剂。蛋白质在 pH<pI 条件下分子带正电荷,容易与生物碱试剂的酸根负离子结合而成为溶解度较小的盐类,析出沉淀。

(6) 加热变性沉淀 蛋白质加热变性而凝固,加少量盐或使蛋白质处于等电点时可促进加热凝固作用。在分离耐热蛋白质时,可在一定温度下短时间加热以除去不耐热的杂蛋白。

6. 蛋白质的呈色反应

(1) 双缩脲反应(biuret reaction)　两分子脲经 180℃加热放出一分子 NH_3 得到双缩脲,其反应式如下:

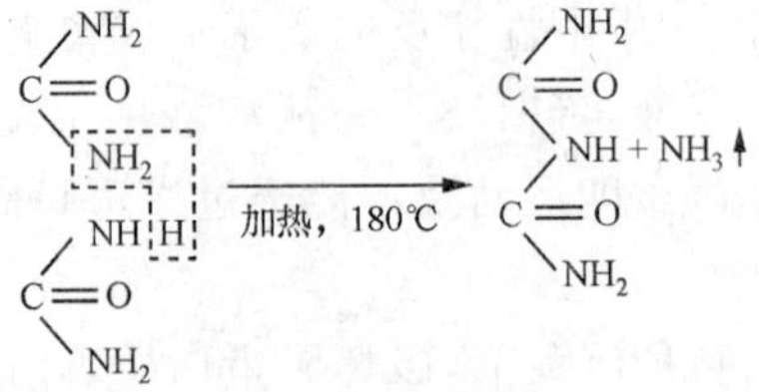

双缩脲在碱性溶液中与 Cu^{2+} 反应生成复杂的紫红色络合物,此反应称做双缩脲反应。二肽以上的肽链中含有多个与双缩脲结构相似的肽键,因此也有双缩脲反应,颜色深浅与蛋白质浓度成正比,利用此反应借助分光光度计可以测定肽或蛋白质的浓度,但灵敏度较低。

(2) 茚三酮反应　蛋白质和多肽与氨基酸一样具有茚三酮反应(反应式见氨基酸的化学反应),此反应可用于蛋白质的定性和定量。

(3) Folin-酚反应　Folin-酚法是测定蛋白质含量常用的方法之一。Folin-酚试剂由甲试剂和乙试剂组成。甲试剂中的 Cu^{2+} 与蛋白质发生双缩脲反应,乙试剂中的磷钼酸、磷钨酸在碱性条件下被蛋白质中酪氨酸的酚基还原呈蓝色反应,其颜色深浅与蛋白质含量成正比,在特定波长下测定其光吸收。此方法也适用于测定酪氨酸和色氨酸的含量。

(4) 考马斯亮蓝反应　考马斯亮蓝可分为 R 型和 G 型两类,每个分子含有两个 SO_3H 基团,本身偏酸性,磺酸基与蛋白质的碱性基团结合形成染料-蛋白质复合物。考马斯亮蓝 R-250 染色是蛋白质电泳染色的常规方法,电泳后将蛋白质条带染成蓝色,目测观察目的蛋白质的纯度,也可以利用扫描对目的蛋白质进行含量测定。考马斯亮蓝 G-250 测定蛋白质含量的灵敏度比 Folin-酚试剂反应稍高,也是实验室测定蛋白质含量常用的方法。

六、蛋白质的分离纯化和相对分子质量的测定

(一) 蛋白质的分离纯化

在蛋白质结构与功能的研究、蛋白质药物与酶的应用中,蛋白质的分离纯化是必不可少的。这是一项繁杂的工作,需要根据原料、蛋白质的性质选择合适的分离纯化程序。一般经材料预处理、蛋白质粗提和精制等步骤,才能得到高纯度并有生物活性的蛋白质,要求每个步骤都应该有高回收率。一般材料的预处理包括生物组织的破碎及蛋白质的抽提,用离心法将细胞碎片与溶液分离,得到无细胞的蛋白质抽提液;蛋白质的粗提是利用盐析或有机溶剂处理等方法将有关蛋白质沉淀下来;蛋白质的精制是利用各种电泳技术和层析技术使不同蛋白质分离,最后可将纯化的蛋白质进行结晶或冷冻干燥。

很多生物大分子稳定性较差,遇热、极端 pH、有机溶剂等因素均会引起失活,所以在制备蛋白质和酶制剂时,为保持其生物活性,在操作过程中应尽量采用较温和的实验条件,如注意保持低温(4℃)、适中 pH,需要接近生理状态的缓冲体系。此外还要加入适当的酶抑制剂、巯基试剂及金属离子螯合剂(EDTA)等。

1. 材料的预处理和蛋白质的抽提

实验材料一般有动植物组织、动物体液(如血清、腹水等)、微生物细胞或其发酵液、细胞

培养液等。对于动植物组织、微生物细胞首先要采用适当方法(机械、渗透、冻融、超声波和酶解等)进行细胞破碎,使蛋白质从细胞中释放出来,然后用适当的溶剂将蛋白质从破碎细胞中抽提出来,一般采用目的蛋白质溶解度高并稳定的缓冲液。对于液体材料的处理相对比较简单,首先经离心除去颗粒物,然后用缓冲液稀释或超滤浓缩,之后即可进行下一步的纯化工作。

2. 各种蛋白质的分离纯化方法

近年来随着技术的迅速发展,使蛋白质分离纯化方法趋向于简化,经较少的步骤就得到较高纯度的蛋白质。各种分离纯化技术主要是根据蛋白质的物理化学性质而设计的,从原理上可分成几种类型:利用蛋白质的溶解度不同进行分离;利用蛋白质的分子大小不同进行分离;利用蛋白质在两相间的分配情况不同进行分离;利用蛋白质对固相载体的物理吸附性质或生物学亲和性不同进行分离;利用蛋白质带电性质不同进行分离;利用蛋白质在离心场中运动速度不同进行分离。下面分别介绍这些方法。

(1) 根据蛋白质的溶解度差异进行分离

蛋白质在溶液中的溶解度受溶液的 pH、离子强度、介电常数及温度等因素影响,常用等电点沉淀、盐析、有机溶剂沉淀等方法将蛋白质沉淀下来,以达到分级分离的目的。多数蛋白质在低温下比较稳定,因此蛋白质的分级分离操作都在低温下进行。

(2) 根据蛋白质分子大小进行分离

① 透析和超滤　蛋白质的胶体性质使溶液中的蛋白质分子不能通过半透膜。所谓半透膜,即膜上有小孔,只允许水和小分子物质通过,而蛋白质等大分子不能通过。透析是将蛋白质溶液装入透析袋,然后置于大量透析液(水或缓冲液)中,利用扩散作用将小分子除去。超滤则是利用压力使蛋白质溶液中的水和其他小分子通过半透膜,从而达到脱盐和浓缩的目的。

② 密度梯度离心　密度梯度离心法是根据颗粒密度的差异在密度梯度介质中进行离心的方法,又称为区带离心法。这种方法是将蛋白质混合样品加在离心管内密度梯度介质(常用蔗糖)的顶端,当采用水平转头进行高速离心时,离心管内的蔗糖溶液便形成密度梯度,每种蛋白质颗粒最终停留在与其浮力密度相等的区域中,形成各自独立的区带,分部收集溶液即可得到被分离的蛋白质。

③ 凝胶过滤　凝胶过滤(gel filtration)又称分子筛层析(molecular sieve chromatography)和排阻层析(exclusion chromatography),是目前实验室测定蛋白质相对分子质量和分离纯化常用的方法。凝胶过滤的介质是一类具有网状结构的珠状凝胶颗粒,如葡聚糖凝胶、聚丙烯酰胺凝胶、琼脂糖凝胶等。凝胶的交联程度(简称交联度)与凝胶颗粒网状结构的孔径大小有直接关系,不同孔径的凝胶用于分离不同范围相对分子质量的蛋白质。凝胶过滤的机制是分子筛效应,即相对分子质量大的生物大分子沿着凝胶颗粒间的空隙或大的网孔通过,相对于小分子迁移的路径短,所以在层析过程中先从柱中流出;相对分子质量小的分子则进入凝胶内部,沿着凝胶颗粒中不同大小的网孔流过,相对于大分子迁移的路径长,在大分子之后从柱中流出(图 3-31),这样相对分子质量不同的生物大分子经过凝胶层析柱,受到凝胶介质的排阻效应,使其达到分离目的。凝胶过滤除了用来分离不同相对分子质量的蛋白质外,还常被用于蛋白质的脱盐,即利用分子筛效应将生物大分子与小分子盐类分离开。

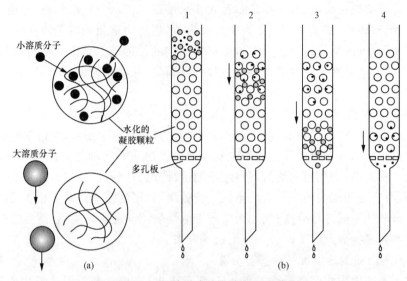

图 3-31　凝胶过滤的分离原理示意图

(a) 表示球形分子和凝胶颗粒网状结构，小分子由于扩散作用进入凝胶颗粒内部，
大分子被排阻在凝胶颗粒外面；(b) 1～4 表示蛋白质混合物在凝胶过滤层析柱内的分离过程

（3）根据蛋白质带电性质不同进行分离

① 电泳　蛋白质分子带有许多可解离的酸性基团和碱性基团，在一定的 pH 条件下解离带电，带电的性质和电荷的多少决定于蛋白质分子本身的性质及溶液的 pH 和离子强度。带电的蛋白质分子在电场中就会朝着与自己电性相反的电极方向移动，这种现象被称为电泳（electrophoresis，简称 EP）。蛋白质分子在电场中的移动速度决定于其分子的形状、相对分子质量、带电荷性质及数目，还与分离介质的阻力、溶液黏度及电场强度等因素有关。此方法是根据各种蛋白质分子在电场中移动速度的不同而达到分离目的的。电泳的种类很多，如天然状态蛋白质的聚丙烯酰胺凝胶电泳（PAGE）、SDS-聚丙烯酰胺凝胶电泳（sodium dodecyl sulphate-polyacrylamide gel electrophoresis，SDS-PAGE）、等电聚焦电泳（IEF）、蛋白质印迹转移（western blotting）、各种免疫电泳等，选择合适的电泳方法可以对蛋白质混合物进行分离制备，也可以对产物进行纯度和性质的鉴定。

最常用的蛋白质电泳是以聚丙烯酰胺凝胶为支持介质的区带电泳。聚丙烯酰胺凝胶（polyacrylamide gel，简称 PAG）是由单体丙烯酰胺（acrylamide，简称 Acr）和交联剂 N,N'-亚甲基双丙烯酰胺（N,N'-methylenebisacrylamide，简称 Bis）在催化剂和加速剂作用下，聚合交联成的具有三维网状结构的凝胶。凝胶溶液中单体和交联剂的总浓度和两者的比例决定了凝胶的有效孔径，凝胶的网状结构具有分子筛效应（相对分子质量小且为球形的蛋白质分子所受阻力小，移动快，走在前面；反之，则阻力大，移动慢，走在后面）。蛋白质的电泳分离取决于它的净电荷、分子大小和分子形状等因素。在实际工作中，常依据目的蛋白质的相对分子质量范围来选择合适的凝胶浓度，使蛋白质混合物得到最大限度的分离。

② 离子交换层析　离子交换层析（ion exchange chromatography）是利用固定相上偶联的离子交换基团，和流动相中解离的离子化合物之间发生可逆的离子交换反应而进行层析分离的方法。离子交换层析介质的构成是在一种高分子的不溶性载体（树脂、纤维素、葡聚糖等）上引入具有活性的离子交换基团（阳离子交换基团或阴离子交换基团），这些基团与溶

液中带有相同性质电荷的蛋白质分子进行交换反应。在一定的 pH 环境中,不同蛋白质的解离程度不同,带电量不一样,因此,当蛋白质混合物通过离子交换层析柱时,它们与离子交换介质的结合强度也不同,用酸、碱或盐溶液作为洗脱剂,改变整个系统的酸碱度和离子强度,各组分将被分别洗脱下来,从而达到分离的目的。

（4）根据蛋白质-配基专一性进行的分离

生物大分子与相应的特异分子之间具有专一可逆结合的特性,如酶与底物、抑制剂、辅助因子,抗体与抗原,激素与受体,等等,这里的底物、抑制剂、辅助因子、抗原和受体统称为配基。蛋白质是生物大分子,它与配基结合成络合物的能力叫做亲和力。亲和层析(affinity chromatography)是根据生物分子与配基之间可逆地结合和解离的原理建立和发展起来的方法,它利用层析柱流动相中的生物大分子与固定相(即亲和层析介质)表面偶联的特异性配基发生亲和作用,有选择性地对生物大分子进行层析分离。

将配基(ligand)与具有大孔径、亲水性的固相载体(如葡聚糖凝胶、琼脂糖凝胶等)相偶联,制成专一的亲和吸附剂,当待分离生物大分子随着流动相经过时,亲和吸附剂上的配基就有选择地将其吸附,选择适当的洗脱剂(可以在洗脱液中加入与待分离生物大分子有专一性可逆结合作用的物质)将欲分离的组分从亲和吸附剂上竞争性洗脱,得到纯化的生物大分子。图 3-32 简单说明亲和层析的原理。

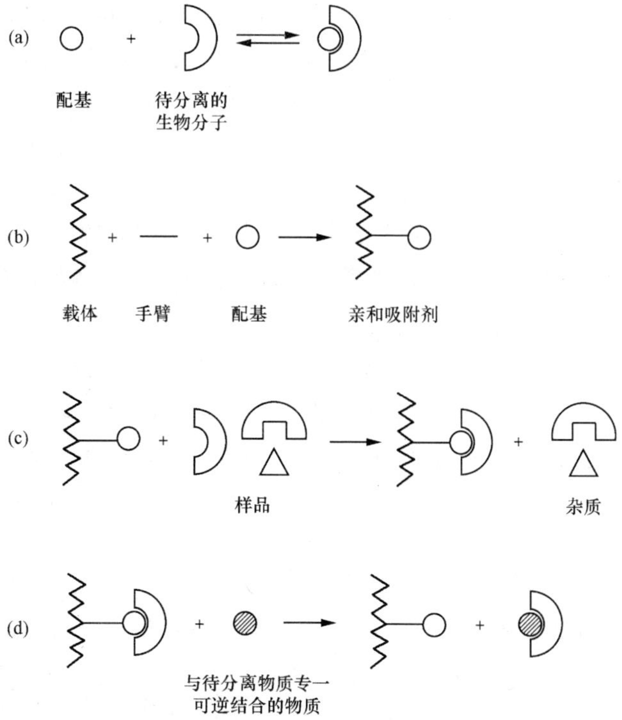

图 3-32　亲和层析原理示意图

（a）一对可逆结合的生物分子；（b）载体与配基偶联制成亲和吸附剂；（c）亲和吸附剂选择性地吸附待分离生物大分子；（d）竞争性洗脱使待分离生物大分子与配基解吸附("与待分离物质专一可逆结合的物质"是加入洗脱液中的配基,它对欲分离物质应有较高的亲和力)

　　亲和层析在分离生物大分子的应用中具有很多优越性。它是利用生物大分子的生物学特异性进行分离,所以分离条件比较温和,能够很好地保持样品原有的生物学性质,且具有浓缩作用,纯化效率高,操作简单,通过一次操作即可得到较高纯度的分离物质。

　　(5) 利用固相载体对蛋白质的吸附性质进行分离

　　① 吸附层析　硅胶、氧化铝、沸石、活性炭、磷酸钙、聚丙烯酰胺、聚苯乙烯等吸附剂可吸附氨基酸、核苷酸、蛋白质和核酸等生物分子,将吸附剂作为层析介质制成层析柱,当溶液中的待分离蛋白质随流动相通过层析柱时,柱内吸附介质表面的吸附基团对其发生吸附作用,吸附力为静电引力、范德华力和氢键等非共价键。由于吸附基团对不同蛋白质的吸附能力不同,因此,在解吸附过程中不同蛋白质被先后洗脱下来,从而达到分离目的。这种分离技术称为吸附层析(absorption chromatography)。

　　② 疏水相互作用层析　蛋白质分子中所含疏水性氨基酸残基的数目和分布部位,决定它疏水性的强弱。疏水相互作用层析(hydrophobic interaction chromatography)是利用各种蛋白质疏水性质的差异进行分离的方法。蛋白质分子表面的疏水基团与固定相的疏水配基之间发生疏水性结合后,用适当的洗脱液洗脱,使不同蛋白质分子得到分离。

　　(6) 高效液相层析和快速液相层析

　　① 高效液相层析　高效液相层析(high performance liquid chromatography,简称HPLC)具有快速、灵敏、分辨率高的优点,常用于蛋白质和氨基酸的分离纯化。对柱层析来说,柱内支持物颗粒越小,分离效果越好,然而,同时会使流速很慢,拖长实验时间,为了既能得到好的层析效果,又不使实验时间过长,可采用机械性能强、颗粒度小的支持物,同时增加压力,以维持必要的流速的办法。HPLC就是根据这一设想而建立起来的。

　　使用不同的支持物,如葡聚糖凝胶、离子交换纤维素、亲和介质等,可制成不同的高效液相层析柱。因此,所有类型的液体柱层析都能以 HPLC 的形式被使用。也就是说,从分离机制上看,HPLC 包括离子交换层析、凝胶过滤层析、亲和层析和疏水相互作用层析等类型。

　　HPLC 所使用的设备多配有计算机,在数分钟内可自动完成一次理想的分离纯化过程。目前,它已成为最通用、最得力和最多能的层析技术,可用于分析或制备目的。

　　② 快速蛋白液相层析　快速蛋白质液相层析(fast protein liquid chromatography,简称 FPLC)是专门用于蛋白质的分离,可以是反相、亲和、疏水、凝胶过滤、离子交换等层析类型,能用于微量样品的制备,分离速度快。

(二) 蛋白质相对分子质量的测定方法

　　蛋白质相对分子质量的测定方法有凝胶过滤法、SDS-聚丙烯酰胺凝胶电泳法、沉降分析法和渗透压法等,这里重点介绍前两种方法。

1. 凝胶过滤法

　　凝胶过滤的分子筛效应除了广泛应用于生物大分子的分离纯化、脱盐外,也常用于蛋白质相对分子质量的测定。

　　在凝胶过滤层析过程中,同一类型蛋白质的洗脱特性与其相对分子质量有关。各种组分流过凝胶层析柱时,洗脱顺序按照相对分子质量(M_r)从大到小的顺序排列先后流出。洗脱体积 V_e 与相对分子质量 M_r 的关系表示如下式:

$$V_e = K_1 - K_2 \lg M_r \tag{3-12}$$

式中 K_1 和 K_2 为常数。V_e 常用有效分配系数 K_{av} 代替,与相对分子质量的关系式不变,只是常数不同。实验中,只需测定几个同一类型已知相对分子质量的蛋白质标准品的 V_e (或计算出 K_{av}),以 $\lg M_r$ 对 V_e 作图得到一条标准曲线,再测出待测蛋白质样品的 V_e (或计算出 K_{av}),利用标准曲线就可以确定待测蛋白质样品的相对分子质量(图 3-33)。

2. SDS-聚丙烯酰胺凝胶电泳法

SDS-聚丙烯酰胺凝胶电泳(SDS-PAGE)。这种电泳在聚丙烯酰胺凝胶电泳系统中加入一定量的阴离子去污剂十二烷基硫酸钠(SDS)和还原剂 β-巯基乙醇(β-mercaptoethanol)或二硫苏糖醇(dithiothreitol,DTT),使蛋白质分子在凝胶支持物上的迁移率主要取决于它的相对分子质量。SDS 作用于非共价键,从而破坏蛋白质的构象,使其变性;还原剂的作用是将二硫键打开,使蛋白质分子解聚成单链;多肽单链与 SDS 充分结合,形成带有大量负电荷的蛋白质-SDS 复合物,从而掩盖了各种蛋白质分子之间天然电荷的差异。蛋白质-SDS 复合物在水溶液中呈雪茄烟形的长椭圆棒(图 3-34),不同蛋白质-SDS 复合物棒状物的短轴长度都一样,而长轴的长度则与相对分子质量成正比。

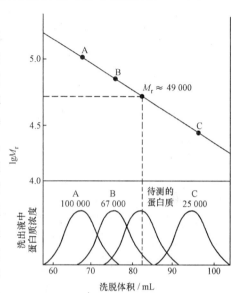

图 3-33 凝胶过滤法蛋白质洗脱体积与相对分子质量的关系

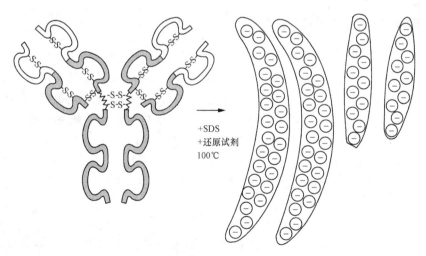

图 3-34 蛋白质样品在 100℃ 下用 SDS 处理 3~5 min 后解聚成单链分子,并形成带负电荷的蛋白质-SDS 复合物

(引自郭尧君,2005)

在不同浓度和交联度的聚丙烯酰胺凝胶中,蛋白质-SDS 复合物在电场中的迁移率不再受蛋白质分子原来所带的电荷和分子形状的影响,而主要取决于椭圆棒的长轴长度,即蛋白质多肽链相对分子质量的大小。实验证实,当蛋白质或其亚基的 M_r 在 15 000 到 200 000 之间时,电泳迁移率与相对分子质量的对数呈线性关系(图 3-35),符合下列方程式:

$$\lg M_r = -b \cdot m_R + K \qquad (3\text{-}13)$$

式中 M_r 为蛋白质相对分子质量,m_R 为相对迁移率,b 为斜率,K 为截距。在一定的条件下,b 和 K 均为常数。由公式可以看出,采用 SDS 电泳系统做单向电泳,不仅可以根据相对分子质量大小对蛋白质进行分离,而且可以根据电泳迁移率大小测定蛋白质的相对分子质量。

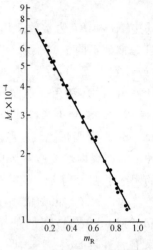

图 3-35　37 种蛋白质相对分子质量的对数与相对电泳迁移率的关系图 M_r 为 11 000 ～70 000,10% 凝胶,pH 7.2,SDS-磷酸盐缓冲系统

对于由多个亚基组成的寡聚蛋白质,它们在 SDS 和巯基乙醇的作用下,解离成单个亚基,不同相对分子质量的亚基在电场中表现出不同的电泳迁移率,从 SDS-聚丙烯酰胺凝胶电泳的结果中可以得知亚基的种类及其相对分子质量,因此,用 SDS-聚丙烯酰胺凝胶电泳测定的蛋白质的相对分子质量只是其亚基的相对分子质量,而不是完整蛋白质分子的相对分子质量,因此,还必须用其他的方法测定蛋白质相对分子质量和肽链数目等参数,与 SDS-聚丙烯酰胺凝胶电泳的结果互相参照,以得到更全面的信息。

七、蛋白质的含量测定和纯度鉴定

(一) 蛋白质含量的测定方法

1. 凯氏定氮法

蛋白质是含氮有机化合物,可用凯氏定氮法测定其含量。此法用浓硫酸消化蛋白质,所分解出的氨与硫酸形成硫酸铵,用凯氏定氮仪蒸馏并通过酸碱滴定测定氨量,从而计算出含氮量。各种蛋白质的平均含氮量为 16%,由此计算出蛋白质浓度。此方法准确,但步骤繁琐,常用于标准蛋白质的标定。

2. 紫外分光光度计法

紫外分光光度法定量测定蛋白质是根据 Lambert-Beer 定律:

$$A = \lg \frac{I_0}{I} = -\lg T = \varepsilon\, cL \qquad (3\text{-}14)$$

式中:A 为吸光度(absorbance),ε 为摩尔吸收系数(或摩尔消光系数),c 为样品蛋白质浓度(mol/L),L 为光程(cm),I_0 为入射光强度,I 为透射光强度,T 为透光率(transmittancy,$T = I/I_0$)。

由公式(3-14)可见,在 280 nm 波长处,蛋白质溶液的光吸收值与其含量成正比关系,从中可计算出蛋白质含量。测定结果受样品中嘌呤、嘧啶等吸收紫外线物质的干扰,有一定误差。此方法测定迅速、简便,不消耗样品,在蛋白质和酶的分离纯化,尤其是柱层析分离中广泛应用。

3. 利用蛋白质的呈色反应测定蛋白质含量

双缩脲法、Folin-酚试剂法（Lowry 法）和考马斯亮蓝法等均利用了蛋白质的颜色反应，溶液颜色深浅与蛋白质含量成正比，因此在特定波长下利用可见光分光光度计测定其光吸收即可得到蛋白质的浓度，操作简单，是实验室常用的测定蛋白质含量的方法。其中双缩脲法灵敏度较低，其他方法灵敏度较高，如 Folin-酚试剂法可以检测 $5\sim150\,\mu g$ 蛋白质，考马斯亮蓝法可以检测 $1\sim100\,\mu g$ 蛋白质。

（二）蛋白质纯度的鉴定

蛋白质纯度鉴定的方法很多，一般采用电泳法、沉降法、高效液相层析（HPLC）法和末端氨基酸分析等。电泳技术不需要特殊的仪器设备，操作方便，可以同时对多个蛋白质样品进行鉴定。常用双向电泳、SDS-聚丙烯酰胺凝胶电泳、等电聚焦电泳等方法。均一的蛋白质一般具有单一电泳条带，SDS-聚丙烯酰胺凝胶电泳条带的数目为蛋白质多肽链的数目；纯的蛋白质在超速离心场中，以单一的沉降速度运动；HPLC 常用于多肽、蛋白质纯度的鉴定，纯净样品在洗脱图谱上应呈现单一的对称峰形；肽链 N-末端分析法也用于纯度鉴定，单链蛋白质样品 N-末端应该只有一种氨基酸残基；酶纯度越高，其比活力就越高，酶的纯化应达到恒定比活力。

只用一种分析方法测定蛋白质纯度，其结果是不可靠的，最好是建立多种分析方法，从不同角度测定蛋白质样品的均一性。

内 容 提 要

蛋白质是由 20 种氨基酸通过肽键相互连接而成的一类生物大分子，主要含有 C、H、O、N 4 种元素，其组成的特点是平均含氮量为 16%。

蛋白质的基本结构单位是氨基酸，常见的为 α-氨基酸（除 Pro、Hyp 外），它们有两种立体异构体：D 型及 L 型（Gly 除外），天然蛋白质中主要存在 L 型氨基酸。各种氨基酸按照 R 基的化学结构，可以分为脂肪族、芳香族和杂环族三类；按照 R 基的极性，可以分为极性 R 基氨基酸和非极性 R 基氨基酸。R 基含有苯环共轭双键的 Tyr、Phe 和 Trp 在 220～300 nm 近紫外区有光吸收。氨基酸是两性电解质，溶液在某一酸碱度，其所带的净电荷为零，这时的 pH 就称为该氨基酸的等电点。一些重要的化学反应，如与茚三酮的反应可以用来鉴定或定量测定氨基酸；与 2,4-二硝基氟苯、苯异硫氰酸酯、丹磺酰氯的反应被用来测定蛋白质的 N-末端氨基酸。

蛋白质具有特定的构象，其分子结构复杂，分为一级结构、二级结构、超二级结构、结构域、三级结构和四级结构几个层次。维持蛋白质构象稳定的作用力主要是氢键、范德华力、疏水相互作用和离子键等非共价键，此外，还有二硫键、配位键和酯键等。蛋白质多肽链的氨基酸排列顺序包含了形成蛋白质空间构象的所有信息，由一级结构决定所形成特定的高级结构，成为具有生物学功能的蛋白质分子。多肽链主链骨架依靠氢键的作用，盘绕折叠，形成有规律的二级结构，天然蛋白的二级结构一般有 α 螺旋、β 折叠片、β 转角、β 凸起和非规则构象等形式。多肽链在二级结构、超二级结构和结构域的基础上沿多方向进一步卷曲折叠，形成一个紧密的球状分子，这便是蛋白质的三级结构。很多蛋白质分子中含有几条多肽链，每条肽链在独立三级结构的基础上通过非共价键相互缔合在一起，形成稳定的聚合体，此即蛋白质的四级结构。其中每一个具有独立三级结构的多肽链称为亚基。单个的亚基无生物活性，只有缔合成四级结构才有生物活性。

结构是生物学功能的基础。以细胞色素 c、纤维状蛋白质、胰岛素、肌红蛋白、血红蛋白和免疫球蛋白为例说明蛋白质的结构与功能的关系。以血红蛋白结合氧的过程说明具有四级结构的蛋白质别构效应的概念。

蛋白质是两性电解质，所带净电荷是氨基酸侧链基团所带正负电荷的总和，其值为零时溶液的 pH 为该蛋白质的等电点。蛋白质受到某些物理和化学因素作用，多肽链失去原有的空间构象，发生变性，导致生物活性丧失，溶解度降低。有些变性蛋白除去变性因素后可以复性。蛋白质溶于水，便形成稳定的胶体溶液，如果加入某种沉淀剂，破坏了蛋白质表面的水化层或双电层，它则以沉淀形式析出。

蛋白质的分离纯化一般需经材料的预处理、粗提，之后利用其溶解度、分子大小、在两相间的分配情况、固相载体的吸附性质、带电性质、在离心场中运动速度不同进行纯化。利用各种生化实验技术还可以对蛋白质进行纯度和性质鉴定，利用蛋白质的平均含氮量和紫外吸收的性质、特殊的颜色反应可以测定蛋白质的含量。

习 题

1. 什么叫两性离子？在什么环境下氨基酸以两性离子的形式存在？为什么？

2. 写出 Asp 和 Lys 的几种解离形式，并计算出它们的等电点。

3. 已知 Lys 的 ε-氨基的 pK_R' 为 10.5，问在 pH 9.5 时，Lys 水溶液中将有多少份数这种基团给出了质子？已知 Glu 的 γ-羧基 pK_R' 为 4.3，问在 pH 5.0 时，Glu 水溶液将有多少份数这种基团没有供出质子？

4. 向 1 L 1 mol/L 的处于等电点的 Gly 溶液加入 0.3 mol HCl 或 0.3 mol NaOH，问所得溶液的 pH 分别是多少？

5. 对一个氨基酸混合物（含有 Ala、Ser、Phe、Leu、Arg、Asp 和 His）在 pH 3.9 时进行纸电泳，哪些氨基酸移向正极？哪些氨基酸移向负极？请画出茚三酮染色后的电泳图谱（应注明正极、负极和原点）。

6. 根据下列给出的信息推断出八肽的氨基酸序列。

(1) 酸水解得到 Ala，Arg，Leu，Met，Phe，Thr，2Val；

(2) Sanger 试剂处理得到 DNP-Ala；

(3) 胰蛋白酶处理得到 Ala，Arg，Thr 组成的肽段和 Leu，Met，Phe，2Val 组成的肽段，分别用 Sanger 试剂处理得到 DNP-Ala 和 DNP-Val；

(4) 用溴化氰处理得到 Ala，Arg，高丝氨酸内酯，Thr，2Val 组成的肽段和 Leu，Phe 组成的肽段，分别用 Sanger 试剂处理得到 DNP-Ala 和 DNP-Leu。

7. 构型与构象有何异同？

8. 蛋白质一级结构测定的基本方法是什么？

9. 说明 α 螺旋、β 折叠片、β 转角、三股螺旋的结构特征。

10. 说明超二级结构、结构域的结构特征。

11. 在蛋白质多肽链中，氨基酸残基侧链之间怎样相互起作用？这些作用对蛋白质构象有何影响？

12. 下列变化对肌红蛋白和血红蛋白的氧亲和力有何影响？

(1) 血浆的 pH 从 7.4 降到 7.2；

(2) 肺中 CO_2 分压从 45 Torr（屏息）降到 15 Torr（正常）；

(3) 2,3-BPG 水平从 4.5 mmol/L（海平面）增至 7.5 mmol/L（高空）。

13. 以血红蛋白结合氧的过程为例说明别构效应。

14. 什么是分子病？分子病产生的机制是什么？

15. 凝胶过滤层析中和聚丙烯酰胺电泳中的分子筛效应有什么不同？

第四章　酶

一、引　言

（一）酶学研究的发展过程

生物体内的新陈代谢是一切生命活动的基础。新陈代谢是由许多复杂而有规律的化学反应组成,酶是生物体系中的催化剂,生物体内的各种化学反应包括物质转化和能量转化,都是在特定的酶催化下进行的,由于自然界中生物长期进化和组织功能分化的结果,酶在机体中受到严格的调控,使错综复杂的代谢过程有序进行。可以说,没有酶的参与,生命活动即告终止,所以酶学的深入研究在探讨生命现象的本质上是至关重要的。

人类在长期生产和生活实践中利用并发现了酶。几千年前,人类虽然不知道酶是什么样的物质,但由于生产和生活经验的积累,使人类已能广泛应用酶的功能为自己服务,如酿酒、制酱等。1833 年 Payen 和 Persoz 从麦芽水抽提物中用酒精沉淀出一种可以促进淀粉水解成可溶性糖的物质,发现了它的催化特性和热不稳定性。1878 年 Kühne 首先将这类物质称为“enzyme”,中文译为酶。1896 年 Büchner 兄弟发现酵母细胞的提取液能使糖发酵,证明了发酵是酶作用的化学本质,为此 1911 年获诺贝尔化学奖。1913 年 Michaelis 和 Menten 根据中间复合物学说,推导出了酶促动力学的米氏方程,是酶反应机制研究的一个重要突破。1926 年 Sumner 从刀豆种子中提取、纯化得到结晶的脲酶,第一次证明酶是有催化活性的蛋白质,接着 Northrop 又连续获得胃蛋白酶、胰蛋白酶和胰凝乳蛋白酶结晶,进一步证明酶是一类由活细胞产生的,具有催化活性和高度专一性的特殊蛋白质,为此二人1949 年共同获得诺贝尔化学奖。结晶酶的大量出现,为酶的化学本质、分子结构和作用机制的进一步研究提供了条件,20 世纪 60 年代科学家们开始对酶分子的一级结构、三维结构、人工合成进行研究。20 世纪 80 年代初 Cech 和 Altman 分别发现了具有催化活性的RNA——核酶(ribozyme),使人们进一步认识到酶并不完全是蛋白质,从此开辟了酶学研究的新领域,为此二人 1989 年共同获得诺贝尔化学奖。到目前为止,已发现的酶有数千种之多,其中近千种已得到结晶,酶学研究有了突飞猛进的发展,对于酶的结构与功能的关系以及酶的作用机制有了更深入的认识;近年来,酶学比较多地集中在分子水平上进行研究,在酶对细胞代谢和分化过程中的作用、酶生物合成的遗传学机制、酶的起源和催化机制和酶系统的自我调节等方面取得了新成果;酶的研究成果在工业、农业、医药领域被广泛利用,酶还作为一种工具广泛地应用于分子生物学等基础理论研究中。

（二）酶的命名和分类

随着生物化学、分子生物学等生命科学的发展,越来越多的酶被发现、研究和利用。长期以来酶的分类和命名很混乱,为了研究和使用的方便,需要对已知的几千种酶进行科学的、系统的分类和命名。1961 年国际生物化学协会酶学委员会提出了新的系统命名和分类原则,已被国际生物化学学会采用。

1. 酶的命名

根据国际酶学委员会新的命名原则,每一种酶有一个系统名称和一个习惯名称。

(1) 习惯命名法　1961 年以前使用的酶的名称都是习惯沿用的,称为习惯名。命名原则是根据酶作用的底物、酶催化反应的性质、酶的来源和特征等,如胃蛋白酶、乳酸脱氢酶。习惯命名缺乏系统性,但简单易懂,现在仍被人们广泛使用。

(2) 国际系统命名法　国际系统命名法的原则规定酶的名称应明确标明酶的底物(包括构型)和所催化反应的性质。如果一种酶催化两个底物起反应,在系统命名中则都要写出,中间用“:”隔开。如果其中一个底物是水,可以省去不写。如谷丙转氨酶的系统名称为 L-丙氨酸:α-酮戊二酸氨基转移酶。

2. 酶的国际系统分类及编号

国际酶学委员会根据酶催化反应的类型将酶分为六大类,分别用 1,2,3,4,5,6 来编号(表 4-1);再根据底物分子中被作用的基团或键的性质,将每一大类分为若干亚类,按顺序用 1,2,3,4…编号;每一个亚类可再分成若干亚亚类,同样用 1,2,3,4…编号。每一个酶的分类编号由 4 个数字组成,数字之间用“.”隔开,4 个数字分别表示酶所在的大类、亚类、亚亚类和酶在该亚亚类中的排号,前面冠以 EC(国际酶学委员会 Enzyme Commission 的缩写)。如乳酸脱氢酶的编号为 EC 1.1.1.27。

表 4-1　酶的分类及特征

编号	类型	功能特征	亚类数目	举例
1	氧化还原酶类 oxido-reductase	催化底物进行氧化还原反应,可分为氧化酶和脱氢酶 脱氢酶：$A \cdot 2H + B \rightleftharpoons A + B \cdot 2H$ 氧化酶：$A \cdot 2H + O_2 \rightleftharpoons A + H_2O_2$ $2A \cdot 2H + O_2 \rightleftharpoons 2A + 2H_2O$	18	琥珀酸脱氢酶、细胞色素氧化酶等
2	转移酶类 transferase	催化底物之间某些基团的转移或交换 $A-R+B \rightleftharpoons A+B-R$	8	转氨酶、转甲基酶、磷酸化酶等
3	水解酶类 hydrolase	催化底物发生水解反应 $A-B+H_2O \rightleftharpoons AOH+BH$	9	蛋白酶、淀粉酶、脂肪酶、核酸酶等
4	裂合酶类 (裂解酶类) lyase	催化底物的裂解或其逆反应。底物裂解时,产物往往留下双键,其逆反应为催化某一基团加到双键上 $A-B \rightleftharpoons A+B$	5	脱羧酶、脱氨酶、醛缩酶等
5	异构酶类 isomerase	催化同分异构体之间的相互转变,即分子内部基团重排 $A \rightleftharpoons B$	6	消旋酶、差向异构酶、顺反异构酶、酮醛异构酶等
6	连接酶类 (合成酶类) ligase (synthatase)	催化两分子底物合成一分子新化合物的反应,且必须有 ATP 参加 $A+B+ATP \rightleftharpoons A-B+ADP+P_i$ $A+B+ATP \rightleftharpoons A-B+AMP+PP_i$	5	丙酮酸羧化酶、谷氨酰胺合成酶等

3. 根据酶的组成和结构分类

(1) 单纯蛋白质酶和结合蛋白质酶　按照酶的化学组成成分可以分为单纯蛋白质酶和结合蛋白质酶两大类。

单纯蛋白质酶类 这些酶仅由蛋白质组成,不含其他物质,如脲酶、蛋白酶、淀粉酶、脂肪酶等多数水解酶属于单纯蛋白质酶。

结合蛋白质酶类 这些酶由蛋白质和非蛋白质成分组成,其中蛋白质部分称脱辅基酶蛋白(apoenzyme 或 apoprotein),非蛋白质部分称辅因子(cofactor),二者结合称为全酶(holoenzyme),即全酶=脱辅基酶蛋白+辅因子。

脱辅基酶蛋白决定酶对底物的专一性和催化的高效性;辅因子在酶的催化活性中起着重要的作用,它的功能可以是维持酶的构象;可以作为电子及特殊功能基团的载体;可以起连接酶与底物的作用;可以在反应中和离子、降低静电斥力等。

根据酶的辅因子与脱辅基酶蛋白的结合强度可分为辅酶(coenzyme)和辅基(prosthetic group)。辅酶是指与脱辅基酶蛋白结合疏松的小分子有机物,如辅酶Ⅰ和辅酶Ⅱ,可用透析等物理方法除去;辅基是以共价键与脱辅基酶蛋白结合,如细胞色素氧化酶的铁卟啉,不能简单地用透析等方法除去,需要经过一定的化学处理才能将辅基和蛋白质部分分离。辅酶和辅基在酶催化反应中通常起着电子、原子或某些化学基团的传递作用。

对结合蛋白质酶类而言,只有脱辅基酶蛋白和辅因子结合成全酶后才具有正常的催化活性,脱辅基酶蛋白和辅因子各自单独存在时,均无催化作用。脱辅基酶蛋白对辅因子具有选择性,每一种脱辅基酶蛋白只能与一种特定的辅因子结合生成一种全酶,但同一种辅因子可与多种不同的脱辅基酶蛋白结合生成不同的全酶,能催化同一类化学反应,但作用于不同的底物,例如乳酸脱氢酶和苹果酸脱氢酶有同样的辅酶(NAD^+),但酶蛋白不同,前者只能催化乳酸脱氢反应,而后者只能使苹果酸脱氢。

酶的辅因子根据它们的化学组成可以分为三类:① 金属离子,如柠檬酸合成酶需要K^+,柠檬酸裂解酶需要Mg^{2+},铜锌-超氧化物歧化酶需要Cu^{2+}、Zn^{2+}等;② 金属有机化合物,如细胞色素、过氧化氢酶、过氧化物酶等的辅基铁卟啉;③ 小分子有机化合物,多数 B 族维生素或其衍生物参与辅酶的组成,如烟酰胺(维生素 PP)、硫胺素(维生素 B_1)、核黄素(维生素 B_2)、泛酸等,是辅酶的基本组分,所以缺乏 B 族维生素会影响全酶的活性,导致机体代谢失常。

(2) 单体酶、寡聚酶和多酶复合体 根据酶蛋白的结构特点,酶也可分为单体酶(monomeric enzyme)、寡聚酶(oligomeric enzyme)和多酶复合体(multienzyme complex)三类。

单体酶 由一条肽链组成的酶为单体酶,如溶菌酶、羧肽酶 A 等。但有的单体酶是由多条肽链以二硫键相连构成一个共价整体,如胰凝乳蛋白酶是由三条肽链组成。单体酶种类较少,一般多是水解酶。

寡聚酶 由两个或多个亚基通过非共价键缔合组成的酶为寡聚酶,其中亚基可以是相同的,也可以是不同的,大多数寡聚酶由偶数个亚基组成,只有个别寡聚酶由奇数个亚基组成。如碱性磷酸酯酶由两个相同的亚基组成,乳酸脱氢酶由两种不同的四个亚基组成。多数寡聚酶解聚成单个亚基后无生物活性,只有聚合成蛋白质的四级结构才有生物活性。很多寡聚酶是调节酶,在代谢调控中起着重要作用。

多酶复合体 是由几种酶有组织地靠非共价键彼此嵌合形成,这种复合体相对分子质量很大,有时由几个酶、几十个亚基组成。在功能上,各种酶互相配合,反应按照一定顺序连续进行,第一种酶的反应产物即为第二种酶的底物,第二种酶的产物又是第三种酶的底物……反应以此依次进行,直到复合体中的每一种酶都参加了各自承担的化学反应为止。研究发现,在完整细胞中的许多多酶复合体中各种酶的反应互不干扰,而且还具有自我调节的能力,一般第一步反应为限速步骤,催化第一步反应的酶大多被反应序列的最终产物反馈抑制(图 4-1)。

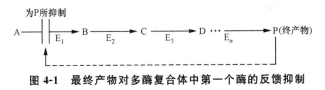

图 4-1 最终产物对多酶复合体中第一个酶的反馈抑制

(三) 酶的化学本质及其催化作用的特点

1. 酶的化学本质

迄今科学家研究的酶已有数千种之多,绝大多数酶的化学本质是蛋白质。近年来陆续发现一些 RNA 具有酶的催化活性,我们这里主要讨论的是蛋白质酶。

由于酶的化学本质是蛋白质,是由 20 种氨基酸组成的具有一定空间构象的生物大分子,所以酶具有蛋白质的一切物理和化学性质,如能被蛋白酶水解,具有蛋白质的呈色反应,可被沉淀剂沉淀,可以形成蛋白质结晶,是两性电解质,具有特定的等电点,有胶体的性质,等等。酶的催化活性依赖于完整的蛋白质空间构象,当酶受到能使蛋白质变性的某些物理和化学因素作用而变性时,即丧失催化活性。

反之,蛋白质并不全部都是酶。酶和非酶蛋白质有着根本的不同点,那就是酶能降低化学反应的能阈,催化各种化学反应,加快反应速度,而非酶蛋白质则没有这种能力。

2. 酶促反应的能量变化

在酶促反应中,从底物转变成产物的过程要经过一个过渡态,过渡态分子的能量高出底物和产物的平均能量,其差额便是活化能。活化能的定义是在一定温度下,1 mol 底物全部进入活化状态所需要的自由能(kJ/mol)。

一个反应体系的初始状态,底物的平均自由能比较低,反应瞬间有些底物分子因具有较高的能量而进入过渡态,发生化学键的断裂和形成,生成产物。分子能发生反应的最低能量水平称为反应能阈,其能量超过反应能阈的分子称为活化分子,在此,活化分子与过渡态分子同义。只有活化分子才能在分子碰撞中发生化学反应。

一般化学反应是通过提高反应体系温度,增加分子的动能,使分子活化而发生反应,活化分子越多,反应越快。生物体内的化学反应是以酶作为生物催化剂,利用酶的作用来降低反应的活化能,增加活化分子的数目,促使反应在常温下加快进行(图 4-2)。图中,"反应初态"为反应物起始的平均能量水平;分子获得活化能达到"过渡态"即活化态;"反应终态"为产物的平均能量水平。

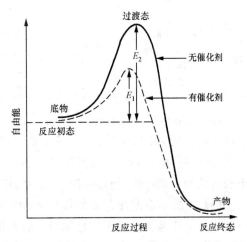

图 4-2 催化反应与非催化反应过程自由能的比较
E_1 表示催化反应的活化能;E_2 表示非催化反应的活化能

3. 酶的催化特性

酶是生物催化剂,能催化生物体内各种化

学反应。它具有一般化学催化剂的特征,如降低反应的活化能,加快反应进程,缩短反应达到平衡所需要的时间,但不能改变反应的平衡常数,用量少而催化效率高,酶本身在反应前后没有结构和性质的变化等。

但酶的化学本质是蛋白质,作为生物催化剂,它又有与一般化学催化剂不同的特性:

(1)酶催化的高效性 酶在生物体内含量甚微,但能大大降低反应的活化能,使催化效率非常高,各种化学反应的速度由于有酶的参与大大加快。酶促反应的速度比非催化反应的速度快 $10^8 \sim 10^{20}$ 倍(分子比),比非酶催化反应快 $10^7 \sim 10^{13}$ 倍。如过氧化氢的分解反应,用铁离子作为催化剂时,反应速率为 6×10^{-4} mol /(mol$_{催化剂}$ · s);而用过氧化氢酶作为催化剂时,反应速率为 6×10^6 mol /(mol$_{催化剂}$ · s),可以看到,在这个反应中,酶的催化效率比一般催化剂高出 10^{10} 倍。

(2)酶催化的专一性 酶催化的专一性是最显著的特征之一。在酶催化的反应中,酶所作用的化合物称为底物,酶对其催化的反应类型或对底物都具有严格的选择性,通常一种酶只能催化一种或一类化学反应,作用于一种或一类物质。酶的这种专一性保证生物体内复杂的新陈代谢得以有条不紊地定向进行。

根据酶对底物选择的专一性和严格程度不同,可将酶对底物的专一性分为结构专一性和立体异构专一性两种主要类型,它们又可分成几个小类(表 4-2)。

表 4-2 酶对底物专一性的分类

主要类型		小 类	专一性特征
结构专一性	有些酶对底物结构的选择具有专一性,但专一性程度有差异	相对专一性	酶对底物结构的要求较低,它们能够催化化学结构相似的一类底物的反应。其中有些酶只对底物中一定的化学键具有专一性,而对化学键两端的基团无严格要求;而有些酶不仅对底物中的化学键,还对化学键一侧的基团有选择性
		绝对专一性	酶对底物有严格的要求,只能催化一种底物的反应,如果底物分子有任何细微的变化,酶对其就不会起任何作用
立体异构专一性	有些酶对底物的立体结构有严格的要求,只能作用于一定构型的底物	旋光异构专一性	当底物有旋光异构体时,酶只能作用于其中一种异构体(D 型或 L 型)
		几何异构专一性	当底物有几何异构体时,酶只能作用于其中一种异构体(顺式或反式)
		潜手性专一性	对于在有机化学上属于对称分子的底物中两个等同的基团,酶只能催化其中一侧的基团

(3)酶活性的可调控性 生物体内代谢活动的协调是通过调节和控制催化剂——酶的活性来实现的,酶的调控方式十分精密,多种多样,包括别构调控、酶原激活、酶的可逆共价修饰、酶的抑制剂和激活剂、反馈抑制、酶浓度的调节和激素调节等多种调节方式。正是由于酶活性的可调控性,使得代谢过程中酶催化的各个化学反应有序进行。

(4)酶的不稳定性 酶的催化活性依赖于蛋白质完整的空间结构,假如酶一旦变性或解离成单个亚基就失去了催化能力。酶是蛋白质,凡是能使蛋白质变性的因素如高温、极端pH、重金属盐等均能使酶失去催化活性,所以酶促反应要求在比较温和的条件下进行,如常温、常压、接近中性 pH 等。

对于结合蛋白质酶,如将其辅因子除去,酶就失去催化活性。一些金属离子和非金属离子也影响着酶的催化能力。

二、酶的结构和功能

（一）酶促反应的结构基础

1. 活性部位

酶的蛋白质分子结构是其生物学功能的基础，它的催化功能是由酶蛋白分子上的活性部位实现的，所以酶的结构与功能之间的关系，尤其是酶的活性部位是当前酶学领域研究的重要内容。

利用酶的专一性、酶分子侧链基团的化学修饰、X 射线晶体衍射等方法研究证明，酶只有少数氨基酸残基参与底物的结合及催化作用，在酶蛋白分子中直接参与和底物结合并起催化作用的区域，即与酶活性密切相关的区域称为酶的活性部位（active site）或活性中心（active center），它是酶行使催化功能的结构基础。一般认为，酶的活性部位包括结合部位（binding site）和催化部位（catalytic site）。酶的结合部位具有专一性，负责与底物结合，而催化部位具有催化能力，负责催化底物化学键的断裂并形成新键。

酶在结构、专一性和催化模式等方面都有很大差别，但酶的活性部位具有共同的特点：

（1）通常活性部位只占整个酶分子体积的 $1\%\sim2\%$，活性部位仅由少数几个氨基酸残基组成。

（2）酶的活性部位的形成要求酶蛋白分子具有一定的空间构象，酶的活性部位之外的其他部分对活性部位的形成提供了结构基础。酶的一级结构和高级结构决定了其活性部位具有特定的三维结构。对于单纯蛋白质酶，活性部位是由酶多肽链在三维结构上比较靠近的少数几个氨基酸残基或是这些氨基酸残基上的某些基团组成的，它们在一级结构上可能相距很远，甚至位于不同肽链上，但通过肽链的盘绕折叠会在空间结构上相互靠近。如组成卵清溶菌酶活性部位的 Glu_{35} 和 Asp_{52} 位于同一肽链上，而胰凝乳蛋白酶活性部位的 His_{57} 和 Ser_{195} 则分别位于两条肽链上；对于结合蛋白质酶，活性部位除含有组成活性部位的氨基酸残基外，辅因子或辅因子上的某些化学结构往往也是活性部位的组成部分。当外界的物理、化学因素使酶的高级结构破坏时，就可能影响酶活性部位的特定结构，势必影响酶的活性。

（3）酶的活性部位与底物结合需要经过诱导契合。

（4）酶的活性部位位于酶分子表面的一个疏水凹穴（或称裂隙）里。

（5）酶和底物是通过非共价键（即离子键、氢键和范德华力等）可逆结合的。

（6）酶的活性部位具有柔性或可运动性，在低浓度的变性剂存在下，酶分子整体刚性部分构象仍然保持完整时，相对柔性的活性部位局部结构已发生明显变化，造成活性丧失。酶活性部位的柔性是酶充分表现其活性所必需的，是酶催化作用保持高效性和可调性的结构基础。

2. 必需基团

保证酶催化活性的实现除了活性部位外，还有一些基团虽然不直接参与底物的结合和中间产物的分解，但它是维持酶分子高级结构所必需的基团，如—SH、—OH 等。

3. 别构(变构)部位

别构(变构)部位(allosteric site)是酶分子上另一类特殊的部位,它有别于酶的活性部位,与其结合的化合物对酶促反应速度有调节作用,所以称别构部位。具有别构部位的酶称为别构酶,在代谢调控中起着重要的作用。与别构部位结合的化合物称为效应物或调节物(effector 或 modulator)。效应物与酶的别构部位结合后,引起酶的构象的改变,从而影响酶的活性部位,改变酶的反应速度,对酶催化的反应速度有调节作用。效应物有激活剂和抑制剂,可以使酶活力升高或降低。

(二) 酶的作用机制

1. 酶与底物结合方式的假说

酶与底物结合形成中间复合物,大大降低反应所需要的活化能,因而酶有巨大的催化能力。酶和底物中间复合物学说已有相当的实验证据,但酶与底物的结合方式有几种不同的假说,如"锁匙"假说、"三点附着"假说和"诱导契合"假说。根据已有的证据,认为酶与底物的结合是在酶蛋白分子的活性部位发生,包括多个化学键参加的反应。目前,大多数人都采用"诱导契合"假说来解释酶的作用机制。

(1)"锁匙"假说及"三点附着"假说　1894 年,E. Fischer 首先提出"锁匙"假说,即底物分子或底物分子的一部分像钥匙那样,专一地嵌入到酶的活性部位(图 4-3)。A. Ogster 提出的"三点附着"假说认为酶具有立体异构专一性,酶和底物结合时,分子中基团的空间排布必须相匹配,根据这个假说,底物应至少有三个功能团与酶的三个功能团结合,酶才能作用于这个底物。这两个假说均认为酶与底物的反应基团需要有特定的空间构象,它们的结合具有专一性。当酶变性,空间结构发生变化后,酶与底物就不能结合而发生反应,酶也就失去了催化能力。但这两个假说都把酶和底物之间的关系认为是"刚性"的,只能说明酶与底物的结合,而不能说明酶的催化作用。

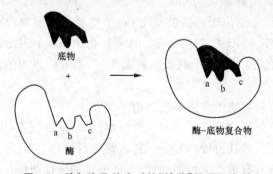

图 4-3　酶与底物结合时的"锁匙"假说示意图

(2)"诱导契合"假说　这个假说是 1973 年由 D. Koshland 提出的,他认为酶活性部位的结构具有柔性,并不需要和底物的形状有相互嵌合的关系。酶与底物在结合过程中,因受底物的诱导,引起酶活性部位的构象发生一定的变化,使酶蛋白的结合部位和催化部位得以正确地排列与定向,与底物契合形成酶-底物复合物(图 4-4),同时诱导底物分子中某些化学键趋向不稳定状态即活化状态,使反应加速进行。

2. 酶的高效催化机制

酶是专一性的、高效的生物催化剂。下面介绍几个影响酶高效催化效率的有关因素。

(1)底物和酶的邻近效应与定向效应　在酶促反应中,底物结合在酶的活性部位,使两

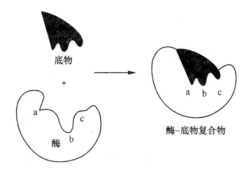

图 4-4　酶与底物结合时的"诱导契合"假说示意图

者的作用基团互相靠近并定向,大大提高了酶的催化效率。研究表明,邻近效应和定向效应在双分子反应中可使反应速度分别升高 10^4 倍,两者共同作用则可使反应速度升高 10^8 倍。

　　邻近效应　在任何化学反应中,参加反应的分子都必须靠近才能发生反应。邻近效应是指酶的活性部位与底物结合形成中间复合物,使分子间的反应变为分子内的反应,酶活性部位的底物有效浓度远远大于溶液中的底物浓度,从而使反应速度大大增加。如咪唑催化乙酸对硝基苯酯的水解反应为亲核反应,当[咪唑]=1 mol/L 时,其反应速度常数为 k_1(反应 1);如果将 1 mol/L 咪唑催化剂共价连接到反应物分子上,咪唑邻近羰基的亲核机会大为增加,反应速度常数为 k_2(反应 2),实验证明,$k_2 = 24k_1$,即反应速度加快了 24 倍。

$$HN\text{—}N: + H_3C\text{—}\overset{\overset{O}{\|}}{C}\text{—}O\text{—}\!\!\!\!\bigcirc\!\!\!\!\text{—}NO_2 \xrightarrow[k_1]{H_2O} HN\text{—}N: + H_3C\text{—}\overset{\overset{O}{\|}}{C}\text{—}O^- + HO\text{—}\!\!\!\!\bigcirc\!\!\!\!\text{—}NO_2 + H^+$$

反应 1

$$HN\text{—}N:\overset{\overset{|}{C}\text{—}O\text{—}\!\!\!\!\bigcirc\!\!\!\!\text{—}NO_2}{} \xrightarrow[2k_2]{H_2O} HN\text{—}N:\overset{\overset{|}{C}\text{—}O^- + HO\text{—}\!\!\!\!\bigcirc\!\!\!\!\text{—}NO_2 + H^+}{}$$

反应 2

　　定向效应　定向效应是指酶的催化基团与底物的反应基团之间正确的轨道定向产生的效应。在酶的催化反应中,底物专一地结合在酶的活性部位上,酶和底物分子参与反应的基团严格地排列与定向,使反应速度加快。

　　(2)底物形变和张力效应　近年 X 射线衍射分析结果证明,当酶与底物结合并进行反应时,不仅底物诱导酶的构象发生改变,同时,酶也可诱导底物分子的构象发生变化。当酶遇到其专一性底物时,酶中某些基团或离子,可以使底物分子内敏感键的某些基团的电子云密度发生变化,产生"电子张力",导致底物分子发生形变,使之接近过渡态,降低反应活化能,从而加速反应的进行(图 4-5)。

　　(3)共价催化　共价催化包括亲核催化和亲电催化。亲核催化是共价催化的一个特殊例子,催化反应中,酶作为亲核催化剂,具有一个非共用电子对的原子或基团,攻击底物上缺少电子、具有部分正电性的原子,利用共用电子对在酶和底物之间形成共价键,即形成共价中间复合物。共价催化反应中迅速形成的不稳定的共价中间复合物使反应能阈降低,反应加快。

　　酶蛋白氨基酸侧链最常见的三种亲核基团,即 Ser 的羟基、Cys 的巯基和 His 的咪唑基,在催化过程中,酶的这些亲核基团攻击底物的亲电中心,包括磷酰基、酰基和糖基,酶和

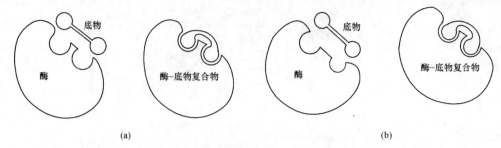

图 4-5　酶与底物结合时构象变化示意图

(a) 底物分子发生形变；(b) 底物和酶都发生形变

底物以共价键形成一个不稳定的共价中间复合物（图 4-6），形成的共价中间物被水分子或第二种底物攻击生成产物。

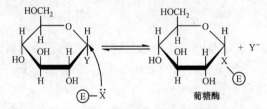

图 4-6　亲核催化形成酶—底物共价复合物举例

酶的亲核基团 $\ddot{X}$ 攻击底物的亲电中心

　　（4）酸碱催化　　因为酶促反应的最适 pH 一般接近中性，H^+ 和 OH^- 对酶促反应的影响并不重要，这里酸碱催化主要是指质子的供体和受体对酶反应的催化作用。酶活性部位有很多酸性和碱性基团，如氨基、羧基、巯基、酚羟基、咪唑基等，它们既可作为质子的供体，又可作为质子的受体，在特定的 pH 条件下对底物进行催化，使反应加速进行。在可解离的氨基酸侧链中 His 的咪唑基的酸碱催化作用尤其突出，因 His 咪唑基的 pK 值接近于 7，因而在近中性 pH 条件下可作为质子传递体，既可以提供质子，又可以接受质子，在多种酶活性部位的酸碱催化中起着重要的作用。

　　（5）金属离子催化　　在所有已知的酶类中，有三分之一以上的酶在执行其生物学功能时需要有金属离子的存在。金属离子以多种方式参与酶的催化作用，其主要途径为：① 与底物结合,使其在反应中正确定向;② 通过金属离子氧化态的变化进行氧化还原反应; ③ 通过静电作用稳定或掩蔽负电荷。具体地说,金属离子在酶催化反应中的作用主要表现在使酶保持稳定的具有催化活性的构象,并使反应基团处于所需的三维取向;接受或提供电子,激活亲电或亲核试剂,或本身即为亲电或亲核试剂,通过配位键使酶与底物结合;掩蔽亲核试剂,防止副反应发生。

金属离子与蛋白质相互作用的强度是不同的,根据与金属结合的强弱,将需要金属的那些酶分为两类:一类是金属酶,酶与金属离子结合紧密,常含有 Fe^{2+}、Fe^{3+}、Cu^{2+}、Zn^{2+}、Mn^{2+}、Co^{3+} 等过渡金属离子;另一类是金属激活酶,在这一类中,与酶松散地结合的金属离子通常为 Na^+、K^+、Mg^{2+}、Ca^{2+} 等。酶被纯化后,金属酶中的金属离子仍被保留,而金属激活酶则不然,需要加入金属离子才能被激活。

(6)微环境的影响　X射线晶体衍射研究表明,酶在反应中可提供一个特殊的环境。如溶菌酶分子表面上有一凹穴,排列着许多疏水氨基酸侧链,活性部位(Glu_{35} 和 Asp_{52})就在这个疏水的凹穴中,当底物与酶的活性部位结合,就被埋没在疏水环境内,此时底物分子与酶催化基团之间的作用力比在极性环境里要强得多,这样的微环境有利于酶的催化作用。

影响酶的催化效率有很多因素,对不同的酶起作用的影响因素有所不同,一种酶可以受一种或几种因素的影响。如溶菌酶催化寡聚糖的水解反应,首先通过诱导契合作用使酶与底物相结合,然后在微环境中起广义酸碱催化作用,使糖苷键加速断裂。在最适pH条件下,溶菌酶分子中 Glu_{35} 处于非极性微环境中,侧链的羧基基本上不解离,起酸催化(质子供体)作用,而 Asp_{52} 处于极性环境,侧链的羧基在较低pH时就能解离,起碱催化(质子受体)作用,由于局部微环境的影响,使这两个基团进行着酸碱催化反应。反应时,Glu_{35} 的羧基对底物1,4-糖苷键中的氧提供一个质子,使 C_1—O 键容易断裂,由 Asp_{52} 带负电的侧链基团稳定所形成的碳正离子(图4-7),直至水分子中的羟基与碳正离子结合,催化反应完成。

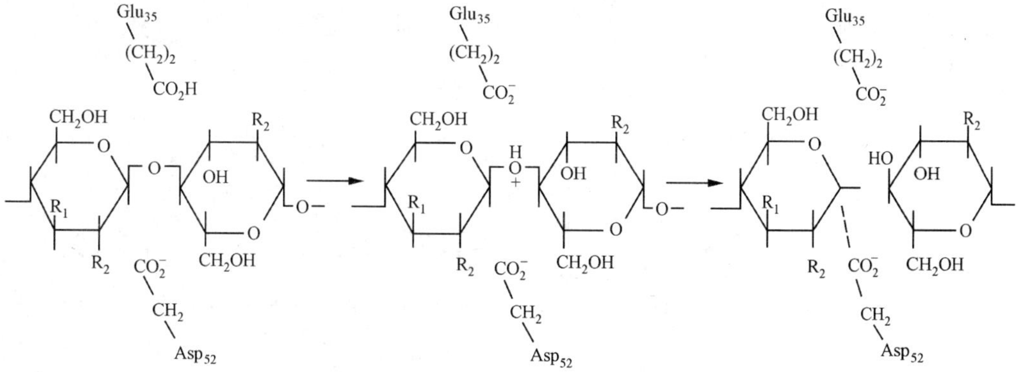

图 4-7　溶菌酶酸碱催化反应示意图

(三)酶原的激活

1. 酶原激活的概念

生物体内有些酶是以无催化活性的前体即酶原(zymogen)的形式合成和分泌的,然后被输送到特定的部位;当功能需要时,经过蛋白水解酶的专一性作用,酶原中特定的肽键断裂,多肽链被切去一个或几个肽段,构象发生变化,形成酶的活性中心,这样酶原就转变为有活性的酶,这个过程称为酶原的激活,能激活酶原的物质称为激活剂。

　　有些酶对其自身的酶原有激活作用,称为酶原的自身激活。例如胰蛋白酶原激活后产生的少量胰蛋白酶又可作为激活剂激活更多的胰蛋白酶原;少量胃蛋白酶原被胃液中的H^+激活后,这些少量的胃蛋白酶在短时间内又能使更多的胃蛋白酶原转变为有活性的胃蛋白酶。

2. 酶原激活的生理意义

　　具有酶原形式的酶主要是消化腺分泌的蛋白水解酶,以及与凝血和纤维蛋白溶解有关的蛋白水解酶,如胃蛋白酶、胰蛋白酶、胰凝乳蛋白酶、羧肽酶、凝血酶、弹性蛋白酶及纤溶酶等。特定肽键的断裂导致酶原激活的现象在生物机体内广泛存在,它的生理意义在于:这些酶以无活性的酶原形式分泌,可以防止消化腺的自身消化,并使处于正常状态下的血液不致凝固或纤溶,只有当酶原被运输到机体的特定部位后,经激活作用转化成有活性的酶,才能发挥其催化功能。酶原的激活在生物体内是一种重要的调控酶活性的方式,保证机体内代谢过程的正常进行。例如,在正常生理状态下,人进食时,胰腺分泌的胰蛋白酶原由胆总管进入十二指肠,在肠激酶的作用下,酶原被激活为有活性的胰蛋白酶,对小肠中的食物进行消化。如果酶原激活过程发生异常,将导致疾病的发生,胰腺炎就是由于蛋白酶原过早地在胰脏中被激活,造成胰脏组织被蛋白酶水解所引起,病情严重时可以致命。

3. 酶原激活的举例

　　各种酶原的激活机制虽然有所差异,但其共同特点都是酶原分子内部肽键的断裂,失去一个或几个肽段,通过变构而形成酶的活性中心。下面以胰蛋白酶原的激活过程为例说明酶原的激活。胰蛋白酶原进入小肠后,在Ca^{2+}存在下,肠激酶作用于$Lys_6\text{-}Ile_7$之间的肽键,切去多肽链N端的6个氨基酸残基的肽段后,构象发生变化,肽链重新折叠形成活性中心(His_{57},Asp_{102},Ser_{195}),胰蛋白酶原即转变为有活性的胰蛋白酶(图4-8)。

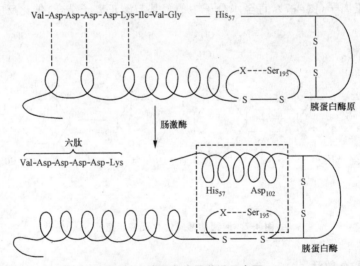

图 4-8　胰蛋白酶原激活示意图

　　胰蛋白酶原被激活后,胰蛋白酶也可作为胰凝乳蛋白酶原、弹性蛋白酶原和羧肽酶原的激活剂,使它们转变为相应的有活性的蛋白酶(图4-9),所以说胰蛋白酶是胰脏中所有蛋白酶原的共同激活剂。

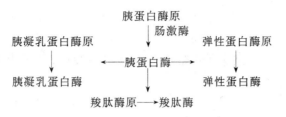

图 4-9　胰蛋白酶对胰脏中各种蛋白酶原的激活作用

三、酶促反应动力学

　　酶促反应动力学是研究酶促反应的速度、影响酶促反应速度的各种因素及反应物转化成产物的历程的科学,它的研究具有重要的理论意义和广泛的实践意义。酶促反应体系复杂,影响酶促反应速度的因素很多,包括底物浓度、酶浓度、pH、温度、抑制剂和激活剂等。

(一) 基本概念

1. 酶促反应速度

　　酶促反应速度通常用单位时间内底物的减少量或产物的生成量来表示,若以产物浓度对反应时间作图,则得到图 4-10 所示的酶促反应速度曲线,从图中可以看到,反应速度只在最初一段时间内保持恒定,即产物生成量与时间几乎成正比,随着反应时间的延长,由于底物浓度降低、产物的反馈抑制、逆反应速度加快、酶本身失活等因素的影响,使酶促反应速度逐渐下降,产物生成量与时间不再成正比关系。在测定酶促反应速度时,要避免以上干扰因素,必须在酶促反应初期进行,初期的反应速度称之为反应初速度。在酶促反应速度曲线上,过坐标原点作曲线的切线,其斜率即为初速度。酶促反应速度的单位是:浓度/单位时间。

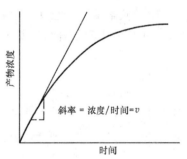

图 4-10　酶促反应速度曲线

　　在本章中讨论的反应速度一般是指酶促反应的初速度,即在酶促反应过程中,初始底物浓度被消耗 5% 以内的速度。此时,在过量的底物存在下,反应速度与酶浓度成正比,避免了反应进行一段时间后反应体系中产物的抑制、pH 的变化、逆反应速度加快等因素的影响。

2. 酶的活力单位(activity unit,简写为 U)

　　酶活力(enzyme activity)是指酶催化一定化学反应的能力,也称为酶活性。酶活力单位定义:在一定条件下,一定时间内,将一定量的底物转化为产物所需的酶量,酶活力的大小即酶含量的多少。通常用最适条件下酶所催化的某一化学反应的反应速度来衡量酶活力的大小,酶催化的反应速度越大,酶活力越高;反之,酶活力越低。所以酶活力的测定就是测定酶促反应的速度,即单位时间内底物或产物的浓度变化。

　　在实际工作中,人们经常沿用习惯的酶活力单位不统一,其定义往往与所用的测定方法、反应条件等因素有关,同一种酶采用不同的测定方法,活力单位含义也不同,这样不便于对同一种酶的活力进行比较。为了实行酶活力单位的标准化,目前采用如下表示方法:

（1）国际单位　1961 年国际生物化学协会酶学委员会提出，酶活力单位统一用国际单位（international unit，简写为 IU）来表示，规定：在最适反应条件（25 ℃，最适缓冲液离子强度和 pH，最适底物浓度）下，每分钟内催化 1 μmol 底物转化成为产物所需要的酶量为一个国际单位，即 1 IU＝1 μmol/min。

（2）Katal(Kat)单位　1972 年国际酶学委员会提出的一种新的酶活力国际单位，即 Katal（简称 Kat）单位。规定：在最适反应条件下，每秒钟催化 1 mol 底物转化成为产物所需要的酶量为 1 Kat 单位，即 1 Kat＝1 mol/s。Kat 单位与 IU 单位之间的换算关系为

$$1 \text{ Kat} = 6 \times 10^7 \text{ IU}$$

$$1 \text{ IU} = \frac{1}{60}\mu\text{Kat} = 16.7 \text{ nKat}$$

（3）比活力　国际酶学委员会规定酶的比活力（specific activity）为每毫克蛋白质所具有的酶活力单位数，一般用酶活力单位/mg 蛋白质表示。

酶的比活力是酶学研究和生产中常用的数据，用来衡量酶的纯度，对于同一种酶来说，比活力越大，酶的纯度越高。比活力的大小可以用来比较酶制剂中单位质量蛋白质的催化能力，是表示酶的纯度高低的一个重要指标。

（二）底物浓度对酶促反应速度的影响

1. 单底物酶促反应动力学

（1）酶的中间复合物学说　1902 年，Henri 通过蔗糖酶水解蔗糖的实验，研究底物浓度

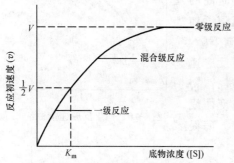

[S]与反应速度 v 的关系。在蔗糖酶作用的最适反应条件下，当酶浓度不变时，可以测出一系列不同底物浓度时的反应速度，以反应速度对底物浓度作图得到一条双曲线（图 4-11），从图中看到，当底物浓度较低时，反应速度与底物浓度成正比关系，表现为一级反应；随着底物浓度继续增加，反应速度上升缓慢，表现为混合级反应；当底物浓度增加到一定限度时，反应速度不再增加，与底物浓度几乎无关，达到最大反应速度 V，表现为零级反应。

图 4-11　酶反应初速度与底物浓度的关系

根据这个实验结果，Henri 提出酶和底物的中间复合物学说。他认为在酶催化的化学反应中，酶分子(E)与底物(S)结合形成不稳定的中间复合物(ES)，然后它分解生成反应产物(P)，并释放出原来的酶，反应式如下：

$$E + S \Longleftrightarrow ES \longrightarrow E + P \tag{4-1}$$

根据中间复合物学说可以解释酶反应速度与底物浓度的关系。在酶浓度不变的条件下，当底物浓度很小时，酶未被底物饱和，这时反应速度取决于底物浓度；随着底物浓度增大，ES 生成也增多，而反应速度取决于 ES 的浓度，故反应速度也随之增高；但当底物浓度高到一定程度时，酶全部被底物饱和，即使再增加底物也不会有更多的中间复合物形成，此时反应速度与底物浓度无关，达到最大反应速度，用反应速度对底物浓度作图时就得到图 4-11 的双曲线。只有酶催化反应才有此饱和现象，而非催化反应没有这种饱和现象。

（2）米氏方程和米氏常数　1913 年 Michaelis 和 Menten 根据酶反应的中间复合物学

说及酶与底物反应的"快速平衡"理论,假设 $E+S \Longleftrightarrow ES$ 之间迅速达到平衡态,底物浓度远远大于酶浓度,ES 分解成产物 P 的逆反应忽略不计,推导出了酶促反应动力学的米氏方程,表示底物浓度和酶促反应速度之间的定量关系。

1925 年,Briggs-Haldane 提出了稳态理论,对米氏方程做了一项重要修正,认为酶促反应分两步进行,第一步反应为酶(E)与底物(S)作用形成酶-底物复合物(ES),第二步反应为酶-底物复合物分解形成产物(P),并释放出酶,如以下反应式所示:

$$E+S \underset{k_{-1}}{\overset{k_1}{\rlap{\rule[0.3ex]{1.2em}{0.05ex}}\raise0.8ex{\hbox{}}}\Longrightarrow} ES \underset{k_{-2}}{\overset{k_2}{\Longrightarrow}} E+P \tag{4-2}$$

这两步反应均为可逆反应,式中,k_1、k_{-1}、k_2、k_{-2} 表示正反应和逆反应的速度常数。

所谓稳态是指反应进行一段时间后,系统中复合物的浓度[ES]由零增加到一定数值,在一定时间内,尽管底物浓度[S]和产物浓度[P]不断变化,ES 也在不断生成和分解,但是当 ES 生成的速度和分解的速度相等时,[ES]就保持不变,处于稳态(图 4-12)。

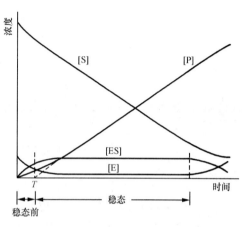

图 4-12　酶促反应过程中各种浓度随时间变化的曲线

下面是根据 Briggs-Haldane 的稳态理论,对米氏方程的推导过程:

假设① 在初速度阶段,产物 P 浓度极低,则 $E+P \xrightarrow{k_{-2}} ES$ 的反应速度极小,可以忽略不计;

② 由于底物浓度[S]≫酶浓度[E],所以[S] $-$[ES]≈[S];

③ 在稳态平衡条件下,ES 生成的速度等于分解的速度,即

$$k_1([E]-[ES])[S] = k_{-1}[ES] + k_2[ES] \tag{4-3}$$

式中[E]表示酶的总浓度;[ES]表示酶与底物结合形成中间复合物的浓度;[E]$-$[ES]表示未与底物结合的游离酶的浓度;[S]表示底物的浓度。

方程(4-3)可转变为

$$\frac{k_{-1}+k_2}{k_1} = \frac{([E]-[ES])[S]}{[ES]}$$

令

$$\frac{k_{-1}+k_2}{k_1} = K_m \tag{4-4}$$

则

$$K_m = \frac{([E]-[ES])[S]}{[ES]} \tag{4-5}$$

方程(4-5)经整理得到

$$[ES] = \frac{[E][S]}{K_m+[S]} \tag{4-6}$$

由于 $ES \xrightarrow{k_2} E+P$ 反应的初速度 $v = k_2[ES]$,将方程(4-6)代入,则

$$v = k_2[ES] = \frac{k_2[E][S]}{K_m+[S]} \tag{4-7}$$

由于反应体系中[S]≫[E],酶全部被底物所饱和形成 ES,即[E]=[ES],酶促反应达到最大速度 V,$V=k_2[E]$,将其代入方程(4-7)中,则得到方程

$$v = \frac{V \cdot [S]}{K_m + [S]} \qquad (4-8)$$

式中, v 为反应初速度, V 为最大反应速度, $[S]$ 为底物浓度, K_m 为米氏常数。这就是根据稳态理论推导出的动力学方程式, 为纪念 Michaelis 和 Menten, 习惯上把方程(4-8)也称为米氏方程。

对于某一个酶促反应, 当 K_m 和 V 一定时, 米氏方程表示底物浓度和反应速度之间的定量关系, 以 v 对 $[S]$ 作图, 可得到与图 4-11 一样的双曲线。由 K_m 和 $[S]$ 相对数值的变化, 米氏方程有下列几种情况:

① 如果 $[S] \ll K_m$ 时, $[S]$ 可以忽略不计, 则米氏方程变为

$$v = \frac{V}{K_m} \cdot [S] \qquad (4-9)$$

此时, 反应速度与底物浓度的一次方成正比, 酶促反应为一级反应;

② 如果 $[S] \gg K_m$ 时, K_m 可以忽略不计, 则米氏方程变为

$$v = V \qquad (4-10)$$

此时, 反应速度与底物浓度无关, 酶促反应为零级反应;

③ 如果 $[S]$ 和 K_m 相差不大时, 酶促反应表现为混合级反应;

④ 如果 $[S] = K_m$ 时, 则米氏方程变为

$$v = \frac{1}{2} V \qquad (4-11)$$

由此可见, K_m 是当酶促反应速度达到最大反应速度一半时所对应的底物浓度, 因此它的单位是浓度单位, 一般用 mol/L 或 mmol/L 表示。多数酶的 K_m 介于 $10^{-6} \sim 10^{-1}$ mol/L 之间。

(3) 动力学参数的意义

① 米氏常数的意义

a. K_m 是酶的特征常数之一。对于单底物的酶, K_m 只与酶的性质有关, 不随酶浓度改变, 因此, 不同的酶 K_m 不同, K_m 可作为鉴定酶的一个指标。 K_m 受底物、pH、温度、离子强度等因素的影响, 所以 K_m 是在一定的底物、pH、温度、离子强度等条件下测定的。

b. K_m 可以近似地反映酶与底物亲和力的大小。由于 ES $\longrightarrow$ E+P 通常为限速步骤, 即 k_1、$k_{-1} \gg k_2$, 则

$$K_m = \frac{k_{-1}}{k_1} = \frac{[E][S]}{[ES]} = K_s \qquad (4-12)$$

K_s 即为 ES 的解离常数, 可代表底物与酶的亲和力, 因此 K_m 可以近似地反映酶与底物的相对亲和能力的大小。 K_m 越小, 表明达到最大反应速度一半时所需的底物浓度越小, 则酶与底物的亲和力越大; 反之, 则酶与底物的亲和力越小。

c. K_m 可以判断酶的专一性和天然底物。对于有多种底物的酶来说, 同一种酶与不同底物反应时, 对于每一种底物都有不同的 K_m, 这种现象可以判断酶的专一性, 有助于研究酶的活性部位。在酶的不同底物中, K_m 数值最小的被称为该酶的最适底物或天然底物。如蔗糖酶作用于蔗糖时, K_m 为 28 mmol/L; 作用于棉子糖时, K_m 为 320 mmol/L, 表明蔗糖酶对蔗糖的亲和力大, 所以蔗糖为该酶的天然底物。

d. K_m 可以帮助判断代谢反应的途径和方向。根据催化可逆反应的酶对正反应和逆反应的底物有不同的 K_m、底物浓度, 可以推测正逆反应的速度、酶的主要催化方向, 了解酶在

细胞内的生理功能。

e. 计算反应初速度与反应最大速度的比值。已知酶的 K_m,可以计算出在某一底物浓度时,其反应速度相当于 V 的百分数。例如,当 $[S]=3K_m$ 时,代入米氏方程

$$v = \frac{V \cdot [S]}{K_m + [S]} = \frac{V \cdot 3K_m}{K_m + 3K_m} = \frac{3}{4}V = 0.75V$$

即底物浓度为 $3K_m$ 时,反应初速度达到最大反应速度的 75%。

② 最大反应速度的意义 在一定酶浓度下,酶对特定底物的最大反应速度 V 也是一个常数,V 与 K_m 一样,同一种酶对不同底物的 V 不同,V 受 pH、温度和离子强度等因素的影响。

③ 酶的催化常数(k_{cat})的意义 根据反应式(4-2),假设 $ES \longrightarrow E+P$ 为总反应的限速步骤,当酶被底物充分饱和时,则 $V=k_2[E]$,速度常数 k_2 称做酶的转换数(简称 NT),也称为催化常数(catalytic constant),用 k_{cat} 来表示,代表当酶被底物充分饱和时,每秒钟每个酶分子将底物转换成产物的分子数,或每秒钟每微摩尔酶分子转换底物的微摩尔数,单位为 s^{-1}。大多数酶对其天然底物的转换数在每秒钟 $1 \sim 10^7$ 范围内。

k_{cat} 可以用来表示酶的催化效率,但在生理条件下大多数酶并不被底物所饱和,因此用 k_{cat} 就不能准确反应 ES 转变为产物 P 的速度。可以用 k_{cat}/K_m 来比较酶的催化效率。在稳态时,$k_2 \gg k_{-1}$,则 $K_m = \frac{k_2}{k_1} = \frac{k_{cat}}{k_1}$,则 $\frac{k_{cat}}{K_m} = k_1$,即 k_{cat}/K_m 近似地等于酶和底物结合为 ES 的反应速度常数 k_1。

表 4-3 列出一些酶的底物、K_m、k_{cat} 和 k_{cat}/K_m。

表 4-3 一些酶的底物、K_m、k_{cat} 和 k_{cat}/K_m

酶	底 物	K_m/mol·L^{-1}	k_{cat}/s^{-1}	$\dfrac{k_{cat}}{K_m}$/mol^{-1}·s^{-1}·L
乙酰胆碱酯酶	乙酰胆碱	9.5×10^{-5}	1.4×10^4	1.5×10^8
碳酸酐酶	CO_2	1.2×10^{-2}	1.0×10^6	8.3×10^7
	HCO_3^-	2.6×10^{-2}	4.0×10^5	1.5×10^7
过氧化氢酶	H_2O_2	2.5×10^{-2}	1.0×10^7	4.0×10^8
胰凝乳蛋白酶	N-乙酰甘氨酸乙酯	4.4×10^{-1}	5.1×10^{-2}	1.2×10^{-1}
	N-乙酰缬氨酸乙酯	8.8×10^{-2}	1.7×10^{-1}	1.9
	N-乙酰酪氨酸乙酯	6.6×10^{-4}	1.9×10^2	2.9×10^5
延胡索酸酶	延胡索酸	5.0×10^{-6}	8.0×10^2	1.6×10^8
	苹果酸	2.5×10^{-5}	9.0×10^2	3.6×10^7
脲酶	尿素	2.5×10^{-2}	1.0×10^4	4.0×10^5

(4)K_m 和 V 的测定

将米氏方程的形式加以改变,可以得到几种方程形式,用作图法测定 K_m 和 V。

① v-$[S]$作图法 根据米氏方程(4-8),在特定条件下测定不同底物浓度$[S]$时相对应的初速度 v,以 v-$[S]$作图(图 4-11),在 $v=\dfrac{V}{2}$ 时,底物浓度$[S]$即为 K_m。

② v-p$[S]$作图法 米氏方程的对数式

$$p[S] = pK_m + \lg \frac{V-v}{v} \tag{4-13}$$

以 v-p$[S]$作图[图 4-13(a)],当 $v=\dfrac{V}{2}$ 时,p$[S]=pK_m$。

　　用方法①和②求 K_m 时,需要测定许多高浓度底物的反应速度以确定最大反应速度,进而求出 K_m,但即使很大的底物浓度也只能测出 V_{max} 的近似值,因此得不到准确的 K_m 和 V 值。所以通常将米氏方程转化成各种线性形式,然后用图解法求出 K_m 与 V 值。

　　③ 双倒数作图法(Lineweaver-Burk 法)　米氏方程的倒数式

$$\frac{1}{v} = \frac{K_m}{V} \cdot \frac{1}{[S]} + \frac{1}{V} \tag{4-14}$$

以 $\frac{1}{v}$-$\frac{1}{[S]}$ 作图得到一条直线[图 4-13(b)],将直线延伸至横、纵坐标轴,其横轴截距为 $-\frac{1}{K_m}$,纵轴截距为 $\frac{1}{V}$,斜率为 $\frac{K_m}{V}$,由此求出 K_m 和 V。双倒数作图法为实验室常用方法,但缺点是低底物浓度下测定的点误差较大,影响测定的准确性。

　　④ Hanes-Woolf 作图法　由方程式(4-8)得到米氏方程的另一种形式

$$\frac{[S]}{v} = \frac{K_m}{V} + \frac{[S]}{V} \tag{4-15}$$

以 $\frac{[S]}{v}$-$[S]$ 作图,得到一条直线[图 4-13(c)],其横截距为 $-K_m$,纵截距为 $\frac{K_m}{V}$,斜率为

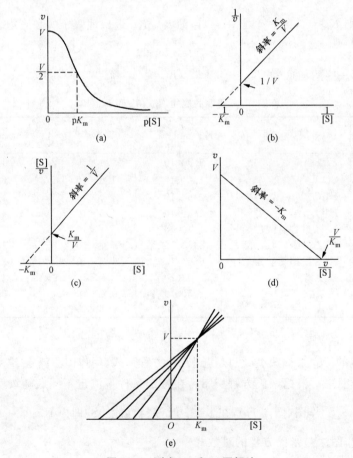

图 4-13　测定 K_m 和 V 图解法

(a) 米氏方程的对数作图法;(b) 双倒数作图法;(c) Hanes-Woolf 作图法;(d) Eadie-Hofstee 作图法;(e) Eisenthal 和 Cornish-Bowden 作图法

$\dfrac{1}{V}$，由此求出 K_m 和 V。

⑤ Eadie-Hofstee 作图法　取米氏方程的又一种形式

$$v = V - K_m \cdot \dfrac{v}{[S]} \tag{4-16}$$

以 $v\text{-}\dfrac{v}{[S]}$ 作图，得到一条直线[图 4-13(d)]，其横轴截距为 $\dfrac{V}{K_m}$，纵轴截距为 V，斜率为 $-K_m$，由此求出 K_m 和 V。

⑥ Eisenthal 和 Cornish-Bowden 作图法　在固定酶浓度时，米氏方程的另一种形式

$$V = v + \dfrac{v}{[S]} \cdot K_m \tag{4-17}$$

从方程(4-17)中得到，当 $K_m = 0$ 时，$V = v$；当 $V = 0$ 时，$K_m = -[S]$。则我们可以将[S]标在横坐标的负半轴上，实验测定得到相应的 v 标在纵坐标上，相应的[S]和 v 用直线连接，这一簇直线交于一点，这一点的横坐标为 K_m，纵坐标为 V[图 4-13(e)]。由于实验误差，这些直线通常相交于一个范围内，一般取这些交点的中间值。这种作图法的优点是可以直接求出 K_m 和 V 值。

米氏方程是从单底物酶促反应推导出来的，但实际上这种反应很少。在多底物反应中，如果只有一种底物浓度发生变化，其他底物浓度保持不变，那么就可以将它看成单底物反应，仍利用上述米氏方程的几种形式测定其 K_m 和 V 值。

2. 双底物酶促反应

在六大类酶中，只有异构酶和裂解酶为单底物反应。大多数酶催化的反应是两个或多个底物间的反应，反应机制有顺序机制和乒乓机制两种。

(1) 顺序机制　主要特征是酶与底物的结合和产物的释放是按照一定顺序进行的。酶与底物的结合和释放可以是严格有序的，也可以是随机的，反应过程可简单地表示为：

① 有序顺序机制　在这类机制中，底物与酶的结合有严格的顺序性，以 NAD^+ 或 $NADP^+$ 为辅酶的脱氢酶就属于这类酶，NAD^+ 或 $NADP^+$ 往往是第一个被酶结合的底物，而 NADH 或 NADPH 则是最后被释放的底物。

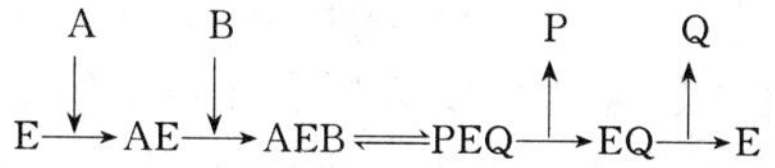

② 随机顺序机制　这类机制的主要特征是两个底物与酶的结合和两个产物的释放都是随机的，故出现平行的反应途径。

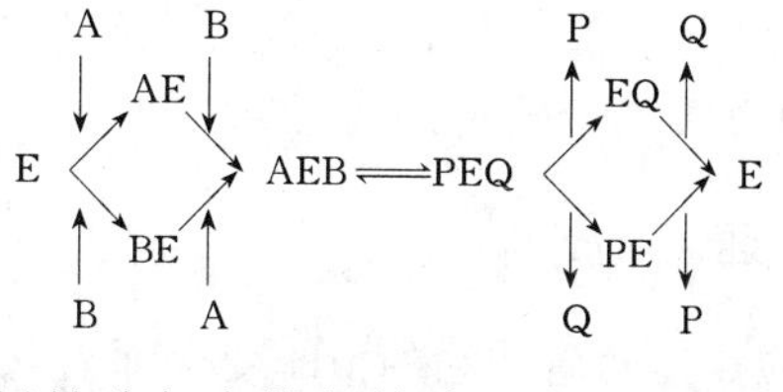

(2) 乒乓机制　主要特征是酶与底物的结合和产物的释放是交替进行的，犹如打乒乓球一进一出。反应过程可简单地表示为：

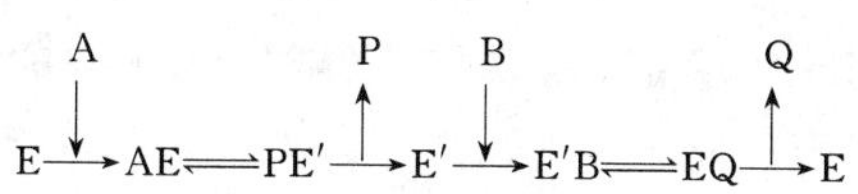

(E′为被修饰的酶)

双底物酶促反应动力学较复杂。

(三) 酶浓度对酶促反应速度的影响

当具备酶作用的最适条件时,在底物浓度大大超过酶浓度,足以使酶饱和的情况下,增加酶浓度就可提高反应速度,酶促反应速度(v)与酶的浓度$[E]$成正比关系(图 4-14)。即

$$v = k[E] \tag{4-18}$$

式中 k 为反应速度常数。

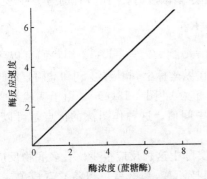

图 4-14 酶浓度对反应速度的影响

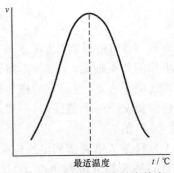

图 4-15 酶促反应的温度效应

(四) 温度对酶促反应速度的影响

酶促反应速度与温度有非常密切的关系。在一定温度范围内进行酶促反应,随着温度升高,反应物的自由能增加,酶活性增高。当温度升高 10℃ 时,酶促反应速度与原来反应速度之比称为温度系数 Q_{10}。20~30℃ 范围内,Q_{10} 大约为 1.3~2.6。当达到一定温度时,酶促反应速度达到最大值,此温度称为酶促反应的最适温度。当温度继续升高时,酶的活性不再增加,反而降低,原因是部分酶受热而变性、失活。如果继续升高温度,最终使酶完全变性、失活,将测得的反应速度对温度作图,即可得到钟罩形曲线(图 4-15)。由此可见温度升高对酶促反应速度产生两种相反的影响,一方面有增加反应体系能量的正效应;另一方面有降低酶活性的负效应,最适温度是这两种效应综合影响的结果。在温度较低时,正效应占主导地位,高于最适温度时,以负效应为主。酶的最适温度不是酶的特征物理常数,常受底物种类、作用时间、缓冲液等因素影响。

每种酶在一定条件下都有其最适温度,不同的酶有不同的最适温度,来源于植物的酶,最适温度通常在 45~50℃ 之间,来源于动物的酶,最适温度一般为 35~40℃,微生物的酶最适温度差别较大,如 Taq DNA 聚合酶的最适温度高达 70℃。

(五) pH 对酶促反应速度的影响

在酶的催化反应中,反应速度随着体系的 pH 变化而变化,pH 对酶活力的影响可能有以下几个方面:

(1) pH 可能会影响维持酶分子空间结构的基团的解离,从而影响酶分子构象的稳定性,多数酶在 pH 6~8 之间比较稳定,在强酸、强碱条件下酶的空间结构遭到破坏,引起酶的变性失活,不同酶变性的 pH 不同。

（2）当 pH 的变化不致使酶变性时，酶的活力也会受到影响，可能是 pH 影响酶活性部位的结合基团或催化基团的解离状态，使酶不能与底物结合或底物不能分解为产物。

（3）pH 还可能影响底物极性基团的解离状态，使底物不能与酶结合或结合后不能生成产物。

每种酶都有一个最适 pH，在这个 pH 下，酶的构象稳定，酶的活性部位及底物的解离状态都有利于它们结合成中间复合物，表现出最大的反应速度；高于或低于这个 pH 时，酶的催化活性都骤然降低，用酶活力对 pH 作图往往得到钟罩形曲线（图 4-16），通常把表现出酶最大活力的 pH 称为该酶的最适 pH。但有一些酶的酶活力-pH 曲线不是钟罩形，如胃蛋白酶和胆碱酯酶只有钟罩的一半，而木瓜蛋白酶在较大的 pH 范围内其活性几乎不受影响（图 4-17）。各种酶在一定条件下都有其特定的最适 pH，因此酶的最适 pH 是酶的特性之一，但它不是一个常数，受底物种类和浓度、缓冲液种类和浓度等诸多因素影响。在体外酶活性测定的最适 pH 与它在细胞中的生理 pH 不一定完全相同，这是机体对酶活性的调控方式之一。

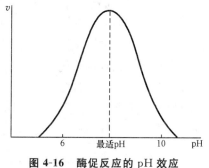

图 4-16　酶促反应的 pH 效应

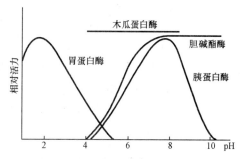

图 4-17　几种酶的酶活力-pH 曲线

大多数酶的最适 pH 在 5～8 之间，植物和微生物体内酶的最适 pH 为 4.5～6.5，动物体内酶的最适 pH 为 6.5～8.0。但也有一些酶的最适 pH 例外，如胃蛋白酶的最适 pH 为 1.5，肝中精氨酸酶的最适 pH 为 9.7。表 4-4 列举了一些酶的最适 pH。

表 4-4　一些酶的最适 pH

酶	底　物	最适 pH
胃蛋白酶	鸡蛋白蛋白	1.5
	血红蛋白	2.2
酸性磷酸酶	甘油-3-磷酸	4.5～5.0
丙酮酸羧化酶	丙酮酸	4.8
α-葡萄糖苷酶	α-甲基葡萄糖苷	5.4
脂肪酶	低级酯	5.5～5.8
延胡索酸酶	延胡索酸	6.5
	苹果酸	8.0
过氧化氢酶	H_2O_2	7.6
胰蛋白酶	苯甲酰精氨酰胺	7.7
	苯甲酰精氨酸甲酯	7.0
核糖核酸酶	RNA	7.8
碱性磷酸酶	甘油-3-磷酸	9.5
精氨酸酶	精氨酸	9.7

（六）激活剂对酶促反应速度的影响

凡是能提高酶活性，加速酶促反应进行的物质都称为酶的激活剂（activator）。激活剂对酶具有选择性，如一种物质是某种酶的激活剂，但对另一种酶就可能具有抑制作用。激活剂可以分为三类：

1. 无机离子激活剂

无机离子激活剂有 Na^+、K^+、Mg^{2+}、Ca^{2+}、Zn^{2+}、Mn^{2+} 等金属离子，还有 Cl^-、Br^- 等阴离子。其中 Mg^{2+} 几乎参加体内所有的代谢反应。金属离子作为激活剂是形成酶-金属离子-底物复合物，金属离子起到桥梁作用，有利于底物与酶的活性部位结合。有的酶只需要一种金属离子作为激活剂，有的酶需要几种金属离子作为激活剂，如 α-淀粉酶以 Na^+、K^+、Ca^{2+} 为激活剂；有的酶，不同的金属离子之间存在拮抗作用，如被 Mg^{2+} 激活的酶常被 Ca^{2+} 所抑制。

2. 有机小分子激活剂

一些有机小分子化合物，如抗坏血酸、Cys、谷胱甘肽等对酶有激活作用。Cys、还原型谷胱甘肽（GSH）等还原剂能保护酶分子中的巯基不被氧化或不使酶分子中的二硫键还原成巯基，从而提高一些含巯基的酶活性。有些金属螯合剂，如乙二胺四乙酸（EDTA）能螯合酶溶液中的重金属杂质，解除重金属离子对酶的抑制，从而起到激活剂的作用。

3. 生物大分子激活剂

在生物体内的代谢活动中，一些蛋白激酶对某些酶的激活有着重要的作用。如酶原可被某些蛋白酶水解切去肽链一部分而被激活，这些蛋白酶可以看成激活剂。

（七）抑制剂对酶促反应速度的影响

蛋白质变性剂可使酶蛋白变性，导致酶丧失活性，这称为酶的失活作用。酶的抑制作用是指一些小分子或离子能与酶分子的一些基团结合，从而影响了酶与底物的结合及产物的生成，引起酶活力的下降或丧失，这些对酶起抑制作用的物质称为酶的抑制剂（inhibitor）。一种抑制剂只能引起某一种（类）酶的活性降低或丧失，因此抑制剂具有专一性。酶的抑制作用不同于失活作用，酶蛋白没有变性，只是酶活力受到抑制。

抑制作用的机制复杂，归纳起来有几点：① 抑制剂与酶结合形成稳定的络合物，从而降低酶的活性；② 抑制剂破坏酶或辅基的活性基团，或与某些必需基团结合而改变酶的构象；③ 抑制剂和底物与酶竞争结合，减少酶与底物的作用机会；④ 抑制剂阻抑酶与底物的结合及生成产物的反应。

抑制作用可分为可逆抑制作用和不可逆抑制作用两类。

1. 可逆抑制作用

有些抑制剂与酶以非共价键形式结合，导致酶的活性下降或丧失，酶的抑制程度取决于酶、抑制剂和底物的浓度，抑制程度在初速度范围内保持不变。可逆抑制作用可以用透析、超滤等物理方法除去抑制剂而使酶恢复活性，因此这种抑制作用称为可逆抑制作用。可逆抑制作用可分三种形式：

（1）竞争性抑制作用　某些抑制剂（I）与底物（S）的化学结构相似，竞争与酶活性部位结合，一部分酶与抑制剂结合形成酶-抑制剂复合物（EI）［图 4-18(a)］后，底物就不能再与这部分酶结合，因而，总体上减少了酶与底物结合成复合物（ES）的数量，结果是降低了酶促反

应的速度,这种作用称为竞争性抑制作用(competitive inhibition)。可用下式表示:

$$S + E \rightleftharpoons ES \longrightarrow P + E$$
$$I \,\|$$
$$EI$$

这种抑制作用是可逆的,抑制程度取决于底物及抑制剂的相对浓度,可以通过增加底物浓度,使整个反应平衡向生成产物(P)的方向移动,消除或削弱抑制作用。

在竞争性抑制剂存在下,可得到图 4-18(b)和 4-18(c)所示的曲线,从图中可以看到,由于有竞争性抑制剂的存在,最大反应速度 V 不变,而 K_m 值增加,即酶需要更高的底物浓度才能达到最大反应速度。

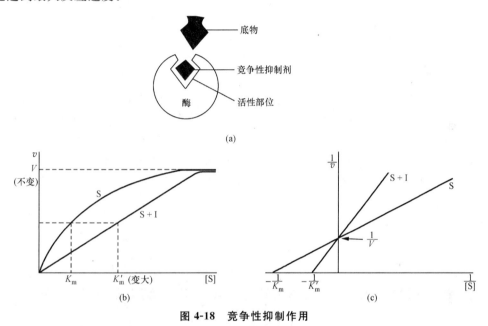

图 4-18 竞争性抑制作用

(a)抑制剂和底物竞争与酶的活性部位结合;(b)反应速度对底物浓度的曲线;(c)双倒数曲线

最典型竞争性抑制的例子是丙二酸或戊二酸对琥珀酸脱氢酶的抑制作用。丙二酸、戊二酸和琥珀酸(丁二酸)化学结构相似(分子式如下),与酶的活性部位竞争结合,琥珀酸脱氢酶能催化琥珀酸脱氢,但不能使丙二酸、戊二酸脱氢。

$$\begin{array}{ccc} COOH & COOH & COOH \\ | & | & | \\ CH_2 & CH_2 & CH_2 \\ | & | & | \\ COOH & CH_2 & CH_2 \\ & | & | \\ & COOH & CH_2 \\ & & | \\ & & COOH \end{array}$$

丙二酸　　　琥珀酸　　　戊二酸

酶的竞争性抑制作用在医学上有一定应用价值。一些竞争性抑制剂与天然代谢物结构相似,能选择性地抑制病菌或癌细胞代谢过程中的某些酶,从而具有抗菌或抗癌的作用,如磺胺类药物就是这样一类抗菌剂。磺胺与细菌中合成二氢叶酸的原料对氨基苯甲酸的化学结构相似,二者与二氢叶酸合成酶竞争性结合,磺胺抑制了二氢叶酸的合成,导致细菌核苷酸和核酸的合成受阻,从而达到抗菌的效果。

一些酶的竞争性抑制剂的分子结构类似于酶促反应的过渡态底物,这类抑制剂被称为过渡态底物类似物,其对酶的亲和力远大于底物,从而对酶有强烈的抑制作用。如微生物的脯氨酸外消旋酶,该酶催化 L-Pro 异构化为 D-Pro,Pro 的外消旋作用通过一个过渡态,即 Pro 的 α-碳原子失去一个质子带负电荷,三个键在一个平面上。吡咯-2-羧酸酯与 Pro 的过渡态类似,比 Pro 与外消旋酶结合更紧,所以,吡咯-2-羧酸酯作为过渡态底物类似物抑制酶的活性。

脯氨酸外消旋酶的催化作用 过渡态底物类似物

过渡态底物类似物的研究具有很大的理论和实践意义,不但有利于对酶催化机制的了解,还可以根据此原理合成高效特异的新药物。

(2)非竞争性抑制作用　有些抑制剂与酶活性部位以外的部位结合,与底物没有竞争性,酶可以和抑制剂结合,形成酶-抑制剂复合物(EI),酶也可以同时与抑制剂及底物结合,形成底物-酶-抑制剂三元复合物(ESI)[图 4-19(a)],EI 和 SEI 复合物改变了酶的催化功能而降低酶活性。这类抑制剂对酶产生的抑制作用称为非竞争性抑制作用(noncompetitive inhibition)。可用下式表示:

$$S + E \rightleftharpoons ES \longrightarrow P + E$$

在非竞争性抑制剂存在下,可得到图 4-19(b)和 4-19(c)所示的曲线,从图中可以看到,由于有非竞争性抑制剂的存在,最大反应速度 V 减小,而 K_m 值不变。

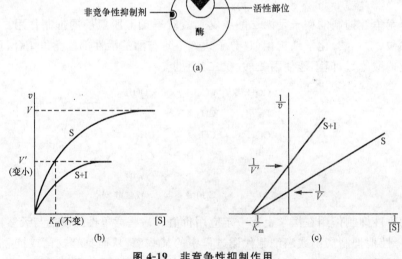

图 4-19　非竞争性抑制作用

(a)抑制剂和底物与酶的结合无竞争性;(b)反应速度对底物浓度的曲线;(c)双倒数曲线

在双底物的随机机制中,一个底物的竞争性抑制剂常是另一个底物的非竞争性抑制剂。如胎盘谷胱甘肽转硫酶的两个底物是还原型谷胱甘肽(GSH)和 1-氯-2,4-二硝基苯(CDNB),胆红素对 CDNB 为竞争性抑制,对 GSH 则为非竞争性抑制;而 S-己烷谷胱甘肽对 GSH 为竞争性抑制,对 CDNB 则为非竞争性抑制。

(3) 反竞争性抑制作用　有些抑制剂不能与游离酶结合,只能与酶-底物复合物(ES)结合形成三元复合物(SEI)[图 4-20(a)],原因可能是酶与底物结合改变了酶的构象,显现出抑制剂的结合部位,所有这种抑制剂的存在不仅不排斥酶和底物的结合,反而促进 ES 的形成,这与竞争性抑制作用恰巧相反,故称为反竞争性抑制作用(uncompetitive inhibition)。可用下式表示:

$$S+E \rightleftharpoons ES \longrightarrow P+E$$
$$I \big\Updownarrow$$
$$SEI$$

在反竞争性抑制剂存在下,可得到图 4-20(b)和 4-20(c)所示的曲线,从图中可以看到,由于有抑制剂的存在,最大反应速度 V 和 K_m 值都减小。

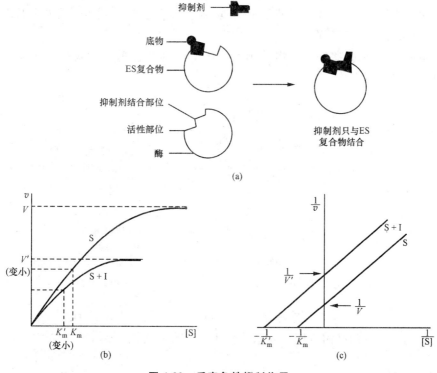

图 4-20　反竞争性抑制作用

(a) 抑制剂只与 ES 复合物结合;(b) 反应速度对底物浓度的曲线;(c) 双倒数曲线

反竞争性抑制在单底物反应中比较少见,多见于双底物反应,如在乒乓机制中,对一个底物表现竞争性抑制的化合物常对另一个底物呈现反竞争性抑制。

2. 不可逆抑制作用

有些抑制剂能与酶分子活性部位上功能基团发生化学反应,以共价键形式结合,阻碍了酶与底物的结合或破坏了酶的催化基团,使酶的活性下降或丧失,在初速度范围内抑制程度增加,不能用透析等物理方法除去抑制剂而使酶的活性恢复,因此,这种抑制作用称为不可逆抑制作用。

根据抑制剂对酶的选择性不同,可以分为非专一性不可逆抑制和专一性不可逆抑制两种类型:

(1) 非专一性不可逆抑制作用　具有非专一性不可逆抑制作用的抑制剂可作用于酶分子上不同类型的基团或几类不同的酶,这种抑制剂有以下几类:

① 有机磷化合物　这类化合物能与某些蛋白酶和酯酶活性部位的 Ser 羟基共价结合,从而抑制酶的活性,如农药敌敌畏、敌百虫等。

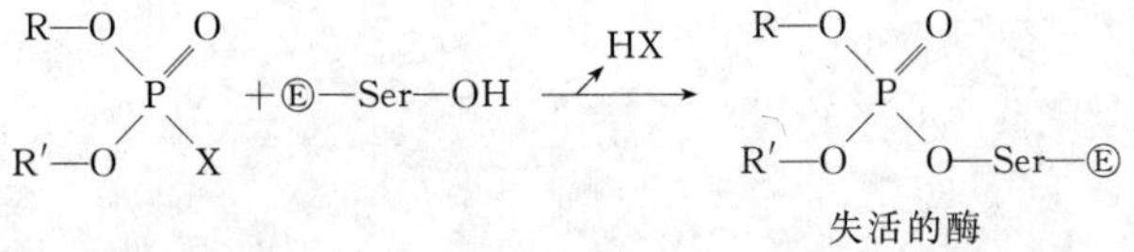

R、R′代表烷基,X 代表卤素或—CN。

在农业生产上常使用有机磷化合物作为农药消灭害虫。正常机体在神经兴奋时,神经末梢释放出乙酰胆碱传导刺激,之后,乙酰胆碱被胆碱酯酶水解为乙酸和胆碱。若胆碱酯酶被有机磷化合物抑制,造成乙酰胆碱积累,引起神经中毒症状,导致生理功能失调而死亡,因此,这类物质又称为神经毒剂。

有机磷中毒后,用一些解毒药物(解磷定、氯磷定)可以把酶上的磷酸根除去,恢复酶的活性,反应过程如下:

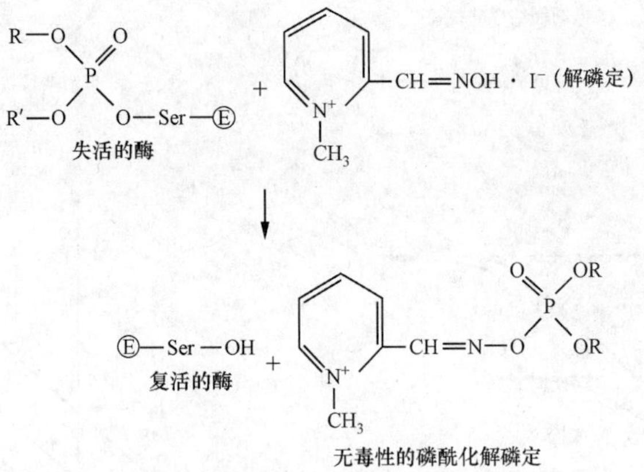

② 重金属离子、有机汞、有机砷化合物　如 Pb^{2+}、Hg^{2+} 及含有 Hg^{2+}、Ag^+、As^{3+} 离子的化合物可与某些酶的必需基团如巯基结合而使酶失去活性。如 Hg^{2+} 与酶的巯基结合使酶失活。

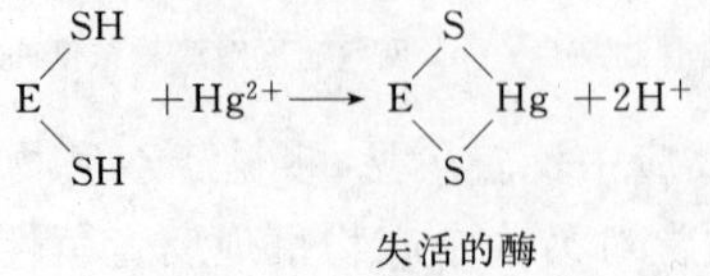

重金属离子在高浓度时能使酶变性失活,而在低浓度时对某些酶的活性有抑制作用,可以用金属螯合剂如 EDTA、Cys 等除去重金属离子的抑制,保持酶的活力。

有机汞化合物如对氯汞苯甲酸(PCMB)与酶分子中 Cys 残基的巯基结合,抑制含巯基酶的活性,这类抑制可以通过加入过量的巯基化合物如 Cys 或还原型谷胱甘肽解除其抑制作用。

化学毒剂"路易士气"为有机砷化合物,与酶的巯基结合,抑制酶的活性,使人中毒。

③ 烷化试剂　　这是一类含有活泼卤素原子的抑制剂,如碘乙酸、碘乙酰胺等,作用于酶分子中巯基、氨基、羧基、咪唑基和硫醚基等基团。

④ 氰化物、硫化物和 CO　　这类抑制剂能与酶中的金属离子形成稳定的络合物,使一些需要金属离子的酶的活性受到抑制。如氰化物能抑制呼吸链中含铁卟啉辅基的细胞色素氧化酶,为剧毒物质。

(2)专一性不可逆抑制作用　　具有专一性不可逆抑制作用的抑制剂均为底物的类似物,可分为 K_s 型和 k_{cat} 型两类:

① K_s 型不可逆抑制剂　　又称为亲和标记试剂,结构与底物类似,但同时携带一个活泼的化学基团,对酶分子必需基团的某一个侧链进行共价修饰,从而抑制酶的活性。

② k_{cat} 型不可逆抑制剂　　又称为酶的自杀性底物,这是一种专一性很高的不可逆抑制剂,也是底物的类似物,其结构中隐藏着一种化学活性基团,在酶的作用下化学活性基团被激活,与酶的活性部位发生不可逆的共价结合,酶因此失活。

酶的自杀性底物是酶学在医药研究领域中的崭新的课题。这类底物可以使某些致病菌或异常细胞中的某些酶抑制或失活,从而治疗疾病,它对人体无毒或毒性较小,因此具有重要的医疗价值。酶的自杀性底物多半是人工设计合成的,也有一些天然产物。近年来,已合成了不少针对各种酶的对人体副作用较小的自杀性底物,应用于治疗一些病原体感染、矫正某些异常代谢以及用于植物的抗病虫害等。

四、几种重要的酶类

(一) 别构酶

1. 别构酶的概念

当某些化合物与酶分子中的别构部位可逆地非共价结合后,酶分子的构象发生改变,使酶活性部位对底物的结合与催化作用受到影响,从而调节酶促反应速度及代谢过程,这种效应称为别构效应(allosteric effect)。具有别构效应的酶称为别构酶(allosteric enzyme),也称变构酶。别构酶常是代谢途径中催化第一步反应或处于代谢途径分支点上的一类调节酶,大多能被代谢最终产物所抑制,对代谢调控起重要作用。

与酶的别构部位结合并使酶发生别构效应的物质称为别构效应物或调节物(allosteric effector 或 modulator)。效应物一般是酶的底物、底物类似物、代谢终产物。效应物与酶的别构部位结合,如使酶催化活性升高的效应物称为正效应物或别构激活剂,相反,使酶催化活性降低的效应物称为负效应物或别构抑制剂。一般底物多为正效应物,而终产物多为负效应物。

2. 别构酶的结构和性质

在结构上,已知的别构酶都是寡聚酶,即都是由两个或两个以上的亚基组成。在别构酶分子上,除了有可以结合底物起催化作用的活性部位外,还有可以结合效应物的调节酶促反应速度的别构部位,活性部位和别构部位可位于同一个亚基的不同部位上,也可以位于不同亚基上。

别构酶本身的结构特点使其具有调节酶促反应速度的性质。一个效应物分子与别构酶的别构部位结合后,对第二个效应物分子结合到酶上的影响称为协同效应(cooperative effect)。有些别构酶与效应物结合后,酶本身构象的改变有利于后续的底物分子或其他效应物的结合,称为具有正协同效应的别构酶;有些别构酶与效应物结合后,酶本身构象的改变不利于后续的底物分子或其他效应物的结合,称为具有负协同效应的别构酶。将别构酶和非别构酶的动力学曲线(图 4-21)进行比较,可以看到具有正协同效应的别构酶的 v-[S]曲线为"S"形,酶具有"S"形曲线的动力学性质,酶促反应速度在底物浓度变化较小的情况下有较大的变化;而具有负协同效应的别构酶的 v-[S]曲线与非别构酶的 v-[S]

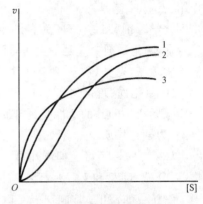

图 4-21 别构酶和非别构酶动力学曲线的比较
1. 非别构酶;2. 正协同效应;3. 负协同效应

曲线相似,但前者当底物浓度较低时,反应速度上升更快,随着底物浓度的增加,反应速度却变化不大,即反应速度对底物浓度的变化不敏感。多数别构酶同时具有正协同效应和负协同效应,它们既受底物分子的调节,又受其他小分子如终产物的调节,这在复杂的代谢途径中具有重要的生物学意义。

多数别构酶的初速度—底物浓度的关系不是典型的双曲线,即它不遵循米氏方程,代谢调节物造成的抑制作用也不服从于典型的竞争性、非竞争性和反竞争性抑制作用的数量关系。

当一个效应物分子与酶结合后,若影响另一个相同的效应物分子与酶的另一部位结合称为同促效应(homotropic effect);若影响另一个不同的效应物分子与酶的另一部位结合称为异促效应(heterotropic effect)。

3. 别构模型

解释别构酶协同效应机制的两种重要的酶分子模型:

(1)齐变模型 齐变模型(concerted model)是由 Monod、Wyman 和 Changeux 于 1965 年提出来的,所以又称 MWC 模型。该模型指出:① 别构酶一般都是寡聚酶,含有确定数目的亚基,各亚基占有相等的地位,因此每个别构酶都有一个对称轴;② 每个亚基对一种效应物只有一个结合位点;③ 对于有几个亚基的别构酶来说,每个亚基可能存在两种构象状态:不利于效应物结合的紧张态(T 态)和有利于效应物结合的松弛态(R 态),这两种构象状态在结构和催化活力方面都有所不同,两种状态的互变取决于外界条件,也取决于亚基间的相互作用,在没有效应物时,两种构象处于平衡状态;④ 别构酶各亚基构象的转变采取齐变方式,即或者全部呈 T 态,或者全部呈 R 态,不存在 TR 杂合态,当没有效应物存在时,平衡趋向于 T 态,当有少量底物时,平衡向 R 态移动,R 态构象使酶对底物的亲和性大大增强,动力学曲线为"S"形,在亚基构象互变过程中,酶分子的对称性保持不变,所以这种模式又称为对称模型(图 4-22)。

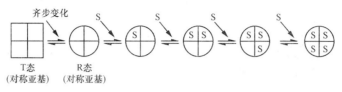

图 4-22 别构酶的齐变模型

这个模型可以用来解释别构激活剂和别构抑制剂对别构酶的影响。别构激活剂易于结合到 R 态,构象平衡趋向于 R 态,增加了底物与酶的结合力;别构抑制剂易于结合到 T 态,构象平衡趋向于 T 态,降低了底物与酶的结合力。

（2）序变模型 序变模型（sequential model）是由 Koshland、Nemethy 和 Filmer 于 1966 年提出来的模型,所以又称 KNF 模型。该模型指出:① 别构酶的每个亚基都可能存在 T 态和 R 态两种构象状态,当效应物不存在时,别构酶各亚基只有 T 态一种构象,仅当效应物与亚基结合后,才诱导亚基的构象从 T 态转变为 R 态,而未被底物结合的亚基的构象仍处在 T 态。② 别构酶中各个亚基的构象变化是以序变方式进行的,在序变过程中有各种 TR 过渡态,即当效应物与第一个亚基结合后,可引起该亚基构象从 T 态转变为 R 态,并使邻近亚基易于发生同样的构象变化,影响其对效应物的亲和力,当效应物与第二个亚基结合后,该亚基构象也从 T 态转变为 R 态,又可使第三个亚基发生类似变化,直至所有的亚基都与效应物结合并转变为 R 态。③ 亚基之间的相互作用,可能是前一个亚基与效应物结合导致下一个亚基对效应物有更大的亲和力,即产生正协同效应,反之,也可能产生负协同效应（图 4-23）。

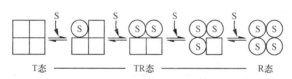

图 4-23 别构酶的序变模型

4. 别构酶举例

天冬氨酸转氨甲酰酶（aspartate transcarbamylase,简称 ATCase）就是一个别构酶,它是嘧啶核苷酸（CTP）生物合成多酶体系反应序列中的第一个酶,其正常底物为 Asp 和氨甲酰磷酸,在 ATCase 的催化下生成氨甲酰天冬氨酸。两个底物与 ATCase 的结合具有协同性,ATP 是 ATCase 的激活剂,可增强酶与底物的亲和性,而嘧啶核苷酸生物合成途径的终产物 CTP 降低酶与底物的亲和性,反馈抑制 ATCase 的活性,即 ATCase 的底物和 ATP 使酶产生正协同效应,反应的终产物 CTP 使酶产生负协同效应,它们共同调节细胞内嘧啶核苷酸生物合成的速度。

ATCase 是被研究得比较清楚的别构酶之一。资料表明,ATCase 的结构是由 12 条肽链组成,其中有 6 条 c 链,6 条 r 链。用汞化物处理 ATCase,以离子交换层析和蔗糖密度梯度离心法分离得到两种亚基:由三条 c 链组成具有催化活性的催化亚基和由两条 r 链组成的可结合 CTP 和 ATP 的调节亚基,共有两个催化亚基和三个调节亚基（图 4-24）,催化亚基的催化部位只与底物结合而不与调节物 ATP 和 CTP 结合,调节亚基的调节部位只同调节物结合。

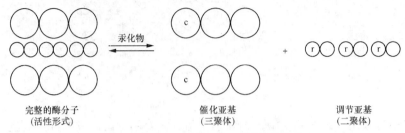

完整的酶分子　　　　　　催化亚基　　　　　调节亚基
（活性形式）　　　　　　　（三聚体）　　　　　（二聚体）

图 4-24　E. coli 的 ATCase 的亚基结构

（二）共价调节酶

1. 共价调节酶的概念

共价调节酶（covalent regulatory enzyme）也是代谢中有调节作用的一类酶，也称为共价修饰酶（covalent modification enzyme）。这类酶一般都存在有活性和相对无活性两种形式，在其他酶的作用下，对酶多肽链上的某些基团进行可逆的共价修饰，使酶在有活性形式与无活性形式之间相互转变，从而调节酶的活性。

2. 共价调节酶举例

动物骨骼肌中的糖原磷酸化酶（glycogen phosphorylase）即为典型的共价调节酶，其活性受细胞中的能量水平和可逆的磷酸化作用的调节，它的作用是催化糖原磷酸解生成葡萄糖-1-磷酸。

$$（葡萄糖）_n + P_i \xrightarrow{\text{糖原磷酸化酶}} （葡萄糖）_{n-1} + 葡萄糖\text{-}1\text{-}磷酸$$

糖原磷酸化酶以两种形式存在：有活性的磷酸化酶 a 和无活性的磷酸化酶 b，前者是由四个亚基组成的寡聚蛋白质，后者是由两个亚基组成的寡聚蛋白质。磷酸化酶 b 在磷酸化酶激酶（phosphorylase kinase，PhK）的作用下，每个亚基上的第 14 位 Ser 残基接受 ATP 提供的磷酸基被磷酸化，两分子被磷酸化的磷酸化酶 b 形成四聚体的磷酸化酶 a；磷酸化酶 a 在磷酸化酶磷酸酶（phosphorylase phosphatase）的水解作用下脱去磷酸基又可转变为两分子的磷酸化酶 b（图 4-25）。磷酸化酶就是通过磷酸基共价地在多肽链上的结合或脱去，从而调节控制磷酸化酶的活性。PhK 是糖原代谢中一个关键的调节酶，一分子 PhK 可催化几千个磷酸化酶 b 转变为磷酸化酶 a，从而高速催化糖原分解为葡萄糖-1-磷酸。

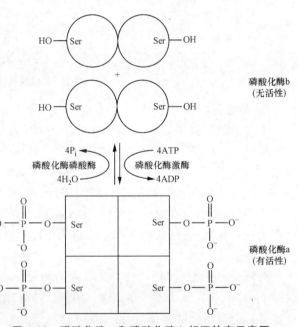

图 4-25　磷酸化酶 a 和磷酸化酶 b 相互转变示意图

(三) 同工酶

1. 同工酶的概念

1959 年 C. Markert 首次用电泳分离法发现大鼠的乳酸脱氢酶(lactate dehydrogenase, LDH)具有多种分子形式,将它们称为同工酶。同工酶(isozyme)是指能催化同一种化学反应,但酶蛋白本身的分子结构、理化性质和免疫特异性等方面有明显差异的一组酶。同工酶对生物细胞的生长、发育、遗传及代谢的调节有重要作用。

同工酶广泛分布于动植物和微生物中,目前,50%以上的酶分子都已发现有同工酶的存在。同工酶的研究在生物学、分子酶学、临床医学中均占有重要地位,是研究代谢调节、分子遗传、生物进化、个体发育、细胞分化和癌变的有力工具。

2. 同工酶的结构

同工酶一级结构的差异为遗传特性所决定的,它是由不同基因或等位基因编码的多肽链组成,一般是两种或两种以上亚基的聚合体。因为同工酶在酶活性中心的结构上有类似之处,所以能催化相同的化学反应,但 K_m 和 V 各不相同。由于同工酶在分子组成和结构上有一定差别,所以物理特性、催化性质及免疫特异性不同。

同工酶在一级结构上存在的差异主要有下列情况:① 相对分子质量不同,氨基酸组成相差悬殊;② 相对分子质量接近,但氨基酸组成及水解后的肽谱不同,免疫性质也不同;③ 相对分子质量接近,氨基酸组成及水解后肽谱也相近,但免疫性质不同。

3. 同工酶举例

研究最早且最多的同工酶是人和动物组织中普遍存在的乳酸脱氢酶(LDH)同工酶。C. Markert 鉴定大鼠 LDH 时,发现它是以五六种不同的形式存在于组织中,研究发现,LDH 是由四个亚基组成的四聚体,在多数组织中,LDH 由 H 亚基和 M 亚基组成,它们分别为 $LDH_1(H_4)$、$LDH_2(H_3M)$、$LDH_3(H_2M_2)$、$LDH_4(HM_3)$ 和 $LDH_5(M_4)$,而在睾丸和精子中,LDH 由另一个基因编码的 C 亚基组成,为 $LDH_x(C_4)$。

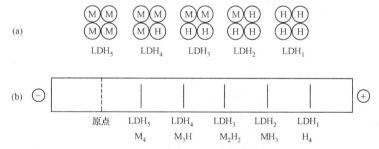

图 4-26　乳酸脱氢酶同工酶的结构和电泳图谱
(a) LDH 的结构;(b) LDH 的电泳图谱

各种组织中 LDH 同工酶的几种形式的分子结构不同,使它们的理化性质和电泳行为也不同(图 4-26),但它们都能催化乳酸脱氢生成丙酮酸的反应或其逆反应。H 亚基和 M 亚基分离后没有催化活性。

$$\begin{array}{c} COOH \\ | \\ HO-C-H \\ | \\ CH_3 \end{array} + NAD^+ \underset{pH\,8.8\sim9.8}{\overset{LDH,\ pH\,7.4\sim7.8}{\rightleftharpoons}} \begin{array}{c} COOH \\ | \\ C=O \\ | \\ CH_3 \end{array} + NADH + H^+$$

乳酸　氧化型辅酶 I　　　　　丙酮酸　还原型辅酶 I

在各种组织中,各种形式的 LDH 含量不同,如在脊椎动物的心脏中主要是 LDH_1,而骨骼肌中则主要是 LDH_5,它们与组织的代谢情况有关。实验发现,LDH_1(H_4)对底物 NAD^+ 的 K_m 较小,而对丙酮酸的 K_m 较大,故其主要作用是催化乳酸脱氢,以利于心肌利用乳酸氧化供能;LDH_5(M_4)对 NAD^+ 的 K_m 较大,而对丙酮酸的 K_m 较小,故其作用主要是催化丙酮酸还原为乳酸,这就是骨骼肌在剧烈运动后感到酸痛的原因。

基于每种组织 LDH 同工酶酶谱具有特定的相对百分率,若某一组织发生病变,必将释放其中 LDH 同工酶到血液中,导致血清同工酶酶谱发生变化,在现代医学中根据这些变化常常可以诊断特定的疾病。

(四) 诱导酶

有一类酶,在细胞中一般不存在或以很少量存在,但由于诱导剂(底物及某些非底物物质、光等)的诱导作用,能引起该酶合成量的明显提高,这类酶称为诱导酶(inducible enzyme)。酶的诱导产生对于代谢调节有重要作用。例如,大肠杆菌的 β-半乳糖苷酶为诱导酶,在诱导剂乳糖的诱导下,它在细胞内能被大量合成(参见第十九章)。

(五) 核酶

20 世纪 80 年代初,美国 T. Cech 和 S. Altman 各自独立地发现 RNA 具有酶的催化活性。T. Cech 把具有催化活性的 RNA 命名为 ribozyme。"Ribozyme"的中文译文,除了"核酶"之外,还有核糖酶、类酶 RNA、酶性 RNA 和酶 RNA 等,更有人建议造"酸"这个中文新字与之对应。如何译法,至今尚无统一意见。RNA 具有酶活性的发现,是生化领域内最令人鼓舞的事件之一。为了表彰他们的功绩,1989 年,T. Cech 和 S. Altman 二人共同被授予诺贝尔化学奖。

T. Cech 等人在研究原生动物嗜热四膜虫 rRNA 前体的自我剪接时发现,该前体(约 6400 nt)在鸟苷(或 $5'$-GMP)和 Mg^{2+} 的存在下,切除自身的 413 nt 的内含子片段(即间插序列片段,intervening sequence,IVS),使两个外显子(exon)拼接起来,变成成熟的 rRNA 分子,而 IVS 自身共价环化(图 4-27)。这个催化反应的完成是在没有任何蛋白质酶的存在下发生的,称之为自我剪接。

T. Cech 等人的深入研究发现,rRNA 前体中的内含子是由 395 nt 构成的线状 RNA 分子(称为 L-19 RNA 或 L-19 IVS),相当于 rRNA 前体内含子切除 $5'$ 部分 18 nt 后的 $3'$ 部分。L-19 RNA 在体外(in vitro)能催化一系列分子间的反应,如在一定条件下它能高度特异地催化寡聚核糖核苷酸底物的切割与连接。L-19 RNA 能将五聚胞苷酸(C_5)降解成 C_4 和 C_3,而同时形成 C_6 或更长的寡聚体,说明 L-19 RNA 既有 RNA 酶活性,又有 RNA 聚合酶活性。L-19 RNA 的作用底物是寡聚嘧啶核苷酸,它对 C_5 的作用比对 U_5 快得多,而对 A_5 和 G_5 没有作用。现已研究证明 L-19 RNA 的第 22～27 位的 $5'$-GGAGGG-$3'$ 是其催化中心,它和底物之间通过碱基非共价键配对发挥作用。

1992 年 Piccirilli 研究证实 L-19 RNA 具有氨酰酯酶的活性,可催化氨酰酯的水解,另外发现 L-19 RNA 还有 RNA 限制性内切酶的作用。

L-19 RNA 具有经典的酶促催化的几个标志:具有高度的底物专一性,服从米氏动力学规律,对竞争性抑制剂敏感,脱氧 C_5 为 C_5 的竞争性抑制剂。

RNase P 是一种 $5'$ 端内切核酸酶,它能有效地切割小分子 RNA 底物,催化 tRNA 前体

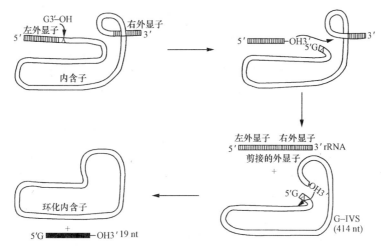

图 4-27 四膜虫 rRNA 成熟中 RNA 的自我剪接过程

5′端的成熟。RNase P 是由较小的蛋白质(称为 C_5 蛋白,119 个氨基酸残基)和较大的 RNA (称为 MIRNA,约 400 nt)两部分组成的复合物。S. Altman 研究发现,在高浓度 Mg^{2+} 存在下,单独 RNA 部分即可在体外催化 tRNA 前体成熟,而蛋白质部分在任何条件下都无催化活性。在 RNase P 中,C_5 蛋白起到维持 RNA 构象的作用,而真正的催化剂是 MIRNA。

现在发现的核酶已有几十种,其中包括人造核酶(还有脱氧核酶,DNAzyme)。按照其作用底物的差异可大致分为催化分子内(in cis)反应的核酶和催化分子间(in trans)反应的核酶,而前者又包括自我剪接(self-splicing)和自我剪切(self-cleavage)两型。如前面提到的四膜虫 rRNA 的成熟就属于分子内的自我剪接反应,原核生物的 RNase P 催化 tRNA 前体 5′端成熟属于分子间的异体剪切反应。

核酶具有很大的应用价值,如在分子生物学的研究中可以作为 RNA 限制性内切酶,在临床医学上,可在抗病毒治疗和基因治疗等方面发挥作用。此外,核酶的发现,在生物进化和生命起源的研究中有着重要的理论意义。

(六) 抗体酶

抗体酶(abzyme)是 20 世纪 80 年代后期研究发现的具有催化能力的免疫球蛋白。1986 年 Schultz 和 Lerner 两个实验室几乎同时成功地得到具有催化活性的抗体。Lerner 以羧酸酯水解反应的过渡态类似物——磷酸酯为半抗原免疫动物,结果产生能催化羧酸酯水解的单克隆抗体,它兼有抗体和酶的两重性质,故命名为抗体酶。抗体酶的本质为免疫球蛋白(Ig),在可变区被赋予了酶的属性,所以又称为催化性抗体(catalytic antibody)。

按照现代酶学理论,在酶促反应中,酶首要和底物结合,使底物向过渡态转化,然后在酶催化基团的作用下促使底物转变为产物。免疫反应和酶促反应十分相似,抗体也能专一性地以高亲和力和抗原物质结合,然后促使抗原发生各种变化。获得抗体酶的途径有两条:一是采用半抗原诱导法,即设计和制备出过渡态底物类似物,将其作为半抗原,与载体结合,免疫动物,制备单克隆抗体,筛选出与半抗原有高亲和力,并具有催化性能的单克隆抗体,即为抗体酶;二是化学修饰法,即在现有抗体的基础上,通过化学修饰或蛋白质工程的办法在抗体的结合部位引入催化基团,使抗体变为具有催化性能的抗体酶。

迄今为止,科学家们已成功获得了催化几十种反应类型的抗体酶,这些抗体酶具有高度的反应专一性,有些抗体酶的催化速度也达到了酶的催化水平,但总的来说,在催化效率方面还普遍低于天然酶。抗体酶的研究不仅具有重要的理论价值,为酶的过渡态理论提供有力的实验证据,而且还具有令人鼓舞的应用前景。催化性单克隆抗体是当前免疫学和酶化学研究的热点,因为它的研制成功有可能为分子生物学和生物化学提供有力的研究工具,在医学上为新型药物的合成、在工业上为催化非天然产物的转化提供新的有效催化剂。

(七) 固定化酶

固定化酶(immobilized enzyme)是 20 世纪 60 年代发展起来的一种酶应用的新技术。通常酶催化反应都是在水溶液中进行,酶在水溶液中稳定性较差,且只能一次性使用。固定化酶是指经过物理或化学方法处理,将水溶性的酶结合到特定支持物上,使酶变成不能随水自由流动,但仍具有酶活性的酶制剂。酶的固定化方法可分为物理法(包括吸附法和包埋法)和化学法(包括共价偶联法和交联法)(图 4-28)。酶经过固定化后,仍然具有高效催化和高度专一的特性,而且提高了酶对酸碱和温度的稳定性。

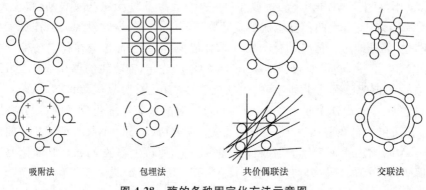

吸附法　　　　　　包埋法　　　　　共价偶联法　　　　　交联法

图 4-28　酶的各种固定化方法示意图

固定化酶与水溶性的酶相比具有很多优点,如稳定性增加,可以多次使用,使用效率高;可采用多种形式与底物反应,反应条件易于控制;反应后易与产物分离,简化了产物纯化步骤,相应地提高了产量和质量。固定化酶为酶学理论研究、生产实践的应用展现了更为广阔的前景,目前,固定化酶已在理论研究、工农业、医药、能源等领域广泛应用,并取得了丰硕成果。

(八) 模拟酶

模拟酶(enzyme mimics)又称人工合成酶(synzyme),它是根据酶的结构和作用原理,模拟酶的活性中心和催化机制,利用有机化学方法合成的高效、高选择性、结构简单、稳定性较高的一类新型催化剂。模拟酶在结构上具有两个特殊部位:底物结合部位和催化部位,功能上具有天然酶的催化活性。全合成酶不是蛋白质,而是一些有机物,它们具有特定的空间构象和催化基团,可以像天然酶那样专一地催化化学反应。

在构建模拟酶时,一般都要以高分子聚合物作为母体,在适宜的部位引入相应的疏水基团,形成一个能容纳和结合底物的部位,同时在适宜的部位引入担负催化功能的基团。另外根据酶活性中心的结构,人工合成简单的小肽也可作为模拟酶。

最简单的模拟酶是利用现有的酶或蛋白质作为母体,在此基础上引入相应的催化基团。如以木瓜蛋白酶为母体,在酶分子 Cys_{25} 上共价偶联溴酰黄素衍生物,所得的模拟酶具有很高的氧化还原活性。这种模拟酶在某种意义上也可以看做是酶的化学修饰产物。

更多的模拟酶是以高分子聚合物为母体，例如，利用环糊精（cyslodextrin）作为母体可以模拟多种天然酶。环糊精分子是由几个 D-(+)-葡萄糖残基通过 α-1,4 糖苷键连接而成，α-、β-及 γ-环糊精分别由 6、7 和 8 个葡萄糖残基聚合而成，分子呈轮胎状，穴洞外为亲水性，内壁为疏水性，此疏水穴洞可作为酶活性中心的结合部位，另外引入催化基团，即可得到相应的模拟酶。利用环糊精成功地模拟了胰凝乳蛋白酶、RNase、转氨酶、碳酸酐酶等。例如，1985 年 Bender 等人合成了一个具有 α-胰凝乳蛋白酶所有特征的模拟酶，它是利用 β-环糊精作为酶的基本骨架，用以结合底物，在环糊精上引入邻-硫代咪唑代苯甲酸的侧链，形成一个由羧基、咪唑基及环糊精本身的一个羟基共同构成的催化中心（图 4-29），由此实现胰凝乳蛋白酶的全

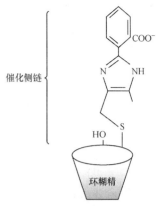

图 4-29　α-胰凝乳蛋白酶的模拟物

模拟。此模拟酶的催化能力与天然胰凝乳蛋白酶相近，反应速度比天然酶快，并有更高的 pH 和温度稳定性。Bender 等人后来又合成了以 α-和 γ-环糊精为结合部位的胰凝乳蛋白酶模拟酶，这三种模拟酶具有不同的底物选择性。

五、酶的分离纯化和酶活力测定

（一）酶的分离纯化

酶学研究及其他生物学领域中应用的工具酶都需要高度纯化的制剂，所以酶的纯化是酶学研究和应用的基础。1926 年 Sumner 制备了第一个结晶酶——脲酶，从此，酶的分离纯化方法得到迅速发展。现在已得到了数以百计的酶结晶，酶的纯度可以达到高度纯净。

绝大多数酶的化学本质是蛋白质，所以蛋白质的分离纯化方法也适用于酶的分离纯化。酶的分离纯化需经下列几个步骤：

1. 原料的选择及预处理

通常选择酶含量丰富的生物组织、器官为材料，同时要考虑材料的价格、预处理是否方便等因素；目前，利用动植物细胞大规模体外培养，可以大量获得珍贵的原材料（如人参细胞、昆虫细胞等），用于酶的分离纯化；利用 DNA 重组技术可以使细胞中含量极微的酶在大肠杆菌中大量表达，然后从培养基或菌体中提取酶。

除了体液或培养基外，其他大多数原料首先需要将组织破碎，根据要破碎组织的特点，常用的方法有机械法、超声波法、冻融法、渗透压法和酶消化法等。动物组织常用匀浆器或组织捣碎机将细胞破碎，动物细胞也可用渗透压法破碎，细胞在低渗透溶液中溶胀破碎；植物、微生物细胞壁较厚，可以用高压匀浆泵、超声波、酶（如溶菌酶、蛋白水解酶或糖苷酶）或化学试剂（如甲苯、脱氧胆酸钠）等处理，制成组织匀浆。

2. 酶的抽提

酶的抽提是将酶从原料中抽提出来制成酶的粗提液。由于多数酶属于球蛋白类，一般在稀盐、稀酸或稀碱水溶液中有很好的溶解度，根据酶的溶解性、稳定性以及其他物化性质选择合适的抽提缓冲液，使酶得到最大限度的提取，并尽量减少其他杂蛋白的影响。为获得好效

果,有时需要反复多次抽提,然后用离心法或过滤法使溶液与残渣分离,得到酶的粗提液。

一般抽提液和发酵液中酶的浓度很低,根据下一步所选择的纯化方法,有时需要将其浓缩。

3. 分离纯化

根据酶是蛋白质的特性,用一系列蛋白质分离纯化的方法即可得到高纯度的酶。如根据酶的溶解度性质,用盐析、等电点、有机溶剂等沉淀法分级分离,可得到酶的粗制品;再根据酶分子的大小、电荷性质、亲和专一性等性质,应用离心、层析、电泳及结晶等方法将酶进一步纯化(参见第三章"蛋白质的分离纯化方法")。

(二) 酶活力的测定及酶活力的影响因素

1. 酶活力的测定

酶活力的测定应贯穿于酶分离纯化过程的始终。在酶的分离纯化过程中需要建立一个简便的酶活力测定方法,可以随时测定每个分离纯化步骤的酶活力。在酶的分离纯化过程中的每一个步骤前后,通过测定酶活力,了解总活力的回收和比活力提高的倍数,为我们选择适当的分离纯化方法和条件提供直接依据。酶分离纯化的效果可以用总活力回收率和比活力提高的倍数作为指标,总活力损失少、比活力提高倍数多即为有效的纯化方法。

酶活力的测定一般是通过测定酶促反应速度来确定,而酶催化的反应速度可用单位时间内产物的增加量或底物的减少量来表示。常通过两种方式测定酶活力:一是测定完成一定量反应所需要的时间,二是测定单位时间内酶催化的化学反应量。测定方法主要是根据产物或底物的物理化学特性来选择,常用分光光度法、荧光法、同位素法或电化学法等。其中,分光光度法具有操作简便、时间短、灵敏度高等优点,是一种最重要的酶活力的测定方法。这种方法就是利用底物或产物在紫外光或可见光部分的光吸收不同,选择一个适当的波长,通过连续测定反应过程中底物或产物光吸收值的变化,作出光吸收-时间曲线,从而计算出酶活力。

2. 酶活力的影响因素

酶分子具有复杂而精细的三维结构,在分离纯化过程中,应尽量避免可能使酶变性、失活的一切不利因素,使酶始终维持天然构象,减少酶活性的损失。防止酶变性失活在分离纯化后期尤为重要,一般凡是防止蛋白质变性的方法都可以应用于酶的制备过程中。

(1)为保持酶的天然活性,在分离纯化过程中应尽量使用温和的实验条件。如酶的分离纯化过程除了少数例外,一般都要求在$0\sim5$ ℃的低温条件下进行,特别是在有机溶剂存在的情况下更应该注意这一点,用有机溶剂分级分离时,有机溶剂需在-20 ℃预冷。避免过度搅拌,以免产生大量泡沫,使酶变性。由于酶活力受 pH 影响很大,因此,在酶的纯化和活力测定时要选择使酶稳定的缓冲体系,多数酶在 pH$<$4 或 pH$>$10 的条件下不稳定,应控制整个缓冲体系不要过酸、过碱,在调整 pH 时要避免溶液局部酸碱过量。

(2)根据酶的性质在分离纯化过程中需要加入适量的金属螯合剂、还原剂等,以保持酶的活性。如当酶的活性部位涉及—SH 基时,因这个基团遇到重金属离子易生成硫醇盐,将导致酶活性丢失,因此,在制备这类酶时应在溶液中加入少量金属螯合剂(EDTA),以防重金属对酶活性的影响;有时在溶液中可加入少量巯基乙醇或二硫苏糖醇(DTT)等还原剂,防止酶蛋白中 Cys 的侧链巯基被氧化而失活;加入少量蛋白酶抑制剂,如对甲苯磺酰氟(PMSF),以防止蛋白酶的存在使酶被水解破坏,酶活性丢失。

（三）酶的纯度鉴定

对纯化的酶进行纯度检测有不同的方法,酶是生物活性物质,酶活力的测定是检测酶纯度最常用的方法,通常认为经过分离纯化步骤后酶活力达到恒定值时,则酶已被纯化。

另外,还利用电泳、层析、超速离心、N-末端测定、免疫技术等蛋白质纯度鉴定的方法对酶进行纯度鉴定。

（四）酶的保存

酶的保存受溶液酶蛋白浓度、温度、缓冲液种类等因素影响,对于纯化的酶,应根据酶本身的性质选择有利于酶稳定的存放条件,如合适的缓冲体系、低温、添加一些保护剂等,这样才能在相对长的时间内保持酶的活性。

一般酶在溶液中浓度较高时稳定性较好,所以酶溶液经浓缩后有利于酶活性的保持;酶的稳定性受温度影响很大,在溶液状态,如果在 4 ℃条件下保存时间很短,如在－20 ℃、－80 ℃或液氮中冻结,可保存较长时间;若在酶溶液中添加一些保护剂(如甘油或蔗糖),可使酶稳定,加入 DTT 可以保护—SH 不被氧化,加入酶的底物、抑制剂、辅酶或一些无机离子可使酶保持稳定状态,加入一些防腐剂能防止微生物生长;酶在固体状态比在溶液状态稳定,受温度影响小,将酶溶液进行冷冻干燥成干粉,可在冰箱中放置几个月或更长时间。

内 容 提 要

绝大多数酶的化学本质是蛋白质,所以酶具有蛋白质的一切物理和化学性质。

按照酶的化学组成成分可以分为单纯蛋白质酶和结合蛋白质酶两大类。结合蛋白质酶类由蛋白质部分(脱辅基酶蛋白)和非蛋白质部分(辅因子)组成,在酶催化反应中,只有二者结合成全酶后才具有正常的催化活性。

根据酶蛋白的结构特点也可分为单体酶、寡聚酶、多酶复合体三类。

酶具有一般化学催化剂的特征,但又有与一般化学催化剂不同的特性,如酶的高效催化性、催化专一性、可调控性及酶的不稳定性。

酶只有少数氨基酸残基参与底物的结合及催化作用,活性部位包括结合部位和催化部位。酶的结合部位具有专一性,负责与底物结合,而催化部位具有催化能力,负责催化底物化学键的断裂并形成新键。酶的别构部位是酶分子上另一类特殊的部位,效应物与酶的别构部位结合后,引起酶的构象的改变,对酶催化的反应速度有调节作用。酶分子中的—SH、—OH 是维持高级结构所必需的基团。

酶与底物结合形成中间复合物,大大降低反应的活化能。目前多采用"诱导契合"假说来解释酶的作用机制。酶的高效催化机制主要受底物和酶的邻近效应与定向效应、底物形变和张力效应、共价催化、酸碱催化、金属离子催化及微环境等因素的影响,这些因素有利于酶的高效催化功能。

生物体内有些酶是以无活性的酶原形式存在,经过蛋白水解酶的专一性作用,多肽链被切去一个或几个肽段,形成酶的活性部位,这样酶原就转变为有活性的酶,这个过程称为酶原的激活。酶原的激活是机体内调控酶活性的一种重要方式。

酶促反应动力学是研究酶促反应速度及影响酶促反应速度各种因素的科学。酶促反应速度常用单位时间内底物的减少量或产物的生成量来表示,一般是指酶促反应的初速度。

酶催化一定化学反应的能力用酶活力来表示,目前酶活力单位有几种表示方法:国际单位、Katal(Kat)单位和比活力。酶的比活力是指每毫克蛋白质所具有的酶活力单位,是表示酶的纯度高低的一个重要指标。

影响酶促反应速度的因素很多,包括底物浓度、酶浓度、产物浓度、pH、温度、抑制剂和激活剂等。米氏方程表示了底物浓度和酶促反应速度之间的定量关系,米氏常数 K_m 是酶的特征常数之一,是当酶促反应速度达到最大反应速度一半时所对应的底物浓度,K_m 可以近似地反映酶与底物的相对亲和力的大小。在一定酶浓度下,一种酶对特定底物的最大反应速度 V 也是一个常数。通常将米氏方程转化成各种线性形式,用作图法测定 K_m 和 V。

对多底物反应动力学而言,存在顺序机制和乒乓机制,前者又分有序反应和随机反应两种方式。

本章还分别介绍了别构酶、共价调节酶、同工酶、诱导酶、核酶、抗体酶、固定化酶和模拟酶等重要的酶类。

酶的化学本质是蛋白质,所以蛋白质的分离纯化方法也适用于酶类,其操作分为原料的选择及预处理、酶的抽提、分离纯化几个步骤。在酶的分离纯化过程中需要建立一个简便的活力测定方法,它应贯穿于分离纯化过程的始终。各个操作步骤应尽量避免可能使酶变性、失活的一切不利因素,减少酶活性的损失。对酶进行纯度鉴定,除了最常用的活力检测手段外,蛋白质纯度的各种鉴定方法也适用。

习　题

1. 名词解释

辅酶和辅基,寡聚酶,多酶复合体,活化能,活性部位,别构部位,酶原激活,酶的比活力,酶的转换数,最适温度,最适 pH,别构酶,共价调节酶,同工酶,诱导酶,核酶,抗体酶,固定化酶,模拟酶。

2. 如何用实验证明酶的化学本质主要是蛋白质?

3. 比较酶作为生物催化剂与一般催化剂的异同。

4. 目前酶活力单位有几种表示方法? 酶活力如何测定?

5. 用 $AgNO_3$ 对在 10 mL 含有 1.0 mg/mL 蛋白质的纯酶溶液进行全抑制,需用 0.342 μmol $AgNO_3$,求该酶的最低相对分子质量。

6. 1 μg 纯酶(M_r 为 92 000)在最适条件下,催化反应速度为 0.5 μmol/min,计算该酶的比活力和转换数。

7. 在[S]分别等于 $3K_m$,$6K_m$ 和 $9K_m$ 时,求 v 相当于 V 的几分之几?

8. 当一个酶促反应进行的速度为最大速度 V 的 80% 时,K_m 和[S]之间有何关系?

9. 过氧化氢酶的 K_m 值为 2.5×10^{-2} mol/L,当底物过氧化氢浓度为 100 mmol/L 时,求在此浓度下,过氧化氢酶被底物所饱和的百分数。

10. 根据米氏方程的推导,说明米氏常数 K_m 的意义。

11. 酶的可逆抑制作用分为几种形式? 可逆抑制剂与酶的结合部位有何特点? 对酶促反应的最大反应速度和 K_m 值有何影响?

12. 什么是过渡态底物类似物? 它属于何种类型抑制剂?

13. 什么是专一性不可逆抑制剂? 它们的结构有何特点?

14. 试述别构酶协同效应作用机制两种分子模型的要点。

第五章 核 酸

一、引 言

(一) 核酸的基本概念

1868 年瑞士青年科学家 F. Miescher 从外科绷带的脓细胞内分离出细胞核,再从中提取出一种含磷量很高的酸性化合物,当时称为核素(nuclein),实际上就是现在所指的核蛋白(nucleoprotein)。核酸是核蛋白组分之一,是单核苷酸的多聚体,即多聚核苷酸(polynucleotide),呈酸性,因最初从细胞核中发现,故于 1889 年正式命名为核酸(nucleic acid)。

核酸分两大类,即脱氧核糖核酸(deoxyribonucleic acid, DNA)和核糖核酸(ribonucleic acid, RNA)。当年 Miescher 提取得到的核素中含有的应该是 DNA,因此,他是 DNA 的发现者,而 RNA 的研究则开始于 19 世纪末。

1953 年,J. D. Watson 和 F. Crick 在前人工作的基础上,提出了 DNA 双螺旋(double helix)结构模型。这被誉为 20 世纪自然科学领域最伟大的成就之一,它揭开了分子生物学研究的序幕,为分子遗传学的建立和发展奠定了基础,并给生命科学带来深远的影响。

(二) 核酸的种类和分布

如上所述,核酸分为两大类:含有脱氧核糖的称脱氧核糖核酸,即 DNA;含有核糖的称核糖核酸, 即 RNA。参与蛋白质合成的 RNA 又有三类:转移 RNA(transfer RNA, tRNA)、核糖体 RNA(ribosomal RNA, rRNA)和信使 RNA(messenger RNA, mRNA)。

20 世纪 80 年代以来,陆续发现许多新的具有特殊功能的 RNA,它们的分子大小大致在 300 个核苷酸左右,常统称为小 RNA(small RNA, sRNA)。这些 RNA,又根据它们在细胞中的位置来分类,如核内小 RNA,核仁小 RNA,胞质小 RNA。功能确定的 RNA,还可根据功能来命名和分类,如反义 RNA(antisense RNA)及核酶等。

在不同种类的动物病毒、植物病毒、细菌病毒、噬菌体和类病毒中,分别存在 DNA 或 RNA。核酸的种类和分布见表 5-1。

(三) 核酸的生物学功能

1. DNA 的生物学功能

(1) 转化作用

Miescher 预料,核素以某种形式与细胞的遗传性相关,以后的细胞学证据提示,DNA 可能是遗传的物质基础,但这些都还是推测。直到 1944 年,才由 O. Avery 等人获得 DNA 是遗传信息载体的首要证据。Avery 从光滑型肺炎球菌(有荚膜,菌落光滑)中提取 DNA、蛋白质及多糖物质,并将它们分别与粗糙型肺炎球菌(无荚膜,菌落粗糙)一起培养,发现只有 DNA 能使一部分粗糙型细菌转化成为光滑型,而且转化率与 DNA 的纯度有关,DNA 越纯,转化率越高。若将光滑型肺炎球菌 DNA 事先用脱氧核糖核酸酶(DNase)降解,则转化

表 5-1 核酸的种类和分布

核酸种类	分 布
DNA：	
核 DNA	真核生物细胞核中
细胞 DNA(cellular DNA)	原核生物细胞中
质粒 DNA(plasmid DNA)	主要存在于原核生物细胞中
线粒体 DNA(mt DNA)	真核生物的线粒体中
叶绿体 DNA(ct DNA)	真核生物的叶绿体中
病毒 DNA	动物、植物病毒和噬菌体中
RNA：	
信使 RNA(mRNA)	原核和真核生物细胞质中
核糖体 RNA(rRNA)	原核和真核生物细胞质中
转移 RNA(tRNA)	原核和真核生物细胞质中
小分子核 RNA(sn RNA)	真核生物细胞核中
病毒 RNA	动物、植物病毒和噬菌体
类病毒 RNA(viroid RNA)	游离 RNA 分子

作用就不复存在,见图 5-1。这一实验结果有力地证明了 DNA 是转化因子,是遗传信息的载体。这种从一个供体菌得到的 DNA 通过一定途径授予另一种细菌,从而使后者(受体菌)的遗传特性发生改变的作用称为转化作用(transformation)。转化作用的实质是外源 DNA 与受体菌细胞基因进行重组,使受体细胞获得新的遗传信息。

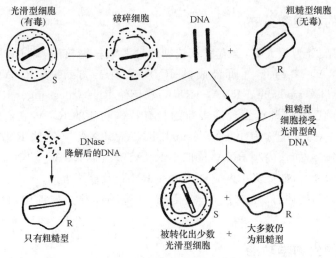

图 5-1 肺炎球菌转化作用图解

(2) Hershey-Chase 的捣碎实验

1952 年 A. D. Hershey 和 M. Chase 用同位素 ^{32}P 和 ^{35}S 标记的噬菌体 T_2 感染大肠杆菌(E. coli),结果发现,只有 ^{32}P 标记的 T_2 DNA 进入 E. coli 细胞内,而 ^{35}S 标记的 T_2 的外壳蛋白仍留在细胞外,见图 5-2。Hershey 和 Chase 的捣碎实验结果提供了 DNA 携带遗传信息的第二个证据。

遗传物质必须具有以下特性:① 贮存并表达遗传信息;② 能把遗传信息传递给子代;③ 物理化学性质稳定;④ 有遗传、转化能力。DNA 具有上述特性,适合作为遗传物质。遗

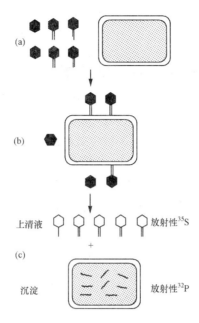

图 5-2 Hershey-Chase 的捣碎实验

（a）用标记^{32}P(标记 DNA)和^{35}S(标记蛋白质)的噬菌体感染细菌；（b）标记的噬菌体附着于细菌；（c）捣碎并离心使噬菌体蛋白外壳与被感染细菌分开，^{35}S 在上清液中，^{32}P 在沉淀里

传基因就是 DNA 链上若干个核苷酸组成的片段。

2. RNA 的生物学功能

（1）RNA 也可作为遗传物质

已知的真核生物、原核生物和许多病毒的遗传物质都是 DNA，然而，某些病毒也采用 RNA 作为遗传物质。尽管 RNA 的化学结构与 DNA 有所不同，但也可发挥与 DNA 相同的作用。在这类病毒中，基因则是 RNA 的一个片段。

新近有学者提出，自然界中似乎还有除核酸外的其他遗传物质，如朊病毒（prion）中的朊病毒蛋白（prion protein，PrP）。

（2）控制蛋白质的生物合成

蛋白质的生物合成又称翻译（translation）。翻译是指由 RNA 参与和控制的蛋白质生物合成过程，它将核酸序列转变为蛋白质的氨基酸序列。在蛋白质的生物合成中，tRNA 的功能是转运氨基酸；rRNA 与多种蛋白质组成的核糖体作为蛋白质合成的场所；mRNA 作为蛋白质合成的模板。

（3）核酶的催化功能

20 世纪 80 年代初，美国 Cech 和 Altman 发现核酸有催化功能，并命名为 ribozyme，即核酶。核酶能催化某些 RNA 转录后的加工与修饰的反应，还具有氨酰酯酶和限制性内切核酸酶活性等（参看第四章"几种重要的酶类"）。

二、核酸的结构

核酸是以核苷酸为基本结构单位，通过 $3',5'$-磷酸二酯键连接形成的链状多聚体。核苷酸由含氮碱基、戊糖和磷酸构成。核酸中的戊糖有两类：D-核糖和 D-2-脱氧核糖。核酸根据所含戊糖的不同分为核糖核酸和脱氧核糖核酸。

（一）核苷酸

核苷酸(nucleotide,nt)分为核糖核苷酸和脱氧核糖核苷酸两大类,二者分别构成 RNA 和 DNA。此外,细胞内还有一些游离存在的多磷酸核苷酸,它们具有重要的生物学功能。

1. 含氮碱基

核苷酸中的碱基分两大类:嘧啶碱基和嘌呤碱基。

（1）嘧啶碱基

嘧啶碱基(pyrimidine base)的母体化合物是嘧啶,嘧啶环上的原子编号有新旧两个系统,常用的是新编号系统。常见的嘧啶碱基有三类:胞嘧啶(cytosine,C)、尿嘧啶(uracil,U)和胸腺嘧啶(thymine,T)。

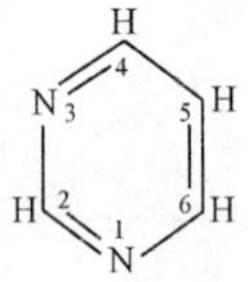

嘧啶（新系统） 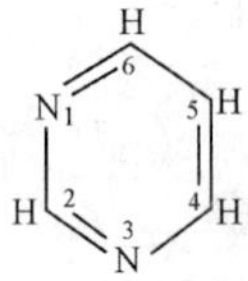　　　嘧啶（旧系统） 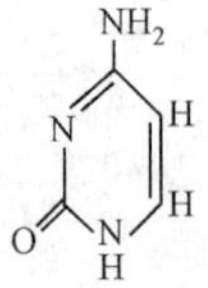　　　胞嘧啶 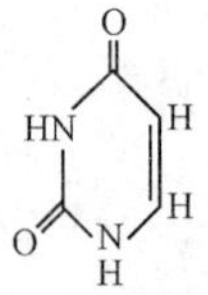　　　尿嘧啶

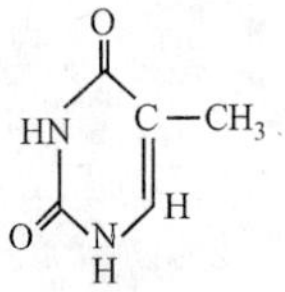

胸腺嘧啶 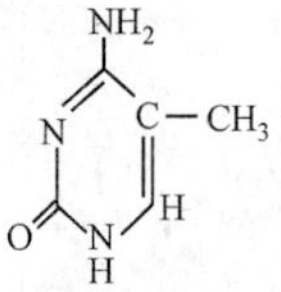　　　5-甲基胞嘧啶 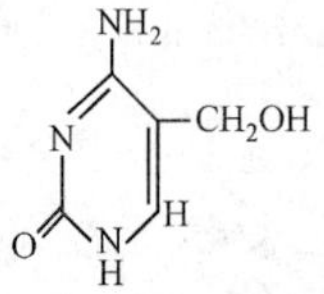　　　5-羟甲基胞嘧啶

（2）嘌呤碱基

嘌呤碱基(purine base)的母体化合物是嘌呤,常见的有两类:腺嘌呤(adenine,A)和鸟嘌呤(guanine,G)。

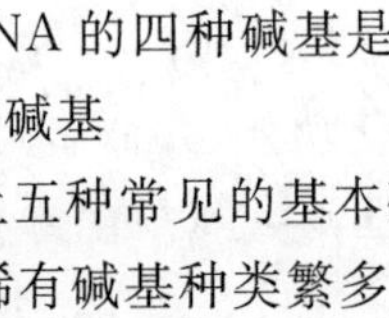

嘌呤 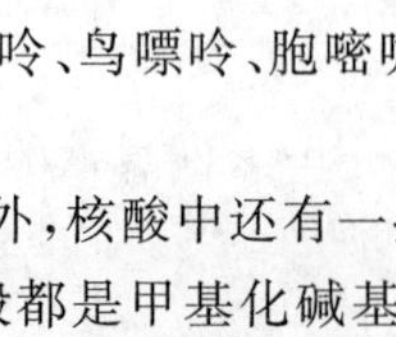　　　　　腺嘌呤 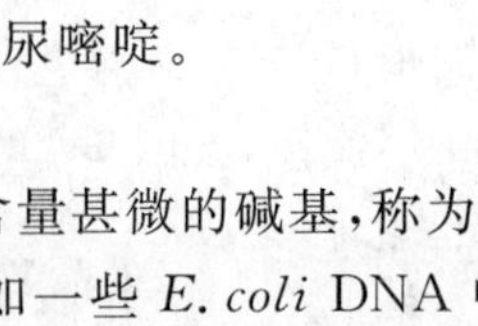　　　　　鸟嘌呤

DNA 和 RNA 各有四种碱基,构成 DNA 的四种碱基是腺嘌呤、鸟嘌呤、胞嘧啶和胸腺嘧啶;构成 RNA 的四种碱基是腺嘌呤、鸟嘌呤、胞嘧啶和尿嘧啶。

（3）稀有碱基

除了以上五种常见的基本碱基外,核酸中还有一些含量甚微的碱基,称为稀有碱基(minor base)。稀有碱基种类繁多,一般都是甲基化碱基。如一些 *E. coli* DNA 中含有 5-羟甲基胞嘧啶,植物 DNA 中有相当数量的 5-甲基胞嘧啶。tRNA 中含有较丰富的稀有碱基,可高达 10%,表 5-2 列出了核酸中一部分稀有碱基。

表 5-2　核酸中的稀有碱基

DNA	RNA
尿嘧啶(U)*	5,6-二氢尿嘧啶(DHU)
5-羟甲基尿嘧啶(hm⁵U)	5-甲基尿嘧啶,即胸腺嘧啶(T)
5-甲基胞嘧啶(m⁵C)	4-硫尿嘧啶(s⁴U)
5-羟甲基胞嘧啶(hm⁵C)	5-甲氧基尿嘧啶(mo⁵U)
N⁶-甲基腺嘌呤(m⁶A)	N⁴-乙酰基胞嘧啶(ac⁴C)
	2-硫胞嘧啶(s²C)
	1-甲基腺嘌呤(m¹A)
	N⁶,N⁶-二甲基腺嘌呤(m₂⁶A)
	N⁶-异戊烯基腺嘌呤(iA)
	1-甲基鸟嘌呤(m¹G)
	N²,N²,N⁷-三甲基鸟嘌呤(m₃^{2,2,7}G)
	次黄嘌呤(I)
	1-甲基次黄嘌呤(m¹I)

*括号中为缩写符号。

2. 核苷

由戊糖和碱基脱水缩合所形成的糖苷称为核苷(nucleoside)。各种核苷列于表 5-3。此外,tRNA 和 rRNA 中还含有少量假尿嘧啶核苷,用符号 ψ 表示。

表 5-3　各种常见核苷

碱　基	核糖核苷	脱氧核糖核苷
腺嘌呤	腺嘌呤核苷(adenosine)	腺嘌呤脱氧核苷(deoxyadenosine)
鸟嘌呤	鸟嘌呤核苷(guanosine)	鸟嘌呤脱氧核苷(deoxyguanosine)
胞嘧啶	胞嘧啶核苷(cytidine)	胞嘧啶脱氧核苷(deoxycytidine)
尿嘧啶	尿嘧啶核苷(uridine)	
胸腺嘧啶	—	胸腺嘧啶脱氧核苷(deoxythymidine)

核苷的结构式举例如下:

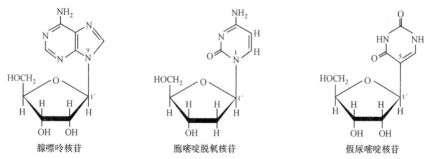

腺嘌呤核苷　　　　　胞嘧啶脱氧核苷　　　　　假尿嘧啶核苷

写核苷的结构式时,糖环中的碳原子标号右上角加"′",而碱基中原子的标号不加"′",以示区别。假尿嘧啶核苷的结构特殊,其核糖不是与尿嘧啶的第 1 位氮(N_1),而是与第 5 位碳(C_5)相连接。应用 X 射线衍射法证明,核苷中平面嘧啶环和近似平面的嘌呤环与糖环平面垂直。

3. 核苷酸

核苷酸是核苷的磷酸酯,由核苷中戊糖的羟基被磷酸酯化所形成。由核糖核苷生成的称核糖核苷酸或核苷酸,由脱氧核糖核苷生成的称脱氧核糖核苷酸或脱氧核苷酸。当用碱法或酶法水解 RNA 和 DNA 时,得到常见的核苷酸和脱氧核苷酸列于表 5-4。

表 5-4　常见的核苷酸

碱　　基	核糖核苷酸	脱氧核糖核苷酸
腺嘌呤	腺嘌呤核苷酸(adenosine monophosphate,AMP)	腺嘌呤脱氧核苷酸(deoxyadenosine monophosphate,dAMP)
鸟嘌呤	鸟嘌呤核苷酸(guanosine monophosphate,GMP)	鸟嘌呤脱氧核苷酸(deoxyguanosine monophosphate,dGMP)
胞嘧啶	胞嘧啶核苷酸(cytidine monophosphate,CMP)	胞嘧啶脱氧核苷酸(deoxycytidine monophosphate,dCMP)
尿嘧啶	尿嘧啶核苷酸(uridine monophosphate,UMP)	—
胸腺嘧啶	—	胸腺嘧啶脱氧核苷酸(deoxythymidine monophosphate,dTMP)

两类核苷酸结构式举例如下:

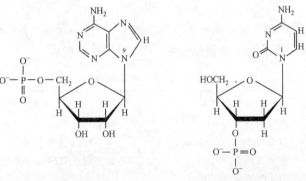

5'-腺嘌呤核苷酸　　　　　　3'-胞嘧啶脱氧核苷酸

核糖核苷的糖环上有三个自由羟基,能形成 2'-核苷酸、3'-核苷酸和 5'-核苷酸。脱氧核苷的糖环上只有两个自由羟基,所以只能形成 3'-脱氧核苷酸和 5'-脱氧核苷酸。细胞内游离存在的多是 5'-核苷酸。用碱水解 RNA 时,可得到 2'-与 3'-核苷酸的混合物。

核苷酸的结构也可以用下面简式表示,式中 B 代表嘌呤或嘧啶碱基,竖线代表戊糖,P 代表磷酸基。3'-或 5'-核苷酸还可以分别用 Np 和 pN 表示,这里 N 代表核苷。如 3'-腺苷酸和 5'-腺苷酸分别用 Ap 和 pA 表示。

生物体内,常见核苷酸作为核酸的基本结构单位而存在,但细胞内还有一些游离存在的多磷酸核苷酸,它们是核酸生物合成的前体、重要的辅酶和能量载体。5'-二磷酸核苷和 5'-三磷酸核苷的常见代表是腺苷二磷酸和腺苷三磷酸,它们可以分别用 ADP 和 ATP 表示,结构式如下:

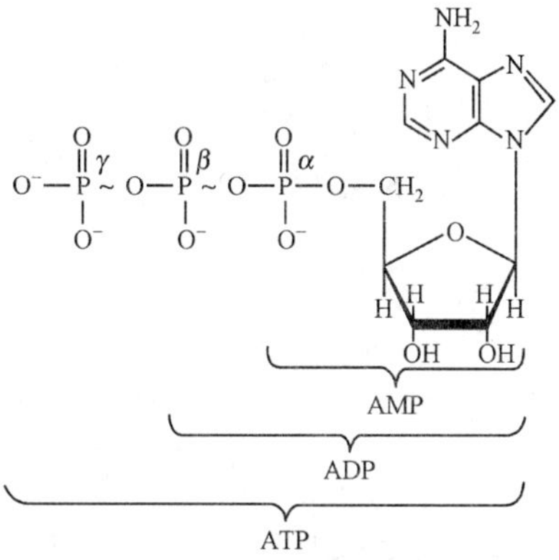

在这个结构式中，从戊糖开始的第1、2和3个磷酸残基依次称为α、β和γ磷酸基。α和β、β和γ之间的～Ⓟ键是高能键，为许多细胞活动提供能量。

20世纪60年代以来，陆续发现动植物和微生物细胞中存在一类环化核苷酸，重要的有3′,5′-环化腺苷酸(3′,5′-cAMP)和3′,5′-环化鸟苷酸(3′,5′-cGMP)。它们含量虽少，但具有重要的生物学功能，往往是细胞活动的调节分子和信号分子，被称为“第二信使”。

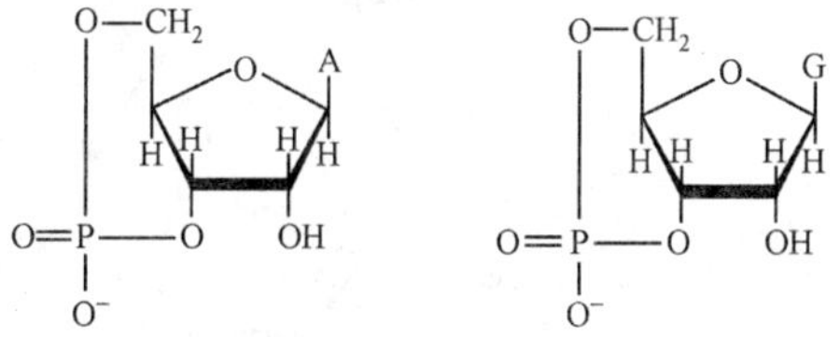

3′, 5′- cAMP　　3′, 5′- cGMP

(二) DNA结构

1. DNA的一级(共价)结构

生物体内的核酸是由一系列交替排列的戊糖和磷酸残基连接起来的多聚核苷酸链。在链中，一个戊糖的5′位置与另一个戊糖环的3′位置通过3′,5′-磷酸二酯键相连，含氮碱基突出于骨架链上，多核苷酸链一端的核苷酸具有自由的5′磷酸基团，而另一端的核苷酸则具有自由的3′羟基。传统上，按照5′到3′的方向书写核苷酸顺序，即左侧(或上方)为多核苷酸链5′末端，右侧(或下方)为3′末端。DNA中多(脱氧)核苷酸链的一个小片段(一级结构)及其缩写形式如图5-3所示。

DNA是由数量庞大的4种脱氧核糖核苷酸，即腺嘌呤脱氧核苷酸、鸟嘌呤脱氧核苷酸、胞嘧啶脱氧核苷酸和胸腺嘧啶脱氧核苷酸，通过3′,5′-磷酸二酯键连接起来的直线形或环形多聚体。所谓DNA的一级结构是指DNA分子中的脱氧核苷酸的排列顺序以及它们之间连接键的性质。由于DNA的脱氧核糖中2′位C上不含羟基，因此，唯一可以形成的键是3′,5′-磷酸二酯键，这属于共价键，所以DNA的一级结构又称共价结构。生物体的遗传信息通过脱氧核苷酸不同的排列顺序贮存在DNA分子中，生物界物种的多样性即寓于DNA分子4种脱氧核苷酸千变万化的顺序排列中。

2. DNA的碱基组成

20世纪40年代，Chargaff等人测定了各种生物的DNA碱基组成，1950年总结出如下规律，称为Chargaff法则：

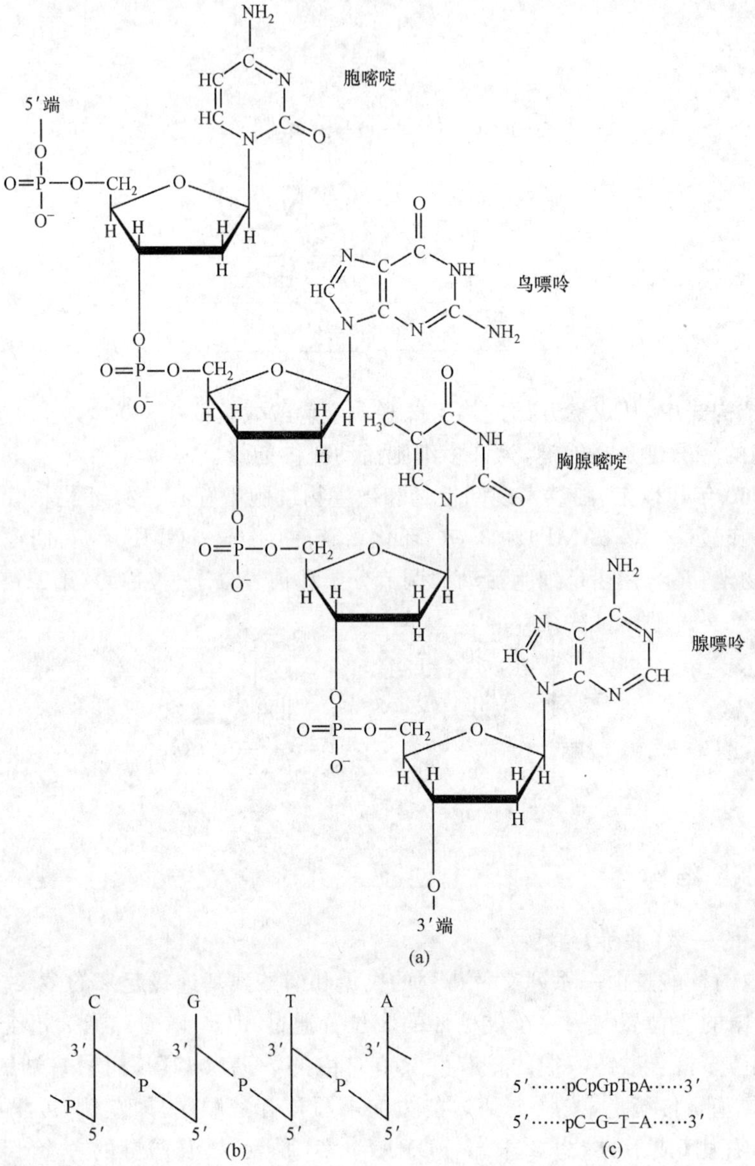

图 5-3　DNA 多(脱氧)核苷酸链的一个小片段(一级结构)(a)及其缩写形式(b,c)

（1）不同种类生物的 DNA,有其独特的碱基组成,即碱基组成具有物种特异性;

（2）同一物种不同组织和器官的 DNA,都有相同的碱基组成,而且不受生长发育阶段、营养状况和环境变迁的影响;

（3）在所有 DNA 中,腺嘌呤与胸腺嘧啶的摩尔含量相等,鸟嘌呤与胞嘧啶的摩尔含量相等,由此推论出,嘌呤的总摩尔含量与嘧啶的总摩尔含量也相等,即 $A=T$,$G=C$,$A+G=C+T$。

这一法则,仅适用于双链 DNA。

3.DNA 的二级结构——双螺旋模型

（1）提出双螺旋模型的主要依据

1953 年,Watson 和 Crick 提出的 DNA 双螺旋模型(图 5-4)属于 DNA 的二级结构范畴。这个模型的提出,极大地推动了分子生物学的发展,具有划时代的意义。

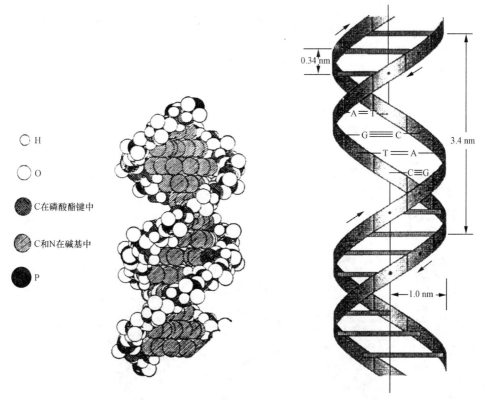

图 5-4 DNA 分子的双螺旋模型

当年提出 DNA 双螺旋模型的主要依据是:

① Wilkins 和 Franklin 利用 X 射线衍射方法研究 DNA 纤维结构所得到的资料;

② Chargaff 等人发现的 DNA 分子中碱基含量 A=T,G=C 的法则;

③ 四种碱基的物理化学数据。

(2) DNA 双螺旋模型的特征

Watson 和 Crick 所提出的 DNA 双螺旋模型具有以下特征:

右手螺旋 两条反向平行的多核苷酸链,沿着假想的中心轴盘绕形成右手螺旋。

主链 两条多核苷酸链是磷酸、脱氧核糖交替排列的主链,位于双螺旋的外侧,糖环平面与假想的中心轴平行。

碱基对 两条链上的碱基分布在双螺旋结构的内侧,一条链的碱基与另一条链的碱基,即 A 与 T,G 与 C 之间借助氢键——匹配相连,A=T 形成两个氢键,G≡C 形成三个氢键。彼此相匹配的碱基称为互补碱基,两条链称为互补链。

螺旋参数 两条链之间,每碱基对中的碱基处在同一平面上,且与中心轴垂直,上下碱基对之间的垂直距离为 0.34 nm。相邻碱基对之间绕螺旋轴旋转的夹角为 34.6°,螺旋上升一圈,垂直距离为 3.4 nm。每个螺旋含有 10.4(10)个碱基对(base pair, bp),螺旋的直径是 1.9(2.0)nm。

大沟和小沟 沿螺旋轴方向观察,配对的碱基并不充满双螺旋的空间。由于碱基对的方向性,使得其占据的空间是不对称的,因此,在双螺旋的表面形成两个凹槽,一个大些,称为大沟;另一个小些,称为小沟。沟对于 DNA 和蛋白质的相互识别是很重要的,因为只有在沟内才觉察到碱基的排列顺序,大沟往往是 DNA 序列与特异蛋白结合的位点。

(3) 维持双螺旋结构稳定的作用力

① 氢键。互补碱基对之间所形成的氢键。

② 碱基堆积力。这种作用力,实质上是由于芳香族碱基的 π 电子云之间相互作用所引起的范德华力。

③ 其他作用力。DNA 在生理 pH 条件下的溶液中,磷酸基团解离带负电荷,生物体内的 K^+、Na^+、Mg^{2+} 和带正电的蛋白质阳离子与之组成的离子键,有效地屏蔽了磷酸基团之间的静电斥力,使双螺旋稳定。

三种作用力中,碱基堆积力是最主要的。

(4) 双螺旋结构的基本形式

人们早就知道,DNA 结构可随环境条件的影响而改变,所以有 A 型(A-DNA)、B 型(B-DNA)和 Z 型(Z-DNA)等形式的 DNA 存在,见图 5-5。

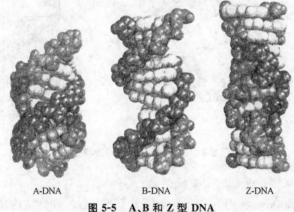

A-DNA   B-DNA   Z-DNA

图 5-5 A、B 和 Z 型 DNA

① A-DNA。在相对湿度为 75% 以下获得的 DNA 纤维具有自己的结构特点,称为 A-DNA。A-DNA 是由反向平行的两条多核苷酸链组成的右手螺旋,螺旋体宽而短;每圈螺旋含有 11 个碱基对,每碱基对的转角为 32.7°,螺旋升距是 0.26 nm,与螺旋轴的倾角呈 19°;碱基平面与螺旋轴不垂直,螺旋轴位于很深的大沟中,小沟宽而浅。RNA-RNA 双螺旋区或 DNA-RNA 杂交分子均具有与 A-DNA 相似的结构。

② B-DNA。Watson 和 Crick 模型所用的资料来自相对湿度为 92% 所得的 DNA 钠盐纤维。这种 DNA 称为 B-DNA,生物体内天然状态的 DNA 几乎都以这种形式存在。Watson 和 Crick 之后的研究结果提供了更为精确的信息,目前认为,平均每圈螺旋的碱基对数为 10.4 个,而不是经典值的 10 个。邻近碱基对的螺旋转角也由 36°修正为 34.6°。经过修正的数据属于平均值,实际上,它们会随 DNA 分子区域、碱基序列以及所处环境的不同而有所变动。

③ Z-DNA。A. Rich 研究人工合成 DNA 小片段的晶体时,发现(dC·dG)六聚体的结构为左手双螺旋。在这种双螺旋中,两条六核苷酸链反向平行排列,每条 d(CGCGCG)链上的磷酸核糖骨架呈"Z"字形走向,所以称它为 Z-DNA。在 Z-DNA 的左手螺旋中,每圈螺旋含有 12 个碱基对,G-C 对转角 51°,C-G 对转角 9°,平均转角 30°;G-C 对螺旋上升高度 0.35 nm,C-G 对螺旋上升高度 0.41 nm,碱基对螺旋平均上升高度 0.38 nm,每一螺距

4.56 nm;碱基平面与螺旋轴不垂直,倾角9°;螺旋体细长,直径1.8 nm,大沟几乎消失,小沟深而窄。有证据表明,生物细胞中存在小段落 Z-DNA,可能在遗传重组或基因表达的调节中起作用。表 5-5 列出 A 型、B 型和 Z 型 DNA 螺旋参数的比较。

表 5-5 A 型、B 型和 Z 型 DNA 螺旋参数的比较

	A-DNA	B-DNA	Z-DNA
每圈螺旋碱基对数	11	10.4	12
每个碱基对转角/(°)	32.7	34.6	30
每个碱基对上升高度/nm	0.26	0.34	0.38
螺旋直径/nm	2.3	1.9	1.8

(5) 回文结构

双链 DNA 分子中存在一种特殊的二级结构,它由从相反方向排列的完全相同的序列组成,称为反向重复(inverted repeat),这种反向重复的序列便是回文结构(palindrome)。

正读反读其含义都一样的英语单词或中文句子称为回文,如"ROTATOR"(旋转器)和"花落正啼鸦"等:

ROTATOR
ROTATOR

上例以 A 为中轴,则存在 TOR 三个字母的反向重复。

花落正啼鸦
鸦啼正落花

此例以正字为中轴,便存在"落花"和"啼鸦"的反向重复。

$$5'\ \ G\ G\ T\ \vdots\ A\ C\ C\ 3'$$
$$3'\ \ C\ C\ A\ \vdots\ T\ G\ G\ 5'$$

上列双链 DNA 片段的序列,以纵向虚线为中轴,很明显,ACC 和 TGG 都有各自的反向重复序列,此即回文结构。在这个例子中,以 $5' \rightarrow 3'$ 方向阅读,每条链都是 GGTACC。

在双链 DNA 的回文结构中,每条链上存在某一节段与另一节段的碱基互补现象,那就有机会产生碱基配对而形成发卡(hairpin)结构,两个相对的发卡形成一个"十"字形(cruciform)结构,见图 5-6。在体外的适宜条件下,可以形成"十"字形结构。现在知道 *E. coli* 细胞中存在"十"字形结构,其他生物细胞中的情况还有待研究确定。

(6) 三螺旋 DNA

1957 年,Felsenfeld 等人首先发现核酸的三链结构,20 世纪 80 年代中后期,研究者又在超螺旋质粒中找到一段全嘧啶序列,它可形成不寻常的 DNA 结构,称为 H-DNA,其主要特征是 DNA 三螺旋,见图 5-7,5-8。DNA 三螺旋属于二级结构范畴。下面的叙述是对它的说明:

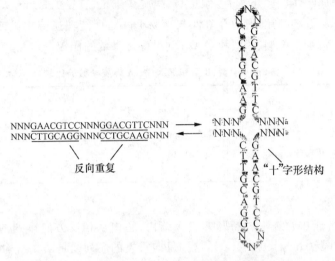

NNNGAACGTCCNNNGGACGTTCNNN ——→

NNNCTTGCAGGNNNCCTGCAAGNNN ←——

反向重复

"十"字形结构

图 5-6 回文结构转化为发卡结构及"十"字形结构

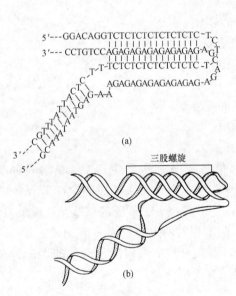

三股螺旋

(a)

(b)

图 5-7 分子内三股螺旋(H-DNA)结构示意图

（a）DNA 分子内一段聚嘧啶（TC）节段（图上部）和聚嘌呤节段（图中部）形成的二股螺旋再和折叠节段的聚嘧啶节段形成三股螺旋，第三股聚 TC 链中的 C 均为质子化的 C^+，此链与上一 DNA 链间的氢键为 Hoogsteen 氢键；（b）H-DNA三维投影图

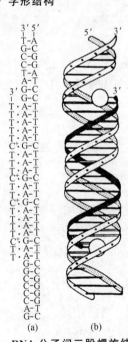

(a)   (b)

图 5-8 DNA 分子间三股螺旋结构模型

（a）三股螺旋中两侧的聚 TC 节段（其中左边的短链为人工合成链）和中间的聚 AG 节段；（b）三股螺旋的三维投影图；·：TA 间的 Hoogsteen 氢键；C^+：质子化的 C

① 双链核酸中，一条链为全嘌呤，另一条链为全嘧啶，如 poly A-poly U（多聚 A-多聚 U），poly dA-poly dT 和 poly d(AG)-poly d(CT)，它们容易形成核酸的三链结构，不仅存在分子内三股螺旋的 DNA，也能形成分子间三股螺旋的 DNA。

② 三螺旋 DNA 中三股链上的碱基都参与氢键的形成，其基本结构单元是碱基三联体（triad），三个碱基分别来自三股链的相应部位。碱基间有多种配对形式，在由两条嘧啶链和

一条嘌呤链组成的三螺旋中,有 C·G ∗ C⁺ 和 T·A ∗ T 两种三联体,见图 5-9。"∗"号左边两个碱基形成正常的 Watson-Crick 配对,"∗"号两侧的碱基通过 Hoogsteen 氢键形成异常配对。这种配对形式,由 Hoogsteen 于 1963 年首先观察到,所以又称 Hoogsteen 配对。

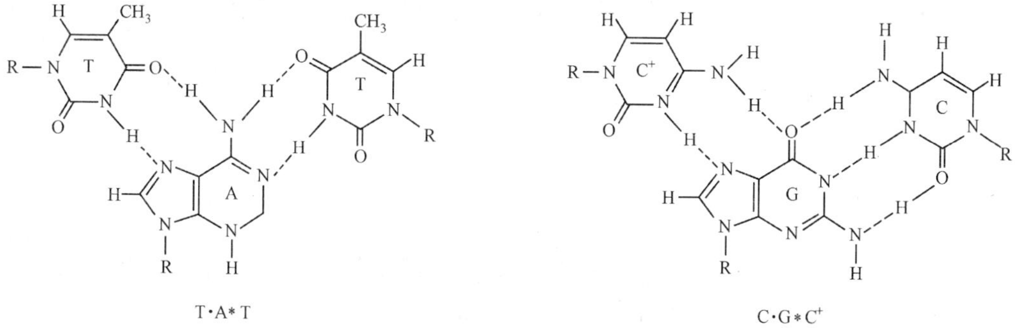

图 5-9　三股螺旋 DNA 中的碱基配对
图中左上角的碱基位于第三股

③ 在碱基的 Hoogsteen 配对中,第三链的 C 与嘌呤链中的 G 配对,形成 C·G ∗ C⁺ 三联体时,C 必须先质子化,而且 G-C⁺ 间只形成两个氢键。这种结构在酸性 pH 下稳定,而在中性 pH 下则观察不到。由于 H^+ 能使第三链的 C 质子化,稳定 C·G ∗ C⁺ 结构,所以这样的三螺旋 DNA 被称为 H-DNA。

④ H-DNA 三螺旋里的双螺旋结构与 B-DNA 类似,第三条链位于双螺旋结构大沟中。当 DNA 链的一段多聚嘧啶核苷酸或多聚嘌呤核苷酸组成镜像(mirror repeat)时(图 5-7),便可回折产生分子内 H-DNA。

⑤ H-DNA 存在于基因调控区和其他重要区域,提示它可能具有重要的生物学意义。实验表明,启动子的 S_1 核酸酶敏感区可以形成 H-DNA,因而产生被 S_1 酶消化的单链结构。

⑥ 三螺旋 DNA 能阻止 DNA 的体外合成,据此,有人提出 H-DNA 参与 DNA 复制终止过程的假说。这个假说认为,当 DNA 聚合酶到达核酸序列镜像重复的中央时,模板会回折,并与新合成的 DNA 链形成稳定的三螺旋结构,使 DNA 聚合酶无法延伸,从而终止复制。这一假说能否反映细胞内的真实情况,有待进一步研究。

(7) DNA 四链结构

人们早先观察到,在一定条件下鸟苷酸可以形成凝胶,后来知道,这是由于鸟嘌呤碱基之间的特异相互作用导致 G-四联体(G-quartet)形成的缘故。在 G-四联体结构中,4 个碱基有序地排列在一个正方形片层中,它们以非正常的两个氢键 G══G 配对,连接成环状结构。片状中央是由电负性的羰基氧形成的口袋,可容纳下与之相作用的 1 价阳离子。

DNA 的四链结构是由多个 G-四联体片层以螺旋方式堆积而成,螺旋转角为 30°,每个片层上升螺距是 0.34 nm,见图 5-10。片层中的鸟嘌呤碱基分别来自 4 条聚鸟苷酸链,链中戊糖磷酸骨架均采取平行或反平行的 $5' \rightarrow 3'$ 排列方式。图中只给出平行排列的一种方式。

4. DNA 的三级结构——超螺旋

DNA 三级结构是指双螺旋 DNA 分子通过扭曲和折叠所形成的特定构象,包括线状双链分子中的纽结和环状双链分子中的超螺旋等形式,其中超螺旋 DNA 是常见的三级结构类型。生物体内,绝大多数 DNA 是以超螺旋的形式存在的。

(1) 超螺旋 DNA 的概念

在 B 型 DNA 双螺旋中,每 10.4 个核苷酸长度旋转 1 圈,这时处于能量最低状态,双螺

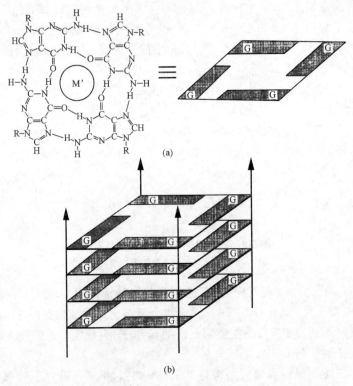

图 5-10　鸟嘌呤四联体结构及其构成的 DNA 四螺旋结构

(a) 鸟嘌呤四联体的结构,4 个鸟嘌呤碱基呈环状排列,每个碱基都是氢键的供体和受体。在鸟嘌呤四联体的中心是一价阳离子。(b) 鸟嘌呤四联体的堆积形成了 DNA 四螺旋结构

旋最稳定。若是将这种正常的双螺旋 DNA 额外地多转几圈或少转几圈,分子内便产生额外张力。当双螺旋具有开放末端时,这种张力可通过链的转动而释放掉,使 DNA 恢复正常的双螺旋状态,但在共价闭合环状 DNA 或与蛋白质结合的 DNA 中,DNA 分子两端是固定的,不能自由转动,额外的张力不能释放到分子外,导致 DNA 分子扭曲以缓解这种张力,DNA 分子的这种扭曲称为超螺旋,见图 5-11(e)。

(2) 环状 DNA 的构象

自从首次在噬菌体 φ×174 中观察到环状单链 DNA 以来,已发现许多其他生物体也存在 DNA 环状双链分子。采用温和的方法小心分离,便可从线粒体、叶绿体、病毒和细菌中得到具有超螺旋结构的共价闭合环 DNA(cccDNA)。环状双链分子中出现单链缺口时,便形成开环 DNA(ocDNA);环状 DNA 双链断裂,成为线状双链 DNA,由于它存在黏性末端,所以借助 DNA 连接酶可再连接成环。在图 5-11 中,(a)为一段 260 bp 的线状 B-DNA,其螺旋圈数为 25(260/10.4＝25)。当将此 DNA 连接成环后,便是图 5-11 中(b)所示的松弛环形 DNA。但是,若将(a)所代表的线状 DNA 的螺旋先拧松两圈[图 5-11 中(c)所示]再连接成环,此时,可以形成两种构象的 DNA:一种是图中(d)所代表的解链环形 DNA,由于事先拧松了两圈,所以它的螺旋圈数为 23,松开的螺旋链段形成突环;另一种是图中(e)所示的超螺旋 DNA,它的螺旋圈数仍为 25,但同时具有两个超螺旋数。从能量学观点说,超螺旋 DNA 更容易形成。

(3) DNA 超螺旋状态的定量描述

20 世纪 60 年代,J. Vinograd 对环状 DNA 拓扑结构的研究做出了很大贡献。应用拓扑

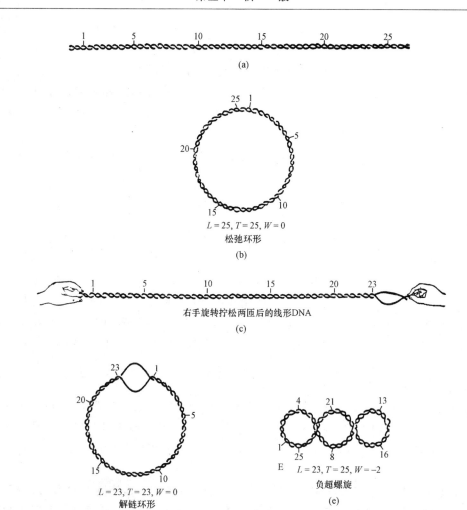

$L = 25, T = 25, W = 0$
松弛环形
(b)

右手旋转拧松两匝后的线形DNA
(c)

$L = 23, T = 23, W = 0$
解链环形
(d)

$L = 23, T = 25, W = -2$
负超螺旋
(e)

图 5-11　环形 DNA 的不同构象

学（topology）知识，描述 DNA 闭合环的超螺旋状态，可建立下列方程式：

$$L = T + W$$

连环数 L（linking number）　是指在双螺旋 DNA 中，一条链以右手螺旋绕另一条链缠绕的次数，见图 5-12。

$L = 1$
(a)

$L = 6$
(b)

图 5-12　拓扑学中的连环数（L）

在图 5-11 表示的松弛环形 DNA 中，$L=25$，而在解链环形分子和超螺旋分子中，L 值均为 23。这三种环形 DNA 分子具有相同的结构，但连环数 L 不同，所以称它们为拓扑异构体(topoisomer)。拓扑异构酶可以催化拓扑异构体相互转换。

盘绕数 T(twisting number) 它是指 DNA 分子中 Watson-Crick 螺旋数目。图 5-11 中的解链环形 DNA 与超螺旋 DNA 虽都有相同的 L 值，但却具有不同的 T 值。前者 $T=23$，后者 $T=25$。

超螺旋数(number of turns of superhelix)或**扭转数**(writhing number)W 上述解链环形 DNA 与超螺旋 DNA 的 W 值分别为 0 和 -2。

在 $L=T+W$ 的方程式中，T 与 W 可以不是整数，但 L 值必须是整数。

比连环差(specific linking difference)λ 它反映 DNA 的超螺旋程度。

$$\lambda=(L-L_0)/L_0$$

式中 L_0 代表松弛环形 DNA 的 L 值，如前述超螺旋 DNA 的 L 为 23，L_0 为 25，所以 λ 值为 -0.08。λ 值也可视为超螺旋密度，天然 DNA 的平均超螺旋密度约为 -0.05。λ 值的负号和 W 值的负号代表按左手螺旋形式产生的超螺旋，称负超螺旋。负超螺旋 DNA 是由于两条链的缠绕数不足而形成的，或者说，负超螺旋代表环状 DNA 分子的连环数 L 小于由构象决定的螺旋圈数 T，B 型 DNA 是右手螺旋，其负超螺旋的扭曲方向与之相反，属于左手螺旋。

(4) 超螺旋 DNA 某些物理性质和生物学功能

超螺旋 DNA 具有较大的密度，在离心力场中移动的速度比线形或开环 DNA 更快。进行凝胶电泳时，其泳动的速度也较快，所以，应用超速离心及凝胶电泳技术很容易将不同构象的 DNA 分离。拓扑异构体之间的 L 值相差为 1，它们是相差 1 次扭曲的超螺旋分子，可通过琼脂糖凝胶电泳将它们分开。

在细胞中，超螺旋 DNA 具有重要的生物学意义：超螺旋结构使巨大的 DNA 分子盘绕卷曲成高度致密状态，从而组装到细胞或细胞核内；许多蛋白质，只有当 DNA 形成超螺旋时才能与之结合，便于发挥作用；天然 DNA 一般都以负超螺旋构象存在，负超螺旋分子具有额外能量，可推动 DNA 解链，DNA 的复制、重组和转录等过程都需要将两条链解开，因此，负超螺旋有利于这些生物学过程的进行与完成。

5. 染色体 DNA

(1) 染色体的基本概念

染色体(chromosome) 原指真核生物细胞分裂中期被碱性染料染色后，在光学显微镜下能观察到的核中一种密度很高的着色实体。现在，它的含义已延伸为包括原核生物细胞器在内的基因载体的总称。

染色质(chromatin) 则是指真核细胞的间期，存在核中的由 DNA、组蛋白、非组蛋白以及少量 RNA 所组成的复合体，是细胞间期遗传物质的存在形式；染色体是细胞有丝分裂时期核内由 DNA、组蛋白、非组蛋白等所形成的特定形态结构。实际上，二者物质组分一样，只是在不同的细胞周期中存在的形态不同而已。

生物体内的核酸通常都与蛋白质结合形成复合物，以核蛋白的形式存在。基因组 DNA 与蛋白质结合形成染色体，所以染色体是遗传信息的主要载体。

(2) 原核生物染色体 DNA

大肠杆菌(*E. coli*)没有明显的细胞核，属于原核生物，虽然，其遗传物质不显示真核细胞染色体的形态特征,但是,它的 DNA 并非散开在整个细胞内,而是相对集中于一个小区域,形成类核(nucleoid)。在类核中,DNA 约占组分的 80%,其余为 RNA 和蛋白质。

类核结构有两个明显的特征:其一,外周的 DNA 是双链环状,呈超螺旋形式;其二,在染色体中心处有一个致密区域,是由蛋白质和少量 RNA 组成的支架(scaffold)。DNA 分子与支架结合,使染色体保持紧密状态。

E. coli 染色体 DNA 是呈超螺旋式的多环结构,如图 5-13 所示。DNA 的多环结构,可能固定在支架蛋白的 45(±10)个部位上,因此,存在大约 45 个 DNA 超螺旋环。每个环上的单链缺口会引起一个超螺旋的松开,而其他部位仍保持超螺旋状态,这说明,*E. coli* 染色体中的 DNA 不是一个能自由旋转的分子。由于 DNA 的多环结构与支架蛋白的相互作用,使得长达 1300 μm 的 *E. coli* 基因组 DNA 高度折叠并压缩,从而组装到直径约 1 μm,长度约 3 μm 的柱状细胞中,以便执行各自的功能。

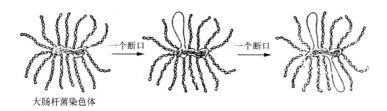

大肠杆菌染色体

图 5-13　大肠杆菌染色体高度折叠超螺旋示意图

仅表示出 46 个环中的 15 个,这些环附着在支架蛋白上,一个单链缺口松开一个环(引自陶慰孙,等,1995)

(3) 真核生物染色体 DNA

① DNA 是染色质(体)的主要成分

真核细胞的遗传物质 DNA,常常和蛋白质结合在一起形成染色质。对分离的染色质进行生化分析的结果表明,不同来源的染色质所包含的组分及其比例大致如下:

$$
\text{染色质}
\begin{cases}
\text{DNA} & 1 \\
\text{组蛋白} & 1 \\
\text{非组蛋白} & 0.05 \sim 1.0 \\
\text{RNA} & 0.05
\end{cases}
$$

DNA 是生物遗传信息的载体,是染色质的主要成分,它构成染色质的骨架。在真核细胞中,每条染色单体含有 1 个线性 dsDNA(double-stranded DNA,双链 DNA)分子,即 1 个 dsDNA 分子与染色体蛋白质等共同组成染色质纤维,染色质纤维经过多次卷曲盘绕成超螺旋化结构,最终形成一条染色单体。

在真核细胞的染色质中,与 DNA 结合的组蛋白(histone)有 H1、H2A、H2B、H3 和 H4 5 种,它们的某些特性列于表 5-6。组蛋白的主要功能有二:其一,维持整个细胞周期中染色质结构的稳定,使 DNA 始终处于双螺旋状态;其二,与 DNA 结合成 DNA-组蛋白复合体,对特定基因起阻遏作用,使其关闭。非组蛋白含量较少,它与核小体组成染色质的结构。RNA 以非共价键方式结合到组蛋白上,从而调节基因的表达。

表 5-6   组蛋白的某些特性

组蛋白	M_r	氨基酸组成	种类的变异	每 200 bp DNA 的分子数
H1	24 000	富含赖氨酸	广泛	1
H2A	14 000	赖氨酸含量中等	有相当的保守性	2
H2B	14 000	赖氨酸含量中等	有限的保守性	2
H3	15 000	富含精氨酸	高度保守	2
H4	11 000	富含精氨酸	高度保守	2

② 核小体的结构

核小体是真核生物染色质的基本结构单位,它由核心颗粒和颗粒之间的连接区两部分组成,前者主要包括由各两分子 H2A、H2B、H3 和 H4 所组成的八聚体组蛋白核心,和紧紧环绕它的 146 bp 的 DNA 片段,后者主要包括组蛋白 H1、一些非组蛋白和 8～100 bp 的 DNA。可以说,由核心颗粒和附着 H1 的 DNA 连接区构成了核小体,它是 DNA 和组蛋白的复合物,见图 5-14。图中示出,核心颗粒为扁平状,三维尺寸是 11 nm×5.5 nm×11 nm,大致呈楔形,分为两层。146 bp 的 DNA 在组蛋白核心周围盘绕成约 $1\frac{3}{4}$ 圈的螺旋,螺距约 2.8 nm,直径约 9 nm。核小体核心颗粒不包含组蛋白 H1,H1 位于连接区 DNA 上,使核小体聚拢,形成一种有规则的重复排列。

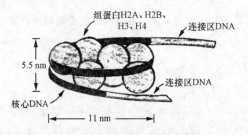

图 5-14   核小体核心颗粒的示意图

DNA 分子环绕组蛋白八聚体(组蛋白 H2A、H2B、H3 和 H4 各两个分子)$1\frac{3}{4}$ 圈。组蛋白 H1(图中未显示)结合在连接区 DNA 上。请注意两个连接区 DNA 单位指向同一方向(引自陶慰孙,等,1995)

③ 染色体的结构层次

人单倍体基因组 DNA 全长 1 米多,而染色体的平均长度只有 150 μm。因此,每条染色体中的 DNA 长度是染色体平均长度的 10 000 倍左右。如此细长的 DNA 分子要包装入染色体,必须经过多层次的组装才能完成。目前的研究表明,核小体是一级组装,二级组装是以串珠状的核小体为基础,进一步螺旋化形成螺旋管模型。在螺旋管模型中,每圈由 6 个核小体组成,外径粗 30 nm,内径为 10 nm,螺距是 11 nm。三级组装是螺旋管再进一步螺旋化,形成超螺旋管结构,即三级结构。超螺旋管更进一步折叠,形成染色单体,此为四级结构,见图 5-15。

上述染色体的组装过程伴随着 DNA 分子的不断压缩,组装完成后,在显微镜下看到的染色体长度与 DNA 实际长度的比例称为压缩比。从一级组装开始,到四级结构完成,总压缩比为 1:8400～1:10 000。例如,人细胞含有 $6×10^9$ bp,总长约 2 m 的 DNA,压缩在 46 个配对的染色体中,总长只有 200 μm,压缩比达 10^4。经过巧妙组装的染色体,容纳在细小的细胞核内,行使它的功能。

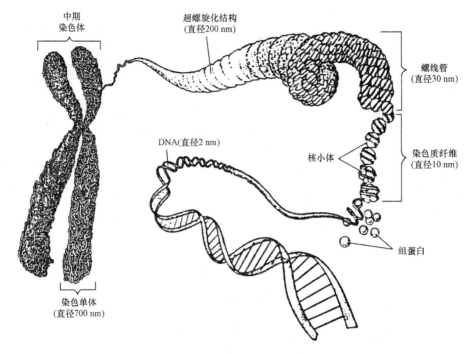

图 5-15 染色单体的不同结构层次

（引自陶慰孙，等，1995）

（三）RNA 结构

1. RNA 的一级结构

RNA 是由腺嘌呤核苷酸、鸟嘌呤核苷酸、胞嘧啶核苷酸和尿嘧啶核苷酸通过 $3',5'$-磷酸二酯键连接起来的单链多聚体。RNA 的一级结构是指 RNA 分子中核苷酸的排列顺序以及它们之间连接键的性质。虽然 RNA 中核糖的 $2',3'$ 和 $5'$ 位 C 上都含有羟基，但是核苷酸之间只形成 $3',5'$-磷酸二酯键。RNA 以磷酸—核糖—磷酸—核糖……形成单链骨架，碱基连接在骨架的糖环上。RNA 单链片段的书写方法类似 DNA，见图 5-3。

2. RNA 的二、三级结构

RNA 的碱基组成不像 DNA 那样具有严格的规律。大多数天然 RNA 分子是 1 条单链，链的许多区域自身发生回折，使一些可配对的碱基相遇，这样，A 与 U、G 与 C 之间便由氢键连系起来，形成如 DNA 那样的双螺旋，不配对的碱基则形成环状突起。约有 40%～70%的核苷酸参与了双螺旋的形成，所以 RNA 分子是含有短段双螺旋区的多核苷酸链，见图 5-16。图中给出大肠杆菌 5S RNA 的核苷酸序列及预测的二级结构和双螺旋区，短线表示 Watson-Crick 碱基对，黑圆点表示其他类型的碱基对。

也有少数病毒 RNA 具有双螺旋结构，如伤瘤病毒。

Holley 等人在确定了丙氨酸-tRNA 一级结构的基础上，提出了 tRNA 三叶草形二级结构模型（图 5-17）。在这个模型中，双螺旋区构成叶柄，突环区则像三叶草的三片叶子。后来证明，已知的 tRNA 几乎均具有类似的二级结构。三叶草二级结构具有以下特征：

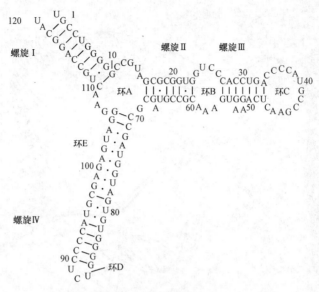

图 5-16 大肠杆菌 5S RNA

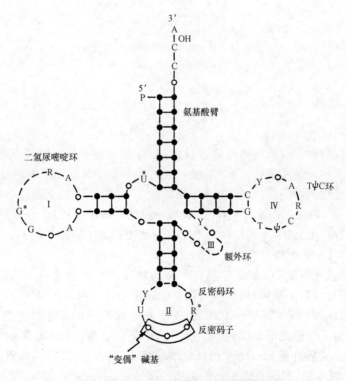

图 5-17 tRNA 三叶草形二级结构模型

图中 R:嘌呤核苷酸,Y:嘧啶核苷酸,T:胸腺嘧啶核糖核苷酸,ψ:假尿嘧啶核苷酸。带星号的表示可以被修饰的碱基,黑的圆点代表螺旋区的碱基,白色圈代表不互补的碱基

（1）分子中由 A-U, G-C 碱基对构成的双螺旋区称为臂,不配对的部分突起成环。tRNA 一般由 4 臂 4 环组成。

（2）4 臂中主要的为氨基酸臂,它包括 3′-端接受氨基酸的 CpCpA-OH 部位。

（3）左臂连接一个二氢尿嘧啶环,环上含有两个二氢尿嘧啶。

（4）反密码环,由三个碱基组成的反密码子位于环的中部,它能识别 mRNA 的密码子。密码子 3′-端位置上可能与变偶碱基(wobble base)相配对的碱基不止一种。

（5）右侧有一个额外环和一个 TψC 环。额外环上核苷酸的数目变化较大,环的大小可作为 tRNA 的分类指标,TψC 顺序中的 ψ 代表假尿嘧啶核苷酸。

（6）tRNA 分子都含有修饰碱基,但多少不等。在某些位置上的核苷酸则是不变或几乎不变,称为不变核苷酸。

20 世纪 70 年代,S. H. Kim 等人提出了酵母苯丙氨酸 tRNA 分子的倒"L"形三级结构,见图 5-18。其特征是:

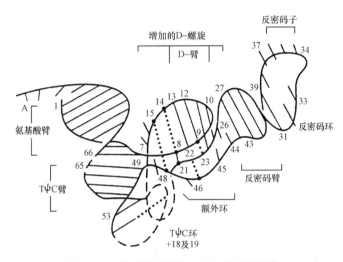

图 5-18 酵母苯丙氨酸 tRNA 的三级结构

① 氨基酸臂和 TψC 臂沿同一个轴向排列,形成一个 12 bp 的连续双螺旋区,构成字母 L 下方的一横;

② 反密码臂和二氢尿嘧啶臂沿着另一个共同轴向排布,形成另一个 9 bp 的双螺旋区,与 12 bp 的螺旋区相垂直,9 bp 的螺旋区与反密码环共同构成字母 L 的一竖;

③ "L"形分子三维大小约为 6.5 nm×7.5 nm×2.5 nm;

④ 分子中除了 Watson-Crick 标准配对的氢键外,还有碱基与核糖,碱基与磷酸之间形成的氢键,它们是维持三级结构稳定的作用力。

tRNA 的三级结构与其生物学功能有密切关系。

3. mRNA 的结构

原核细胞 mRNA 与真核细胞 mRNA 在结构上是不同的,这里以真核细胞的成熟 mRNA 为例说明其结构特征,见图 5-19。

图 5-19 真核生物 mRNA 的基本结构示意图

（1）5′-端的 m^7G ppp($m^7G^{5'}$ppp$^{5'}$Nmp）为帽子结构，其通式如下：

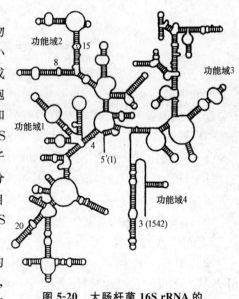

由此通式可见，5′-帽子实际是 7-甲基鸟苷以不平常的 5′,5′-三磷酸连接到 mRNA 的 5′-端，并在第一或第二个核苷酸核糖的 2′-OH 位上甲基化。它能使 mRNA 免遭外切核酸酶的降解，为与核糖体 40S 亚基结合所必需，与翻译起始的辨认有关。

（2）编码区，包括起始密码子 AUG 和终止密码子 UAG。真核生物中，一个 mRNA 分子只为一条肽链编码。

（3）3′-端含有一段多聚腺苷酸 poly（A）序列，长度范围为 20～250 个核苷酸。poly（A）能控制 mRNA 通过核膜进入胞浆，并与延长 mRNA 的寿命有关。

原核生物 mRNA 没有帽子结构，一个 mRNA 分子能为几条多肽链编码，3′-端没有或只有不到 10 个核苷酸长度的 poly（A）。

4. rRNA 的高级结构

核糖体有两类，即原核生物核糖体和真核生物核糖体。所有核糖体都由大小两个亚基组成，大小亚基是分别由几种 rRNA 和数十种蛋白质共同构成的复合体。生物体的 rRNA 含量丰富，约占细胞 RNA 总量的 80%。大肠杆菌核糖体含有 5S、16S 和 23S 三种 rRNA；动物细胞核糖体含有 5S、5.8S、18S 和 28S 四种 rRNA。不同 rRNA 的碱基比例和分子大小各不相同，但是，其分子结构基本上都是由部分双螺旋和部分单链突环相间排列而成。将几个来自原核生物的资料进行比较，得到（推测的）E. coli 16S rRNA 二级结构的主要特征，如图 5-20 所示：

（1）分子的长度为 1542 个核苷酸，它们中约有一半（46%）参与形成 Watson-Crick 双链结构，链内标准双链区一般为 7 或 8 bp，60 个左右的螺旋区分布于整个分子内。

图 5-20　大肠杆菌 16S rRNA 的二级结构

示 5′-端及 3′-端共 1542 个核苷酸

（2）分子中，除标准的 G-C 和 A-U 碱基对外，还有 G-U 和 G-A 非标准碱基对，后者常常分布在较长的螺旋区内。

（3）螺旋区内可能含有由一两个嘌呤核苷酸组成的侧环，这些侧环在分子形成三级结构时起作用。

（4）分子内的双螺旋区主要是发卡结构，常常出现的"复合发卡"成为二级结构的主要形式。

（5）多核苷酸链上相隔很远位置的碱基配对，把 16S rRNA 的折叠结构分成 4 个相对独立的功能域，它们分别是功能域 1(1～563)、功能域 2(564～922)、功能域 3(923～1395) 和功能域 4(1396～1542)。这种独特构象与核糖体亚基的大小和形态特征有关。

三、核 酸 酶 类

细胞内含有各种各样的核酸酶，它们参与核酸的水解、修饰以及核酸的分解和生物合成等代谢过程。本节着重介绍在核酸研究中广泛应用的一些酶类。

（一）水解酶类

水解酶类包括水解核酸链中磷酸二酯键的核酸水解酶和水解磷酸单酯键的磷酸单酯酶。

1. 核糖核酸酶（RNase）

作用于核糖核酸的酶称为核糖核酸酶。一些常用的核酸水解酶有许多共同的特点，它们都是专一水解单链 RNA 的内切酶。内切酶的作用位点在核酸链的内部，水解产物为寡核苷酸和核苷酸，在其作用过程中，底物的黏度和链的长短迅速发生变化。

（1）牛胰核糖核酸酶（RNase A，RNase Ⅰ）

RNase A 来源于牛的胰脏，对嘧啶具有高度专一性，特异水解 RNA 链中嘧啶核苷酸的 $3'$-磷酸基团与相邻核苷酸的 $5'$-OH 之间的连接键，产物为 $3'$-嘧啶核苷酸和（或）以 $3'$-嘧啶核苷酸为末端的寡核苷酸。

下列式中的 Py 代表嘧啶碱基，Pu 代表嘌呤碱基，箭头表示水解位点。此酶的水解机制与碱对 RNA 的降解十分相似，中间产物也是环形 $2',3'$-核苷酸，终产物为 $3'$-核苷酸。

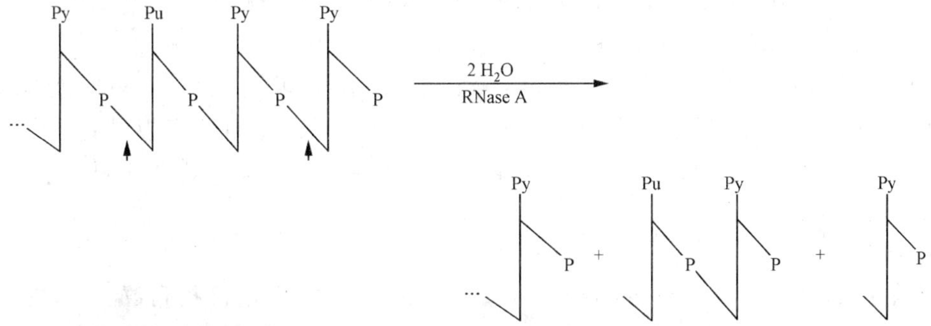

（2）核糖核酸酶 T_1（RNase T_1）

RNase T_1 从米曲霉中分离得到，具有对鸟嘌呤碱基的专一性，特异水解 Gp-N 键，生成 $3'$-GMP 和以 $3'$-GMP 为末端的寡核苷酸。

（3）核糖核酸酶 T_2（RNase T_2）

RNase T_2 也从米曲霉中分离得到，没有碱基专一性，但优先水解 RNA 链中的 Ap-N 键。其对各种碱基的水解速度依次为 ApN＞UpN＞GpN＞CpN，水解产物为 $3'$-核苷酸。

2. 脱氧核糖核酸酶（DNase）

作用于脱氧核糖核酸的酶称为脱氧核糖核酸酶。DNA 水解酶没有碱基特异性，只有一些对特定核苷酸序列具有专一性。各种 DNase 的作用方式有内切和外切两种，产物有 $3'$-端为磷酸基的，也有 $5'$-端为磷酸基的，有只切双链的，也有对单链特异的。外切核酸酶是从核酸链的末端开始，渐进式地水解核酸链，释放单核苷酸和寡核苷酸，水解过程底物的物理性质变化缓慢。

（1）牛胰脱氧核糖核酸酶（DNase Ⅰ）

DNase Ⅰ来源于牛的胰脏，属于内切酶，水解双链 DNA 比单链 DNA 迅速，产物的 $5'$-端为磷酸基。酶作用的最适 pH 在 7 左右，Mg^{2+}、Mn^{2+} 和 Co^{2+} 是激活剂，柠檬酸盐、硼酸盐和氯化物是抑制剂。

在 Mg^{2+} 存在下，DNase Ⅰ水解双链 DNA 的初始阶段产生单链切口，位置在两条链中随机分布，反应后期则优先作用于 Pu-Py 之间的连接键，终产物为三核苷酸、二核苷酸和单核苷酸。此酶可除去不需要的 DNA。

在 Mn^{2+} 存在下，DNase Ⅰ在 DNA 双链上大致相同的位置切割两条链，产生平头或末端多 1～2 个核苷酸的双链。这一性质可用于 DNA 的非随机测序中。

（2）脱氧核糖核酸酶Ⅱ（DNase Ⅱ）

DNase Ⅱ属内切酶，广泛存在于各种动物组织中，猪脾 DNase Ⅱ同时以两种方式水解双链 DNA：① 在同一位置切断两条链；② 对双链进行单链切割，产物为以 $3'$p 为末端的 6～14 个核苷酸的寡核苷酸。酶作用的最适 pH 是 4.5～5.5，Mg^{2+}、SO_4^{2-}、HPO_4^{2-} 和碘乙酸等抑制酶活动。

3. 限制性内切酶

限制性内切酶（restriction endonuclease）从细菌中发现，目前已找到数千种，常用的几百种。它们识别特定的核苷酸序列，以内切方式水解双链 DNA，形成的产物具有黏性末端，$5'$位为磷酸基，$3'$位为 OH。

根据识别的序列、所需的辅助因子和是否含有修饰酶活性等特点，将限制性内切酶分成三种类型，即Ⅰ型、Ⅱ型和Ⅲ型限制性内切酶。

由于Ⅰ型和Ⅲ型酶切割 DNA 位点不固定，不能形成特定片段，所以应用较少。Ⅱ型酶识别并切割特定序列，专一性强，使大分子 DNA 产生限制片段，这种性质是重组 DNA 技术和快速测序法得以建立的重要基础,故在基因工程中应用极其广泛。

Ⅱ型酶识别序列的核苷酸数为4~12个,其中约一半是6个核苷酸。多数识别序列含有二次对称轴(即回文结构),而且富含GC。作用时不需ATP,一般只需Mg^{2+}。切割双链DNA后生成的片段有3种末端(表5-7):平头末端、$5'$突出的黏性末端、$3'$突出的黏性末端。

表5-7　Ⅱ型酶作用产生的三种片段末端

末端名称	酶	识别顺序	产物
平头末端	*Alu* I	$5'-AG{\downarrow}CT-3'$ $3'-TC{\uparrow}GA-5'$	$5'-AG_{OH}(3')\quad(5')pCT-3'$ $+$ $3'-TCp(5')\quad(3')_{HO}GA-5'$
$5'$突出的黏性末端	*Eco*R I	$5'-G{\downarrow}AATTC-3'$ $3'-CTTAA{\uparrow}G-5'$	$5'-G_{OH}(3')\quad\quad(5')pAATTC-3'$ $+$ $3'-CTTAAp(5')\quad(3')_{HO}G-5'$
$3'$突出的黏性末端	*Pst* I	$5'-CTGCA{\downarrow}G-3'$ $3'-G{\uparrow}ACGTC-5'$	$5'-CTGCA_{OH}(3')\quad(5')pG-3'$ $+$ $3'-Gp(5')\quad\quad(3')_{HO}ACGTC-5'$

限制性内切酶的名称用几个字母来表示,比如*Eco*R I,E为大肠杆菌*E.coli*属名的第一个字母,co为它的种名头两个字母,R表示所用大肠杆菌的菌株。最后的罗马数字 I 表示该细菌中已分离出的这类酶的编号。

限制性内切酶往往与一种甲基化酶同时成对地存在,甲基化酶称为"共座"酶,它们具有相同的底物专一性,能识别相同的碱基序列。甲基化作用中的甲基供体是S-腺苷甲硫氨酸,甲基受体为DNA中的腺嘌呤与胞嘧啶。当内切酶作用位点上的某些碱基被甲基化修饰后,限制酶就不能降解这种DNA了。所以甲基化酶使细菌的DNA带上标志,保护自身,限制性内切酶只用于降解外来入侵的异种DNA。

4. 核酸酶

核酸酶(nuclease)既可作用于RNA,也可作用于DNA。

(1)蛇毒磷酸二酯酶

它是从蛇毒中提取的磷酸二酯酶,属核酸外切酶,从核酸单链的$3'$-OH端开始水解底物,生成$5'$-单核苷酸。链的$5'$-端为磷酸基,$3'$-端为—OH时水解速度最快,$3'$-端为磷酸基时水解速度慢。

(2)牛脾磷酸二酯酶

从牛脾中提取得到,属核酸外切酶。它从核酸链的$5'$-OH端开始水解底物,生成$3'$-单核苷酸,链的$5'$-端为磷酸基时,降低其水解速度。

(3)核酸酶S_1

这是从米曲霉中分离得到的单链专一性内切酶,可以水解单链核酸以及双链核酸中的单链区(如发卡、突环)或单链末端,产生$5'$-核苷酸和$5'$-端为磷酸基的寡核苷酸。它也能把超螺旋DNA转变为开环状,进而形成线状。

S_1酶作用的最适pH为4.5~5.0,需要Zn^{2+}。

(二)磷酸单酯酶

1. $5'$-核苷酸酶

$5'$-核苷酸酶分布于许多生物体中,可水解$5'$-单核苷酸和$5'$-脱氧单核苷酸中的磷酸基。不同来源的$5'$-核苷酸酶的专一性和水解底物的条件有所不同。

2. 3′-核苷酸酶

3′-核苷酸酶主要存在于植物中,它们由于来源不同而致使专一性略有差异。黑麦草的 3′-核苷酸酶专一水解 3′-单核苷酸的磷酸基,不水解 3′-脱氧单核苷酸。

3. 碱性磷酸单酯酶

广泛存在于生物界,属非特异性的磷酸单酯酶,可水解核糖和脱氧核糖的 2′-、3′-和 5′-单核苷酸、寡核苷酸和单链或双链 DNA、RNA 的 3′或 5′末端的磷酸单酯键。

用 ^{32}P 标记核酸链的 5′端时,常先用碱性磷酸单酯酶除去原来的 5′端磷酸基。在 DNA 重组实验中,用此酶除去质粒线状 DNA 的 5′端磷酸基,防止质粒的自身连接。

(三) 连接酶

1. DNA 连接酶

DNA 连接酶(ligase)广泛存在于细菌和动植物中。T_4 噬菌体感染大肠杆菌产生的 T_4 DNA 连接酶,催化 DNA 5′-磷酸基与 3′-OH 之间形成磷酸二酯键。其用途是连接 DNA 分子。

(1) 带匹配黏性末端 DNA 片段的连接

带匹配黏性末端 DNA 片段的连接由 T_4 噬菌体 DNA 连接酶催化来实现,需要 Mg^{2+} 和 ATP 的存在。此酶还可作用于带切口的 DNA 分子。

$$5′\cdots pACG_{OH} \qquad pAATTCGT\cdots 3′$$
$$3′\cdots TGCTTAAp \qquad _{HO}GCAp\cdots 5′$$

$$\begin{matrix} Mg^{2+} \\ ATP \end{matrix} \Bigg\downarrow \begin{matrix} T_4\,噬菌体 \\ DNA\,连接酶 \end{matrix}$$

$$5′\cdots pACGAATTCGT\cdots 3′$$
$$3′\cdots TGCTTAAGCAp\cdots 5′$$

(2) 带平端双链 DNA 片段的连接

$$5′\cdots pCGA_{OH} \qquad pCGTA\cdots 3′$$
$$3′\cdots GCTp \qquad _{HO}GCAT\cdots 5′$$

$$\begin{matrix} Mg^{2+} \\ ATP \end{matrix} \Bigg\downarrow \begin{matrix} T_4\,噬菌体 \\ DNA\,连接酶 \end{matrix}$$

$$5′\cdots pCGACGTA\cdots 3′$$
$$3′\cdots GCTGCATp\cdots 5′$$

2. T_4 RNA 连接酶

T_4 RNA 连接酶从 T_4 噬菌体感染的大肠杆菌中分离得到。它催化单链 RNA 或 DNA 的 5′-磷酸基与另一单链 RNA 或 DNA 的 3′-OH 之间的共价连接,形成磷酸二酯键。除了具有连接单链核酸的功能之外,该酶还可用于 RNA 分子 3′-端的体外放射标记和合成寡脱氧核糖核苷酸。

在 T_4 RNA 连接酶的底物中,单链 DNA 或 RNA 可作为 5′-磷酸的受体,也可作为磷酸供体,其反应如下:

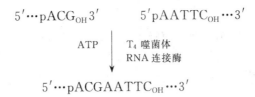

$$5'\cdots pACG_{OH} 3' \qquad 5'pAATTC_{OH}\cdots 3'$$

$$\begin{array}{c} \text{ATP} \downarrow \begin{array}{l} \text{T}_4\text{ 噬菌体} \\ \text{RNA 连接酶} \end{array} \end{array}$$

$$5'\cdots pACGAATTC_{OH}\cdots 3'$$

T_4 RNA 连接酶催化 RNA 片段连接反应的最适 pH 为 8.3,需 Mg^{2+},催化 DNA 片段连接反应的最适 pH 为 7.9,需要 Mn^{2+}。

DNA 聚合酶和 RNA 聚合酶在核酸生物合成中起重要作用,这将在 DNA 复制和转录中分别作介绍。

四、核酸的物理化学性质

核酸结构决定它的物理化学性质。核酸的主要结构成分是碱基、磷酸和戊糖,含有糖苷键和磷酸二酯键。核酸分子巨大,天然 DNA 分子呈细丝状的双螺旋结构。这样的组分和特征赋予核酸一系列显著的理化性质。

(一) 物理性质

1. 分子大小

核酸具有高分子质量,DNA 的相对分子质量约在 $1.6\times10^6\sim8\times10^{10}$ 之间,其长度范围为 $0.6\ \mu m\sim4.0\ cm$;RNA 的相对分子质量大约从几万到几百万,甚至更大一些。

2. 黏度

胶体化学指出,高分子溶液比普通溶液黏度大。DNA 分子的长度与它的直径之比达到 10^7,这种细丝状的结构使它具有极大的黏度。RNA 的黏度则小得多。当核酸溶液因受热或在其他因素作用下发生从螺旋向线团转变时,黏度降低。所以黏度的变化可作为 DNA 变性的指标。

3. 沉降特性

溶液中的核酸在引力场里可以下沉。在超速离心机产生的极大引力场下,核酸分子下沉的速率大大加快。应用超速离心技术,可以测定核酸的沉降常数(sedimentation constant)S 和相对分子质量。测定 DNA 相对分子质量时,由于它的黏度极大,应用极稀的溶液。研究核酸的构象通常采用氯化铯密度梯度沉降平衡超速离心技术。

4. 紫外吸收

由于核酸组分嘌呤和嘧啶碱基(含共轭双键)具有强烈的紫外吸收特性,所以核酸也然,其最大吸收值在 260 nm 波长处,而蛋白质的最大吸收值在 280 nm 波长处,利用 A_{260}/A_{280} 吸光度的比值可以鉴别核酸纯度。纯 DNA 的 A_{260}/A_{280} 应大于 1.8,纯 RNA 则应达到 2.0,不纯的核酸制品 A_{260}/A_{280} 比值显著下降。根据紫外吸收特性估测核酸含量的方法有:

(1)测定纯品时,只要读出 A_{260} 值就可进行计算。A_{260} 值为 1,相当于 50 $\mu g/mL$ 双螺旋 DNA,或 40 $\mu g/mL$ 单链 DNA,或 45 $\mu g/mL$ RNA,或 20 $\mu g/mL$ 寡核苷酸。这个方法快

速准确,不浪费样品。

(2)对不纯的核酸样品,则用琼脂糖凝胶电泳分离出区带后,经溴化乙锭染色在紫外灯下粗略估计其含量。

(3)摩尔磷消光系数法。这个方法用于测定核酸溶液中的磷含量及紫外吸收值,然后求出摩尔磷消光系数 ε(P)来表示溶液中核酸的含量。

$$\varepsilon(P) = \frac{A}{CL}$$

A 为光吸收值(吸光度),C 为每升溶液中磷的摩尔数,L 为比色杯的内径。由于

$$C = \frac{每升溶液中磷的质量\ W(g)}{磷的相对原子质量(30.98)}$$

所以

$$\varepsilon(P) = \frac{30.98\ A}{WL}$$

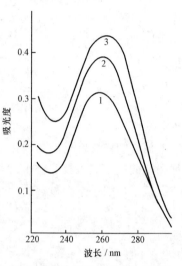

图 5-21　DNA 的紫外吸收光谱
1. 天然 DNA;2. 变性 DNA;3. 核苷酸总吸光度值

一般天然 DNA 的 ε(P)约为 6600,RNA 为 7700~7800。核酸的 ε(P)值较所含核苷酸单体的 ε(P)值要低 40%~45%。单链多核苷酸的 ε(P)比双链结构多核苷酸的 ε(P)要高,所以核酸发生变性时,ε(P)值升高,此现象称为增色效应(hyperchromic effect),见图 5-21。复性后 ε(P)又降低的现象称为减色效应(hypochromic effect)。核酸的双螺旋状态使碱基对的 π 电子云发生重叠,因而减少对紫外光的吸收。测定核酸的 ε(P)可判断 DNA 制剂是否发生变性或降解。

(二)酸碱性质

1. 核苷酸的解离

核苷酸是组成核酸的基本单位,研究它的解离对了解核酸的物化性质极其重要。核苷酸含有磷酸和碱基,为两性电解质,它们在不同 pH 的溶液中解离程度不同,在一定条件下可形成兼性离子。下面给出以腺苷酸(AMP)为例的解离式:

上列 AMP 结构简式中,A 代表腺嘌呤,R 代表核糖。

图 5-22 为 4 种核苷酸的解离曲线。在腺苷酸、鸟苷酸、胞苷酸中,pK_1 对应于第一磷酸基团的解离,pK_2 对应于含氮环的解离,而 pK_3 则对应于第二磷酸基的解离。从核苷酸的解离曲线和上列解离式可以看出,在第一磷酸基和含氮环解离曲线的交叉处,带负电荷的磷酸基正好与带正电荷的含氮环数目相等,核苷酸为兼性离子,这时的 pH 就是此核苷酸的等

电点。核苷酸的等电点 pI 可按下式计算：

$$pI = \frac{pK_1 + pK_2}{2}$$

尿苷酸的碱基碱性极弱,实际上测不出其含氮环的解离曲线,故不能形成兼性离子。

2. 核酸的酸碱特性

核酸分子含有许多磷酸残基,因此,可把它看做多元酸。当溶液的 pH 高于 4 时,磷酸残基全部解离,呈多负离子状态。这种状态下的核酸可与 Na^+、K^+、Mg^{2+}、Ca^{2+} 或 Mn^{2+} 等金属结合成盐。也能与碱性蛋白(如组蛋白)结合成核蛋白。核酸成盐后溶解度增大。

核酸的等电点较低,如游离状态酵母 RNA 的 pI 为 2.0～2.8。

在核酸双螺旋结构中,碱基对之间氢键的性质与其解离状态有关,而碱基的解离状态又与 pH 紧密相连,所以溶液的 pH 直接影响氢键的稳定性。对 DNA 而言,在 pH 4.0～11.0 之间最为稳定,超越此范围会引起变性。

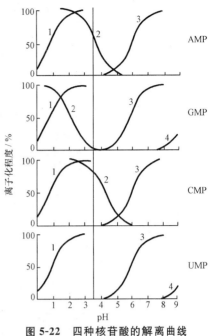

图 5-22 四种核苷酸的解离曲线
1. 第一磷酸基;2. 含氮环;3. 第二磷酸基;4. 烯醇式 OH 基(引自沈仁权,等,1993)

(三) 变性、复性和杂交

1. 变性

核酸的变性是指碱基对之间的氢键断裂,双螺旋结构解体变成单链。变性是由于氢键受破坏而引起,并不涉及共价键的断裂。核酸多核苷酸骨架链上 $3'$,$5'$-磷酸二酯键的断裂称为降解。降解使核酸相对分子质量下降。引起核酸变性的理化因素有:加热、酸、碱、乙醇、丙酮以及脲的作用等。变性后的核酸,其理化性质及生物学功能发生显著变化,主要表现为黏度降低,沉降速率增高,紫外吸收急剧上升,生物活性降低甚至丧失。

当双链 DNA 的稀盐溶液加热到 80℃ 以上时,其天然结构破坏,互补双链解开,形成随机线团(是一种随机构象,也称无规线团),此称为热变性,见图 5-23。

在 DNA 热变性中,观察 260 nm 波长吸光度的变化,发现随温度上升,吸光度在一个很窄的温度范围内增加,见图 5-24。这表明,变性作用发生在一个非常窄的温度范围内,所以,DNA 的变性是爆发式的。图 5-24 给出的是 DNA 熔解曲线(melting curve),曲线中点对应的温度定义为熔解温度,用 T_m 表示。核酸加热变性,温度达到 T_m 值时,正好是 DNA 的双螺旋结构失去一半。DNA 的 T_m 值一般在 82～95℃ 之间。

均质 DNA(homogeneous DNA),或在较高离子强度介质中的 DNA,其熔解过程发生在一个较窄的温度范围之内;异质 DNA(heterogeneous DNA),或在较低离子强度介质中的 DNA,其熔解温度的范围较宽;G-C 碱基对含量高的 DNA,或在较高离子强度介质中的 DNA,其熔解温度 T_m 值较高。因此,含 G-C 对多的 DNA 分子更稳定,DNA 制品应保存在含盐缓冲液中。

2. 复性

在适当条件下,变性 DNA 两条彼此分开的链重新缔合(reassociation),恢复原有的双

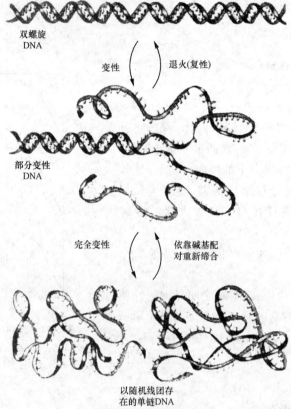

双螺旋
DNA

变性   退火(复性)

部分变性
DNA

完全变性   依靠碱基配
对重新缔合

以随机线团存
在的单链DNA

图 5-23   DNA 的变性和复性

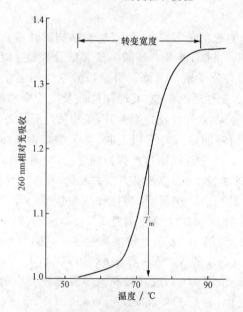

图 5-24   DNA 熔解曲线的一个例子

相对吸收是指在 260 nm 处的吸收值(取在 25℃时为 1),熔解温度 T_m 是获得最大吸收一半时的温度

螺旋结构,这一过程称为复性,见图 5-23。DNA 复性后,许多物化性质得到恢复,生物活性
也有部分恢复。复性是一个复杂过程,当两条分开的互补链某个区域的碱基遇到正确配对

时,首先形成一个双链核心,之后,链上其他碱基便很快找到"同伴",互相配对,完成复性。

复性反应的进行与许多因素有关:

(1) 热变性的 DNA 骤然冷却时,单链会自身回折,呈现不完全碱基配对,不能复性,见图 5-25。缓慢冷却,并维持在 T_m 以下的较高温度时(一般比 T_m 低 25℃左右),则可复性,缓慢冷却的过程称为"退火"(annealing)。

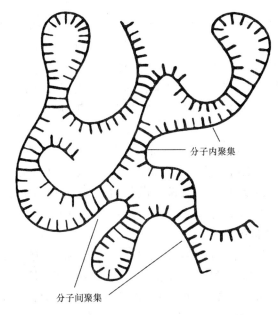

分子内聚集

分子间聚集

图 5-25　部分复性 DNA

该图显示被变性的 DNA 快速冷却后呈现的不完全碱基配对,注意在分子内和分子间也会出现聚集

(2) DNA 溶液浓度越高,两条互补链相碰撞的机会增加,复性越快。

(3) 大片段 DNA,其线状单链扩散速度受到妨碍,复性慢。

(4) 序列复杂的 DNA,在与互补序列相碰撞之前,遇到不匹配序列的机会多,复性所需时间长。

在一定条件下,复性反应速度可用 $C_0 t_{\frac{1}{2}}$ 来衡量。C_0 为变性 DNA 复性时的初始浓度,以核苷酸的摩尔浓度表示,t 为时间,以秒表示,$C_0 t_{\frac{1}{2}}$ 代表复性一半的 $C_0 t$ 值。DNA 分子质量越大,其完成复性所需的时间越长,则 $C_0 t_{\frac{1}{2}}$ 值越大。

3. 杂交

两种不同来源具有互补碱基序列的 DNA,经热变性后,在溶液中缓慢冷却时可以形成双螺旋结构(复性),这一过程称为核酸杂交。不同来源 DNA 单链在合适条件下形成的双链结构称为杂交 DNA 分子。DNA 与 DNA 之间、RNA 与 RNA 之间、DNA 与 RNA 之间均可形成杂交分子。核酸杂交是以 DNA 的变性和复性为理论基础的,杂交过程实际上是复性过程。影响复性的各种因素均可影响杂交。

核酸杂交可以在液相中或固相上进行。在固相上进行时,一般采用硝酸纤维素膜和尼龙膜作支持物,也有直接在生物组织切片上进行的,在组织切片上进行的杂交,又称原位杂交。核酸的杂交在分子生物学、分子遗传学和神经科学研究等领域中已得到广泛应用。

五、核酸研究的一些常用方法

(一) 核酸的分离纯化和含量测定

1. DNA 的分离

真核细胞染色体 DNA 常以核蛋白形式存在,利用核蛋白溶于水或 1 mol/L NaCl 的性质,先将其从细胞匀浆中分离出来,再用以水饱和的苯酚抽提,经过离心,DNA 溶于上层水相,由苯酚引起的变性蛋白则停留在酚层内。反复抽提后,将含 DNA 的水相合并,加入 2.5 倍体积的预冷无水乙醇,DNA 即可沉淀出来。沉淀 DNA 十分黏稠,使其缠绕在玻璃棒上,挑出,再溶解,以 RNase 处理除去 RNA 后便得到 DNA 粗制品。

2. RNA 的分离

先用差速离心法分离含有 RNA 的不同细胞器,然后,从核蛋白体分离 rRNA,从多聚核蛋白体分离 mRNA,从胞液分离 tRNA。其分离方法与 DNA 的相似,区别在于分离 RNA 时使用更强烈的蛋白变性剂,如异硫氰酸胍,它几乎能使所有的蛋白质变性。目前常用制备 RNA 的方法是以酸性胍盐/苯酚/氯仿抽提,然后反复用苯酚和氯仿除去变性蛋白。此法多用于少量 RNA 的制备。

核酸酶在实验器皿或人的手上都存在,因此在所有制备核酸的方法中,都必须小心防止核酸酶对核酸的降解:① 用高温烘烤的方法除去玻璃器皿上的核酸酶;② 用 0.1% 焦碳酸二乙酯(DEPC)处理不能抗高温的塑料器具,再煮沸除净 DEPC;③ 在制备操作体系中加 EDTA 或别的抑制剂使核酸酶不起作用。

DEPC 的功能是使蛋白质乙基化而破坏核酸酶活性。EDTA 可掩蔽能激活核酸酶的二价金属离子。

3. 核酸的纯化

(1) 层析法

在层析法中,用羟基磷灰石(hydroxyapatite)作层析介质纯化 DNA 特别有效。羟基磷灰石是一种磷酸钙盐,与 DNA 结合力远比其他分子强。低浓度磷酸缓冲液洗脱 RNA 和蛋白质,高浓度磷酸缓冲液洗脱 DNA。

mRNA 的 3′-端有一段 polyA 序列,用 polyU 亲和层析法可有效纯化 mRNA。在高盐溶液和低温条件下,polyA 可特异地结合在与之互补的 polyU 上,当条件改变之后,便可将之洗脱下来。

(2) 超速离心

超速离心,又称氯化铯平衡密度梯度离心或密度梯度超速离心。

不同 DNA 的碱基组成千差万别,G-C 含量高的密度大,含量低的密度小。只要有 1%～2% 的密度差异,即可用超速离心分开。图 5-26 表示密度梯度超速离心分离 DNA;图 5-27 表示经密度梯度离心后,质粒 DNA 及各种杂质的分布,其中,因蛋白质密度 <1.33 g/cm^3,分布在离心管上层;RNA 密度 >1.89 g/cm^3,沉淀在最底部(图中未标出);超螺旋 DNA 沉降也较快,其位置紧贴 RNA;开环及线型 DNA 沉降较慢;闭环质粒 DNA 居中。RNA 因太重不能在 CsCl 溶液中分带,但在 Cs$_2$SO$_4$ 溶液中则可分带。用超速离心方法可制备较大量高纯度的核酸。

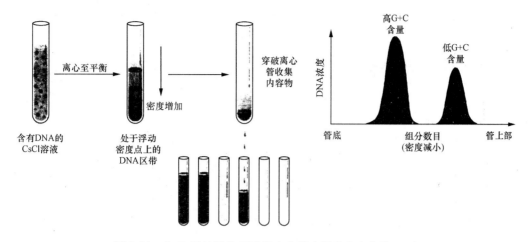

图 5-26　在 CsCl 溶液中用平衡密度梯度超速离心分离 DNA

初始浓度 8 mol/L 的 CsCl 溶液构成一线性密度梯度,在离心试管底部密度约 1.80 g/cm³,顶部约1.55 g/cm³。DNA 的沉降速率取决于碱基组成,可以用它的紫外吸收(通常在 260 nm)来估算每组分的 DNA 含量

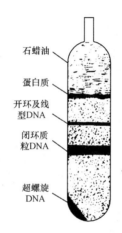

图 5-27　经染料-氯化铯密度梯度超离心后,质粒 DNA 及各种杂质的分布

(引自王镜岩,等,2002)

4. 核酸含量测定

（1）定磷法

将测试样品以浓硫酸或过氯酸消化,使核酸中的磷转化为无机磷酸。在酸性条件下正磷酸与钼酸反应生成磷钼酸,在还原剂存在下,它被还原生成钼蓝。钼蓝最大吸收峰在 660 nm 波长处,在一定范围内溶液光密度与磷含量成正比,据此可以计算出核酸含量。

（2）定糖法

RNA 与浓盐酸共热降解,生成的核糖转化为糠醛,它与地衣酚反应的产物呈鲜绿色,在 670 nm 波长处有最大光吸收。该反应须以 $FeCl_3$ 或 $CuCl_2$ 作催化剂。DNA 在酸性溶液中与二苯胺共热所得脱氧核糖转变为 ω-羟-γ-酮戊醛,再参与反应生成蓝色化合物,在595 nm 波长处呈现最大光吸收。RNA 和 DNA 在 20～200 $\mu g/mL$ 浓度时,与吸光值成正比关系,据此计算核酸含量。

（3）紫外吸收法

用紫外吸收法测定核酸含量时,通常规定在 260 nm 波长处,每毫升含 1 μg DNA 的消光值（OD_{260}）为 0.020，而每毫升含 1 μg RNA 溶液的 OD_{260} 为 0.022。从测得未知浓度核酸溶液的 OD_{260} 可计算出 DNA 或 RNA 的含量。

（二）核酸的凝胶电泳

凝胶电泳是研究核酸的常用方法，其原理是，带电分子在电场内移动的速度和它的电荷密度、大小及形状有关。对于像核酸这样具有相似成分的分子而言，形状和电荷密度是一致的，所以电泳速度取决于它的大小。核酸电泳通常用琼脂糖凝胶或聚丙烯酰胺凝胶作支持物。琼脂糖凝胶是一种带有疏松孔径的糖聚合物，而后者则是一种更为紧密交联的合成聚合物。电泳时，凝胶通常放置在两块垂直玻璃或塑料板之间，见图 5-28。也可以将凝胶水平铺在板状物表面。将欲分离的组分加样于凝胶的一端，在电场作用下，组分中的分子穿过凝胶基质小孔径移动。在给定的时间内，小分子较大分子移动得更快，迁移得更远。

电泳之后，通过适当的技术，比如加入可以和 DNA 紧密结合的染料或放射性标记，可以观察到凝胶上被分离的分子。由于可视技术的使用，1 ng 的样品也能被分离和检测到。如果在同一胶上加入已知浓度的 DNA 作参照，则检测到的样品浓度更为准确。

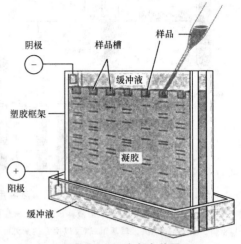

图 5-28　凝胶电泳装置

样品被加在凝胶顶端的槽内，在平行的泳道内电泳。在电场中，DNA 分子由阴极移向阳极。因为小分子移动相对较快。在每一个泳道内的 DNA 分子均按照大小分开。在电泳结束后，被分离的分子可通过染色、荧光或放射自显影技术观测

核酸的凝胶电泳在以下几方面的应用是非常有意义的：

1. 分离 DNA

DNA 在聚丙烯酰胺凝胶电泳中的迁移率与其相对分子质量（片段大小）成反比，所以不同大小片段的 DNA 通过电泳便得到分离。例如，用不同的限制性内切核酸酶切割 DNA 获得的片段，电泳后通过比较它们和已知大小片段的迁移率，可以判断其大小。聚丙烯酰胺凝胶电泳适合分离较小片段，片段达到几千个碱基对的 DNA 必须采用琼脂糖凝胶电泳进行分离。无论使用哪一种支持物，传统意义的凝胶电泳都只能用于分离 < 100 000 bp 的 DNA，更长的片段就难了。一种发展了的脉冲电场凝胶电泳（PFGE），使分离限度扩大到 10 000 000 bp（相对分子质量为 6.6 $\times 10^9$）。

2. 限制性内切核酸酶图谱的构建

限制性内切核酸酶切割 DNA 获得的片段经凝胶电泳，其结果可以用来构建限制性内切核酸酶图谱。例如，有一个 4 kb 大小的线型 DNA 分子，用 *Bam*H I 、*Hind* III 或两者同时切割，并将其进行凝胶电泳分离，见图 5-29(a)。由限制片段的大小可以推断出原始 DNA 中的限制位点，并且构建出限制性内切核酸酶图谱，见图 5-29(b)。限制位点是 DNA 分子的重要物理参照点。

3. 印迹法检测 DNA

具有特定序列的 DNA 可以用 DNA 印迹法（Southern blotting）检测。硝酸纤维素膜对单链 DNA 具有很强的吸附力，对双链 DNA 则不起作用。将经限制性内切核酸酶降解的双

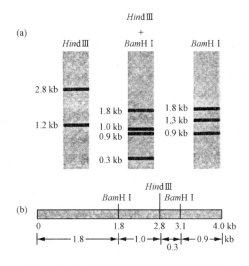

图 5-29 限制性内切核酸酶图谱的构建

(a) HindⅢ, BamHⅠ和其混合物分别降解一个 4 kb 大小的 DNA 分子(假设),得到凝胶电泳样品。各种片段的大小已经被鉴定。(b) 由图(a)所得限制性内切核酸酶 DNA 图谱,限制位点间的距离对应着相应限制片段的大小

链 DNA 进行琼脂糖凝胶电泳分离之后,把胶浸泡在 0.5 mol/L NaOH 溶液中,使 DNA 变性成单链形式,再将单链 DNA 转移到硝酸纤维素膜上,DNA 与膜结合的位置与其在凝胶中的相同。经过 80℃ 干燥,DNA 固定在膜上,然后与同位素标记的单链 DNA 或 RNA 探针进行杂交。洗涤除去未杂交的标记物,将硝酸纤维素膜晾干后进行放射自显影,与探针序列互补分子的位置从显影胶片上呈现出来,见图 5-30。

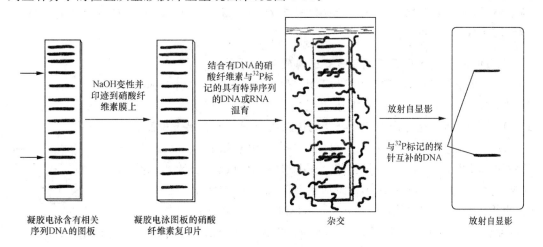

图 5-30 用 DNA 印迹检测含有特定碱基序列的 DNA

特定 RNA 片段也可以通过改良的印迹法来检测。操作过程类似 DNA 印迹法,称为 RNA 印迹(Northern blotting)。

(三) 链终止法测定 DNA 序列

早先,A. Maxam 等人设计了第一种专门测定长链 DNA 序列的方法,称为化学法。现在,化学法已被 F. Sanger 发明的链终止测定法所取代,下面介绍链终止测定法。

1. 热变性获取单链多核苷酸片段

DNA测序首先要获得单链多核苷酸片段。根据核酸物理特性,加热可以断裂互补碱基之间的氢键,使互补的DNA双链分开,产生单链多核苷酸片段。然后,通过前面介绍的相关方法将这些片段进行分离。

2. 链的合成需要DNA聚合酶

用DNA聚合酶Ⅰ合成要测序的单链DNA的互补链。反应过程是,以单链DNA为模板,一段短的多聚核苷酸链为引物(primer),DNA聚合酶Ⅰ将4种三磷酸核苷酸(dNTP)组装成模板的互补链。引物与模板的3′端互补,将成为新链的5′末端,核苷酸有序地加到引物的3′末端上,新链由5′→3′方向延伸合成,见图5-31。

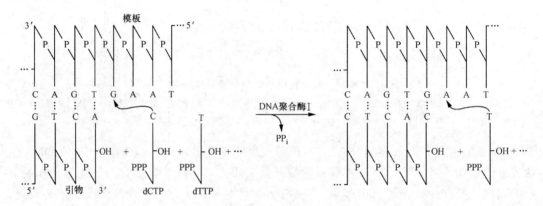

图 5-31　DNA聚合酶Ⅰ的作用

　使用单链DNA为模板,酶不断地把互补的核苷酸加在引物上,加入的核苷酸与模板链的碱基配对并以5′→3′方向连接到伸长的多核苷酸链上。这个由聚合酶催化的反应需要生长链上有游离的3′-OH。每增加一个核苷酸就释放出一个焦磷酸($P_2O_7^{4-}$,PP_i)。

3. DNA合成终止于双脱氧核苷三磷酸

在链终止技术中,将靶DNA与DNA聚合酶Ⅰ、合适的引物和4种dNTP底物一起孵育,进行聚合反应。反应体系中还包括一个用同位素或荧光标记的标记物,可以是一种dNTP或是引物。这样产生的聚合产物因其带有标记而容易被检测。

反应体系中的关键成分是少量的2′,3′-双脱氧核苷三磷酸(ddNTP),它是脱氧核苷酸的3′-OH脱氧形成的。当ddNTP代替相应的正常核苷酸而加接到多聚核苷酸链上时,由于下一个核苷酸需要的自由3′-OH不复存在,致使链的延伸被终止。通过使用少量的ddNTP,可以合成一系列大小不同的DNA片段。

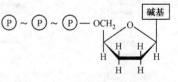

2′,3′-双脱氧核苷三磷酸

实验分4组进行,每组反应混合物的量大致相同,并分别加入不同的ddNTP,将反应产物在4个泳道做平行凝胶电泳。产物中,不同长度的片段表明双脱氧核苷酸插入的位置。这样,复制链的序列可以直接从凝胶上读出,见图5-32。通过链终止法所测出的序列与靶DNA序列互补。

现在已有各种自动化测序仪,基本上按链终止法原理设计,所不同的是,4种链延伸反应中所使用的引物都分别带有不同的荧光染料。4种延伸反应分别进行,然后把它们的产物混合,在凝胶电泳的一个泳道中电泳。每个片段的末端碱基可以通过特征荧光标记进行鉴定。

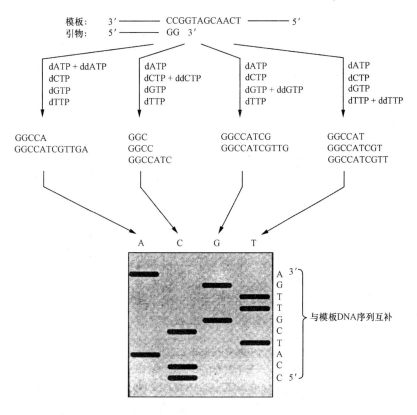

图 5-32 链终止（双脱氧）DNA 测序

4 种反应混合物中都包括：待测的单链 DNA、引物、4 种脱氧核苷三磷酸和 4 种双脱氧核苷三磷酸中的一种。通过 DNA 聚合酶延伸引物，终止于带有双脱氧核苷酸的末端，将获得的混合物进行凝胶电泳。从最小片段读到最大片段所得序列即为模板 DNA 的互补序列

（四）DNA 聚合酶链式反应

1. 聚合酶链式反应的基本原理

聚合酶链式反应（polymerase chain reaction，PCR）用于特定 DNA 的扩增，是一种快速便利的方法。1985 年发明这种技术，起初使用 Klenow 酶扩增 DNA，但每次加热变性 DNA 时都导致酶失活，需要重新添加 DNA 聚合酶，因此，操作起来很不方便。1988 年，Saiki 等人用耐热 Taq DNA 聚合酶取代 Klenow 酶之后，才使这项技术成熟起来。Taq DNA 聚合酶来自一种生存于 75℃的水生耐热菌。

在 PCR 过程中，将分解成单链的 DNA 样品和 DNA 聚合酶、dNTP 及两种引物（分别与目的 DNA 的两端互补）一起孵育。引物可以指导 DNA 聚合酶合成目的基因的互补链，见图5-33。此过程经多次循环后，目的基因以几何级数扩增。20 个 PCR 循环之后，目的序列可以扩增百万倍（$\sim 2^{20}$），并且具有高纯度。扩增产品经过测序鉴定后可用于分子克隆。

2. PCR 技术的应用

PCR 技术应用广泛，成为很多领域必不可少的工具：

（1）临床上，用于诊断传染病、遗传性疾病或癌症。

（2）在法医和刑侦工作中，以单根毛发或痕量精液里取得的 DNA，经过 PCR 扩增，可

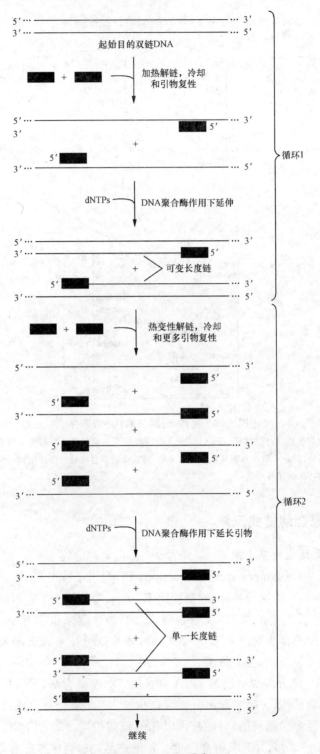

图 5-33　PCR 反应

在每一次循环反应中，DNA 双链都经过热变性，反应混合物降温复性使引物可以与每条链的互补序列结合，
再在 DNA 聚合酶作用下延长引物链。每次循环产生的单链，都扩增一倍。通过选择和目的基因两端互补的引物，
使目的基因扩增数以百万倍

以鉴定其来源。传统的 ABO 血型分析需要较大的血迹,而 PCR 只需要针尖大小的生物体液就足够有效。现在,大多数法庭认为,DNA 序列如同指纹一样,能有效鉴定一个个体,因为两个个体大范围的 DNA 序列相同的机会只有百万分之一,甚至更小。PCR 技术还可灵敏地鉴定亲代和子代的血缘关系。

(3) 古生物学是根据远古生命的化石遗迹研究古代生物形态的科学,PCR 技术很大程度上推动了分子古生物学的建立。亿万年前琥珀中包裹的昆虫,或化石中的树叶,从中得到的微量 DNA 都可用来进行 PCR 扩增。比较 DNA 序列可以在分子水平上研究古代生物和现在生物种间的进化关系。

(4) 种群遗传学家利用 PCR 技术探测大范围内物种(包括人类)、种群之间的关系或某些古代人群的起源。

内 容 提 要

核酸分两大类:脱氧核糖核酸(DNA)和核糖核酸(RNA)。DNA 是主要的遗传物质。生物体通过 DNA 复制将遗传信息由亲代传递给子代。RNA 参与和控制蛋白质的生物合成过程。

核苷酸由含氮碱基、戊糖和磷酸组成。生物体内的常见核苷酸,主要作为核酸的基本结构单位而存在。

核酸是核苷酸的多聚物。核苷酸通过 $3',5'$-磷酸二酯键形成磷酸-戊糖重复结构,从而组成核酸长的骨架链,各种碱基则分别连接到骨架链的戊糖上。

Watson 和 Crick 在前人工作的基础上提出的 DNA 分子双螺旋模型属于 DNA 的二级结构,其所阐明的是 B 型 DNA。此外还有 A 型 DNA 和 Z 型 DNA。

三股螺旋的 DNA 称为 H-DNA,具有潜在的生物学意义。在某些条件下,DNA 分子中鸟嘌呤碱基形成的 G-四联体片层还能以螺旋方式堆积成 DNA 的四链结构。链中戊糖磷酸骨架采取平行或反平行的 $5' \rightarrow 3'$ 排列方式。

在共价闭合环状 DNA 或与蛋白质结合的 DNA 中,因其分子两端是固定的,当增加或减少螺旋圈数时,DNA 分子便扭曲形成超螺旋。用 $L = T + W$ 的拓扑方程式定量描述 DNA 闭合环的超螺旋状态,式中 L 为连环数,T 为盘绕数,W 为超螺旋数。

核小体是真核生物染色质(体)的基本结构单位,它由核心颗粒和颗粒之间的连接区组成。核小体形成串珠状链条,进而折叠、螺旋化,组装成不同层次结构的染色质(体)。DNA 与蛋白质复合物的结构属于 DNA 的四级结构。

不同类型的 RNA 分子可自身回折形成局部双螺旋。tRNA 的三叶草形属二级结构,三级结构为倒"L"形。真核生物 mRNA $5'$ 端有帽子结构,$3'$ 端为 poly (A),中间是编码区。rRNA 一般组装在核糖体中。

核酸水解酶包括水解磷酸单酯键和水解磷酸二酯键的酶类。Ⅱ 类限制性内切核酸酶在基因工程中应用广泛。DNA 连接酶可催化平端双链 DNA 片段或带黏性末端 DNA 片段的连接。T_4 RNA 连接酶催化 RNA 片段的连接。

提高温度或 pH 使 DNA 变性,DNA 双螺旋的两条链即分开。条件恢复正常,两条链又可再汇合起来称为复性。复性的速率取决于互补链的浓度等诸多因素。在复性反应中,探针与起始 DNA 中的组分形成双链。这种杂交反应便是 DNA 印迹和 RNA 印迹技术的依据,它可应用于确定在一核酸序列的混合物中,是否存在某种已知的核酸序列。

Sanger 的序列测定技术为从一已知起点合成靶 DNA 的互补片段,应用 ddNTP,使合成终止于一已知碱基,最后根据电泳图谱读出合成链的序列。

PCR 技术可高效扩增 DNA 样品,它成为临床诊断、法医及刑侦等领域必不可少的工具。

习 题

1. 细胞内的核酸有哪几类? 它们最初是如何被发现的?

2. 20 世纪 40 年代,科学家用什么证据证明 DNA 是遗传物质?

3. 细胞内 tRNA 至少有多少种? 其生物学功能是什么?

4. 写出核酸分子内的主要碱基及各种主要核苷酸的名称和结构式。

5. 试述 Chargaff 法则的内容。

6. DNA 分子双螺旋结构提出的依据是什么? 何为大沟和小沟? 它们有何生物学意义?

7. 维持 DNA 分子双螺旋结构稳定的作用力有哪些?

8. 计算 M_r 为 3×10^7 的双链 DNA 分子的螺旋数? (每 1 个核苷酸对的 M_r 约为 618)。

9. 酵母双链 DNA 含有 32.8% 的胸腺嘧啶(按摩尔计),计算该 DNA 其他碱基的摩尔百分数。

10. 各种 tRNA 在结构上有哪些共同特点?

11. 什么是 DNA 的回文结构?

12. 什么是 mRNA 的帽子结构?

13. 已知某一 RNA 的碱基组成为:A 30%,G 25%,C 23%,U 22%,试计算编码该 RNA 的 DNA 的碱基组成(题中数据均为摩尔含量)。

14. 为什么大多数核酸酶的活性受 EDTA 螯合剂的抑制?

15. 什么是限制性内切酶? 大肠杆菌限制性内切核酸酶具有哪些生物学作用?

16. 寡核苷酸 $5'GpApUpGp3'$,先经磷酸单酯酶作用,再用蛇毒磷酸二酯酶降解,请写出反应图式。

17. 什么是增色效应和减色效应?

18. 解释 T_m 和 $C_0 t_{\frac{1}{2}}$ 的含义。

19. 什么是分子杂交?

20. 何为 Southern 印迹法?

第六章 维 生 素

一、维生素概述

维生素是维持生物体正常生命活动所必需的微量有机化合物。维生素是在生活实践中发现的。早在六七世纪,我国已有关于脚气病的记载,认识到这是食米地区的人类疾病,可用米糠进行治疗。当时还有用猪肝治疗"雀目症"(夜盲症)的记载。现代营养学研究证明,米糠中富含维生素 B_1,而猪肝则富含维生素 A。古代,航海者由于长期吃不到新鲜的蔬菜和水果而患坏血病,18 世纪欧洲远航海员已经知道食用新鲜蔬菜和水果可防治此病。现代营养学研究还证实,坏血病是由于缺乏维生素 C 引起的,新鲜的蔬菜和水果都含有丰富的维生素 C。

20 世纪以后,通过营养调查和动物实验,广泛开展对维生素缺乏症的防治研究,20 年代达到了高峰,弄明白了脚气病、干眼病和软骨病等是由于缺乏某种维生素引起的,并分离出多种维生素。此后,研究了这些维生素的结构、物理性质、化学性质和生物学作用,并确认了 B 族维生素是酶的辅酶或辅基的组分。维生素种类繁多,化学结构、性质各不相同。它们既不是机体结构物质,也无提供能量的功能,但机体不可缺少。维生素有下列共同点:对维持生物机体的正常生长、发育、繁殖等活动是必需的;机体对它们的需要量很少,但缺乏时将发生代谢障碍和临床症状;机体不能合成它们,或合成量不足,所以必须从外界摄取。

二、维生素的分类、命名

维生素的种类繁多,化学结构差异很大。通常按其溶解度分为脂溶性维生素和水溶性维生素两大类,每大类又含若干种。

表 6-1 维生素的分类

脂溶性维生素	水溶性维生素
维生素 A(抗干眼病维生素)	维生素 B_1(硫胺素,抗脚气病维生素)
维生素 D(抗佝偻病维生素)	维生素 B_2(核黄素)
维生素 E(抗不育维生素)	维生素 PP(烟酸、烟酰胺,抗癞皮病维生素)
维生素 K(凝血维生素)	维生素 B_6(吡哆胺、吡哆醇、吡哆醛,抗皮炎病维生素)
	遍多酸(泛酸)
	维生素 H(生物素)
	叶酸
	维生素 B_{12}(钴维生素、钴胺素,抗恶性贫血病维生素)
	硫辛酸
	维生素 C(抗坏血酸)

水溶性维生素,除维生素 C 外通称为 B 族维生素。

维生素由"Vitamin"一词翻译而来,其名称一般是按发现的先后,在"维生素"之后加上 A、B、C、D 等拉丁字母来命名。B 族维生素起初发现时以为是一种,后来证明是多种维生素混合存在,于是又在拉丁字母右下方加注 1,2,3…等数字以示区别,例如 B_1、B_2、B_6 及 B_{12} 等。有些维生素还根据其化学结构特点或生理功能而给出另外的名称,如维生素 B_1 分子中含硫,称硫胺素,维生素 B_{12} 分子中含钴,又取名钴胺素等。维生素 A 和维生素 C 因能防治其本身的缺乏症而分别取名为抗干眼病维生素和抗坏血酸。

三、脂溶性维生素

(一) 脂溶性维生素的分布和生理功能

脂溶性维生素的分布、化学本质、生理功能和缺乏症列于表 6-2。

表 6-2　脂溶性维生素的分布、化学本质、生理功能和缺乏症

名　称	别　名	分　布	化学本质	生理功能	缺乏症
维生素 A	抗干眼病维生素	肝中含量较多,胡萝卜、韭菜、菠菜、雪里红、玉米等也含较多的类胡萝卜素,它可转化为维生素 A	一种不饱和一元醇,其化学性质活泼,易被空气氧化而失去生理活性,紫外线照射亦可使之破坏	(1) 人视网膜内对弱光敏感,与暗视觉有关的视紫红质是由维生素 A 合成的 (2) 能防止上皮组织干燥 (3) 促进幼儿生长发育	夜盲症(中医称为"雀目") 干眼病
维生素 D	钙化醇或抗佝偻病维生素	肝、乳、蛋黄中含量较多,皮肤中有关物质经日光照射能转化生成维生素 D	它的种类很多,全是类固醇衍生物	促进肠道钙、磷吸收,使血钙、血磷浓度增加,促进成骨作用	儿童:佝偻病 成人:骨软化病
维生素 E	生育酚或抗不育维生素	麦胚油、棉籽油、大豆油中含量丰富	系酚类化合物,由于它易被氧化,能保护其他易被氧化物质(如维生素 A,不饱和脂肪酸等)不被破坏	与动物生殖机能有关	不育症
维生素 K	凝血维生素	绿色植物、动物肝及细菌代谢产物中含量较丰富	现知有四种,都是萘醌的衍生物	促进肝凝血因子的合成,防止出血	出血

(二) 脂溶性维生素的分子结构

维生素 A 也称视黄醇(retinol),有两种,即维生素 A_1(VA$_1$)和维生素 A_2(VA$_2$)。商品维生素 A 即 VA$_1$。

维生素 A 是含有 β-白芷酮的不饱和一元醇,VA$_1$ 和 VA$_2$ 的结构相似,见图 6-1。

β-胡萝卜素本身不具有维生素活性,但是,在体内它经 β-胡萝卜素-15,15′-二加氧酶(双

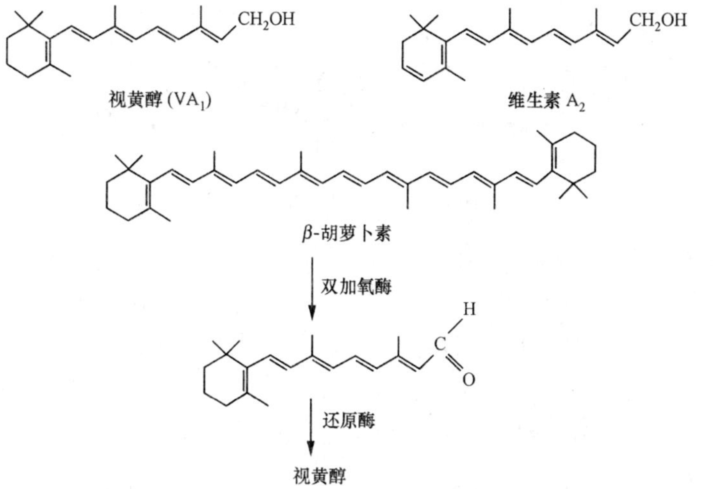

图 6-1　维生素 A 和维生素 A 原

加氧酶)催化可转变为两分子的视黄醛(retinal),然后又在还原酶作用下还原为视黄醇。这种本来不具维生素活性,但在体内可转变为维生素的物质称为维生素原。

维生素 D 有多种,其中以 D_2 和 D_3 较为重要。麦角固醇经紫外线照射可转变为 VD_2,所以它是 VD_2 的维生素原;人和动物皮下含有 7-脱氢胆固醇,经紫外线照射可转变为 VD_3,因此它是 VD_3 的维生素原(图 6-2)。

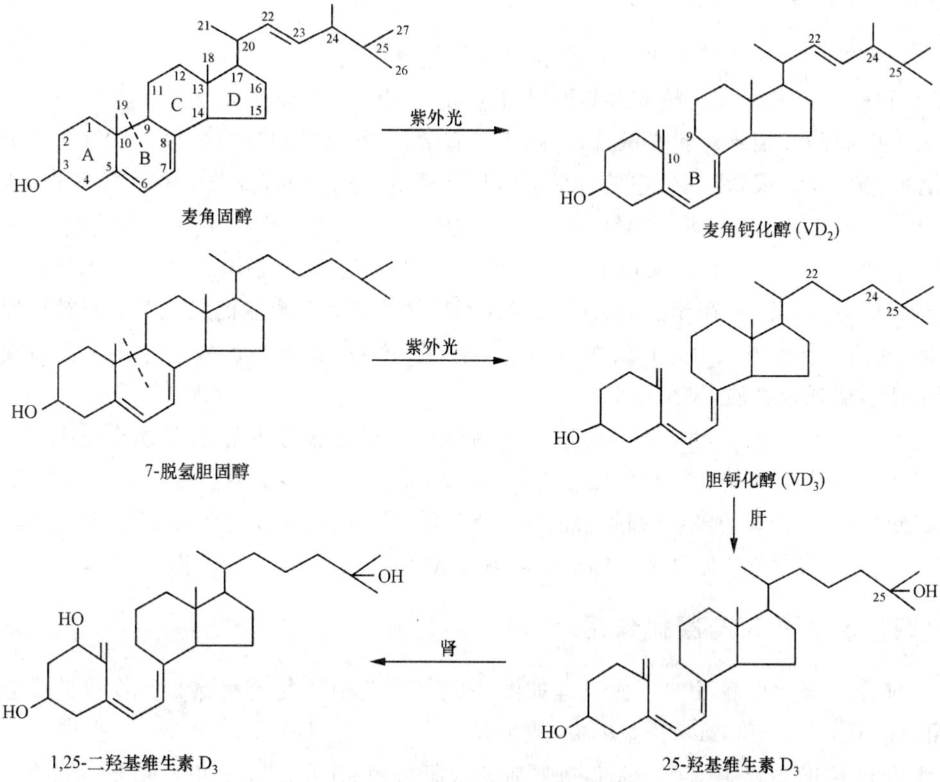

图 6-2　维生素 D 和维生素 D 原

天然维生素 E 不止一种,其结构上的差异仅在侧链 R_1、R_2 和 R_3 上,见图 6-3。

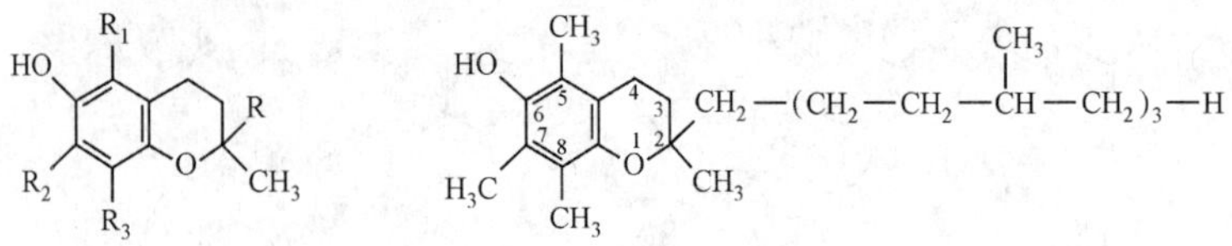

图 6-3　维生素 E 结构通式

天然维生素 K 有两种，即 K_1 和 K_2，它们都是 α-甲基-1,4-萘醌的衍生物，二者的差异仅在 R 侧链上（图 6-4）。人工合成的维生素 K 称为 K_3，其化学本质属 2-甲基-1,4-萘醌。此外，还有维生素 K_4，其结构与 K_3 相似，是 4-亚胺基-2-甲基萘醌。

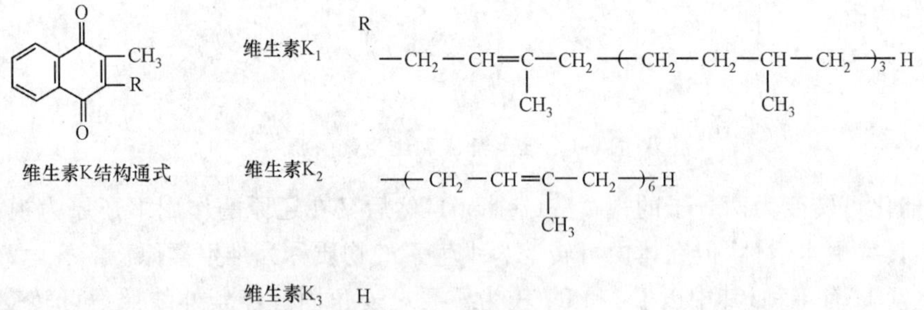

图 6-4　维生素 K 的结构

（三）维生素 A 与夜盲症

食物中的维生素 A 在小肠黏膜细胞内与脂肪酸结合成酯，之后掺入乳糜微粒随淋巴进入血液，再转入肝脏贮存。按需要将肝脏维生素 A 以非酯化形式释放到血液中。

人视网膜的杆细胞对弱光敏感，与暗视觉有关，即在暗处视物时起作用。这是因为杆细胞内含有感光物质视紫红质，它是由视蛋白和顺视黄醛构成的，视黄醛有 6 种异构体，但只有 9-和 11-顺视黄醛能与视蛋白结合。已经证实，视黄醛的醛基和视蛋白内赖氨酸的 ε-氨基通过形成 Schiff 碱缩合构成视紫红质。视紫红质经光照后，其中的 11-顺视黄醛异构化成反视黄醛而分离，此时，在光线弱的暗处就看不见物体了。分离后的反视黄醛可被还原为反视黄醇，再进一步异构化成 11-顺视黄醇，然后又氧化为 11-顺视黄醛。这样才能和视蛋白结合重新形成视紫红质，见图 6-5。

由图 6-5 可见，当缺乏维生素 A 时，顺视黄醛得不到足够的补充，杆细胞合成视紫红质便减少，对弱光的敏感度降低。从强光环境进入暗处，起初看不清物体，但如较长时间停留，视紫红质的分解减少，合成增多，杆细胞内视紫红质含量逐渐增加，对弱光刺激的敏感性加强，便又看清物体，这一过程称为暗适应。暗适应能力降低，将导致夜盲症，中医称为"雀目"。

（四）维生素 K 与凝血作用

心血管内膜受损触发的凝血过程如图 6-6所示，图中的凝血酶原激活物包括凝血因子 Ⅻ，Ⅺ，Ⅸ，Ⅷ，Ⅹ，Ⅴ 和 Ca^{2+} 及血小板、磷脂等。

维生素 K 的主要生理功能是促进肝脏合成凝血酶原（凝血因子 Ⅱ），此外还调节另外三种凝血因子 Ⅶ，Ⅸ 和 Ⅹ 的合成。

由图 6-6 可见，血液凝固需要有活性的凝血酶，而肝脏最初合成的是它的前体，即凝血

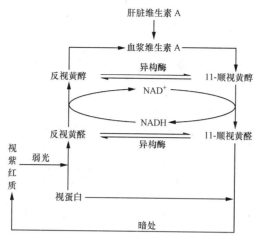

图 6-5　维生素 A 与视紫红质形成的关系

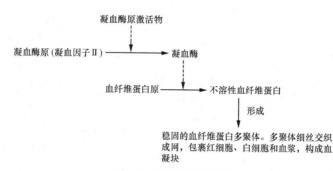

图 6-6　凝血过程示意图

酶原。凝血酶原必须被激活成凝血酶才能发挥作用。凝血酶原是如何被激活的？在肝细胞内质网中,存在一种维生素 K 依赖的谷氨酸(Glu)-γ-羧化酶(以维生素 K 为辅酶),在此酶的催化下,凝血酶原 N-末端肽段中某些谷氨酸残基在其 γ-碳原子上进行羧化反应,生成 γ-羧基谷氨酸(Gla),见图 6-7。凝血酶原分子中的 Gla 形成后先与 Ca^{2+} 螯合,再与膜中的磷脂结合,这样才能被机体内蛋白酶水解而激活,转变成有活性的凝血酶,参与凝血过程。另外三种凝血因子Ⅶ,Ⅸ,Ⅹ同样也需要维生素 K 依赖的 γ-羧化酶促进其 Glu 残基羧化,以便完成活化过程。

从图 6-7 中还可看到,由环氧维生素 K 生成维生素 K,进而转变成还原型维生素 K 的过程。这两步反应都是在肝脏微粒体中完成的,而且都依靠环氧化还原酶催化,前者还需二巯基苏糖醇参与,后者则需要 NADH 或 NADPH 作供氢体。

缺乏维生素 K 时,上述各种凝血因子的合成及活化均受阻碍,从而导致凝血时间延长,易发生皮下及某些组织出血现象。临床上维生素 K 可用于防治因其缺乏所致的出血症。病人进行外科大手术前,应检查凝血时间,以确定是否需要补充维生素 K。

四、水溶性维生素

(一)水溶性维生素的分布和生理功能

水溶性维生素的分布、化学本质、生理功能和缺乏症列于表 6-3。

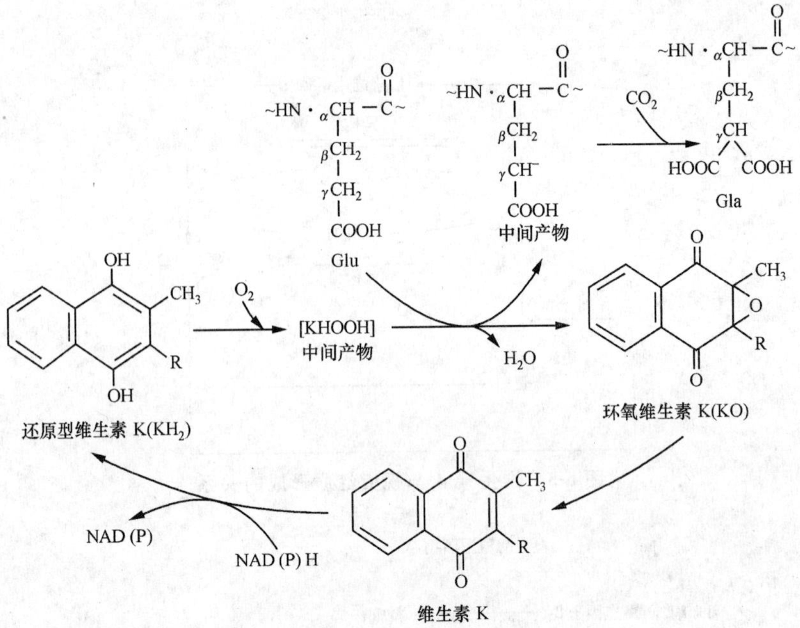

图 6-7 维生素 K 依赖性羧化及还原型维生素 K 生成反应

(引自徐晓利,等,1998)

表 6-3 水溶性维生素的分布、化学本质、生理功能和缺乏症

名 称	别 名	分 布	化学本质	生理功能	缺乏症
维生素 B_1	硫胺素	干酵母含量最丰富,豆类、瘦肉、肝、米糠和麦麸中含量也较多	易溶于水,在酸性溶液中稳定,而在碱性溶液中极不稳定,热至 $120℃$ 也不分解	它是丙酮酸脱氢酶辅酶——焦磷酸硫胺素组成成分,它也能抑制胆碱酯酶活性	脚气病
维生素 B_2	核黄素	动物肝含量丰富,酵母、鸡蛋、绿色蔬菜中均有	由异咯嗪和核醇组成,在酸性溶液中稳定,耐热,易被碱和紫外线破坏	它是黄酶的辅酶,即黄素单核苷酸(FMN)和黄素腺嘌呤二核苷酸(FAD)的组成成分	唇炎、舌炎、口角炎等
维生素 B_6	吡哆醇 吡哆醛 吡哆胺	蛋黄、肉、鱼、乳以及谷物、种子外皮等食物中含量丰富,肠道细菌也可合成,不易缺乏	易溶于水及乙醇中,稍溶于脂溶剂中,对光和碱敏感,高温下迅速被破坏	磷酸吡哆醛、磷酸吡哆胺是转氨酶、磷酸吡哆醛是脱羧酶的辅酶	
维生素 PP	包括烟酸、烟酰胺、抗癞皮病维生素	肉类、谷物、花生及酵母中含量最丰富	最稳定维生素之一	烟酰胺是某些脱氢酶辅酶,NAD^+ 和 $NADP^+$ 组成成分,它们在氧化还原反应中起传递氢的作用	癞皮病

（续表）

名　称	别　名	分　布	化学本质	生理功能	缺乏症
泛酸	遍多酸	生物界广泛存在，蔬菜、肝和蛋等含量最丰富，人肠道细菌能合成它	对热、氧化还原剂均极稳定	它是辅酶 A 的组成成分	
生物素	维生素 H	蔬菜、蛋、肝、肾等，成人肠道细菌也能合成	噻吩、尿素和戊酸的结合物，一般温度下，相当稳定，高温及氧化剂可使它失去活性	它是羧化酶的辅酶，在体内参与 CO_2 的固定或羧化过程	幼儿生物素缺乏症
叶酸		肝和绿叶中含量丰富，人肠道细菌能合成叶酸，不易缺乏	它是由蝶呤衍生物、p-氨基苯甲酸和谷氨酸结合而成。微溶于水。在中性或碱性溶液中对热稳定。光照失去活性	其还原产物——四氢叶酸，是体内一碳基团转移酶系统的辅酶，它是一碳基团的传递体，促进正常血细胞的形成	巨幼红细胞性贫血，白细胞减少
维生素 B_{12}	钴胺素，抗恶性贫血维生素	肝、肉类含量丰富	它的分子结构复杂，含钴，粉红色晶体，弱酸条件下稳定，强酸、强碱条件下，极易分解，也能为日光、氧化剂或还原剂所破坏	它是生物合成核酸、蛋白质和胆碱必需因素之一，它能促进红细胞的发育和成熟	巨幼红细胞性贫血
维生素 C	抗坏血酸	枣、菜花、鲜雪里红、蕃茄、柑、桔中含量丰富	它是多羟基酸性物质，具有强还原性，极易被氧化破坏，特别是在中性或碱性环境中，或当有微量金属离子（如 Fe^{2+}，Cu^{2+} 等）存在时，更易被氧化分解	（1）对合成胶原和黏多糖等细胞间质是必需的（2）参与肾上腺皮质激素的合成（3）参与体内氧化还原反应（4）对铅、砷、苯以及某些细菌毒素有缓解作用	坏血病

（二）B 族维生素与辅酶、辅基的关系

　　水溶性维生素中，属于 B 族的主要有维生素 B_1、B_2、PP（烟酰胺）、B_6（吡哆胺、吡哆醛）、B_{12}、泛酸、生物素、叶酸等。在生物体内，B 族维生素多以辅酶和辅基的形式存在，发挥其对物质代谢的影响。现将各种 B 族维生素的分子结构以及它们与辅酶、辅基的关系列于表 6-4。

表 6-4　维生素与辅酶、辅基

维生素	酶	辅酶与辅基 名称	符号	分子结构	功能	参与反应举例
硫胺素 B₁	羧化酶	焦磷酸硫胺素	TPP⁺	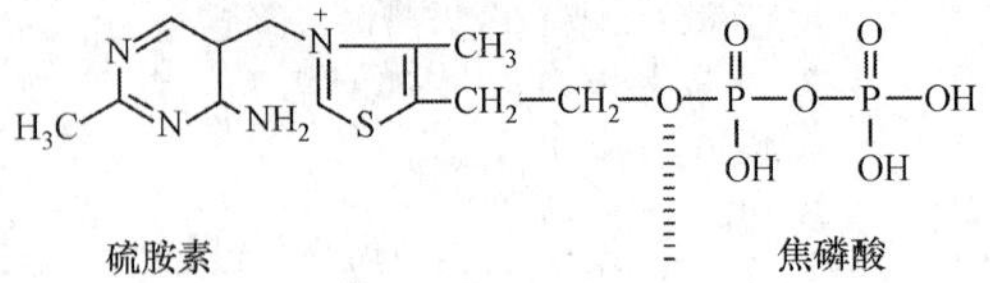 硫胺素　焦磷酸	酰基传递体	丙酮酸氧化脱羧反应
核黄素 B₂	黄酶（黄素蛋白，FP）类	黄素单核苷酸	FMN	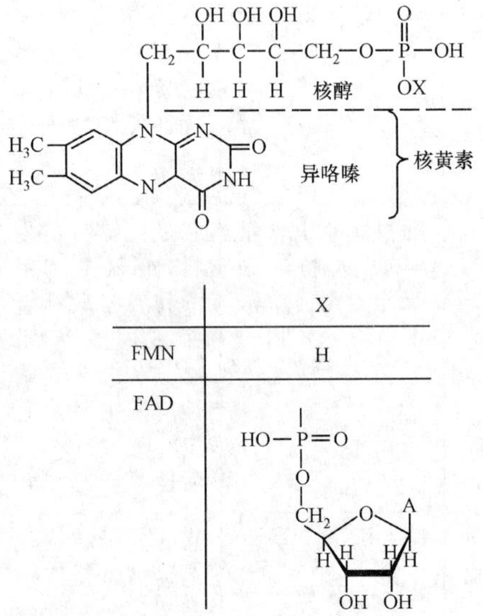 异咯嗪　核醇　核黄素（X：FMN = H；FAD）	氢传递体	呼吸链 FP₁ 递氢体
		黄素腺嘌呤二核苷酸	FAD			琥珀酸、脂酰 CoA，磷酸甘油（线粒体）等脱氢反应
烟酰胺	乳酸、异柠檬酸、α-酮戊二酸、苹果酸、β-羟脂酰 CoA 等的脱氢酶	烟酰胺腺嘌呤二核苷酸	NAD⁺	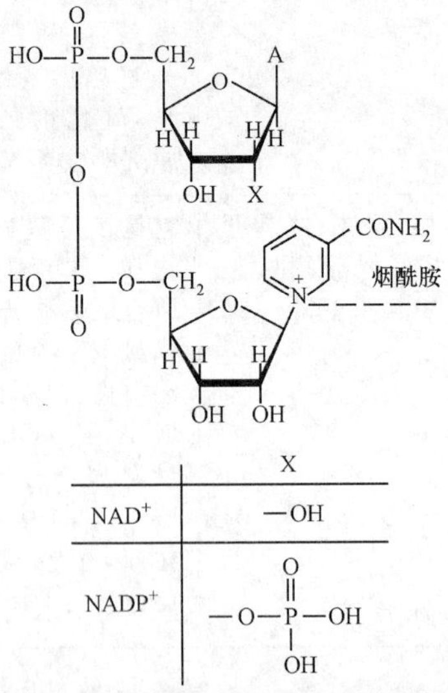 烟酰胺（X：NAD⁺ = —OH；NADP⁺ = —O—PO(OH)OH）	氢传递体	乳酸、异柠檬酸、α-酮戊二酸、苹果酸、β-羟脂酰 CoA 等脱氢反应
	葡萄糖-6-磷酸脱氢酶，β-酮脂酰 ACP 和烯脂酰 ACP 还原酶	烟酰胺腺嘌呤二核苷酸磷酸	NADP⁺			G-6-P 脱氢，β-酮脂酰 ACP 和烯脂酰 ACP 还原

（续表）

<table>
<tr><th rowspan="2">维生素</th><th rowspan="2"></th><th rowspan="2">酶</th><th colspan="4">辅酶与辅基</th><th rowspan="2">参与反应举例</th></tr>
<tr><th>名称</th><th>符号</th><th>分子结构</th><th>功能</th></tr>
<tr><td>泛酸（又名遍多酸）</td><td></td><td>酰基转移酶</td><td>辅酶 A</td><td>HS-CoA（即CoA）</td><td> </td><td>RCO—传递体</td><td>脂肪酸分解和合成中脂酰基的转移等</td></tr>
<tr><td>叶酸</td><td></td><td></td><td>四氢叶酸</td><td>FH_4</td><td>
<table>
<tr><th></th><th>N^5</th><th>N^{10}</th></tr>
<tr><td>四氢叶酸</td><td>H</td><td>H</td></tr>
<tr><td>N^5-甲基四氢叶酸</td><td>$-CH_3$</td><td>H</td></tr>
<tr><td>N^5,N^{10}-甲川四氢叶酸</td><td colspan="2"> </td></tr>
<tr><td>N^5,N^{10}-亚甲基四氢叶酸</td><td colspan="2"> </td></tr>
<tr><td>N^{10}-甲酰基四氢叶酸</td><td>H</td><td>HCO</td></tr>
</table></td><td>一碳单位传递体</td><td></td></tr>
<tr><td>生物素</td><td></td><td>羧化酶</td><td>生物素</td><td></td><td>
羧基生物素</td><td>羧基传递体</td><td>乙酰CoA羧化成丙二酰CoA</td></tr>
</table>

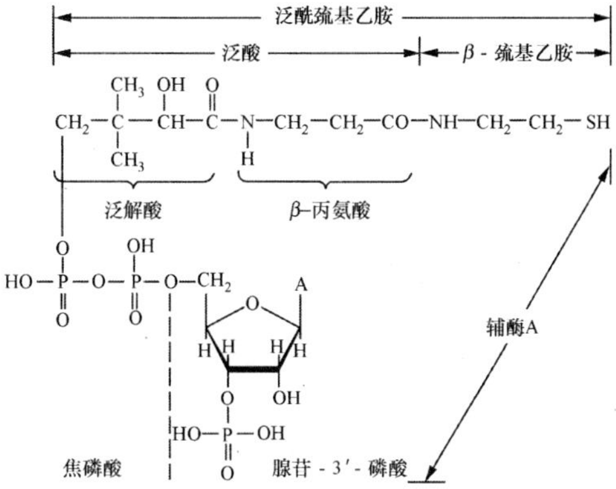

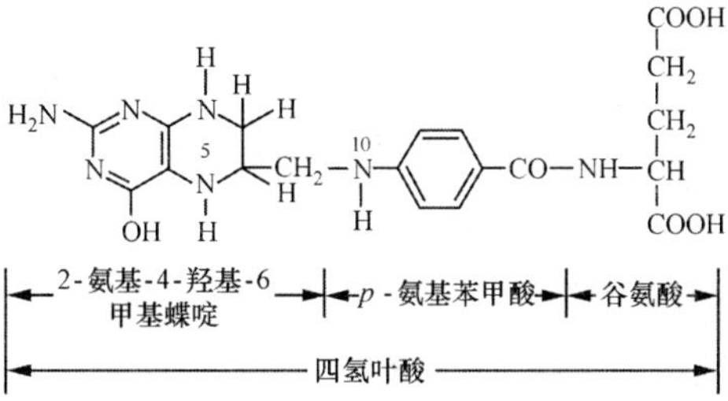

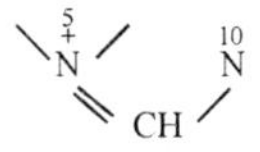

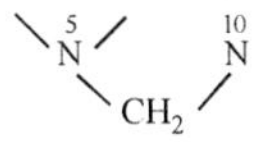

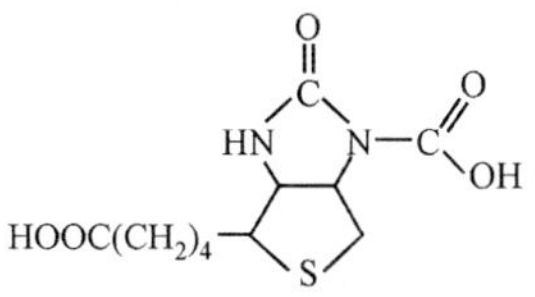

（续表）

维生素	酶	辅酶与辅基				功能	参与反应举例
		名称	符号	分子结构			
吡哆醛吡哆胺	转氨	磷酸吡哆醛磷酸吡哆胺		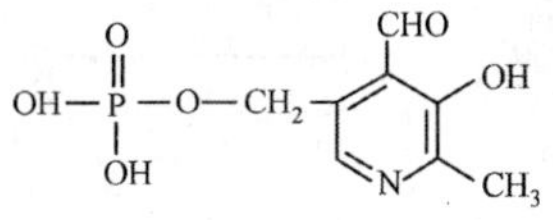 磷酸吡哆醛 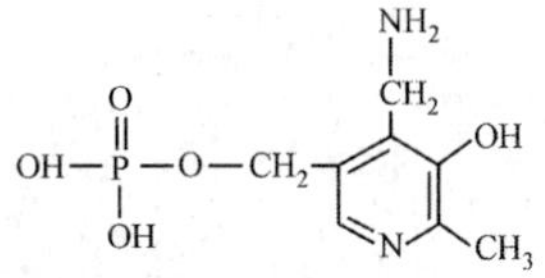 磷酸吡哆胺		氨基传递体	谷氨酸丙酮酸转氨,谷氨酸草酰乙酸转氨
吡哆醛	脱羧酶	磷酸吡哆醛				促进脱羧基作用	氨基酸(组氨酸除外)脱羧基作用
钴胺素 B₁₂		B₁₂辅酶		B₁₂分子结构式(略),CN 与钴连接,B₁₂辅酶以腺苷代替 B₁₂中的—CN			丙酸代谢

注:分子结构中,A 为腺嘌呤。

（三）硫辛酸

早先认为,硫辛酸(lipoic acid)不是真正的维生素。新近,一些教科书把它归入水溶性维生素一类。

硫辛酸,从结构来看为 6,8-二硫辛酸。它是 α-酮酸氧化脱羧酶系的辅酶之一,起传递氢和转移酰基的作用。肝、酵母中含量丰富。

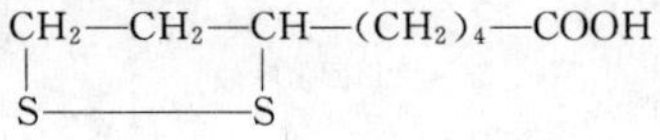

$$CH_2—CH_2—CH—(CH_2)_4—COOH$$

硫辛酸

（四）维生素 C

1. 结构与性质

维生素 C 为 L 型的不饱和多羟基化合物(图 6-9)。因分子中含有烯醇式羟基,易解离放出质子而显酸性。天然维生素 C 为 L 型,因可治疗和预防坏血病(scurvy),故又称为抗坏血酸。

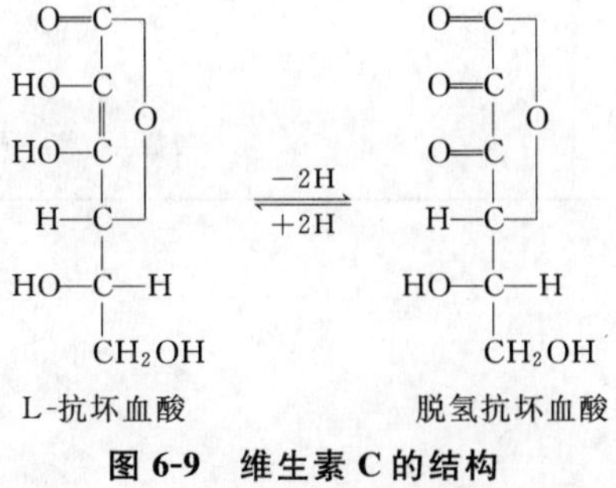

L-抗坏血酸　　　　脱氢抗坏血酸

图 6-9　维生素 C 的结构

维生素 C 广泛存在于新鲜水果和绿色蔬菜中,特别在西红柿、桔子、辣椒、柠檬、草莓和大枣中含量丰富。大多数动物可利用葡萄糖合成维生素 C,人类、灵长类(primates)和豚鼠(guinea pig)因缺乏合成维生素 C 的 L-古洛糖酸内酯氧化酶,故不能合成自身所需的维生素 C,必须从饮食中获得。

维生素 C 为无色晶体或粉末状,易溶于水,不溶于脂溶剂。在酸性条件下比较稳定,在中性或碱性溶液中易破坏。被氧化后变黄色。过热烹调时易破坏。新鲜水果、蔬菜含有抗坏血酸氧化酶,久贮或干蔫可使维生素 C 氧化分解而失活。

2. 生化作用

(1) 参与体内的氧化还原反应　体内的维生素 C 处于氧化型和还原型的平衡状态,其双键连接 C 位上的羟基易被弱氧化剂氧化脱氢,生成脱氢抗坏血酸,在供氢体存在时,它又可接受两个氢而转变成抗坏血酸,二者相互转变行使递氢功能,在物质代谢中发挥重要作用:首先,能使体内巯基酶中的—SH 维持在还原状态,从而保持酶的活性。其次,可促进免疫球蛋白的合成,增强机体免疫功能。再次,维生素 C 参与解毒作用。当中毒剂量的重金属离子 Pb^{2+}、Hg^{2+}、Cd^{2+}、As^{2+} 等进入人体时,它们与体内巯基酶的—SH 结合使其失活(中毒)。大剂量的维生素 C 可缓解毒性,原因是维生素 C 可将氧化型谷胱甘肽(GSSG)转变为还原型(GSH),还原型谷胱甘肽与重金属离子结合,使中毒的酶恢复活性。最后,维生素 C 使难吸收的 Fe^{3+} 还原成可吸收的 Fe^{2+},还能令红细胞中的高铁血红蛋白(MHb)还原为血红蛋白(Hb),恢复其运输氧的能力。

(2) 参与体内的羟化作用　胶原蛋白中的脯氨酸和赖氨酸残基在羟化酶的催化下羟化,从而促进胶原蛋白的合成。维生素 C 是维持羟化酶活性所必需的辅助因子。当维生素 C 缺乏时,胶原蛋白合成不良,导致皮肤血管壁等组织脆性增加,这是产生坏血病症状的主要原因。

(3) 抗氧化作用　维生素 C 在与羟自由基(HO·)迅速反应时提供一个 H,从而形成单脱氢抗坏血酸自由基(VC-D·)。2 分子单脱氢抗坏血酸自由基,经歧化反应产生脱氢抗坏血酸和抗坏血酸各 1 分子,结果 HO· 被清除,而脱氢抗坏血酸又可被 GSH 还原而恢复为抗坏血酸,并再与 HO· 反应,直至 HO· 最后全部被清除。由此可见,维生素 C 作为体内一种有效的抗氧化剂能清除自由基或脂质过氧化物对细胞膜的破坏作用。

亚硝胺是一种致癌物质,人体内的亚硝胺可由食入的亚硝酸盐在胃酸作用下与仲胺合成。维生素 C 能阻止亚硝胺的合成并促进其分解。因此,维生素 C 有一定的抗癌作用。

内 容 提 要

　　维生素是生物生长和代谢所必需的微量有机化合物。尽管它与人类生活密切相关,但人们科学地认识它,那还是 20 世纪以后的事,20 年代出现过发展高峰。

　　人体对维生素需要量甚微,但不可缺少。如供应不足,定将出现某种病理状况。

　　脂溶性维生素包括维生素 A、D、E 和 K。维生素 A 参与视紫红质的合成,与暗视觉有关。维生素 K 在肝脏促进凝血酶原的合成与血液凝固有关。

　　水溶性维生素包括 B 族维生素和维生素 C 等。B 族维生素是某种酶的辅基或辅酶的组分,例如含维生素 B_2 的 FMN、FAD 以及含维生素 PP 的 NAD^+ 和 $NADP^+$ 分别是某种脱氢酶辅基或辅酶的组分。

　　维生素 C 是一种水溶性抗氧化剂,参与生物体内氧化还原反应,有解毒作用。

习　　题

　　1. 什么是维生素? 它是怎样被人们认识的?

　　2. 维生素有哪些重要生理、生化功能?

　　3. 维生素 A 与夜盲症,维生素 K 与凝血作用有何关系?

　　4. 列举一些实例,说明维生素与酶的辅酶、辅基的联系。

　　5. 说明维生素 D、B_2 和 C 的缺乏症及防治办法。

第七章　激　　素

一、激素的概念、命名和分类

（一）激素的一般概念

我国古籍《庄子》中曾有"瘿病"的记载，"瘿病"即今天所说的甲状腺机能亢进，是一种激素分泌紊乱症。由此可见，我国古人对激素已有认识。但，激素作为一种科学概念，在20世纪初，才由 W. Bayliss 和 E. Starling 首先提出。早期认为，激素是由内分泌腺体（endocrine gland）产生的化学物质，通过血液循环把它运送到靶组织、靶细胞，从而产生生理效应。然而，随着近代科学的发展，人们逐渐认识到，有些激素并不是由内分泌腺体（一种无导管腺体）分泌的，也不进入血液循环，而是由特殊组织产生，通过弥散作用于邻近细胞。由特殊组织产生的激素统称为组织激素。目前，激素的一般概念是指，由生物体内特殊的组织或腺体产生的，释放到细胞外或直接分泌到体液中，通过弥散或体液运送到特定的部位，从而引起特定的生物学效应（biological response）的一群微量有机化合物。这里，体液是指血液、淋巴液、脑脊液和肠液等；生物学效应是指调节、控制各种物质代谢或生理活动；作用部位是指被作用的组织、细胞，即靶组织或靶细胞。

激素在动物的生长、繁殖、代谢，昆虫的生长、发育、变态，植物的发芽、生根、开花等生命活动中起着重要的作用。它促使高等生物机体的细胞及组织器官既分工，又合作，形成一个互相协调的统一整体。

激素的分泌量（产生量）随机体内外环境的改变而增减。正常情况下，各种激素的作用是相互平衡的，但，任何一种内分泌腺机能发生亢进或减退，都会破坏这种平衡，扰乱正常代谢及生理功能，从而影响机体的正常发育和健康，甚至引起死亡。

（二）激素的命名和分类

激素（hormone）命名，一般按下列原则进行：来自脑下垂体的多数激素按"促（进）＋靶内分泌腺＋激素"的方式命名，如促肾上腺皮质激素、促甲状腺激素等；也有按"靶内分泌腺＋刺激＋激素"的方式命名的，如卵泡刺激素；一般内分泌腺分泌的激素按"内分泌腺＋（激）素"的方式命名，如甲状腺素、肾上腺素等。

按不同的分类标准，激素可分成不同的类别。根据激素分子化学结构的不同可分为3大类。

（1）含氮激素

含氮激素种类最多，主要分布于下丘脑、垂体前叶和胃肠道等处。其中包括：

① 氨基酸及其衍生物激素。如甲状腺素、肾上腺素等。② 多肽或蛋白质激素。如催产素（9肽）、胰岛素等。

（2）甾（固）醇类激素

这类激素的分子结构都以环戊烷多氢菲为核心。如各种肾上腺皮质激素、性激素等。

（3）脂肪酸衍生物激素

这一类，主要是前列腺素。

二、高等动物激素的分泌腺体、化学本质及生理效应

（一）含氮激素

含氮激素列于表 7-1。由表可见，垂体前叶、中叶和后叶、甲状旁腺、胰岛等分泌的激素为多肽或蛋白质，甲状腺分泌的甲状腺素以及肾上腺髓质分泌的肾上腺素等为氨基酸的衍生物。肠、胃黏膜分泌的各种激素也都是肽类。下丘脑有调节垂体前叶的功能，也分泌一些肽类激素，如促肾上腺皮质激素释放因子、促性激素释放因子和促甲状腺激素释放因子等。

表 7-1　含氮激素

内分泌腺		激素	简称	化学本质	M_r（近似值）	生理效应
垂体	前叶	生长激素	GH	蛋白质（人，191 个氨基酸）	21 000（人）	促进生长、促进代谢（蛋白质合成、脂肪分解）
		促甲状腺激素	TSH	蛋白质（含糖，约 220 个氨基酸）	2830（牛）	促进甲状腺发育及分泌
		促肾上腺皮质激素	ACTH	39 个氨基酸	4700	促进肾上腺皮质分泌激素
		催乳激素	LTH	蛋白质（198 个氨基酸）	24 000（羊）	刺激乳腺分泌
		促黄体生成激素（促间质细胞激素）	ICSH 或 LH	蛋白质（含糖）	27 400（牛）	刺激性腺（睾丸的间质细胞及卵巢）分泌激素，促进黄体生成
		促卵泡激素	FSH	蛋白质（含糖）	24 000（人）	促进产生精子及促进卵巢发育
		脂肪酸释放激素	LPH	蛋白质（β；93 个氨基酸）（γ；60 个氨基酸）		水解酯类
	后叶	催产素		9 个氨基酸	1070	促使妊娠子宫收缩
		加压素（抗利尿）		9 个氨基酸	1070	升高血压并抗利尿
	中叶	促黑素细胞激素	MSH	α-MSH13 个氨基酸 β-MSH18 个氨基酸		刺激黑色素的扩散和生物合成

（续表）

内分泌腺		激 素	简 称	化学本质	M_r（近似值）	生理效应
下丘脑		促肾上腺皮质激素释放因子	CRF	41 个氨基酸		促进或抑制激素的分泌
		促黄体生成激素释放因子	LRF	10 个氨基酸		
		促卵泡激素释放因子	FRF	40～44 个氨基酸		
		生长激素释放因子	GRF	多肽		
		生长激素释放抑制因子	GRIF	14 个氨基酸		
		催乳激素释放因子	PRF	多肽		
		促黑色细胞激素释放因子	MRF	多肽		
		促黑色细胞激素释放抑制因子	MRIF	多肽		
		促甲状腺激素释放因子	TRF	3 个氨基酸		
胸腺		胸腺素：Ⅰ、Ⅱ		蛋白质（Ⅱ：49 个氨基酸）		增进免疫力等
甲状腺		甲状腺激素		含碘氨基酸		对动物代谢起较大的促进作用。增加基础代谢（即促进糖、蛋白质、脂、盐代谢）；促进智力与体质的发育
		三碘甲状腺原氨酸		含碘氨基酸		
		降钙素	CT	32 个氨基酸	3800	调节钙、磷的正常代谢，降低血钙
		降钙素基因相关肽	CGRP	37 个氨基酸	4000	血管舒张剂
甲状旁腺		甲状旁腺激素	PTH	84 个氨基酸	9500	调节钙、磷的正常代谢，升高血钙
肾上腺	髓质	肾上腺素		酪氨酸的衍生物		促进糖原分解，使血糖升高。也可以促使脂肪、氨基酸分解
		去甲肾上腺素（正肾上腺素）				
	皮质	肾上腺皮质激素				
肾		肾素		蛋白质		
胰岛	α-细胞	胰高血糖素		29 个氨基酸	3485	促使血糖增高；促使脂肪、蛋白质分解
	β-细胞	胰岛素		51 个氨基酸	5734	促使血糖降低；促进脂肪、蛋白质合成及糖的氧化和贮存

（续表）

内分泌腺	激　素	简　称	化学本质	M_r（近似值）	生理效应
十二指肠黏膜*	促肠液激素		蛋白质		促使肠液增多及酶含量增高
	缩胆囊肽-肠促胰酶素	CCKPZ	33 个氨基酸		促使胆囊收缩并促使胰液中酶含量增高
	肠促胰液素		27 个氨基酸		促使胰液分泌增多
	肠抑胃素		43 个氨基酸		抑制胃的收缩及分泌
胃黏膜*（幽门部）	促胃酸激素		17 个氨基酸		促进胃酸分泌
胎盘	绒毛膜促性腺激素	CG	蛋白质（含糖）		功能与孕酮相似。排于尿中可用来检查是否妊娠
卵巢黄体	耻骨松弛激素		53 个氨基酸		促使耻骨松弛
脂肪细胞	瘦素		146 个氨基酸		抑制饮食,增加代谢,减肥

＊ 所产生的为组织激素。

（二）甾（固）醇类激素

甾醇类激素（steroid hormone）说明于表 7-2。

表 7-2　甾（固）醇类激素

内分泌腺			激　素	简　称	化学本质	生理效应
肾上腺	皮质		一、肾上腺皮质激素:		甾醇（固醇）	调节糖代谢、矿质平衡(盐代谢)及保持体内 Na^+ 浓度: 1. 糖皮质甾醇:促使蛋白质转变为糖,抑制糖的氧化 2. 盐皮质甾醇:促使体内保持钠,排出钾
			1. 糖皮质甾醇激素			
			1) 17-羟,11-脱氢皮质酮（皮质素）(可的松)			
			2) 17-羟-皮质酮(皮质醇,氢化可的松)			
			3) 皮质酮			
			2. 盐皮质甾醇激素			
			1) 醛甾酮			
			2) 11-脱氧皮质酮	D00		
			3) 17-羟,11-脱氧皮质酮（脱氧皮质醇）			
			4) 皮质酮			
			二、性激素:		甾醇	促进雄性动物发育、生长及维持雄性特征
			肾上腺雄酮			
			孕酮等			
	髓质		（见前述）			
睾丸	间质细胞		雄激素:		甾醇	促进雄性动物副性器官的发育、及维持雄性特征
			睾酮			
			雄酮			

（续表）

内分泌腺		激　素	简　称	化学本质	生理效应
卵 巢	卵 泡	雌激素： 雌二醇 雌三醇 雌酮		甾醇	促进雌性动物副性器官的 发育及维持雌性特征
	黄体	妊娠激素： 孕酮（黄体酮、妊娠素酮） 耻骨松弛素		甾醇	促进子宫内膜增生，有安胎 作用
胎盘		雌激素： 孕酮 促性腺激素 耻骨松弛素 绒毛膜促性腺激素			

（三）脂肪酸衍生物激素

脂肪酸衍生物激素介绍于表 7-3。

表 7-3　脂肪酸衍生物激素

分泌腺体	激　素	化学本质	相对分子质量	生理效应
精囊、肺、脑、 心、肾、胃和 肠等	前列腺素	二十碳不饱和 脂肪酸衍生物		（1）使血管舒张，降低血压，增加毛 细血管通透性 （2）刺激子宫等内脏平滑肌的收 缩，用于催产和人工流产 （3）抑制胃酸和胃蛋白酶分泌，用 来治疗胃溃疡，抑制组织中脂 肪分解 （4）降低神经系统兴奋性

前列腺素（prostaglandin，PG）实际上是一类具有生物活性物质的总称，目前已发现有几十种，它们的基本结构为含有一个环戊烷及两个脂肪酸侧链的二十碳脂肪酸，即前列腺烷酸（prostanoic acid）。在机体内，前列腺素自身并不作为激素直接起作用，而是通过对某些激素的调节来发挥作用。

三、激素的作用机制

大量研究结果表明，氨基酸、肽和蛋白质类激素，类固醇类激素以及前列腺素的作用机制可能不同。氨基酸、肽和蛋白质类激素和前列腺素首先与细胞膜上的某种特异受体结合，然后激活质膜内侧的腺苷酸环化酶，腺苷酸环化酶催化 ATP 转变为 cAMP，cAMP 再影响其他酶的活性和膜的通透性，从而实现激素的生理、生化效应。在细胞内，cAMP 又被磷酸二酯酶水解为 $5'$-AMP 而失去活性。由于激素把改变靶细胞活动的信息传递给靶细胞，然后再由 cAMP 把信息传递给细胞内某些蛋白或酶系统，从而发挥对靶细胞的调节作用，因此，将激素称为"第一信使"，而 cAMP 则称为"第二信使"。激素的这种作用途径称为第二信使学说(second messenger theory)。

类固醇类激素能通过细胞膜屏障进入细胞,之后与胞内"受体蛋白"特异结合,形成"激素-受体蛋白"复合物。这种复合物,在一定条件下(适当的温度)进入细胞核内,直接作用于染色质,影响其特定部位的基因表达,从而控制蛋白质的合成和细胞的生长与分化。

各种激素对靶细胞作用的特异性由靶细胞来决定。靶细胞膜上的受体对氨基酸、肽和蛋白质具有高度专一性,即一种受体只能与一种激素相结合,而细胞膜上的受体又各自不同,因而接受不同激素的调节。

(一)腺苷酸环化酶作用途径

腺苷酸环化酶(cAMPase)作用途径通过生成 cAMP 引发机体组织的生理效应,大部分含氮激素(如肾上腺素及胰高血糖素等)以这种方式起作用,其反应过程如图 7-1 所示。激素(刺激型外部信号)首先与靶细胞质膜(plasma membrane)上的激活型受体 R_s(图 7-1 左侧)结合,然后受体再与 G 蛋白结合。人类 β-肾上腺素受体属激活型受体,它是一种跨膜的(transmembranic)糖蛋白,M_r 为 64 000 000,含有 7 个 α 螺旋区,见图 7-2。肾上腺素与受体蛋白 N 端的胞外结构域结合,与激素结合的 β-肾上腺素受体激活 G 蛋白。分别含有约 24 个疏水氨基酸残基的 7 个 α 螺旋跨膜存在。

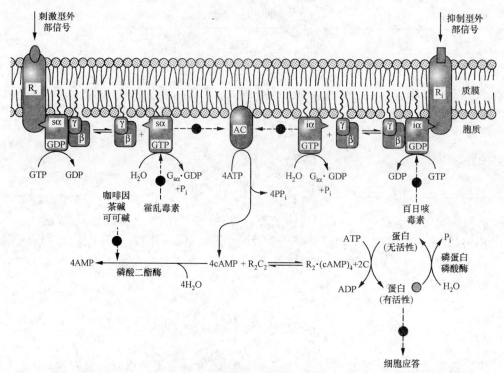

图 7-1 腺苷酸环化酶作用途径

G 蛋白是鸟嘌呤核苷酸结合蛋白(guanylnucleotide-bindiing protein),它是由 M_r 为 45 000、37 000 和 9000 的 α、β 和 γ 亚基组成。当 GDP 与 G_α($G_{s\alpha}$)亚基结合时,G 蛋白处于失活状态。当激素与受体结合后,受体的胞内部分与 G 蛋白相互作用,诱导 G_α 释放 GDP,转而与 GTP 结合,形成 $G_{s\alpha}$-GTP 复合物,然后,这个复合物从 β、γ 亚基中解离下来,以便激活腺苷酸环化酶 AC。这种状态一直保持到 AC 将 ATP 环化为 cAMP 和 GTP 重新水解为

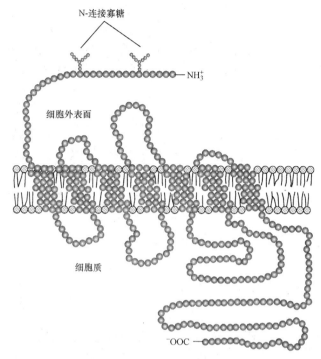

图 7-2　人类 β-肾上腺素受体

GDP 为止。由于 $G_{\alpha}(G_{s\alpha})$ 具有 GTPase 活性，所以能水解 GTP 生成 GDP 和 P_i。GTP 的水解使 G 蛋白重新组装成与 GDP 结合的非活性状态。当然，由于受体被与其特异结合的激素连续占据，会导致 G 蛋白激活的重复循环，从而形成一个相对时间较长的细胞应答。

相反，如果激素（抑制型外部信号）与抑制型受体 R_i（图 7-1 右侧）结合，会引发几乎与左侧完全相同的链式反应，只不过所形成的 $G_{i\alpha}$-GTP 复合物会抑制腺苷酸环化酶的活性而已。α-肾上腺素受体的细胞内效应之一即属这一类型。

R_2C_2 代表 cAMP 依赖的蛋白激酶无活性形式，它具有两种类型的亚基，即催化亚基 C 和调节亚基 R，调节亚基抑制催化亚基。当 cAMP 结合到调节亚基上，便形成 R_2-cAMP$_4$ 复合体，与此同时，C 亚基解离出来，转变为有活性的、自由的催化亚基。C 亚基可以通过磷酸化各种各样的胞内蛋白而将它们活化，从而引起细胞效应。这些胞内蛋白以磷酸化酶为典型代表，此外，还包括组蛋白、核糖体蛋白、脂肪细胞的膜蛋白、线粒体的膜蛋白、微粒体蛋白及溶菌酶等。

咖啡因、茶碱和可可碱与那些利用 cAMP 为细胞内部信号的激素一起，相互协同作用，抑制磷酸二酯酶，阻止 cAMP 分解为 AMP。

有些毒素是通过修饰腺苷酸环化酶系统中的组分而产生它的毒理效应的。霍乱毒素的作用使腺苷酸环化酶总是被锁定在活性状态上。这样，肠细胞内 cAMP 水平过分提高，引起霍乱腹泻。百日咳毒素则是修饰 $G_{i\alpha}$，使结合其上的 GDP 与 GTP 无法交换，因而不能抑制腺苷酸环化酶，从而导致婴儿的百日咳。

（二）受体酪氨酸激酶途径

通过受体酪氨酸激酶途径起作用的激素有胰岛素（insulin）、生长因子（growth factor）、表皮生长因子(epidermal growth factor，EGF)、神经生长因子(nerve growth factor，NGF)等。这类激素的受体肽链 C 端胞内结构域具有酪氨酸激酶(tyrosine kinase)活性，因而被称为受体酪氨酸激酶(RTK)途径。这个途径的作用模式如图 7-3 所示。图中代表质膜的磷脂双层上方为胞外基质，下方为细胞质。膜受体肽链含有一个跨膜片段，在未与激素结合之前以单体形式存在，当激素(如生长因子)与受体结合后，诱发受体二聚化，此时，受体胞内 C端结构域的酪氨酸激酶活性被激活，催化受体本身的酪氨酸残基磷酸化，从而使其与含有 SH2 结构域(又称 Src 同源 2 结构域，因其与已知的 Src 蛋白的一段结构域系列相似而得名)的一种胞内蛋白结合，导致含 SH2 结构域的蛋白质从无活性状态转变为有活性状态，继而产生细胞应答。这一途径引发的细胞应答是，通过对基因表达的调节促进合成代谢，控制细胞的生长和增殖。如果调控系统发生紊乱，会导致细胞分裂、分化和增殖的异常，甚至癌变。

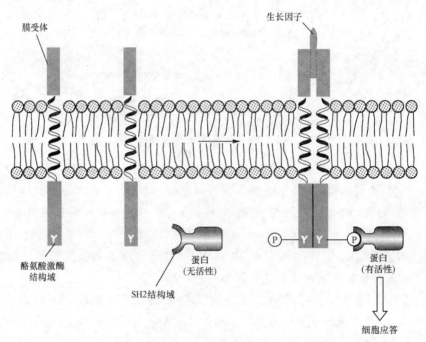

图 7-3 受体酪氨酸激酶的活化

生长因子的结合导致其细胞表面受体的二聚化。胞内酪氨酸激酶结构域之间彼此磷酸化(自磷酸化)，从而使其与含 SH2 结构域的胞内蛋白结合。SH2 与磷酸-Tyr 的结合活化了含 SH2 的蛋白。在一些情况下，含 SH2 结构域的蛋白上特定的 Tyr 残基可以被受体酪氨酸激酶磷酸化

(三) 磷酸肌醇途径

通过磷酸肌醇(phosphoinositide)途径起作用的激素或递质有加压素、血管扩张素 II 和乙酰胆碱、组胺等。与腺苷酸环化酶途径相似，磷酸肌醇系统包括一个跨膜受体、一个 G 蛋白和一种特异的蛋白激酶，其信号传递过程如图 7-4 所示。对信号传递的说明如下：① 激素或递质(外部信号)与受体 R 结合，然后激活 G 蛋白(Gq)。② 活化的 G 蛋白中的 qα 亚基从 β、γ 亚基上解离下来，然后 qα 携带着 GTP 沿质膜侧向扩散，激活膜结合的磷脂酶 C(phospholipase C，PLC)。③ 磷脂酶 C 催化磷脂酰肌醇-4,5-二磷酸(PIP_2)水解，产生肌

醇-1,4,5-三磷酸（IP_3）和 1,2-二酰甘油（DG），见图 7-5。④ 带负电荷的 IP_3 分子是一个水溶性的第二信使，它可以从胞质扩散到内质网中去，在那里，它与 Ca^{2+} 转运通道（既是受体，又是离子通道）结合，并引发内质网中 Ca^{2+} 外流，使胞质中 Ca^{2+} 浓度上升。⑤ Ca^{2+} 通过与钙调蛋白 CaM 结合，形成 Ca^{2+}-CaM 复合物，复合物能活化许多胞内反应。此外，DG 是一种脂溶性第二信使，仍然嵌在质膜上，它可以激活蛋白激酶 C（protein kinase C，PKC），活化的 PKC 使其他胞内蛋白磷酸化，以调节它们的活性，从而产生细胞应答。这种应答，引发糖原代谢和肌肉收缩等生理、生化过程。⑥ PKC 的充分激活还需磷脂酰丝氨酸（phos-phatidylserine, PS）和 Ca^{2+} 的存在。

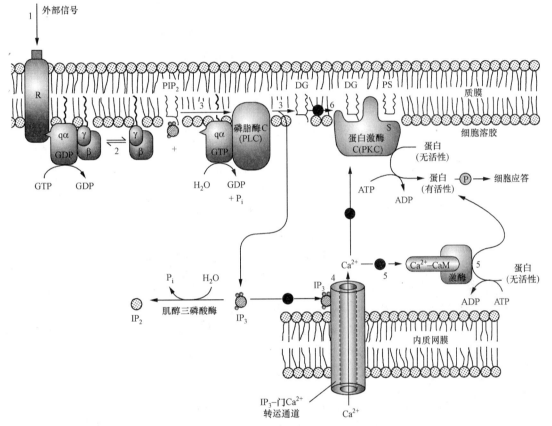

图 7-4　磷酸肌醇信号传导系统

（四）胞内受体的作用途径

前面介绍的激素作用机制有一个共同点，就是激素的受体都位于靶细胞膜上，事实上，很多激素的受体存在于胞浆中或细胞核内。通常，对这类受体起作用的激素由于具有脂溶性而能够穿过细胞膜进入细胞，并与胞内或核内受体结合，从而引发细胞应答。类固醇激素和甲状腺素就是通过胞内受体途径起作用的。

当类固醇激素或甲状腺素进入细胞内与其受体结合后，诱发受体变构激活，使之具有与染色质 DNA 结合的能力（图 7-6）。有的类固醇激素（如糖皮质激素）与胞浆受体结合，有的（如雌二醇、雄激素、孕酮等）则与核内受体结合，但无论在何部位结合，其所形成的复合物都是在核内发挥调节转录的作用。激素-受体复合物在核内与染色质 DNA 特定部位结合，该

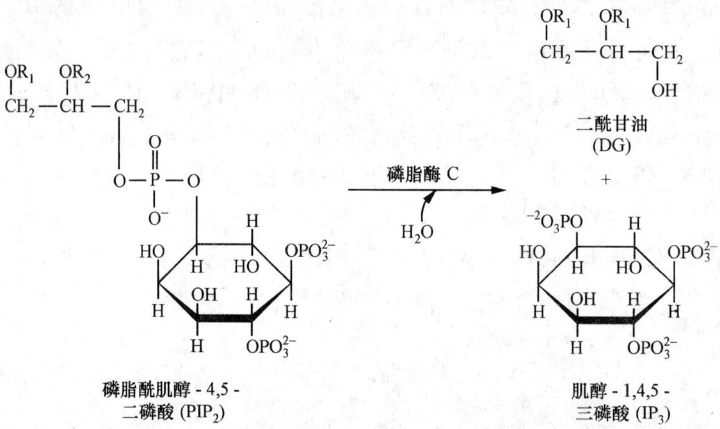

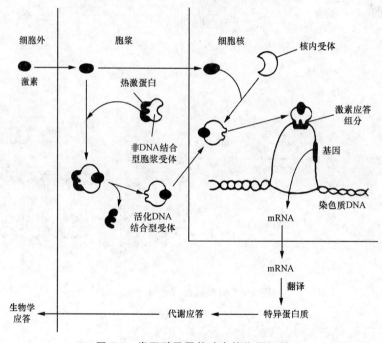

图 7-5 磷酸肌醇-4,5-二磷酸和其水解产物

部位叫激素应答组分(hormone response element,HRE),也可翻译为激素应答元件,它通常是 DNA 区段上的调节部位,属增强子或沉默子。结合后导致相应基因的活化,促进转录的进行,从而改变代谢过程。也有少数是抑制转录的。

图 7-6 类固醇及甲状腺素的作用机制

调节转录过程只是类固醇激素作用的一个方面,此外,它们还能影响基因表达的任何一个环节,诸如转录产物的加工、转运及胞浆对 mRNA 的降解等。

四、激素分泌的调节

对高等动物而言,绝大多数激素的合成和分泌是直接或间接地受到中枢神经系统支配的,见图 7-7。中枢神经系统接受来自体内外的各种信号,经过综合分析,及时发放命令至丘脑下部,再通过丘脑下部的活动,产生相应的释放激素和抑制激素,释放激素促进垂体激素的释放,抑制激素抑制垂体激素的分泌。垂体分泌的促激素又对下一级分泌腺,如甲状腺、肾上腺皮质、性腺等具有刺激作用,促使不同的腺体分泌各自的激素。这些激素又作用于它们的靶细胞,从而产生一系列的生理效应。这种调节,是上一级内分泌腺对下一级内分泌腺的调节。

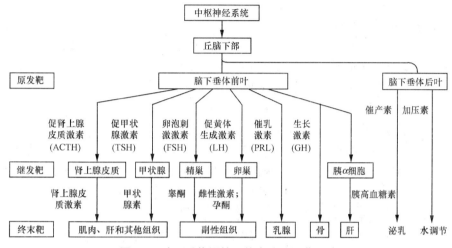

图 7-7　脑下垂体调控下的内分泌调节系统

由上面分析可见,对生命有机体来说,内外环境发生变化时,信息通过相应的感受器和传入神经或是直接地作用于中枢神经系统,从而调节某些激素的合成和分泌,这样,就能使机体内的基本生理、生化活动与内外环境的变化相适应。

激素调节它所作用的靶细胞的生理、生化活动,这些生理、生化活动的效应又反过来影响内分泌腺,对相应激素的合成和分泌进行调节,这称为反馈调节。反馈调节大多数是抑制性的负反馈调节。

有的激素通过激素之间的相互制约、依赖而受到调控。这样的调控,一是协同作用,即对某一代谢过程有相同调节效果的激素,它们的作用是协同的;二是拮抗作用,即两种激素对某一代谢过程的调节方向不一致,甚至相反。如胰岛素和胰高血糖素二者相互制约,共同作用,使机体内血糖维持在恒定的水平上。有人把激素的这种调节作用称为"多元调控"。

五、植物激素和昆虫激素

(一) 植物激素

植物激素是一些对植物生长、发育及代谢起调控作用的有机化合物,自 1934 年分离出第一种植物激素以来,如今对它的研究和认识已有很大发展。高等植物激素共分五大类。

植物生长素(auxin)　高等植物普遍存在的植物生长素为吲哚乙酸,然而在农业上广泛使用的是合成植物生长素,如萘乙酸,可防止棉花及果树过早落铃落花;2,4-二氯苯乙酸,用它处理番茄花时,可提前结实,增加产量。

赤霉素(gibberellin)　它可促进高等植物的发芽、生长、开花和结果。

细胞分裂素(cytokinin)　属嘌呤衍生物,它们能促进细胞的分裂和分化,普遍存在于植物体内。

脱落酸(abscisic acid)　主要存在于衰老植物和休眠器官中,它是植物生长的抑制剂。

乙烯(ethylent)　它能降低植物生长速度,促进果实早熟。

(二) 昆虫激素

昆虫激素(insect hormone)分为昆虫内激素和昆虫外激素。

昆虫内激素由昆虫体内腺体所分泌,对昆虫的生长发育有很大影响。如返幼激素(juvenile hormone)有防止昆虫出现成虫性状的功能,用它处理成虫,会使成虫产生不孕现象。蜕皮激素(molting hormone)可使幼虫内部器官分化、变态及蜕皮。脑激素(brain hormone),由昆虫前脑中的神经分泌细胞分泌,其化学本质为多肽。它能促进昆虫前胸腺分泌蜕皮激素,还具有调节蜕皮激素和返幼激素的作用。

昆虫外激素是由昆虫成虫分泌的化学物质,它分散到空气中,对同种异性昆虫具有刺激和引诱作用,是一种性引诱剂,又称"性信息素"(sexpheromone),常用于害虫防治。目前,已了解家蚕、家蝇、蜜蜂、红铃虫等 30 种昆虫外激素的化学结构,其中部分已能人工合成。

内 容 提 要

激素是由生物体内特殊的组织或腺体产生的,释放到细胞外,或直接分泌到体液中的一群微量有机化合物。激素通过四种类型的机制起作用:腺苷酸环化酶途径、受体酪氨酸激酶途径、磷酸肌醇途径和固醇类激素的胞内受体途径。激素的合成和分泌受中枢神经系统的支配。激素效应反过来影响腺体内分泌的现象称反馈调节。激素之间相互制约、依赖而发挥的调节作用称"多元调控"。

按化学结构的不同,高等动物激素分为含氮激素、甾(固)醇类激素和脂肪酸衍生物激素。

植物激素包括植物生长素、赤霉素、细胞分裂素、脱落酸和乙烯等五大类。昆虫激素分内、外激素两类。

习 题

1. 什么是激素?
2. 按化学结构的不同,高等动物激素可分哪几类? 试举例说明。
3. 激素有哪几种类型的作用机制? 请简略加以说明。
4. 激素的合成和分泌受哪些因素的调控?

第八章　生物能学和生物氧化

一、引　言

（一）生物机体的能量来源

一切生物机体要繁殖、生长和发育，时刻离不开能量。生物机体所需要的能量从哪里来？太阳能是生物机体取之不尽、用之不竭的能源来源。自然界含叶绿素的光合生物吸收太阳能，并将无机化合物 CO_2 和水转变为具有化学能的有机化合物己糖：

$$6CO_2 + 6H_2O \xrightarrow{\quad 光 \quad} C_6H_{12}O_6（己糖）+ 6O_2$$

这是光合生物通过光合作用形成生物分子，将太阳能转变为化学能的机制。光合生物以合成的生物分子为燃料，为自身提供所需要的能量。

非光合生物不能直接利用太阳能，它们必须依赖光合生物合成的糖和脂等有机物质，在机体内氧化所释放的能量来满足生命活动的需要。

（二）生物系统的做功方式

人和动物通过摄取食物从外界环境获得能源物质。人类食物中提供能量的有机物主要为糖类、脂肪和蛋白质。这三类营养物质所含的化学能通过分解代谢逐步释放出来，用于做各种生理功和机械功，或者用于合成反应。未被利用的能量则转化为热能，维持正常体温。

生物系统的做功方式是多种多样的。手臂抬高，使它在重力场中势能增加，这是体内能量通过肌肉活动做机械功。心脏像压缩泵一样起作用，使体内血液循环流动，这是心肌不断在做功。人随年龄增长动脉会硬化、变窄，使血液循环所需要的能量增加，因此血压升高，心脏得做更多的功。细胞膜具有通透性，细胞主动地从环境中摄取所需要的营养物质，同时排放代谢产物和废物，以保持细胞的动态恒定，这时体液中的分子、离子通过膜，克服渗透压而做功。在神经系统中，神经信号的传递则以电功的形式消耗能量。由此可见，生物机体获得能量后，通过做功维持正常的生命活动。

（三）生物系统的能量流转

光合生物能利用光能和无机化合物合成自身所需要的糖类、脂肪和蛋白质等，而非光合生物则从光合生物那里获得各种营养物质，经细胞分解代谢、呼吸作用转化为 ATP，用于做功。

生物机体要繁殖、生长和发育，每时每刻都消耗能量来做功。

热力学是研究热和其他形式能量之间相互转换的科学。把热力学某些规律应用于生物系统，阐明生物机体内化学能的释放、留存和利用的能量转换关系，这就叫生物能学。生物系统能量转换的总结如图 8-1 所示。

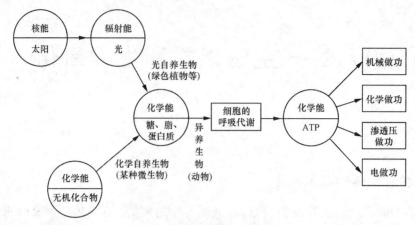

图 8-1　生物系统的能量流转

二、热力学第一和第二定律

生物体和周围环境(surroundings)既有物质交换,又有能量交换,因此,它属热力学开放体系(open system)。生物体内的能量转换关系服从热力学定律。

(一) 热力学第一定律和内能

自然界一切物质都具有能量,能量有各种不同形式,并能够从一种形式转变为另一形式,在转变过程中,能量的总值不变。这就是能量守恒定律。能量守恒定律应用于热力学系统就是热力学第一定律,它的数学表达式为

$$\Delta U = U_2 - U_1 = Q - W$$

此数学式的物理意义是,一个封闭体系由状态 1 变为状态 2,同时从环境吸收的热量为 Q,系统对环境所做的功为 W,则系统内能的增加量就是 ΔU。换句话说,即系统与环境发生能量交换,系统内能的增加量 ΔU 等于系统从环境吸入的热量 Q 减去系统对环境所做的功 W。U_1 代表封闭系统状态 1 的内能,U_2 代表状态 2 的内能。

U 代表内能,它是体系内一切形式能量的总和,包括分子的平动能、转动能、振动能以及分子间的相互作用能,原子、电子的动能和核能等。

(二) 热力学第二定律和熵

在一定条件下,不需要外力推动就能自动发生的过程称为自发过程,它有确定的方向和限度。例如,在浓度不均匀的溶液中,溶质自动向低浓度部分扩散,直至各部分浓度相等时为止。这是一个自发过程。热力学第一定律有局限性,它不能回答一个过程能否自发进行以及自发进行的方向和限度。如果把生物体内某个化学反应看做一个过程,则不能依靠第一定律来判断这个反应能否自发进行。判断过程能否自发进行,需要依靠热力学第二定律。对热力学第二定律的经典表述不止一种,其中 Clausius 的说法是:"不可能把热从低温物体传到高温物体而不引起其他变化"。这个定律指出,热自发地由高温物体流向低温物体,直至两物体的温度相等,热的逆向传导是不可能自发进行的。

当热自高温物体传给低温环境时,便把原来集中在高温物体的能量分散到与它相联系

的环境中了,这样,能量的分散程度就增大。热力学把体系能量分散程度笼统地称为熵(entropy),用 S 来表示。熵值也可作为体系混乱程度的度量,体系变得更无序时,它的熵值增加。熵的变化以 ΔS 表示。可用 ΔS 判断任一过程能否自发进行。在一个孤立体系内发生的任何自发过程,都是向着熵增加的方向进行。所以,自发过程一定是 $\Delta S>0$,只有 $\Delta S>0$ 的生物化学过程才能自发进行。

三、自由能和自由能变化

运用热力学第二定律解决实际问题时,总是将体系和与体系有关的环境加在一起构成孤立体系,即把生命机体和它生存的环境当作一个孤立体系看待,此时

$$\Delta S = \Delta S_{体系} + \Delta S_{环境} \geqslant 0$$

这里体系可为生物机体。$\Delta S>0$ 是自发过程,$\Delta S=0$ 则属可逆过程。由此可见,ΔS 要由体系的熵变和环境的熵变两值求得,而化学反应的熵变是不易测得的,所以,直接用熵变值作为判据,衡量一个生物化学过程能否自发进行是困难的,而用自由能作为判断标准就方便得多。

某一系统的总能量中,能在恒温、恒压和一定体积条件下做有效功的那部分能量叫做自由能,以 G 表示。Gibbs 把热力学第一和第二定律结合起来运用,导出关于自由能的公式:

$$G = H - TS$$

G 为自由能;T 为绝对温度;S 为熵;H 为焓(enthalpy)。

焓是什么? 它是体系内能 U 与该体系的压力 p、体积 V 乘积之和。焓的公式可这样表示:

$$H = U + pV$$

根据自由能公式,在一个化学反应中,反应前的能量状态为 $G_1 = H_1 - TS_1$,反应后的能量状态为 $G_2 = H_2 - TS_2$,则反应前后自由能的变化为

$$G_2 - G_1 = (H_2 - H_1) - T(S_2 - S_1)$$

由此得出自由能变化公式为

$$\Delta G = \Delta H - T\Delta S$$

式中,ΔG、ΔH 和 ΔS 分别为自由能、焓和熵的变化。

自由能变化公式表明,在化学反应中,体系自由能的变化等于该体系焓的变化减去温度与熵变的乘积。根据这个公式,Gibbs 又总结出以下化学反应的自由能降低原理:一个在恒温恒压下自发进行的化学反应,总是伴随着自由能的降低,即放出自由能。这个原理就是 Gibbs 自由能判据,通常又写成

$\Delta G<0$　　　　自由能释放,反应能自发进行;

$\Delta G=0$　　　　反应处于平衡状态;

$\Delta G>0$　　　　反应不能自发进行,在输入所需能量后,反应才可以进行。

ΔG 与化学反应的始态和终态有关,与反应中分子的变化过程无关,反应机制对自由能变化没有影响。ΔG 不能提示一个化学反应进行得快或慢,它与反应速度无关。

四、化学反应中标准自由能变化的计算

一个化合物分子结构中所含的内在能量称为它的自由能含量。在化学反应 $A \Longleftrightarrow B$

中,产物 B 和反应物 A 的自由能差是 $G_B - G_A$,称为自由能变化 ΔG。在生物化学概念中,ΔG 是个重要参数。

上述化学反应 A $\rightleftharpoons$ B 在[A]、[B]为 1 mol/L,1 个大气压,绝对温度为 298(即 273+25)K,pH 为 0 的标准条件下进行,其自由能变化称为标准自由能变化,用 ΔG^0 表示。机体生物化学反应一般是在 pH=7 的情况下进行,与标准条件相比,pH 一项发生了改变,所以,它的标准自由能变化用 $\Delta G^{0'}$ 表示,以便区别于 ΔG^0。

从物理化学的推导得知,自由能变化是标准自由能变化 $\Delta G^{0'}$ 和平衡常数的函数,其关系式是:

$$\Delta G = \Delta G^{0'} + RT \ln \frac{[B]}{[A]}$$

式中 R 为气体常数(1.987 cal·mol^{-1}·K^{-1}),T 为绝对温度(K),[B],[A]单位为 mol/L。

当反应达到平衡时,$\Delta G = 0$,

$$\frac{[B]_{eq}}{[A]_{eq}} = K'_{eq}$$

$[B]_{eq}$ 和 $[A]_{eq}$ 为反应达到平衡时的浓度,K'_{eq} 表示在标准条件下生物化学反应的平衡常数,因此得

$$0 = \Delta G^{0'} + RT \ln \frac{[B]_{eq}}{[A]_{eq}}$$

$$\Delta G^{0'} = -RT \ln K'_{eq}$$

转换成常用对数,则

$$\Delta G^{0'} = -2.303 RT \lg K'_{eq}$$

将 R,T 值代入,得

$$\Delta G^{0'} = -2.303(1.987)(273+25) \lg K'_{eq}$$

$$= -1364 \lg K'_{eq}$$

这里,$\Delta G^{0'}$ 的单位为 cal·mol^{-1},有关国际委员会建议以 J·mol^{-1} 或 kJ·mol^{-1} 为 $\Delta G^{0'}$ 的标准单位。cal 和 J 两种单位的关系是:

$$1 \text{ cal} = 4.184 \text{ J}$$

$$1 \text{ kcal} = 4.184 \text{ kJ}$$

生物机体细胞系统中,能量产生和利用的代谢途径往往由一反应序列组成,然而,整个途径中个别酶促反应自由能变化是具有加成性的,例如,某反应序列为:

$$A \longrightarrow B \longrightarrow C \longrightarrow D$$

$$\Delta G^0_{D-A} = \Delta G^0_{B-A} + \Delta G^0_{C-B} + \Delta G^0_{D-C}$$

尽管有时反应序列中某一酶促反应自由能变化可能大于零,是个正值,但只要自由能变化的总和为负值,则该反应途径就能自发进行。

计算举例:

例题 8.1 $$ATP + H_2O \rightleftharpoons ADP + P_i$$

在 25℃时,测得 ATP 水解的平衡常数为 250 000,求 $\Delta G^{0'}$ 值。

解　$\Delta G^{0'} = -1364 \lg K'_{eq}$

　　　　$= -1.364 \lg K'_{eq}(\text{kcal} \cdot \text{mol}^{-1})$

代入 K'_{eq} 值，则得

$$\Delta G^{0'} = -1.364 \lg 250\,000$$

$$= -7.363 \,(\text{kcal} \cdot \text{mol}^{-1})$$

例题 8.2　　　　　　$\text{G-1-P} \xrightarrow{\text{磷酸葡萄糖变位酶}} \text{G-6-P}$

在 25℃，pH 7.0 条件下，起始时 [G-1-P] 为 0.020 mol/L，平衡时 [G-1-P] 为 0.001 mol/L，求 $\Delta G^{0'}$ 值。

解　$\Delta G^{0'} = -RT \ln \dfrac{[\text{B}]}{[\text{A}]} = -1.364 \lg \dfrac{[\text{B}]}{[\text{A}]}$

按题意得

$$\Delta G^{0'} = -1.364 \lg \frac{[\text{G-6-P}]}{[\text{G-1-P}]}$$

代入已知数值得

$$\Delta G^{0'} = -1.364 \lg \frac{0.020-0.001}{0.001} = -1.364 \lg 19 = -1.745 \,(\text{kcal} \cdot \text{mol}^{-1})$$

例题 8.3　　　　　　$\text{ATP} + \text{H}_2\text{O} \rightleftharpoons \text{ADP} + \text{P}_i$

在 37℃ 时，测得 ATP、ADP 和 P_i 的浓度分别为 0.002，0.005 和 0.005 mol/L，求这种水解条件下的自由能变化。

解　引用公式

$$\Delta G = \Delta G^{0'} + RT \ln \frac{[\text{B}]}{[\text{A}]}$$

$$\Delta G = \Delta G^{0'} + 2.303 \times 1.987 \times 10^{-3} \times (273+37) \lg \frac{[\text{ADP}][\text{P}_i]}{[\text{ATP}]}$$

代入已知数值得

$$\Delta G = -7.363 + 1.419 \lg \frac{0.005 \times 0.005}{0.002}$$

$$= -7.363 + 1.419 \lg 0.0125$$

$$= -7.363 - 2.700 = -10.063 \,(\text{kcal} \cdot \text{mol}^{-1})$$

例题 8.4　　　　　　$\text{ATP} + \text{H}_2\text{O} \rightleftharpoons \text{ADP} + \text{P}_i$

在 25℃ 和 pH 7 条件下，测得人的红细胞的 ATP、ADP 和 P_i 的浓度分别为 2.25，0.25 和 1.65 mmol/L，求 ATP 水解实际自由能的变化。

解　根据公式

$$\Delta G = \Delta G^{0'} + RT \ln \frac{[\text{B}]}{[\text{A}]}$$

按题意得

$$\Delta G = \Delta G^{0'} + 1.364 \lg \frac{[\text{ADP}][\text{P}_i]}{[\text{ATP}]}$$

代入已知数值得

$$\Delta G = -7.363 + 1.364 \lg \frac{(2.50 \times 10^{-4})(1.65 \times 10^{-3})}{2.25 \times 10^{-3}}$$

$$= -7.363 + 1.364 \lg (1.83 \times 10^{-4})$$

$$= -7.363 + 1.364 \times (-3.74)$$

$$= -7.363 + (-6.101)$$

$$= -13.464 \ (\text{kcal} \cdot \text{mol}^{-1})$$

平衡常数与标准自由能变化($\Delta G^{0'}$)数值关系见表 8-1。

表 8-1　K'_{eq} 与 $\Delta G^{0'}$ 的关系　　　　　　　　　　　$\text{kcal} \cdot \text{mol}^{-1}$

K'_{eq}	$\Delta G^{0'}$	K'_{eq}	$\Delta G^{0'}$
0.001	+4.092	10	-1.364
0.01	+2.728	100	-2.728
0.1	+1.364	1000	-4.092
1	0		

标准条件下，K'_{eq}，$\Delta G^{0'}$ 和化学反应方向之间的关系列于表 8-2。

表 8-2　标准条件下 K'_{eq}，$\Delta G^{0'}$ 和化学反应方向的关系

K'_{eq}	$\Delta G^{0'}$	以 1 mol/L 组分开始，反应属
>1.0	<0	向前反应
1.0	=0	处于化学平衡下
<1.0	>0	逆转反应

例题 8.5　计算 G-6-P 异构为 G-1-P 的 $\Delta G^{0'}$ 以及 25 ℃ 条件下的 $\dfrac{[\text{G-6-P}]}{[\text{G-1-P}]}$ 的平衡比值是多少？已知 G-6-P，G-1-P 的 $\Delta G^{0'}$ 分别为 -3.3，-5.0 kcal $\cdot$ mol^{-1}。

解　　$\Delta G^{0'} = -5.0 - (-3.3) = -1.7 \ (\text{kcal} \cdot \text{mol}^{-1})$

$$-1.7 = -2.303RT \lg \frac{[\text{G-1-P}]}{[\text{G-6-P}]}$$

$$-1.7 = -1.364 \lg \frac{[\text{G-1-P}]}{[\text{G-6-P}]}$$

$$\lg \frac{[\text{G-1-P}]}{[\text{G-6-P}]} = 1.246$$

$$\frac{[\text{G-1-P}]}{[\text{G-6-P}]} = 17.63$$

例题 8.6　丙糖异构酶催化下列反应：

二羟丙酮磷酸 ⇌ 甘油醛-3-磷酸

在标准条件下，测得 K'_{eq} 为 0.0475，求 $\Delta G^{0'}$；平衡时，上述反应中反应物和产物的浓度分别为 2×10^{-4} mol $\cdot$ L^{-1} 和 3×10^{-6} mol $\cdot$ L^{-1}，其 ΔG 为多少？

解　根据公式

$$\Delta G^{0'} = -RT \ln K'_{eq}$$

$$\Delta G^{0'} = -2.303 \times 1.987 \times 10^{-3} \times 298 \times \lg 0.0475$$

$$= -1.364 \times \lg 0.0475$$

$$= 1.81 \ (\text{kcal} \cdot \text{mol}^{-1})$$

$$\Delta G = \Delta G^{0'} + RT \ln \frac{[\text{甘油醛 -3- 磷酸}]}{[\text{二羟丙酮磷酸}]}$$

$$= 1.81 + 2.303 \times 1.987 \times 10^{-3} \times 298 \times \lg \frac{3 \times 10^{-6}}{2 \times 10^{-4}}$$

$$= 1.81 - 2.487 = 0.677 \ (\text{kcal} \cdot \text{mol}^{-1})$$

由例题 8.6 的计算结果看出，$\Delta G^{0'}$ 和 ΔG 二者是有重要区别的。$\Delta G^{0'}$ 取决于平衡常数 K'_{eq}，而 ΔG 则与反应物和产物的浓度有关。$\Delta G^{0'}$ 虽然为正值（$+1.81$），但 ΔG 为负值（-0.677），以 ΔG 为判断标准，反应能够自发进行。

五、高能化合物

（一）高能化合物的概念

在给高能化合物下定义之前，先了解什么是高能键。化合物中某些共价键，在标准条件下水解时产生大量自由能，这类共价键称为高能键，用"～"表示。这里，高能键指的是水解这个键时的 $\Delta G^{0'}$，而不是断裂该键所需的能量。一般水解高能键释放的能量等于或大于 $5 \ \text{kcal} \cdot \text{mol}^{-1}$。

具有高能键的化合物称为高能化合物。生物机体内的高能化合物以高能磷酸化合物为主，例如 ATP 和 ADP 等，它们在机体换能过程中起重要作用。

（二）高能化合物的类型

生物机体内的高能化合物可分为 4 类：

（1）磷氧键型　这一型，包括 1,3-二磷酸甘油酸、乙酰磷酸、氨甲酰磷酸、酰基腺苷酸、氨酰腺苷酸、无机焦磷酸、NTP、dNTP、NDP、dNDP（N 代表核糖核苷，dN 代表脱氧核糖核苷）和磷酸烯醇式丙酮酸等。在生物机体细胞中，以 ATP 的含量最丰富，见表 8-3。

表 8-3　某些细胞三类核苷酸、磷酸和磷酸肌酸浓度　　mmol/L

	ATP	ADP	AMP	P_i	PCr
大肠杆菌	7.90	1.04	0.82	7.9	0
大鼠肝	3.38	1.32	0.29	4.80	0
大鼠肌肉	8.05	0.93	0.04	8.05	28
大鼠脑	2.59	0.73	0.06	2.72	4.7
人红细胞	2.25	0.25	0.02	1.65	0

注：PCr 表示磷酸肌酸。

（2）氮磷键型　如磷酸肌酸和磷酸精氨酸。

（3）硫酯键型　如 $3'$-磷酸腺苷-$5'$-磷酰硫酸和酰基 CoA。

（4）甲硫键型 如 S-腺苷甲硫氨酸。

以上所列高能化合物中含有磷酸基团的占绝大多数。

（三）ATP 的重要作用

生物机体在维持生命活动时需要大量的能量,这些能量,不论来自食物的氧化,还是由所捕获的光能提供,在细胞中都必须转化为一种特殊的关键物质,即 ATP。在为数不少的高能化合物中,ATP 最重要,它的含量较丰富,分布在细胞核、细胞质和线粒体中,直接参与细胞内各种代谢反应的能量转换。ATP 水解生成 ADP 和释放能量,供给代谢需要,ADP 则可接受代谢反应释放的能量,重新生成 ATP。

$$ATP + H_2O \longrightarrow ADP + P_i \qquad \Delta G^{0'} = -7.3 \text{ kcal} \cdot \text{mol}^{-1}$$

$$ATP + 2H_2O \longrightarrow AMP + 2P_i \qquad \Delta G^{0'} = -14.6 \text{ kcal} \cdot \text{mol}^{-1}$$

ATP 水解为 AMP 和 2 分子无机磷酸(P_i)的 $\Delta G^{0'}$ 值恰好等于 ATP 水解为 ADP,ADP 水解为 AMP 两个 $\Delta G^{0'}$ 值之和。

ATP 和其他重要高能化合物水解的标准自由能变化如表 8-4 所示。

表 8-4 高能化合物水解的标准自由能变化 $\qquad$ kcal $\cdot$ mol^{-1}

高能化合物	$\Delta G^{0'}$	高能化合物	$\Delta G^{0'}$
磷酸烯醇式丙酮酸	-14.8	ATP($\rightarrow$ADP+P$_i$)	-7.3
氨甲酰基磷酸	-12.3	ADP($\rightarrow$AMP+P$_i$)	-7.3
1,3-二磷酸甘油酸	-11.8	葡萄糖-1-磷酸	-5.0
磷酸肌酸	-10.3	果糖-6-磷酸	-3.8
乙酰磷酸	-10.1	葡萄糖-6-磷酸	-3.3
磷酸精氨酸	-7.7	甘油-1-磷酸	-2.2

在表 8-4 的排列中可以看出,$\Delta G^{0'}$ 值从上到下,从左到右呈逐步上升趋势,ATP 水解所释放的自由能值正好处在中间的位置。按照热力学定律,某一反应释放的自由能值越小,则该反应越容易自发进行。表中排序在前的任何一种磷酸化合物都倾向于将磷酸基团转移给排列在其后的受体分子。换句话说,排序越靠前的化合物,其磷酸基团转移的热力学趋势越大。ADP 能接受 ATP 和排列在其前的任何一种化合物的磷酸基团,从而生成 ATP,而 ATP 则倾向于将它的磷酸基团转移给排在其后的受体。由此可见,ATP 在磷酸基团转移过程里起中间载体作用。ATP 可以为排列在它后面的化合物提供能量,使之转变成高能磷酸化合物,而 ADP 则可以从排列在其前面的化合物那里接受能量,转变成 ATP。所以,ATP 只是能量的携带者和传递者,在能量转换中起重要作用,但它不是能量的贮存物质。有贮能作用的化合物是磷酸肌酸和磷酸精氨酸等。

（四）磷酸原的贮能作用和细胞内 ATP 的动态平衡

以高能磷酸形式贮能的物质称为磷酸原(phosphagen),它们包括磷酸肌酸、磷酸精氨酸和磷酸蚯蚓磷脂等。其中前两种最重要。磷酸原存在肌肉组织、脑组织和神经组织中,在防止脑组织 ATP 的突然缺乏方面具有重要意义。从表 8-4 中可见,磷酸肌酸水解的 $\Delta G^{0'}$ 为 10.3 kcal $\cdot$ mol^{-1},比 ATP 水解的 $\Delta G^{0'}$ 值高,所以,它能将自身贮存的能量随磷酸基团的转移迅速传递给 ADP,以生成 ATP。ADP-ATP 途径是磷酸肌酸转移磷酸基团的唯一途径,因此,人们认为磷酸肌酸是高能物质 ATP 的能量贮存库。

磷酸精氨酸是无脊椎动物肌肉中的贮能物质,它的作用与磷酸肌酸相同,都能在一定时间内给剧烈活动的肌肉细胞提供能量需要。

生活细胞在生命活动中无时无刻不需要能量供应,所以,ATP 的消耗量是可观的。定量测定的结果表明,细胞内 ATP 和 ADP 的浓度较稳定,但含量有限,如,有人估量,各类细胞中 ADP 的典型浓度是 0.1 mmol/(L·kg 活组织)。然而在生命活动中,各种细胞并不缺乏这类高能化合物。在一般组织的生命活动中,ATP 消耗过程比较平稳,但动物肌肉组织却是另一种情况,它常发生快速反应。肌肉的快速收缩立即需要大量 ATP,人类突然发生剧烈运动时,肌肉消耗的 ATP 多达 6 mmol/(L·kg·s)。事实表明,"手边"有足够的高能磷酸化合物贮存时,这种活动才能发生。细胞内 ATP 的浓度相对稳定,含量有限,如何满足剧烈运动的肌肉组织对能量的大量需要呢? 这就要求 ATP 和 ADP 的转换速度能够随细胞活动的情况而不断变化。细胞合成 ATP 的速度受消耗 ATP 速度的调控,消耗量大,合成速度快;消耗量小,合成速度慢。此外,ADP 的含量对 ATP 的合成速度也有很大影响。细胞内的调节系统,一方面保障提供细胞所需的 ATP;另一方面使 ATP 维持相对恒定的水平,这就是细胞内 ATP 的动态平衡。

细胞内 ATP、GTP 和 CTP 之间可以相互转化,这对维持 ATP 的动态平衡起一定作用,但是,正如下列反应式所表示,起重要作用的是以磷酸肌酸贮能为基础的 ADP-ATP 途径:

磷酸肌酸　　　　　　　　　　肌酸

这一反应式,表明了磷酸肌酸和 ATP 相互转化的关系。ATP 过剩时,以磷酸肌酸贮能;ATP 不足时,磷酸肌酸转化为 ATP。肌肉中磷酸肌酸的含量比 ATP 约高出 3~4 倍,足以维持 ATP 的恒定水平。

六、氧化磷酸化作用

(一) 生物氧化的基本概念

生物机体所需能量的来源主要依靠对糖类、脂类和蛋白质等有机物的氧化作用。生物机体一切代谢物在细胞内分解成 CO_2 和水,并放出能量以形成 ATP 的过程,统称为生物氧化。生物氧化实际上是需氧细胞呼吸作用中的一系列氧化还原反应,所以又称细胞氧化或细胞呼吸,由于是在组织中进行,也称为组织呼吸。

在化学本质上,生物氧化和物质在体外的氧化虽然相同,但二者进行的方式却大不一样。生物氧化有三个特点：首先，生物氧化是在细胞内进行，反应条件温和（体温，pH 近于中性）；其次，生物氧化所包括的化学反应几乎都是在酶催化下完成，能量逐步放出，这样不会引起体温突然升高，而且可使释放的能量得到最有效利用；再次，生物氧化过程产生的能量，一般是以化学能的方式贮存在高能磷酸化合物 ATP 中。相反，有机分子的体外燃烧需要高温，且瞬间释放产生大量的光和热。

（二）标准氧化还原电势

在生物体内，氧化总是与还原偶联进行的。氧化还原反应中，一方面还原剂失去电子，本身被氧化；另一方面，氧化剂从中得到电子，本身被还原。氧化还原反应是电子从还原剂转移到氧化剂的过程，它往往是可逆的。

在氧化还原反应中，自由能的变化与反应物给出或接受电子的趋势成比例。这种趋势以数值表示，称为氧化还原电势，即以氧化电势或还原电势表示的电极电势。氧化电势是指通过电子丢失而产生氧化还原反应趋势所得到的电极电势，还原电势是指通过电子获得而产生氧化还原趋势所得到的电极电势。二者数值相等，但符号相反，通常用 E 表示。

标准氧化还原电势是指 25℃，pH 0 时，1 个大气压下，所有反应物、产物浓度为 1 mol/L 的半反应电极电势，以 E^{0} 表示。在上述情况下，如果改变一个条件，即 pH＝7（生物化学反应），这样所得的标准氧化还原电势用 $E^{0'}$ 表示，标准氧化还原电势的变化以 $\Delta E^{0'}$ 表示，即

$$\Delta E^{0'} = E_1^{0'} - E_2^{0'}$$

其中 $E_1^{0'}$ 代表标准氧化电极电势，$E_2^{0'}$ 代表标准还原电极电势。

哺乳动物某些氧化还原系统的 $E^{0'}$ 值列于表 8-5。表中的 V 代表伏。所列数据表明，标准电极电势 $E^{0'}$ 值越小，即电负性越大，给出电子的倾向越大，即还原能力越强；$E^{0'}$ 值越大，即电正性越大，得到电子的倾向越大，也就是氧化能力越强。所以电子总是从较低电势（即 $E^{0'}$ 值较小）向较高电势（即 $E^{0'}$ 值较大）方向流动。

任何氧化还原物质与标准氢电极组成原电池，都可测定其标准氧化还原电势，但在实际工作中，由于氢电极使用不方便，往往采用一些比较简便稳定的参比电极（如甘汞电极）来代替氢电极。

标准自由能变化 $\Delta G^{0'}$ 与标准氧化还原电势变化 $\Delta E^{0'}$ 之间的关系如下：

$$\Delta G^{0'} = -nF\Delta E^{0'}$$

式中 n 为转移电子数，F 为法拉第常数，数值为 23 063 cal·V^{-1}·mol^{-1}，$\Delta G^{0'}$ 和 $\Delta E^{0'}$ 分别以 kcal·mol^{-1} 和 V 为单位。

公式 $\Delta G^{0'} = -nF\Delta E^{0'}$ 对计算呼吸链（电子传递链）中的每步电子传递的自由能变化是非常有用的。

例题 8.7 计算下列反应的 $\Delta E^{0'}$ 和 $\Delta G^{0'}$ 值：

$$\frac{1}{2}O_2 + NADH(H^+) \Longleftrightarrow NAD^+ + H_2O$$

表 8-5　某些氧化还原系统的 $E^{0'}$

还　原　剂	氧　化　剂	转移电子数(n)	$E^{0'}$/V
琥珀酸＋CO_2	α-酮戊二酸	2	-0.67
乙醛	乙酸	2	-0.60
2 铁氧还蛋白(还原型)	2 铁氧还蛋白(氧化型)	$2\times1^*$	-0.43
H_2	$2H^+$	2	-0.42
NADH(H^+)	NAD^+	2	-0.32
NADPH(H^+)	$NADP^+$	2	-0.32
硫辛酸(还原型)	硫辛酸(氧化型)	2	-0.29
β-羟丁酸	乙酰乙酸	2	-0.27
谷胱甘肽(还原型)	谷胱甘肽(氧化型)	2	-0.23
乙醇	乙醛	2	-0.20
乳酸	丙酮酸	2	-0.19
苹果酸	草酰乙酸	2	-0.17
黄素蛋白(FMN,还原型)	黄素蛋白(FMN,氧化型)	2	-0.03
琥珀酸	延胡索酸	2	$+0.03$
2 细胞色素 b($2Fe^{2+}$)	2 细胞色素 b($2Fe^{3+}$)	$2\times1^*$	$+0.07$
抗坏血酸	脱氢抗坏血酸	2	$+0.08$
CoQ(还原型)	CoQ(氧化型)	2	$+0.10$
2 细胞色素 c_1($2Fe^{2+}$)	2 细胞色素 c_1($2Fe^{3+}$)	$2\times1^*$	$+0.23$
2 细胞色素 c($2Fe^{2+}$)	2 细胞色素 c($2Fe^{3+}$)	$2\times1^*$	$+0.25$
2 细胞色素 aa_3($2Fe^{2+}$)	2 细胞色素 aa_3($2Fe^{3+}$)	$2\times1^*$	$+0.29$
H_2O	$\frac{1}{2}O_2+2H^+$	2	$+0.82$

＊铁氧还蛋白和各种细胞色素的电子由铁传递($Fe^{2+}-e^-\longrightarrow Fe^{3+}$, $Fe^{3+}+e^-\longrightarrow Fe^{2+}$),仅涉及一个 e,但生命系统中,总是以 2H 或 $2e^-$ 形式传递的,故为 2×1。

解　查表 8-5 得知,上述反应中的两个半反应是
氧-水对

$$\frac{1}{2}O_2+2H^++2e^-\Longleftrightarrow H_2O, \quad E^{0'}=+0.82\text{ V} \tag{1}$$

NAD^+-NADH 对

$$NAD^++H^++2e^-\Longleftrightarrow NADH, \quad E^{0'}=-0.32\text{ V} \tag{2}$$

(1)－(2)

$$\Delta E^{0'}=+0.82-(-0.32)=+1.14\text{ (V)}$$

代入公式得

$$\Delta G^{0'}=-2\times23.063\times1.14$$
$$=-52.584$$
$$=-52.58\text{ (kcal}\cdot\text{mol}^{-1})$$

例题 8.8　求下列反应的 $\Delta G^{0'}$ 值:

$$丙酮酸＋NADH(H^+)\Longleftrightarrow 乳酸＋NAD^+$$

解　查表 8-5 得知,上述反应的两个半反应是

丙酮酸-乳酸对

$$丙酮酸+2H^++2e^-\longrightarrow 乳酸，\quad E^{0'}=-0.19\ V \tag{3}$$

NAD^+-NADH 对

$$NAD^++H^++2e^-\longrightarrow NADH，\quad E^{0'}=-0.32\ V \tag{4}$$

(3)-(4)

$$\Delta E^{0'}=-0.19-(-0.32)=+0.13\ (V)$$

代入公式得

$$\Delta G^{0'}=-2\times 23.063\times 0.13$$
$$=-5.996$$
$$=-6\ (kcal\cdot mol^{-1})$$

（三）呼吸链

生物体内,代谢物被脱氢酶激活脱氢和电子,经过一系列递氢体以及电子传递体的传递作用,最后将质子和电子传递给被激活的氧原子,从而形成水的全过程称为呼吸链(respiratory chain)。呼吸链是典型的多酶氧化还原体系,参与这一体系催化作用的酶和辅酶一个接一个排列构成链状反应。由于这个氧化还原体系不但传递氢,还包含一系列电子传递过程,所以呼吸链又称电子传递链。

原核生物细胞的呼吸链存在于质膜上,真核生物细胞的呼吸链存在于线粒体的内膜上,而且形式不止一种。一般讲,生物进化越高级,其呼吸链的构成就越趋于完善。经过几十年的研究,目前普遍认为,在具有线粒体的生物中,存在两条典型的呼吸链,即 NADH 呼吸链和 $FADH_2$ 呼吸链,见图 8-2。这是根据代谢物上脱下氢的初始受体不同而区分的。

动物、植物和微生物的呼吸链虽有不同,但是,传递电子的顺序基本上是一致的。

从图 8-2 中可见,两条呼吸链主要由存在于线粒体内膜上的几个大的蛋白复合物构成。它们分别是,复合物 I (NADH-Q 还原酶,即 NADH 脱氢酶)、复合物 II (QH$_2$-细胞色素 c 还原酶,即细胞色素还原酶)、复合物 III (细胞色素氧化酶)和复合物 IV (琥珀酸-Q 还原酶)。

NADH 呼吸链是这样传递氢和传递电子的:代谢物 MH_2 由以 NAD 或 NADP 为辅酶的不需氧脱氢酶催化脱氢,变成氧化了的代谢物 M,脱下的氢被该酶的辅酶接受,接受了氢的辅酶转变为 $NADH+H^+$ 或 $NADPH+H^+$;NADH 或 NADPH 被黄（素）酶氧化成 NAD^+ 或 $NADP^+$,脱下的氢被黄酶的辅酶 FAD 或 FMN 接受形成 $FADH_2$ 或 $FMNH_2$;$FADH_2$ 或 $FMNH_2$ 脱下的氢以质子和电子的形式出现,电子通过铁硫蛋白传递给辅酶 Q,质子则从线粒体基质中被辅酶 Q 吸收,从而形成还原型辅酶 Q(QH_2);还原型辅酶 Q 将电子传给氧化型细胞色素 b,使之变为还原型,质子则释放到溶液中;还原型细胞色素 b 将电子传给铁-硫中心,再传给细胞色素 c_1、c 和 aa_3,细胞色素 aa_3 以复合物形式存在,含有铁离子和铜离子,两种离子以价态变化的形式传递电子,氧化型细胞色素 aa_3 接受电子后成为还原型,然后再由它将电子传给分子氧使之活化;活化的氧(O^{2-})与存在液体中的质子(H^+)结合成水。值得指出的是,呼吸链中从细胞色素 b 到 O^{2-} 这一阶段的传递体只传递电子。

与 NADH 呼吸链相比,$FADH_2$ 呼吸链传递氢的情况不同。在 $FADH_2$ 呼吸链中,琥珀酸脱氢酶催化琥珀酸脱氢,其辅酶接受脱下的氢转变为 $FADH_2$ 或 $FMNH_2$。$FADH_2$ 或 $FMNH_2$ 在重新氧化时脱下的氢也以质子和电子的形式出现,电子通过铁-硫中心传给辅酶

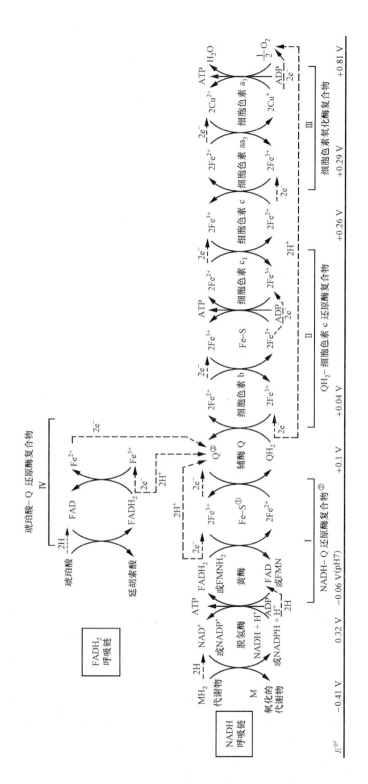

图 8-2 NADH 和 FADH₂ 两条呼吸链中 H⁺ 和电子的传递

① Fe-S 代表铁硫蛋白；② NADH-Q 还原酶又称 NADH 脱氢酶；③ 辅酶 Q 也常写为 CoQ(引自郑集，等，2004)

Q,质子被辅酶 Q 吸收,从而转变为还原型辅酶 Q。从还原型辅酶 Q 起,质子、电子往下传递的情况就和 NADH 呼吸链的完全一样了。

呼吸链的主要成员按标准氧化还原电势 $E^{0'}$ 值增加的顺序依次排列,$E^{0'}$ 值越小,即电负性越大,给出电子的倾向越大,越易成为还原剂,排列在链的前端。$E^{0'}$ 值越大,即电正性越大,得到电子的倾向越大,越易成为氧化剂而处于链的末端。换言之,电子必然逐步地从电负性较大的成员通过链向电正性较大的氧流动。呼吸链中的各个成员不可缺少,其顺序不能颠倒。

(四) 氧化磷酸化的偶联和 ATP 的生成

伴随着电子从 NADH 或 FADH$_2$ 到氧的传递,ADP 被磷酸化为 ATP,这一酶促过程称为氧化磷酸化(也叫电子传递磷酸化)作用。这里,氧化过程所产生的能量主要用于 ATP 的合成,两者偶联在一起。

在 NADH 呼吸链中,有三个氧化磷酸化偶联部位,这三个部位能使氧化还原时释放的能量转化为 ATP;在 FADH$_2$ 呼吸链中,有两个氧化磷酸化偶联部位,这两个部位也能使氧化还原时释放的能量转化为 ATP。

NADH 呼吸链生成 ATP 的三个部位见图 8-3。从图中可见,生成 ATP 的三个部位正是 $\Delta G^{0'}$ 值比较大的部位。现在根据公式 $\Delta G^{0'} = -nF\Delta E^{0'}$ 计算三个部位的 $\Delta G^{0'}$ 值:

第一个部位,在 NAD$^+$ 和辅酶 Q(CoQ)之间,

$$\Delta G^{0'} = -2 \times 23.063 \times [(+0.10) - (-0.32)]$$
$$= -2 \times 23.063 \times 0.42$$
$$= -19.4 \ (\text{kcal} \cdot \text{mol}^{-1})$$

19.4 kcal · mol^{-1} ≫ 7.3 kcal · mol^{-1},可以形成 1 分子 ATP。

第二部位,在细胞色素 b(cytb)和细胞色素 c(cytc)之间,

$$\Delta G^{0'} = -2 \times 23.063 \times [(+0.25) - (+0.07)]$$
$$= -2 \times 23.063 \times 0.18$$
$$= -8.3 \ (\text{kcal} \cdot \text{mol}^{-1})$$

8.3 kcal · mol^{-1} ≫ 7.3 kcal · mol^{-1},也足够形成 1 分子 ATP。

第三个部位,在细胞色素 a,a$_3$(cyta,a$_3$)和 O$_2$ 之间,

$$\Delta G^{0'} = -2 \times 23.063 \times [(+0.82) - (+0.29)]$$
$$= -2 \times 23.063 \times 0.53$$
$$= -24.4 \ (\text{kcal} \cdot \text{mol}^{-1})$$

24.4 kcal · mol^{-1} ≫ 7.3 kcal · mol^{-1},更可以形成 1 分子 ATP。

因为 1 mol ATP 水解为 ADP 时,能释放 7.3 kcal · mol^{-1} 的能量,所以理论上生成 ATP 需要的能量至少应超过 7.3 kcal · mol^{-1}。由上面的计算结果看出,在 NADH 呼吸链中,三个氧化磷酸化偶联部位,也就是三个形成 ATP 的部位,与链内复合物 Ⅰ、Ⅱ 和 Ⅲ 的部位是一致的。

氧化磷酸化作用和底物水平的磷酸化作用有原则的区别。氧化磷酸化作用是指直接与电子传递相偶联的 ADP 形成 ATP 的磷酸化过程;底物水平的磷酸化是指,ATP 的形

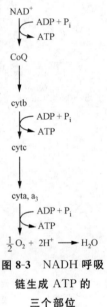

图 8-3　NADH 呼吸链生成 ATP 的三个部位

成直接由一个代谢中间产物上的磷酸基团转移到 ADP 分子上所致。即在底物被氧化的过程中,形成了某些高能磷酸化合物的中间产物,通过酶的作用能使 ADP 磷酸化而生成 ATP:

$$X\sim ℗+ADP\longrightarrow ATP+X$$

式中 $X\sim ℗$ 代表中间产物,如糖酵解作用中甘油醛-3-磷酸转变成的 1,3-二磷酸甘油酸;三羧酸循环中 α-酮戊二酸氧化脱羧生成的琥珀酰辅酶 A 等都属这类物质。底物磷酸化形成高能化合物,其能量来源于伴随着底物的脱氢,分子内部能量的重新分布,这也是捕获能量的一种方式,它与氧的存在与否无关。

(五) 氧化磷酸化作用的机制

1. 三种假说

经过多年研究,已明确氧化磷酸化作用是与电子传递相偶联的,但是,电子在传递链中从一个中间载体到另一个中间载体,究竟怎样促使 ADP 磷酸化,还有许多问题尚未弄清楚。存在三种假说解释氧化磷酸化的机制:

(1) 化学偶联假说

1953 年,E. C. Slater 首先提出化学偶联假说。甘油醛-3-磷酸在脱氢酶催化下脱氢,生成 1,3-二磷酸甘油酸,其中的能量再转给 ADP 和无机磷 P_i,从而生成 ATP。在这样的事实启发下,他认为,电子传递过程产生一种活泼的高能共价中间物,随后,这种中间物裂解释放出能量,驱动氧化磷酸化作用的进行。但是,至今在氧化磷酸化作用中一直未找到任何一种活泼的高能中间产物,故对其研究兴趣日减。

(2) 构象变化偶联假说

1964 年,P. D. Boyer 提出的构象变化偶联假说认为,电子沿着呼吸链传递使线粒体内膜蛋白质发生构象变化,产生一种高能构象状态的分子,它是由于维持三维构象的氢键、疏水相互作用等次级键的位置和数量发生变化所引起,是能量变化的结果。当这些分子恢复正常构象时,释放出高能状态所贮存的能量,促使 ADP 磷酸化生成 ATP。尽管在 ATP 合成过程中可能包含有不同形式的构象变化偶联现象,但是,至今尚未找到有力证据支持这一假说。

(3) 化学渗透偶联假说

这一假说由英国生物化学家 P. Mitchell 于 1961 年提出,其要点如下:氧化磷酸化作用的进行需要封闭的线粒体内膜的存在,呼吸链中的递氢体和电子传递体在线粒体内膜上有特定的位置和顺序,形成有方向性的质子、电子转移氧化还原系统;当递氢体接受从线粒体内膜内侧基质 $NADH+H^+$ 传来的氢后,即将其中的电子传给紧接其后的电子传递体,同时通过位于呼吸链复合物 I、II 和 III 的特异性交换扩散系统将质子 H^+ 泵出,向内膜的外侧(内膜、外膜之间的空间)转移,3 个复合物中的每一个都可看做由电子传递驱动的质子泵;线粒体内膜对 H^+、OH^-、K^+ 和 Cl^- 等离子都是不通透的,显然,H^+ 不能自由通过它,泵到内膜外侧的 H^+ 也不能自由返回内膜内侧,因而使内膜外侧的 H^+ 浓度高于内侧,形成 H^+ 浓度的跨膜梯度,此时膜外侧的 pH 较内侧约低 1.0 单位,从而使内膜两侧形成化学电位差(外正内负),其中蕴藏着电子传递过程所释放的能量(图 8-4);当内膜外侧的 H^+ 通过位于内膜上的 ATP 合酶返回内侧时,释放出能量(此能量来源于 H^+ 浓度的跨膜梯度),驱动 ADP 与 P_i 合成 ATP(图 8-5)。

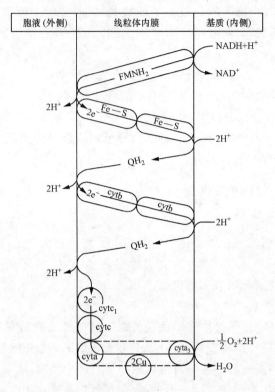

图 8-4　化学渗透学说中呼吸链上氧化还原环节可能的构型图

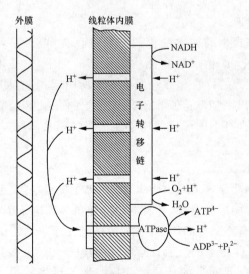

图 8-5　化学渗透假说中的 ATP 合成

　　三种假说相比,化学渗透假说获得较多实验证据,P. Mitchell 因此于 1978 年被授予诺贝尔化学奖。虽然如此,但在氧化磷酸化过程中,诸如 H^+ 究竟是怎样通过电子传递链而被逐出的等问题,尚待进一步阐明。

　　2. 氧化磷酸化的结构基础

　　氧化磷酸化作用之所以发生在线粒体内膜上,是有它的形态结构基础的(图 8-6)。内膜含有 NADH 脱氢酶、琥珀酸脱氢酶、铁硫蛋白、细胞色素 b、c_1、c、a 和 a_3。氧化在内膜不溶部分中进行,而磷酸化是在内膜表面的球体内进行。内膜球体是形成 ATP 所不可缺少的一种酶复合体,这个复合体称为 ATP 合酶(ATP synthase)。ATP 合酶复合物由两个主要单元(unit)构成:

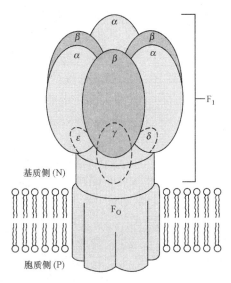

基质侧 (N)

F_O

胞质侧 (P)

图 8-6　ATP 合酶的结构

F_1 单元　因为它是在能量贮存中起偶联作用的重要因素,故简称为 F_1,其相对分子质量为 $3.6\times10^5\sim3.8\times10^5$,直径 9 nm,含 9 个亚基($\alpha_3\beta_3\gamma\delta\varepsilon$),是催化 ATP 合成的单元。

F_O 单元　相对分子质量为 2.5×10^4,是疏水的内在蛋白质,镶嵌在线粒体内膜中,呼吸链围绕其周围,它由四种亚基组成,这些亚基在内膜中形成跨膜的质子通道,质子从 F_O 蛋白向 F_1 蛋白流动。F_O 中的 O 表示对寡霉素敏感的部位。

ATP 合酶又称为 F_OF_1-ATP 酶(F_OF_1-ATPase),它除了 F_O 和 F_1 两个主要单元之外,还包括位于 F_O 和 F_1 之间的柄部,柄部也起调节质子流的作用,由三种蛋白质组成,其中一种对寡霉素敏感,称为寡霉素敏感蛋白(OSCP),因此,有时也将柄部合并入 F_O。

ATP 合酶主要功能是催化 ATP 的合成,但也有缓慢催化 ATP 水解的作用,有人称 ATP 合酶为复合物 V,它和电子传递酶类(复合物 I～IV)不同,电子传递酶类催化电子传递释放的能量以一种保留形式存在,ATP 合酶利用这种形式的能量来合成 ATP。这种能量的保存和 ATP 合酶对它的利用称为能量偶联。按照化学渗透偶联假说的理论,这里说的能量保留形式就是 H^+ 浓度的跨膜梯度或是线粒体内膜两侧所形成的化学电位差。

3. 氧化磷酸化生成 ATP 的分子数

1940 年,Ochoa 等人用组织匀浆和组织切片做实验材料,首先测定了呼吸过程中 O_2 消耗和 ATP 生成的关系,结果表明,在 NADH 呼吸链中,每消耗 1 分子 O_2,约产生 3 分子 ATP;在 $FADH_2$ 呼吸链中,每消耗 1 分子 O_2,约产生 2 分子 ATP。这种消耗 O_2 分子数和产生 ATP 分子数的比例关系称为磷-氧比(P/O)。磷-氧比又可看做是,当一对电子通过呼吸链传至 O_2 所生成的 ATP 分子数。从最早测出的 P/O 值,人们一直认为,一对电子通过 NADH 呼吸链传至 O_2 产生 3 分子 ATP,而一对电子通过 $FADH_2$ 呼吸链传至 O_2 则产生 2 分子 ATP。呼吸链上相应部位所释放的能量也足够用于产生这些 ATP。现在的观点认为,以 P/O 值为依据计算氧化磷酸化产生的 ATP 分子数并不准确,而应考虑一对电子经过呼吸链到 O_2,有多少质子从线粒体基质泵出,因为 ATP 的生成与泵出的质子数有定量关系。测定的最新结果显示,每对电子通过 NADH-Q 还原酶(复合物 I)有 4 个质子从基质泵出,通过 QH_2-细胞色素 c 还原酶(复合物 II)有 2 个质子从基质泵出,通过细胞色素氧化酶(复合物 III)也有 4 个质子从基质泵出。由于这些质子的泵出,便形成了跨膜的质子梯度。合成 1 分子 ATP,需要 3 个质子通过 ATP 合酶返回基质来驱动,同时,产生的 ATP 从线粒体基质进入胞质还需要消耗 1 个质子来运送,所以,每产生 1 分子 ATP 需要 4 个质子,因此,一对电子从 NADH 到 O_2 将产生 2.5 分子 ATP[(4+2+4)/4],而一对电子从 $FADH_2$ 到 O_2 则产生 1.5 分子 ATP[(2+4)/4]。

4. 氧化磷酸化的调节、解偶联和抑制

呼吸链、底物、氧、ADP 和无机磷酸(P_i)的存在是氧化磷酸化进行的条件,当其中有 4 个条件处于最适状态时,另一条件将是控制氧化磷酸化进行的决定因素。由于细胞内有足够数量的 P_i,因此,它对氧化磷酸化无限制作用,而 ADP 却是一个调节氧化磷酸化的关键物质。当生物机体做功消耗能量时,细胞内 ATP 水平迅速下降,ADP 的浓度则迅速升高,这种状态有利于氧化磷酸化的进行,于是 ATP 合成加速。由于 ATP 合成的带动,电子传递加速,呼吸链上各种辅酶往复的氧化还原反应便活跃起来,这样,底物的氧化加强,氧的利用随之增加。如果 ATP 在细胞内积累,ADP 的浓度则迅速下降,这时,还原型辅酶浓度上升以致接受电子受阻,促使电子传递变缓甚至停止,于是呼吸链受到抑制。

ATP 和 ADP 的比值对电子传递速率起着重要的调节作用,而 ADP 更是关键物质。ADP 对氧化磷酸化的调节现象称为呼吸控制。

氧化磷酸化受某些化学试剂的影响,根据影响方式的不同,可将它们分为如下几类:

(1) 解偶联剂 这类试剂的作用是使产能过程和贮能过程相脱离,换言之,也就是使电子传递和 ATP 的形成两个过程分离,它只抑制 ATP 的形成,不抑制电子传递,造成过分利用氧和燃料底物而能量得不到贮存。使电子传递和 ATP 形成两个过程分离,失去它们紧密联系的作用称为解偶联作用。最早发现的一种解偶联剂是 2,4-二硝基苯酚。现已知道的解偶联剂大多是脂溶性的,含有酸性基团和芳香环。

2,4-二硝基苯酚的作用机制如图 8-7 所示。在 pH 7 的环境下,2,4-二硝基苯酚以解离形式存在,这种形式因其脂不溶性而不能透过线粒体膜。在酸性环境中,2,4-二硝基苯酚接受质子后成为不解离形式,这种形式因其具有脂溶性而容易透过线粒体膜,当它通过膜时,便将质子带到 H^+ 浓度低的一侧,这样就破坏了正常的跨膜 H^+ 梯度的形成,从而抑制磷酸化作用,即阻碍 ATP 的形成。解偶联剂只抑制氧化磷酸化的 ATP 形成,对底物水解磷酸化作用则没有影响。

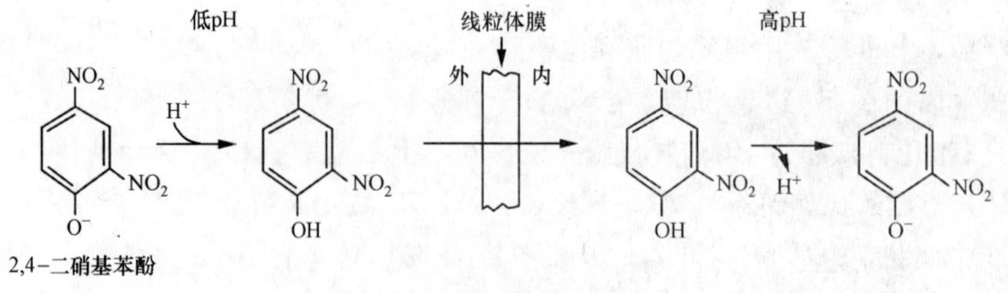

图 8-7　2,4 二硝基苯酚的作用机制

（2）氧化磷酸化抑制剂　这类抑制剂的作用特点是,既抑制 ADP 刺激的氧的利用,又抑制 ATP 的形成,但不直接抑制呼吸链中任何电子传递的作用。寡霉素是氧化磷酸化抑制剂的典型代表。

（3）电子传递抑制剂　这类抑制剂的作用特点是,强烈抑制呼吸链中的一些酶类,致使呼吸链中断。它们是鱼藤酮和安密妥（amytal）、抗霉素 A、氰化物和叠氮化合物及 CO 等。图 8-8 标明这些物质在呼吸链上的抑制部位。电子传递抑制剂对哺乳动物有极强的毒性。

（4）离子载体抑制剂　离子载体抑制剂的作用机制是,它们能与 K^+ 或 Na^+ 离子结合形成脂溶性复合物,这样的复合物容易透过线粒体内膜,把所有 K^+、Na^+ 离子都带到线粒体基质中去。实际上,这就等于将电子传递所释放的能量用于转运 K^+、Na^+ 离子,而不是用来形成 ATP,从而破坏氧化磷酸化过程。这类抑制剂的代表是缬氨霉素和短杆菌肽等。因为它们能携带 K^+、Na^+ 离子穿过线粒体内膜,故称为离子载体。

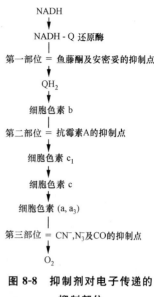

图 8-8　抑制剂对电子传递的抑制部位

（引自郑集,等,2004）

七、甘油-3-磷酸和苹果酸穿梭途径

氧化磷酸化是指,线粒体内产生的 $NADH+H^+$ 上的氢通过呼吸链的传递,最后与氧结合生成水,同时伴随有 ATP 的形成,这一过程的全部反应都在线粒体内膜上进行。但是,在胞液发生的糖酵解中,甘油醛-3-磷酸等脱氢形成的 $NADH+H^+$ 是不能通过线粒体内膜的,那么胞液中的它又是如何进行氧化磷酸化的呢？是通过甘油-3-磷酸和苹果酸两条穿梭途径进入线粒体,然后经呼吸链进行氧化磷酸化的。

两条穿梭途径如图 8-9 所示。在甘油-3-磷酸穿梭途径中,胞液含有以 $NADH+H^+$ 为辅酶的甘油-3-磷酸脱氢酶,它催化二羟丙酮磷酸还原为甘油-3-磷酸,后者能自由地透过膜而进入线粒体内,然后被线粒体内以 FAD 为辅酶的另一种甘油-3-磷酸脱氢酶催化,再转化为二羟丙酮磷酸,同时生成 $FADH_2$。二羟丙酮磷酸能通过膜扩散到胞液中,循环又重新开始。这样,胞液中的 $NADH+H^+$ 便间接地转变为线粒体内的 $FADH_2$,后者通过呼吸链进行氧化。至此,甘油-3-磷酸便完成了一次携带 $NADH+H^+$ 中的氢透过线粒体内膜的穿梭历程。

甘油磷酸穿梭途径将胞液中 $NADH+H^+$ 的氢转入呼吸链进行氧化磷酸化,所利用的传递体是 FAD,比以 NAD^+ 作为传递体时少生成 1 分子 ATP。也就是说,胞液中 $NADH+H^+$ 的氢通过甘油磷酸穿梭途径转运后形成的 ATP 分子数不是 2.5 个,而是 1.5 个。这条穿梭途径在哺乳动物体内的活性不高,在昆虫飞行肌中则活性很高,以保证氧化磷酸化快速进行,满足飞行时的能量需要。

心脏和肝脏细胞胞液内的 $NADH+H^+$,是通过苹果酸穿梭途径进入线粒体完成其氧化的。胞液含有苹果酸脱氢酶,可催化草酰乙酸还原为苹果酸,后者可通过苹果酸-α-酮戊二酸载体进入线粒体。线粒体内另一种苹果酸脱氢酶催化进入的苹果酸脱氢形成草酰乙酸和 $NADH+H^+$,于是胞液内的 $NADH+H^+$ 便间接地被转运入线粒体内,通过呼吸链进

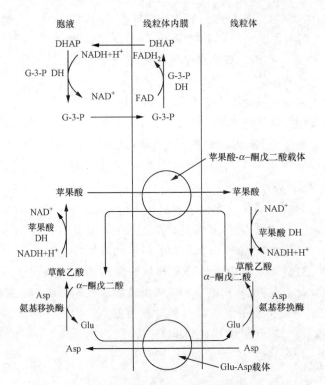

图 8-9　甘油-3-磷酸(上)和苹果酸穿梭途径(下)
DHAP,二羟丙酮磷酸;DH,脱氢酶;G-3-P,甘油-3-磷酸

行氧化。草酰乙酸则通过线粒体和胞液均含有的 Asp 氨基移换酶的作用生成 Asp 中间体,此中间体通过 Glu-Asp 载体从线粒体返回胞液。这条穿梭途径比甘油-3-磷酸穿梭途径容易逆转,因此,只有当细胞液中的 NADH＋H$^+$ 和 NAD$^+$ 的比值高于线粒体内的比值时,NADH＋H$^+$ 才能进入线粒体。

内 容 提 要

　　生物机体要繁殖、生长和发育,每时每刻都消耗能量来做功,以期维持生命。热力学是研究热和其他形式能量之间相互转换的科学。把热力学的某些规律应用于生物系统,阐明生物机体内化学能的释放、留存和利用的能量转换关系,叫生物能学。

　　某一系统的总能量中,能在恒温、恒压和一定体积条件下做有效功的那部分能量,叫做自由能,用 G 表示。ΔG 代表自由能的变化,标准自由能的变化用 ΔG^0 表示。生化反应中的标准自由能变化则是 $\Delta G^{0'}$。自由能、自由能的变化,其单位是 kcal·mol^{-1} 或 kJ·mol^{-1}。1 kcal＝4.184 kJ。

　　生物氧化和物质在体外的氧化本质相同,但进行的方式大不一样。

　　氧化还原电势用 E 表示,标准氧化还原电势是 $E^{0'}$。$\Delta E^{0'}$ 代表标准氧化还原电势的变化。$\Delta G^{0'}$ 与 $\Delta E^{0'}$ 的关系式如下:

$$\Delta G^{0'} = -nF\Delta E^{0'}$$

　　在具有线粒体的生物中,存在两条典型的呼吸链,即 NADH 呼吸链和 FADH$_2$ 呼吸链,它们分别由复合物Ⅰ、Ⅱ、Ⅲ和复合物Ⅳ、Ⅱ、Ⅲ组成。呼吸链中氢传递体和电子传递体的排列有严格的顺序。鱼藤酮和安密妥、抗霉素 A、氰化物和叠氮化合物以及 CO 是三大类电子传递抑制剂,在相应部位阻断呼吸链。

NADH($+$H$^+$)呼吸链上有三个氧化磷酸化偶联部位,一对电子经该呼吸链传递到氧,共生成 2.5 分子 ATP,而一对电子经 FADH$_2$ 呼吸链传递到氧,则只生成 1.5 分子 ATP。

2,4-二硝基苯酚允许呼吸链中的电子传递照常进行,但不能合成 ATP,它是氧化磷酸化的解偶联剂。寡霉素和缬氨霉素等对氧化磷酸化起抑制作用。

代谢物在胞液中脱氢形成的 NADH$+$H$^+$ 不能通过线粒体内膜,需要经过甘油-3-磷酸和苹果酸两条穿梭途径进入线粒体,然后通过呼吸链进行氧化。

习　　题

1. 简述热力学第一定律与生物系统的关系。

2. 生物能学在生物化学应用中有哪些规定?

3. 若人红细胞中 ATP、ADP 和 P$_i$ 的浓度分别为 2.25、0.25 和 1.65 mmol/L,求 25℃时水解 ATP 生成 ADP 反应的 ΔG。($\Delta G^{0'} = -30.5$ kJ$\cdot$mol^{-1},$R = 8.314$ J$\cdot$mol)

4. 在细胞生命活动过程中,需要消耗大量 ATP,但定量测定结果表明,细胞中 ATP 的含量总是处在一个稳定水平,为什么? 请说明。

5. 试述磷酸肌酸在高等动物能量代谢中的作用。

6. 什么是生物氧化? 它有哪些特点?

7. 电子传递过程中,什么因素决定传递方向? 质子的转移与 ATP 的形成有何关系?

8. 已知:乙酰-CoA$+$CO$_2$$+$2H$^+$$+$2e$^-$$\longrightarrow$丙酮酸$+$CoASH,$E^{0'} = -0.48$ V

$$NAD^+ + 2H^+ + 2e^- \longrightarrow NADH + H^+, E^{0'} = -0.32 \text{ V}$$

请计算在 37℃条件下由丙酮酸脱氢酶复合物催化反应的 $\Delta G^{0'}$ 和 K'_{eq}。

9. 已知:ATP$\longrightarrow$ADP$+$P$_i$,$\Delta G_1^{0'} = -30.5$ kJ$\cdot$mol^{-1}

$$ATP \longrightarrow AMP + PP_i, \Delta G_2^{0'} = -31.1 \text{ kJ} \cdot \text{mol}^{-1}$$

问在同等条件下,ATP$+$AMP$\longrightarrow$2ADP 反应的 $\Delta G^{0'}$ 是多少?

10. 什么叫呼吸链? 组成呼吸链的主要成员有哪些?

11. 简述苹果酸穿梭途径的过程和意义。

第九章 糖 代 谢

一、新陈代谢的概念

代谢,或称新陈代谢,是指生物机体与外界环境不断交换物质的过程,包括从体外吸取养料和物质在体内的变化。这里,物质在体内变化的意思涵盖物质在细胞内的分解和合成过程。

新陈代谢习惯分为分解代谢(catabolism)和合成代谢(anabolism)。分解代谢是营养物质或体内贮存物质被分解,即较复杂的物质变为简单物质;合成代谢是将简单物质变为生物分子,称生物合成(biosynthesis)。

代谢反应一般在酶催化下进行,并受内外环境因素的影响和调节。在代谢过程中常伴随着能量转变。合成代谢一般是耗能的,分解代谢则是放能的,放出的能量一部分供合成代谢之用,其余则供肌肉收缩、神经传导、腺体分泌和膜的主动运输等生命活动的消耗,或者散发为热。

二、糖的消化与吸收

(一) 消化

人类一般膳食中,糖类物质主要有三种:淀粉、蔗糖和乳糖。淀粉在口腔内经唾液中的 α-淀粉酶的作用,转化为糊精和少量麦芽糖,但食物在口腔停留时间短暂,消化极不完全。唾液淀粉酶被食物包裹成团进入胃内,开始胃酸未能使酶完全失活,消化作用得以继续,然而,食物团一经胃酸浸透,胃内消化即停止。小肠是糖类物质消化的主要场所,那里有消化糖类所必需的酶类和合适的 pH 环境。糖类物质的消化总结于表 9-1。多糖、寡糖和二糖,经过消化,几乎完全转化为单糖待吸收。

表 9-1　糖类物质的消化

底 物	口腔消化 pH 6.6～6.8		小肠消化 pH 6.7～7.2	
	酶	产 物	酶	产 物
淀 粉	唾液 α-淀粉酶	首先极限糊精*,继而寡糖(分支五糖、麦芽三糖、麦芽糖)	胰液 α-淀粉酶	分支五糖、麦芽三糖、麦芽糖
极限糊精*			小肠极限糊精酶	葡萄糖、麦芽糖和直链寡糖
麦芽三糖			肠麦芽糖酶	葡萄糖
麦芽糖	唾液麦芽糖酶	葡萄糖	肠麦芽糖酶	葡萄糖
蔗 糖			肠蔗糖酶	葡萄糖+果糖
乳 糖			肠乳糖酶	葡萄糖+半乳糖

* α- 或 β-淀粉酶消化支链淀粉,留下带有支链的核心。

（二）单糖的吸收

从多糖和二糖水解产生的单糖，在小肠黏膜上皮细胞的微绒毛上被吸收。单糖分子依靠微绒毛膜上的载体主动转运进入上皮细胞，之后，经门静脉进入肝脏，其中一部分转变成肝糖原，另一部分随血液循环输送到其他器官和组织中去，在肌肉内还可形成肌糖原。细胞内各种单糖以磷酸酯的形式，在酶的作用下相互转化。

三、葡萄糖的分解代谢

（一）糖酵解

多数生物机体必须在有氧环境中获得能量才能生存，氧参与糖和脂肪等营养物质的分解，最终形成 CO_2 和 H_2O，并释放出大量的能量。但也有少数生物机体或生物的某些组织，可在缺氧或暂时缺氧的条件下获得能量，维持生存或正常代谢活动。无氧条件下，糖依然可以分解并释放出能量，只不过分解不完全，产生的能量大大减少而已。

人或动物在剧烈运动时，氧供应不足，肌肉收缩所需的能量由糖通过无氧分解提供。在无氧条件下，葡萄糖分解为丙酮酸，并释放出能量，这一过程叫做糖酵解（glycolysis）。糖酵解在细胞质中进行。

酵母菌是一种兼性厌氧的微生物，在暂时缺氧的条件下也能维持生存，其所需的能量也是由糖通过无氧分解提供，分解终产物为乙醇和 CO_2，这一过程称为发酵（fermentation），或更确切地说称为酒精发酵（alcohol fermentation）。

酵解和酒精发酵的基本反应历程相同。为了纪念 G. Embden，O. Mayerhof 和 J. Parmas 等人对阐明酵解过程所做出的贡献，将酵解途径称为 EMP 途径。

糖酵解过程从葡萄糖到形成丙酮酸，共包括 10 步反应，分两个阶段进行。图 9-1 给出 10 步反应的概貌。前 5 步反应为准备阶段，消耗能量。在此阶段中，葡萄糖先被磷酸化，然后断裂生成 2 分子丙糖，每断裂 1 个葡萄糖分子，共消耗 2 分子 ATP。后 5 步反应为能量回收阶段。前一阶段生成的 2 分子甘油醛-3-磷酸（磷酸丙糖）转变为丙酮酸，每转变 1 分子产生 2 分子 ATP，共产生 4 分子 ATP。前 5 步反应消耗 2 分子 ATP，后 5 步反应产生 4 分子 ATP。因此，在糖酵解中，每分子葡萄糖有 2 分子 ATP 的净生成。

酵解的第一阶段包括 5 步反应。

1. 葡萄糖的磷酸化

葡萄糖的酵解作用，第一步是 D-葡萄糖的磷酸化，生成葡萄糖-6-磷酸（G6P）。这是一个耗能反应。ATP 的 γ-磷酸基团在己糖激酶的催化下，转移到葡萄糖分子上，这个反应需有 Mg^{2+} 的存在。反应式如下：

葡萄糖   葡萄糖-6-磷酸

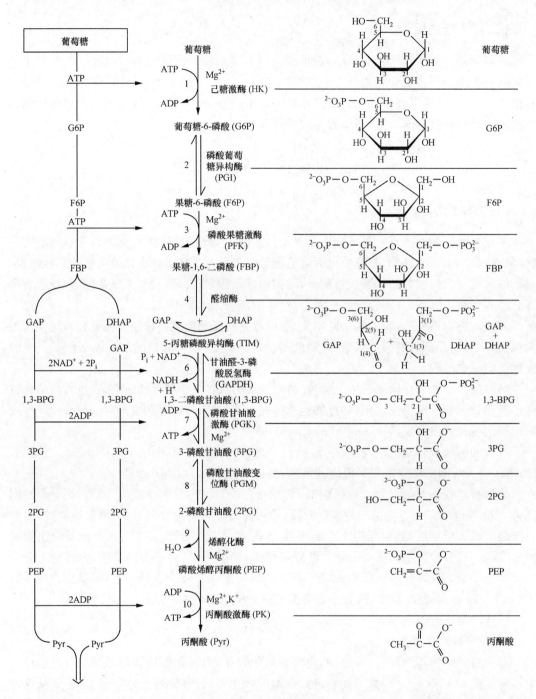

图 9-1　糖酵解

在它的第一阶段(反应 1~5),1 分子葡萄糖经一系列反应消耗 2 个 ATP 被转变成为 2 分子甘油醛-3-磷酸。在糖酵解的第二阶段(反应 6~10),2 分子甘油醛-3-磷酸转变成 2 分子丙酮酸,产生 4 个 ATP 和 2 个 NADH

由于能量得失的原因,使葡萄糖形成葡萄糖-6-磷酸的反应基本上是不可逆的,这就保障了葡萄糖一进入细胞就被有效利用,不再透出胞外。

己糖激酶是一种能催化 ATP 和代谢物之间转移磷酸基团的酶,作为磷酸基团受体的名字标在激酶的前缀中,比如,上述反应的磷酸基团受体是葡萄糖,其属己糖,所以催化这个反应的激酶便称为己糖激酶。己糖激酶广泛存在于动物、植物、酵母和其他微生物体中,相对来说,是非专一性的酶,它能催化 D-葡萄糖、D-甘露糖和 D-果糖等多种己糖的磷酸化。在肝脏中也存在一种专一性强的葡萄糖激酶,也能催化上述反应,不过它首先是为了维持血液中葡萄糖水平的恒定而起作用,也就是说,当血液中葡萄糖的浓度升高时,它催化葡萄糖形成葡萄糖-6-磷酸。

己糖激酶是一种别构酶,上述反应的产物葡萄糖-6-磷酸和 ADP 是该酶的别构抑制剂。但葡萄糖激酶却不受葡萄糖-6-磷酸的抑制。

2. 葡萄糖-6-磷酸转变为果糖-6-磷酸

葡萄糖-6-磷酸转变为果糖-6-磷酸(F6P)是一个异构化反应,由磷酸葡萄糖异构酶(PGI)催化,其反应式如下:

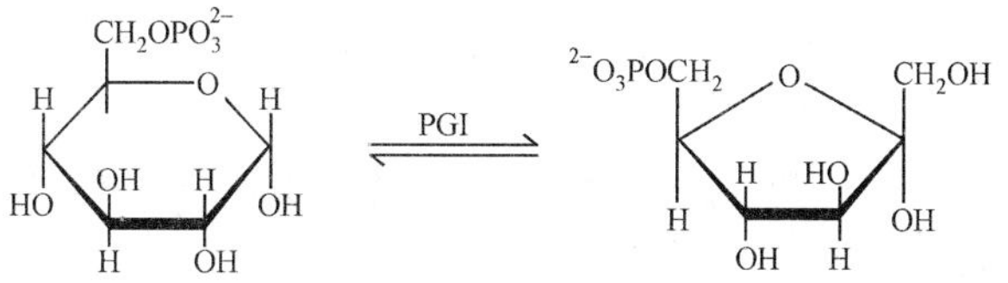

葡萄糖-6-磷酸 ⇌(PGI) 果糖-6-磷酸

这是一个可逆反应。葡萄糖-6-磷酸和果糖-6-磷酸主要是以环状形式存在,而异构化作用需以开链形式进行,因此,整个反应包括己糖的环状形式和开链形式的相互转变过程。

3. 果糖-6-磷酸磷酸化形成果糖-1,6-二磷酸

果糖-6-磷酸被 ATP 进一步磷酸化形成果糖-1,6-二磷酸(FBP)的反应,由磷酸果糖激酶(PFK)催化,需要 Mg^{2+} 参与,反应式如下:

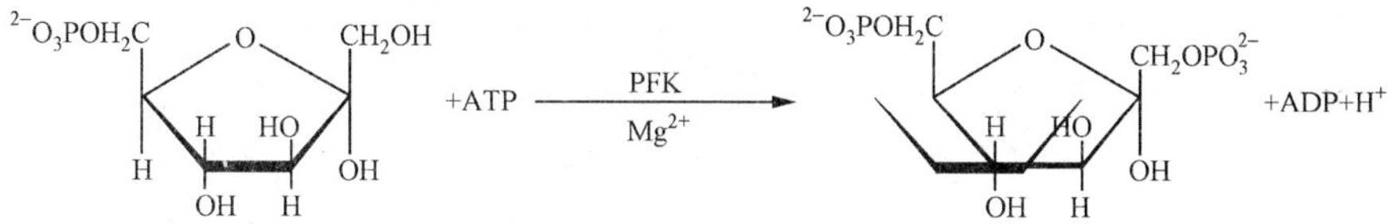

果糖-6-磷酸 +ATP →(PFK, Mg^{2+}) 果糖-1,6-二磷酸 +ADP+H^+

这一反应,是酵解过程的限速步骤,原因是磷酸果糖激酶的催化效率很低,酵解途径的速率完全依赖其活力水平的高低。磷酸果糖激酶也是一种别构酶,它是哺乳动物酵解途径最关键的调控酶,其活性受多种因素的调控,如高浓度的 ATP 和柠檬酸是该酶的别构抑制剂,当 pH 降低时,H^+ 对该酶也起抑制作用。另一些物质,如 AMP,当与该酶发生别构效应时,使活性增强。

4. 通过裂解形成甘油醛-3-磷酸和二羟丙酮磷酸

醛缩酶催化果糖-1,6-二磷酸断裂,生成两个丙糖,即甘油醛-3-磷酸(GAP)和二羟丙酮磷酸(DHAP),反应式如下:

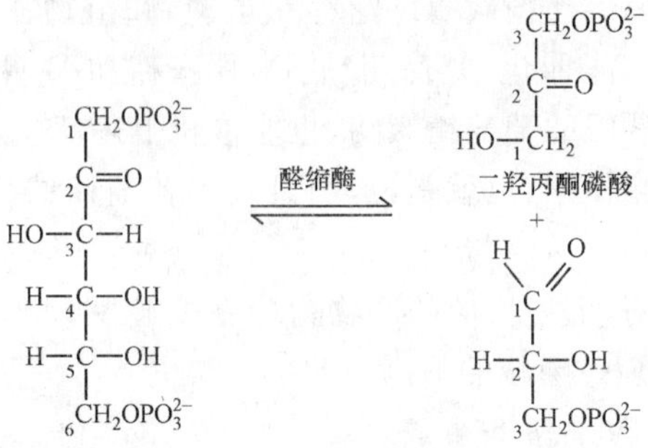

果糖-1,6-二磷酸 ⇌（醛缩酶）二羟丙酮磷酸 + 甘油醛-3-磷酸

这步反应是一个醛醇缩合断裂反应,断裂点在果糖-1,6-二磷酸的 C3 和 C4 之间,要求 C2 是 1 个羰基,C4 上有 1 个羟基。

请注意,这里的原子计数系统发生了改变,果糖的第 1、2、3 原子变成了二羟丙酮磷酸的第 3、2、1 原子,而原子 4、5、6 则变成甘油醛-3-磷酸的原子 1、2 和 3。

醛缩酶有两类,第一类存在于动物和植物中;第二类存在于真菌、藻类和某些细菌中。这两类醛缩酶催化的机制不同。

5. 二羟丙酮磷酸转变为甘油醛-3-磷酸

果糖-1,6-二磷酸断裂生成的两个产物,只有甘油醛-3-磷酸能继续沿着酵解途径往前进行反应,二羟丙酮磷酸则不能。甘油醛-3-磷酸和二羟丙酮磷酸是醛酮异构体,它们通过烯二醇中间体进行异构化反应,从而相互转变。丙糖磷酸异构酶(TIM)催化这一互变反应:

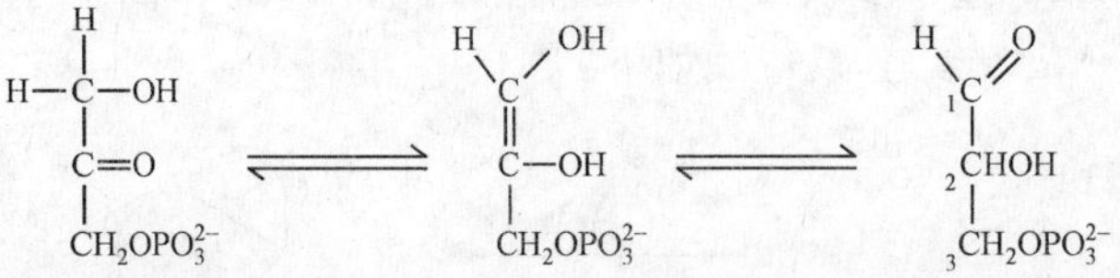

二羟丙酮磷酸 ⇌ 烯二醇中间体 ⇌ 甘油醛-3-磷酸

由于丙糖磷酸异构酶的催化效率非常高,所以,二羟丙酮磷酸和甘油醛-3-磷酸的互变异构反应极其迅速,使这两种代谢物的浓度总是维持在反应平衡时的状态。虽然,二羟丙酮磷酸在平衡点的浓度远远超过甘油醛-3-磷酸,但是,在细胞稳态条件下,甘油醛-3-磷酸在酵解途径中不断被消耗,所以,二羟丙酮磷酸也就不断地转变为甘油醛-3-磷酸,进入酵解途径的第二阶段。

酵解的第一阶段,1 分子葡萄糖转变为 2 分子的甘油醛-3-磷酸,有 2 分子 ATP 在两步磷酸化反应中被消耗,至此,这一能量投入还没有得到回报。

酵解的第二阶段还有 5 步反应。

6. 甘油醛-3-磷酸氧化成 1,3-二磷酸甘油酸

糖酵解的第 6 步是甘油醛-3-磷酸的氧化和磷酸化反应,它在甘油醛-3-磷酸脱氢酶 (GAPDH) 的催化下,由 NAD^+ 和无机磷(P_i)的共同参与来实现。在这个反应中,醛基氧化释放的能量推动了"高能"酰基磷酸化合物 1,3-二磷酸甘油酸(1,3-BPG)的形成。酰基磷酸是一个具有很高的磷酸基团转移势能的化合物。这是糖酵解途径首次出现的氧化作用,反应式如下:

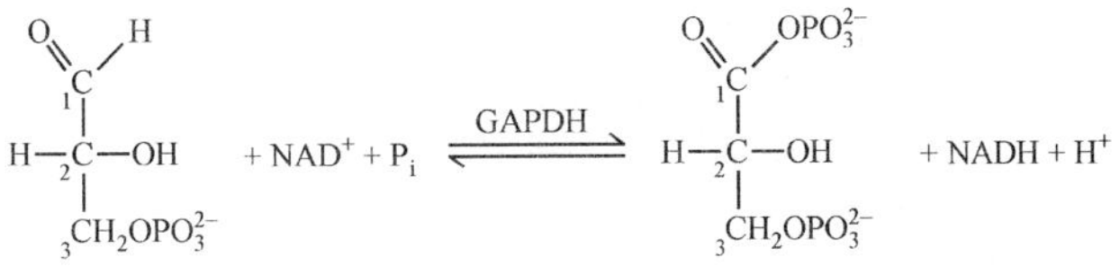

甘油醛-3-磷酸　　　　1,3-二磷酸甘油酸

目前,已从兔肌肉和酵母等不同材料中分离得到甘油醛-3-磷酸脱氢酶的纯品。从兔肌肉来源的结晶酶含有 4 个相同的亚基,推测酶的活性部位具有—SH 基。该酶活性能被重金属和碘乙酸抑制。

D. Trentham 提出的甘油醛-3-磷酸脱氢酶作用机制如图 9-2 所示:

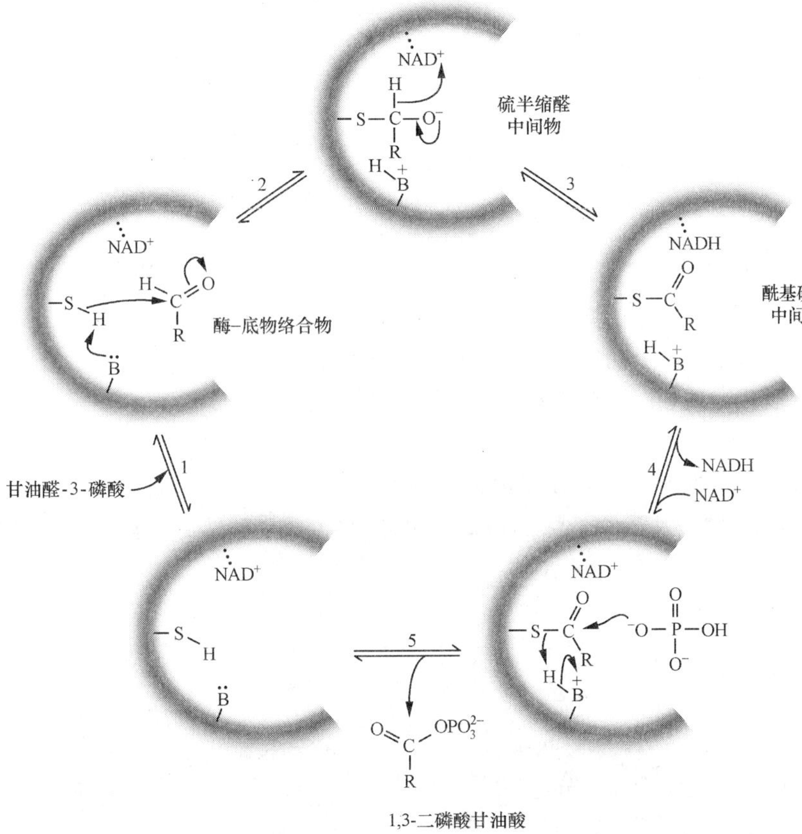

图 9-2 甘油醛-3-磷酸脱氢酶的作用机制

1. 甘油醛-3-磷酸与酶结合; 2. 活性中心的巯基与底物形成硫半缩醛; 3. NAD^+ 将硫半缩醛氧化为硫酯; 4. NAD^+ 替代了新生成的 NADH; 5. P_i 攻击硫酯形成酰基磷酸产物 1,3-二磷酸甘油酸,活性酶再生

7. 1,3-二磷酸甘油酸的高能磷酸基团转移给 ADP

第 7 步反应是,在磷酸甘油酸激酶(PGK)的催化下,1,3-二磷酸甘油酸的高能磷酸基团转移给 ADP,从而形成 ATP 和 3-磷酸甘油酸(3-PG)。

$$\begin{array}{c}
\overset{O}{\overset{\|}{C}}-OPO_3^{2-} \\
| \\
\overset{2}{C}HOH \quad + \ ADP \\
| \\
\overset{3}{C}H_2OPO_3^{2-}
\end{array}
\quad\underset{Mg^{2+}}{\overset{PGK}{\rightleftharpoons}}\quad
\begin{array}{c}
\overset{-O}{\overset{\diagdown}{C}}\!=\!O \\
| \\
\overset{2}{C}HOH \quad + \ ATP \\
| \\
\overset{3}{C}H_2OPO_3^{2-}
\end{array}$$

1,3-二磷酸甘油酸   3-磷酸甘油酸

催化这步反应的酶之所以称为"激酶",是因为在逆反应中高能磷酸基团又可从 ATP 分子转移到 3-磷酸甘油酸分子上。此酶需要 Mg^{2+}。

这步反应是高效放能的反应,其释放的能量有效推动前一步反应的顺利进行。糖的酵解作用进行到此,已经进入能量的回收阶段,不过所产生的 ATP 并不涉及氧,所以,这步反应属底物水平的磷酸化作用。

8. 3-磷酸甘油酸转变为 2-磷酸甘油酸

糖酵解作用的反应 8 是,3-磷酸甘油酸通过磷酸甘油酸变位酶(PGM)的作用,转变为 2-磷酸甘油酸(2-PG)。

$$\begin{array}{c}
\overset{O}{\overset{\|}{C}}-O^- \\
| \\
\overset{2}{C}HOH \\
| \\
\overset{3}{C}H_2OPO_3^{2-}
\end{array}
\quad\overset{PGM}{\rightleftharpoons}\quad
\begin{array}{c}
\overset{O}{\overset{\|}{C}}-O^- \\
| \\
\overset{2}{C}HOPO_3^{2-} \\
| \\
\overset{3}{C}H_2OH
\end{array}$$

3-磷酸甘油酸   2-磷酸甘油酸

变位酶催化分子内 1 个功能基团从一个位置转移到另一个位置的反应。由 3-磷酸甘油酸转变为 2-磷酸甘油酸,在能量变化上属中性反应,只为酵解过程下一步产生"高能"磷酸化合物作准备。

9. 2-磷酸甘油酸脱水产生磷酸烯醇式丙酮酸

这步反应是,2-磷酸甘油酸经烯醇化酶催化,脱水生成磷酸烯醇式丙酮酸(PEP)。

$$\begin{array}{c}
\overset{O}{\overset{\|}{C}}-O^- \\
| \\
\overset{2}{C}HOPO_3^{2-} \\
| \\
\overset{3}{C}H_2OH
\end{array}
\quad\overset{烯醇化酶}{\rightleftharpoons}\quad
\begin{array}{c}
\overset{O}{\overset{\|}{C}}-O^- \\
| \\
\overset{2}{C}-OPO_3^{2-} \\
\| \\
\overset{3}{C}-H \\
| \\
H
\end{array}$$

2-磷酸甘油酸   磷酸烯醇式丙酮酸

烯醇化酶在与底物结合前,先与一个二价阳离子(Mg^{2+} 或 Mn^{2+})形成复合物才具活性。氟离子(F^-)是该酶的强抑制剂。

10. 磷酸烯醇式丙酮酸的高能磷酸基团转移给 ADP

糖酵解的第 10 个步骤,是由葡萄糖形成丙酮酸的最后反应,在这步反应中,由丙酮酸激酶(PK)催化,磷酸烯醇式丙酮酸的高能磷酸基团转移给 ADP,从而形成 ATP 和丙酮酸,反应式如下:

$$\underset{\text{磷酸烯醇式丙酮酸}}{\begin{array}{c} O \diagdown\diagup O^- \\ C \\ | \\ C-OPO_3^{2-} \\ \| \\ CH_2 \end{array}} + ADP + H^+ \xrightarrow{\quad PK \quad} \underset{\text{丙酮酸}}{\begin{array}{c} O \diagdown\diagup O^- \\ C \\ | \\ C=O \\ | \\ CH_3 \end{array}} + ATP$$

丙酮酸激酶催化的这步反应是高度放能的,释放的能量远超过合成 1 分子 ATP 所需要的能量,所以反应是不可逆的。

丙酮酸激酶需单价阳离子(K^+)和二价阳离子(Mg^{2+})的存在才表现活性,它是一个重要的别构调节酶,ATP、长链脂肪酸和乙酰-CoA 等对它有抑制作用,而果糖-1,6-二磷酸和磷酸烯醇式丙酮酸则起激活作用。

至此,糖酵解过程的第二阶段即告完成。第一阶段,消耗两分子 ATP 是能量投入,第二阶段,生成 4 分子 ATP,则是能量回报。两个阶段总结算,净得 2 分子 ATP。从 1 分子葡萄糖降解形成 2 分子丙酮酸,ATP 的消耗和产生可概括列于表 9-2。

表 9-2 酵解过程中 ATP 的消耗和产生

反　　应	1 分子葡萄糖 ATP 分子数的变化
葡萄糖——→葡萄糖-6-磷酸	−1
果糖-6-磷酸——→果糖-1,6-二磷酸	−1
2×1,3-二磷酸甘油酸——→2×3-磷酸甘油酸	+2
2×磷酸烯醇式丙酮酸——→2×丙酮酸	+2
净产生	+2

糖酵解的总反应是:

1 葡萄糖 $+2NAD^+ + 2ADP + 2P_i \longrightarrow$ 2 丙酮酸 $+2NADH+2ATP+2H_2O+2H^+$

11. 丙酮酸的去路

糖酵解中所产生的丙酮酸有三条代谢去路:

(1) 还原生成乳酸

人或动物,在剧烈运动时,或由于呼吸、循环系统障碍而发生暂时缺氧时,细胞必须用糖酵解产生的 ATP 来满足能量需要。此时,酵解产生的丙酮酸在乳酸脱氢酶(LDH)的催化下,还原生成乳酸,同时 NADH 氧化为 NAD^+,反应式如下:

$$\underset{\text{丙酮酸}}{\begin{array}{c} O \diagdown\diagup O^- \\ C \\ | \\ C=O \\ | \\ CH_3 \end{array}} + NADH + H^+ \underset{}{\overset{LDH}{\rightleftharpoons}} \underset{\text{乳酸}}{\begin{array}{c} O \diagdown\diagup O^- \\ C \\ | \\ H-C-OH \\ | \\ CH_3 \end{array}} + NAD^+$$

乳酸脱氢酶催化的反应是完全可逆的,所以丙酮酸和乳酸的浓度很快达到平衡。

在肌肉中,每分子葡萄糖无氧酵解产生乳酸的总过程表示为:

$$1 \text{ 葡萄糖} + 2ADP + 2P_i \longrightarrow 2 \text{ 乳酸} + 2ATP + 2H_2O$$

肌肉疲劳酸痛,是由于堆积了酵解过程产生的酸类物质,并非单一乳酸的积累所致。只要保持正常的 pH,高浓度乳酸存在下,肌肉仍可正常工作。

（2）酒精发酵

在无氧条件下,酵母将丙酮酸转变为乙醇和 CO_2,这就是酒精发酵,由两个连续的反应来完成。

第一个反应,由丙酮酸脱羧酶催化,丙酮酸脱羧生成乙醛和 CO_2。此酶在动物中不存在。

第二个反应,在乙醇脱氢酶的催化下,乙醛被 NADH 还原为乙醇。

两个反应的反应式表示如下：

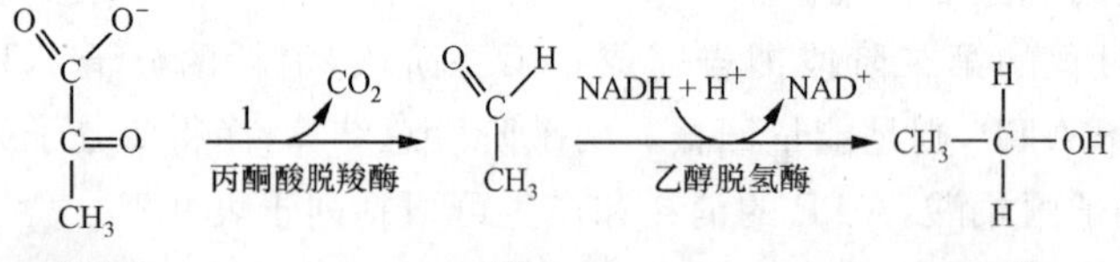

酒精发酵的总过程为：

$$1\ 葡萄糖 + 2ADP + 2P_i \longrightarrow 2\ 乙醇 + 2CO_2 + 2ATP + 2H_2O$$

酒精发酵已经被利用了几千年,具有重要经济价值。酒是销量巨大的饮料,CO_2 可用于发酵面包。

（3）在有氧条件下,丙酮酸通过柠檬酸循环,完全氧化为 CO_2 和 H_2O。这部分内容将在后面详细介绍。

（二）糖酵解的调控

在正常条件下,细胞内的糖酵解是连续进行的,但是,对酵解过程的快慢必须进行调控,以适应机体的需要。在代谢途径中,催化不可逆反应的酶,其所处的部位往往是调控代谢反应的关键部位。对酵解途径而言,己糖激酶、磷酸果糖激酶和丙酮酸激酶催化的反应都是不可逆反应,因此,在理论上,它们都对酵解起调控作用。但是,实际上只有磷酸果糖激酶是酵解途径的主要调控酶。

己糖激酶催化以葡萄糖为底物的反应,产物是葡萄糖-6-磷酸,这个产物不是唯一的酵解中间产物,它可以转变为糖原,还可以经戊糖磷酸途径进行氧化。此外,当以肌糖原为葡萄糖-6-磷酸的来源时,酵解途径是不需要己糖激酶的,所以,己糖激酶不是酵解途径的主要调控酶。

丙酮酸激酶催化酵解途径的最后一步,因此它不像催化起始点的酶,可以调控整个途径的进程；再者,在大多数细胞中,此酶的活性比己糖激酶和磷酸果糖激酶的活性都高得多,所以,它对酵解途径的进程也不起主要的调控作用。

磷酸果糖激酶是一个精细的调节酶,在肌肉中,大多数情况下,它催化的反应是酵解途径的主要控制点。在反应中,ATP 既是磷酸果糖激酶的底物,又是它的别构抑制剂。ADP、AMP 和果糖-2,6-二磷酸(F-2,6-BP)可以逆转 ATP 的抑制效应,因而被称为激活剂。以磷酸果糖激酶活性对果糖-6-磷酸的浓度作图,得到磷酸果糖激酶的动力学曲线,表示于图 9-3。由图可见,ATP 浓度由低变高时,酶与底物果糖-6-磷酸结合的动力学曲线由双曲线变为"S"形,这是别构酶的特征。在细胞内,磷酸果糖激酶的活性会因曲线的相对"S"形程度不同而异。在固定的果糖-6-磷酸浓度下,"S"形程度越小,酶活性就越高,反之,则越低。

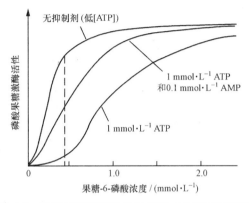

图 9-3　磷酸果糖激酶活性对果糖-6-磷酸浓度作图

在任何固定的果糖-6-磷酸的浓度下,磷酸果糖激酶都因 ATP 浓度上升而被抑制,柠檬酸的存在会加强这种抑制作用,然而,当 ATP 浓度处于非抑制水平时,柠檬酸本身则无抑制作用。

诚如前述,糖酵解的调节主要是酶调节,而调节酶的量,还根据代谢需要在转录水平上受调控。

(三) 葡萄糖以外的己糖代谢

淀粉和糖原经消化后都转变为葡萄糖进入糖酵解途径。蔗糖、乳糖和糖蛋白经消化后产生的果糖(水果中也含果糖)、半乳糖和甘露糖,进入血流后被带到各种组织中,在细胞内转变为糖酵解的中间产物而进入酵解途径。

1. 果糖

果糖有两条代谢途径,一条在肌肉中进行,另一条则发生在肝脏,之所以存在双路代谢,是因为在这两种组织中存在着不同的果糖代谢酶。

在肌肉中,己糖激酶将葡萄糖转变为葡萄糖-6-磷酸,却使果糖磷酸化生成果糖-6-磷酸,这一反应见图 9-4(左)。在肝脏,葡萄糖激酶与果糖的亲和力很低,因此,果糖需要另外 7 种酶催化,经过 7 步反应生成甘油醛-3-磷酸,这 7 步反应列于图 9-4(右)。果糖-6-磷酸和甘油醛-3-磷酸都是糖酵解途径的中间物。

果糖不耐受性(fructose intolerance)是人类一种遗传病,它是由于果糖-1-磷酸醛缩酶的缺乏,导致果糖-1-磷酸堆积而引起。这种病的病人常表现为自我限制,很快发展成对任何甜食产生强烈的厌恶感。

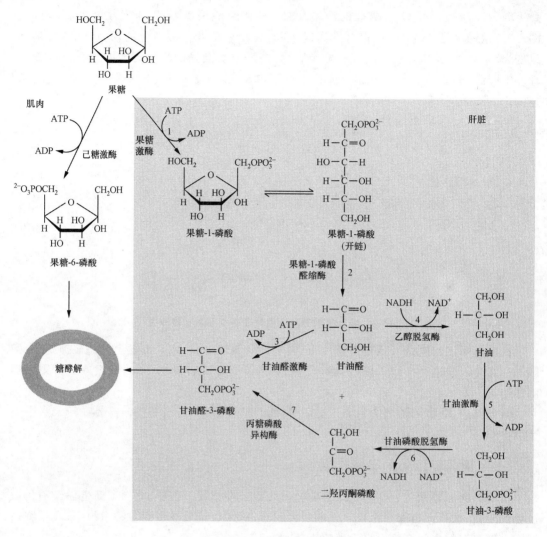

图 9-4 果糖的代谢

在肌肉中（左边）果糖转变为糖酵解中间物果糖-6-磷酸，只涉及一种酶，己糖激酶。在肝脏中（右边）有 7 种酶参加了从果糖到糖酵解中间物的转变

2. 半乳糖

半乳糖转变为酵解中间物葡萄糖-6-磷酸，整个过程需要 4 步反应，有 4 种酶参与，见图 9-5。

半乳糖代谢不正常时引起半乳糖血症，它是一种遗传性疾病，主要症状为生长停滞，智力迟钝，某些病人死于肝损伤。

半乳糖血症病人体内不能将半乳糖转变为葡萄糖，究其原因，是催化反应 2 的半乳糖-1-磷酸尿苷酰转移酶缺陷，结果使半乳糖-1-磷酸生成 UDP-半乳糖的过程受阻，导致有毒副产品半乳糖的积累。血液中半乳糖浓度升高，积累于眼睛的晶状体，在那里进一步还原为半乳糖醇。半乳糖醇引起晶状体模糊，即白内障的形成。

通过不含半乳糖的膳食进行治疗，除了智力迟钝一项外，半乳糖血症的其他症状都可以逆转。此时，体内糖蛋白和糖脂合成所必不可少的半乳糖苷单位，可通过差向异构酶的逆转反应从葡萄糖合成，不必从膳食中摄取半乳糖。

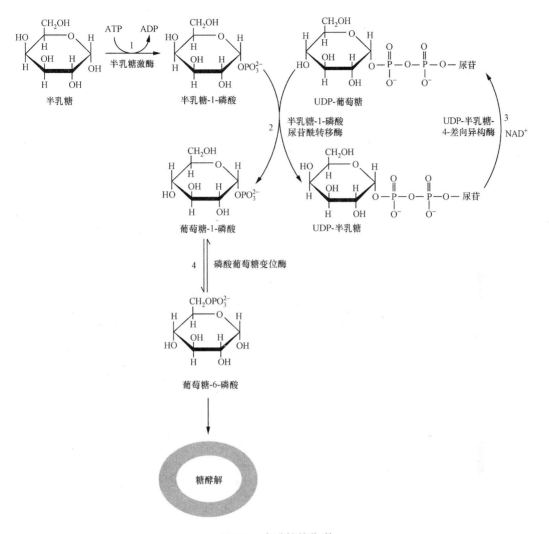

图 9-5 半乳糖的代谢

半乳糖转变为糖酵解中间物葡萄糖-6-磷酸有 4 种酶参与

3. 甘露糖

甘露糖通过两步反应转变为果糖-6-磷酸进入酵解途径。反应式如图 9-6 所列：

![甘露糖的代谢反应式]

甘露糖 —（ATP→ADP，己糖激酶，1）→ 甘露糖-6-磷酸 —（磷酸甘露糖异构酶，2）→ 果糖-6-磷酸

图 9-6 甘露糖的代谢

甘露糖转变为糖酵解中间物 F6P 需要两种酶参加

己糖激酶识别甘露糖，并使之转变为甘露糖-6-磷酸。磷酸甘露糖异构酶将甘露糖-6-磷酸转变为糖酵解中间物果糖-6-磷酸，此反应的机制和磷酸葡萄糖异构酶很相似。

果糖、半乳糖和甘露糖的代谢途径与糖酵解途径的连接点总结于图9-7。

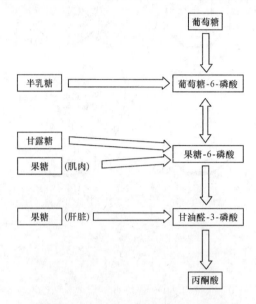

图 9-7 部分己糖进入糖酵解的途径

果糖(肌肉中)和甘露糖转变为果糖-6-磷酸;肝脏中果糖转变为甘油醛-3-磷酸;半乳糖则转变为葡萄糖-6-磷酸

(四) 磷酸戊糖途径

1. 磷酸戊糖途径的后续代谢效应

磷酸戊糖途径又称己糖单磷酸支路,它有两项后续代谢效应:第一项,产生用于还原性生物合成的 NADPH。ATP 是细胞的"能量货币",它放能的裂解反应和许多吸能的细胞功能相偶联。细胞还存在第二种"货币",那就是还原能力。细胞中另一些吸能反应,如脂肪酸和胆固醇的还原性生物合成,除了需要 ATP 外,还需要 NADPH。NADPH 和 NADH 在化学结构上十分相似,然而,在代谢上它们不能互换,NADH 通过氧化磷酸化,利用代谢物氧化产生的自由能合成 ATP,NADPH 则利用代谢物的氧化自由能进行还原性生物合成。这种差别,可能由于在氧化和还原代谢反应中的脱氢酶对其辅酶具有高度专一性而引起。正常情况下,在细胞中[NAD⁺]/[NADH]的比值保持接近 1000,有利于代谢的氧化;而[NADP⁺]/[NADPH]的比值常保持在 0.01 才有利于还原性生物合成。磷酸戊糖途径的第二项后续代谢效应是,产生用于核苷酸和辅酶生物合成的核糖-5-磷酸。

磷酸戊糖途径的酶类在骨骼肌中活性很低,而在脂肪组织以及其他合成脂肪酸和固醇类物质活跃的组织,如乳腺、肾上腺皮质和肝脏中,活性则很高。事实上,肝脏中有 30% 的葡萄糖氧化是通过磷酸戊糖途径来完成的。

2. 磷酸戊糖途径的反应

磷酸戊糖途径的总反应是

$$3\text{葡萄糖-6-磷酸} + 6\text{NADP}^+ + 3\text{H}_2\text{O} \Longrightarrow 6\text{NADPH} + 6\text{H}^+ + 3\text{CO}_2$$
$$+ 2\text{果糖-6-磷酸} + \text{甘油醛-3-磷酸}$$

全部 8 个反应分三个阶段进行:

第一阶段：氧化反应产生 NADPH 和核酮糖-5-磷酸(Ru5P)，见图 9-8 中的反应 1～3。

$$3 \text{葡萄糖-6-磷酸} + 6\text{NADP}^+ + 3\text{H}_2\text{O} \longrightarrow 6\text{NADPH} + 6\text{H}^+ + 3\text{CO}_2 + 3 \text{核酮糖-5-磷酸}$$

第二阶段：异构化和差向异构化反应将核酮糖-5-磷酸转变为核糖-5-磷酸(R5P)，或者转变为木酮糖-5-磷酸(Xu5P)，见图 9-8 中的反应 4～5。

$$3 \text{核酮糖-5-磷酸} \Longleftrightarrow \text{核糖-5-磷酸} + 2 \text{木酮糖-5-磷酸}$$

第三阶段：是一系列 C—C 键的断裂和形成，2 分子木酮糖-5-磷酸和 1 分子核糖-5-磷酸转变为 2 分子果糖-6-磷酸和 1 分子甘油醛-3-磷酸，见图 9-8 中的反应 6～8。

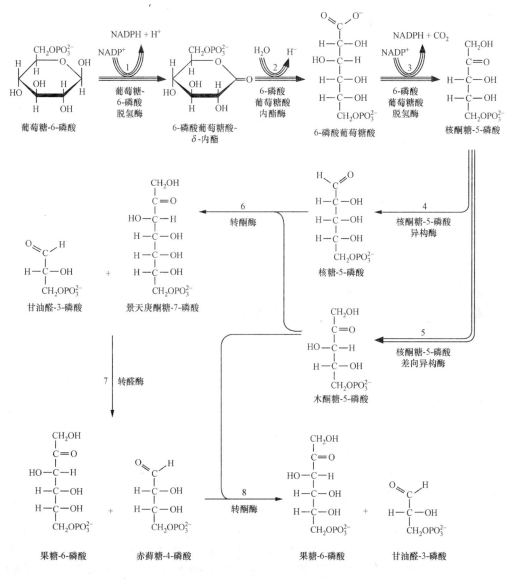

图 9-8　磷酸戊糖途径

这些碳骨架的转换(反应 6～8)总结于表 9-3。

表 9-3　戊糖磷酸途径中碳骨架重排的总结

反应 6	$C_5 + C_5 \rightleftharpoons C_7 + C_3$
反应 7	$C_7 + C_3 \rightleftharpoons C_6 + C_4$
反应 8	$C_5 + C_4 \rightleftharpoons C_6 + C_3$
总　　计	$3C_5 \rightleftharpoons 2C_6 + C_3$

从 3 个 C_5 糖经过一系列碳-碳键的形成和断裂,转变为 2 个 C_6 糖和 1 个 C_3 糖,每步反应所带序号是图 9-8 中的相应步骤。

3. 磷酸戊糖途径的调控

磷酸戊糖途径的主要产物是核糖-5-磷酸和 NADPH。当代谢对 NADPH 的需要超过了核苷酸生物合成对核糖-5-磷酸的需要时,转酮酶和转醛酶的反应可使过量的核糖-5-磷酸转变为糖酵解的中间物果糖-6-磷酸和甘油醛-3-磷酸,这两个中间物通过糖酵解和氧化磷酸化,或通过糖的异生作用再循环生成葡萄糖-6-磷酸而消耗掉。

当核苷酸生物合成对核糖-5-磷酸的需要超过了代谢对 NADPH 的需要时,果糖-6-磷酸和甘油醛-3-磷酸可从酵解途径中分流出来,通过转醛酶和转酮酶的逆反应合成核糖-5-磷酸。糖酵解途径和磷酸戊糖途径的关系见图 9-9。

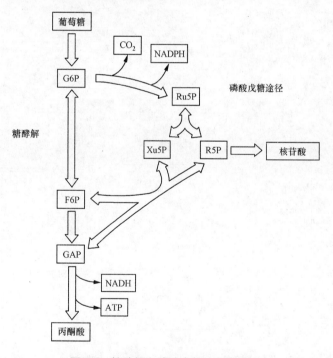

图 9-9　糖酵解和磷酸戊糖途径的关系

磷酸戊糖途径以糖酵解的第二步产生的葡萄糖-6-磷酸(G6P)为起点,产生 NADPH 用于还原反应,产生的核糖-5-磷酸(R5P)用于核苷酸的合成。过量的 R5P 通过一系列反应转变为糖酵解中间物,如果需要,这一系列反应可逆转产生更多的 R5P

磷酸戊糖途径进程的快慢以及 NADPH 产生的速度是受葡萄糖-6-磷酸脱氢酶的反应速度(图 9-8 中反应 1)控制的。当细胞代谢消耗了 NADPH,$NADP^+$ 的浓度上升,这样便提高葡萄糖-6-磷酸脱氢酶的反应速度,从而刺激 NADPH 的再生成。在某些组织中,细胞内合成酶量的多少还受到激素的控制。

在磷酸戊糖途径中,如果葡萄糖-6-磷酸脱氢酶缺陷,人类红细胞中 NADPH 浓度达不到需求水平,就很容易患溶血性贫血病(hemolytic anemia),出现黄疸、尿呈黑色、血色素下降等症状,严重者因大量红细胞破裂而导致死亡。此病在非洲、亚洲和地中海人群中常见。

四、柠檬酸循环

(一)柠檬酸循环概述

1. 柠檬酸循环的发现

1937 年,Hans Krebs 在前人工作的基础上,经过研究后提出了柠檬酸循环。它的发现是代谢化学最重要的成就之一,因此,Krebs 于 1953 年获得诺贝尔奖。这一代谢途径之所以称为柠檬酸循环,是因为在循环的第一步反应中生成柠檬酸,又因为柠檬酸具有 3 个羧基,所以又称为三羧酸循环(TCA 循环)。为了纪念发现者的突出贡献,人们还把它称为 Krebs 循环。

2. 氧化性燃料的代谢总览

在前一节中论述了葡萄糖的分解代谢。虽然,葡萄糖几乎是所有细胞的能源物质,但它不是唯一的,糖酵解也不是唯一的分解代谢途径。那些仅仅依赖糖酵解来满足能量需的细胞,事实上浪费了糖的许多能量。糖酵解产物丙酮酸有三条去路,其中一条是进入柠檬酸循环进一步氧化,使细胞获得更多能量。

葡萄糖的有氧分解也遵循酵解历程,因此,有人将柠檬酸循环看成是糖酵解的补充。之所以这样看待,是因为从葡萄糖衍生而来的丙酮酸能裂解为 CO_2 和一个二碳片段,这个二碳片段以乙酰-CoA 的形式进入循环而被氧化(图 9-10)。然而,认为柠檬酸循环只是糖分解代谢的继续,那是不全面的,因为脂肪酸和氨基酸也裂解生成乙酰-CoA 进入循环而被氧化,所以柠檬酸循环是氧化性燃料代谢的中心途径。

3. 柠檬酸循环的概貌

柠檬酸循环的概貌如图 9-11 所示。这条途径是连续的 8 步反应,起始步骤由 4 个碳原子的化合物草酰乙酸与循环外的二碳片段乙酰-CoA 形成 6 个碳原子的柠檬酸。柠檬酸经 3 步异构化转变为异柠檬酸,然后进行氧化形成 6 个碳原子的草酰琥珀酸,再经脱羧形成 5 个碳原子的 α-酮戊二酸。五碳化合物又氧化脱羧形成 4 个碳原子的琥珀酸。四碳化合物再经 3 次转化,最后形成 4 个碳原子的草酰

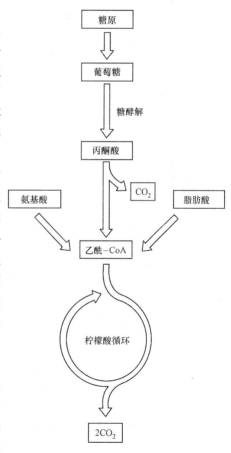

图 9-10　氧化性燃料的代谢总览

从糖、氨基酸和脂肪酸衍生而来的乙酰基进入柠檬酸循环,并通过柠檬酸循环氧化成 CO_2

乙酸,至此完成一个循环。柠檬酸循环的反应是在线粒体内完成的。

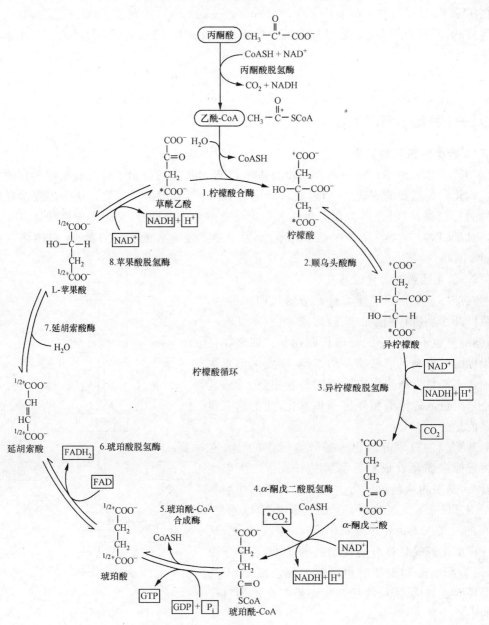

图 9-11　柠檬酸循环的反应

　　这个循环的反应物和产物被框出。通过糖代谢生成的丙酮酸→乙酰-CoA 的反应(顶端),供给柠檬酸循环的底物,这步反应并不考虑为循环的一部分。用同位素标记的草酰乙酸的 C4(*)成为 α-酮戊二酸的 C1,它在反应 4 中作为 CO_2 被释放。同位素标记的乙酰-CoA 的 C1(‡)成为 α-酮戊二酸的 C5,它在反应 5 中于琥珀酸(1/2‡)的 C1 和 C4 之间被混杂

　　一个完整的循环产生 2 分子 CO_2、3 分子 NADH、1 分子 $FADH_2$ 和 1 分子高能化合物 GTP,在此,1 分子 GTP 相当于 1 分子 ATP。

（二）柠檬酸循环的反应

1. 乙酰-CoA 的合成

在厌氧条件下糖酵解产物丙酮酸最终转变为乳酸，然而，在有氧条件下，则由 1 个转运蛋白将丙酮酸和 H^+ 一同带入线粒体进一步氧化。丙酮酸进入柠檬酸循环之前需先转变为乙酰-CoA。虽然乙酰-CoA 也能从脂肪酸和某些氨基酸衍生而来，但是这里讨论的，是由丙酮酸通过丙酮酸脱氢酶多酶复合物催化，进行氧化脱羧反应生成的乙酰-CoA。

丙酮酸脱氢酶多酶复合物包含 3 种酶的多个拷贝，即丙酮酸脱氢酶(E_1)、二氢硫辛酸转乙酰基酶(E_2)和二氢硫辛酸脱氢酶(E_3)。尽管真核生物的丙酮酸脱氢酶复合物比大肠杆菌的更为复杂，但它们都通过类似的机制催化相同的反应。

丙酮酸脱氢酶复合物催化丙酮酸转变为乙酰-CoA 的总反应式为：

$$丙酮酸＋CoA＋NAD^+ \longrightarrow 乙酰\text{-}CoA＋CO_2＋NADH$$

完成这个总反应所需 5 种不同的辅酶和辅基列于表 9-4。

表 9-4 丙酮酸脱氢酶的辅酶和辅基

辅因子	定 位	功 能
硫胺素焦磷酸(TPP)	结合到 E_1 上	使丙酮酸脱羧产生羟乙基-TPP 碳负离子
硫辛酸	共价连接到 E_2 的 Lys 上（硫辛酰胺）	从 TPP 上接受羟乙基碳负离子形成乙酰基
辅酶 A(CoA)	E_2 的底物	从硫辛酰胺上接受乙酰基
黄素腺嘌呤二核苷酸(FAD)	结合到 E_3 上	被硫辛酰胺还原
烟酰胺腺嘌呤二核苷酸(NAD$^+$)	E_3 的底物	被 FADH$_2$ 还原

丙酮酸脱氢酶复合物催化丙酮酸转变为乙酰-CoA 的 5 步顺序反应见图 9-12。

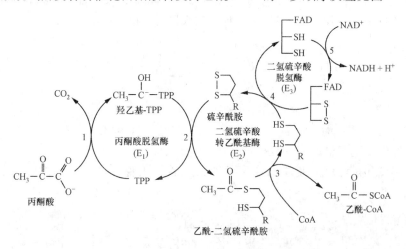

图 9-12　丙酮酸脱氢酶多酶复合物的 5 步反应

E_1(丙酮酸脱氢酶)包含 TPP，它催化反应 1 和 2。E_2(二氢硫辛酸转乙酰基酶)包含硫辛酰胺，它催化反应 3。E_3(二氢硫辛酸脱氢酶)包含 FAD 和氧化还原活性的二硫化物，它催化反应 4 和 5

2. 柠檬酸循环的反应

柠檬酸循环总共有 8 步反应。

（1）乙酰-CoA 与草酰乙酸缩合形成柠檬酸

来自糖、脂肪和氨基酸的 2 碳化合物以乙酰-CoA 的形式进入柠檬酸循环，起点反应是由柠檬酸合酶（synthase）催化乙酰-CoA 和草酰乙酸的缩合。反应式如下：

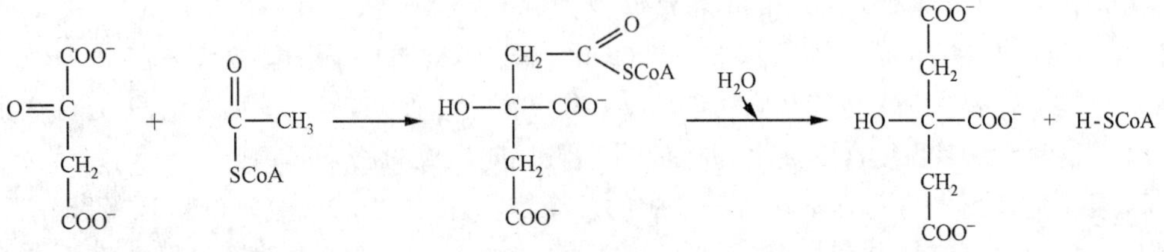

草酰乙酸　　　　乙酰-CoA　　　　柠檬酰-CoA　　　　　　柠檬酸　　　　辅酶A

催化过程，草酰乙酸先于乙酰-CoA 与酶结合。柠檬酸合酶属于调控酶，它的活性受 ATP、NADH、琥珀酰-CoA 和酯酰-CoA 等的抑制。

（2）柠檬酸通过顺乌头酸转变为异柠檬酸

顺乌头酸酶催化以顺乌头酸为中间物的柠檬酸和异柠檬酸之间的异构化反应：

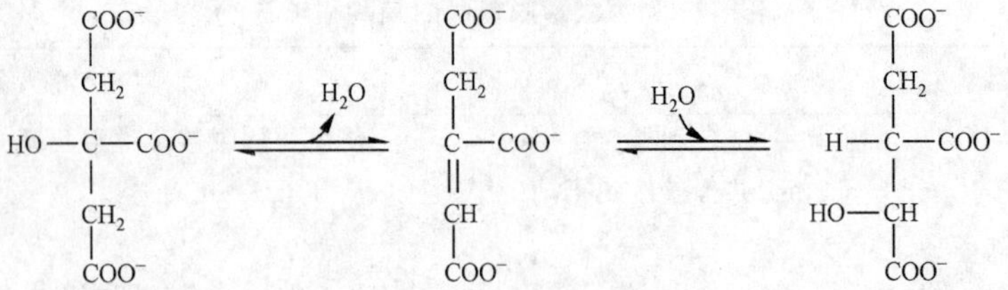

柠檬酸　　　　　　　顺乌头酸　　　　　　异柠檬酸

上述反应在 pH 7.0 和 25℃的平衡状态下，柠檬酸、顺乌头酸和异柠檬酸浓度的比例为 90∶4∶6。这样的浓度比不利于反应向右方进行，但由于异柠檬酸在下一步反应中迅速被氧化，从而推动反应继续向右进行。

催化上一步反应的柠檬酸合酶也能催化氟乙酸与草酰乙酸缩合，产物氟柠檬酸对顺乌头酸酶有强烈的抑制作用，氟乙酸作为一种高效灭鼠药，其毒理作用就在于此。

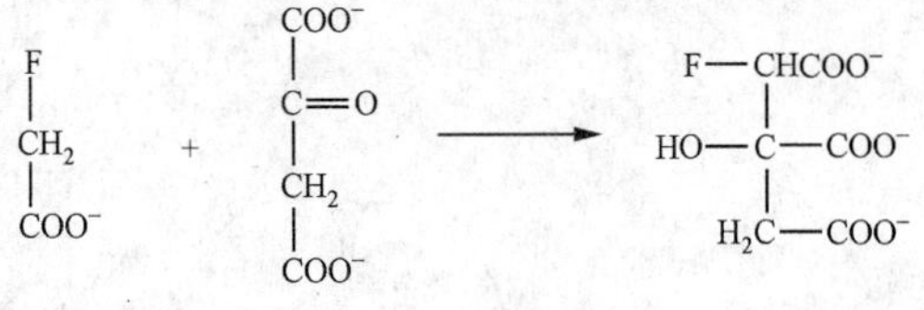

氟乙酸　　　　　　草酰乙酸　　　　　　　氟柠檬酸

（3）异柠檬酸脱氢生成 α-酮戊二酸

这步反应，由异柠檬酸脱氢酶催化异柠檬酸的氧化脱羧，产生 α-酮戊二酸。反应式如下：

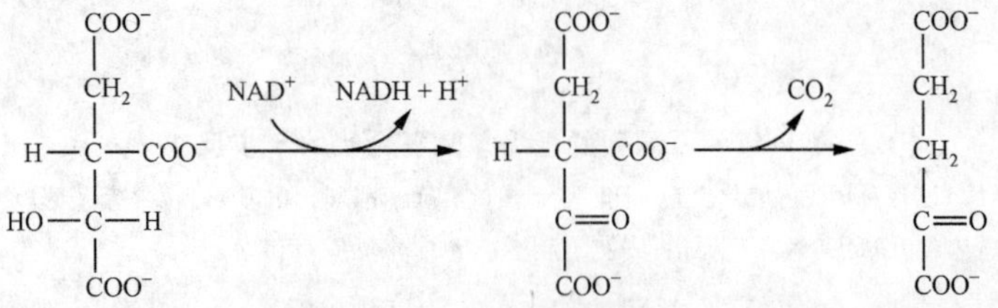

异柠檬酸　　　　　　　草酰琥珀酸　　　　　　　α-酮戊二酸

这步反应生成柠檬酸循环中的第一个 CO_2 和 NADH，CO_2 中的 C 来自循环的起始物草酰乙酸,而不是乙酰-CoA。

现在发现,在高等动植物及大多数微生物中有两种异柠檬酸脱氢酶,一种以 NAD^+ 为辅酶,另一种以 $NADP^+$ 为辅酶。然而,线粒体内只存在以 NAD^+ 为辅酶的异柠檬酸脱氢酶,因此,认为它在柠檬酸循环中起作用。

异柠檬酸脱氢酶是一种别构调节酶,它的活性受 ADP 的变构激活,而 NADH 和 ATP 对其则起变构抑制作用。

(4) α-酮戊二酸氧化形成琥珀酰-CoA 和 CO_2

α-酮戊二酸脱氢酶催化 α-酮戊二酸的氧化脱羧,形成琥珀酰-CoA 和 CO_2,反应式如下:

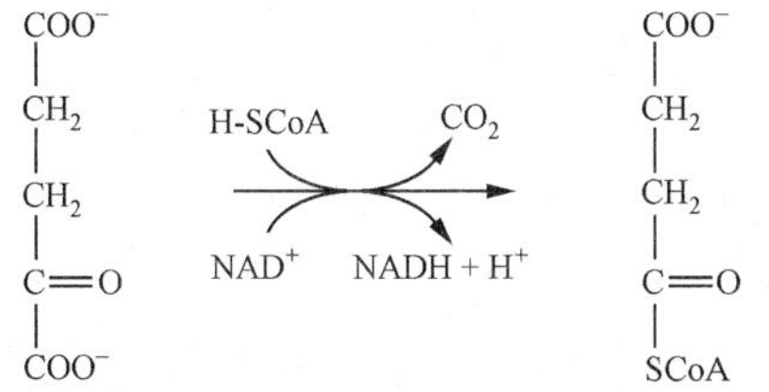

这个反应生成柠檬酸循环中的第二个 CO_2 和 NADH,CO_2 中的 C 仍然来自草酰乙酸,而不是乙酰-CoA。虽然每轮柠檬酸循环氧化两个 C 原子生成 CO_2,但是乙酰基中的 C 原子,直到后续几轮循环才被氧化成 CO_2。

α-酮戊二酸脱氢酶也是一个多酶复合物,和丙酮酸脱氢酶复合物极其相似。二者催化的反应机制相同。

(5) 琥珀酰-CoA 转化成琥珀酸

通过琥珀酰-CoA 合成酶(synthetase)的催化,琥珀酰-CoA 转变成琥珀酸,反应式如下:

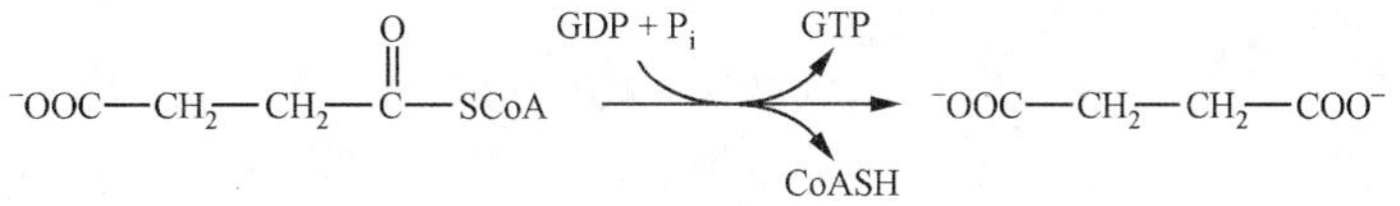

这是柠檬酸循环中唯一直接产生 1 个高能磷酸键的步骤。

琥珀酰-CoA 合成酶又称为琥珀酸硫激酶,这个命名是依据其所催化的逆反应。在哺乳动物中,该酶催化琥珀酰-CoA 的裂解,将分子内贮存的能量转移给 GDP,形成 GTP;而在植物和微生物中,则将分子内贮存的能量转移给 ADP,形成 ATP。不过,GTP 和 ATP 的能量是等价的,它们在核苷二磷酸激酶的作用下,很快互相转变:

$$GTP + ADP \rightleftharpoons GDP + ATP$$

至此,在柠檬酸循环中,已有 1 个乙酰基被完全氧化成 2 个 CO_2,并产生 2 个 NADH 和 1 个 GTP(相当于 1 个 ATP)。为了完成循环,琥珀酸必须回到草酰乙酸,这由循环剩下的 3 步反应来完成。

(6) 琥珀酸脱氢形成延胡索酸

琥珀酸脱氢酶催化琥珀酸脱氢,生成延胡索酸,其反应如下:

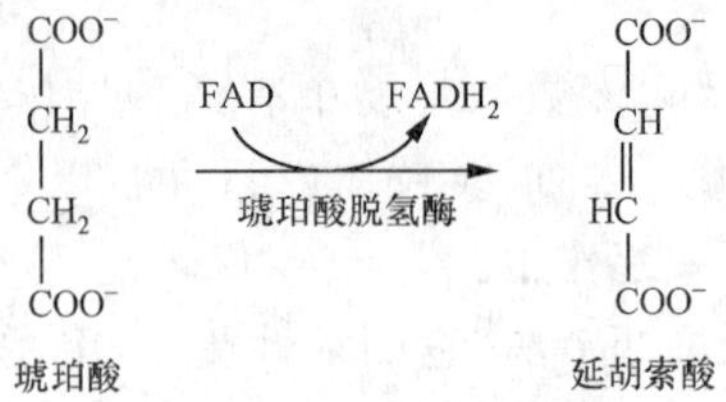

琥珀酸脱氢酶被丙二酸强烈抑制,因为丙二酸是琥珀酸的结构类似物,属典型的竞争性抑制剂。

琥珀酸脱氢酶含辅基 FAD,FAD 通过 1 个组氨酸残基共价连接到酶上,而其他以 FAD 为辅基的酶,二者只是紧密结合,不是共价连接。此酶是柠檬酸循环中唯一的一个与线粒体膜结合的酶,其他的酶都分布在线粒体基质中。琥珀酸脱氢酶催化底物脱氢,产生的 $FADH_2$ 进入电子传递链中重新氧化成 FAD。

(7) 延胡索酸水合形成 L-苹果酸

延胡索酸酶,又称延胡索酸水合酶,其催化延胡索酸双键的水合,生成苹果酸,反应如下:

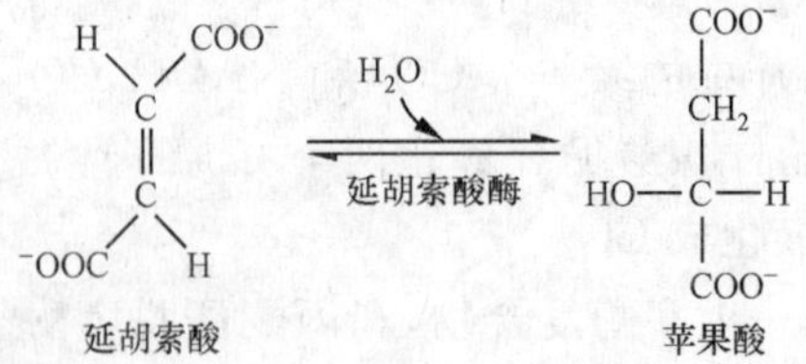

(8) L-苹果酸脱氢形成草酰乙酸

苹果酸脱氢酶催化柠檬酸循环的最后一步反应,使苹果酸脱氢形成草酰乙酸,反应如下:

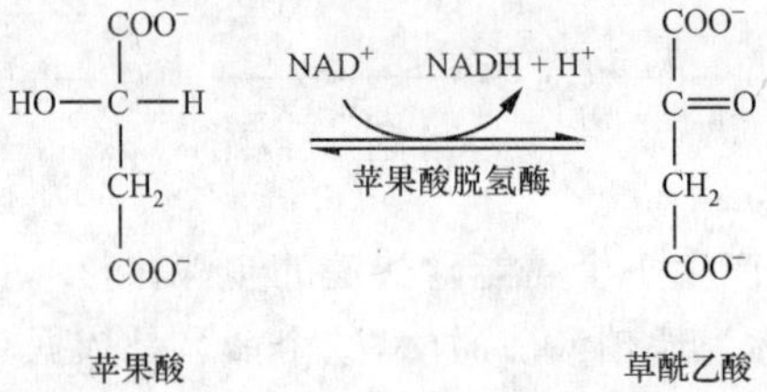

从热力学上看,这一反应倾向于逆转,但由于在柠檬酸循环的起始步骤中,草酰乙酸与乙酰-CoA 的缩合反应是高度放能的,所以通过草酰乙酸的不断消耗,使反应得以顺利进行。此外,柠檬酰-CoA 的硫酯键水解也是高度放能的反应,这样,即使在细胞内草酰乙酸的浓度很低时,也允许柠檬酸的生成,以利于保持柠檬酸循环的正常运转。

(三) 柠檬酸循环的特征

(1) 柠檬酸循环是一个环形代谢途径,它不仅氧化来源于丙酮酸的乙酰-CoA,也氧化来源于脂肪酸和氨基酸的乙酰-CoA,因此,柠檬酸循环被认为是细胞代谢的中心途径。

(2) 柠檬酸循环的净反应是:

$$3NAD^+ + FAD + GDP + P_i + 乙酰\text{-}CoA \longrightarrow$$
$$3NADH + FADH_2 + GTP + H\text{-}SCoA + 2CO_2 + 3H^+$$

这个循环第一步消耗的草酰乙酸,在循环的最后一步再生,因此,柠檬酸循环是能氧化无限量乙酰-CoA 的多步反应。

(3) 柠檬酸循环的每一轮都接受一个乙酰-CoA,即有两个 C 原子进入循环,同时有两个 C 原子以 CO_2 的形式离开循环。但是离开循环的两个 C 原子并不是开始一轮乙酰基的那两个 C 原子。

(4) 每一轮循环以 GTP 形式直接产生一个高能键,并消耗两个水分子。

(5) 在真核生物中,柠檬酸循环所有的酶都位于线粒体内,因此,所有底物,包括 NAD^+ 和 GDP 必须在线粒体内产生,或从细胞质转运到线粒体内。同时,循环的所有产物一定在线粒体内积累,或转运到胞质中。

(6) 柠檬酸循环的中间物是其他物质生物合成的前体。

(7) 虽然没有氧分子直接参加柠檬酸循环,但必须在有氧条件下才能完成循环的反应。因为循环中产生的 NADH 和 $FADH_2$ 只有通过电子传递链才能被再氧化,而这却需要氧的参与才能实现。

(8) 氧化一个乙酰基为 2 分子 CO_2 需要转移 4 对电子。对于进入循环的每个乙酰-CoA 来说,3 分子 NAD^+ 还原为 NADH 需要 3 个电子对,1 分子 FAD 被还原为 $FADH_2$ 需要第四个电子对。此外产生一个 GTP(或 ATP)。

NADH 和 $FADH_2$ 所带的电子被汇集到电子传递链,以还原 O_2 生成 H_2O。每个 NADH 通过电子传递链产生 2.5 个 ATP,每个 $FADH_2$ 通过电子传递链则产生 1.5 个 ATP,因此 1 轮柠檬酸循环共产生 $3×2.5+1.5+1=10$ 个 ATP。

当 1 分子葡萄糖通过糖酵解转变成 2 分子丙酮酸时,产生 2 分子 ATP,并有 2 分子 NAD^+ 被还原为 NADH。2 分子 NADH 的电子传给电子传递链,产生 $2×2.5=5$ 分子 ATP。当 2 分子丙酮酸通过丙酮酸脱氢酶复合物的催化转变成 2 分子乙酰-CoA 时,产生 2 分子 NADH,最终也产生 $2×2.5=5$ 分子 ATP。因此,1 分子葡萄糖,在有氧条件下,经过糖酵解和柠檬酸循环,共产生 $2+2×2.5+2×2.5+2×(3×2.5+1.5+1)=32$ 个 ATP 分子。

(四) 柠檬酸循环的调节

为了适应细胞代谢的需要,柠檬酸循环受到严格的调控。底物的存在,循环中间物作为生物合成前体的供应,以及 ATP 的需要等因素都影响着循环的进行。

1. 丙酮酸脱氢酶的调节

丙酮酸脱氢酶复合物催化的丙酮酸氧化脱羧作用,是哺乳动物中唯一从丙酮酸合成乙酰-CoA 的途径,而来源于葡萄糖的乙酰-CoA 进入柠檬酸循环以后,又产生如此巨大数量的 ATP。因此,对这步反应的精确调控是十分必要的。对从丙酮酸合成乙酰-CoA 途径的调节,有两套系统起作用:

(1) 产物的抑制作用。产物的抑制作用即 NADH 和乙酰-CoA 的抑制作用。这两种产物和酶的作用底物 NAD^+、CoA 竞争酶的活性部位,从而抑制酶的活性。乙酰-CoA 抑制 E_2,NADH 抑制 E_3。如果 $[NADH]/[NAD^+]$ 和 $[乙酰-CoA]/[CoA]$ 的比值高,E_2 则处于与乙酰基结合的形式,这时,不可能接受 E_1 上 TPP 结合着的羟乙基基团,使 E_1 上的 TPP 停留在与羟乙基结合的状态,从而抑制了丙酮酸脱羧作用的进行。

（2）磷酸化和脱磷酸化的共价修饰。E_1 上 1 个特定丝氨酸的磷酸化和脱磷酸化是使丙酮酸脱氢酶复合物失活和激活的重要方式。图 9-13 表示真核生物中丙酮酸脱氢酶的共价修饰。复合物的 E_2 分子上结合着两种特殊的酶，一种是激酶，另一种是磷酸酶。激酶使 E_1 磷酸化，引起丙酮酸脱氢酶复合物的失活，而磷酸酶则催化 E_1 的脱磷酸化，导致丙酮酸脱氢酶复合物活化。在真核生物中，产物 NADH 和乙酰-CoA 可活化激酶，而胰岛素和 Ca^{2+} 则可激活磷酸酶，它们的协调作用，使丙酮酸脱氢酶复合物在活性形式与非活性形式之间相互转换，以满足细胞代谢的需要。

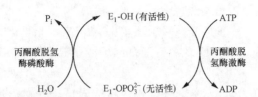

图 9-13   真核生物丙酮酸脱氢酶的共价修饰

E_1 在丙酮酸脱氢酶激酶催化的反应中，通过它的一个丝氨酸残基的特异性磷酸化而失去活性。这个磷酸基通过丙酮酸脱氢酶磷酸酶的作用而被水解，从而再激活 E_1

2. 柠檬酸循环的限速酶

在柠檬酸循环中，虽有 8 种酶参加反应，但对调节循环速度起重要作用的可能有三种，即柠檬酸合酶、异柠檬酸脱氢酶和 α-酮戊二酸脱氢酶。根据能量计算得知，在生理条件下，这三种酶所催化的反应都能进行到远离平衡的状态，ΔG 都是负值。柠檬酸循环的调节酶是通过三种简单机制调节循环速度的：① 底物的存在；② 产物的抑制作用；③ 中间物进一步进入循环的竞争性反馈抑制，它们的调控关系表示在图 9-14 中。

柠檬酸循环最主要的调节物质是它的底物乙酰-CoA、草酰乙酸以及产物 NADH。乙酰-CoA 和草酰乙酸在线粒体中的浓度未达到使柠檬酸合酶饱和的程度，因此，该酶对底物催化的速度随底物浓度而变化，这就是底物存在的调控作用。乙酰-CoA 来源于丙酮酸，它的浓度变化受丙酮酸脱氢酶调控。在苹果酸脱氢酶催化苹果酸转变为草酰乙酸的反应中，存在以下平衡表达式：

$$K = \frac{[草酰乙酸][NADH]}{[苹果酸][NAD^+]}$$

从平衡表达式中可看出，和苹果酸保持一定平衡关系的草酰乙酸的浓度，随 $[NADH]/[NAD^+]$ 的比值而变化。如果肌肉的工作负荷增强，呼吸速度加快，线粒体中 $[NADH]$ 下降，随之引起 $[草酰乙酸]$ 上升，必然促使柠檬酸合酶催化的反应加强。这步反应控制着柠檬酸的生成量。一般情况下，细胞对柠檬酸的利用速度总是高于对其合成的速度，而利用速度又被以 NAD^+ 为辅助因子的异柠檬酸脱氢酶所控制，此酶和顺乌头酸酶的活性是保持平衡的。异柠檬酸脱氢酶又受到它催化反应的产物 NADH 的强烈抑制，柠檬酸合酶也受 NADH 的抑制，但前者对抑制剂浓度变化的敏感程度高于后者。

柠檬酸合酶被柠檬酸抑制，它是底物草酰乙酸的竞争性抑制剂；α-酮戊二酸脱氢酶被琥珀酰-CoA 抑制；在柠檬酸合酶催化的反应中，琥珀酰-CoA 还与底物乙酰-CoA 竞争，对酶构成反馈抑制。

这个相互牵制的调节系统起作用，使柠檬酸循环协调进行。

3. 其他调节机制

除了前述的调控机制外，ATP 的需求量和 Ca^{2+} 的存在，都影响柠檬酸循环的进行。机

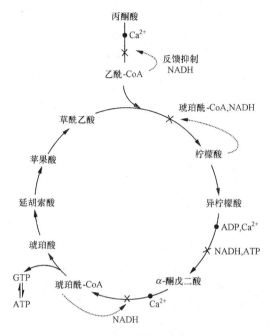

图 9-14　乙酰-CoA 形成和柠檬酸循环中的激活和抑制部位示意图

● 代表激活部位；×代表抑制部位；⋯代表反馈抑制；图中表示出 ADP 和 Ca^{2+} 为激活剂，NADH、ATP 为抑制剂

体活动激烈时，对 ATP 的需求量增加，ATP 水解生成的 ADP 浓度随之上升。ADP 能提高异柠檬酸脱氢酶对底物的亲和力，是该酶的别构激活剂。机体处于平静状态时，ATP 的消耗下降、浓度积累升高，抑制这个酶。

Ca^{2+} 除了它的许多其他细胞功能外，还在几个位点上调控柠檬酸循环，它激活丙酮酸脱氢酶磷酸酶(图 9-13)，这个磷酸酶又回过来激活丙酮酸脱氢酶复合物，从而促进乙酰-CoA 的产生，Ca^{2+} 也激活异柠檬酸脱氢酶和 α-酮戊二酸脱氢酶(图 9-14)。

(五) 柠檬酸循环的相关反应

1. 柠檬酸循环是两用代谢途径

柠檬酸循环是分解代谢，在大多数生物中，它是一个主要保存自由能的系统。然而，在许多合成途径中，又利用这个循环的中间物作为合成反应的起始物。柠檬酸循环既是分解代谢，又是合成代谢，具有双重性，因此，它是两用代谢途径，见图 9-15。由图看出，直接利用柠檬酸循环中间产物的生物合成途径有：葡萄糖的生物合成，即糖的异生作用；脂类的生物合成，包括脂肪酸和胆固醇的生物合成；卟啉类的生物合成等。

2. 回补反应

在需氧生物中，柠檬酸循环是能量的主要来源，因此，其分解代谢的功能是不容削弱的。合成代谢消耗掉的循环中间物必须添补。对柠檬酸循环中间物有添补作用的反应称为回补反应。最重要的回补反应是由丙酮酸羧化酶催化的，以丙酮酸产生草酰乙酸的反应：

$$丙酮酸 + CO_2 + ATP + H_2O \longrightarrow 草酰乙酸 + ADP + P_i + 2H^+$$

由于草酰乙酸或循环中任何一种中间物的不足而引起的柠檬酸循环速度有任何降低，都会使乙酰-CoA 的浓度升高，而乙酰-CoA 是丙酮酸羧化酶的激活剂，结果会产生更多的草酰乙酸，从而提高柠檬酸循环的速度。过量的草酰乙酸被转运到线粒体外用于合成葡萄糖。

其他进入柠檬酸循环的代谢物还有琥珀酰-CoA、奇数碳链脂肪酸的降解产物、氨基酸

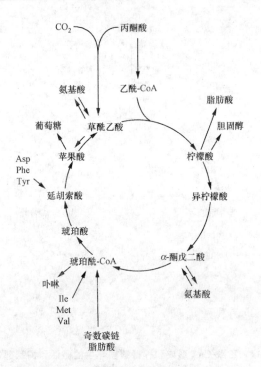

图 9-15 柠檬酸循环的两用代谢功能

该图指出被移去用于合成代谢的中间物的位置和添补反应补充循环中间物的位置。反应所涉及的氨基酸的转氨和脱氨是可逆的,因此它们的反应方向随代谢需要而变化

的脱氨基产物或可逆转氨基作用生成的 α-酮戊二酸和草酰乙酸。可逆转氨基作用的方向,随代谢需要的变化而定。

3. 乙醛酸途径

乙醛酸途径又称乙醛酸循环,因在这个途径中,经过一系列反应最终产生乙醛酸而得名。这一途径只存在于植物和微生物中,动物体内并不存在。乙醛酸循环发生在细胞的两区室内,这两个区室是线粒体和乙醛酸循环体,后者是一种膜结合的细胞器,它含有这一途径特有的两种酶,即异柠檬酸裂合酶和苹果酸合酶。乙醛酸循环途径包括使乙酰-CoA 净转变为草酰乙酸的全过程,如图 9-16 所示。图中标出了途径的 7 步反应:

① 线粒体中的草酰乙酸转变成天冬氨酸,并被转运到乙醛酸循环体中,在那里,它重新转变为草酰乙酸。

② 草酰乙酸与乙酰-CoA 缩合形成柠檬酸。

③ 就像在柠檬酸循环中一样,柠檬酸转变为异柠檬酸。

④ 乙醛酸循环体中的异柠檬酸裂解酶,催化异柠檬酸裂解为琥珀酸和乙醛酸。琥珀酸被转运到线粒体(即第七步反应),在那里进入柠檬酸循环,再转变回草酰乙酸,完成循环。

⑤ 苹果酸合酶是乙醛酸循环体中的酶,它使乙醛酸与第二个乙酰-CoA 缩合生成苹果酸。

⑥ 苹果酸离开乙醛酸循环体进入细胞质,在那里,苹果酸脱氢酶将其氧化为草酰乙酸,随后草酰乙酸进入糖异生途径。

乙醛酸循环途径将 2 分子乙酰-CoA 转变为 1 分子草酰乙酸,伴随着 2 分子 NAD^+ 和 1 分子 FAD 被还原,反应式如下:

$$2 \text{乙酰-CoA} + 2NAD^+ + FAD \longrightarrow \text{草酰乙酸} + 2CoA + 2NADH + FADH_2 + 2H^+$$

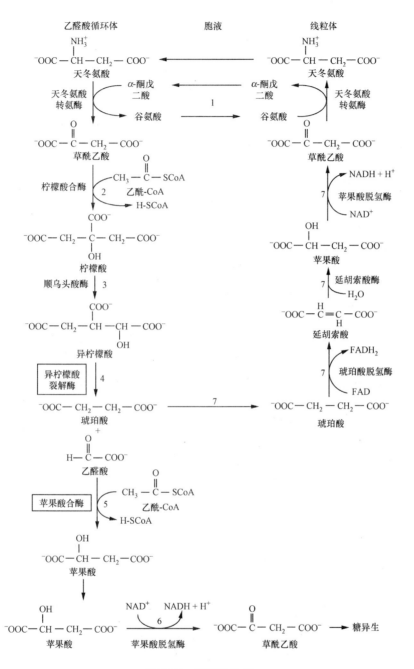

图 9-16 乙醛酸途径

存在于线粒体和乙醛酸循环体中的酶都是需要的。植物乙醛酸循环体特有的异柠檬酸裂解酶和苹果酸合酶,用方框框出。这途径使两个乙酰-CoA 净转变为一个草酰乙酸。(1) 线粒体草酰乙酸转变为天冬氨酸,转运到乙醛酸循环体,并重新转变为草酰乙酸。(2) 草酰乙酸和乙酰-CoA 缩合生成柠檬酸。(3) 顺乌头酸酶催化柠檬酸转变为异柠檬酸。(4) 异柠檬酸裂解酶催化异柠檬酸裂解为琥珀酸和乙醛酸。(5) 苹果酸合酶催化乙醛酸与乙酰-CoA 缩合,生成苹果酸。(6) 苹果酸转运到胞质后,被氧化成草酰乙酸,草酰乙酸能为糖异生所利用。(7) 琥珀酸被转运到线粒体,在那里它经过柠檬酸循环,重新转变为草酰乙酸

在植物中,萌发的种子通过乙醛酸循环将贮存的三酰甘油转变为乙酰-CoA,再进一步转变为葡萄糖。

五、糖原代谢和糖异生作用

动物、真菌和细菌的糖原,植物的淀粉,它们的主要功能是贮存葡萄糖,以便供应机体代谢之用。在动物中,恒定地供应葡萄糖对组织至关重要。如脑组织和红细胞几乎全靠葡萄糖作为能源物质。肝脏是动物贮备糖原的主要场所,然而它的葡萄糖容量也只够大脑半天的需要。人类在饭后糖原合成加速;断食时靠糖异生作用满足对葡萄糖的需要。

(一) 糖原的降解

糖原是 D-葡萄糖通过 α(1→4)糖苷键连接而成的聚合物,每隔 8~14 个残基就有 1 个 α(1→6)糖苷键连接的分支,见图 9-17。糖原以颗粒形式存在于细胞内,其中含有催化糖原合成和降解的酶类以及调节这些过程的许多蛋白质。

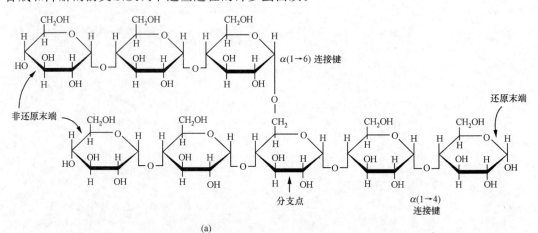

(a)

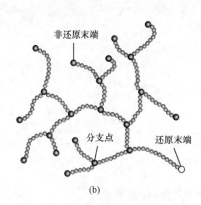

(b)

图 9-17 糖原的结构

(a) 分子式,在实际的分子中每链有约 12 个残基;(b) 糖原分支结构的概貌图。注意分子中有许多非还原末端但仅有一个还原末端

1. 磷酸化酶催化糖原磷酸解生成葡萄糖-1-磷酸

糖原磷酸化酶催化 α(1→4)糖苷键的磷酸解,葡萄糖单位从糖原的非还原末端(缺 C1 的—OH 的末端)逐个移去(图 9-18)。由于糖原是高度分支的结构,所以,在每个分支末端同时释放葡萄糖单位,使得葡萄糖能够迅速地进行流通。糖原磷酸化酶的作用,使 α(1→4)糖苷键断裂到分支点前 4 个葡萄糖残基处即停止,糖原继续分解还需脱支酶。

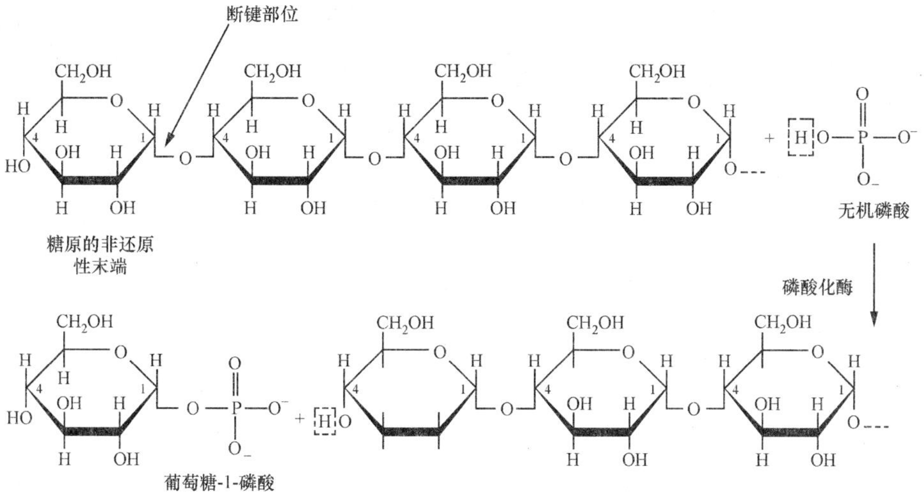

图 9-18　磷酸化酶的作用位点及产物

磷酸化酶催化糖原分子非还原性末端葡萄糖残基上 C1 和相邻葡萄糖残基的 C4 之间的键断裂,正磷酸以

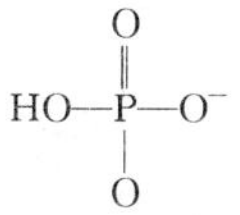

$$HO-\overset{\overset{O}{\parallel}}{\underset{\underset{O}{\parallel}}{P}}-O^-$$ 形式分解 C1 和 C4 形成的糖苷和氧原子之间的键使其断裂,形成葡萄糖-1-磷酸,其 C1 仍保留 α 构型

糖原磷酸化酶催化糖原降解的反应表示如下:

$$\underset{(n\text{个残基})}{糖原} + P_i \xrightarrow{磷酸化酶} \underset{(n-1\text{个残基})}{糖原} + \underset{(G1P)}{葡萄糖-1-磷酸}$$

2. 糖原降解还需脱支酶

磷酸解作用沿一个糖原分支进行到靠近 $\alpha(1\to6)$ 分支点四个葡萄糖残基处,剩下一个"有限支",此时,糖原脱支酶的作用像 $\alpha(1\to4)$ 糖基转移酶一样,从糖原一个"有限支"转移 $\alpha(1\to4)$ 糖苷键连接的三糖到另一个分支的非还原末端上,见图 9-19。这个反应形成新的糖链以 $\alpha(1\to4)$ 糖苷键相连,其长度在 3 个葡萄糖残基以上,这样,有利于酶的磷酸解作用。"有限支"遗留的一个糖基与主链连接的 $\alpha(1\to6)$ 糖苷键被相同的脱支酶水解(不是磷酸解),产生一个葡萄糖和脱支的糖原主链,这条糖原主链,也就是接受从"有限支"上转移过来的三糖的那条糖链。

磷酸化酶、糖原脱支酶和糖基转移酶的协同作用在图 9-20 中得到进一步说明。糖原脱支酶可笼统地看做是一种双功能酶,这里说的糖基转移酶,只是脱支酶两种活性中的一种而已。

3. 磷酸葡萄糖变位酶

磷酸化酶催化糖原磷酸解生成葡萄糖-1-磷酸(G1P),必须转变为葡萄糖-6-磷酸(G6P)才能进入代谢主流。磷酸葡萄糖变位酶催化葡萄糖-1-磷酸转变为葡萄糖-6-磷酸,反应如下:

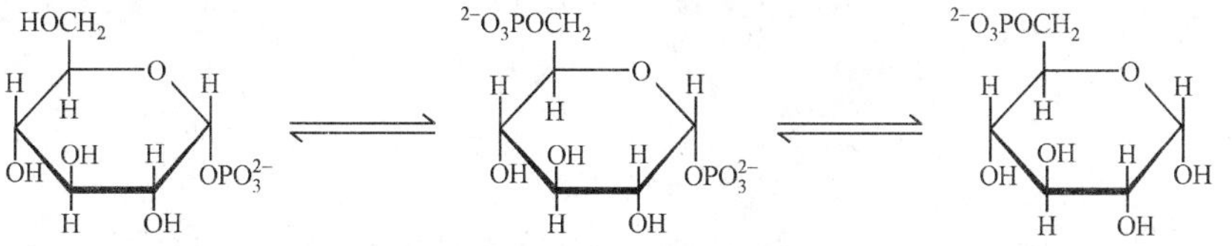

活化的磷酸葡萄糖变位酶分子,其丝氨酸残基上带有一个磷酸基团。在行使催化功能时,酶分子上的磷酸基团转移到葡萄糖-1-磷酸的第 6 位碳原子的羟基上,形成葡萄糖-1,6-

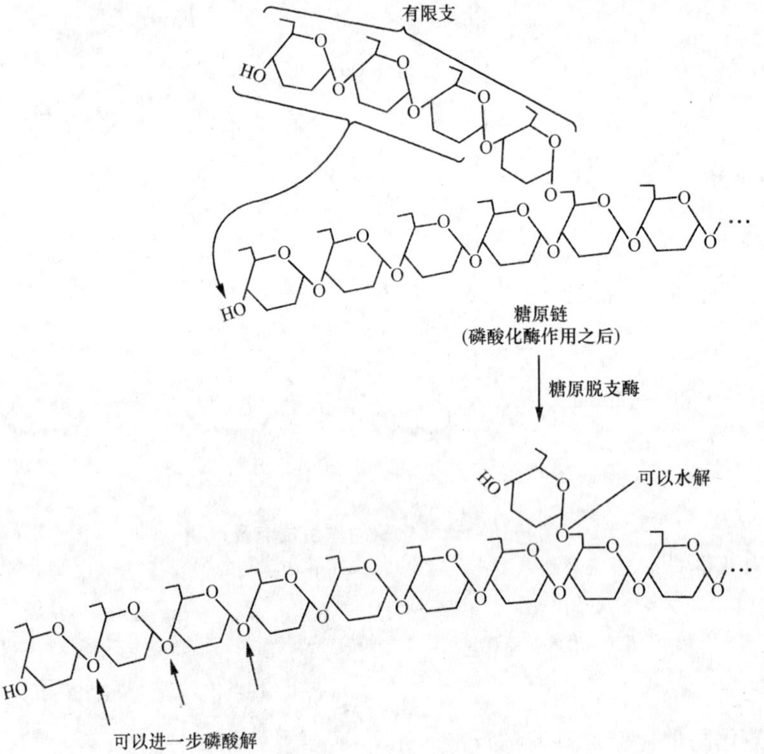

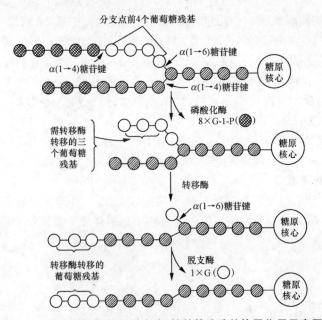

图 9-19　脱支酶催化的反应

　　酶从糖原的一个"有限支"转移末端三个 α(1→4) 连接的葡萄糖残基到另一支的非还原末端,遗留在分支点残基的 α(1→6) 键被脱支酶的进一步作用水解产生游离的葡萄糖,新加长的支易被糖原磷酸化酶降解

图 9-20　磷酸化酶和糖原脱支酶、糖基转移酶的协同作用示意图

二磷酸(G1,6P)中间体。与此同时,葡萄糖-1,6-二磷酸 C1 位的磷酸基团又转移到磷酸葡萄糖变位酶的丝氨酸残基上,于是葡萄糖-1,6-二磷酸便转变成葡萄糖-6-磷酸,而磷酸葡萄

糖变位酶又恢复其原来带有磷酸基团时的活化形式。

葡萄糖-6-磷酸的去向表示在图 9-21 中。从图看出,无论来源于糖原或葡萄糖的葡萄糖-6-磷酸都能进入糖酵解途径。然而,由糖原降解生成葡萄糖-6-磷酸时是不消耗 ATP 的,而由 1 分子葡萄糖磷酸化为葡萄糖-6-磷酸时,需要消耗 1 分子 ATP。因此,若以 1 分子葡萄糖进行糖酵解作用为例,从葡萄糖开始比从糖原开始要多消耗 1 分子 ATP,在计算糖酵解作用的能量时,对此必须予以注意。

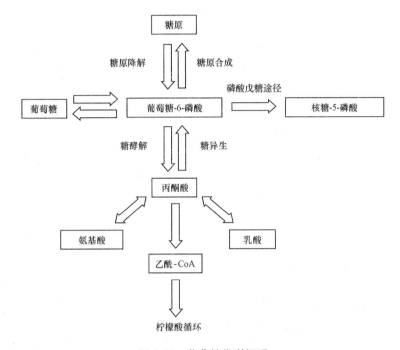

图 9-21 葡萄糖代谢概观

葡萄糖-6-磷酸是通过游离葡萄糖的磷酸化作用、糖原降解作用以及糖异生作用产生的,它也是糖原合成和磷酸戊糖途径的前体。肝能水解葡萄糖-6-磷酸为葡萄糖,葡萄糖经糖酵解代谢成丙酮酸,并能进一步分解成乙酰-CoA,被柠檬酸循环氧化。能可逆地转化成丙酮酸的乳酸和氨基酸是糖异生作用的前体

(二) 糖原的生物合成

糖原的生物合成包括"活化"葡萄糖、合成糖原引物、糖链延伸和分支形成等 4 个步骤。

1. 葡萄糖的活化

"活化"葡萄糖的反应见图 9-22。这一反应,由 UDP-焦磷酸化酶催化实现,结果是形成 UDP-葡萄糖(UDPG)和焦磷酸 PP_i,焦磷酸再由无机焦磷酸化酶水解。UDP-葡萄糖是 1 个 "活化"的化合物,在糖原合成中是"活化"的葡萄糖基供体。在反应中,不可逆的 PP_i 的水解,推动 UDP-葡萄糖的合成。

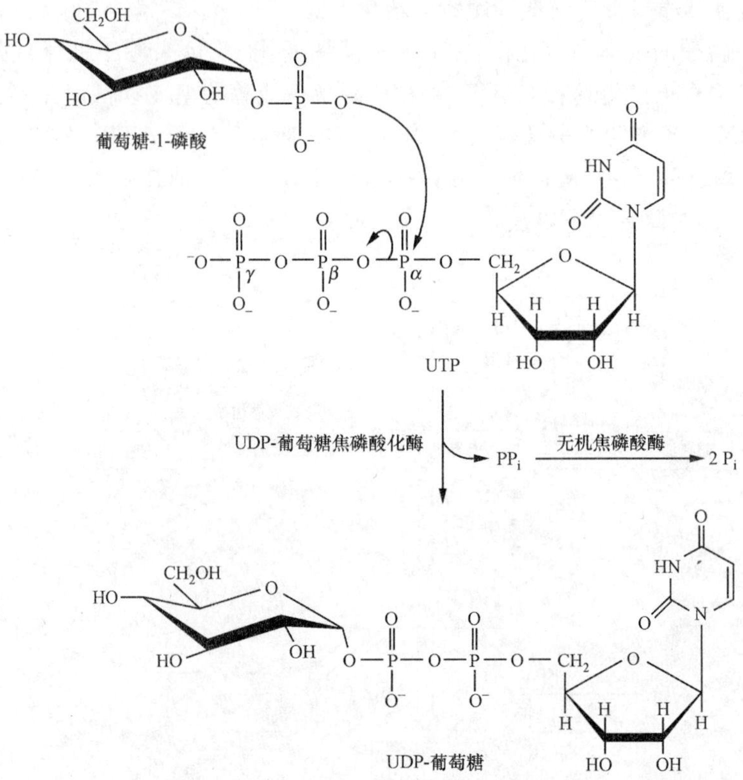

图 9-22   UDP-葡萄糖焦磷酸化酶催化的反应

葡萄糖-1-磷酸分子中磷酸基团的氧原子向 UTP 分子的 α 磷原子进攻形成 UDP-葡萄糖(UDPG)和焦磷酸(PP$_i$)（即 UTP 的 β 和 γ 磷酸基团），PP$_i$ 迅速被无机焦磷酸酶水解

2. 糖原素引发糖原合成

糖原合成的开始，不是简单地将两个葡萄糖连接在一起，而是由酪氨酸葡萄糖基转移酶催化，首先将一个葡萄糖附着到糖原素的酪氨酸残基的—OH 上。糖原素是一种相对分子质量为 37 000 的蛋白质，有自动催化功能，当它附上一个葡萄糖单位之后，自动催化延伸葡聚糖链，即由 UDP-葡萄糖提供残基，形成大约 8 个葡萄糖单位的糖原"引物"。只有在这个时候，糖原合酶才开始起作用，催化延伸引物，继续糖原的合成。

3. 糖原(链)的延伸

一旦糖原"引物"形成，或糖原分子已有分支，此时，糖原合酶的作用是，催化 UDPG 上的葡萄糖单位转移到"引物"或分支的非还原性末端上，其反应如图 9-23 所示。

由图可见，反应结果是，UDPG 上的葡萄糖单位的 C1 与糖原非还原末端残基的 C4 羟基形成 $\alpha(1\rightarrow4)$糖苷键，使糖原(链)延伸 1 个葡萄糖单位。对糖原颗粒的分析表明，每个糖原分子仅仅与 1 分子糖原素及 1 分子糖原合酶相结合，处在结合状态的糖原合酶能有效发挥催化作用，一旦离开糖原素，则不再行使合成功能。

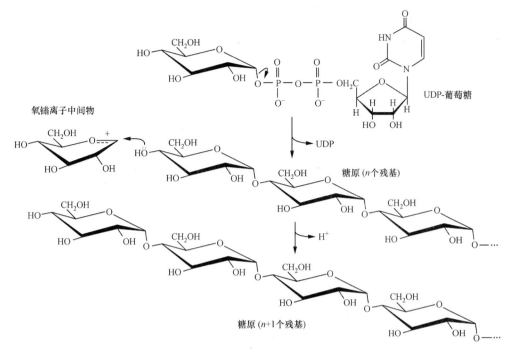

图 9-23　糖原合酶催化的反应

该反应导致葡糖基氧鎓离子中间物的形成

4. 糖原分支酶

糖原合酶只能催化 α(1→4)糖苷键的形成,因此,该酶的功能是合成直链的糖链部分。糖原分支的形成,则由糖原分支酶催化来实现(图 9-24)。糖原分支酶又称淀粉(1,4→1,6)转葡糖基酶,它能催化 α(1→4)糖苷键的断裂和 α(1→6)糖苷键的形成。当糖原分子需要建立分支的时候,糖原分支酶从 1 条糖链末端转移 7 个残基的片段,接到相同的或者不同的另一条糖链上葡萄糖单位 C6 的羟基上,形成 α(1→6)糖苷键。每个被转移的片段必须来自至少有 11 个残基的糖链,并要求新的分支点与原有分支点至少有 4 个残基的距离。

(三) 糖原代谢的调节

糖原的分解和合成是不同的,必须由各自独立的途径来完成,见图 9-25。糖原代谢的调节,即糖原分解与合成的调节。糖原磷酸化酶和糖原合酶分别是糖原分解与合成的限速酶,各种调节糖原代谢的因素,一般都通过改变这两种酶的活性状态来实现对糖原分解与合成的调节作用。

1. 别构调节

糖原磷酸化酶和糖原合酶属别构酶,它们受别构效应物 ATP、葡萄糖-6-磷酸和 AMP 的调节。在肌肉中,糖原磷酸化酶被 AMP 激活,而 ATP 和葡萄糖-6-磷酸则是它的抑制剂;糖原合酶被葡萄糖-6-磷酸激活。这提示,当机体对 ATP 有高的需求时,细胞处于低 ATP、低葡萄糖-6-磷酸和高 AMP 状态,糖原磷酸化酶被激活,糖原合酶被抑制,促进糖原分解。反之,则导致细胞处于高 ATP 和高葡萄糖-6-磷酸状态,有利于糖原合成。

2. 共价修饰调节

糖原磷酸化酶和糖原合酶都有 a 型和 b 型之分,a、b 两型酶的互相转换调控着糖原的分解

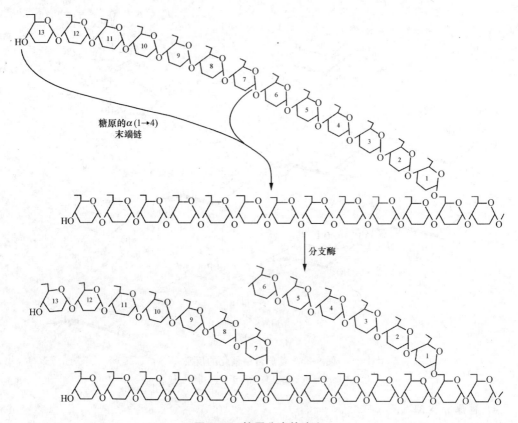

图 9-24 糖原分支的建立

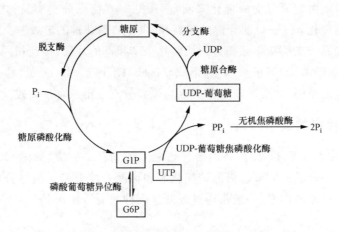

图 9-25 糖原合成和降解的对立途径

与合成。这种转换是通过共价修饰来实现的。共价修饰就是由其他酶催化,引起 a、b 两型酶
分子的磷酸化和脱磷酸化作用,糖原磷酸化酶磷酸化以后,处在 a 型的活性状态;而糖原合酶
磷酸化以后,则处在 b 型的非活性状态。磷酸化和脱磷酸化过程又受到激素的调控。

糖原磷酸化酶的共价修饰激活,实际上是一系列连锁酶促反应逐级放大的结果。首先
是由 cAMP 活化的蛋白激酶激活磷酸化酶激酶 b 转变为有活性的激酶 a,再由激酶 a 将糖
原磷酸化酶 b 进行共价修饰,使其转变为有活性的糖原磷酸化酶 a。所以,凡能促使细胞内

cAMP 增加的信号,都能导致糖原磷酸化酶的活化,从而促进糖原分解加速。比如,胰高血糖素和肾上腺素都能激活肌肉或肝脏细胞膜上的腺苷酸环化酶,使 cAMP 增加,从而促进糖原的分解,而胰岛素却使 cAMP 减少,因此抑制糖原的分解。

糖原合酶和糖原磷酸化酶相反,受 cAMP 的抑制,即 cAMP 活化的蛋白激酶对糖原合酶进行共价修饰,使其转变为糖原合酶 b 的无活性状态,所以胰高血糖素和肾上腺素通过抑制糖原合酶而削弱糖原合成,而胰岛素则通过激活糖原合酶而促进糖原合成。

糖原分解与合成两个对立途径中的关键酶受同一系统控制,这具有非常重要的生理意义。当机体受到某些因素的影响,血糖浓度下降时,便促进肾上腺素及胰高血糖素分泌增加。这两种激素通过 cAMP-蛋白激酶系统起作用,一方面活化肝细胞中的糖原磷酸化酶,使糖原分解加速;另一方面促使肝脏和肌肉细胞中糖原合酶失活,抑制糖原的合成,结果有利于将葡萄糖迅速释放到血液中。此外,血糖下降的信号还能抑制胰岛素的分泌。

(四) 糖异生作用

糖异生作用是指以非糖物质为前体合成葡萄糖的过程,因此又称之为葡萄糖异生作用。非糖物质包括糖酵解产物乳酸和丙酮酸、柠檬酸循环中间物、大多数氨基酸的碳骨架以及甘油等。人体每日大约需要 160 g 葡萄糖,大脑用掉其中的绝大部分(约 120 g)。当食物来源不足,肝糖原又消耗干净时,则必须由糖异生作用补充葡萄糖。

糖异生作用发生在肝脏和肾脏,以前者为主。所有糖异生作用的前体都必须先转变为四碳化合物草酰乙酸,而草酰乙酸又是柠檬酸循环的中间物。在动物中,不能转化为草酰乙酸的氨基酸只有亮氨酸和赖氨酸,因为它们的分解只产生乙酰-CoA,动物体不能将乙酰-CoA 直接转化成草酰乙酸。大多数脂肪酸完全降解成乙酰-CoA,所以,动物体不能利用脂肪酸作为糖异生作用的前体。

1. 糖异生作用和糖酵解途径的比较

糖异生作用的大多数反应是逆向进行的糖酵解反应,因此,可以认为,糖异生作用是由丙酮酸转化成葡萄糖的过程。糖异生作用和糖酵解途径的比较见图 9-26。从图中看出,己糖激酶、磷酸果糖激酶和丙酮酸激酶起作用的糖酵解途径三个步骤,它们的逆反应在糖异生作用中不能利用,必须被不同的旁路所代替。

2. 旁路 1:从丙酮酸到磷酸烯醇式丙酮酸

从丙酮酸转化为磷酸烯醇式丙酮酸(PEP)的反应,与丙酮酸激酶催化的反应相反,要求输入能量,它分两步进行:首先,在丙酮酸羧化酶催化下,消耗 1 分子 ATP 的高能磷酸键形成草酰乙酸中间物,然后草酰乙酸在磷酸烯醇式丙酮酸羧激酶(PEPCK)催化下,再消耗 1 分子 GTP,形成磷酸烯醇式丙酮酸。反应过程如下:

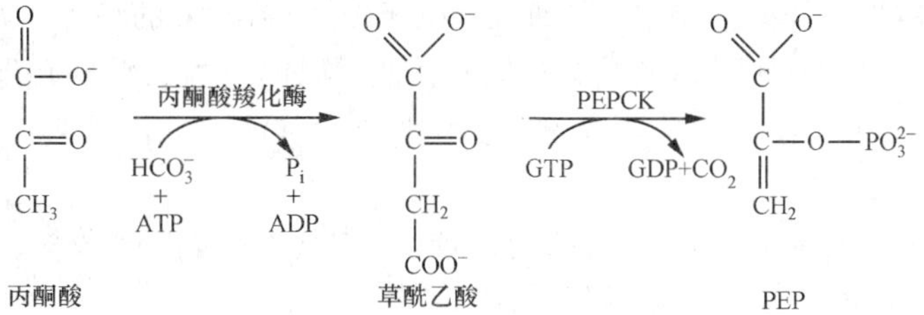

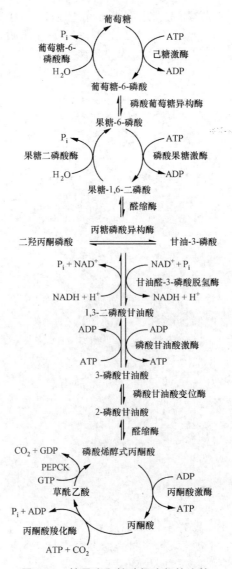

图 9-26　糖异生和糖酵解途径的比较

　　必须注意,由丙酮酸或柠檬酸循环中间物生成草酰乙酸的过程只发生在线粒体内,而将磷酸烯醇式丙酮酸转化成葡萄糖的酶类却存在胞液(胞质溶胶)中。磷酸烯醇式丙酮酸羧激酶在细胞中的分布情况随物种而异,有些物种在线粒体,有些物种在胞液,还有些物种(包括人)平分存在于这两个区域。因此,当糖异生作用发生时,或者草酰乙酸离开线粒体进入胞液后转化成磷酸烯醇式丙酮酸,或者在线粒体中合成的磷酸烯醇式丙酮酸进入胞液。图 9-27表示从线粒体运输磷酸烯醇式丙酮酸和草酰乙酸到胞液的情形。从图看出,磷酸烯醇式丙酮酸由专一的膜运输蛋白使其穿过线粒体膜,然而,草酰乙酸则必须首先转变成天冬氨酸(途径 1)或苹果酸(途径 2)才能穿过线粒体膜进入胞液,之后,才又转变回草酰乙酸。

3. 旁路 2

　　果糖-1,6-二磷酸在果糖-1,6-二磷酸酶的催化下,其 C1 位的磷酸酯键水解,形成果糖-6-磷酸。由于这一反应是放能的,所以容易进行。

$$果糖\text{-}1,6\text{-}二磷酸 + H_2O \xrightarrow{\text{果糖-1,6-二磷酸酶}} 果糖\text{-}6\text{-}磷酸 + P_i$$

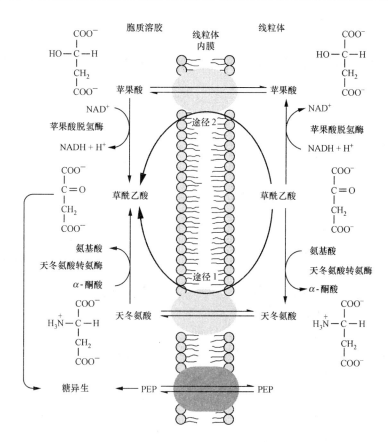

图 9-27　从线粒体运输 PEP 和草酰乙酸到胞液中

PEP 直接在这两个区域间运输。然而草酰乙酸必须首先通过天冬氨酸转氨酶的作用转化成天冬氨酸(途径 1)或由苹果酸脱氢酶转化成苹果酸(途径 2)

糖异生作用的这一步,避开了糖酵解过程不能直接进行的逆反应。

4. 旁路 3

葡萄糖-6-磷酸在葡萄糖-6-磷酸酶的催化下水解为葡萄糖。

$$葡萄糖\text{-}6\text{-}磷酸 + H_2O \xrightarrow{\text{葡萄糖-6-磷酸酶}} 葡萄糖 + P_i$$

这一旁路,仅存在于肝脏和肾脏中,对维持血糖浓度的平衡起着重要作用。

5. 糖异生作用的调节

糖异生作用的调节,实际上是对有关酶类的调节。由丙酮酸作为起始物合成葡萄糖,催化这一过程的第一个酶是丙酮酸羧化酶,它受乙酰-CoA 的激活和 ADP 的抑制,当乙酰-CoA 含量高时,该酶被激活,从而促进糖异生作用。但如果对细胞供能不足,ADP 浓度上升,此时,丙酮酸羧化酶和磷酸烯醇式丙酮酸羧激酶都受到抑制,这就大大削弱了糖的异生作用。

AMP 对磷酸果糖激酶有激活作用。当 AMP 浓度升高时,便促进磷酸果糖激酶的作用,使糖酵解过程加速,此时,果糖-1,6-二磷酸酶不再催化糖异生作用。ATP 及柠檬酸对磷酸果糖激酶起抑制作用,当二者的浓度升高时,一方面磷酸果糖激酶被抑制,从而削弱糖酵解作用;另一方面柠檬酸又促进果糖-1,6-二磷酸酶的作用,使糖异生作用加速进行。

此外,饥饿时,机体血糖水平下降,使胰高血糖素的分泌加强,有利于启动 cAMP 的级联反应,最终加强糖异生作用;饱食时,机体血糖水平提高,致使血液中胰岛素含量增加,相应的酶活性受影响,最终引起糖酵解过程加速,而糖异生作用被削弱。

六、糖代谢紊乱

人体糖代谢紊乱是由于调节失常,或由于某些相关酶类先天性缺损所致。糖代谢紊乱的结果,会引起糖尿病和糖原积累病等疾患。

(一) 糖尿病

糖尿病的病因至今还未完全阐明。临床上,将它分为Ⅰ型和Ⅱ型。

Ⅰ型糖尿病是胰岛素依赖性糖尿病,又称青少年糖尿病,通常在幼年时期突然发作。病人缺乏能分泌胰岛素的 β 细胞,或存在具有缺陷的 β 细胞,导致胰岛素缺乏或不足。

Ⅱ型糖尿病是非胰岛素依赖性糖尿病,又称成年人糖尿病,通常在 40 岁以后发作。此型病的患者具有正常的或较高的胰岛素水平,他们的症状,可能是由于能正常应答胰岛素的细胞缺乏胰岛素受体,或这种受体异常所引起。

无论哪一型糖尿病,患者的血糖浓度都明显上升,致使葡萄糖从血液中"溢出"进入尿中,尿液葡萄糖含量超出正常范围。由于胰岛素调节葡萄糖进入细胞的机制缺损,尽管血糖水平很高,患者的细胞仍处于葡萄糖"饥饿"状态,此时,为了满足细胞的能量需要,三酰甘油的水解、脂肪酸氧化、糖异生作用以及酮体的生成等过程均加快。在血液中,属酸性的酮体浓度升高时,需要靠肾脏将多余的 H^+ 排入尿中来调节血液的 pH。H^+ 的排泄,伴随着 Na^+、K^+、P_i 和 H_2O 的排泄,导致机体严重脱水,病人口渴,血液体积减少,最终危及生命。

(二) 糖原积累病

在糖原代谢中,由于糖原分解或合成的酶类缺失,引起糖原在肝脏、肌肉和肾脏等组织器官中大量积累,造成这些脏器肥大及机能障碍,即糖原积累病。

葡萄糖-6-磷酸酶、糖原磷酸化酶的缺失,使糖原分解削弱甚至消失,而糖原合成则继续进行,这样便引起糖原增多,在脏器中积累。糖原合酶缺失,则导致糖原合成不足。糖原积累病有很多类型,其中,以葡萄糖-6-磷酸酶、脱支酶和肝糖原磷酸化酶缺失型发病率高。

内 容 提 要

新陈代谢是生物体与外界环境不断交换物质的过程,包括从体外吸取养料和物质在体内的变化。

小肠是糖类物质消化和吸收的主要场所。

在无氧条件下,葡萄糖分解为丙酮酸,并释放出能量,这一过程称为糖的酵解作用。它在细胞质中进行。酵解通过 10 步反应,使 1 分子葡萄糖转变为 2 分子丙酮酸,净生成 2 分子 ATP,并将 2 分子 NAD^+ 还原成 2 分子 NADH。

磷酸戊糖途径使葡萄糖-6-磷酸转变为核酮糖-5-磷酸,后者是核苷酸合成的前体。

柠檬酸循环是糖、脂类和氨基酸代谢的共同途径,包括 8 步反应,所有的酶都定位在线粒体内。从乙酰-CoA 进入开始,每 1 轮柠檬酸循环最终可产生 10 个 ATP 分子。

仅在植物和微生物中存在的乙醛酸循环,需要独特的异柠檬酸裂解酶和苹果酸合酶。

糖原代谢包括糖原的分解和合成,二者由各自独立的对立途径来完成。

以非糖物质为前体合成葡萄糖的过程称为糖的异生作用。非糖物质包括乳酸、丙酮酸和柠檬酸循环中间物等。

糖尿病患者临床表现为高血糖和其他生理障碍,这可能是由于产生胰岛素的 β 细胞受破坏,或接受胰岛素的细胞缺乏受体所致。

糖原代谢中,缺失某种酶的后果会造成脏器中沉积大量糖原,引起糖原积累病。

习 题

1. 什么是新陈代谢?

2. 糖消化、吸收主要在消化道什么部位进行? 这些部位有哪些有利于消化、吸收的条件?

3. 写出糖酵解的酶促反应历程,它与酒精发酵有何异同?

4. 在无氧条件下,每分子糖原(含 n 个葡萄糖残基)转化成乳酸,将生成多少分子 ATP?

5. 糖酵解产物丙酮酸有哪些代谢去路?

6. 果糖、半乳糖和甘露糖是如何进入酵解途径的?

7. 写出柠檬酸循环 8 个中间物的结构式,并注明催化它们互变的酶的名称。

8. 如果用 ^{14}C 标记乙酰-CoA 的羰基碳原子,经柠檬酸循环,问 ^{14}C 将出现在循环的哪个中间物上?

9. 一个中等身材健康人,睡眠的能量消耗为 65 kcal·h^{-1},问每小时至少消耗多少克 ATP? 又每小时至少需要多少克葡萄糖(按 ATP→ADP+P$_i$ 的反应计算能量)?

10. 柠檬酸循环的哪几步反应调节着循环的速率?

11. 糖原降解和合成各需要哪些酶?

12. 糖酵解、磷酸戊糖途径和葡萄糖异生作用,三者有何联系?

第十章 光合作用

一、光合作用的研究历史及其重要性

自然界中的植物按照碳素营养方式不同，可以分为自养和异养两种。自养植物（autophyte）自身可以利用无机碳化物作为营养来源，并将它合成有机物；异养植物（heterophyte）只能利用现成的有机物作为营养，供自身需要。这里我们重点讨论自养植物。

自养植物吸收 CO_2，将其转变成有机物质的过程称为植物的碳素同化作用（carbon assimilation）。碳素同化作用包括细菌光合作用、绿色植物光合作用和化能合成作用三种类型。其中，绿色植物光合作用最为广泛，合成有机物最多，与人类的关系最为密切，因此本章重点讨论光合作用。

光合作用的研究经过了漫长的过程，早在 1771 年普雷斯特里（J. Priestly，1733—1804）发现绿色植物能使被动物污染的空气更新（图 10-1）。他把小动物放在密闭的玻璃盒内，动物不久就会死去，并且盒里的空气失去了使蜡烛燃烧的能力。如果把绿色植物放入盒内则慢慢地空气又能恢复使蜡烛燃烧的能力。他指出植物能改变空气的成分。1779 年德国医师英根豪斯（J. Ingenhousz，1730—1799）明确指出植物只有在光照条件下才能改变空气成分。进一步的研究使他懂得植物的生活过程有两个截然不同的呼吸循环：一个和动物的呼吸一样吸入 O_2，排出 CO_2；另一个则把 CO_2 当做气体食物吸入，排出 O_2。植物以后一种呼

图 10-1　1771 年普雷斯特里发现绿色植物能使被动物污染的空气更新

吸方式为主,与动物相互依存。可以说,英根豪斯发现了光合作用(photosynthesis)。1864年萨克斯(J. Sachs,1832—1897)通过水培实验发现植物中碳水化合物不是来自土壤中的有机物质,他指出植物通过光合作用利用空气中的 CO_2 合成淀粉。20 世纪对光合作用的探讨,向着物理学和化学两个方面不断深入。1905 年英国植物学家布莱克曼(F. F. Blackman)提出光合作用包括需要光照的"光反应"和不需光照的"暗反应"两个过程,二者相互依赖,光反应时吸收的能量,供给暗反应时合成含高能量的多糖等的需要。20 年代,瓦尔堡(Otto Warburg,1883—1970)进一步提出在光反应中不是温度而是光的强度起作用。1929—1931年荷兰微生物学家范尼尔通过比较生化研究,发现光合硫细菌与绿色植物一样,也进行光合作用,只是绿色植物的供氢体是水,而光合硫细菌的供氢体是硫化氢或其他还原性有机物。范尼尔的工作改变了长期以来认为光合作用一定要放氧的看法,扩大了光合作用的概念,对以后的研究有深远影响。对于光合作用的重要参与物质叶绿素,早就引起人们的注意。德国化学家维尔施泰特(R. M. Willstatter,1872—1942)经过了 8 年的努力,于 1913 年阐明了叶绿素的化学组成。

另一位德国化学家菲舍尔(H. Fischer)于 1940 年确定了它的结构,这些都为 50 年代"光合作用中心"的提出,以及色素吸收光子、能量传入作用中心等的发现奠定了基础。虽然光合作用的部位早就被认为是叶绿体,但真正用实验加以证实则在 20 世纪 30 年代末至 40年代初。英国植物生理学家希尔(R. Hill)用离体叶绿体作实验,测到放氧反应,这是绿色植物进行光合作用的标志,但是否代表光合作用未能肯定。希尔称它为叶绿体的放氧作用,亦被称为"希氏反应"。这一工作直到 1951 年才被证实是光合作用的一部分。1954—1955年,美国生物化学家阿尔农(D. I. Arnon,1910—?)和微生物学家艾伦(M. B. Allan)又证明离体叶绿体不仅能放氧,而且也能同化 CO_2。这也就证实了叶绿体确是光合作用的部位。那么到底什么是光合作用?

光合作用是指绿色植物吸收光能,同化 CO_2 和水,制造有机物并释放 O_2 的过程。光合作用的最简式可以表示为:

$$CO_2 + H_2O \xrightarrow[\text{叶绿体}]{\text{光}} (CH_2O) + O_2$$

S. Ruben 和 M. D. Kamen(1941,美国)通过 $^{18}O_2$ 和 $C^{18}O_2$ 同位素标记实验,证明光合作用中释放的 O_2 来自于 H_2O。为了把 CO_2 中的氧和 H_2O 中的氧在形式上加以区别,用下式作为光合作用的总反应式:

$$CO_2 + 2H_2O^* \xrightarrow[\text{叶绿体}]{\text{光}} (CH_2O) + O_2^* + H_2O$$

至此,人们已清楚地知道光合作用的反应物和生成物,由于植物体内含水量高,变化较大,一般不用含水量的变化来衡量植物的光合速率。而根据光合产物和释放 O_2 或吸收 CO_2的量计算光合速率。例如,用改良半叶法测定有机物质的积累,用红外线 CO_2 气体分析仪法测定 CO_2 的变化,用氧电极测定 O_2 的变化等。

光合作用有非常重要的意义,主要有以下三个方面:

(1) 将无机物转变成有机物

植物通过光合作用制造的有机物可以直接或间接作为人或动物的食物。据估计,地球上自养植物一年中通过光合作用约同化 2×10^{14} kg 碳素,其中 40% 是由浮游植物同化的,60% 是由陆生植物同化。可以说人类所吃的全部食物都是直接或间接来自光合作用。

（2）将光能转变为化学能

光合作用中植物在将无机碳素同化的同时将光能转变成化学能并贮存在形成的有机物中。这些能源除了供给植物自身需要外，也可以作为人和动物的营养来源，其余的可作为人类生活的能量来源。如煤、天然气、木材等。

（3）维持大气中的 CO_2 和 O_2 的平衡

地球上的生物通过呼吸作用吸收 O_2 排除 CO_2，人类在生活过程中燃烧各种可燃物，也吸收大量 O_2 呼出大量 CO_2。有人计算过，生物呼吸和燃烧每年消耗约 3.15×10^{14} kg O_2，按照这个速度大气中的 O_2 大约 3000 年就会用完，地球上因为绿色植物不断地通过光合作用吸收 CO_2，每年放出 5.35×10^{14} kg O_2，所以大气中 O_2 的浓度才能一直保持在 21％左右。因此绿色植物是自然界中的天然空气净化器。

二、叶绿体及叶绿素

在高等植物体内进行光合作用的主要器官是叶片，在进行光合作用的细胞中，叶绿体是进行光合作用的细胞器。

（一）叶绿体的结构

叶绿体是植物细胞所特有的细胞器，它带有绿色，从而使含有大量叶绿体的一切植物器官均呈现绿色。早在 19 世纪末，人们就已发现它，但直到 1934 年英国学者希尔将它从植物细胞中分离出来，并在离体条件下证实叶绿体确可同化 CO_2 为碳水化合物，而且它的光合能力也接近于完整叶片时，这才证实叶绿体是高等植物光合作用的完整单位，也就是说，光合作用的整个过程是在叶绿体内进行的。

从藻类到高等植物的绿色细胞都含有叶绿体。藻类的叶绿体往往呈螺旋状、杯状、环状和星状等，高等植物的叶绿体大多数呈椭圆状（直径约 $3\sim6\ \mu m$，厚约 $2\sim3\ \mu m$）。叶绿体在植物细胞中的数目不仅随物种而异，而且受生态条件的影响颇大。

用电子显微镜观察可见叶绿体的表面由双层膜（外膜和内膜）构成（图 10-2），称为叶绿体膜，每层膜的厚度 2 nm，具有高电子密度。叶绿体膜由类胡萝卜素类物质组成，不含叶绿素，而且其脂类与蛋白质组成具有特殊的选择透性，控制叶绿体代谢产物的进出。叶绿体膜内流动的液体称为基质（stroma），光合作用的产物淀粉就是在基质中形成的。在电子显微镜下观察叶绿体的纵切面，发现高等植物的叶绿体都具有许多片层组成的系统。每个片层是由自身闭合的双层薄片组成，称为类囊体（thylakoid）。类囊体在基质中有两种形式存在：一种是较小的扁囊，相互叠置成一摞，形成的结构称基粒（grana）。每一叶绿体中约含有 $40\sim80$ 个基粒。组成基粒的类囊体称基粒类囊体（granum-thylakoid）或基粒片层（grana lamella）。另一种是较大的扁囊，贯穿于基粒之间，称基粒间类囊体或基质类囊体（stroma-thylakoid）或基质片层（stroma lamella）。它们顺着叶绿体的纵轴彼此平行排列。其存在意义在于使膜片层的总面积大大超出叶绿体的面积。基粒类囊体中有 PS Ⅰ和 PS Ⅱ的机能单位，并分布在膜内表面，是 PS Ⅱ核心颗粒和捕光复合物结合成的。而基质类囊体中多有 PS Ⅰ的机能单位，多分布于膜外侧。除上述内在蛋白外，还有组成电子传递链的众多载体，包括 PQ（质体醌）、PC（质体兰素，plastcyanin）、细胞色素（$cytb_{559}$，$cytf_{553}$，$cytb6_{563}$ 等）、铁硫蛋白（铁氧还蛋白 ferrdoxin，Fd）、黄素蛋白。因为类囊体膜是光能吸收和转化的场所，所以又称光合膜。

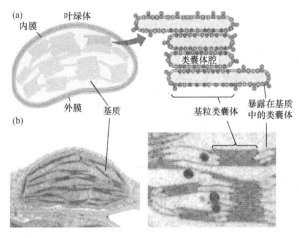

图 10-2 叶绿体的结构

（二）叶绿素的光合特性

叶绿体的光合色素主要有三类：叶绿素、类胡萝卜素和藻胆素。高等植物叶绿体中含有前两类，藻胆素仅存在于藻类中。

1. 光合色素的结构与性质

（1）叶绿素（chlorophyll）

叶绿素不溶于水，溶于有机溶剂，如乙醇、丙酮、乙醚、氯仿等。通常用 80% 的丙酮或丙酮：乙醇：水（4.5：4.5：1）的混合液来提取叶绿素。叶绿素是一种叶绿酸酯，能发生皂化反应生成相应的盐。叶绿酸是双羧酸，其中一个羧基被甲醇酯化，另一个被叶醇酯化。叶绿素有叶绿素 a 和叶绿素 b 两种。叶绿素 a 与 b 很相似，不同之处仅在于叶绿素 a 第二个吡咯环上的一个甲基（—CH_3）被醛基（—CHO）所取代，即为叶绿素 b（图 10-3）。叶绿素分子结构类似于一个"网球拍"，具有一个卟啉环的"头部"和一个叶绿醇的"尾巴"。卟啉环由四个吡咯环以四个甲烯基（—CH ＝）连接而成。镁原子居于卟啉环的中央，带正电性，与其相连的氮原子则偏向于带负电性，因而卟啉具有极性，是亲水的，可以与蛋白质结合。另外还有一个含羰基和羧基的同素环，羧基以酯键和甲醇结合。环Ⅳ上的丙酸基侧链以酯键与叶醇相结合。叶醇是由四个异戊二烯单位组成的双萜，是一个亲脂的脂肪链，它决定了叶绿素的脂溶性。卟啉环上的共轭双键和中央镁原子易被光激发而引起电子得失，从而使叶绿素具有特殊的光化学性质。叶绿素仅以电子传递（即电子得失引起的氧化还原）及共轭传递（直接能量传递）的方式参与能量的传递，而不进行氢的传递。

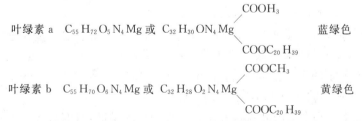

叶绿素叶绿素卟啉环中的镁原子可以被 H^+、Cu^{2+}、Zn^{2+} 所置换，用酸处理叶片，H^+ 易进入叶绿体，置换镁原子形成去镁叶绿素，使叶片呈褐色。去镁叶绿素与铜离子结合形成绿色铜代叶绿素，铜代叶绿素稳定而不易降解，常用醋酸铜处理来保存绿色植物标本。

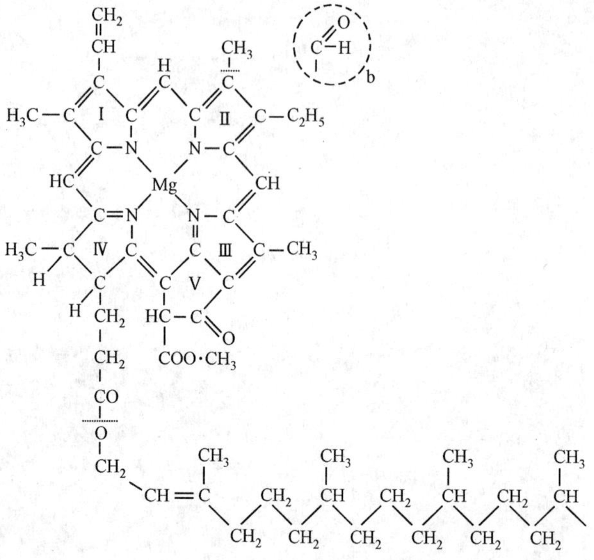

图 10-3　叶绿素分子结构

（2）类胡萝卜素（carotenoid）

高等植物中类胡萝卜素有两种类型：胡萝卜素（carotene）和叶黄素（lutein）。类胡萝卜素不溶于水而溶于有机溶剂，是一类由八个异戊二烯单位组成的 40C 不饱和烯烃。

胡萝卜素呈橙黄色，主要有 α、β、γ 三种异构体。有些真核藻类中还有 ε-异构体。β-胡萝卜素在动物体内水解后可转化为维生素 A，能预防和治疗动物的夜盲症。叶黄素呈黄色，是由胡萝卜素衍生的醇类。一般情况下，叶绿体内叶绿素与类胡萝卜素的比率为 3∶1，所以正常的叶片呈绿色。因为叶绿素易降解，所以秋天叶片呈黄色。

（3）藻胆素（phycobilin）

藻胆素是某些藻类进行光合作用的主要色素。存在于红藻和蓝藻中，常与蛋白质结合为藻胆蛋白，根据颜色不同分为藻红蛋白（phycoerythrin）、藻蓝蛋白（phycocyanin）。

2. 光合色素的光学特性

叶绿素的吸收峰在可见光范围有两个最强吸收波段：640～660 nm 的红光区，430～450 nm 的蓝紫光区。叶绿素主要吸收红光和蓝紫光，对橙光、黄光吸收较少，其中尤以对绿光的吸收最少，所以叶绿素的溶液呈绿色。叶绿素 a 和叶绿素 b 的吸收光谱虽然相似，但不相同。叶绿素 a 在红光区的吸收带偏向长波方面，吸收带较宽，吸收峰较高；而在蓝紫光区的吸收带偏向短光波方面，吸收带较窄，吸收峰较低。叶绿素 a 对蓝紫光的吸收为对红光吸收的 1.3 倍，而叶绿素 b 则为 3 倍，说明叶绿素 b 吸收短波蓝紫光的能力比叶绿素 a 强。

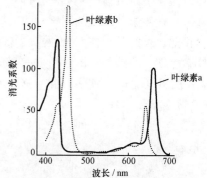

图 10-4　叶绿素 a 和叶绿素 b 的吸收光谱

绝大多数的叶绿素 a 和全部的叶绿素 b 具有吸收光能的功能，只有极少数特殊状态的叶绿素 a 分子，才具有将光能转换为电能的作用（即具有光化学活性）（图 10-4）。

胡萝卜素和叶黄素的吸收光谱与叶绿素不同，它们的最大吸收带在 400～500 nm 的蓝紫光区(图 10-5),不吸收黄光,从而呈现黄色。藻胆素的吸收光谱主要集中在绿光和橙光部分,藻蓝素最大值是在橙光部分,藻红素最大值是在绿光部分(图 10-6)。

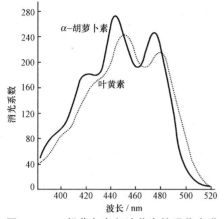

图 10-5　α-胡萝卜素和叶黄素的吸收光谱

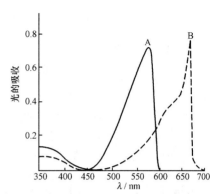

图 10-6　藻红蛋白(A)和藻蓝蛋白(B)的吸收光谱

3. 叶绿素的荧光现象和磷光现象

　　叶绿素溶液在透射光下呈绿色,而在反射光下呈红色,这种现象称为叶绿素荧光现象。叶绿素为什么会发荧光呢? 当叶绿素分子吸收光量子后,就由最稳定的能量最低状态——基态(ground state)上升到不稳定的高能状态——激发态(excited state)。激发态不稳定,很快向较低能态转变。如果叶绿素分子被蓝光激发,电子跃迁到能级较高的第二单线态;如果叶绿素分子被红光激发,电子跃迁到能级次高的第一单线态。当被激发的叶绿素分子从第一单线态回到基态时所发射的光称为荧光。荧光寿命很短($10^{-8} \sim 10^{-10}$ s)。叶绿素辐射出荧光后,当去掉光源还能继续辐射出极微弱的红光,称为磷光现象。其辐射出的光是磷光,磷光是处于第三单线态的叶绿素返回到基态所发射的光,磷光持续寿命较长(10^{-2} s)(图 10-7)。

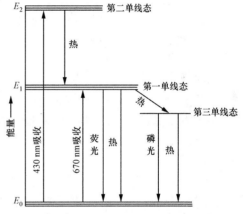

图 10-7　色素分子吸收光能后能量转变示意图

　　叶绿素吸收蓝光后处于第二单线态的叶绿素分子,其贮存的能量虽远大于吸收红光处于第一单线态的状态,但超过的部分对光合作用是无用的,在极短的时间内叶绿素分子要从第二单线态返回第一单线态,多余的能量也是以热的形式耗散。因此,蓝光对光合作用而言,在能量利用率上不如红光高。

三、光合作用的机制

　　光合作用是离不开光的,但不是每一个过程都需要光。根据需光与否,光合作用分为两个反应——光反应(light reaction)和暗反应(dark reaction)。光反应是必须在光下才能进行的光化学反应,在类囊体膜(光合膜)上进行;暗反应是在暗处(也可以在光下)进行的酶促化学反应,在叶绿体基质中进行。近年来的研究表明,光反应的过程并不都需要光,而暗反应过程中的一些关键酶活性也受光的调节。

整个光合作用可大致分为三个步骤：① 原初反应（即光能的吸收、传递和转换过程）；② 电子传递和光合磷酸化（电能转变为活跃的化学能的过程）；③ 碳同化过程（活跃的化学能转变为稳定的化学能的过程）。第一、二两个步骤基本属于光反应，在光合膜上进行，第三个步骤属于暗反应，在基质中进行。

（一）原初反应

原初反应是指光合色素对光能的吸收、传递与转换过程。它是光合作用的第一步，其特点是速度快（$10^{-12} \sim 10^{-9}$ s 内完成）。原初反应是通过光合作用单位来实现的，光合作用单位定义为：结合于类囊体膜上能完成光化学反应的最小结构功能单位。每吸收或传递 1 个光量子到反应中心，完成光化学反应所需的光能吸收色素分子约为 250～300 个，每同化一个 CO_2 分子或释放一个 O_2 分子，至少要进行 8 次光化学反应，需要转化 8 个光量子。原初反应所需的色素分为反应中心色素和聚光色素。

（1）反应中心色素（reaction center pigment），为少数特殊状态的、具有光化学活性的叶绿素 a 分子。既捕获光能，又能将光能转换为电能。

（2）聚光色素（light-harvesting pigment），又称天线色素（antenna pigment），只吸收光能，并把吸收的光能传递到反应中心色素。即除中心色素以外的色素分子，包括绝大部分叶绿素 a 和全部的叶绿素 b、胡萝卜素、叶黄素等。

当波长范围为 400～700 nm 的可见光照到绿色植物时，聚光色素系统的色素分子吸收光量子后变成激发态。因为色素分子间的排列很紧密，光量子在色素分子间以共振的方式进行传递，这样聚光色素就像透镜一样把光束集中到一点，把大量的光能吸收、聚集，并迅速传递到反应中心色素分子。

实际上，光合作用单位包括了聚光色素系统和光合作用中心两部分。光合作用中心是叶绿体中进行光合作用原初反应的、最基本的色素蛋白结构。其基本组成至少包括一个中心色素分子、一个原初电子供体（primary electron donor，D）、一个原初电子受体（primary electron acceptor，A），以及维持这些电子传递体的微环境所必需的蛋白质。原初电子受体，是指直接接受反应中心色素分子传来电子的物质（A）。原初电子供体，是指将电子直接供给反应中心色素分子的物质（D）。光合作用中心的色素分子当被波长 400～700 nm 的可见光照射后，聚光色素分子由原态变成激发态，因为聚光色素分子之间排列非常紧密，所以能量在色素分子之间，以共振的方式由能量高的地方向能量低的地方进行传递汇集。最后聚光色素分子把大量的光能吸收、聚集、传递到反应中心色素分子上。

聚光色素分子将光能吸收和传递到反应中心色素分子后，使反应中心色素分子（P）激发而成为激发态（P*），释放电子供给原初电子受体（A），同时留下一个空位称为"空穴"。反应中心色素分子被氧化而带正电荷（P$^+$），原初电子受体被还原而带负电荷（A$^-$）。这样，反应中心发生了电荷分离，反应中心色素分子失去电子，便从原初电子供体（D）那里夺取电子，于是反应中心色素恢复原来状态（P），而原初电子供体却被氧化（D$^+$）。这种通过原初电子受体与原初电子供体之间的氧化还原反应，完成光能到电能的转变。

高等植物光合作用原初反应是连续不断进行的，构成电子的源和流。高等植物光合作用最终电子供体是水，最终电子受体是 $NADP^+$。

（二）电子传递与光合磷酸化

激发了的作用中心色素分子把电子传给原初电子受体，转为电能，再通过水的光解和光合磷酸化经过一系列电子传递体的传递,最后形成 ATP 和 NADPH,将电能转为活跃的化学能。

1. 光系统

(1) 光系统的发现

光合作用中两个光反应系统的发现推动了光合磷酸化研究的不断深入。这项工作主要由美国植物生理学家罗伯特·爱默生(R. Emerson)及其合作者,从 20 世纪 40 年代初到他逝世前的十几年内进行的。20 世纪 40 年代,以红藻和绿藻为材料研究不同波长的光合效率,发现在红光波段中,短波(约 650 nm)区比长波区(约 700 nm)的光合效率高。当大于 685 nm 的远红光照射绿藻时,光量子可被叶绿素大量吸收,但量子产额急剧下降,这种现象被称为红降(red drop)。量子产额(quantum yield):指每吸收一个光量子后释放出的氧分子数。1957 年,罗伯特·爱默生发现,用大于 685 nm 的远红光照射后,补充 650 nm 的红光,则量子产额大增,并且比这两种波长的光单独照射时的总和还要大。这两种波长的光促进光合效率的现象,叫做双光增益效应或爱默生效应(Emerson effect)。根据他们的工作以及其他人的工作,英国的 R. Hill 等提出可能存在着两个光反应系统:系统 I 由远红光(约 700 nm)激发,系统 II 则依赖于较高能的红光(约 650 nm)。后来证实光合作用确实有两个光化学反应,分别由两个光系统完成。

目前光合作用研究已经可以直接从叶绿体中提取分离两个光系统。一个是吸收短波红光(680 nm)的光系统 II(photosystem II,PS II),另一个是吸收长波红光(700 nm)的光系统 I(photosystem I,PS I)。PS II、PS I(都是蛋白复合物)以串联的方式协同工作。

PS I 颗粒较小,直径 11 nm,位于类囊体膜的外侧,叶绿素 a 含量较高,主要吸收长波光,中心色素分子是 P700,主要特征是 $NADP^+$ 的还原。PS II 颗粒较大,直径 17.5 nm,位于类囊体膜的内侧,叶绿素 b 含量较高,主要吸收短波光,中心色素分子是 P680,主要特征是水的光解和放氧。光合作用就是在这两个系统中进行的(图 10-8)。

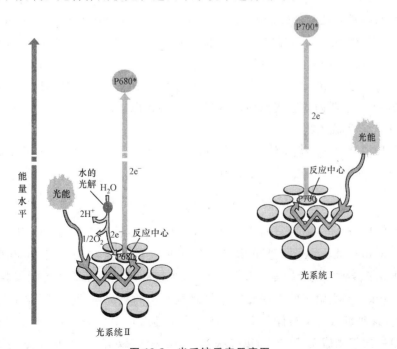

图 10-8 光系统反应示意图

（2）光合链

光合链（photosynthetic）是指，定位在光合膜上的一系列互相衔接的电子传递体组成的电子传递的总轨道。电子传递是由两个光系统串联进行，其电子传递体的排列呈侧写的"Z"形，称之为"Z"方案（"Z" scheme），见图 10-9。"Z"方案中的电子传递不能自发进行，因为有两处（P680→P680* 和 P700→P700*）是逆电势梯度的，需要聚光色素复合体吸收与传递的光能来推动。除此之外，电子都是从低电势向高电势的自发传递。

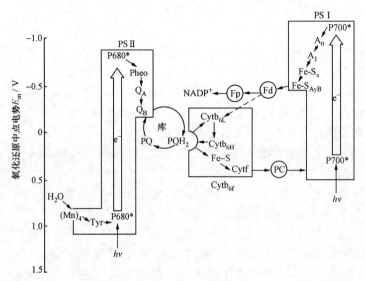

图 10-9   叶绿体通过 PS I 和 PS II 传递的非循环电子流的"Z"方案

光合链中的主要电子传递体是质体醌（plastoquinone，PQ），细胞色素（cytochrome，Cyt）b6/f 复合白，铁氧还蛋白（ferredoxin，Fd）和质蓝素（plastocyanin，PC）。其中 PQ 是双电子、双 H^+ 传递体，它既可传递电子，也可传递质子，且数量多，又称 PQ 库。PQ 还可以在膜内或膜表面移动，在传递电子的同时，把 H^+ 从类囊体膜外带入膜内，造成跨类囊体膜的质子梯度，又称"PQ 穿梭"。光合链中 PS II、Cyt b-f 和 PS I 在类囊体膜上，难以移动，而 PQ、PC 和 Fd 可以在膜内或膜表面移动，在三者间传递电子。

（3）水的光解和放氧

R. Hill（1937）发现，将离体叶绿体加到具有氢受体（A，如 2,6-二氯靛酚、苯醌、$NADP^+$、NAD^+ 等）的水溶液中，光照后即放出 O_2：

$$2H_2O+2A \xrightarrow[\text{离体叶绿体}]{\text{光}} 2AH_2+O_2$$

将离体叶绿体在光下所进行的分解水，放出 O_2 的反应称为希尔反应（Hill reaction）。水的光解反应（water photolysis）是植物光合作用重要的反应之一。当 P680 吸光激发到 P680* 后，把电子传到去镁叶绿素（pheophytin），去镁叶绿素就是原初电子受体，而 Tyr 就是原初电子供体。失去电子的去镁叶绿素最终从水中的氧离子得到电子，导致 O_2 的释放和 H 的产生，H 被释放到类囊体腔中。法国学者 P. Joliot（1969）通过闪光处理暗适应的叶绿体，发现第一次闪光后无 O_2 产生，第二次闪光释放少量 O_2，第三次闪光放 O_2 最多，第四次闪光放 O_2 次之。然后每四次闪光出现一次放氧高峰。由于每释放 1 个 O_2，需要氧化 2 分子水，并移去 4 个电子，同时形成 4 个 H^+，而闪光恰巧以 4 为周期。

2. 光合磷酸化

(1) 光合电子传递的类型

光合电子传递的类型有两种,非环式电子传递和环式电子传递。非环式电子传递(non-cyclic electron transport)指水光解放出的电子经 PS Ⅱ 和 PS Ⅰ 两个光系统,最终传给 NADP$^+$ 的电子传递。其电子传递是一个开放的通路。按非环式电子传递,每传递 4 个电子,分解 2 分子 H_2O,释放 1 个 O_2,还原 2 个 NADP$^+$,需要吸收 8 个光量子,量子产额为 1/8。同时运转 8 个 H$^+$ 进入类囊体腔。

非环式电子传递:$H_2O \rightarrow PS Ⅱ \rightarrow PQ \rightarrow Cytb_6/f \rightarrow PC \rightarrow PS Ⅰ \rightarrow Fd \rightarrow FNR \rightarrow NADP^+$

环式电子传递(cyclic electron transport)指 PS Ⅰ 产生的电子传给 Fd,再到 Cytb$_6$/f 复合体,然后经 PC 返回 PS Ⅰ 的电子传递。可能还存在一条经 FNR 或 NADPH 传给质体醌(PQ)的途径。即电子的传递途径是一个闭合的回路。

环式电子传递:$PS Ⅰ \rightarrow Fd \rightarrow (NADPH \rightarrow PQ) \rightarrow Cytb_6/f \rightarrow PC \rightarrow PS Ⅰ$

(2) 光合磷酸化的形式

光合磷酸化是光合作用中重要的能量传递过程。1954 年 D. I. 阿尔农在用菠菜叶绿体研究 CO_2 同化的同时,发现叶绿素受光的激发产生电子,在传递过程中与磷酸化偶联,产生 ATP,电子仍回到叶绿素分子上,继续上述过程,这一过程被称为循环光合磷酸化。几乎同时有人也证明,细菌中也存在着类似的过程。1957 年 D. I. 阿尔农等又发现另一类型的光合磷酸化。在这个过程中,光使叶绿素从水中得到电子,电子传递过程中与希尔反应偶联,还原辅酶Ⅱ,放氧,同时产生 ATP,这一过程称为非循环光合磷酸化。

叶绿体在光下将无机磷(P$_i$)与 ADP 合成 ATP 的过程称为光合磷酸化(photo phosphorylation)。光合磷酸化与光合电子传递相偶联,同样分为两种类型:非环式光合磷酸化(noncyclic photophosphorylation)和环式光合磷酸化(cyclic photophosphorylation)

非环式光合磷酸化是指水裂解后把 H$^+$ 释放到类囊体腔中,把电子传给 PS Ⅱ,电子在光合链中传递。伴随着类囊体外侧的 H$^+$ 转移到腔内,形成了跨膜的浓度差,引起 ATP 的形成;同时电子传递到 PS Ⅰ 中,提高位能使 H$^+$ 与 NADP$^+$ 结合为 NADPH,并放出 O_2。在这个过程中,电子传递是一个开放的通路称为非环式光合磷酸化。

$$2ADP + 2P_i + 2NADP^+ + 2H_2O \xrightarrow{\text{光}} 2ATP + 2NADPH + O_2$$

环式光合磷酸化是指 PS Ⅰ 产生的电子经过传递体传递后,伴随着腔内外 H$^+$ 的浓度差,只引起 ATP 的形成,而不放 O_2,也无 NADP$^+$ 的还原。

$$ADP + P_i \xrightarrow{\text{光}} ATP$$

在光合作用中将 ADP 和 P$_i$ 合成 ATP 的是 ATP 合酶。它是一种偶联因子,将电子传递和 H$^+$ 与 ATP 的生成联系起来。ATP 合酶复合体具有一个头部(CF$_1$)和一个尾部(CF$_O$),头部在膜外,尾部在膜内。

(3) 光合磷酸化的机制——P. Mitchell 的化学渗透假说

光合磷酸化的机制可用 P. Mitchell 的化学渗透假说(chemiosmotic hypothesis)来解释(图 10-10)。在电子进入电子传递链传递的过程中,PS Ⅱ 光解水,在膜内释放 H$^+$,PS Ⅰ 使 NADP$^+$ 还原,引起膜外 H$^+$ 浓度降低。在光合电子传递体中,PQ 穿梭在传递电子的同时,把膜外基质中的 H$^+$ 转至类囊体膜内;这样膜内侧质子浓度高,膜外侧质子浓度低,膜内电位高于膜外电位。这样膜内外存在的 H$^+$ 浓度差(ΔpH)引起电位差(Δφ)。ΔpH 和 Δφ 合称质子动力(proton motive force, pmf)。当 H$^+$ 顺着浓度梯度返回膜外时释放能量,在 ATP 合酶催化下,偶联 ATP 合成。

经非环式光合电子传递,每分解 2 mol H_2O 释放 1 mol O_2,传递 4 mol 电子,使类囊体膜内增加 8 mol H^+,偶联形成约 3 mol ATP 和 2 mol NADPH。这样,光能就转化为活跃的化学能贮存在 ATP 和 NADPH 中,用于 CO_2 的同化和还原,从而将光反应和暗反应联系起来,因此,ATP 和 NADPH 合称同化力。

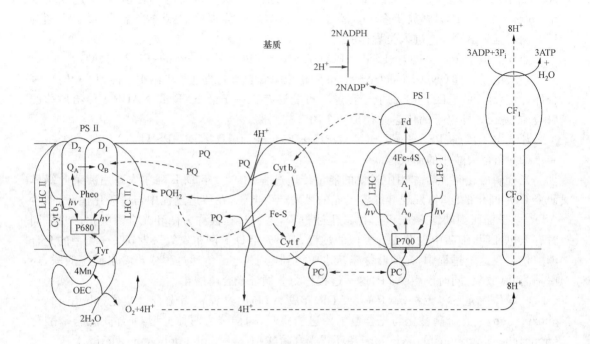

图 10-10   化学渗透学说作用机制图示

(三) 碳同化

万物生长离不了阳光,但同样的阳光条件下,不同作物的生长状况、产量情况却大不相同。研究表明,植物的干物质重量的 90%～95% 来源于光合作用,而作物产量的高低很大程度上取决于它对太阳光的吸收和利用能力的大小,即光能利用率。根据这种能力的大小,自然界中的植物被分为 C_3 途径植物、C_4 途径植物及景天葵途径(中间途径)植物三大类,其中中间途径的植物所占比重非常小,绝大多数植物为 C_3、C_4 途径植物。一般情况下,C_4 途径植物的光能利用率高,多表现为高产,如玉米、甘蔗等;而 C_3 途径植物的光能利用率相对较低,多表现为中、低产,如大豆、小麦等。CO_2 同化(CO_2 assimilation),简称碳素同化,是指植物利用光反应中形成的同化力(ATP 和 NADPH),将 CO_2 转化为碳水化合物的过程,即是将 ATP 和 NADPH 中活跃的化学能转变为贮存在碳水化合物中稳定的化学能的过程。高等植物的碳同化途径有三条,即 C_3 途径、C_4 途径和 CAM(景天酸代谢)途径。C_3 途径是最基本的途径,也是唯一可以生成淀粉的途径。下面我们重点介绍 C_3 途径。

1. C_3 途径

美国伯克利加州大学的 M. 卡尔文、A. A. 本森、J. A. 巴沙姆等,利用劳伦斯实验室制备的同位素和其他新的生化技术,用了 10 年的时间于 20 世纪 50 年代中期阐明了"光合碳循环",或称"卡尔文循环"的过程。他们证明,在叶绿体内一种五碳糖起了"CO_2 接收器"的作用,经过一系列的酶促反应,不断地循环同化 CO_2,形成一个个六碳糖,再聚合成蔗糖或淀粉。因为这个途径是卡尔文等在 20 世纪 50 年代提出的,故称为卡尔文循环(Calvin cycle)。它存在于三碳植物的叶肉细胞和四碳植物的维管束鞘细胞中。

在这个循环中,CO_2 的受体是一种戊糖(核酮糖二磷酸,RuBP),故又称为还原戊糖磷酸途径(reductive pentose phosphate pathway,RPPP)。因为 CO_2 被固定形成的最初产物是一种三碳化合物,故称为 C_3 途径。卡尔文循环具有合成淀粉等产物的能力,是所有植物光合碳同化的基本途径,大致可分为三个阶段,即羧化阶段、还原阶段和再生阶段(图 10-11)。

(1)羧化阶段(carboxylation phase)

在这个阶段,CO_2 与核酮糖-1,5-二磷酸(ribulose bisphosphate,RuBP)在核酮糖-1,5-二磷酸羧化酶(ribulose bisphosphate carboxylase,RuBPC)作用下生成 2 分子的 3-磷酸甘油酸(3-phosphoglyceric,3-PGA)。

$$RuBP + CO_2 \xrightarrow{\text{Rubisco}} 2 \text{ 3-PGA}$$

Rubisco 即核酮糖-1,5-二磷酸羧化酶/加氧酶(ribulose bisphosphate carboxylase/oxygenase)的简称。Rubisco 是植物体内含量最丰富的蛋白质,约占叶中可溶蛋白质总量的 40% 以上,由 8 个大亚基和 8 个小亚基构成(L_8S_8),活性部位在大亚基上。大亚基由叶绿体基因编码,小亚基由核基因编码。

(2)还原阶段(reduction phase)

CO_2 的还原是光反应和暗反应的联结点。

$$3\text{-PGA} + ATP \xrightarrow{\text{PGAK}} DPGA + ADP$$

$$DPGA + NADPH + H^+ \xrightarrow{\text{PGAK}} GAP + NADP^+ + P_i$$

3-磷酸甘油酸在 ATP 和 3-磷酸甘油酸酶(PGAK)的作用下,形成 1,3-二磷酸甘油酸(DPGA),然后在甘油醛-3-磷酸脱氢酶的作用下被 $NADPH + H^+$ 还原,形成甘油醛-3-磷酸(GAP)。到此,还原阶段完成,此过程将光反应生成的同化力用掉,并将能量贮存。甘油醛-3-磷酸进一步在叶绿体内生成淀粉或在细胞质中合成蔗糖。

(3)再生阶段(regeneration phase)

再生阶段是由 GAP 经过一系列的转变,重新形成 CO_2 受体 RuBP 的过程。包括三、四、五、六、七碳糖的一系列反应。最后由核酮糖-5-磷酸激酶(Ru5PK)催化,并消耗 1 分子 ATP,再形成 RuBP,构成了一个循环。

从图中我们可以看出整个反应中只有第一步可以固定 CO_2,每合成一分子己糖磷酸需循环六次,每循环一次需 3 分子 ATP 和 2 分子 $NADPH + H^+$。C_3 途径的总反应式为:

$$3CO_2 + 5H_2O + 9ATP + 6NADPH + 6H^+ \longrightarrow GAP + 9ADP + 8P_i + 6NADP^+$$

由上式可见,每同化 1 mol CO_2,要消耗 3 mol ATP 和 2 mol NADPH。还原 3 mol CO_2 可输出一个磷酸丙糖(GAP 或 DHAP)。磷酸丙糖可在叶绿体内形成淀粉或运出叶绿体,在细胞质中合成蔗糖。若按每同化 1 mol CO_2 可贮能 478 kJ,每水解 1 mol ATP 和氧化 1 mol NADPH 可分别释放能量 32 kJ 和 217 kJ 计算,通过卡尔文循环同化 CO_2 的能量转换效率为 90%[即 $478/(32 \times 3 + 217 \times 2)$],由此可见,其能量转换效率是非常高的。

2. C_4 途径

20 世纪 60 年代,发现起源于热带的植物,如甘蔗、玉米等,除了和其他植物一样具有卡尔

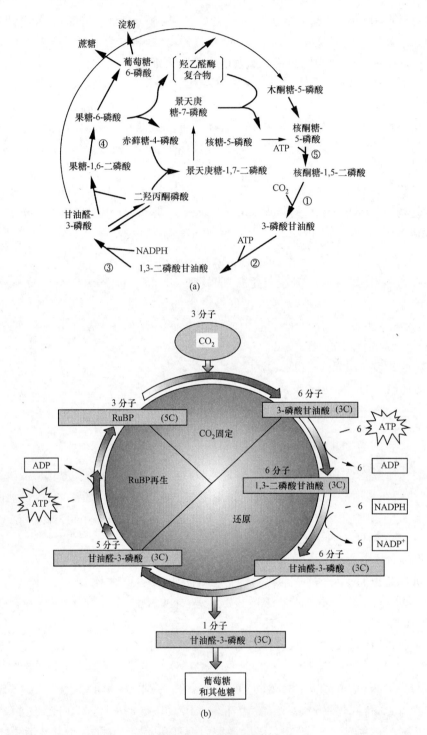

图 10-11 卡尔文循环

(a) 卡尔文循环各主要反应示意图(粗黑线表示 CO_2 转变为蔗糖、淀粉的途径);(b) 卡尔文循环的三个阶段

文循环以外,还存在一条固定 CO_2 的途径。这条途径固定 CO_2 的最初产物是四碳二羧酸,故称为 C_4-二羧酸途径(C_4-dicarboxylic acid pathway),简称 C_4 途径。因为这条途径是澳大利亚 M. D. Hatch 和 C. R. Slack 发现的,所以也叫 Hatch-Slack 途径。通过 C_4 途径固定 CO_2 的植物

称为 C_4 植物。现已知被子植物中有二十多个科近 2000 种植物中存在 C_4 途径(图 10-12)。

C_4 途径的 CO_2 受体是叶肉细胞胞质中的磷酸烯醇式丙酮酸(phosphoenol pyruvate,PEP),在磷酸烯醇式丙酮酸羧化酶(PEPC)的催化下,固定 HCO_3^-(CO_2 溶解于水),生成草酰乙酸(oxaloacetic acid,OAA)。草酰乙酸在植物 C_4 途径有两种转化方式,一种是在叶

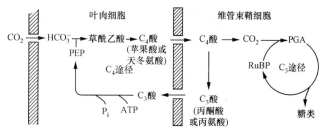

图 10-12　C_4 途径的反应部位示意图

绿体中由 NADP-苹果酸脱氢酶(malic acid dehydrogenase)催化,被还原为苹果酸(malic acid,Mal);另一种是在细胞质中,草酰乙酸与谷氨酸在天冬氨酸转氨酶(aspartate amino transferase)作用下,OAA 接受谷氨酸的氨基,形成天冬氨酸。这些生成的苹果酸或天冬氨酸接着被运到维管束鞘细胞(bundle sheath cell,BSC)中。四碳二羧酸在维管束鞘细胞中脱羧后变成的丙酮酸,再从维管束鞘细胞运回叶肉细胞,在叶绿体中,经丙酮酸磷酸二激酶(pyruvatephosphate dikinase,PPDK)催化和 ATP 作用,生成 CO_2 的受体 PEP,使反应循环进行,而四碳二羧酸在维管束鞘细胞叶绿体中脱羧释放的 CO_2,由维管束鞘细胞中的 C_3 途径同化。

根据参与 C_4 二羧酸脱羧反应的酶不同,C_4 途径又分三种生化类型(图 10-13,表 10-1)。

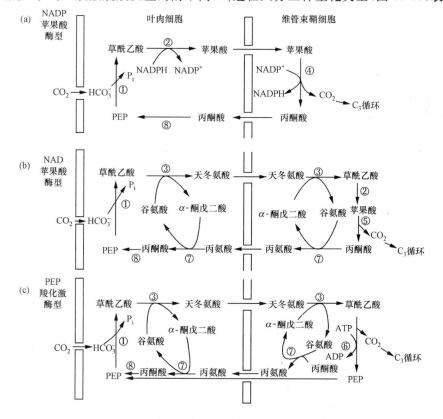

图 10-13　C_4 途径的三种类型的化学反应及其反应部位

① PEP 羧化酶;② 苹果酸脱氢酶;③ 天冬氨酸转氨酶;④ 依赖 NADP 苹果酸酶;⑤ 依赖 NAD 苹果酸酶;⑥ PEP 羧化激酶;⑦ 丙氨酸转氨酶;⑧ 丙酮酸磷酸二激酶

表 10-1 C$_4$ 途径的三种类型

类　型	进入维管束鞘细胞的 C$_4$ 酸	脱羧部位	脱羧酶	返回叶肉细胞的主要 C$_3$ 酸	植物类型
NADP-苹果酸酶型	苹果酸	叶绿体	依赖 NADP 苹果酸酶	丙酮酸	玉米、甘蔗、高粱
NAD-苹果酸酶型	天冬氨酸	线粒体	依赖 NAD 苹果酸酶	丙氨酸	狗尾草、马齿苋
PEP 羧化激酶型	天冬氨酸	细胞质	PEP 羧化酶	丙酮酸和丙氨酸	羊草、非洲鼠尾栗

(1) NADP-苹果酸酶型（NADP-ME 型）：如玉米、甘蔗、高粱、马唐等即属此类；它们的鞘细胞叶绿体基粒发育差，PSⅡ活性低。脱羧的部位：维管束鞘细胞的叶绿体。

(2) NAD-苹果酸酶型（NAD-ME 型）：如龙爪稷、蟋蟀草、狗芽根、马齿苋和黍等属于此类。这类植物的叶肉细胞和鞘细胞中有高活性的天冬氨酸和丙氨酸氨基转移酶以及 NAD-苹果酸酶，而 NADP-ME 和 PCK 活性均很低。脱羧的部位：维管束鞘细胞的线粒体。

(3) PEP 羧激酶型（PCK 型）：如羊草、无芒虎尾草、卫茅、鼠尾草等属于此类。此类型的最大特点是维管束鞘细胞的细胞质中 PEP 羧激酶活力很高。脱羧的部位：维管束鞘细胞的细胞质和线粒体。

以上三种生化亚型中，脱羧产生的 CO$_2$ 都在维管束鞘细胞的叶绿体中经 C$_3$ 途径同化。

Rubisco 在 CO$_2$ 浓度高的情况下起羧化酶的作用，在 O$_2$ 浓度高的情况下起加氧酶的作用。C$_4$ 途径中，C$_4$ 酸的脱羧在维管束鞘细胞中进行，使维管束鞘细胞内的 CO$_2$ 浓度高出空气的 20 倍左右，因此，维管束鞘细胞相当于一个"CO$_2$"泵的作用，能有效抑制 Rubisco 的加氧反应，提高 CO$_2$ 同化速率。同时磷酸烯醇式丙酮酸羧化酶对 CO$_2$ 的亲和力高，PEPC 对 CO$_2$ 的 K_m 值为 7 μmol，而 Rubisco 对 CO$_2$ 的 K_m 值为 450 μmol，因此，C$_4$ 途径的 CO$_2$ 同化速率高于 C$_3$ 途径。但 C$_4$ 途径同化 CO$_2$ 需要消耗额外的 ATP 用于 PEP 的再生，所以，高光合速率只有在强光、高温下才能表现出来。

C$_4$ 途径的酶活性受光、代谢物运输和二价离子的调节。光可活化 C$_4$ 途径中的 PEPC、NADP-ME 和 PPDK，在暗中这些酶则被钝化。苹果酸和天冬氨酸抑制磷酸烯醇式丙酮酸羧化酶活性，而 G6P、PEP 则增加其活性。Mn^{2+} 和 Mg^{2+} 是 NADP-ME、NAD-ME、PCK 的活化剂。

3. 景天酸代谢途径（CAM 途径）

在干旱地区生长的景天科、仙人掌科等植物有一个特殊的 CO$_2$ 同化方式：夜间气孔开放，吸收 CO$_2$，在 PEPC 作用下与糖酵解过程中产生的 PEP 结合形成 OAA，OAA 在 NADP-苹果酸脱氢酶作用下进一步还原为苹果酸，积累于液胞中，表现出夜间淀粉、糖减少，苹果酸增加，细胞液变酸。白天气孔关闭，液胞中的苹果酸运至细胞质在 NAD 或 NADP-苹果酸酶或 PEP 羧激酶催化下氧化脱羧释放 CO$_2$，再由 C$_3$ 途径同化；脱羧后形成的丙酮酸和 PEP 则转化为淀粉。丙酮酸也可进入线粒体，也被氧化脱羧生成 CO$_2$ 进入 C$_3$ 途径，同化为淀粉。所以白天表现出苹果酸减少，淀粉、糖增加，酸性减弱。这类植物体内白天糖分含量高，而夜间有机酸含量高。具有这种有机酸合成日变化的光合碳代谢类型称为景天科酸代谢（crassulacean acid metabolism，CAM）途径。具有 CAM 途径的植物称 CAM 植物。目前在近 30 个科,一百多个属,一万多种植物中发现存在 CAM 途径。如景天、仙人掌、菠萝等。

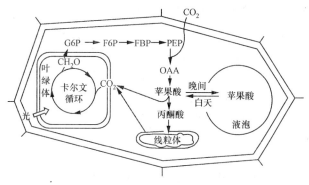

图 10-14 CAM 代谢途径

CAM 植物多起源于热带,分布于干旱环境中。因此,CAM 植物多为肉质植物(但并非所有的肉质植物都是 CAM 植物),具有大的薄壁细胞,内有叶绿体和大液泡。

根据植物在一生中对 CAM 的专性程度,CAM 植物分为两类:

(1) 专性 CAM 植物:其一生中大部分时间的碳代谢是 CAM 途径。

(2) 兼性 CAM 植物:在正常条件下进行 C_3 途径,当遇到干旱、盐渍和短日照时则进行 CAM 途径,以抵抗不良环境。如冰叶日中花(ice plant)。

CAM 途径与 C_4 途径基本相同,二者的差别在于 C_4 植物的两次羧化反应是在空间上(叶肉细胞和维管束鞘细胞)分开的,而 CAM 植物则是在时间上(黑夜和白天)分开的。

综上所述,植物的光合碳同化途径具有多样性,这也反映了植物对生态环境多样性的适应。但 C_3 途径是光合碳代谢最基本、最普遍的途径,同时,也只有这条途径才具备合成淀粉等产物的能力,C_4 途径和 CAM 途径则是对 C_3 途径的补充。

4. C_4 植物与 C_3 植物光合效率比较

为什么说 C_4 植物比 C_3 植物光合效率高?

首先是结构上,C_4 植物叶片的维管束鞘薄壁细胞较大,其中含有许多较大的叶绿体,叶绿体没有基粒或基粒发育不良,维管束鞘的外侧密接一层成环状的或近于环状的叶肉细胞,组成"花环形"结构(Kranz type),这种结构是 C_4 植物的特征。叶肉细胞内的叶绿体数目少,个体小,有基粒。维管束鞘细胞与叶肉细胞间有大量胞间连丝。C_3 植物的维管束鞘细胞较小,不含或很少含有叶绿体,没有"花环形"结构。维管束鞘周围的叶肉细胞排列松散。C_4 植物固定 CO_2 的反应是在叶肉细胞的细胞质中进行,生成的四碳二羧酸转移到维管束鞘细胞中,释放出 CO_2 参与卡尔文循环形成糖类。所以 C_4 植物进行光合作用时,只有维管束鞘薄壁细胞内形成淀粉,在叶肉细胞内没有淀粉的生成。而 C_3 植物由于仅有叶肉细胞含有叶绿体,所以光合作用都是在叶肉细胞中进行,淀粉只积累在叶肉细胞中,维管束鞘细胞不积存淀粉。

其次是生理上,光线很弱时,植物的光合强度也很弱,植物无法生存,随着光强增加,当光合生产正好被呼吸作用的消耗所抵消时,这时的光强称为该植物的光补偿点,此时植物虽不会很快死去,但也不能生长,之后,随着光强度增加,光合强度也随着增加,但达到一定程度后光强再增加,光合强度也不再增加,此时的光强称为该植物的光饱和点。对于植物而言也有 CO_2 的补偿点和饱和点。CO_2 补偿点是在一定的光强与温度下,光合同化的 CO_2 的量

与呼吸释放的 CO_2 的量相等时空气中 CO_2 的浓度。一般 C_4 植物都具有较高的光饱和点和较低的 CO_2 补偿点,玉米的光饱和点可达 1.0×10^4 lx 以上,而 CO_2 补偿点仅为 $5 \sim 10$ ppm*,相比之下 C_3 植物的光饱和点较低而 CO_2 补偿点较高,譬如小麦光饱和点为 $3 \times 10^4 \sim 5 \times 10^4$ lx,大约相当于当时日照强度的 $1/3 \sim 1/2$,其 CO_2 补偿点在 50 ppm 左右。

C_3 途径中催化 CO_2 固定的酶($RuBP$ 羧化酶),同时还催化加氧反应,促进呼吸,致使大约 $1/3$ 的光合产物又被呼吸消耗掉了,这种呼吸是伴随着光合作用发生的,反应过程也有别于通常的呼吸,所以称为光呼吸,但 C_4 途径中催化 CO_2 固定的酶(PEP 羧化酶)与 CO_2 的亲和力极强,起到了 CO_2 泵的作用,使得进入 C_4 植物体内的 CO_2 轻易不能再出来,表现为光呼吸很弱,仅相当于 C_3 植物的 $2\% \sim 5\%$,所以 C_4 植物又称低光呼吸植物。

5. 光呼吸

光呼吸是 20 世纪 60 年代发现的,植物绿色细胞在光下吸收 O_2、放出 CO_2 的过程称为光呼吸(photorespiration)。一般生活细胞的呼吸作用在光条件和暗条件下都可以进行,对光照没有特殊要求,可称为暗呼吸。光呼吸与暗呼吸在呼吸底物、代谢途径等方面均不相同(表 10-2)。

表 10-2　暗呼吸与光呼吸的区别

项　目	暗呼吸	光呼吸
对光的要求	光下,黑暗下均可进行	只在光下与光合作用同时进行
底物	糖、脂肪、蛋白质、有机酸	乙醇酸
进行部位	活细胞的细胞质→线粒体	叶绿体→过氧化物体→线粒体
能量状况	产生能量	消耗能量
生理意义	生命的标志;提供代谢所需能量;物质代谢的中心;对伤、病的抗性	平衡同化力的需求关系;防止高光强下对光合作用破坏的保护性反应;防止氧对光合碳同化的抑制作用;是磷酸丙糖的补充途径;氨基酸合成的补充途径;解除乙醇酸积累的毒害作用

光呼吸是一个生物氧化过程,被氧化的底物是乙醇酸(glycolate)。乙醇酸的产生则以 $RuBP$ 为底物,催化这一反应的酶是 Rubisco。这种酶是一种双功能酶,具有催化羧化反应和加氧反应两种功能。其催化方向取决于 CO_2 和 O_2 的分压。当 CO_2 分压高而 O_2 分压低时,酶为羧化酶,$RuBP$ 与 CO_2 经此酶催化生成 2 分子的 PGA;反之,酶为加氧酶,则 $RuBP$ 与 O_2 在此酶催化下生成 1 分子 PGA 和 1 分子磷酸乙醇酸(C_2 化合物),后者在磷酸乙醇酸磷酸(酯)酶的作用下变成乙醇酸(图 10-15)。

在叶绿体中形成的乙醇酸转至过氧化物酶体,由乙醇酸氧化酶催化,被氧化成乙醛酸和 H_2O_2,后者由过氧化氢酶催化分解成 H_2O 和 O_2。乙醛酸经转氨酶作用变成甘氨酸,进入线粒体。2 分子甘氨酸在线粒体中发生氧化脱羧和羟甲基转移反应转变为 1 分子丝氨酸,并产生 $NADH$、NH_3,放出 CO_2。丝氨酸转回到过氧化物酶体,并与乙醛酸进行转氨作用,形成羟基丙酮酸,后者在甘油酸脱氢酶作用下,还原为甘油酸。最后,甘油酸再回到叶绿体,在甘油酸激酶的作用下生成 PGA,进入卡尔文循环,再生 $RuBP$,重复下一次 C_2 循环。在这一循环中,2 分子乙醇酸放出 1 分子 CO_2(碳素损失 25%)。O_2 的吸收发生于叶绿体和过氧化物酶体内,CO_2 的释放发生在线粒体内。

---

　　* 1 ppm 相当于 1×10^{-6}。

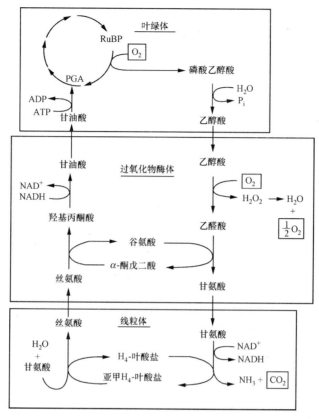

图 10-15　光呼吸代谢途径

光呼吸的全过程需要由叶绿体、过氧化物酶体和线粒体三种细胞器协同完成，这是一个环式变化过程(图 10-13)。光呼吸的底物和许多中间产物都是 C_2 化合物，因此光呼吸途径又称 C_2 循环。

从碳同化的角度看，光呼吸将光合作用固定的 30% 左右的碳变为 CO_2 放出；从能量的角度看，每释放 1 分子 CO_2 需要消耗 6.8 个 ATP 和 3 个 NADPH。显然，光呼吸是一种浪费。那它在生理上有什么意义呢？

(1) 消除乙醇酸的毒害。乙醇酸的产生在代谢中是不可避免的。光呼吸可消除乙醇酸的毒害作用。

(2) 维持 C_3 途径的运转。在叶片气孔关闭或外界 CO_2 浓度降低时，光呼吸释放的 CO_2 能被 C_3 途径再利用，以维持 C_3 途径的运转。

(3) 防止强光对光合机构的破坏。在强光下，光反应中形成的同化力会超过暗反应的需要，叶绿体中 NADPH/NADP$^+$ 的比值增高，最终电子受体 NADP$^+$ 不足，由光激发的高能电子会传递给 O_2，形成超氧阴离子自由基 O_2^-，O_2^- 对光合机构具有伤害作用，而光呼吸可消耗过剩的同化力，减少 O_2^- 的形成，从而保护光合机构。

(4) 氮代谢的补充。光呼吸代谢中涉及多种氨基酸(甘氨酸、丝氨酸等)的形成和转化过程，对绿色细胞的氮代谢是一个补充。

四、影响光合作用的因素

光合作用的生理指标有光合速率和光合生产率。光合速率(photosynthetic rate)是指单位时间、单位叶面积吸收 CO_2 的量或放出 O_2 的量,单位为 $\mu mol(CO_2) \cdot s^{-1} \cdot m^{-2}$ 或 $\mu mol(O_2) \cdot h \cdot dm^{-2}$。光合生产率(photosynthetic produce rate),又称净同化率(net assimilation rate,NAR),指植物在较长时间(一昼夜或一周)内,单位叶面积生产的干物质量,常用 $g \cdot m^{-2} \cdot d^{-1}$ 表示。光合生产率比光合速率低,因为已去掉呼吸等消耗。

表观光合速率(apparent photosynthetic rate)或净光合速率(net photosynthetic rate),即以光合作用实际利用的二氧化碳量减去呼吸作用(包括光呼吸)释放的二氧化碳量之值。如果把表观光合速率加上呼吸速率,则得到总(真正)光合速率:

$$真正光合速率＝表观光合速率＋呼吸速率$$

(一)外部因素对光合作用的影响

1. 光照

光是光合作用的能量来源,是形成叶绿素的必要条件。它的强度直接制约着光合作用的强度。因为光反应中同化力来源于光反应,而且暗反应中的关键酶均受光强调节,此外,光还调节着碳气孔开度,因此光是影响光合作用的重要因素。

(1)光强

一般植物的叶片,在暗中无光合作用,只有呼吸作用释放 CO_2,随着光强的增高,光合速率相应提高(图 10-16)。当叶片的光合速率与呼吸速率相等(净光合速率为零)时的光照强度,称为光补偿点(light compensation point)。光补偿点标志着植物对光强的最低要求,反应植物对弱光的利用能力。光补偿点在实践中有很大的意义。间作和套作时作物种类的搭配,林带树种的配置,间苗、修剪、采伐的程度,冬季温室栽培蔬菜等等都与光补偿点有关。在一定范围内,光合速率随着光强的增加而呈直线增加;但超过一定光强后,光合速率增

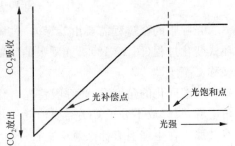

图 10-16　光合速率与光照强度的关系

加转慢。在一定条件下,使光合速率达到最大时的光照强度,称为光饱和点(light saturation point)。这种现象称为光饱和现象(light saturation)。光饱和点的高低反应植物对强光的利用能力。出现光饱和点的原因:强光下暗反应跟不上光反应,从而限制了光合速率。一般来说,光补偿点高的植物其光饱和点也高,其中,草本植物＞木本植物;阳生植物＞阴生植物;C_4 植物＞C_3 植物。光补偿点低的植物较耐荫,适于和光补偿点高的植物间作,如豆类与玉米间作。光是光合作用必需的,但是当光能超过光合系统所能利用的数量时,光合功能下降,这种现象称为光抑制(photoinhibition)。光抑制主要发生在 PSⅡ,可能是光合系统被破坏和能量耗散过程加强的共同结果。在自然条件下,晴天中午植物上层叶片常常发生光抑制,当强光和其他环境胁迫因素如低温同时存在时,光抑制加剧,有时在中低强光下也会发生。

从光合机制来看,C_3 植物的量子效率应比 C_4 植物的大,因为 C_4 植物每固定 1 分子 CO_2

要比 C_3 植物多消耗 2 个 ATP。但实际上 C_4 植物的表观量子产额常等于或高于 C_3 植物,这是由于 C_3 植物存在光呼吸的缘故。

2. CO_2

CO_2 是光合作用的主要原料,空气中的 CO_2 浓度很低,只有 330 ppm,即每升空气中约含 0.65 mg。每合成 1 g 光合产物,叶片约需从 2250 L 空气中才能吸收到足够的 CO_2,所以在光照较好但通风不好的环境中,CO_2 往往成为光合作用的限制因素。当光合速率与呼吸速率相等时,外界环境中的 CO_2 浓度即为 CO_2 补偿点。当光合速率开始达到最大值(Pm)时的 CO_2 浓度被称为 CO_2 饱和点。

C_4 植物的 CO_2 补偿点和 CO_2 饱和点均低于 C_3 植物。因为 C_4 植物 PEPC 对 CO_2 亲和力高,即 K_m 低,可利用较低浓度的 CO_2;C_4 植物每固定一分子 CO_2 要比 C_3 植物多消耗 2 个 ATP,所以 C_3 植物的量子效应比 C_4 植物的大,但又因为 C_4 植物光呼吸低,所以其光合速率反而比 C_3 植物的高。

凡是能提高 CO_2 浓度差和减少阻力的因素都可促进 CO_2 流通,从而提高光合速率。如改善植物群体结构,加强通风,增施 CO_2 肥料等。

大气中 CO_2 浓度随着世界燃烧物的不断增加而上升,据研究,现在大气中 CO_2 的体积分数为 3.6×10^{-4},是 16 万年前的一倍左右。近 40 年来,大气 CO_2 的体积分数每年增加 10^{-6},由此产生温室效应。温室有两个特点:温度较室外高,不散热。生活中我们可以见到的玻璃育花房和蔬菜大棚就是典型的温室。使用玻璃或透明塑料薄膜来做温室,是让太阳光能够直接照射进温室,加热室内空气,而玻璃或透明塑料薄膜又可以不让室内的热空气向外散发,使室内的温度保持高于外界的状态,以提供有利于植物快速生长的条件。由环境污染引起的温室效应是指地球表面变热的现象。它会带来以下几种严重恶果:(1) 地球上的病虫害增加;(2) 海平面上升;(3) 气候反常,海洋风暴增多;(4) 土地干旱,沙漠化面积增大。科学家预测:如果地球表面温度的升高按现在的速度继续发展,到 2050 年全球温度将上升 2～4℃,南、北极地冰山将大幅度融化,导致海平面大大上升,一些岛屿国家和沿海城市将淹于水中。CO_2 气体具有吸热和隔热的功能。它在大气中增多的结果是形成一种无形的玻璃罩,使太阳辐射到地球上的热量无法向外层空间发散,其结果是地球表面变热起来。因此,CO_2 也被称为温室气体。为减少大气中过多的 CO_2,一方面需要人们尽量节约用电(因为烧煤发电会产生 CO_2),少开汽车;另一方面保护好森林和海洋,比如不乱砍滥伐森林,不让海洋受到污染以保护浮游生物的生存。我们还可以通过植树造林,减少使用一次性方便木筷,节约纸张(造纸用木材),不践踏草坪等等行动来保护绿色植物,使它们多吸收 CO_2 来帮助减缓温室效应。

3. 温度

温度对光合作用有着很大影响,例如,光合作用的暗反应是酶促反应,其反应速率受温度影响。光合作用有温度三基点,即光合作用的最低、最适和最高温度。温度的三基点因植物种类不同而有很大差异。一般植物在 10～35℃ 下可进行正常的光合作用,其中 25～30℃ 为宜,35℃ 以上光合作用就开始下降,40～50℃ 完全停止。高温抑制光合作用的原因可能是高温破坏叶绿体和细胞质的结构,引起膜脂和酶蛋白的热变性,加强光呼吸和暗呼吸,使呼吸速率大于光合速率。低温抑制光合作用的原因主要是低温导致膜脂相变,叶绿体超微结构破坏以及酶的钝化。

4. 水分

用于光合作用的水只占蒸腾失水的 1%,因此,缺水影响光合作用主要是间接原因。缺水导致气孔关闭,导致进入叶内的 CO_2 减少;缺水导致光合产物输出减慢,光合产物在叶片中积累,对光合作用产生反馈抑制作用。缺水还导致光合面积减少,从而植物群体的光合速率降低。水分过多也会影响光合作用。土壤水分过多时,通气状况不良,根系活力下降,间接影响光合作用。

5. 矿质营养

矿质营养直接或间接影响光合作用。N、P、S、Mg 是叶绿体结构中组成叶绿素、蛋白质和片层膜的成分;Cu、Fe 是电子传递体的重要成分;磷酸基团是 ATP、NADPH 以及光合碳还原循环中许多中间产物的成分;Mn 和 Cl 是光合放氧的必需因子;K 和 Ca 对气孔开闭和同化物运输具有调节作用。因此,农业生产中合理施肥的增产作用,是靠调节植物的光合作用而间接实现的。

(二) 内部因素对光合作用的影响

叶龄对光合作用有一定的影响。叶片的光合速率与叶龄密切相关。幼叶净光合速率低,需要功能叶片输入同化物;叶片全展后,光合速率达最大值(叶片光合速率维持较高水平的时期,称为功能期);叶片衰老后,光合速率下降。

(三) 提高光合作用的效率

因为照射在叶片上的太阳光能约有 47% 是在光合作用的作用光谱之外(紫外和红外光部分),不能被植物吸收,而其余 53% 的太阳光能中,约有 16% 的太阳光能不能被植物充分吸收,约 9% 的太阳光能被吸收后在体内不能有效传递,它们通过光抑制、光破坏等耗散了激发能,还有 19% 的太阳能不能有效地转化为稳定的化学能。此外,太阳光能被用在植物代谢消耗的约占 4%。这样一来就是光能利用效率最高的植物也只有 5% 左右。因此,提高作物光能利用效率尚有巨大的潜能。揭示光合作用吸能、传能和转能的分子机制及其调控原理,能为提高作物光能吸收能力,提高光能传递效率、减少激发能耗散,促进和提高光能转化效率,从而为大幅度提高作物的光能利用率提供理论依据、新思路、新途径和新技术。

提高光合作用的途径有延长光合时间,增加光合面积,提高 CO_2 浓度和降低光呼吸等方式。

内 容 提 要

碳素同化作用有三种类型:细菌光合作用和化能合成作用以及绿色植物光合作用。绿色植物光合作用是地球上规模最大的转换日光能的过程。

光合色素主要有三类:叶绿素、类胡萝卜素和藻胆素。叶绿素的合成是一个酶促反应,受光照、温度、水分、O_2、矿质元素等条件的影响。叶绿体是光合作用的细胞器,光合色素就存在于内囊体膜(光合膜)上。

光合作用可分为三大步骤:① 原初反应,包括光能的吸收、传递和转换的过程;② 电子传递和光合磷酸化,合成的 ATP 和 NADPH(合称同化力)用于暗反应;③ 碳同化,将活跃化学能变为稳定化学能。

　　碳同化包括三种生化途径：C_3 途径、C_4 途径和 CAM 途径。C_3 途径是碳同化的基本途径，可合成糖类、淀粉等多种有机物。C_4 途径和 CAM 途径都只起固定 CO_2 的作用，最终还是通过 C_3 途径合成光合产物等。

　　光呼吸是乙醇酸的氧化过程，由叶绿体、过氧化物酶体和线粒体三个细胞器协同完成的、耗 O_2、释放 CO_2 的耗能过程。其底物乙醇酸及许多中间产物都是 C_2 化合物，也简称为 C_2 循环。

　　C_4 植物的光合速率比 C_3 植物高，主要原因是 C_4 植物 CO_2 的固定由 PEPC 完成，PEPC 对 CO_2 亲和力高；而 CO_2 的同化在 BSC 中进行，C_4 植物 BSC 花环式结构类似一个 CO_2 泵，因而光呼吸很低。但 C_4 植物同化 CO_2 需要消耗额外的能量，其高光合速率只有在强光、较高温度下才能表现出来。

　　光合作用受光照、CO_2、温度、水分和矿质元素等环境条件的影响。

习　　题

一、名词解释

　　光合作用，荧光现象，磷光现象，原初反应，红降现象，双光增益效应，光合作用中心，光合链，光合磷酸化，光呼吸，卡尔文循环，中心色素，表观光合效应，CO_2 补偿点。

二、判断题

1. 叶绿素之所以呈现绿色是因为它可以有效吸收绿光。　　　　　　　　　　　　（　　）

2. 环式光合电子传递过程中，只有 ATP 和 O_2 的产生，没有 $NADPH+H^+$ 的产生。　（　　）

3. 光合作用中释放的 O_2 是来自 H_2O 中的 O。　　　　　　　　　　　　　　　（　　）

4. 在植物光合作用的电子转移过程中，H_2O 是最终电子供体，CO_2 是最终电子受体。（　　）

5. 卡尔文循环是在叶绿体间质中进行的，其固定 CO_2 形成的第一个固定产物是 PEP。（　　）

三、问答题

1. 叶绿素的结构特点是什么？这种结构和光合作用的功能有何关系？

2. "光合作用中心"与"天线色素"对光能吸收、传递的关系如何？简述光合作用原初反应的原理。

3. 光反应与暗反应的含义是什么？它们在叶绿体的反应部位是否相同？各在何部位？

4. 光合作用中光能是如何吸收、传递并转化为化学能的？

5. 什么叫光合磷酸化作用？光合作用的"同化力"是如何产生的？

6. 在高温、干旱条件下 C_4 植物为什么比 C_3 植物生长好？

7. 影响光合作用的因素有哪些？

第十一章　脂　类　代　谢

脂类,又称脂质或类脂,它包括许多结构不同、功能各异的化合物,如脂肪酸、脂肪、甘油磷脂、鞘脂类、类固醇(甾类化合物)和脂蛋白等。本章主要介绍这些物质的分解代谢和合成代谢。

一、脂类的消化、吸收、转运和贮存

(一) 消化与吸收

三酰甘油,也称甘油三脂或脂肪,是脂类中的重要物质。成人每天平均摄入 $60\sim150$ g 脂肪。脂肪可完全氧化成 CO_2 和 H_2O,并释放出大量的能量。按同等干重计算,脂肪比糖类或蛋白质释放的能量高出许多,见如下数据:

$$1\text{ g 蛋白质} \quad 17\ 154.4\text{ J}(4100\text{ cal})$$
$$1\text{ g 糖} \quad 17\ 154.4\text{ J}(4100\text{ cal})$$
$$1\text{ g 脂肪} \quad 38\ 911.2\text{ J}(9300\text{ cal})$$

脂肪是非极性化合物,以无水状态贮存,而贮能的糖原是极性化合物,以水合形式贮存。1 g 非水合糖原约结合 2 g 水,因此,若按水合糖原重量计算,脂肪的代谢能量高达糖原的 6 倍。

人体、动物的口腔和胃,都不是消化食用脂的部位。脂的消化主要在小肠腔进行。胰脏分泌胰脂酶、磷脂酶和胆固醇酯酶。这些酶随胰液进入小肠腔后发挥作用。

脂酶消化三酰甘油。脂酶是水溶性的,而三酰甘油则是水不溶性的,因此,在小肠腔处,三酰甘油的消化是在脂水界面进行,消化的速度,取决于脂水界面的表面积。依靠小肠的蠕动,进入肠腔内的胆汁酸盐的乳化作用显著加强,这样,就大大增加了脂水界面的表面积,加快三酰甘油的酶促水解速率。

三酰甘油在小肠腔内经胰脂酶的酶促水解后,产生脂肪酸、单酰甘油和二酰甘油的混合物。磷脂在小肠腔内经胰磷脂酶和磷酸酶催化,水解为甘油、脂肪酸、无机磷酸和胆碱等。胆固醇酯在小肠腔内经胆固醇酯酶催化,水解成脂肪酸和胆固醇。

脂类水解产物,在胆汁酸的存在下,促进它们被小肠黏膜吸收。之后,通过淋巴系统进入血液循环,或直接经门静脉进入肝脏。

(二) 转运和贮存

在动物和人体中,被小肠黏膜吸收的脂类降解产物,其中的甘油、单酰甘油和脂肪酸,在小肠黏膜细胞内重新合成三酰甘油,这些三酰甘油与少量的磷脂和胆固醇混合在一起,由一层脂蛋白包裹形成含有外源(食物)三酰甘油和胆固醇的乳糜微粒(chylomicron),然后从小肠黏膜细胞分泌到细胞外液,再进入乳糜管和淋巴,最后进入血液,随着血液循环到达肌肉和脂肪组织,并被吸附在毛细血管的内表面。乳糜微粒的三酰甘油组分被脂蛋白脂酶水解,机体组织再将水解产物单酰甘油和脂肪酸重吸收,这样,乳糜微粒因其中的三酰甘油不断被水解,便形成了富含胆固醇的乳糜微粒残体(chylomicron remnant)。残体从毛细血管内壁分泌,重新进入血液循环,再被肝脏吸收。所以,乳糜微粒将食物中的三酰甘油运送到肌肉和脂肪组织,将胆固醇运送到肝脏。

上面介绍了脂(酯)类降解产物以乳糜微粒形式的运送情况,此外,脂类也可以极低密度脂蛋白(VLDV)、低密度脂蛋白(LDL)和高密度脂蛋白(HDL)的形式由血液运送。游离脂肪酸还可与血清蛋白结合后被运送。

人和动物的体脂分两大类:一类是细胞结构的组成成分,称为组织脂,磷脂和少量胆固醇酯即属此类。组织脂的含量比较稳定,不受食物变化的影响。另一类是贮存备用的,称为贮存脂。它贮存在脂肪库里,如皮下组织、腹腔大网膜、肠系膜和结缔组织等。贮存脂随食物情况和生理需要而变动,其组分90%为三酰甘油。骆驼的驼峰是人们熟知的脂肪库,它可提供数天乃至几周内的能量需要和代谢用水。冬眠的哺乳动物和长距离迁移的候鸟,体内都需要贮存足够的脂肪备用。

二、脂肪酸的氧化

脂肪经脂解作用产生甘油和脂肪酸。甘油由血液循环运送至肝脏,在那里继续代谢,或经柠檬酸循环彻底氧化,或合成糖原。游离的脂肪酸进入血液,与一种可溶性的单亚基血清蛋白(M_r 66 000)结合,被运送至相关组织,进行分解代谢。脂肪酸的分解代谢发生在原核生物的细胞质,而真核生物则在线粒体基质中进行。脂肪酸氧化分解之前必须先活化。

(一)脂肪酸的活化

脂肪酸由脂酰-CoA 合成酶催化,生成脂酰-CoA 而活化。由于生成的焦磷酸 PP_i 立即水解的推动,使得反应总体是不可逆的:

$$R\text{-}COO^- + ATP + H\text{-}SCoA \xrightarrow{\text{脂酰-CoA 合成酶}} R\overset{\overset{\displaystyle O}{\|}}{\underset{}{C}}\text{—SCoA} + AMP + PP_i$$

脂肪酸　　　　　　　　　辅酶 A　　　　　　　　　　脂酰-CoA　　　　　　　无机焦磷酸

$$PP_i \xrightarrow{\text{无机焦磷酸酶}} 2P_i$$

此反应净消耗两个高能磷酸键。

脂酰-CoA 合成酶,又称脂肪酸硫激酶1,它是由至少3种酶组成的"家族",这3种酶位于内质网(ER)或线粒体外膜上,它们对不同链长脂肪酸具有底物的特异性。

(二)脂肪酸转运穿过线粒体膜

脂肪酸氧化前的活化反应发生在细胞质内,但是,它的氧化过程却在线粒体内进行,因此,这里存在脂酰-CoA 如何进入线粒体内的问题。短链(10 个碳原子以内)的脂酰-CoA 可透过内膜而进入线粒体,长链的则不能。解决这个问题,需要一种特殊的运送机制,那就是长链脂酰-CoA 将它的酰基部分转移到肉碱(carnitine)上,形成酰基肉碱。酰基肉碱在肉碱酰基转移酶Ⅰ和Ⅱ的作用下,通过特异肉碱载体蛋白的调节,携带各种酰基基团透过线粒体内膜进入线粒体内,并将游离的肉碱运送出去。这一脂酰-CoA 转运系统如图 11-1 所示。

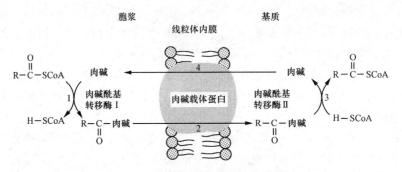

图 11-1　脂肪酸向线粒体内的运输

(1) 细胞质中的酰基 CoA 的酰基基团被转移到肉碱上,而释放 CoA 到细胞质中;(2) 产生的酰基-肉碱通过转运蛋白进入到线粒体基质中;(3) 脂酰基转移到线粒体基质中的 CoA 上;(4) 产生的肉碱返回到细胞质中

肉碱与脂酰-CoA 的反应式如下:

$$(CH_3)_3-\overset{+}{N}-CH_2-\overset{\overset{OH}{|}}{CH}-CH_2-COO^- \quad + \quad R-\overset{\overset{O}{\|}}{C}-SCoA$$

肉碱　　　　　　　　　　　　　　　脂酰-CoA

‖ 肉碱酰基转移酶

$$(CH_3)_3-\overset{+}{N}-CH_2-\overset{|}{CH}-CH_2-COO^- \quad + \quad H-SCoA$$
　　　　　　　　　　　　　　O
　　　　　　　　　　　　　　$|$
　　　　　　　　　　　　　$C=O$
　　　　　　　　　　　　　　$|$
　　　　　　　　　　　　　　R

酰基肉碱　　　　　　　　　　　　　　辅酶 A

(三) 脂肪酸的 β-氧化

脂肪酸的 β-氧化,若把活化一步不算在内,于线粒体中进行的只有 4 步反应,或者说,脂酰-CoA 的 β-氧化降解是通过 4 步反应在线粒体中进行的(图 11-2)。

① 氧化　由黄素蛋白脂酰-CoA 脱氢酶催化氧化脱氢反应,形成反式 α、β 双键;

② 水合　烯脂酰-CoA 水化酶催化水化反应,形成 3-L-羟脂酰-CoA;

③ 氧化　3-L-羟脂酰-CoA 脱氢酶催化 β-羟脂酰-CoA 进行 NAD^+ 依赖性的脱氢反应,形成 β-酮脂酰-CoA;

④ 断裂　由 β-酮脂酰-CoA 硫解酶催化与 CoASH 的硫解反应,使 C_α—C_β 断裂,形成乙酰-CoA 和一个少 2 个碳原子的脂酰-CoA。

脂肪酸的氧化是高度放能过程。每一轮的 β-氧化产生一个 $FADH_2$,一个 NADH 和一个乙酰-CoA。每一个 FADH 经呼吸链氧化产生 1.5 个 ATP;每个 NADH 经呼吸链氧化产生 2.5 个 ATP;每一个乙酰-CoA 进入并经过柠檬酸循环,产生 10 个 ATP。

现以 16 碳饱和脂肪酸软脂酸(棕榈酸)为例,计算其彻底氧化后所产生的 ATP 分子数。

一分子软脂酰-CoA 需经 7 轮 β-氧化,在最后 1 轮中,C_4-酮脂酰基-CoA 被硫解为 2 分子的乙酰-CoA,因此,

软脂酰-CoA ⟶ 8 乙酰-CoA+7FADH_2+7NADH

这样,8 个乙酰-CoA 产生 ATP 数为:$8 \times 10 = 80$;7 个 $FADH_2$ 产生 ATP 数为:$7 \times 1.5 = 10.5$;7 个 NADH 产生 ATP 数为:$7 \times 2.5 = 17.5$,总计为 108 个 ATP,但软脂酸活化时消耗了 2 个高能磷酸键,相当于 2 个 ATP,所以计算的净结果是生成 106 个 ATP。

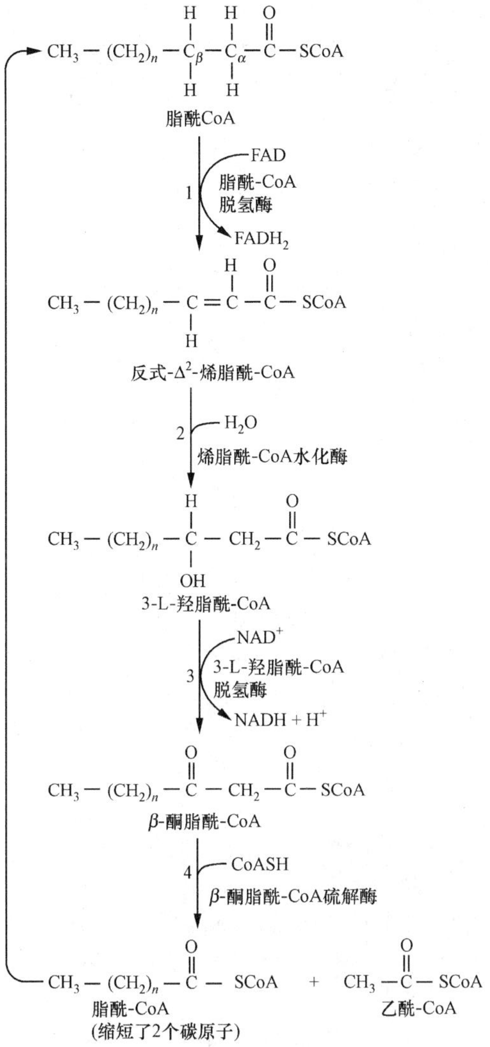

图 11-2 脂酰-CoA 的 β-氧化途径

（四）不饱和脂肪酸的氧化

几乎所有生物体内的不饱和脂肪酸,都只含顺式双键,而且大部分位于 C9 和 C10 之间,简写为 Δ^9 或 9-双键,如油酸:

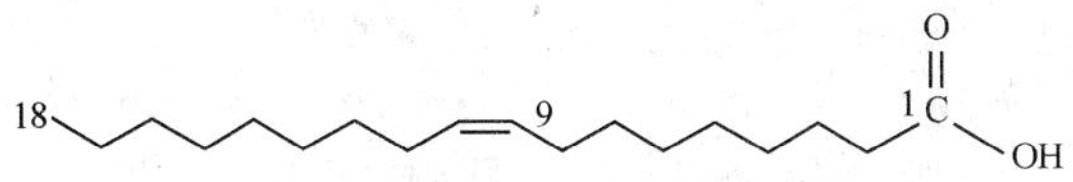

油酸 (9-顺- 十八碳烯酸)

如果脂肪酸有额外的双键,则不能形成共轭结构,如亚油酸:

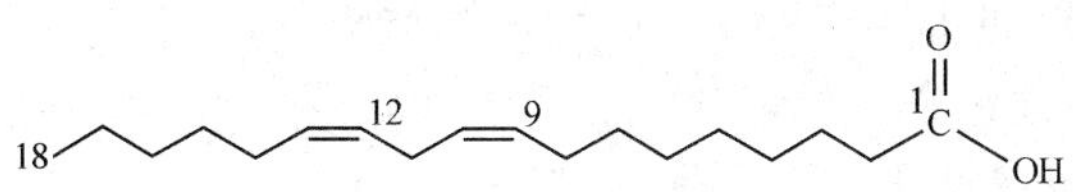

亚油酸 (9,12-顺- 十八碳二烯酸)

不饱和脂肪酸的氧化也是在线粒体内进行,它的活化和透过线粒体内膜的过程与饱和脂肪酸相同,但其中的双键给 β-氧化带来两个问题,需要通过另外两种酶的作用加以解决。不饱和脂肪酸的 β-氧化反应列于图 11-3。

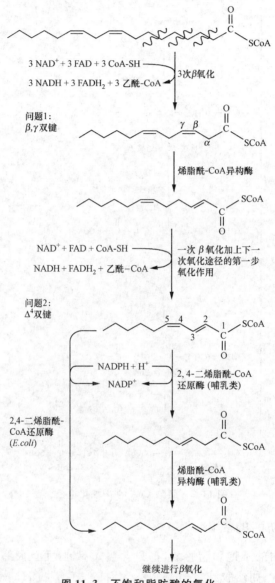

图 11-3　不饱和脂肪酸的氧化

　　类似于亚油酸这样的脂肪酸的氧化存在两个问题。第一个问题是 β,γ 间的双键不能继续 β 氧化,解决的办法是将其转变为反式 α,β 双键;第二个问题是 2,4-二烯脂酰-CoA 不易被脂酰水解酶水解,它需要将 Δ^4 双键还原成为能够进行 β-氧化的反式-2-脂酰-CoA,这是一个依赖 NADPH 的还原过程。这一反应步骤如发生在 E. coli 内需要一种酶作用,如在哺乳动物体中则需要两种酶的作用

　　第一个 β,γ 双键问题的解决　　酶解反应首先遇到的困难发生在第三轮 β-氧化之后,此时,生成的含顺-β、γ 双键的烯脂酰-CoA 不是烯脂酰-CoA 水化酶的底物。需要烯脂酰-CoA异构酶将顺-Δ^3 双键转化为反-Δ^2 形式,反-Δ^2 化合物才是烯脂酰-CoA 水化酶的正常底物,它使 β-氧化得以继续进行。

　　第二个 Δ^4 双键问题的解决　　另一个困难发生在第五轮 β-氧化,此时,偶数碳原子的双键导致形成 2,4-二烯脂酰-CoA,它不但不是烯脂酰-CoA 水化酶的底物,反而抑制该酶。因

此,需要 NADPH 依赖性的 2,4-二烯脂酰-CoA 还原酶将 Δ^4 双键还原。在 E. coli 中,还原酶催化生成反式-2-烯脂酰-CoA,它是 β-氧化的正常底物。在哺乳动物中,还原酶则催化生成反式-3-烯脂酰-CoA,它必须先由烯脂酰-CoA 异构酶异构化为反式-2-烯脂酰-CoA 后才能继续进行 β-氧化。

（五）奇数碳原子脂肪酸的氧化

大多数脂肪酸都含有偶数碳链,能被完全转变为乙酰-CoA,但是,在反刍动物,如牛、羊中,奇数碳链脂肪酸氧化提供的能量,相当于它们所需能量的 25%。还有,一些植物和海洋生物也能合成奇数碳链脂肪酸。奇数碳链脂肪酸的最后一轮 β-氧化生成丙酰-CoA,它转化为琥珀酰-CoA 进入柠檬酸循环。在氨基酸代谢中,异亮氨酸、缬氨酸和甲硫氨酸的氧化也会产生丙酰-CoA 和丙酸。

从丙酰-CoA 转变为琥珀酰-CoA 包括 3 步酶促反应,见图 11-4。

第 1 步反应,由丙酰-CoA 羧化酶催化,该酶需要生物素辅基,并由 ATP 水解为 ADP 和 P_i 的反应驱动。反应机制与丙酮酸羧化酶催化的反应相似。

第 2 步反应,羧化产物 D-甲基丙二酰-CoA,经甲基丙二酰-CoA 消旋酶催化转变为 L 型。

第 3 步反应,L-甲基丙二酰-CoA 在甲基丙二酰-CoA 变位酶的催化下,经过一个特殊的碳骨架重排反应,转变为琥珀酰-CoA。这个酶以 5′-脱氧腺苷钴胺素作辅酶。5′-脱氧腺苷钴胺素又名辅酶 B_{12},是维生素 B_{12} 的衍生物。

这里生成的琥珀酰-CoA 不直接由柠檬酸循环消耗,它必须先由该循环的 5~7 步反应转变为苹果酸,再由苹果酸脱氢酶催化生成丙酮酸,此产物通过丙酮酸脱氢酶的作用转变为乙酰-CoA,重新进入柠檬酸循环彻底氧化。

（六）脂肪酸的 α-氧化和 ω-氧化

尽管 β-氧化是脂肪酸分解代谢的主要途径,但是,某些脂肪酶的 α-氧化对人类健康还是必不可少的。植烷酸存在于反刍动物和某些食品中,是人类膳食的一个组分。由于植烷酸 C3 位上有 1 个甲基取代基,因此,它不属于 β-氧化第一步中脂酰-CoA 脱氢酶的底物。植烷酸降解的第一步由另 1 个线粒体酶——脂肪酸 α-羟化酶催化来实现。植烷酸的 α-位在反应中发生羟基化。带羟基的中间体进一步脱羧,形成降植烷酸和 CO_2(图 11-5)。降植烷酸经硫激酶活化形成降植烷酰-CoA,此时,C3 位已不存在甲基,可进行正常的 β-氧化。对于人类,如果缺乏 α-氧化系统,会造成体内植烷酸的积累,导致外周神经炎,并伴随运动失调及视网膜炎等病症。

在鼠肝微粒体中观察到一种少见的脂肪酸 ω-氧化途径,它使中长链和长链脂肪酸通过末端甲基,即 ω-碳位的氧化,转变为二羧酸。ω 碳原子的氧化包括羟基化,有细胞色素 P_{450}

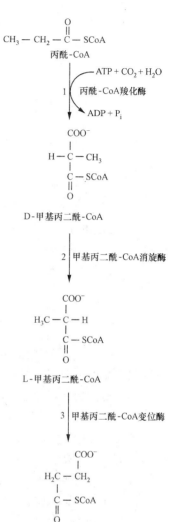

图 11-4　丙酰-CoA 生成琥珀酰-CoA

参与反应,催化此反应的酶为单加氧酶,存在于内质网的微粒体中。在 NADPH 和 O_2 的参与下,此酶催化羟基氧化为羧基,形成二羧酸,此化合物两端的羧基都能与 CoA 结合,之后进入 β-氧化途径。ω-氧化途径的存在,加快了脂肪酸降解的速度。

$$CH_3-(CH_2)_3-C-O^- \xrightarrow{\omega\text{-}氧化} -O-C-(CH_2)_3-C-O^-$$

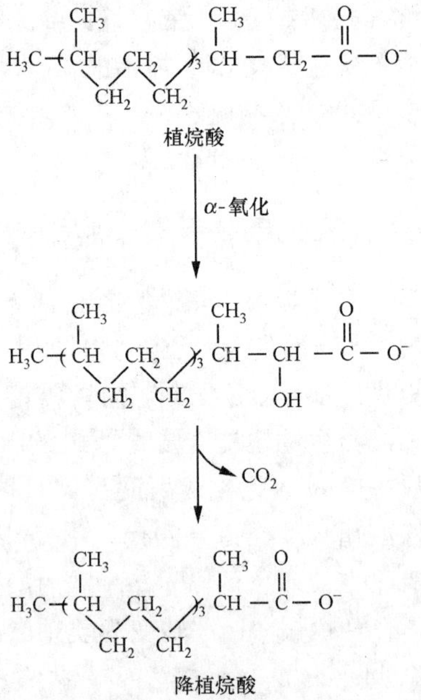

图 11-5　植烷酸的 α-氧化

(七) 过氧化物酶体中的 β-氧化

对真核生物而言,脂肪酸的 β-氧化途径存在于过氧化物酶体和线粒体中。动物体内,过氧化物酶体的 β-氧化,能将巨长链脂肪酸(>22 个碳原子)的烃链缩短,再由线粒体 β-氧化系统进一步降解。在植物体内,脂肪酸的氧化,完全是在过氧化物酶体和乙醛酸循环体中进行。乙醛酸循环体是一种特殊的过氧化物酶体。

巨长链脂肪酸不需要肉碱,只靠扩散进入过氧化物酶体,在那里,被长链脂酰-CoA 合成酶活化。脂肪酸在过氧化物酶体内的 β-氧化反应,与在线粒体中的相同,不过,只需要三种酶。

(1) 酰基-CoA 氧化酶,此酶催化下列反应:

$$脂酰\text{-}CoA+O_2 \longrightarrow 反\text{-}\Delta^2\text{-}烯脂酰\text{-}CoA+H_2O_2$$

该酶以 FAD 为辅助因子,但是它接受的电子直接传给 O_2,不需经过伴随氧化磷酸化作用的电子传递链。因此,过氧化物酶体内脂肪酸的 β-氧化过程,比在线粒体中进行的每 1 轮 2C 循环少产生 1.5 个 ATP。过氧化氢酶催化 H_2O_2 氧化,生成 H_2O 和 O_2。

(2) 过氧化物酶体的烯脂酰-CoA 水化酶和 3-L-羟脂酰-CoA 脱氢酶,它们的活性中心位于同一条多肽链上,催化的反应与线粒体系统中的相同。

(3) 过氧化物酶体中的硫激酶,它催化此处 β-氧化循环中的最后一步氧化反应,对链长等于或小于 8C 的酰基-CoA 几乎不显活性,所以,过氧化物酶体中脂肪酸的氧化不完全。

幸好,过氧化物酶体中还含有其他相应的酶类,在它们的作用下,被过氧化物酶体 β-氧化缩短了的酰基-CoA,可以先转变为肉碱酯,然后,这些产物的大部分从过氧化物酶体扩散出,进入线粒体再进一步氧化。

三、酮　　体

由脂肪酸 β-氧化生成的乙酰-CoA,除可以通过柠檬酸循环进一步氧化外,还可以作为脂肪酸生物合成和胆固醇生物合成的前体。然而,肝脏线粒体中的乙酰-CoA,则通过生酮作用转变为乙酰乙酸、D-β-羟丁酸和丙酮酸,这三种化合物统称为酮体(ketone body)。

(一) 肝脏中酮体的形成

催化酮体生成的主要酶类存在于肝脏细胞线粒体内膜上,所以,肝脏是酮体生成的主要场所。肝脏生成酮体的全过程如图 11-6 所示。

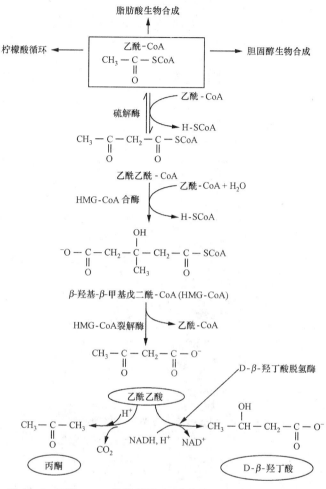

图 11-6 乙酰-CoA 的代谢结局,酮体的生成及其他三种走向

糖尿病人,由于乙酰乙酸生成速度很快,血中、尿中的酮体含量往往会高于正常人,他们呼出的气体带有丙酮的特殊"甜"味,丙酮对机体有毒害作用。血液中的乙酰乙酸和 D-β-羟丁酸使 pH 降低,引起"酸中毒"。

(二) 酮体在肝外组织中的降解

酮体是许多肝外组织,特别是心脏和骨骼肌的重要代谢原料。在正常情况下,大脑能量只来源于葡萄糖(脂肪酸不能通过血脑屏障)。但在饥饿时,这些小分子的水溶性酮体也成为大脑的主要能源物质。肝脏释放的 D-β-羟丁酸,由血液运送至肝外组织,在那里氧化降解,转变为 2 分子乙酰-CoA,如图 11-7 所示。在该过程中,琥珀酰-CoA 作为 CoA 的供体。1 分子乙酰-CoA,经过柠檬酸循环生成 10 个 ATP,为肝外组织提供能量。

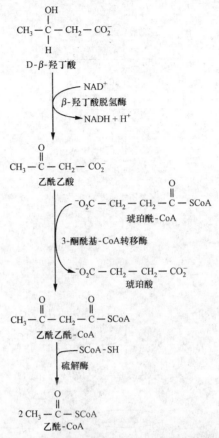

图 11-7 酮体转化为乙酰-CoA 的代谢过程

四、脂肪酸的生物合成

研究表明,乙酰-CoA 和碳酸氢盐是脂肪酸生物合成的起始原料。

(一) 乙酰-CoA 的转运

作为脂肪酸生物合成初始原料的乙酰-CoA,是在线粒体中由丙酮酸脱氢酶催化丙酮酸氧化脱羧生成,或由脂肪酸氧化生成。脂肪酸生物合成在细胞质中进行,但是,乙酰-CoA 却不能透过线粒体膜,因此,乙酰-CoA 需要通过三羧酸转运系统,以柠檬酸的形式进入细胞质(图 11-8),在那里,再由 ATP-柠檬酸裂解酶催化,使柠檬酸与胞液中的 CoA 起作用再生成乙酰-CoA,其反应如下:

$$柠檬酸 + CoA + ATP \longrightarrow 乙酰-CoA + 草酰乙酸 + ADP + P_i$$

在这里,ATP 的水解作用驱动整个反应。

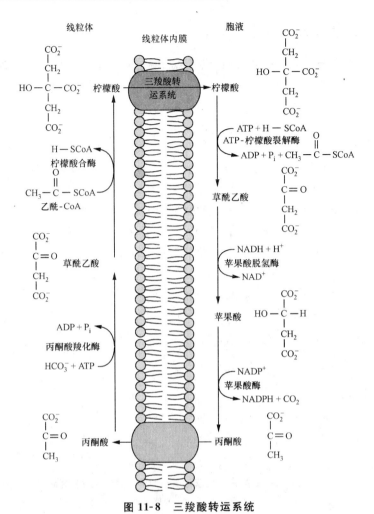

图 11-8　三羧酸转运系统

通过这一连串反应将乙酰-CoA从线粒体中输送到细胞液中

（二）由乙酰-CoA形成丙二酸单酰-CoA

脂肪酸生物合成，起始于乙酰-CoA转变成丙二酸单酰-CoA（简写为丙二酰-CoA）。这个反应，由乙酰-CoA羧化酶催化而实现。乙酰-CoA羧化酶需要生物素作辅基，它的作用机制与丙酮酸羧化酶相似。反应分两步进行：

$$
\underset{\text{生物素-酶}}{\text{E-biotin}} \xrightarrow[\text{ADP+P}_i]{HCO_3^- + ATP} \underset{\text{羧基生物素-酶}}{\text{E-biotin-CO}_2^-} \xrightarrow{\text{乙酰-CoA}} \underset{\text{丙二酰-CoA}}{^-O_2C-CH_2-\overset{O}{\overset{\|}{C}}-SCoA + \text{E-biotin}}
$$

哺乳动物乙酰-CoA羧化酶受别构调节和激素调节。例如，柠檬酸是激活剂，长链脂酰-CoA是反馈抑制剂。胰高血糖素和肾上腺素可能抑制该酶的去磷酸化，而胰岛素则促进这个酶的去磷酸化，起激活作用。大肠杆菌乙酰-CoA羧化酶受鸟苷酸的调节。

（三）脂肪酸生物合成途径

脂肪酸，例如棕榈酸(软脂酸)，它的合成是从乙酰-CoA 和丙二酰-CoA 开始，由脂肪酸合酶催化，经过 7 步反应完成。脂肪酸合酶是一种多酶复合体，因生物合成类型不同而异。

在 *E. coli* 和植物中，脂肪酸合酶多酶体系含 7 条多肽链，其中一条是酰基载体蛋白(acyl carrier protein，ACP)，其余 6 条是酶。

在酵母中，脂肪酸合酶也由 ACP 和另外 6 个酶组成，所不同的是，它们定位在两条多功能的肽链上。其中一条链具有 ACP 功能和两个酶的活性，另外一条链含有余下 4 个酶的活性。

在动物中，脂肪酸合酶含有一个 ACP 单位和 7 个酶，它们全都定位在一条多功能肽链上，由两条这样相同的肽链构成酶二聚体而发挥作用(图 11-9)。二聚体结构中，多肽链的邻近区折叠成独特形式，组成不同的酶活性和 ACP 功能区，两个亚单位有一个反平行、从头到尾的配置，它们协调工作，可同时合成两个脂肪酸分子。

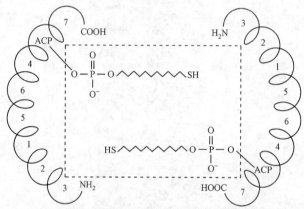

图 11-9　真核生物脂肪酸合酶的二聚体结构

每一亚单位含有一个酰基载体蛋白(ACP)和 7 个活性酶的催化部位：1. 乙酰-CoA:ACP 转酰酶；2. 丙二酰-CoA:ACP 转酰酶；3. β-酮酰-ACP 合酶；4. β-酮酰-ACP 还原酶；5. β-羟酰-ACP 脱水酶；6. 烯酰-ACP 还原酶；7. 软脂酰-ACP 硫酯酶

脂肪酸生物合成起始之后，其延伸中的脂肪酸链，是锚定在一个酰基载体蛋白 ACP 上的。ACP 和 CoA 一样，含有一个磷酸泛酰巯基乙胺基团，它可与酰基形成硫酯键。见图 11-10。

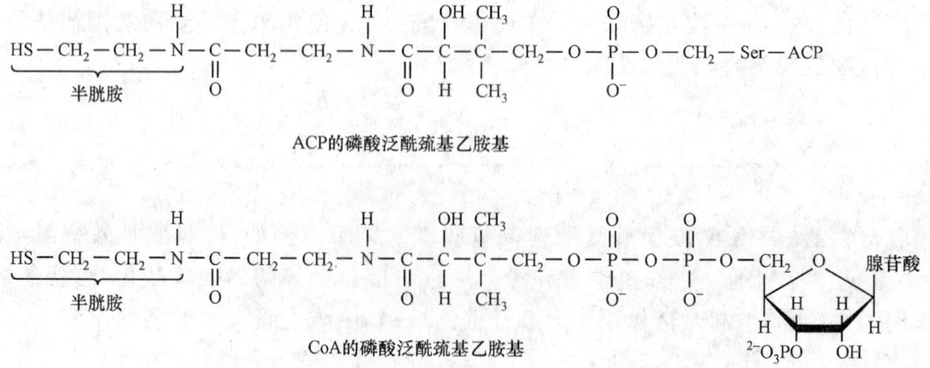

ACP的磷酸泛酰巯基乙胺基

CoA的磷酸泛酰巯基乙胺基

图 11-10　酰基载体蛋白 ACP 和 CoA 中的磷酸泛酰巯基乙胺基

在哺乳动物中，脂肪酸合酶催化棕榈酸生物合成途径表示在图 11-11 中。这一途径，包括 7 步反应，它们分别是：启动(1)、装载(2b)、转移(2a)、缩合(3)、还原(4)、脱水(5)、还原

（6）和释放（7）。下面着重解释 6、7 两步。

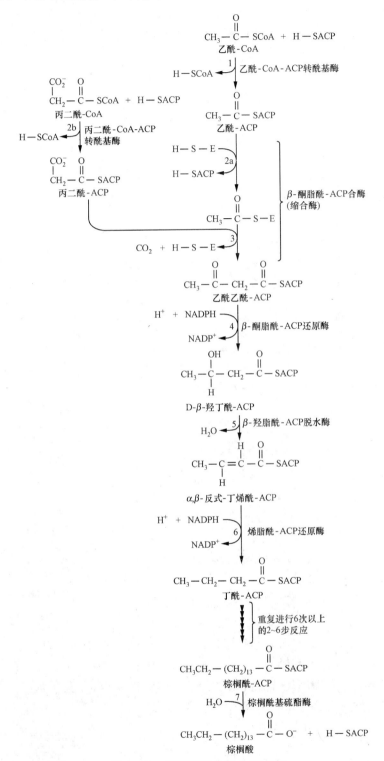

图 11-11　脂肪酸的生物合成途径
在生成棕榈酸的过程中，经过 7 个循环的 C_2 单位延长反应和最后一步水解反应

还原　这是在脂肪酸合成第一轮次中的最后一步反应，其完成后，原来 ACP 上的乙酰

基延长了一个 2C 单位形成丁酰基。此丁酰基再从 ACP 转移到合酶的 Cys-SH 上（2a 反应的重复），这样，随着合酶催化的反应系列不断重复，脂肪酸碳链得到不断延长。

在每一轮次反应中，ACP 携带的丙二酰基提供一个 2C 单位，使酰基链延长两个碳原子。合成棕榈酰-ACP 需要进行 7 轮这样的反应。

释放　在动物细胞中，酰基链延伸长度到达 16 个碳原子时即告停止。此时形成的终产物是棕榈酰-ACP，它的硫酯键被棕榈酰基硫酯酶水解，释放棕榈酸，而酶则重新进入下一轮的反应。

合成 1 分子棕榈酸，消耗的乙酰-CoA 和丙二酰-CoA 的情况总结如下：

$$乙酰\text{-}CoA + 7\ 丙二酰\text{-}CoA + 14NADPH + 14H^+ \longrightarrow$$
$$棕榈酸 + 7CO_2 + 14NADP^+ + 8CoA + 6H_2O$$

而 7 个丙二酰-CoA 是来自于乙酰-CoA，其反应是：

$$7\ 乙酰\text{-}CoA + 7CO_2 + 7ATP \longrightarrow 7\ 丙二酰\text{-}CoA + 7ADP + 7P_i + 7H^+$$

最终，1 分子棕榈酸生物合成的总反应式为：

$$8\ 乙酰\text{-}CoA + 14NADPH + 7ATP + 7H^+ \longrightarrow$$
$$棕榈酸 + 14NADP^+ + 8CoA + 6H_2O + 7ADP + 7P_i$$

（四）脂肪酸碳链的延长与去饱和

在动物体内，脂肪酸合成到 16 个碳链的长度即停止，这是正常脂肪酸合酶合成作用的终点。更长的脂肪酸，或不饱和脂肪酸，一般把棕榈酸作为前体，需要另外的酶促反应去合成。

1. 碳链的延长

碳链的延长发生在线粒体和内质网（ER）腔中，这两个细胞器都含有延长酶，但二者延长的机制不同。

线粒体中的延长，是独立于脂肪酸合成之外的过程，属于乙酰单元的加成和还原，恰恰是脂肪酸氧化过程的逆反应。只不过是，脂肪酸延长的最后一步使用了还原剂 NADPH，而氧化过程的第一步，则使用了 FAD 为氧化剂，见图 11-12。

在内质网腔中，以 16 碳棕榈酸延长两个碳原子形成硬脂酸为例，除了参加的酶有改变，以及用 CoA 代替了 ACP 之外，该过程与棕榈酸合成的最后一个轮次相同，即在棕榈酰-CoA 的基础上，以丙二酰-CoA 为二碳单元的供体，由 NADPH＋H 供氢，经还原、脱水和再还原的步骤，最后形成 18 碳产物，即硬脂酰-CoA。

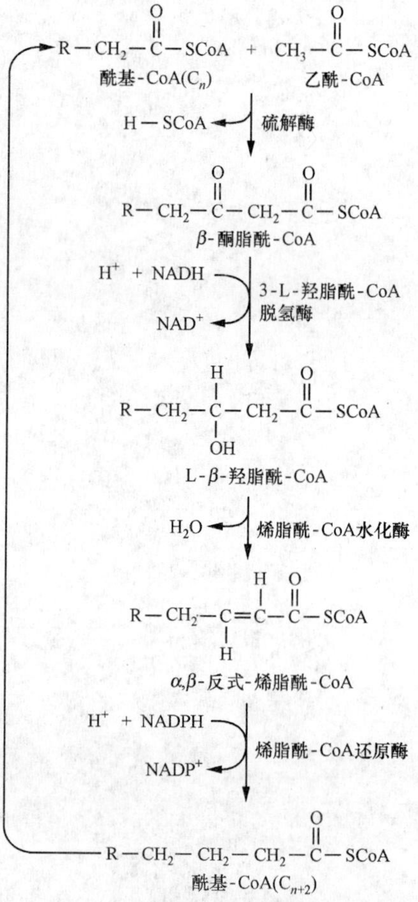

2. 碳链的去饱和

不饱和脂肪酸，是以饱和脂肪酸为前体，由脂酰-CoA 去饱和酶（desaturase）催化生成的。哺乳动物含 4 种去饱和酶，它们有着不同的链长专一性，分别命名

图 11-12　线粒体的脂肪酸延长作用
这个过程是脂肪酸氧化（图 11-2）的逆反应，不同的是最后的反应以 NADPH 而不是 $FADH_2$ 作为其氧化还原辅酶

为 Δ^9-、Δ^6-、Δ^5- 和 Δ^4-脂酰-CoA 去饱和酶,催化下列反应:

$$CH_3-(CH_2)_x-\overset{\overset{\displaystyle H}{|}}{\underset{\underset{\displaystyle H}{|}}{C}}-\overset{\overset{\displaystyle H}{|}}{\underset{\underset{\displaystyle H}{|}}{C}}-(CH_2)_y-\overset{\overset{\displaystyle O}{\|}}{C}-SCoA + NADH + H^+ + O_2$$

$$\downarrow$$

$$CH_3-(CH_2)_x-\overset{\overset{\displaystyle H}{|}}{C}=\overset{\overset{\displaystyle H}{|}}{C}-(CH_2)_y-\overset{\overset{\displaystyle O}{\|}}{C}-SCoA + 2H_2O + NAD^+$$

在上列结构式中,$x \geqslant 5$,$(CH_2)_x$ 中可以包含一个或多个双键。底物 $(CH_2)_y$ 部分总是饱和的。双键只能插入底物 $(CH_2)_x$ 部分已有的双键和 CoA 基团之间,因此,新形成的双键比相邻原有双键距离 CoA 基团要靠近 3 个碳原子(不与原有双键共轭)。动物体内的不饱和脂肪酸双键位置不低于 C9。棕榈酸(软脂酸)和硬脂酸是动物体内最常见的两个饱和脂肪酸,它们分别是棕榈油酸($16:1\Delta^{9c}$)和油酸($18:1\Delta^{9c}$)的前体。这两个不饱和脂肪酸 Δ^9 位的双键,是在脂酰-CoA 去饱和酶催化下,经过氧化反应形成的。

延长反应和去饱和反应联合进行,可以合成一系列不饱和脂肪酸,然而,哺乳动物缺少能够在 C9 位以外引进双键的酶类,因此,亚油酸($18:2\Delta^{9c,12c}$)不能形成,必须通过膳食获取,被称为必需脂肪酸。

(五)脂肪酸合成和氧化途径的比较

脂肪酸合成途径不同于它的氧化途径,这是一个生物合成与降解途径相对独立进行的典型例子。表 11-1 概括了这两个途径之间的主要区别。

表 11-1　脂肪酸 β-氧化与生物合成途径的比较

	β-氧化	生物合成
细胞定位	线粒体中	细胞质中
脂酰基载体	CoA	ACP
电子受体/供体	FAD,NAD$^+$ 为电子受体	NADPH 是电子供体
水合与脱水的立体化学	L-β-羟脂酰基	D-β-羟脂酰基
生成和提供 2C 单位的形式	乙酰-CoA	丙二酰-CoA

五、脂肪酸代谢的调节

激素不但能影响糖代谢,也能双向调节脂代谢途径的速率,从而控制脂肪酸的 β-氧化和生物合成。脂肪酸代谢的调控位点总结于图 11-13。

第一个调控位点是"激素敏感性"脂酶　脂肪酸的 β-氧化主要由血液中脂肪酸浓度来调节,这个浓度,又受脂肪组织中激素敏感性三酰甘油脂酶水解三酰甘油的速率来调控。三酰甘油脂酶由于激素控制的 cAMP 水平的变化,通过磷酸化或去磷酸化而被灵敏地调节。例如,胰高血糖素和肾上腺素可提高脂肪组织中的 cAMP 浓度,cAMP 别构激活 cAMP-依赖性蛋白激酶(cAPK),cAPK 再磷酸化特定的酶,磷酸化了的特定酶激活激素敏感性脂酶,进而促进脂肪组织中脂肪的脂解(lipolysis),提高血液中脂肪酸水平,最终激活其他组织如

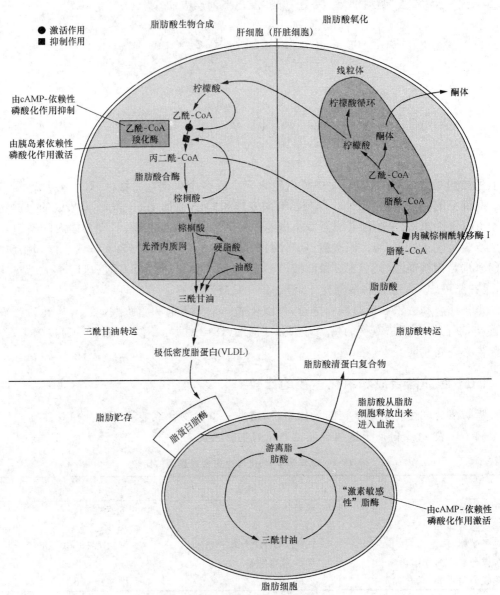

图 11-13　脂肪酸代谢的调控位点

肝脏和肌肉中的 β-氧化途径。在肝脏中,这一过程导致酮体产生,并分泌进入血液,被运送到肝外组织代替葡萄糖燃料。胰岛素的效应与胰高血糖素、肾上腺素相反,它促进三酰甘油的合成。胰岛素降低 cAMP 水平,导致去磷酸化作用,进而抑制激素敏感性脂酶的活性。这样,便减少了可用于 β-氧化的脂肪酸数量。

第二个调控位点是肉碱棕榈酰转移酶 I　当脂肪酸合成途径被激活时,所形成的丙二酸单酰-CoA 抑制肉碱棕榈酰转移酶 I 的活性,使脂肪酸堆积于线粒体外,不能进行 β-氧化。

第三个调控位点是乙酰-CoA 羧化酶　cAPK 除了在第一个调控位点起作用之外,还能使乙酰-CoA 羧化酶失活,因此,cAMP-依赖性的磷酸化作用,可以同时激活脂肪酸 β-氧化途径和抑制它的生物合成途径。

胰高血糖素激活 β-氧化途径,而胰岛素则能激活乙酰-CoA 羧化酶而促进脂肪酸生物合成途径。所以,胰高血糖素和胰岛素数量的比例,决定了脂肪酸代谢的速率和方向。

此外,柠檬酸能激活乙酰-CoA 羧化酶,而棕榈酰-CoA 则是该酶的反馈抑制剂,它们在脂肪酸生物合成途径中发挥调节作用。

六、其他脂类的生物合成

三酰甘油和磷酸甘油脂是多数脂肪酸的贮存形式。这两种脂质的生物合成,主要发生在脂肪细胞中或肝细胞的内质网内。

(一) 三酰甘油的合成

三酰甘油由脂酰-CoA 和甘油-3-磷酸,或由脂酰-CoA 和二羟丙酮磷酸作前体而合成(图 11-14)。脂酰-CoA 来自脂肪酸的活化,甘油-3-磷酸由两条途径形成:其一,由糖酵解中间物——二羟丙酮磷酸经脱氢酶催化形成;其二,由甘油的磷酸化形成。

图 11-14 列出了由二羟丙酮磷酸开始合成三酰甘油的历程,催化开头反应中的甘油-3-磷酸酰基转移酶存在于线粒体和内质网,而二羟丙酮磷酸酰基转移酶则存在于内质网或过氧化物酶体中。

在三酰甘油合成途径的全部反应中,酰基转移酶对于各种脂酰-CoA 的链长或不饱和度均不具有严格的专一性,但是人体脂肪组织中的三酰甘油,其棕榈酸倾向于连接在 1 位,而油酸多连接在 2 位。

(二) 甘油磷脂的合成

甘油磷脂是生物膜的重要组分,其结构式如下:

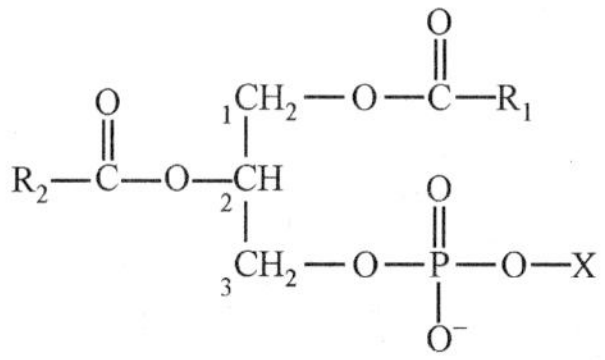

在这个结构式中,X 基团的不同便组成各类甘油磷脂。甘油磷脂 C1 和 C2 连接的脂酰基是不对称的,多数情况 C1 上的是饱和脂肪酸。而 C2 则常常连接不饱和脂肪酸。

复合脂质合成所包括的大多数反应,一般在膜结构的表面进行,大部分发生在内质网腔的胞质侧,合成产物一般以囊泡形式转运至胞内最终位点。

1. 磷脂酰乙醇胺和磷脂酰胆碱(卵磷脂)的合成

1,2-二酰甘油和磷脂酸都可用做甘油磷脂合成的前体。

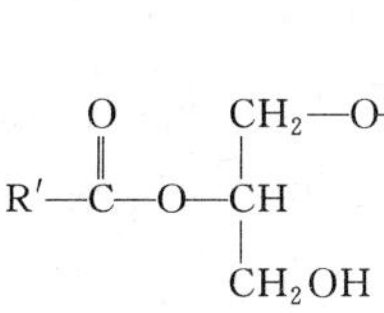

1,2-二酰甘油 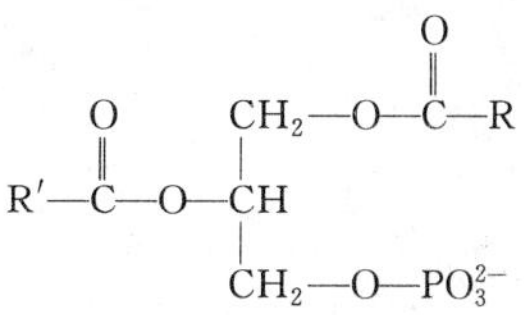　　　　　　　　　磷脂酸

甘油磷脂的极性头部基团,通过磷酸二酯键与甘油的 C3 相连。在哺乳动物中,头部基团乙醇胺(ethanolamine)和胆碱(choline)在与脂连接之前需首先被活化。磷脂酰乙醇胺与磷脂

酰胆碱的合成过程表示在图 11-15。

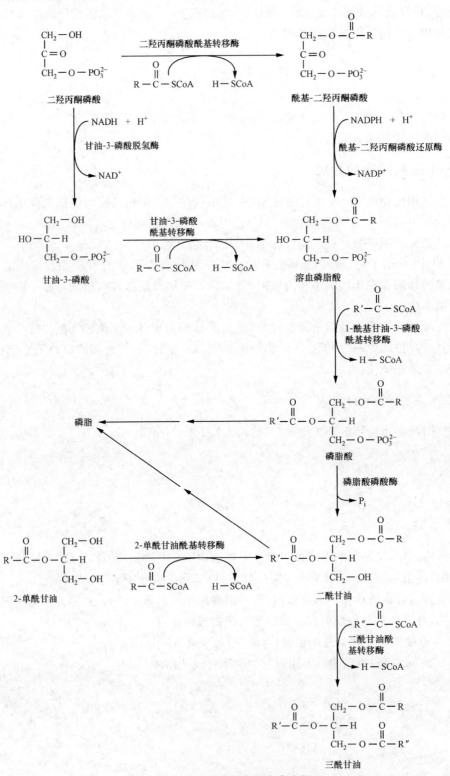

图 11-14 三酰甘油生物合成途径

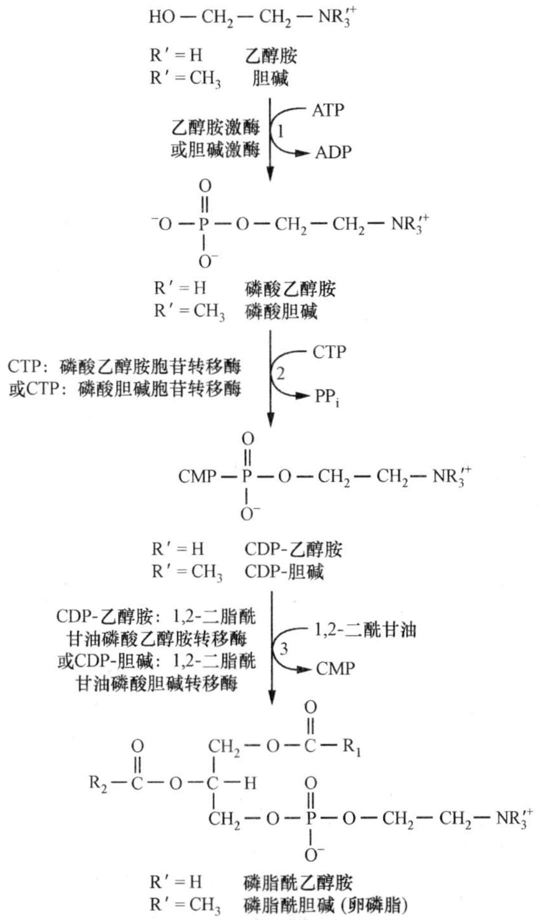

$$HO-CH_2-CH_2-NR_3'^+$$

$R'=H$　乙醇胺
$R'=CH_3$　胆碱

乙醇胺激酶
或胆碱激酶　　1　$\begin{array}{c}ATP\\ \downarrow\\ ADP\end{array}$

$$^-O-\overset{\overset{\displaystyle O}{\|}}{\underset{\underset{\displaystyle O^-}{|}}{P}}-O-CH_2-CH_2-NR_3'^+$$

$R'=H$　磷酸乙醇胺
$R'=CH_3$　磷酸胆碱

CTP：磷酸乙醇胺胞苷转移酶
或CTP：磷酸胆碱胞苷转移酶　　2　$\begin{array}{c}CTP\\ \downarrow\\ PP_i\end{array}$

$$CMP-\overset{\overset{\displaystyle O}{\|}}{\underset{\underset{\displaystyle O^-}{|}}{P}}-O-CH_2-CH_2-NR_3'^+$$

$R'=H$　　CDP-乙醇胺
$R'=CH_3$　CDP-胆碱

CDP-乙醇胺：1,2-二脂酰
甘油磷酸乙醇胺转移酶
或CDP-胆碱：1,2-二脂酰
甘油磷酸胆碱转移酶　　3　$\begin{array}{c}1,2\text{-二酰甘油}\\ \downarrow\\ CMP\end{array}$

$$R_2-C-O-\overset{\displaystyle CH_2-O-\overset{\overset{\displaystyle O}{\|}}{C}-R_1}{\underset{\displaystyle CH_2-O-\overset{\overset{\displaystyle O}{\|}}{\underset{\underset{\displaystyle O^-}{|}}{P}}-O-CH_2-CH_2-NR_3'^+}{C-H}}$$

$R'=H$　　磷脂酰乙醇胺
$R'=CH_3$　磷脂酰胆碱(卵磷脂)

图 11-15　磷脂酰乙醇胺与磷脂酰胆碱的生物合成

在哺乳动物中，CDP-乙醇胺与 CDP-胆碱是头部基团的前体

2. 磷脂酰丝氨酸的合成

磷脂酰丝氨酸是通过磷脂酰乙醇胺转移酶的催化，移去磷脂酰乙醇胺原来的头部基团，换上丝氨酸而形成。

3. 磷脂酰肌醇和磷脂酰甘油的合成

这两种甘油磷脂的合成从磷脂酸开始，首先由它攻击 CTP 的 α-磷酸基团，形成活化的 CDP-二酰甘油和 PP_i（图 11-16），然后再由肌醇与 CDP-二酰甘油反应生成磷脂酰肌醇。磷脂酰甘油是由两步反应生成的：① 甘油-3-磷酸 C1 的—OH 攻击 CDP-二酰甘油，生成磷脂酰甘油磷酸；② 磷酰基水解，生成磷脂酰甘油。

4. 心磷脂的合成

心磷脂是由两分子磷脂酰甘油缩合，除去 1 分子甘油后形成。

5. 缩醛磷脂的合成

1-烷基-2-脂酰磷脂酰乙醇胺，可被 1-烷基-2-脂酰乙醇胺去饱和酶催化去饱和，形成 1-(链)烯基-2-脂酰磷脂酰乙醇胺，这一产物，又名缩醛磷脂（图 11-17）。这个酶催化的反应发生在许多组织中，需要 O_2、NADH 和细胞色素 b_5 参与。

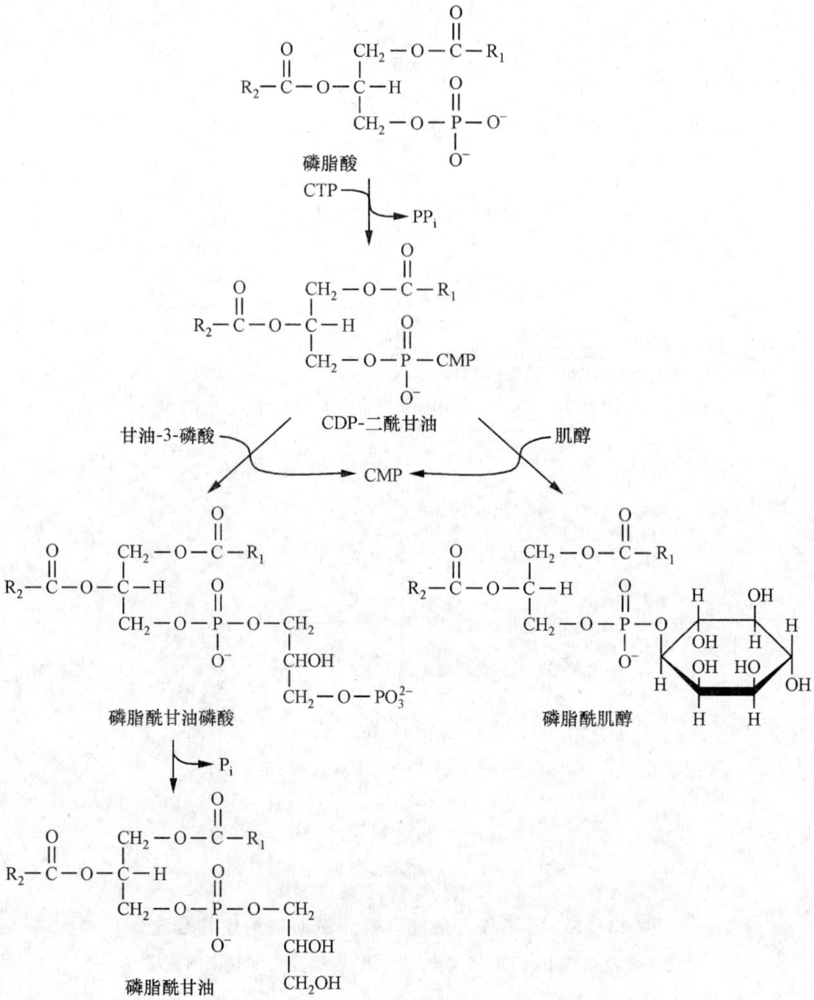

图 11-16　磷脂酰肌醇与磷脂酰甘油的生物合成

在哺乳动物中，该过程涉及一个 CDP-二酰甘油中间体

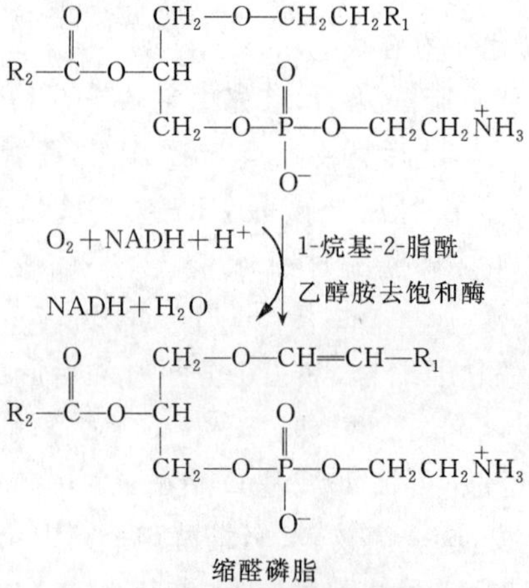

图 11-17　缩醛磷脂的生物合成

哺乳动物的甘油磷脂,大约有 20% 是缩醛磷脂,但在不同个体,或同一个体不同组织中的百分率则不尽相同。例如,在人的肝脏中,缩醛磷脂仅占磷脂 0.8%,而在神经组织中却占 23%。

(三) 鞘脂类的合成

鞘脂类包括鞘磷脂(sphingomyelin)和鞘糖脂(glycosphingolipid),后者占多数。这些脂类,由神经酰胺和不同的头部基团相连而成。神经酰胺又称 N-酰基神经鞘氨醇,它由前体棕榈酰-CoA 和丝氨酸通过 4 步反应合成(图 11-18)。

① 3-酮二氢鞘氨醇合酶催化棕榈酰-CoA 与丝氨酸聚合生成 3-酮二氢鞘氨醇。

② 3-酮二氢鞘氨醇还原酶催化 3-酮二氢鞘氨醇的酮基进行 NADPH 依赖性的还原反应形成二氢鞘氨醇。

③ 通过酰基-CoA 转移酶的作用,将酰基-CoA 上的酰基转移至二氢鞘氨醇的 2-氨基上,形成酰胺键,得产物二氢神经酰胺。

④ 二氢神经酰胺还原酶通过 FAD-依赖性氧化反应将二氢神经酰胺转化为神经酰胺。

鞘磷脂,由磷脂酰胆碱的磷酰胆碱基团,或磷脂酰乙醇胺的磷酰乙醇胺基团,转移至 N-酰基神经鞘氨醇 C1 的—OH 上形成。它们是神经细胞膜的重要成分。

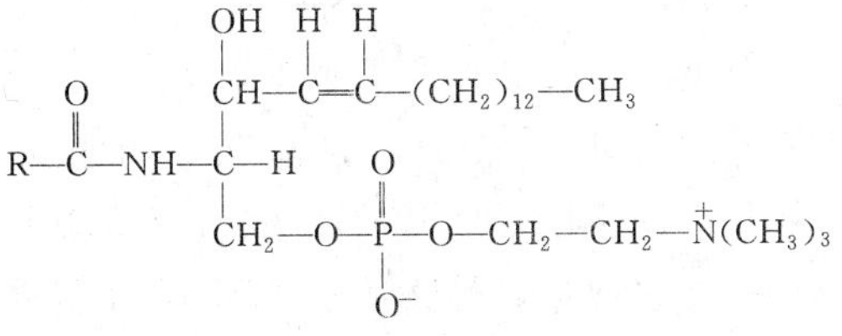

鞘磷脂

脑苷脂和神经节苷脂属于鞘糖脂(糖鞘脂)。前者是将相应的 UDP-己糖的糖基转移到 N-酰基神经鞘氨醇 C1 的 OH 基上形成的,而后者则是由更复杂的、含有至少 1 个唾液酸残基的寡糖链,连接到 N-酰基神经鞘氨醇上而形成(参看第二章"脑苷脂"和"神经节苷脂")。

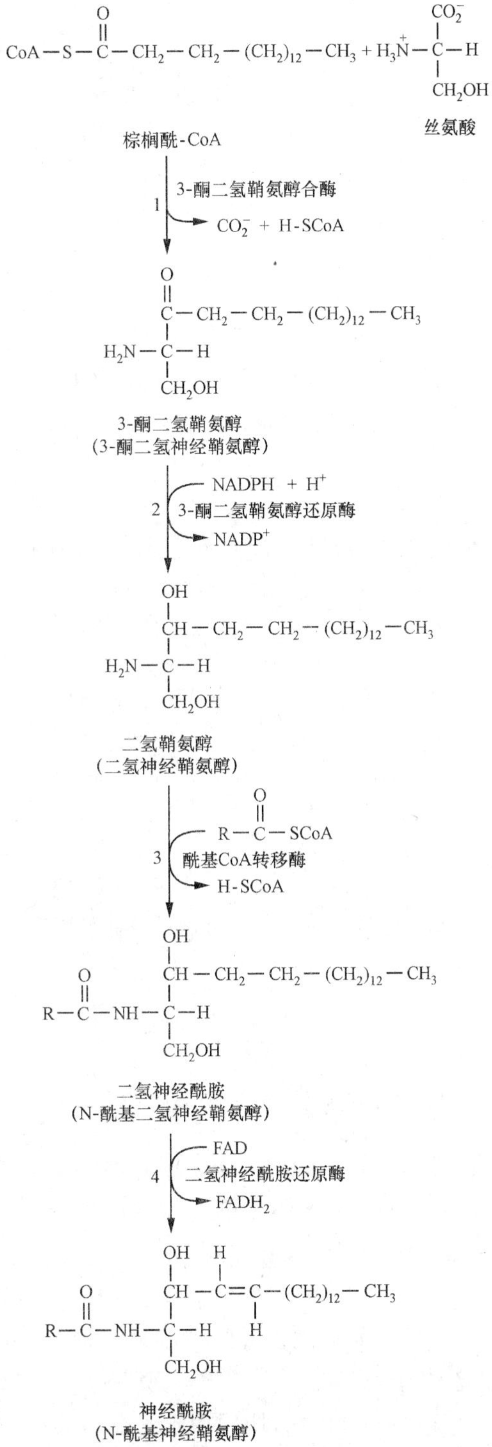

图 11-18 神经酰胺(N-酰基神经鞘氨醇)的
生物合成

七、胆固醇的代谢

胆固醇(cholesterol)是细胞膜的重要组分,也是固醇类激素和胆汁酸的前体,对生物机体具有重要意义。然而,它在动脉血管里沉积会引发心血管病和中风,严重威胁人类健康。在正常的生物体内,胆固醇的合成、转运和利用之间保持着合理的、精细的平衡,尽量减少它的有害积累。

(一) 胆固醇的生物合成

胆固醇的生物合成,虽然机体各种组织都能进行,但主要还是集中在肝脏。胆固醇在细胞内的合成部位是细胞质和光面内质网,那里存在合成反应的酶系统。

用同位素标记实验证明,胆固醇的所有碳原子都来源于乙酸,其合成需经过一个复杂过程。Konrad Bloch 首先提出,在此过程中乙酸先转变为异戊二烯单位,然后再聚合成 30 个碳原子的线性分子,最后环化成胆固醇的 4 个环状结构。

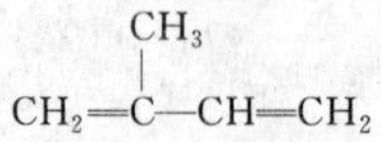

异戊二烯
(2-甲基-1,3-丁二烯)

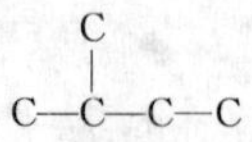

一个异戊二烯单位

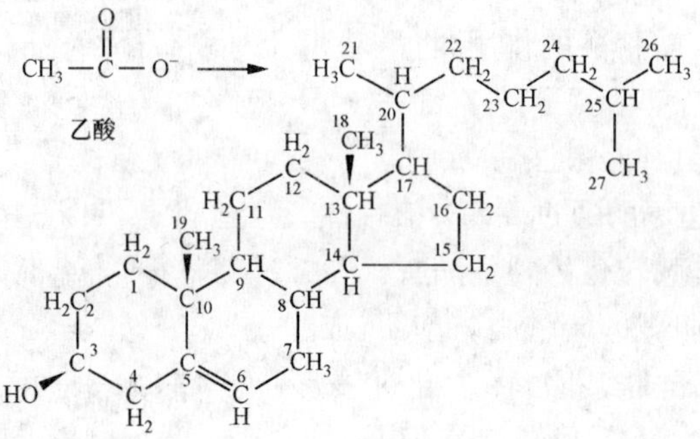

(二) 胆固醇的转运和“走向”

在肝脏合成的胆固醇,其转运和“走向”用图 11-19 表示。对图说明如下:

① 胆固醇作为血浆脂蛋白、乳糜微粒、高密度脂蛋白(HDL)和极低密度脂蛋白(VLDL)的组分进入血液。VLDL 随着血液循环,其载脂蛋白等成分被除去,逐渐变成中密度脂蛋白(IDL)和低密度脂蛋白(LDL)。通常,肝外组织通过胞吞作用从 LDL 中获得外源的胆固醇。胆固醇在肝脏和肝外组织间不断循环,即 LDL 从肝脏中运出胆固醇,而 HDL 又将其运回肝脏。

② 在肝细胞内,胆固醇被乙酰-CoA 胆固醇酰基转移酶催化,形成胆固醇酯贮存起来。溶酶体中的酯酶,又能水解胆固醇酯,使其转变为游离胆固醇。

③ 胆固醇用做细胞膜的结构组分。

④ 胆固醇转化为胆汁酸或胆汁盐。

⑤ 胆固醇在肾上腺和性腺中转化为多种类固醇激素。

人体还可以从膳食中摄取胆固醇。小肠黏膜细胞吸收的胆固醇,与三酰甘油、磷脂和某些载脂蛋白共同组成乳糜微粒进入血液被运转,这样,肝脏和肝外组织就可以从循环脂蛋白中获取外源胆固醇。

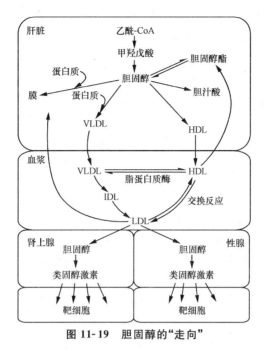

图 11-19　胆固醇的"走向"

内 容 提 要

脂的消化主要在小肠腔内进行,消化产物则被小肠黏膜吸收。

脂肪酸 β-氧化在线粒体中进行,血浆中的长链脂肪酸首先活化为脂酰-CoA,然后由肉碱携带进入线粒体。β-氧化包括脱氢、水化、脱氢和断裂 4 步反应。这个过程反复进行,直到偶数碳原子的脂肪酸被氧化为乙酰-CoA,而奇数碳原子的脂肪酸被转化为乙酰-CoA 和一分子丙酰-CoA。通过柠檬酸循环和氧化磷酸化,乙酰-CoA 被氧化产生 ATP。

不饱和脂肪酸的氧化,除了需要异构酶转换 Δ^3 双键为 Δ^2 双键之外,还需还原酶移去 Δ^4 双键。奇数碳脂肪酸氧化产生的丙酰-CoA,经辅酶 B_{12} 依赖性途径,转化为琥珀酰-CoA。极长链脂肪酸,受过氧化物酶体的三酶系统作用而部分被氧化。

肝脏利用乙酰-CoA 合成酮体,肝外组织将酮体再转化为乙酰-CoA,最后通过柠檬酸循环产生能量。

在脂肪酸合成中,线粒体的乙酰-CoA 经三羧酸转运系统转运进入胞浆,再由乙酰-CoA羧化酶催化合成丙二酸单酰-CoA。

哺乳动物的脂肪酸合酶,是由一个 ACP 单位和 7 个酶组成的复合体,在它的作用下,经过缩合、还原、脱水和二次还原 4 步主要反应,将脂酰 ACP 链延长一个 2C 单位。棕榈酸就是经过 7 次这样的反应循环合成的。其他脂肪酸由棕榈酸经延长及去饱和酶类的作用而生成。

在脂肪酸代谢的调节中,胰高血糖素、肾上腺素两者和胰岛素所起的作用相反,它们协同作用,联合调控着脂肪酸的降解和合成两个相反的途径。

人体中合成的三酰甘油,倾向于在 C1 处连接饱和脂肪酸,而在 C2 处则连接不饱和脂肪酸。

　　在哺乳动物中,磷脂酰胆碱和磷脂酰乙醇胺由 1,2-二酰甘油和头部基团的 CDP 衍生物合成;磷脂酰肌醇、磷脂酰甘油和心磷脂的合成,从 CDP-二酰甘油开始。由神经酰胺添加上来自核苷酸糖基的糖基单位,合成鞘氨醇糖脂。

　　胆固醇的合成主要在肝脏进行。它以乳糜微粒和脂蛋白的复合形式在体内运转。可用做膜结构组分;或转化为胆汁酸;还可转化为多种类固醇激素。生物体内保持着胆固醇的合理平衡,避免其有害积累。

习　　题

1. 脂质的消化、吸收主要在消化道什么部位进行?
2. 简述乳糜微粒的形成及其运送功能。
3. 概述饱和脂肪酸活化和降解为乙酰 - CoA 的反应步骤。
4. 氧化不饱和脂肪酸和奇数碳链的脂肪酸需要哪些额外步骤?
5. 一分子棕榈酸彻底氧化成 CO_2 和 H_2O,将产生多少分子 ATP?
6. 什么是酮体? 酮体是如何产生的? 它是否可被利用?
7. 概述脂肪酸被转运进入线粒体和乙酰 - CoA 进入胞浆的穿梭系统。
8. 哺乳动物能合成亚油酸和亚麻酸吗? 为什么?
9. 试将脂肪酸生物合成途径和 β-氧化途径作一个比较。
10. 试述人体脂肪酸代谢的调控机制。
11. 三酰甘油、甘油磷脂和鞘脂是怎样合成的?
12. 胆固醇在动脉血管里沉积会引起心脏病和中风,因此"名声不好",你如何还它以公道?

第十二章　蛋白质降解和氨基酸代谢

一、蛋白质的降解

(一) 细胞内蛋白质的降解

活细胞的组分一直在不断更新。细胞内蛋白质的存活期,短则几分钟,长则数周(表 12-1)。无论在什么情况下,活细胞都连续地以氨基酸合成蛋白质,同时又将蛋白质降解为氨基酸。这样的变化过程,对生物机体起三种作用:首先,以蛋白质形式贮存的氨基酸养分,在代谢需要时,随蛋白质降解而释放,这对肌肉组织最重要;其次,去除对细胞有害的异常蛋白;再次,通过去除积累过多的酶和调节蛋白,使细胞代谢得以井然有序地进行。

表 12-1　鼠肝中某些酶的半衰期

	酶	半衰期/h
短半衰期酶	鸟氨酸脱羧酶	0.2
	RNA 聚合酶 I	1.3
	酪氨酸氨基转移酶	2.0
	丝氨酸脱水酶	4.0
	磷酸烯醇式丙酮酸羧化酶	5.0
长半衰期酶	醛缩酶	118
	甘油醛磷酸脱氢酶	130
	细胞色素 b	130
	乳酸脱氢酶	130
	细胞色素 c	150

1. 溶酶体的降解

溶酶体(lysosome)是具有单层膜被的细胞器,约含 50 种水解酶,其中包括多种蛋白水解酶。溶酶体内部环境 pH 约为 5,这就满足了其所含酶类酸性最适 pH 的需要。溶酶体的这种特性,还可抵御偶然的渗漏,从而保护细胞。因为溶酶体的酶,在细胞质的 pH 条件下,大部分都将失活。

溶酶体处理细胞组分的过程是这样的,一方面,它可以降解细胞通过胞吞作用所摄取的物质(其中包括蛋白质);另一方面,细胞内的组分还可以被包裹在液泡中,并与溶酶体融合,之后,其中的蛋白质被相关的蛋白酶类水解。在营养丰富的细胞中,溶酶体降解蛋白质是没有选择性的,但是,在饥饿细胞中,则会活化一条选择途径,使蛋白质只从因禁食而萎缩的组织中去除,不会从那些不萎缩的组织中去除。

2. 需要泛素相伴的降解

对兔网织红细胞的无细胞系统进行研究,发现 ATP 依赖的蛋白质降解需要泛素(ubiquitin)相伴。泛素是一个由 76 个氨基酸残基组成的单体蛋白,因其广泛存在,而且在真核细胞中含量丰富而得名。它高度保守,在不同种属生物中,氨基酸序列极少变化。

被选定降解的蛋白质,与泛素共价相连后带上降解标记。这个过程分三步进行,见图12-1。

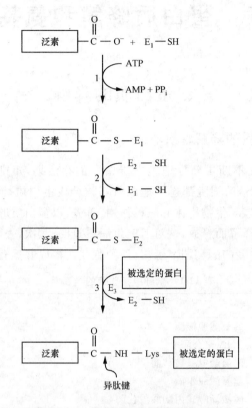

图 12-1 蛋白质泛素化涉及的反应

首先泛素的末端羧基在 ATP 水解驱动的一个反应中通过一个硫酯键与 E_1 相连。随后已被活化的泛素转移到 E_2 的巯基上,然后在 E_3 催化的反应中转移到应被水解的蛋白质的 Lys ε-氨基上,从而使该蛋白质带上蛋白酶解的标记

(1) 通过一个需要 ATP 的反应,泛素的羧基末端以硫酯键与泛素活化酶(E_1)相连。

(2) 泛素被转移到泛素结合酶(E_2)上而被活化。E_2 由几种小蛋白质组成,其中一种小蛋白的巯基是与泛素相连的结合点。

(3) 泛素-蛋白连接酶(E_3)将活化的泛素转移到那个先前已结合的、被选定降解的蛋白质的 Lys ε-氨基上,形成一个异肽键(isopeptide bond)。

泛素所连接的蛋白质,通过一个依赖于 ATP 的反应过程被水解。这个反应过程由名为 26S 蛋白酶体(proteasome)的参与而实现。

(二) 机体对外源蛋白的消化作用

机体内的游离氨基酸,除来自细胞内蛋白质的降解以外,还来自对食物中蛋白质的消化。胃中的胃蛋白酶,胰脏中的胰蛋白酶、胰凝乳蛋白酶、弹性蛋白酶以及其他多种内肽酶和外肽酶,将多肽降解为寡肽和氨基酸。这些降解物由小肠黏膜吸收,经血液循环转运到其他组织。

二、氨基酸的脱氨基和脱羧基作用

氨基酸都含有氨基和羧基,因此,氨基酸的降解首先是脱氨基和脱羧基作用。这两者相比,脱氨基反应是主要的,它在机体许多组织中均可进行。

(一) 氨基酸的脱氨基作用

1. 转氨作用

大多数氨基酸通过转氨作用脱氨,即氨基酸脱下的氨基转移到一个 α-酮酸上,产生与原氨基酸相应的酮酸和一个新的氨基酸。在这个过程中,主要的氨基受体是 α-酮戊二酸。

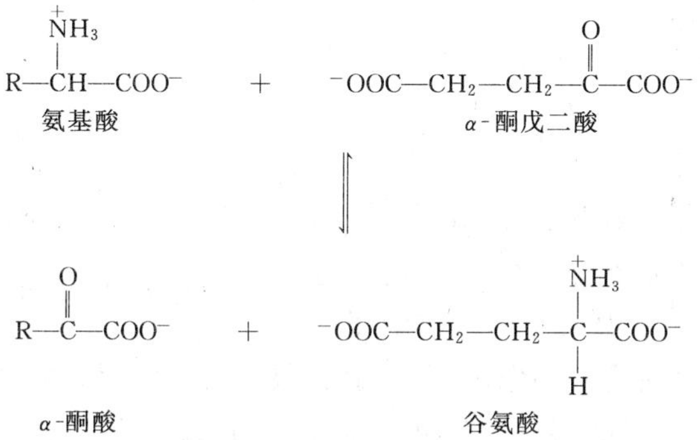

α-酮戊二酸接受氨基后所形成的谷氨酸,其氨基再经第二个转氨反应转移给草酰乙酸,产生天冬氨酸和 α-酮戊二酸。这里所形成的 α-酮戊二酸再进入下一轮转氨基反应。

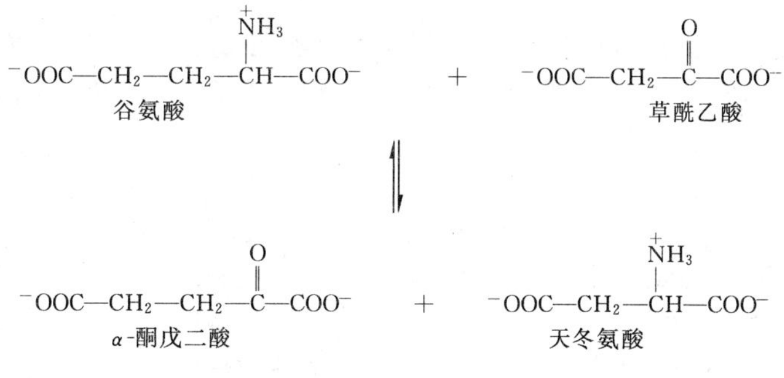

催化上述转氨反应的酶称为氨基转移酶(amino-transferase),或简称转氨酶(transaminase),它需要吡哆醛-5′-磷酸(PLP)作为辅酶参与反应。PLP 是吡哆醇(维生素 B_6)的衍生物,它接受了 1 个氨基之后转化为吡哆胺-5′-磷酸(PMP),见图 12-2。

图 12-2　辅酶吡哆醛-5′-磷酸和吡哆胺-5′-磷酸是由吡哆醇衍生形成的

氨基转移酶的反应机制属于双底物的酶促反应。

2. 氧化脱氨基作用

显然,转氨作用并不引起任何净脱氨。但是,谷氨酸可以被谷氨酸脱氢酶氧化脱氨(图 12-3),产生氨并再形成 α-酮戊二酸用于新的转氨反应。反应的流向可能由底物和产物的浓度控制。氨的浓度越高,毒性越强,因此,反应的平衡点在生理上至关重要,它的作用应是维持氨的低浓度。反应中产生的氨被转化为尿素排出。

谷氨酸脱氨酶是一种线粒体酶,也是唯一一种已知的,既可接受 NAD^+,也可接受 $NADP^+$ 作为其氧化还原辅酶的酶。氧化作用是从谷氨酸的 C_α 转移一个 H^+ 给 $NADP^+$,生成 α-亚氨基戊二酸,后者再水解生成 α-酮戊二酸和氨。

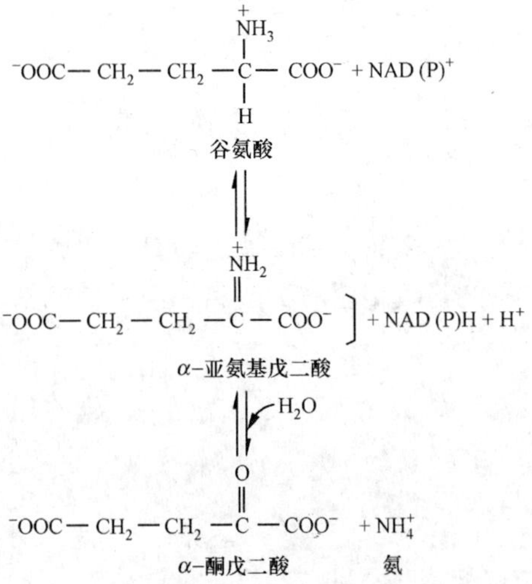

3. 联合脱氨基作用

嘌呤核苷酸的联合脱氨基作用(transdeamination)是生物体内主要的联合脱氨基作用,这一过程是,次黄嘌呤核苷酸和天冬氨酸作用形成中间产物腺苷酸代琥珀酸,后者在裂合酶的作用下,裂解成腺苷酸和延胡索酸,腺苷酸水解后产生次黄嘌呤核苷酸和游离的氨(图 12-4)。骨骼肌、心肌、肝脏以及脑组织的脱氨方式可能都是以嘌呤核苷酸循环为主。实验证明,脑组织中的氨有 50% 是经嘌呤核苷酸循环产生的。

图 12-3 谷氨酸的氧化脱氨基作用

（二）氨基酸的脱羧基作用

在生物机体内,氨基酸可以进行脱羧作用而生成相应的一级胺。脱羧酶(decarboxylase)催化这类反应,它的辅酶是磷酸吡哆醛(吡哆醛-5′-磷酸)。脱羧反应如下:

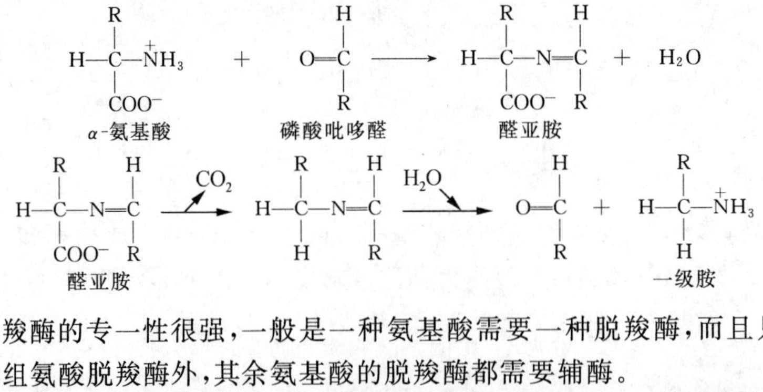

α-氨基酸 + 磷酸吡哆醛 → 醛亚胺 + H_2O

醛亚胺 → (CO_2) → → (H_2O) → + 一级胺

氨基酸脱羧酶的专一性很强,一般是一种氨基酸需要一种脱羧酶,而且只对 L-氨基酸起作用。除了组氨酸脱羧酶外,其余氨基酸的脱羧酶都需要辅酶。

氨基酸的脱羧反应普遍存在于微生物、高等动植物的组织中。氨基酸脱羧后生成的胺,有许多对机体具有重要的生理作用,但绝大多数胺类对动物有毒,需要胺氧化酶将其转变为其他物质。

三、尿素的形成

生物有机体分别通过 3 种方式排出氨基酸降解产生的氨:其一,许多水生动物简单地排

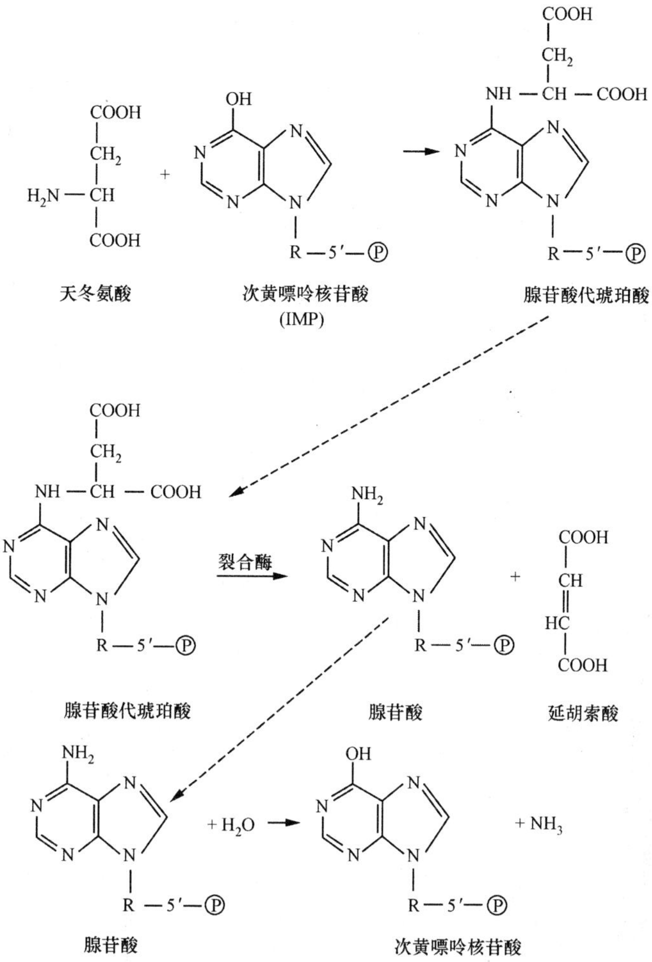

图 12-4　嘌呤核苷酸的联合脱氨基作用

出氨;其二,爬行动物、鸟类和许多昆虫,将过量的氨基酸氮合成嘌呤,再分解为尿酸排出;第三,大多数陆生脊椎动物则产生尿素排出。

　　这一节,集中讨论尿素的生成。尿素由尿素循环合成,此循环由相应的酶催化,在肝脏进行。1932 年,科学家提出尿素循环(urea cycle)代谢途径,它的总反应是:

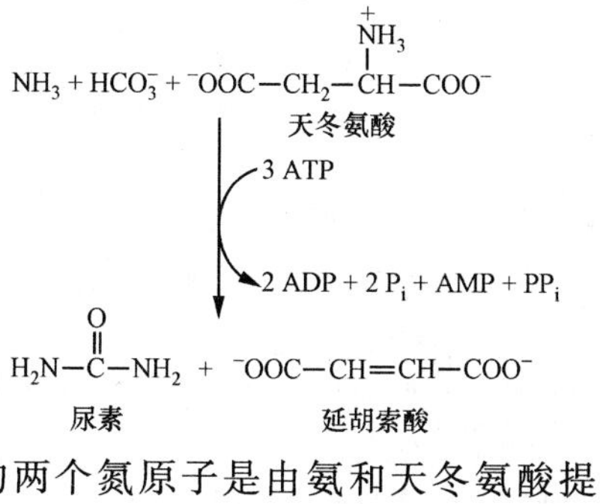

从这个总反应中可见,尿素的两个氮原子是由氨和天冬氨酸提供的,而其中的碳原子则来自 HCO_3^-。

（一）尿素循环中的各步反应

尿素循环包括五步酶促反应,其中两步发生在线粒体内,另三步则在细胞质中进行,见图 12-5。

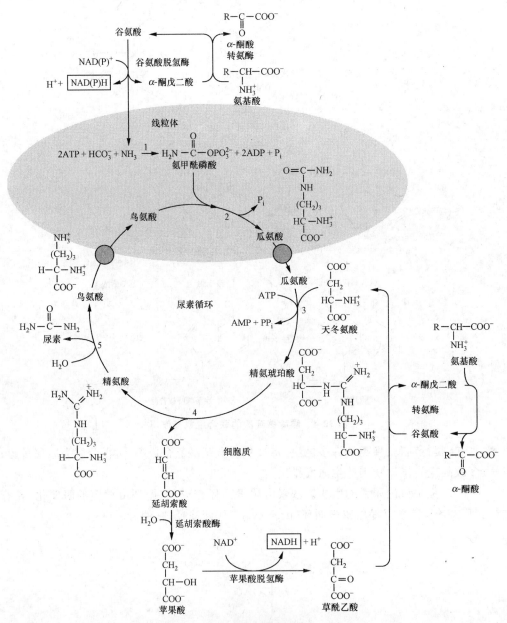

图 12-5 尿素循环

5 种酶参与了尿素循环:1. 氨甲酰磷酸合成酶;2. 鸟氨酸转氨甲酰酶;3. 精氨琥珀酸合成酶;4. 精氨琥珀酸酶;5. 精氨酸酶。酶 1 和 2 位于线粒体中,而酶 3~5 在细胞质中。因此鸟氨酸和瓜氨酸必须经由特定的转运系统跨越线粒体膜转运。尿素中的氨基来源于氨基酸的脱氨作用。一个氨基来自氨,是由谷氨酸脱氢酶反应(上部)产生的。另一个氨基是通过转氨作用(右边)从一种氨基酸转移给草酰乙酸的。草酰乙酸是从精氨琥珀酸酶反应的产物延胡索酸衍生而来的,这个反应与柠檬酸循环中的反应相似,但发生在细胞质中(底部)

（二）对尿素循环的说明

第一步反应,由氨甲酰磷酸合成酶(CPS)催化生成氨甲酰磷酸。在真核生物中,氨甲酰磷酸合成酶有两种形式,位于线粒体中的为 CPS I,参与尿素的生物合成,而细胞质中的则是 CPS II,它在嘧啶的生物合成中起作用。

这步反应,伴随有两分子 ATP 的水解。

第二步反应,鸟氨酸转氨甲酰酶催化,将氨甲酰磷酸的氨甲酰基转移给鸟氨酸,生成瓜氨酸。这里的鸟氨酸和瓜氨酸都不参与蛋白质的组成。这步反应在线粒体中进行,因此,在细胞质中产生的鸟氨酸必须通过一个特定的转运系统的帮助,才能进入线粒体。同样,由于尿素循环的以后几步皆在细胞质中进行,因此,产生的瓜氨酸也必须由特定的转运系统送出线粒体。

第三步反应,由精氨琥珀酸合成酶催化,将瓜氨酸的脲基与天冬氨酸的氨基缩合,生成精氨琥珀酸。反应中生成的 PP_i 被水解为 2 分子 P_i,因此,这步反应相当于消耗了 2 分子 ATP。

第四步反应,由精氨琥珀酸酶催化,移去精氨琥珀酸中的延胡索酸,留下精氨酸。精氨酸是尿素形成的直接前体。

第五步反应,由精氨酸酶催化精氨酸的水解,形成尿素,并再生鸟氨酸。之后,鸟氨酸重新回到线粒体,准备进行下一轮循环。在整个尿素循环中,使用了 4 个高能磷酸键。但是,从图 12-5 中可看到,在谷氨酸脱氢酶催化下,由谷氨酸释放氨的反应中,伴随着 NAD(P)H 的形成;在延胡索酸经草酰乙酸转化为天冬氨酸的过程中,也伴随有 NADH 的生成。在线粒体中,NAD(P)H 的再氧化可产生 $2.5×2＝5$ 分子 ATP。

（三）尿素循环的调控

尿素循环关键性的第一步反应,由氨甲酰磷酸合成酶 I 催化,该酶被 N-乙酰谷氨酸别构激活。这个代谢物,由 N-乙酰谷氨酸合酶催化,使底物谷氨酸与乙酰-CoA 相互作用而合成。

在肝脏中,尿素生成的速度与 N-乙酰谷氨酸合酶的浓度直接相关。当体内氨基酸降解速度加快,产生过量的、又必须排出的氮时,尿素合成会更迅速。氨基酸降解速度加快的信号,又使转氨作用加速,从而引起谷氨酸浓度升高,随之使 N-乙酰谷氨酸的合成加速。后者浓度上升,更有效地变构激活氨甲酰磷酸合成酶,以致加强整个尿素循环。

尿素循环中的其余几种酶,则受其底物浓度的调控。除精氨酸酶外的 3 种酶,如果某一种出现遗传缺陷,相应的底物就会积累。缺陷酶的底物浓度增加时,使由于酶缺陷受影响的反应速度恢复正常。缺陷酶是指比正常含量低的酶,它并没有完全缺失。酶缺陷虽不影响尿素的生成速度,但底物的异常积累会促使循环向着氨生成的方向转移,导致高血氨症,即血液中氨的水平上升。虽然,目前对氨毒性的根本原因尚未完全了解,但是,大脑对高的氨浓度最为敏感则是肯定的。尿素循环酶缺陷病的症状,表现为智力迟钝、嗜睡和不时呕吐。如果循环中任何一种酶完全丧失,生命则可能被危及,例如,会导致初生儿的昏迷和死亡。

四、氨基酸碳骨架的降解途径

在脊椎动物体内,20 种"标准"氨基酸的碳骨架(carbon sheleton),其降解产生的化合物可通过柠檬酸循环进一步代谢为 CO_2 和 H_2O。但,当氨基酸脱羧形成胺类物质后,就失去了进入柠檬酸循环的可能。实际上,氨基酸氧化降解产生的能量可占到动物通过代谢所产生能量的 $10\%\sim15\%$。脊椎动物的分解代谢主要在肝脏中进行,肾脏也比较活跃,但在肌肉中氨基酸的分解是很少的。

(一) 生糖氨基酸和生酮氨基酸

在机体内,20 种"标准"氨基酸被降解为 7 种代谢中间物中的一种:丙酮酸、α-酮戊二酸、琥珀酰-CoA、延胡索酸、草酰乙酸、乙酰-CoA 或乙酰乙酸(图 12-6)。这些中间物与糖代谢及脂代谢有密切联系,在一定条件下,它们之间可以相互转化。"标准"氨基酸由 20 种不同的多酶体系进行氧化分解,因此,根据其分解代谢途径的差异,可将氨基酸分为生糖氨基酸和生酮氨基酸。

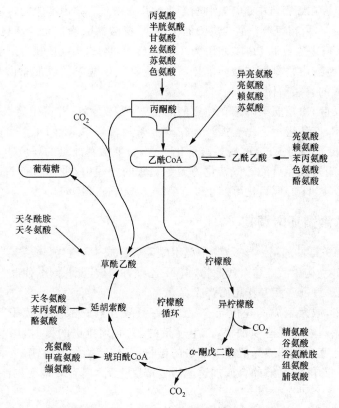

图 12-6　氨基酸被降解为 7 种常见的分解代谢中间产物之一

生糖氨基酸　被降解为丙酮酸、α-酮戊二酸、琥珀酰-CoA、延胡索酸或草酰乙酸等中间产物的氨基酸,称为生糖氨基酸,因为这些中间产物可作为生成葡萄糖的前体。所有非必需氨基酸都是生糖氨基酸。

生酮氨基酸　被降解为乙酰-CoA 或乙酰乙酸的氨基酸称为生酮氨基酸,因为这两种降解产物可转化为脂肪酸或酮体。

单纯生酮的氨基酸是亮氨酸,但是,有些氨基酸,如苯丙氨酸和酪氨酸,既可生糖又可生酮,因此,称为生糖和生酮氨基酸。

还有一些氨基酸,如丙氨酸、丝氨酸和半胱氨酸,它们降解的直接中间物是丙酮酸,应归属生糖氨基酸,但是,丙酮酸也可通过形成乙酰-CoA 后进一步形成乙酰乙酸。从乙酰乙酸这个间接中间产物看,这三种氨基酸又可归属为生酮氨基酸。因此,生糖氨基酸和生酮氨基酸的界线不是非常严格。

下面,将氨基酸按它们降解为上述代谢物之一,分述 7 种代谢途径。

(二) 5 种氨基酸降解为丙酮酸

丙氨酸、半胱氨酸、甘氨酸、丝氨酸和苏氨酸,被降解产生丙酮酸,见图 12-7。

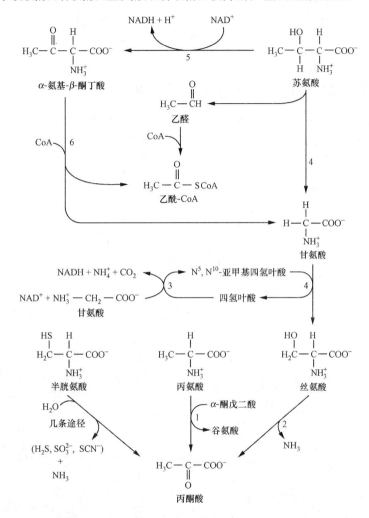

图 12-7　丙氨酸、半胱氨酸、甘氨酸、丝氨酸和苏氨酸转化为丙酮酸的途径

涉及的酶是 1. 丙氨酸氨基转移酶;2. 丝氨酸脱水酶;3. 甘氨酸裂解体系;4. 丝氨酸羟甲基转移酶;5. 苏氨酸脱氢酶;6. α-氨基-β-酮丁酸裂解酶

(三) 天冬氨酸和天冬酰胺被降解为草酰乙酸

天冬氨酸转氨后直接生成草酰乙酸:

天冬酰胺被 L-天冬酰胺酶水解为天冬氨酸后,也可以同样的方式转变为草酰乙酸:

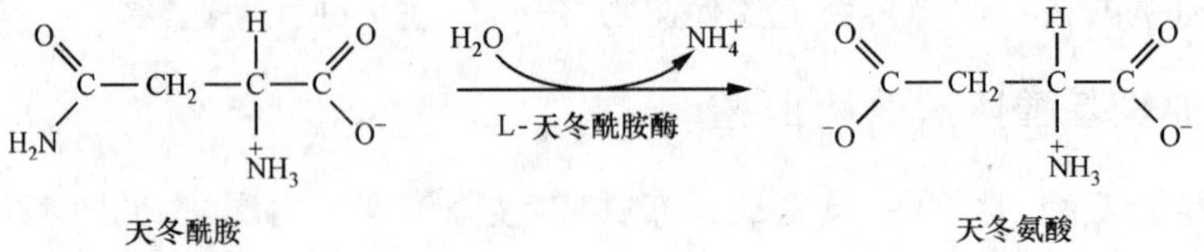

急性淋巴母细胞白血病的癌细胞必须从血液中获得天冬酰胺才能生存,L-天冬酰胺酶将底物转变为天冬氨酸,可以阻断这种癌细胞的天冬酰胺来源,所以,L-天冬酰胺酶是这种癌症有效的化疗试剂。

(四) 五碳家族的氨基酸转变为 α-酮戊二酸

精氨酸、谷氨酰胺、组氨酸和脯氨酸都可转化为谷氨酸,然后,由谷氨酸脱氢酶氧化为 α-酮戊二酸(图 12-8)。这 5 种氨基酸属五碳家族的氨基酸。

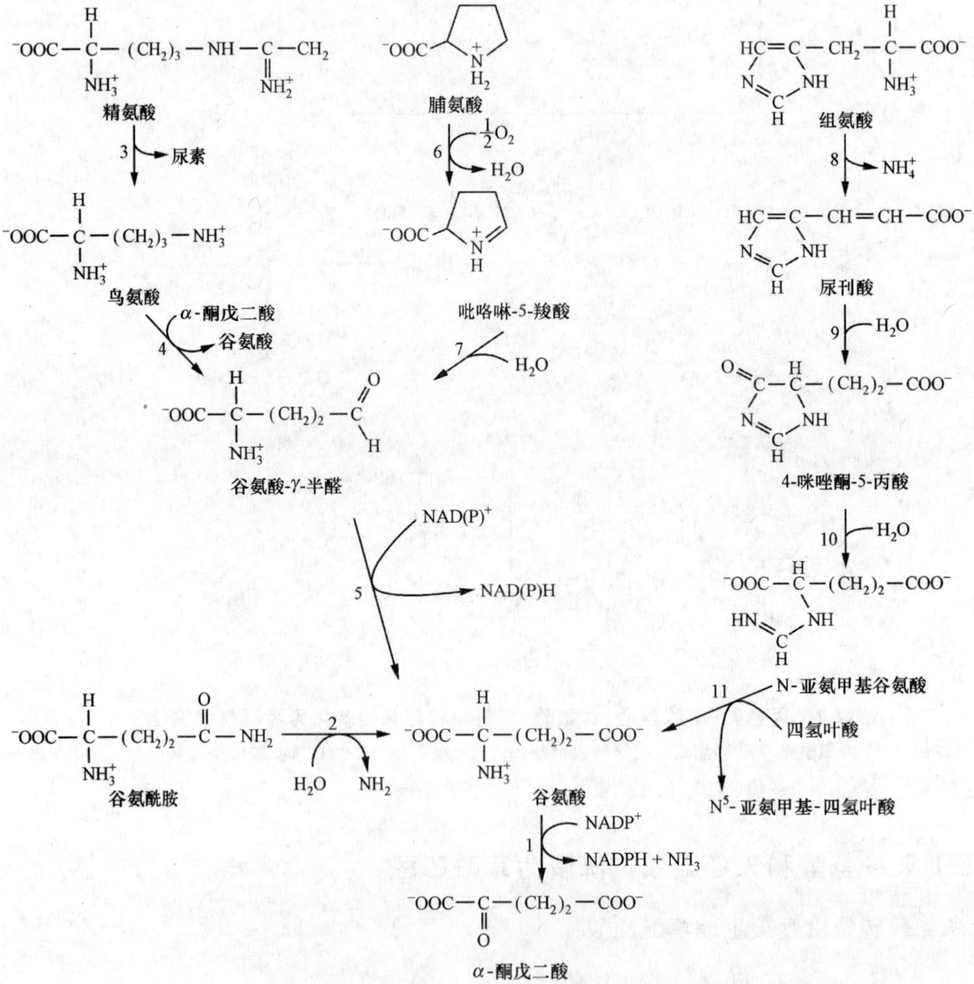

图 12-8 精氨酸、谷氨酸、谷氨酰胺、组氨酸和脯氨酸降解为 α-酮戊二酸

催化反应的酶是 1. 谷氨酸脱氢酶;2. 谷氨酰胺酶;3. 精氨酸酶;4. 鸟氨酸-δ-氨基转移酶;5. 谷氨酸-γ-半醛脱氢酶;6. 脯氨酸氧化酶;7. 自发进行;8. 组氨酸氨裂解酶;9. 尿刊酸水合酶;10. 咪唑酮丙酸酶;11. 谷氨酸亚氨甲基转移酶

（五）琥珀酰 - CoA 是 3 种氨基酸进入柠檬酸循环的入口

异亮氨酸、甲硫氨酸和缬氨酸都有复杂的降解途径（图 12-9），丙酰 - CoA 是它们降解的共同中间物。这个中间物再通过需要生物素和辅酶 VB_{12} 的反应，转变为琥珀酰 - CoA。因此，琥珀酰 - CoA 成为这 3 种氨基酸进入柠檬酸循环的入口。

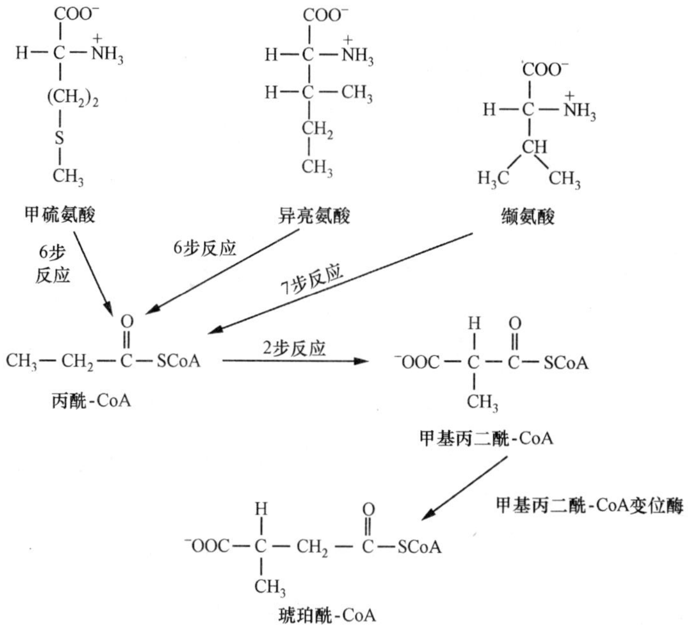

图 12-9 甲硫氨酸、异亮氨酸、缬氨酸转变为琥珀酰 - CoA 的途径

（六）亮氨酸和赖氨酸降解产生乙酰乙酸和乙酰-CoA

亮氨酸降解途径概括于图 12-10。

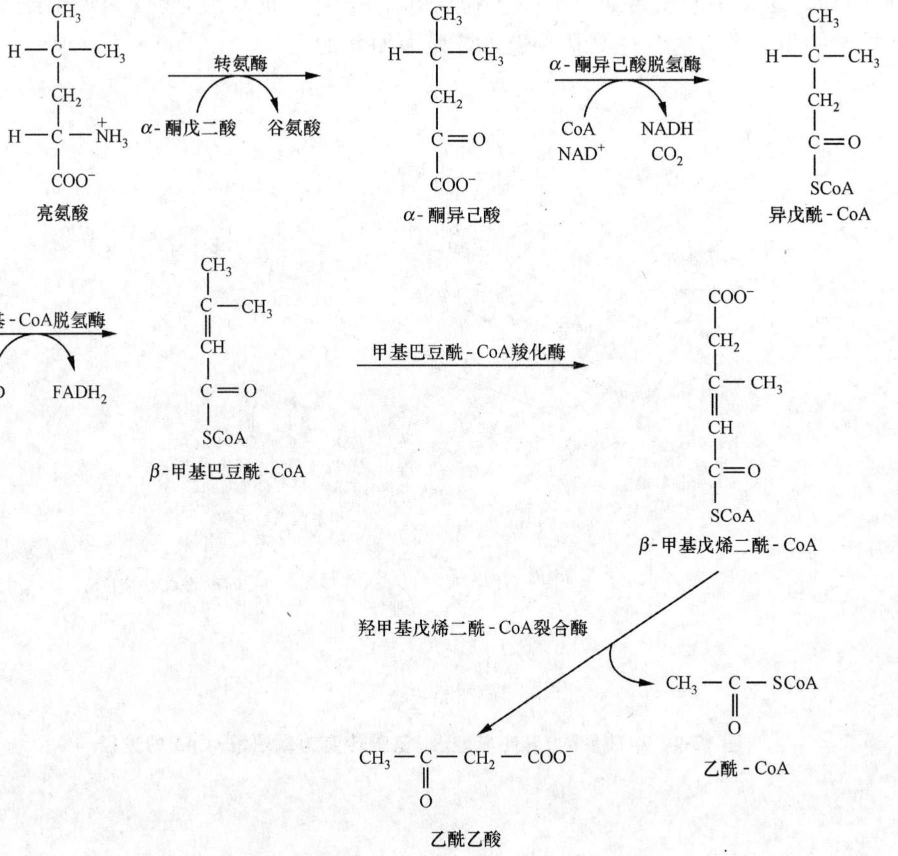

图 12-10　亮氨酸转变为乙酰-CoA 和乙酰乙酸途径

哺乳动物肝脏中赖氨酸的降解途径见图 12-11。图注中的缩写 HMG-CoA 代表 β-羟基-β-甲基戊二酸单酰辅酶 A。

在这条途径中，催化反应 1 的酵母氨酸脱氢酶若有基因缺陷，会导致在血液和尿液中赖氨酸浓度升高，造成高赖氨酸血症和高赖氨酸尿症。患者智力迟钝，体力下降。

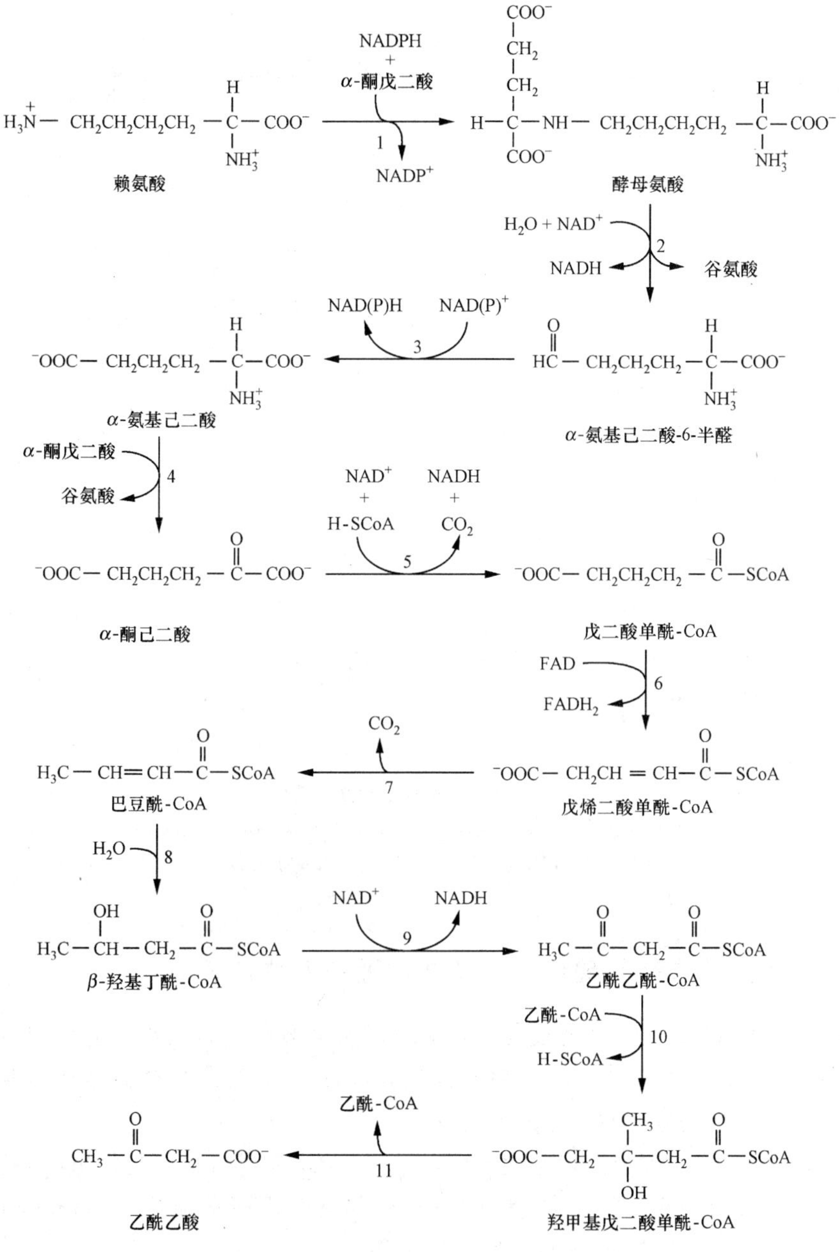

图 12-11　哺乳动物肝脏中赖氨酸的降解途径

涉及的酶：1. 酵母氨酸脱氢酶（NADP⁺，赖氨酸型）；2. 酵母氨酸脱氢酶（NAD⁺，谷氨酸型）；3. 氨基己二酸-半醛脱氢酶；4. 氨基己二酸氨基转移酶（依赖于 PLP 的酶）；5. α-酮酸脱氢酶；6. 戊二酸单酰-CoA 脱氢酶；7. 脱羧酶；8. 烯脂酰-CoA 水合酶；9. β-羟基脂酰-CoA 脱氢酶；10. HMG-CoA 合成酶；11. HMG-CoA 裂解酶

（七）色氨酸降解为丙氨酸和乙酰乙酸

色氨酸的降解途径十分复杂，这里不能列出其所有反应，只给出途径的概貌（图 12-12）。

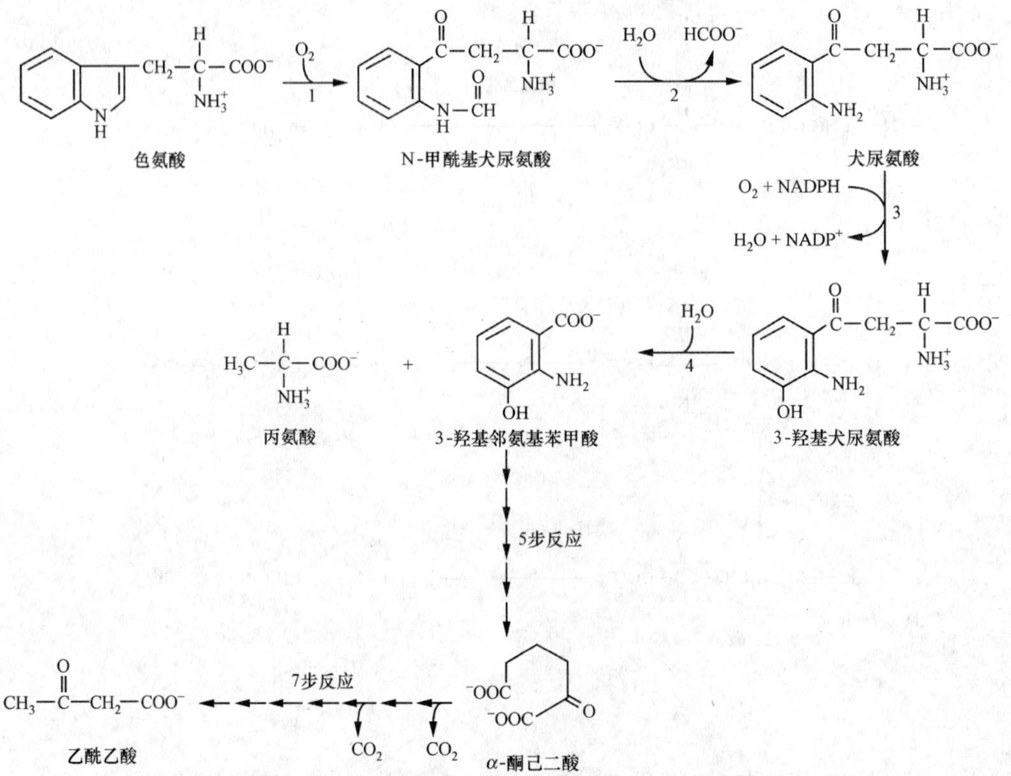

图 12-12 色氨酸降解途径

所示酶促反应由下列酶催化:1. 色氨酸-2,3-二氧酶;2. 甲酰胺酶;3. 犬尿氨酸-3-单氧酶;4. 犬尿氨酸酶(一个依赖于 PLP 的酶)。5 步反应将 3-羟基邻氨基苯甲酸转化为 α-酮己二酸,后者经 7 步反应转化为乙酰-CoA 和乙酸乙酯(参看图 12-11 中反应 5~11)

(八) 苯丙氨酸和酪氨酸降解为延胡索酸和乙酰乙酸

苯丙氨酸降解的第一步,是通过羟化反应生成酪氨酸,因此,这两种氨基酸的降解由同一条途径完成(图 12-13)。在这条途径中,经过 6 步反应,降解的终产物是延胡索酸和乙酰乙酸,其中,延胡索酸是柠檬酸循环的中间物。

值得注意的是,在苯丙氨酸代谢途径中,由于先天缺少苯丙氨酸羟化酶,不能使苯丙氨酸羟化,因而导致血液中苯丙氨酸浓度升高,引起高苯丙氨酸血症(hyperphenylalaninemia)。过量的苯丙氨酸通过转氨作用生成苯丙酮酸:

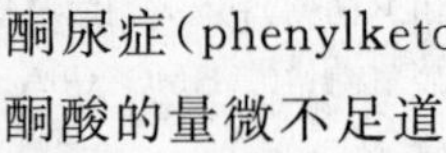

苯丙酮酸"溢出"到尿液中,形成苯丙酮尿症(phenylketonuria,PKU),这是人类的一种遗传性代谢缺陷病。在正常人体内,苯丙酮酸的量微不足道。若苯丙酮尿症患者在童年时期未获得及早治疗,过量的苯丙酮尿会导致神经系统不可逆的损伤,则表现为智力低下,30 岁前死亡。治疗措施是给病人提供低苯丙氨酸食物。

尿黑酸症,是酪氨酸代谢中缺乏尿黑酸二加氧酶引起。这种病人尿中含有尿黑酸,在碱性条件下暴露于空气时,即被氧迅速氧化,聚合成类似黑色素的物质而使尿液呈黑色,因此称为尿黑酸症(alkaptonuria)。这种病人的结缔组织有不正常的色素沉积,晚年引起关节炎。

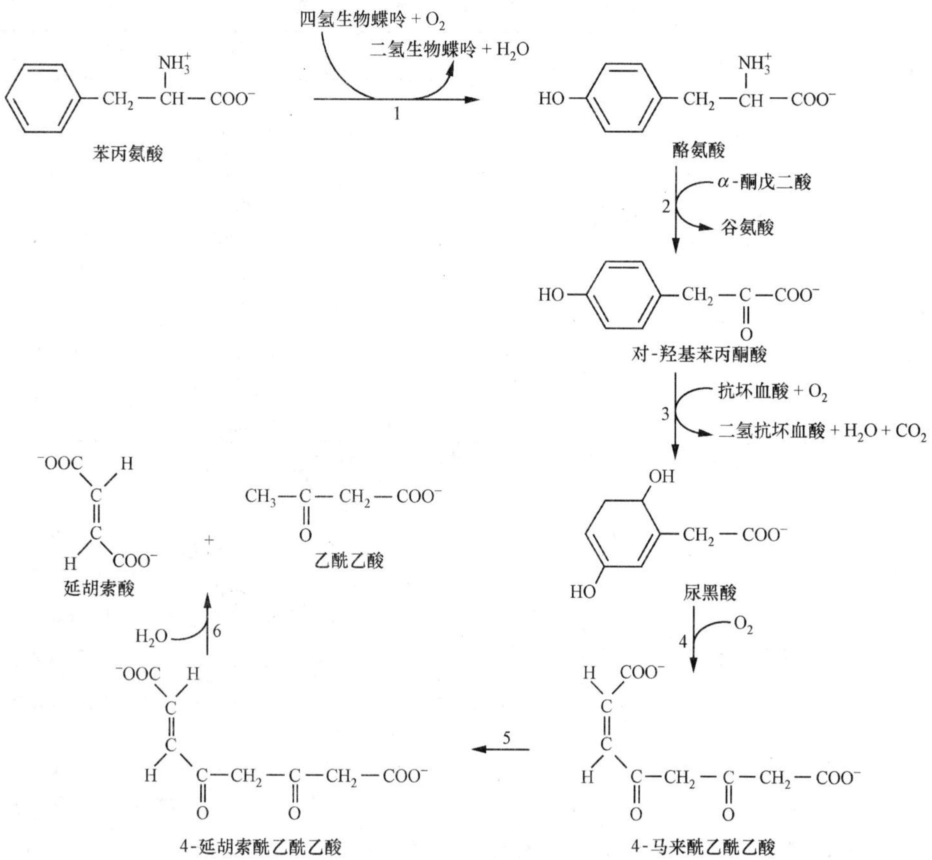

图 12-13 苯丙氨酸的降解途径

涉及的酶:1. 苯丙氨酸羟化酶;2. 氨基转移酶;3. 对-羟基苯丙酮酸二氧酶;4. 尿黑酸二氧酶;5. 马来酰乙酰乙酸异构酶;6. 延胡索酰乙酰乙酸酶

五、氨基酸的生物合成

不同生物合成氨基酸的种类不完全相同,植物和部分微生物存在 20 种"标准"氨基酸的合成途径,而人和其他哺乳动物只存在部分氨基酸合成途径。凡是人体自身可以合成的氨基酸称为非必需氨基酸,而人体自身不能合成,必须从食物中摄取的氨基酸,则称为必需氨基酸。人体必需氨基酸和非必需氨基酸列于表 12-2。

不同种属的生物,其糖和脂类化合物的基本代谢途径是类似的,但,它们中的氨基酸合成途径却差异很大。

(一)哺乳动物体内合成的氨基酸

1. 丙氨酸、天冬氨酸、谷氨酸、天冬酰胺和谷氨酰胺的合成

丙酮酸、草酰乙酸和 α-酮戊二酸是分别对应于丙氨酸、天冬氨酸和谷氨酸的 α-酮酸。这 3 种氨基酸的合成,都是由一步转氨反应来完成的。天冬酰胺和谷氨酰胺则是分别从两种相应的氨基酸,通过依赖于 ATP 的酰胺化反应来合成(图 12-14)。

表 12-2 人的必需和非必需氨基酸

必 需	非必需
精氨酸 *	丙氨酸
组氨酸	天冬酰胺
异亮氨酸	天冬氨酸
亮氨酸	半胱氨酸
赖氨酸	谷氨酸
甲硫氨酸	谷氨酰胺
苯丙氨酸	甘氨酸
苏氨酸	脯氨酸
色氨酸	丝氨酸
缬氨酸	酪氨酸

* 虽然哺乳动物可以合成精氨酸,但是其中的大部分被裂解形成尿素。

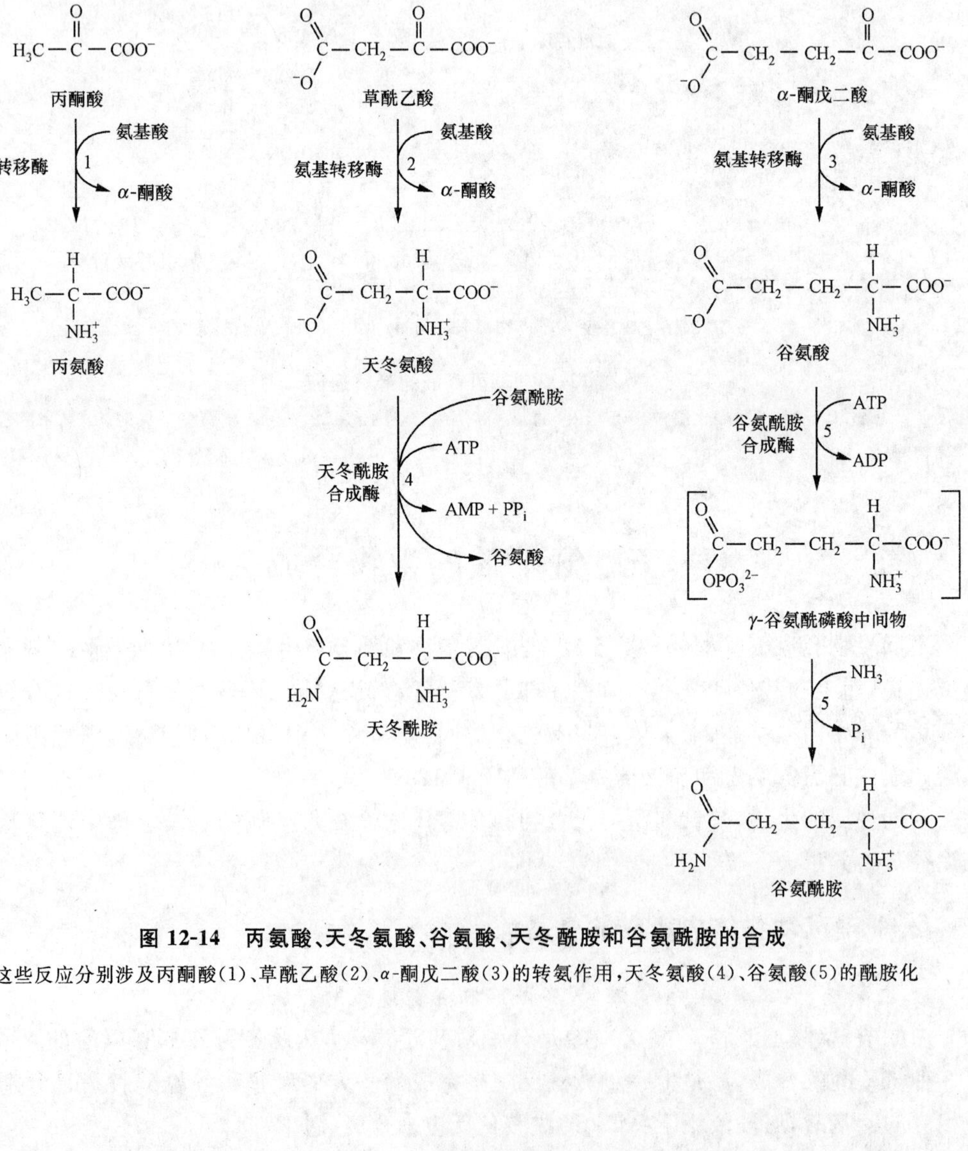

图 12-14 丙氨酸、天冬氨酸、谷氨酸、天冬酰胺和谷氨酰胺的合成

这些反应分别涉及丙酮酸(1)、草酰乙酸(2)、α-酮戊二酸(3)的转氨作用,天冬氨酸(4)、谷氨酸(5)的酰胺化

2. 谷氨酸是精氨酸、鸟氨酸和脯氨酸的前体

精氨酸、鸟氨酸和脯氨酸属谷氨酸家族的氨基酸,其中的鸟氨酸不在 20 种"标准"氨基酸范围内。虽然,人体可以通过尿素循环合成精氨酸,但是,远不能满足儿童正常生长发育时期的需要,因此,精氨酸还是归类为必需氨基酸。谷氨酸转化为精氨酸、鸟氨酸和脯氨酸的反应过程见图 12-15。

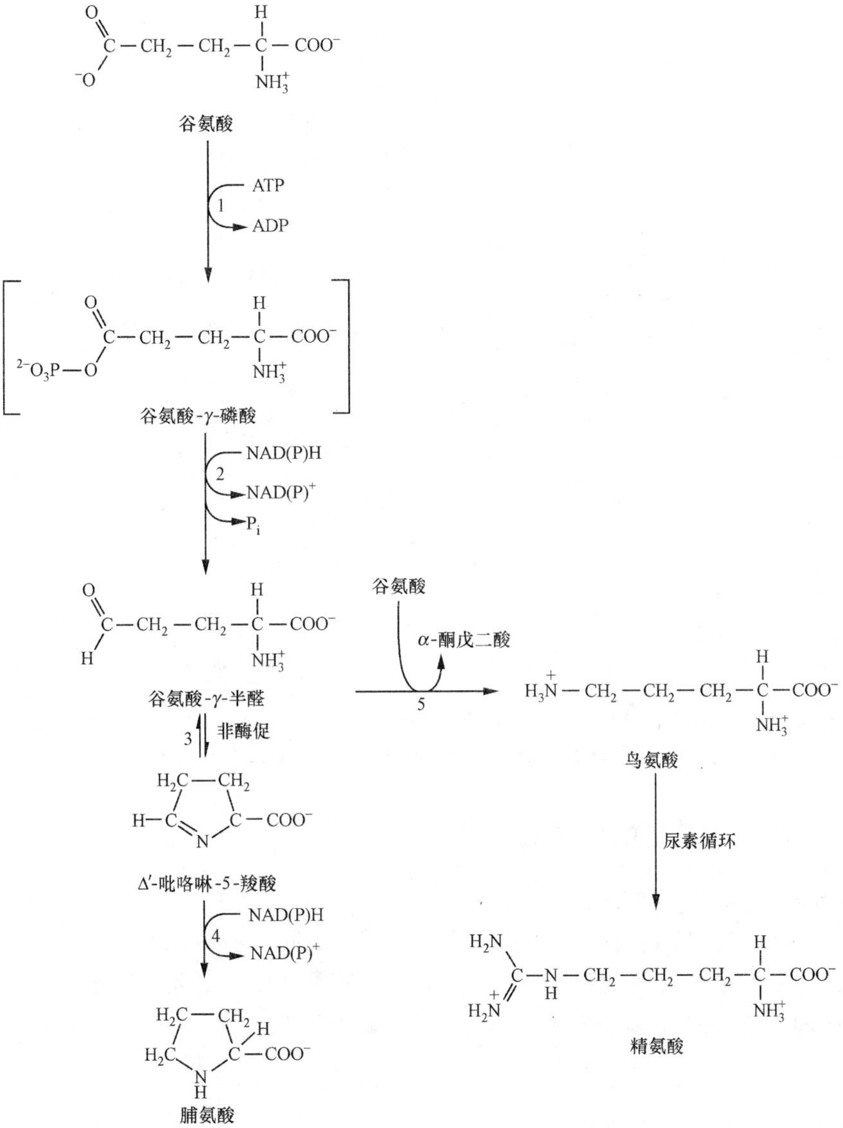

图 12-15　谷氨酸家族氨基酸:精氨酸、鸟氨酸和脯氨酸的生物合成

脯氨酸生物合成的催化剂是:(1) γ-谷氨酰激酶;(2) 脱氢酶;(3) 非酶促反应;(4) 吡咯啉-5-羧酸还原酶。在哺乳动物中,鸟氨酸是由鸟氨酸-δ-氨基转移酶(5)作用,从谷氨酸-γ-半醛产生的。鸟氨酸通过尿素循环转化为精氨酸

3. 丝氨酸、半胱氨酸和甘氨酸的合成途径

这 3 种氨基酸的合成途径表示在图 12-16 中。由图可见,3 种氨基酸都从 3-磷酸甘油酸衍生而来。衍生过程包括 3 步反应,所涉及的酶分别是 3-磷酸甘油酸脱氢酶,依赖于 PLP 的氨基移换酶和磷酸丝氨酸磷酸酶。丝氨酸转羟甲基酶催化丝氨酸转化为甘氨酸。由丝氨酸生成半胱氨酸的两步反应分别由胱硫醚-β-合成酶和胱硫醚-γ-裂解酶催化。

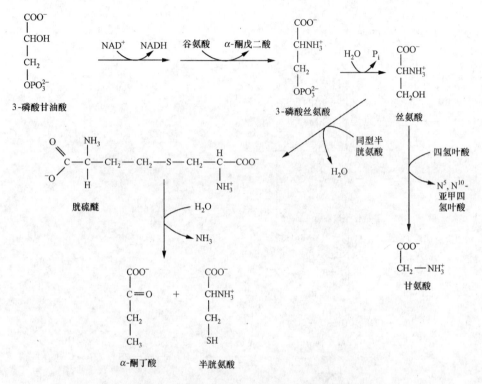

图 12-16 由 3-磷酸甘油酸合成丝氨酸、甘氨酸和半胱氨酸

(二) 人体必需氨基酸的合成

1. 赖氨酸、甲硫氨酸和苏氨酸的合成

在细菌中,天冬氨酸是赖氨酸、甲硫氨酸和苏氨酸的共同前体,见图 12-17。这几种氨基酸称为天冬氨酸家族的氨基酸,它们的生物合成,都是从由天冬氨酸激酶催化天冬氨酸磷酸化所生成的天冬氨酰-β-磷酸开始的。3 条分支途径分别完成它们的全合成。

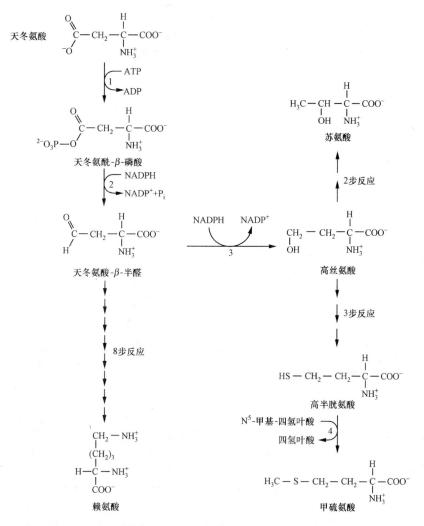

图 12-17　天冬氨酸家族氨基酸：赖氨酸、甲硫氨酸和苏氨酸的生物合成

途径中涉及的酶：1. 天冬氨酸激酶；2. 天冬氨酸-β-半醛脱氢酶；3. 高丝氨酸脱氢酶；4. 甲硫氨酸合酶（一种依赖于辅酶 B_{12} 的酶）

2. 亮氨酸、异亮氨酸和缬氨酸的合成

亮氨酸、异亮氨酸和缬氨酸的合成途径，都以丙酮酸作为起始反应物（图 12-18）。从图中可见，缬氨酸合成途径的分支，形成亮氨酸合成途径。

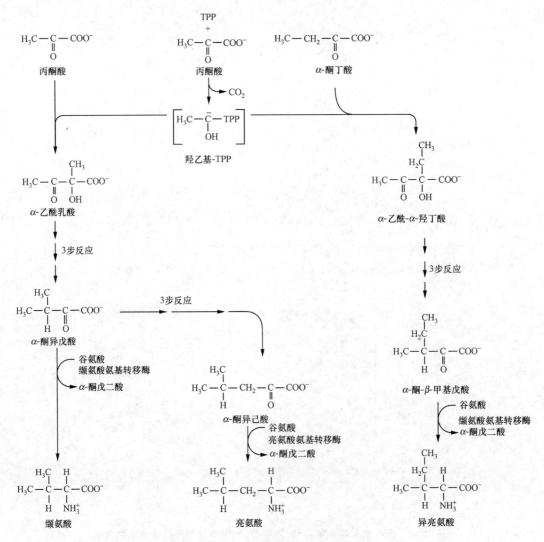

图 12-18　丙酮酸家族氨基酸：异亮氨酸、亮氨酸和缬氨酸的生物合成

　　第一个酶是乙酰乳酸合成酶（一种 TPP 酶），它催化两个反应：一个反应引向缬氨酸和亮氨酸，另一个反应引向异亮氨酸。注意，缬氨酸氨基转移酶也可以分别从相应的 α-酮酸合成缬氨酸和异亮氨酸

3. 苯丙氨酸、酪氨酸和色氨酸的合成

　　苯丙氨酸、酪氨酸和色氨酸称为芳香族氨基酸，它们的共同前体是磷酸烯醇式丙酮酸（糖酵解的中间产物）和赤藓糖-4-磷酸（磷酸戊糖代谢途径的中间物）。两种前体缩合形成 2-酮-3-脱氧-D-阿拉伯庚酮糖酸-7-磷酸，再由这个化合物经过 6 步反应生成分支酸。分支酸处在分支点的位置，由它进一步反应形成 3 种氨基酸，合成途径见图 12-19。

　　虽然，哺乳动物可以通过苯丙氨酸的羟化作用合成酪氨酸，但是，正如图 12-19 中所表示，许多微生物直接从预苯酸合成酪氨酸。色氨酸合成的最后两步反应均由色氨酸合酶催化完成。该酶由两个 α 亚基和两个 β 亚基组成（α₂β₂），属于双功能酶，α 亚基催化吲哚-3-甘油磷酸裂解，产生吲哚和甘油醛-3-磷酸；而 β 亚基则催化一个依赖于 PLP（磷酸吡哆醛）的反应，将吲哚与丝氨酸相连，生成色氨酸。

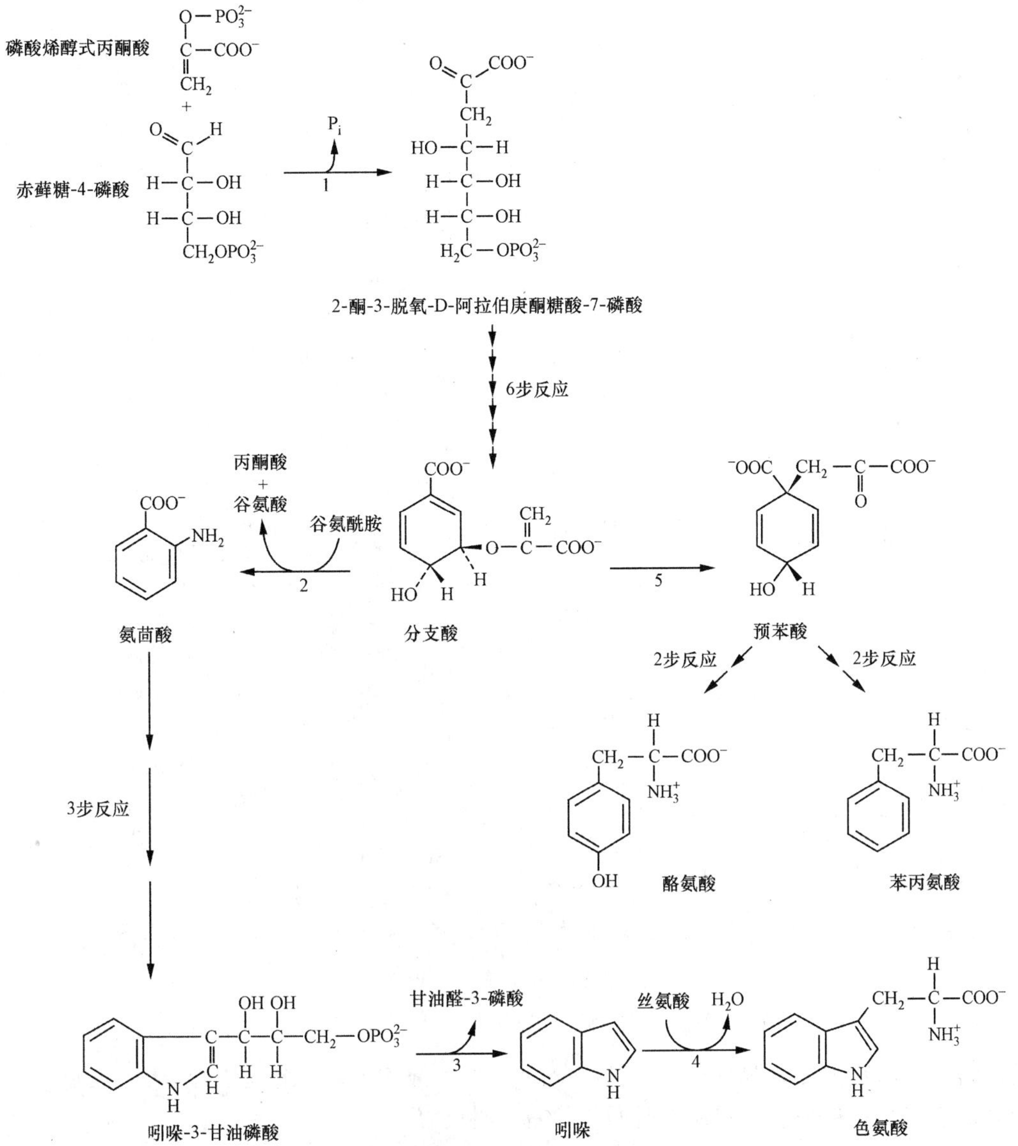

图 12-19 苯丙氨酸、色氨酸和酪氨酸的生物合成

涉及的酶：1. 2-酮-3-脱氧-D-阿拉伯庚酮糖酸-7-磷酸合成酶；2. 氨茴酸合酶；3. 色氨酸合酶，α 亚基；4. 色氨酸合酶，β 亚基（一种依赖于 PLP 的酶）；5. 分支酸变位酶

4. 组氨酸的合成

组氨酸分子结构有 6 个碳原子，其中 5 个来自 5-磷酸核糖-α-焦磷酸，第 6 个碳原子则来自 ATP，它的合成途径见图 12-20。

六、氨基酸生物合成的调节

氨基酸的生物合成受到严格的调控，不同氨基酸合成的调控机制不同，甚至同一氨基酸在不同机体中的合成，其调控机制也不同。氨基酸生物合成，主要有两种调节方式。其一，是酶活性的调节，即产物对氨基酸合成途径中的限速酶进行别构调节，这种调节方式快速灵

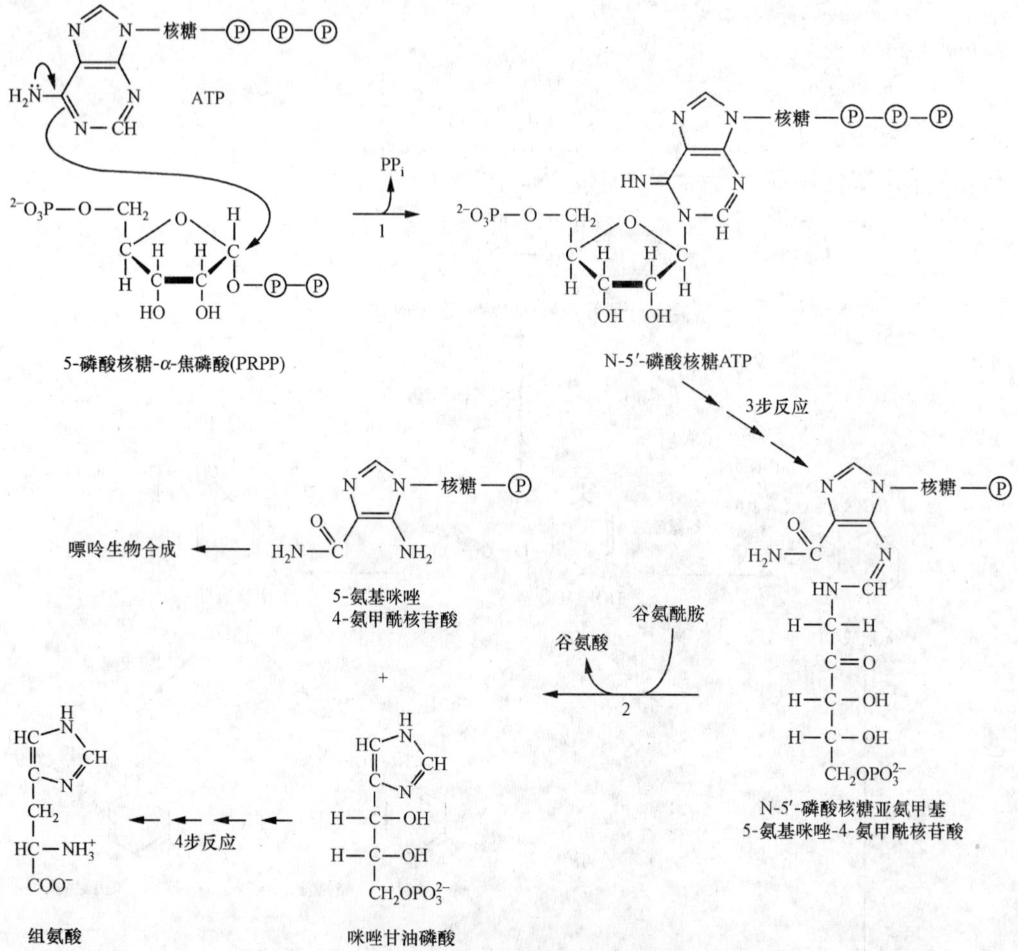

5-磷酸核糖-α-焦磷酸(PRPP)

ATP

PP$_i$

N-5′-磷酸核糖ATP

3步反应

嘌呤生物合成

5-氨基咪唑
4-氨甲酰核苷酸

谷氨酸　谷氨酰胺

2

N-5′-磷酸核糖亚氨甲基
5-氨基咪唑-4-氨甲酰核苷酸

4步反应

组氨酸

咪唑甘油磷酸

图 12-20　组氨酸的生物合成

涉及的酶:1. ATP 磷酸核糖转移酶;2. 谷氨酰胺氨基转移酶

敏,而且有效,称为反馈调节;其二,是在基因水平上调节有关酶的生成量,从而控制氨基酸的合成速度。这种调节方式需要时间较长,称为慢反应。

(一) 反馈调节的几种形式

反馈调节(feedback regulation),常常是通过终端产物对氨基酸生物合成的抑制,也称反馈抑制。

1. 单向途径终端产物的反馈抑制

这种抑制可用下式表示:

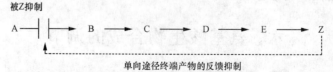

单向途径终端产物的反馈抑制

当终产物已过量时,它返回抑制合成途径第一步限速酶的活性。由苏氨酸合成异亮氨酸,后者即是第一步苏氨酸脱氢酶的反馈抑制物,见图 12-21。

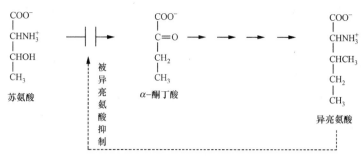

图 12-21　苏氨酸合成异亮氨酸时的反馈抑制

2. 顺序反馈抑制

顺序反馈抑制表示在图 12-22 中。由图可见,在分支途径中,当产物 Y 过量时,它抑制 C →D 的反应,当 Z 过量时,它抑制 C →F 的反应,这样,C 就会积累,过量的 C 又抑制 A →B 的反应。枯草杆菌中芳香族氨基酸的生物合成属这种调节类型。

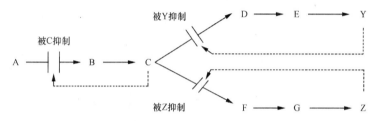

图 12-22　顺序反馈抑制

3. 酶的多重性抑制

酶多重性抑制的模式见图 12-23。这种调节方式多出现在分支途径中,而且,被调节的限速步骤往往由两个以上的同工酶来催化。图 12-23 中所表示的 A 形成 B 是由两个同工酶分别催化合成的,它们各自受不同分支产物的特殊控制。两个分支终产物又分别抑制途径分支后第一个产物 D 和 F 的形成。在大肠杆菌中,由赤藓糖-4-磷酸和磷酸烯醇式丙酮酸合成 3 种芳香族氨基酸(苯丙氨酸、色氨酸和酪氨酸)的途径(图 12-24)就属于这类反馈调节。

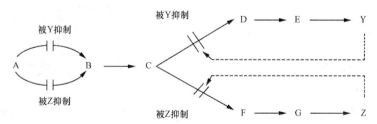

图 12-23　酶的多重性抑制

4. 协同反馈抑制

协同反馈抑制的模式用图 12-25 来表示。当终产物 Y 过量时,抑制 C →D 的转变;当终产物 Z 过量时,抑制 C →F 的转变;只有当 Y 和 Z 同时过量时,才共同抑制途径的第一步反应。天冬氨酰激酶被终产物苏氨酸和赖氨酸抑制,这是协同反馈抑制的实例(图 12-26)。图中所列由天冬氨酸生成赖氨酸、甲硫氨酸和异亮氨酸的过程,也出现其他各种抑制类型。

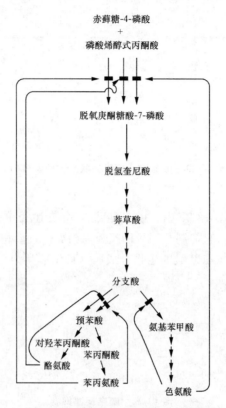

图 12-24　苯丙氨酸、色氨酸、酪氨酸合成的连续产物抑制

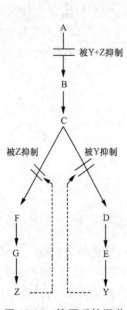

图 12-25　协同反馈调节

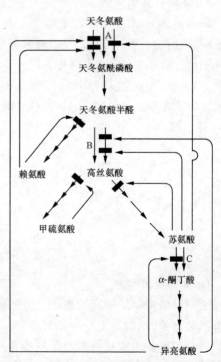

图 12-26　赖氨酸、甲硫氨酸、异亮氨酸合成的
连续产物抑制

在氨基酸的生物合成中,上述各种调节类型固然重要,但不都是受终产物的反馈抑制,如丙氨酸、天冬氨酸和谷氨酸是依靠与其相应的酮酸相互转变来维持平衡的。

(二) 由酶生成量的调节

氨基酸的生物合成,还可通过调节酶的生成量来调控。酶生成量的调控,主要是通过对有关酶编码基因活性的调节来实现。当某种氨基酸的合成能提供超过需要量时,则该合成途径酶的编码基因即受到抑制;而当合成产物氨基酸的浓度下降时,相关酶的编码基因则解除抑制,从而提高其表达量。

在前述图 12-26 中标号为 A、B、C 的三种酶不是别构酶,而是阻遏酶(repressible enzyme)。阻遏酶对氨基酸合成的调控,靠细胞对其合成速度的调节来实现。阻遏酶的合成速度,受阻遏时则慢,去阻遏时则快。当甲硫氨酸的量充足时,阻遏酶 A 和 B(也是同工酶)都受到阻遏,而当其量不足时,阻遏酶 A 和 B 则处在去阻遏状态。对阻遏酶 C 来说,情况与此类似。

因为在蛋白质生物合成时,20 种氨基酸都需要以准确的比例提供需要,因此,生物机体不仅有个别氨基酸合成的调节机制,而且,还有使各种氨基酸在合成中相互协调的调控机制。在生长迅速的细菌中,这种机制非常完善。

内 容 提 要

活细胞,其组分一直在不断更新。它把氨基酸合成蛋白质,又把蛋白质降解为氨基酸。这些变化过程,对生物机体具有重要意义。

真核细胞内的蛋白质,被溶酶体降解,或经泛素标记后,通过依赖于 ATP 的反应过程,由蛋白酶体作用而降解。

机体来自食物的蛋白,由胃蛋白酶和胰蛋白酶等的作用降解为氨基酸,在小肠黏膜处被吸收。

氨基酸的降解,几乎总是从脱去氨基开始,大多数氨基酸通过转氨作用脱氨。催化转氨作用的酶称为转氨酶。以磷酸吡哆醛作为辅基。虽然转氨作用不能引起净脱氨,但是,不同氨基酸和 α-酮戊二酸转氨形成的谷氨酸,可被谷氨酸脱氢酶氧化脱氨,这一过程,在氨基酸分解代谢中占有重要地位。与转氨作用相偶联的嘌呤核苷酸循环,是生物体内主要的联合脱氨途径。

大多数陆生脊椎动物通过尿素循环形成尿素。谷氨酸氧化脱氨的产物是氨,它的 1 个氮原子和来自天冬氨酸的另 1 个氮原子,与 HCO_3^- 结合,生成尿素排出体外。这个过程的限速步骤,由氨甲酰磷酸合成酶催化。

氨基酸的碳骨架进行氧化分解,其产物有丙酮酸、α-酮戊二酸、琥珀酰-CoA、延胡索酸、草酰乙酸、乙酰-CoA 或乙酰乙酸,它们可以生成葡萄糖、酮体或脂肪酸。

哺乳动物体内的氨基酸合成,其途径比较简单,主要是从甘油-3-磷酸和柠檬酸循环的中间体,即丙酮酸、草酰乙酸和 α-酮戊二酸合成。必需氨基酸的合成途径比较复杂,在不同的生物体中各不相同,而且大部分途径受产物的反馈抑制。

习　题

1. 试述需要泛素相伴的蛋白质降解。

2. 氨基酸有哪些脱氨形式? 哪些氨基酸脱氨后直接形成酮酸?

3. 人体氨基酸分解后,所产生的氨是如何排出体外的?

4. 哪几种"标准"氨基酸不参与转氨作用?

5. 氨基酸的碳骨架是如何进入柠檬酸循环的?

6. 哪些"标准"氨基酸是:(1) 纯生糖的,(2) 纯生酮的,(3) 既生糖又生酮的?

7. 联系苯丙氨酸代谢途径,简述苯丙酮尿症和尿黑酸症的成因及症状。

8. 何为必需氨基酸和非必需氨基酸?

9. 写出 Asp、Asn、Glu 和 Gln 生物合成途径的反应式。

10. 试述氨基酸生物合成调节中的反馈抑制。

第十三章 核苷酸代谢

核苷酸参与生物体内许多生化过程,在细胞代谢中起重要作用。但是,它们不同于糖、氨基酸和脂肪酸,不是代谢能量的重要来源。

一、核苷酸的分解代谢

(一)摄入核酸的降解

动物摄入的大多数食物,其中都含有核酸。食物中的核酸,在胃中的酸性条件下不被降解,进入小肠后,被胰腺分泌的核酸酶和磷酸二酯酶降解为核苷酸。呈离子状态的核苷酸不能通过细胞膜,它们可被核苷酸酶或非专一性的磷酸酯酶分解为核苷和磷酸。核苷直接被肠黏膜吸收,或在核苷酶和核苷磷酸化酶作用下,进一步降解为游离的碱基和核糖,或者是核糖-1-磷酸。

$$核苷酸 + H_2O \xrightarrow{\text{核苷酸酶}} 核苷 + P_i$$

$$核苷 + H_2O \xrightarrow{\text{核苷酶}} 碱基 + 核糖$$

$$核苷 + P_i \xrightarrow{\text{核苷磷酸化酶}} 碱基 + 核糖\text{-}1\text{-}磷酸$$

实验证明,摄取核酸中的碱基,仅有一小部分掺入到组织的核酸中。显然,生物体自身合成的核苷酸,已满足了大部分的需要,因此,摄入的碱基大部分被降解和排出。

作为细胞组分的核酸,也是被降解的对象。

(二)嘌呤碱的分解

嘌呤类化合物的分解代谢可以在核苷酸、核苷和碱基三个水平上进行。动物的嘌呤核苷酸和脱氧嘌呤核苷酸分解代谢的主要途径见图 13-1。植物和微生物的途径略有不同,但所有途径最终都生成尿酸。

腺嘌呤可在腺嘌呤脱氨酶的催化下,直接转变为次黄嘌呤,但由于此酶活性很低,所以在图 13-1 中没有列出。

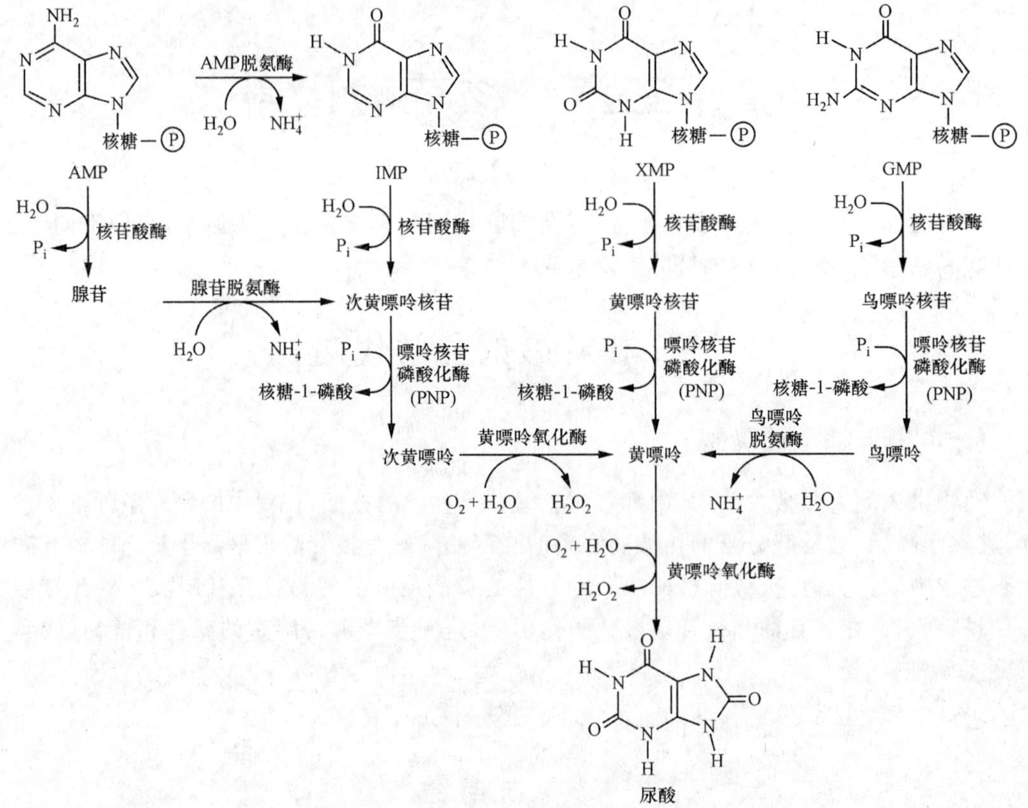

图 13-1　动物中嘌呤分解代谢的主要途径

各种不同的嘌呤核苷酸都被降解为尿酸（IMP 为次黄嘌呤核苷酸，XMP 为黄嘌呤核苷酸）

　　在哺乳动物中，黄嘌呤氧化酶几乎全都在肝脏和小肠黏膜处，它催化次黄嘌呤转变为黄嘌呤，再进一步转变为尿酸，反应式如下：

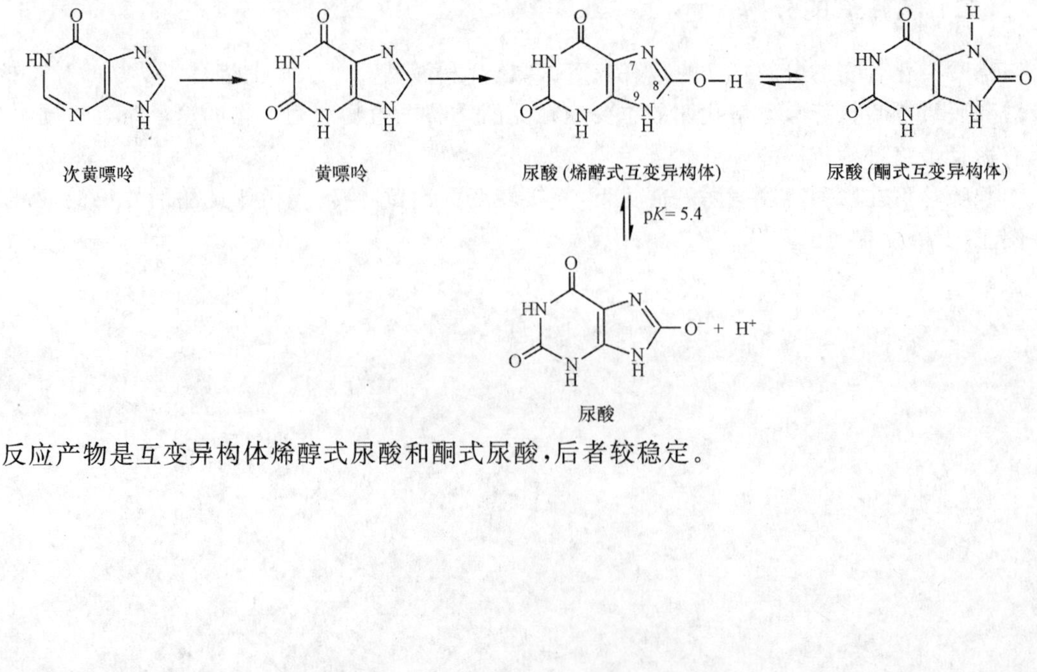

反应产物是互变异构体烯醇式尿酸和酮式尿酸，后者较稳定。

　　包括人在内的灵长类动物,将嘌呤降解的终产物尿酸随尿排出。鸟类、陆生爬行动物和许多昆虫也同样排尿酸,但是,它们并不把过量的氨基酸氮变成尿素作为排泄物,而是将其合成嘌呤,再分解为尿酸排放。

　　在其他动物中,则将尿酸进一步处理,转变成其他相应的物质排出,见图 13-2。

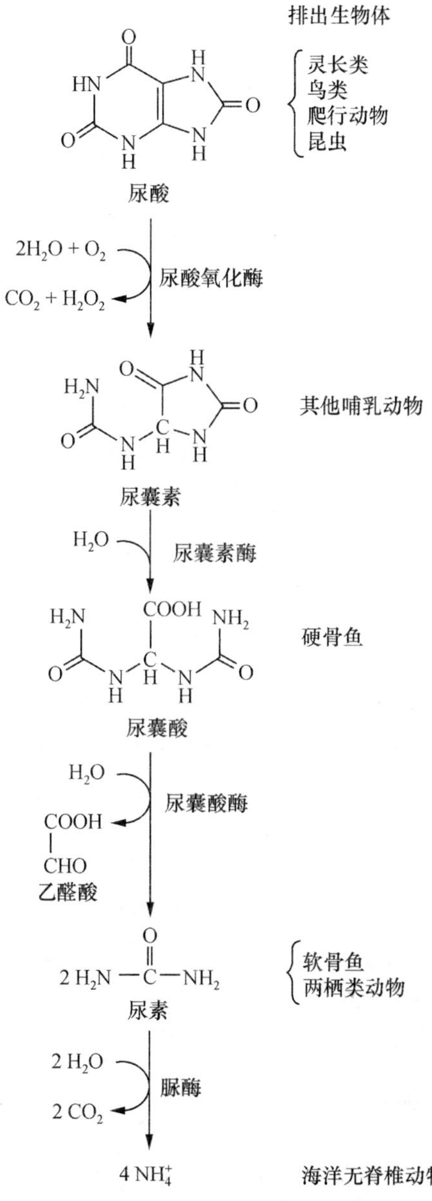

图 13-2　尿酸降解为氨

在不同物种中,这一过程终止在不同阶段,产生的含氮产物被排泄出去在正常情况下,人体内嘌呤的合成和分解代谢呈动态平衡,每 100 mL 血液中含尿酸 2~6 mg,随尿排出的尿酸量也是恒定的。

"痛风"(gout)是一种以体内尿酸水平升高为特征的疾病,它最常见的表现是突然发作关节炎,引起病人的极度痛苦。病因与嘌呤代谢障碍有关。当体内 100 mL 血液中尿酸水平超过 8 mg 时,几乎不溶的尿酸钠晶体沉积于关节腔内引起痛风性关节炎。尿酸钠或尿酸也可在肾脏和输尿管中沉积为结石,导致肾损伤和尿道堵塞。每千人中约有 3 人患痛风,绝大多数为男性。长期摄入富含核酸的食物,如甜面包、肝、酵母和沙丁鱼等均可引起血液尿酸升高。

临床上服用别嘌呤醇(allopurinol)治疗痛风病。别嘌呤醇是一种 N7 和 C8 位互换的次黄嘌呤类似物:

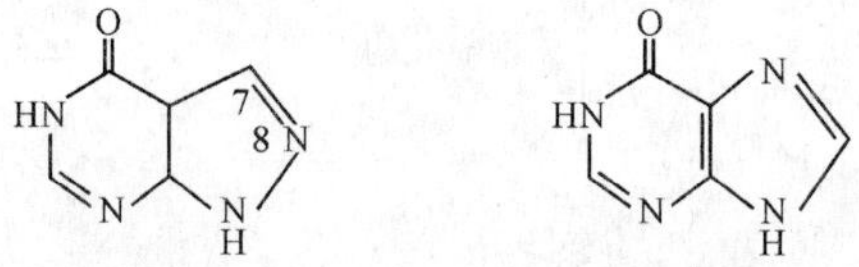

别嘌呤醇   次黄嘌呤

它同次黄嘌呤竞争性地与黄嘌呤氧化酶结合,别嘌呤醇氧化的产物是别黄嘌呤:

别嘌呤醇   黄嘌呤氧化酶   别黄嘌呤

别黄嘌呤的结构与次黄嘌呤相似,可牢固地与黄嘌呤氧化酶的活性中心结合,从而抑制该酶的活性。别嘌呤醇是黄嘌呤氧化酶的抑制剂,患者服用它,可提高体内水溶性较强的次黄嘌呤和黄嘌呤的水平,同时降低尿酸形成的速度,从而缓解痛风症状。

(三) 嘧啶碱的分解

动物细胞将嘧啶核苷酸降解为碱基,所生成的尿嘧啶和胸腺嘧啶不像嘌呤那样通过氧化降解,而是在肝脏通过还原降解(图 13-3)。

胞嘧啶脱氨可直接生成尿嘧啶:

$$胞嘧啶 + H_2O \xrightarrow{胞嘧啶脱氨酶} 尿嘧啶 + NH_3$$

图 13-3 中未示出这一反应。嘧啶分解代谢的终产物为 β-丙氨酸和 β-氨基异丁酸,它们通过转氨基和活化反应转变成丙二酸单酰 CoA 和甲基丙二酸单酰 CoA。丙二酸单酰 CoA 是脂肪酸合成的前体,而甲基丙二酸单酰 CoA 则转变成琥珀酰 CoA,它是柠檬酸循环的中间体。由此可见,嘧啶核苷酸的分解代谢,在一定程度上会加强细胞的能量代谢。

此外,β-氨基异丁酸会有一部分排出体外,而 β-丙氨酸则可参与泛酸及 CoA 的合成。

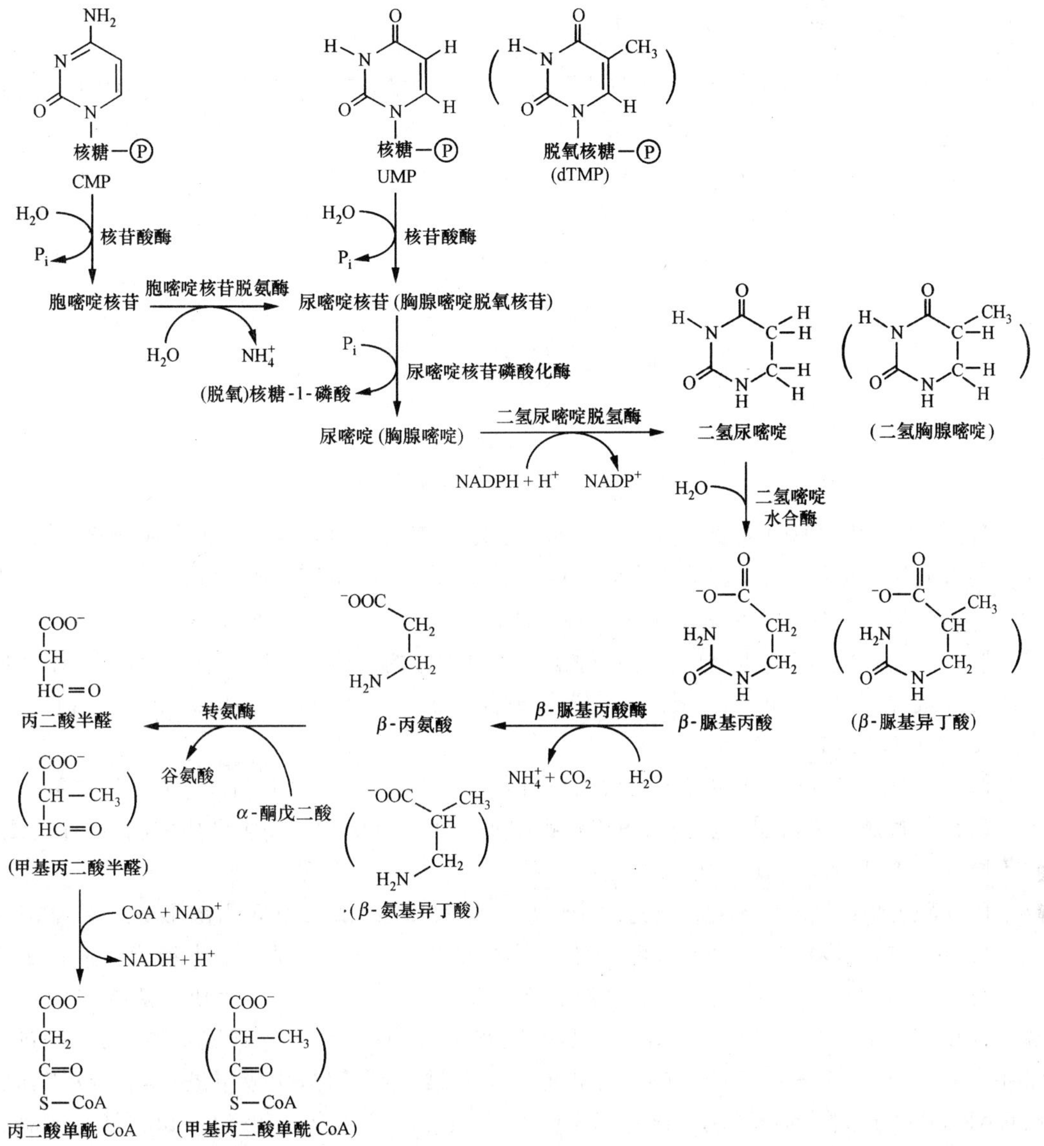

图 13-3　动物的嘧啶分解代谢的主要途径

这些反应生成的氨基酸被其他代谢途径摄取。UMP 和 dTMP 被相同的酶降解；dTMP 的降解途径在圆括号中表示

二、核苷酸的生物合成

生物体内的核酸大分子，是以核苷酸的衍生物核苷-3-磷酸作为前体聚合而成的。因此，无论动物、植物还是微生物，必须先合成各种单核苷酸。

（一）嘌呤核糖核苷酸的合成

1948 年，J. Buchanan 用同位素标记的化合物做实验，证明生物体内合成的嘌呤环，其中 N1 来自天冬氨酸的氨基；C2 来自甲酸；N3 和 N9 来自谷氨酰胺的酰胺基；C4、C5 和 N7 来自甘氨酸；C6 来自 HCO_3^-。这些关系如图 13-4 所示。

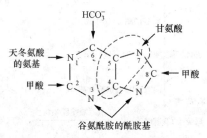

图 13-4 嘌呤环中各种元素的来源

目前，关于嘌呤碱的合成途径已经了解得比较清楚。生物体内不是先合成嘌呤碱，再与核糖和磷酸结合成核苷酸，而是从核糖-5-磷酸开始，经过一系列酶促反应先生成肌苷酸（次黄嘌呤核苷酸），然后再转变为其他嘌呤核苷酸。

肌苷酸的合成过程，其嘌呤环的各种元素是由相应的前体掺入而来，并不直接利用环境中的嘌呤碱，因此，肌苷酸的合成途径称为从头合成途径（de novo synthesis pathway）。

1. 肌苷酸（IMP）的合成

肌苷酸（次黄嘌呤核苷酸）的酶促合成过程包括 11 步反应（图 13-5），首先是以鸽肝的酶系研究清楚的，以后在其他动物、植物和微生物中也找到类似的酶类和中间物，由此推测，在不同生物中，肌苷酸合成途径大致相同。

肌苷酸合成的 11 步反应可分为两个阶段。第一阶段，由核糖-5-磷酸形成 5-氨基咪唑核苷酸，包括前 6 步反应。途径的起始物是 α-D-核糖-5-磷酸，它是磷酸戊糖代谢途径的产物。第 1 步，磷酸核糖焦磷酸激酶通过催化核糖-5-磷酸与 ATP 反应，生成 5-磷酸核糖-α-焦磷酸（PRPP），从而激活核糖。PRPP 也是嘧啶核苷酸和组氨酸、色氨酸生物合成的前体。第 4 步反应，甘氨酰胺核苷酸（GAR）的游离 α-氨基被甲酰基化，生成甲酰甘氨酰胺核苷酸（FGAR）。这步反应的甲酰基供体是 N^{10}-甲酰-四氢叶酸（N^{10}-formyl-THF），它是有关酶类转移 1 碳单位的辅酶。第二阶段，由 5-氨基咪唑核苷酸（AIR）形成肌苷酸（IMP），包括 5 步反应。嘌呤环的 C6 是由 AIR 羧化酶催化，从 AIR 生成氨基咪唑羧酸核苷酸（CAIR）的第 7 步反应中，以 HCO_3^- 的形式被引进的。途径的最终反应，即闭环形成 IMP，是通过脱水作用完成的，但该反应不需要 ATP 的水解。

2. 腺嘌呤核苷酸和鸟嘌呤核苷酸的合成

IMP 并不在细胞中积累，而是迅速地转变为 AMP 和 GMP，分别由两个途径来进行（图 13-6）。首先，肌苷酸通过氨基化生成腺嘌呤核苷酸，由两步反应完成；其次，肌苷酸经氧化生成黄（嘌呤核）苷酸（XMP），后者再经过氨化即生成鸟嘌呤核苷酸。在氨化反应中，细菌直接以氨作为氨供体，动物细胞则以谷氨酰胺的酰胺基作为氨供体。

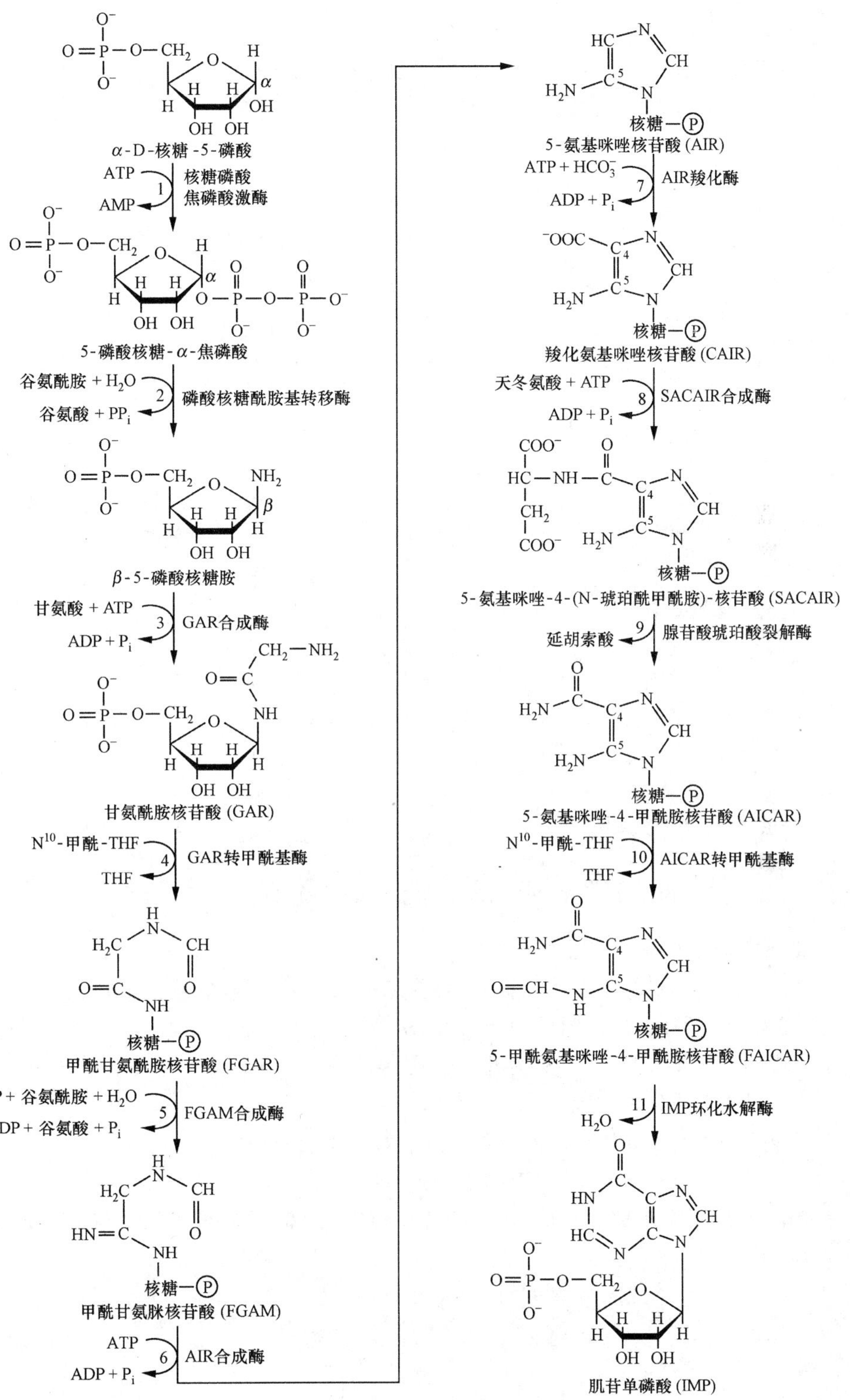

图 13-5 肌苷酸从头合成的代谢途径

这里嘌呤碱基是在核糖环的基础上,通过 11 步酶促反应生成

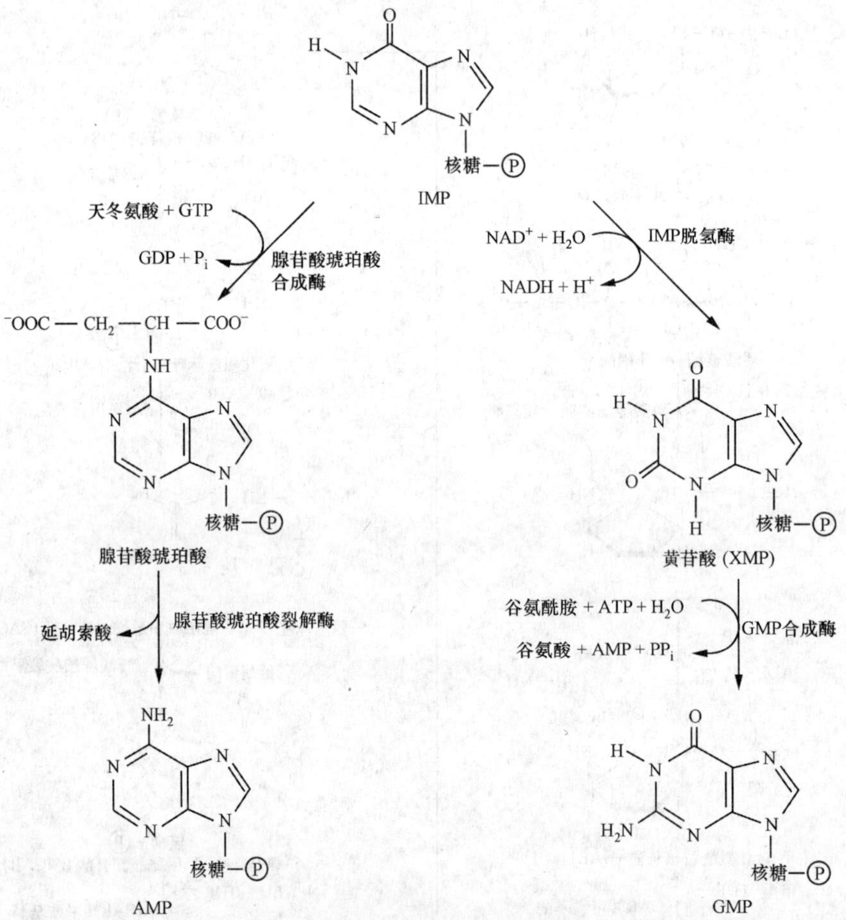

图 13-6　IMP 以不同的两步反应途径转变为 AMP 或 GMP

3. 由嘌呤碱合成嘌呤核苷酸

在"核苷酸分解代谢"一节中已提到,食物来源的核酸,可在相应酶的作用下降解为核苷酸、核苷和碱基。所释放的腺嘌呤、鸟嘌呤和次黄嘌呤可重新转变为与它们相应的核苷酸。由现成碱基合成核苷酸的途径,称为补救途径(salvage pathway)。在哺乳动物中,补救途径通过两种不同的酶催化来实现:

腺嘌呤磷酸核糖转移酶(APRT)催化由 PRPP 生成 AMP。

$$腺嘌呤 + PRPP \rightleftharpoons AMP + PP_i$$

次黄嘌呤-鸟嘌呤磷酸核糖转移酶(HGPRT)催化次黄嘌呤或鸟嘌呤与 PRPP 反应生成 IMP 或 GMP。

$$次黄嘌呤 + PRPP \rightleftharpoons IMP + PP_i$$
$$鸟嘌呤 \quad + PRPP \rightleftharpoons GMP + PP_i$$

在人体细胞中,核苷酸大多是通过从头途径合成,然而,在脑细胞中,则是通过补救途径合成。科学家发现,缺乏 HGPRT 的儿童会患一种称为自毁容貌综合征(Lesch-Nyhan syndrome)的疾病,这是一种与 X 染色体连锁的遗传代谢病,多见于男性。患儿有侵略行为,并咬自己的嘴唇、手指,自残肢体,表现出智力迟钝。HGPRT 的缺乏,导致 PRPP 的积累,过多的 PRPP 激活磷酸核糖酰胺基转移酶(见 IMP 生物合成途径),因此大大加速嘌呤核苷酸的合成,从而促进它们的降解产物——尿酸的生成。正如前述,尿酸的积累,导致肾结石和痛风。这些症状,通过服用别嘌呤醇抑制黄嘌呤氧化酶而得到缓解,但是,对 Lesch-Nyhan 综合征症状却无效。尿酸积累与神经异常症状的相关生理基础尚不清楚。

4. 嘌呤核苷酸生物合成的调节

在大多数细胞中,嘌呤核苷酸的从头合成途径受终产物腺苷酸和鸟苷酸的反馈抑制。调控网络见图 13-7。图中显示了两个水平的调节。

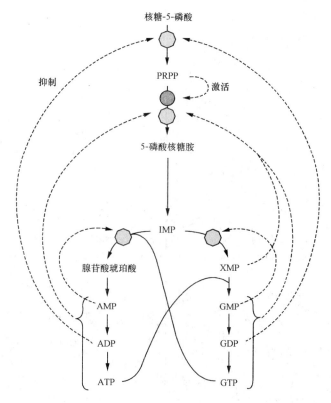

图 13-7　嘌呤生物合成途径的控制

指向八边形虚线箭头表示反馈抑制,而指向圆形虚线箭头表示前馈激活

第一水平的调节发生在 IMP 合成途径的头两步反应,第一步反应合成 PRPP,第二步反应是合成 5-磷酸核糖胺。催化第一步反应的磷酸核糖焦磷酸激酶被 ADP 和 GDP 反馈抑制。催化第二步反应的磷酸核糖酰胺基转移酶是一个限速酶,也受反馈抑制。该酶的一个抑制点结合 ATP、ADP 和 AMP,另一个抑制点结合 GTP、GDP 和 GMP。由此可见,IMP 的生成速率是独立地,但也是协同地受腺苷酸和鸟苷酸水平调控的。此外,磷酸核糖酰胺基转移酶还被 PRPP 别构激活,也称前馈激活。

第二水平的调节发生在 IMP 后分支途径的第一步反应,即 GMP 过量时抑制其自身的合成,而不影响 AMP 途径;AMP 的积累抑制其自身的形成,而不影响 GMP 途径。如前所述,GTP 提供从 IMP 合成 AMP 的能量,而 ATP 则提供从 IMP 合成 GMP 的能量。GMP 的合成速率随 ATP 浓度的上升而增加,而 AMP 的合成速率则随 GTP 浓度的上升而增加。

(二) 嘧啶核糖核苷酸的合成

同位素标记实验证明,嘧啶环上的 N1、C4、C5 和 C6 原子来自天冬氨酸,C2、N3 原子则分别来自 HCO_3^- 和谷氨酰胺(图 13-8)。

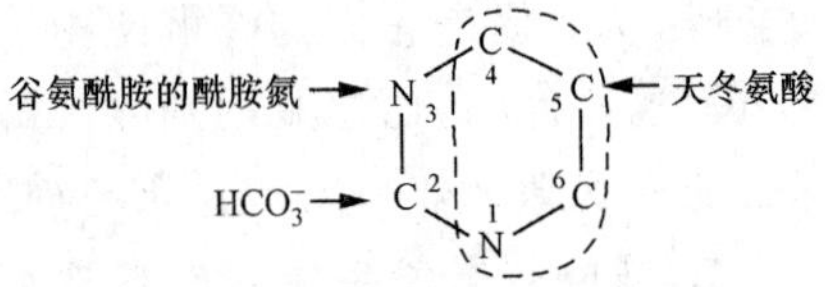

动物、微生物都能合成嘧啶。对动物而言,肝脏是主要合成场所。嘧啶核苷酸的合成程序为先合成尿嘧啶、尿嘧啶核苷酸,再转化成其他嘧啶核苷酸。

图 13-8 嘧啶环中各原子的来源

1. 尿嘧啶核苷酸的从头合成途径

尿嘧啶核苷酸的从头合成途径由 6 步反应完成,其过程总结于图 13-9。

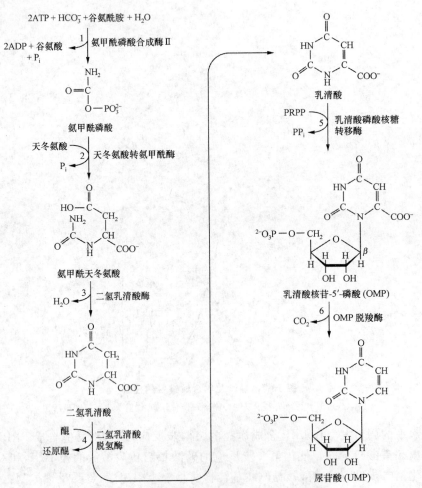

图 13-9 尿嘧啶核苷酸 UMP 的从头合成途径

该代谢途径包括 6 步酶催化反应

生物体内用于尿素循环的氨甲酰磷酸,由线粒体内氨甲酰磷酸合成酶Ⅰ催化合成,氨是氮的来源。用于形成嘧啶的氨甲酰磷酸需由谷氨酰胺作为氮的供体,每合成一分子氨甲酰磷酸消耗两分子 ATP,一分子提供磷酸基,另一分子提供反应所需的能量。催化此合成反应的酶为氨甲酰磷酸合成酶Ⅱ。

氨甲酰磷酸在天冬氨酸转氨甲酰酶的作用下,与天冬氨酸缩合,形成氨甲酰天冬氨酸。

氨甲酰天冬氨酸通过脱水作用环化,转变成二氢乳清酸(dihydroorotic acid)。催化这一步的酶为二氢乳清酸酶。

二氢乳清酸随后在二氢乳清酸脱氢酶催化下被氧化成乳清酸。在真核生物中,该酶含有 FMN 和非血红素铁,位于线粒体膜的外表面,由醌提供其氧化所需的能量。嘧啶核苷酸从头合成途径的其他 5 种酶都在动物细胞的胞液中。

乳清酸是合成尿嘧啶核苷酸的重要中间物,至此已形成嘧啶环,而后再和 5-磷酸核糖相连。

乳清酸磷酸核糖转移酶催化乳清酸与 PRPP 作用,生成乳清酸核苷-5′-磷酸(OMP),反应由 PP_i 的水解驱动。

最后,在脱羧酶的催化下,OMP 脱羧生成 UMP。

2. 胞嘧啶核苷三磷酸(CTP)的合成

胞嘧啶核苷三磷酸(CTP)的合成是在尿嘧啶核苷三磷酸(UTP)的水平上进行的。UTP 可以由尿嘧啶核苷酸在相应的激酶作用下,经 ATP 转移磷酸基而生成。催化尿嘧啶核苷酸转变为 UDP 的酶为尿嘧啶核苷酸激酶;催化 UDP 转变为 UTP 的酶是核苷二磷酸激酶。反应过程如下:

$$UMP+ATP \Longrightarrow UDP+ADP$$
$$UDP+ATP \Longrightarrow UTP+ADP$$

尿嘧啶、尿嘧啶核苷和尿嘧啶核苷酸都不能氨基化变成相应的胞嘧啶化合物,只有 UTP 才能氨基化生成 CTP。在动物中,从 UTP 到 CTP 的转化过程由 CTP 合成酶催化,氨基由谷氨酰胺提供(图 13-10),在细菌中,氨基则直接来源于氨。

此外,生物体自由存在的嘧啶碱和 PRPP,可通过磷酸核糖转移酶的催化合成嘧啶核苷酸。

3. 嘧啶核苷酸生物合成的调节

大肠杆菌嘧啶核苷酸生物合成的调节机制如图 13-11 所示。产物 UMP 可反馈抑制合成途径第一步的氨甲酰磷酸合成酶;另两个调节酶是天冬氨酸转氨甲酰酶和 CTP 合成酶,它们共同受 CTP 的反馈抑制。图 13-11 中所标示的 CO_2 来源于 HCO_3^-。

乳清酸尿症(orotic aciduria)是一种遗传性疾病,这是由于患者体内缺乏乳清酸磷酸核糖转移酶和 OMP 脱羧酶,使乳清酸不能进一步代谢而造成其在体内积累所致。

(三) 脱氧核糖核苷酸的合成

1. 核苷二磷酸的还原

在生物体内,腺嘌呤、鸟嘌呤、胞嘧啶和尿嘧啶 4 种核糖核苷酸均可被还原,将其中核糖第 2′位碳原子上的氧脱去,形成相应的脱氧核糖核苷酸。这种还原反应发生在核苷二磷酸的水平上,由核糖核苷酸还原酶催化(图 13-12)。目前已发现的核糖核苷酸还原酶有 4 类,虽然,它们都通过较复杂的自由基催化机制,用 H 取代核糖的 2′-OH,但所含辅酶各不相

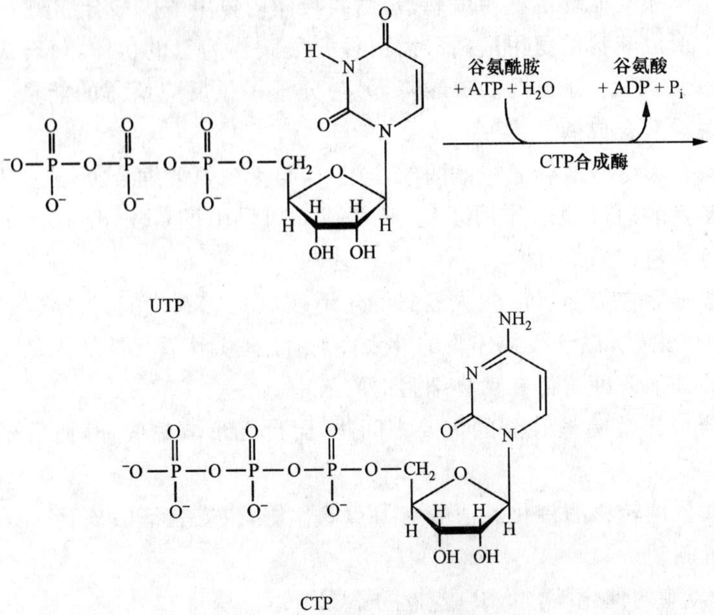

UTP

CTP

图 13-10 由 UTP 合成 CTP

图 13-11 大肠杆菌嘧啶核苷酸生物合成的调节

同。四类酶的辅基分别是,双核铁(Fe^{3+})、5′-脱氧腺苷钴胺素、铁硫族和双核锰。

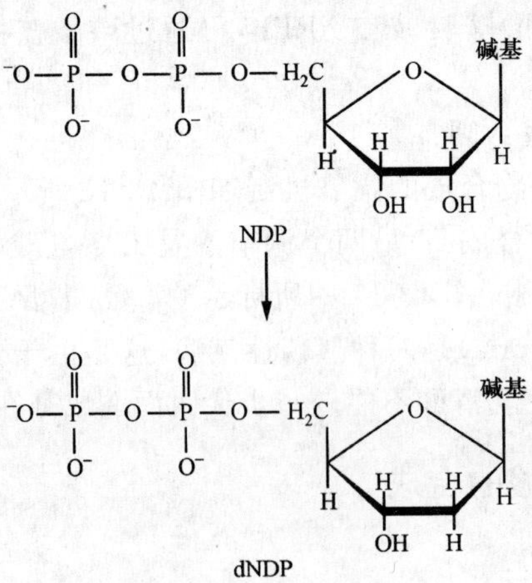

NDP

dNDP

图 13-12 NDP 的还原

4 种 dNTP 都是由 dNDP 磷酸化而生成:

$$dNDP + ATP \Longrightarrow dNTP + ADP$$

这个反应与 NDP 的磷酸化一样,都是由核苷二磷酸激酶催化,而且,NTP 和 dNTP 都可作为磷酸基的供体。

2. 胸腺嘧啶核苷酸(dTMP)的合成

脱氧核糖核苷酸中的 dTMP 是由 dUMP 甲基化而生成。dUMP 则是从 dUTP 水解而来:

$$dUTP + H_2O \longrightarrow dUMP + PP_i$$

催化这个反应的是 dUTP 二磷酸水解酶(dUTPase)。

dUMP 的甲基化由胸腺嘧啶核苷酸合酶(thymidylate synthase)催化来实现。甲基的供体是 N^5,N^{10}-亚甲基四氢叶酸(图 13-13)。

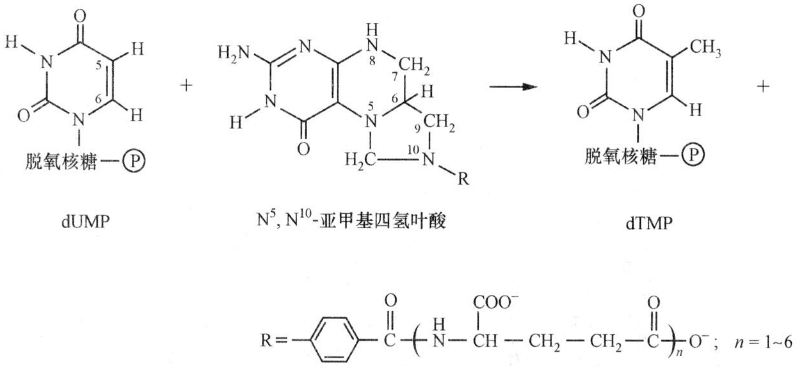

图 13-13　dUMP 的甲基化

dTMP 一旦生成,就会被磷酸化转变为 dTTP。N^5,N^{10}-亚甲基四氢叶酸给出甲基后,其中的四氢叶酸(THF)即转变成二氢叶酸(DHF)。DHF 经过两步顺序反应,再循环回到 N^5,N^{10}-亚甲基四氢叶酸。催化这两步反应的是二氢叶酸还原酶和丝氨酸-羟甲基转移酶,见图 13-14。

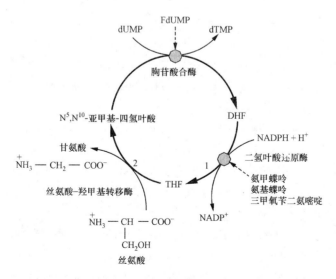

图 13-14　N^5,N^{10}-亚甲基四氢叶酸的再生

胸苷酸合酶反应中生成的 DHF 通过顺序反应(1)二氢叶酸还原酶;(2)丝氨酸羟甲基转移酶,重新生成 N^5,N^{10}-亚甲基四氢叶酸。一些抑制剂的作用位点用 ⬡ 表示。胸苷酸合成酶被 FdUMP 抑制,而二氢叶酸还原酶被抗叶酸的氨甲蝶呤、氨基蝶呤和三甲氧苄二氨嘧啶抑制

　　胸腺嘧啶核苷酸 dTMP 合成途径的阻断,在癌症治疗中得到有效应用。迅速增殖的癌细胞需要为 DNA 合成提供足量的 dTMP,因此,抑制 dTMP 的生成可以杀死癌细胞。

　　5-氟脱氧尿苷酸(FdUMP)是胸腺嘧啶核苷酸合酶的不可逆抑制剂,而氨基蝶呤、氨甲蝶呤和三甲氧苄二氨嘧啶这些二氢叶酸类似物,则是二氢叶酸还原酶的竞争性抑制剂(图 13-15)。上述两类化合物都能阻断 dTMP 的生成,是重要的抗肿瘤药物。

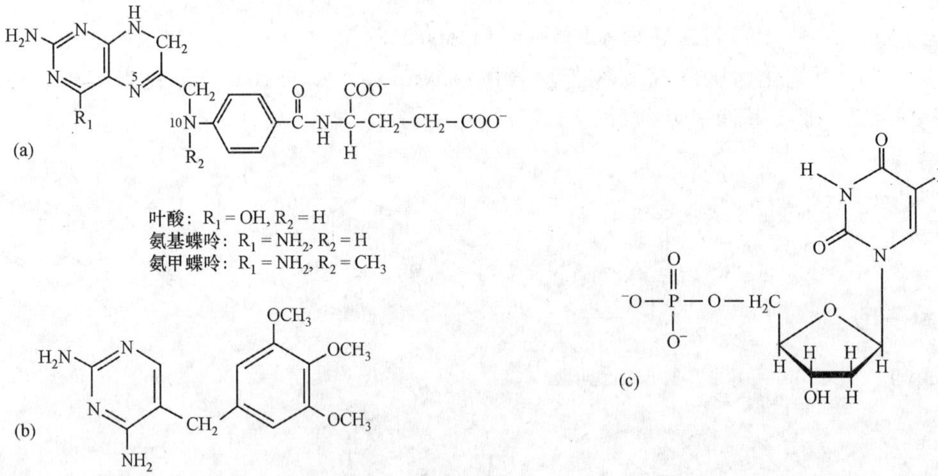

叶酸: $R_1 = OH, R_2 = H$
氨基蝶呤: $R_1 = NH_2, R_2 = H$
氨甲蝶呤: $R_1 = NH_2, R_2 = CH_3$

图 13-15　(a) 氨基蝶呤和氨甲蝶呤的结构; (b) 三甲氧苄二氨嘧啶的结构;
(c) 5-氟脱氧尿苷酸 (FdUMP)的结构

　　在哺乳动物中,生长缓慢或根本不生长的大多数正常细胞,需要较少量的 dTMP,因此,对胸腺嘧啶核苷酸合酶,或二氢叶酸还原酶的抑制剂敏感性较低。虽然如此,这些抑制剂作为抗肿瘤药物,对正常细胞仍有影响,在临床应用上要注意它们的毒性。

内 容 提 要

　　动物摄入的核酸,在小肠被核酸酶和磷酸二酯酶降解为核苷酸。核苷酸在核苷酸酶、核苷酶和核苷磷酸化酶的作用下,最终生成碱基和其他物质。摄入的碱基仅有一小部分掺入组织的核酸中,大部分再被降解和排出。

　　嘌呤化合物可在核苷酸、核苷和碱基三个水平上分解。人类嘌呤降解的终产物是尿酸,直接排泄,其他动物则将尿酸进一步处理后再排出。

　　"痛风"是一种以尿酸水平升高为特征的疾病,服用别嘌呤醇可缓解症状。

　　动物体内,嘧啶核苷酸的降解产物尿嘧啶和胸腺嘧啶进一步还原降解,生成脂肪酸代谢和柠檬酸循环的中间物。

　　嘌呤核苷酸合成的起始物为核糖-5-磷酸,经 11 步反应后首先生成肌苷酸,然后再转变为腺嘌呤核苷酸和鸟嘌呤核苷酸。

　　嘧啶核苷酸 UMP 由 HCO_3^-、谷氨酰胺或氨通过 6 步反应合成。UMP 通过磷酸化和氨基化再转变为 UDP、UTP 和 CTP。

　　胸腺嘧啶核苷酸合酶催化 dUMP 转变为 dTMP,反应产物 DHF 在二氢叶酸还原酶的作用下,再还原回到四氢叶酸。上述两种酶的抑制剂 5-氟脱氧尿苷酸和氨甲蝶呤等可用作抗肿瘤药物。

习　题

1. 写出各种碱基和核苷酸名称的英文缩写。
2. 试述动物摄入碱基的代谢去向。
3. 不同生物嘌呤降解的终产物有何差异？
4. 为什么临床上服用别嘌呤醇能缓解"痛风"症状？
5. 为什么说嘧啶的分解代谢会加强细胞的能量代谢？
6. 嘌呤环、嘧啶环从头合成的前体是什么物质？
7. 总结嘌呤、嘧啶核苷酸从头合成途径涉及的酶类。
8. 嘌呤、嘧啶核苷酸的生物合成是如何调控的？
9. 阻断 dTMP 合成途径与癌症治疗有何联系？

第十四章 DNA 的复制

20 世纪 50 年代末,Francis Crick 提出遗传信息传递的"中心法则"(central-dogma),认为生物机体的遗传信息,以三联体密码(triplet code)的形式编码在 DNA 分子上,表现为特定的核苷酸排列顺序,并通过 DNA 的复制(replication)由亲代传递给子代。在后代的生长发育过程中,遗传信息自 DNA 转录(transcription)给 RNA,然后翻译(translation)成特异的蛋白质,以行使各种生命功能,使后代表现出与亲代相似的遗传性状。所谓"复制",是指以原来 DNA 分子为模板合成出相同分子的过程;所谓"转录",就是在 DNA 分子上合成出与其核苷酸序列相对应的 RNA 的过程;"翻译"则是在 RNA 的控制下,根据核酸链上每 3 个核苷酸(三联体密码)决定 1 个氨基酸的规则,合成出具有特定氨基酸序列的蛋白质肽链的过程。中心法则概括如图 14-1。

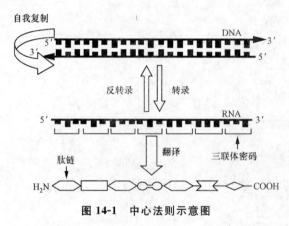

图 14-1 中心法则示意图

随着生命科学研究的发展,人们认识到,在某些情况下,RNA 也可以是遗传信息的载体,比如,致癌 RNA 病毒,就能将其携带的遗传信息传递给 DNA,这样的过程称为反(逆)转录(reverse transcription)。真核生物端粒(telomer)DNA 的复制也是以 RNA 为模板的。

一、DNA 复制是半保留的

在理论上,可以设想 DNA 的复制方式有两种:第一种,每个子代 DNA 分子中,一条链是完整的亲代 DNA 链,另一条链则是新合成的。这种方式称为半保留(semiconservation)复制。第二种,子代 DNA 分子中,一个分子两条链全是亲代的分子,而另一个完全是新合成的分子。这种方式称为全保留复制。

1958 年,Matthew Meselson 和 Franklin Stahl 二人设计了一个巧妙的实验,首先证明了 DNA 的复制是半保留的。他们把大肠杆菌放在含 ^{15}N 的唯一氮源(NH_4Cl)的培养基中培养了很多代,于是,在细胞中 ^{15}N 取代了 ^{14}N。从这种细胞中提取的 ^{15}N-DNA 的密度比含 ^{14}N-DNA 的密度大 1‰,当进行氯化铯密度梯度离心时,两种 DNA 形成位置不同的区带(zone)，见图 14-2。把生长在含^{15}N 的培养基中的大肠杆菌转移到含^{14}N 的培养基中，使所有细胞增殖一代，从这些增殖一代细胞制备的 DNA，仍在氯化铯(CsCl)梯度中形成单一的区带，但它的密度表明，这些 DNA 分子是含有一条^{15}N 链和一条^{14}N 链的杂合双链。如果让细菌在含^{14}N 培养基中增殖两代，所提取的 DNA 可被 CsCl 密度梯度离心分成两条区带，其中一条是"重""轻"杂合双链 DNA，另一条则完全是由"轻"链组成的 DNA。这样的结果，证实了 DNA 复制是半保留的。如果复制是全保留的，则大肠杆菌增殖一代后，它们的 DNA 在 CsCl 密度梯度离心中，一定会出现完全含^{15}N 的重链带和完全含^{14}N 的轻链带，而实际上只出现一条杂合 DNA 带。在大肠杆菌增殖两代后的 DNA 中，只有全"轻"链和杂合链，而没有全"重"链。实验事实与半保留复制相符合，但和全保留复制的设想不一致。

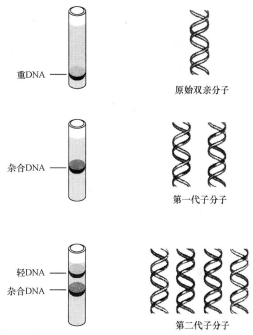

图 14-2　Meselson-Stahl 实验证明 DNA 复制是半保留的

二、DNA 聚合酶催化 DNA 的合成

(一) DNA 聚合酶的发现

1955 年，Arthur Kornberg 及其同事开始寻找催化合成 DNA 的酶类，1956 年，他们从大肠杆菌提取液中得到。其后，从不同的生物中都发现有这种酶。这种催化 DNA 合成的酶，现在称为 DNA 聚合酶Ⅰ(DNA polymeraseⅠ，PolⅠ)，已得到高度纯化。从 100 kg 大肠杆菌菌体中，可以分离得到 500 mg 纯品。

DNA 聚合酶Ⅰ的相对分子质量为 103 000，由一条含 928 个氨基酸残基的单一肽链组成。多肽链中含有 1 个锌原子，酶分子形状像球体，直径约 6.5 nm，为 DNA 直径的 3 倍左右。每个大肠杆菌细胞约有 400 个 DNA 聚合酶Ⅰ分子。

(二) DNA 的合成机制

1. DNA 合成的通式

Arthur Kornberg 用提纯的 DNA 聚合酶进行研究，结果表明，在有适量 DNA 和镁离子存在时，该酶催化 4 种脱氧核糖核苷三磷酸合成 DNA，所合成的产物具有与天然 DNA 同样的化学结构和理化性质。dATP、dGTP、dCTP 和 dTTP 4 种脱氧核糖核苷三磷酸缺一不可；它们不能被相应的二磷酸或一磷酸化合物所取代，也不能被核糖核苷酸所取代。在 DNA 聚合酶催化下，脱氧核糖核苷酸被接上 DNA 链的末端，同时释放出无机焦磷酸。DNA 合成反应的通式是：

$$(DNA)_n 残基 + dNTP \rightleftharpoons (DNA)_{n+1} 残基 + PP_i$$

式中(DNA)$_n$残基代表由n个脱氧核苷酸残基组成的DNA链,dNTP代表任意一个脱氧核苷三磷酸。当时,他们认为,这种DNA聚合酶是负责细胞染色体DNA复制的,但是,后来在大肠杆菌细胞中发现了其他主要负责合成新DNA的聚合酶。现已证明,上述DNA合成的机制对所有DNA聚合酶都是适用的。

2. 模板

所有DNA聚合酶催化DNA的合成都需要模板(template),见图14-3。也就是说,DNA聚合酶催化的反应是按照模板的指令(instruction)进行的。只有当进入的碱基能与模板链的碱基形成Watson-Crick类型的配对时,才能在该酶催化下形成磷酸二酯键。因此,DNA聚合酶是一种模板指导的酶。加入各种不同生物来源的DNA作模板,可以同样引起和促进新的DNA的酶促合成,而且产物DNA的性质完全不取决于聚合酶的来源,也与4种核苷酸前体的相对比例无关,而仅仅取决于所加进去的模板DNA。产物DNA与作为模板的双螺旋DNA具有相同的碱基组成,这说明,在DNA聚合酶催化下,模板DNA两条链都能进行复制。

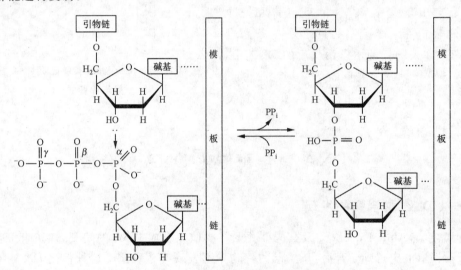

图14-3 DNA聚合酶催化的链延长反应

3. 引物

DNA聚合酶Ⅰ和其他DNA聚合酶一样,只能在已有的核酸链上延伸DNA链,而不能从无到有开始DNA链的合成,也就是说,DNA聚合酶催化的反应需要有引物链(DNA链或RNA链)的存在(图14-3)。所谓引物(primer),即是与模板链互补的一个寡核苷酸片段,它带有一个游离的$3'$-OH,以便与后来的核苷酸残基形成磷酸二酯键。引物的$3'$-末端称为引物末端。换句话说,DNA聚合酶只能把一个核苷酸加接到现存的一条链的末端,而不能独立重新合成一条新链。已有的事实证明,所有DNA聚合酶都需要引物。后续章节述及的RNA聚合酶有重新开始合成一条新链的能力,因此,DNA合成所用的引物往往是一小段RNA(寡聚核糖核苷酸)。

4. DNA链的延伸方向

正如上述,DNA聚合酶利用单链DNA作为模板,以适当的脱氧核苷三磷酸为底物合成互补链。反应是通过正在生长的单链$3'$-OH对即将掺入的核苷三磷酸的α-磷酸基进行亲核攻击,从而形成$3',5'$-磷酸二酯键,并释放焦磷酸PP_i。整个反应由PP_i的水解所驱动,否则将是可逆的。现在已知,几乎所有的 DNA 聚合酶,只能将一个核苷酸加接到一条碱基配对正确的多核苷酸链的 3′-OH 上,因此,新合成的 DNA 链只能由 5′→3′ 方向延伸(图 14-4)。

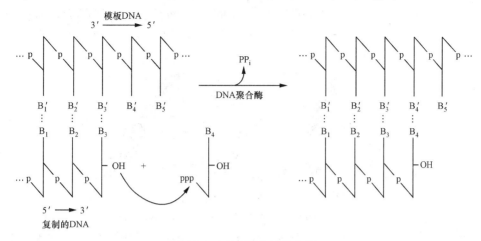

图 14-4 DNA 聚合酶的作用

这些酶把进来的脱氧核苷三磷酸组装到单链 DNA 模板上,从而生长链按 5′→3′ 方向延长

当一个核苷酸被加接到生长中的 DNA 链之后,DNA 聚合酶要么离开模板,要么沿着模板链继续移动,并加接另一个核苷酸。聚合酶和模板的解离与重新结合会限制催化反应的速度,如果聚合酶在加接下一个核苷酸之前不从模板上解离,就可大大提高催化效率,这种不离开模板连续加接一定数量核苷酸的过程,称为催化反应的持续性(processivity)。不同的 DNA 聚合酶其持续性有很大差异。有些聚合酶一次只能加接几个核苷酸,而有些则能加接成千上万个核苷酸,而后才从模板上解离。

(三) DNA 聚合酶 I 具有外切核酸酶活性

DNA 聚合酶 I (Pol I)除了具有聚合酶活性之外,还具有 3′→5′ 外切核酸酶活性和 5′→3′ 外切核酸酶活性。3′→5′ 外切核酸酶活性,使聚合酶 I 能够校正其错误。如果聚合酶 I "不慎" 在一条正在生长的 DNA 链上掺入了一个错配的核苷酸,其聚合酶活性就被抑制,而 3′→5′ 外切核酸酶的活性,就会将这个错配的核苷酸水解清除(图 14-5)。聚合酶活性随即恢复 DNA 的复制。这种校正(proofreading)功能,使聚合酶 I 催化的 DNA 复制具有高度忠实性。

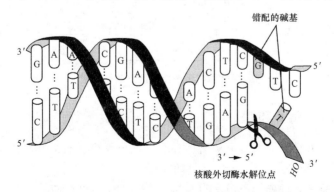

图 14-5 DNA 聚合酶 I 的 3′→5′ 外切核酸酶功能

这种酶活性从正在生长的 DNA 链的 3′末端切除错配核苷酸

聚合酶 I 的 5′→3′ 外切核酸酶活性,切割带切口 DNA 链的碱基配对区,从而将 DNA

剪切成单核苷酸,或一次最多切割 10 个残基的寡核苷酸(图 14-6)。5′→3′外切酶活性切除与模板链互补的 DNA 片段后,再用新合成的取代它,这个过程称为切口移位作用(nick translation),见图 14-7。5′→3′外切酶活性也能切除与模板链互补的 RNA 片段,这一功能,在以后述及的 DNA 半不连续合成中冈崎片段 5′-末端 RNA 引物的切除起作用。

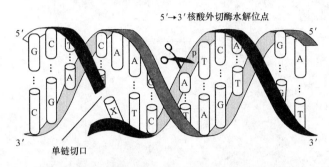

图 14-6　DNA 聚合酶 I 的 5′→3′外切核酸酶功能

这种酶活性从一个单链切口的 5′末端最多可切除 10 个核苷酸。紧跟在切口后面的核苷酸(X)可以是配对的,也可以是不配对的

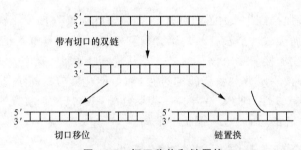

图 14-7　切口移位和链置换

综上所述,DNA 聚合酶 I 兼有聚合酶、3′→5′外切核酸酶和 5′→3′外切核酸酶的活性。在酶的活性中心,这些功能分布在不同位置。用蛋白水解酶将 DNA 聚合酶 I 作有限水解,可得到相对分子质量为 68 000 和 35 000 的两个片段。大片段称为 Klenow 片段,具有聚合酶和 3′→5′外切核酸酶活性,小片段具有 5′→3′外切核酸酶活性(图 14-8)。

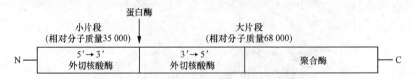

图 14-8　DNA 聚合酶 I 的酶切片段

(四) DNA 聚合酶 Ⅱ 和 Ⅲ

DNA 聚合酶 Ⅱ 具有 5′→3′聚合酶活性和 3′→5′外切酶活性,当细胞缺乏 DNA 聚合酶 Ⅰ 和 Ⅲ 时才起作用,具有专一于 DNA 修复的功能。

DNA 聚合酶 Ⅲ 催化的聚合反应具有高度的持续性,一般在加接 5000 个以上的核苷酸之后才脱离模板,因此其催化的聚合反应速度快,大约每秒钟可延伸 1000 个核苷酸。在原核生物中,DNA 聚合酶 Ⅰ 催化合成 DNA 速度慢,持续合成能力低,加接不到 50 个核苷酸时便脱离模板,因此,真正起复制作用的是 DNA 聚合酶 Ⅲ。三种聚合酶的比较列于表 14-1。

表 14-1　大肠杆菌三种 DNA 聚合酶的性质比较

	DNA 聚合酶 I	DNA 聚合酶 II	DNA 聚合酶 III
结构基因*	*pol A*	*pol B*	*pol C（dna E）*
不同种类亚基数目	1	≥7	≥10
相对分子质量	103 000	88 000**	830 000
3′→5′外切核酸酶	+	+	+
5′→3′外切核酸酶	+	−	−
聚合速度（核苷酸/min）	1000～1200	2400	15 000～60 000
持续合成能力	3～200	1500	≥500 000
功能	切除引物,修复	修复	复制

　* 对于多亚基酶,这里仅列出聚合活性亚基的结构基因。

　** 仅聚合活性亚基。DNA 聚合酶 II 与 III 共有许多辅助亚基,其中包括 β、γ、δ、δ′、χ 和 ψ。

（引自王镜岩,等,2002）

DNA 聚合酶 III 的全酶由 10 种亚基组成（表 14-2）,其中的 α、ε 和 θ 三种亚基组成全酶的核心酶（core enzyme）。所有亚基以特殊方式排列,构成异二聚体（heterologous dimer）,见图 14-9。在这个二聚体中,β 亚基成对相联形成面包圈形结构（图 14-10）,像把夹子（又称嵌环）夹住 DNA 分子,并可向前滑动,使聚合酶在完成复制前不再脱离 DNA,从而提高持续合成能力。

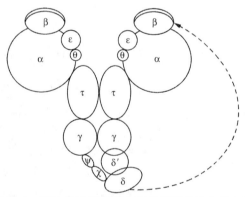

图 14-9　DNA 聚合酶 III 异二聚体的亚基结构示意图

在 γ 复合物帮助下,β 夹子夹住模板与引物双链并转移到核心酶上,开始 DNA 复制

（引自王镜岩,等,2002）

表 14-2　DNA 聚合酶 III 全酶的亚基组成

亚　基	相对分子质量	亚基数目	基　因	亚基功能	
α	132 000	2	*pol C（dna E）*	聚合活性	
ε	27 000	2	*dna Q（mut D）*	3′→5′外切酶校对功能	
θ	10 000	2	*hol E*	组建核心酶	
τ	71 000	2	*dna X*	核心酶二聚化	
γ	52 000	2	*dna X**	依赖 DNA 的 ATP 酶,形成 γ 复合物	
δ	35 000	1	*hol A*	可与 β 亚基结合,形成 γ 复合物	夹子装配器
δ′	33 000	1	*hol B*	形成 γ 复合物	
χ	15 000	1	*hol C*	形成 γ 复合物	
ψ	12 000	1	*hol D*	形成 γ 复合物	
β	37 000	4	*dna N*	两个 β 亚基形成滑动夹子,以提高酶的持续合成能力	

　* γ 亚基由 τ 亚基的基因一部分所编码,τ 亚基氨基末端 80% 与 γ 亚基具有相同的氨基酸序列。

（引自王镜岩,等,2002）

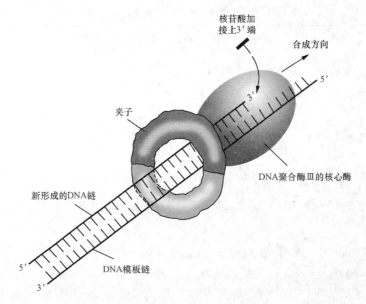

图 14-10 DNA 聚合酶Ⅲ的核心酶及其嵌环沿模板 DNA 滑动示意图

DNA 聚合酶Ⅲ的核心酶及其嵌环沿模板 DNA 移动时,按 5′→3′方向合成新链,核苷酸不断地加在新链的 3′-OH 末端,而使新链延伸

三、DNA 连接酶

DNA 聚合酶只能催化多核苷酸链的延长反应,不能使链之间进行连接。1967 年科学家发现了 DNA 连接酶(ligase)。这个酶催化双链 DNA 的一条链切口处的 3′-OH 和 5′-磷酸基生成磷酸二酯键。

连接酶需要供给能量。大肠杆菌和其他细菌的 DNA 连接酶以烟酰胺腺嘌呤二核苷酸(NAD)作为能源物质,动物细胞和噬菌体的连接酶则以腺苷三磷酸(ATP)作为能源物质。反应分三步进行,见图 14-11。首先由 NAD 或 ATP 与酶反应形成酶-AMP 复合物,其中 AMP 的磷酸基与酶的赖氨酸 ε-氨基以磷酰胺键相结合,然后酶将 AMP 转移给 DNA 切口处的 5′-磷酸,这个磷酸基团被腺苷酸化激活。接下来,通过相邻链的 3′-OH 对活化的磷酸基进行亲核攻击,结果生成 3′,5′-磷酸二酯键,同时释放出 AMP。

大肠杆菌 DNA 连接酶要求断开的 DNA 链存在模板链才能实施连接。它不能将两段游离的 DNA 连接起来。T₄ DNA 连接酶则不同,它不仅能在模板上连接 DNA,而且能连接无单链黏性末端(sticky end)的平头(blunt)DNA。DNA 连接酶在 DNA 的复制、修复和重组等过程中均起重要作用。

四、DNA 的复制过程

(一) DNA 复制的起点和方向

实验结果表明,原核生物 DNA 的复制是在分子的特定位点开始的,这个位点叫做复制起点(origin),常用 *ori* 表示。原核生物的染色体只有一个复制起点。复制从起点开始,进行到终点(terminus)结束,完成整个染色体 DNA 分子的复制,即原核生物染色体只有一个

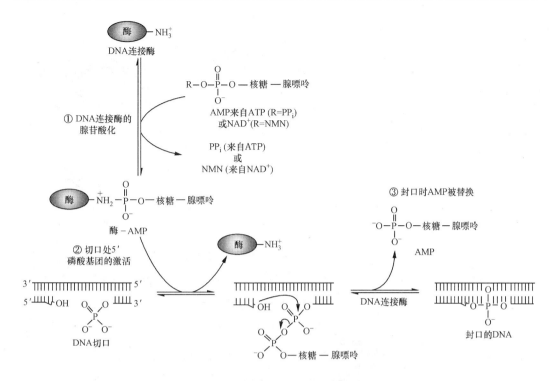

图 14-11　DNA 连接酶酶促反应机制

在每一步反应中，一个磷酸二酯键的形成消耗另一个磷酸二酯键。①和②步导致切口磷酸基团的激活。一个 AMP 基团首先被转移到酶的赖氨酸残基，然后再转移到切口的磷酸基团。③ 3′-OH 进攻这个磷酸基团以替换 AMP，于是产生磷酸二酯键。在大肠杆菌连接酶反应中，AMP 衍生自 NAD⁺，病毒和真核连接酶使用 ATP 而不是 NAD⁺，且它们在①步骤中是释放焦磷酸而不是烟酰胺单核苷酸(NMN)

复制单位。对真核生物的实验表明，其 DNA 的复制也从特定的位点开始，以双向延伸的方式进行，直到终点为止，但复制是从多个位点开始的，所以真核生物的 DNA 分子上有多个复制单位。每一个这样的 DNA 单位称为复制子(replicon)。复制子是基因组中能独立进行复制的单位。

DNA 分子是边解开双链边复制的。参与复制的 DNA 分子上有两个区域，未复制的区域由亲代 DNA 组成，已复制的区域由两条子代链组成。复制正在发生的位点呈分叉状，叫做复制叉(replication fork)或生长点(growing point)，复制叉从起点开始沿着 DNA 分子移动(图 14-12)。

复制大多数是双向进行的，即形成两个复制叉，分别向两侧移动；也有一些是单向的，只形成一个复制叉沿着 DNA 分子移动(图 14-13)。在电子显微镜下观察正在复制的 DNA，复

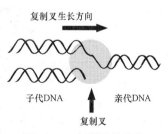

图 14-12　复制叉的结构

制的区域形如一只眼睛，但无法分辨是单向复制还是双向复制。如果是单向复制，这个复制眼(replication eye)由一个固定的起点和一个移动的复制叉组成；如果是双向复制，这个复制眼代表一对复制叉。环形 DNA 的复制眼可形成如图 14-14 那样的 θ 结构。

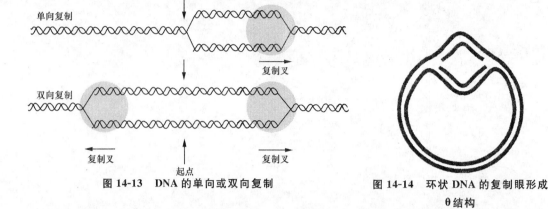

图 14-13　DNA 的单向或双向复制　　　　图 14-14　环状 DNA 的复制眼形成 θ 结构

通过放射自显影的实验可以判断 DNA 的复制是双向进行还是单向进行的(图 14-15)。由大肠杆菌所获得的放射自显影图像是两端密(重度标记),中间稀(轻度标记),这证明了大肠杆菌染色体 DNA 只有一个复制起点,遗传图上标为 ori C,而且是双向复制的。

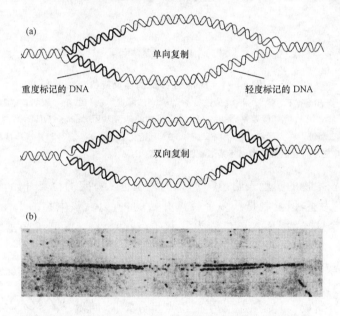

图 14-15　单向及双向 DNA θ 复制的放射自显影的区别

(a) 将一种生物在一种被[³H]胸腺嘧啶轻度标记的培养基中生长几代,因此其所有的 DNA 可在放射自显影图中被看到。为了重度标记复制叉附近的碱基,将大量的[³H]胸腺嘧啶在 DNA 被分离之前加入该培养基中几秒钟(脉冲标记)。单向 DNA 复制只表现出一个重度标记的分支点,而双向 DNA 复制表现出两个这样的分支点。(b) 表明 DNA 双向复制的大肠杆菌的放射自显影图

(二) DNA 的半不连续复制

在细胞内,亲代 DNA 的两条链皆是新链合成的模板,而且它们是反向平行的,因此,在复制时,似乎一条子代链的合成是 $5' \rightarrow 3'$ 方向,另一条为 $3' \rightarrow 5'$ 方向。但所有已知的 DNA 聚合酶合成 DNA 均为 $5' \rightarrow 3'$ 方向。对复制中这个看似矛盾的问题,日本学者冈崎(Okaza-ki)作了正确回答。他的研究工作证明,在 DNA 复制叉上,一条新链的合成是连续的,另一

条新链的合成则是不连续的,是以片段方式进行的,人们称这种片段为冈崎片段。连续合成的新链称为前(先)导链(leading strand),不连续合成的链称为后随(滞后)链(lagging strand),见图 14-16。在真核细胞和原核细胞中,冈崎片段的长度是不一样的。

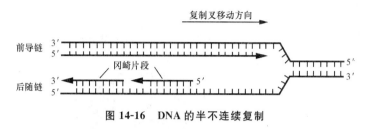

图 14-16　DNA 的半不连续复制

如上所述,DNA 复制时,在复制叉上一条链是连续的,另一条链是不连续的,因此称为半不连续复制。

(三) DNA 复制的起始

大肠杆菌染色体 DNA 的复制可分为三个阶段:起始、延伸和终止。这些过程的反应和参与作用的酶以及辅助因子各有不同。在 DNA 复制叉上,分布着各种各样与复制有关的酶和辅助(蛋白)因子,其中在复制起始中起作用的列于表 14-3。

表 14-3　大肠杆菌起点与复制起始有关的酶与辅助因子

蛋白质	相对分子质量	亚基数目	功　能
Dna A	52 000	1	识别起点序列,在起点特异位置解开双链
Dna B	300 000	6	解开 DNA 双链
Dna C	29 000	1	帮助 Dna B 结合于起点
HU	19 000	2	类组蛋白,DNA 结合蛋白,促进起始
引物合成酶(Dna G)	60 000	1	合成 RNA 引物
单链 DNA 结合蛋白(SSB)	75 600	4	结合单链 DNA
RNA 聚合酶	454 000	5	促进 Dna A 活性
DNA 旋转酶(拓扑异构酶 II)	400 000	4	释放 DNA 解链过程产生的扭曲张力

大肠杆菌 DNA 的复制从固定起点开始,这个起点称为 *ori* C(origin C),由 245 个碱基对的 DNA 片段构成,其中有两个区域起关键作用:其一是 9 bp 的 4 次重复结构;其二是 13 bp 的 3 次重复序列(图 14-17)。*Ori* C 中 9 bp 重复序列能被 Dna A 蛋白识别,并与之结合形成含有 20～30 个亚基的环形起始复合物(图 14-18),此过程需要 HU 的帮助。9 bp 重复序列结合的 Dna A 可促使 *Ori* C 中的 13 bp 重复序列局部发生解链,形成开放复合物(open complex)。此后,Dna A 引导 Dna B/Dna C 复合物进入局部解链区,形成前引发体,Dna C 起作用的时间非常短暂,很快从前引发体上脱落,它好像分子伴侣,可能促进 Dna B 的结合。开放复合物一旦形成,SSB 立即结合到单链上,DNA 复制的延伸阶段即告开始。

(四) DNA 链在复制叉上的延伸

在复制叉上不断地进行的 DNA 链的延伸过程中,发生许多生物化学反应事件,当这些事件完成,延伸阶段也就结束(图 14-19)。① 由 ATP 水解的驱动,拓扑酶和解链酶把 DNA

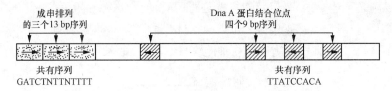

图 14-17　大肠杆菌复制起点成串排列的重复序列

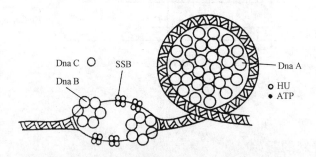

图 14-18　大肠杆菌复制起点在起始阶段的结构模型

双链解开。② 不配对的碱基覆盖上 SSB 蛋白,使解开的单链 DNA 稳定。③ 前导链通过 DNA 聚合酶Ⅲ(DNA Pol Ⅲ)全酶的催化加接上核苷酸,沿一条亲本链延伸。④ 解链的模板与 Dna B/Dna C 复合物促进引物酶的加入,组成引发体(primosome)。由 ATP 供能,引发体在 DNA 链上移动,到达适当的位置后,以 4 种 NTP 为底物,由引物酶催化,按 $5' \rightarrow 3'$ 方向合成一段 RNA 引物。⑤ DNA 聚合酶Ⅲ全酶把核苷酸加接到引物链上,从而合成冈崎片段,这种合成继续到前一个冈崎片段的引物处才停止。⑥ DNA 聚合酶Ⅰ(Pol Ⅰ)代替 Pol Ⅲ全酶,切除引物 RNA,并合成 DNA 填补去除引物后留下的空位。⑦ 由 DNA 连接酶封闭缺口,从而把冈崎片段连接到后随链上。⑧ 复制叉继续推进,直到复制完成为止。

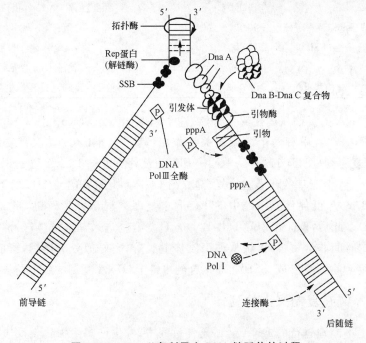

图 14-19　*E. coli* 复制叉上 DNA 链延伸的过程

前导链的合成比较简单,DNA 聚合酶Ⅲ全酶与前导链模板结合,紧接引物 RNA 3′-OH 端连续合成 DNA,其行进方向与复制叉一致,后随链的合成比较复杂。为了使 DNA 聚合酶Ⅲ全酶可以同步合成前导链和后随链,并保持合成方向与复制叉行进方向一致,后随链的模板必须回折成环状(图 14-20)。合成完一个冈崎片段后,全酶重新定位于复制叉附近,并进行再合成。结果形成一段连续的前导链和一连串冈崎片段。

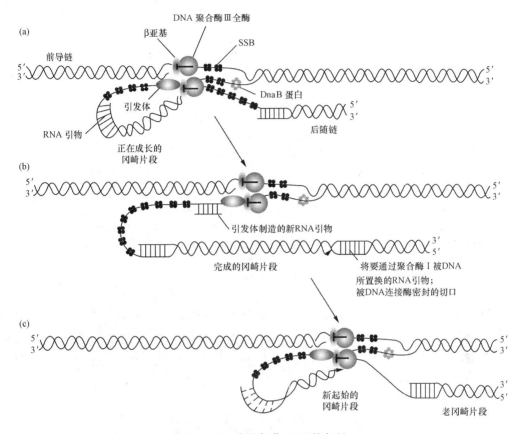

图 14-20　大肠杆菌 DNA 的复制

(a) 含有两个 DNA 聚合酶Ⅲ全酶的复制体合成前导链和后随链。后随链模板必须绕成环状,以便全酶延伸被引发的后随链。(b) 全酶遇到先前已合成好的冈崎片段时,释放出后随链模板。这可能发出信号给引物体,起始合成一条后随链 RNA 引物。(c) 全酶重新结合后随链模板,并延伸 RNA 引物以形成一个新的冈崎片段。请注意,在这个模型中,前导链的合成总是先于后随链的合成

(五) DNA 复制的终止

大肠杆菌复制末端终止区长为 350 000 bp,位于 ori C 对面。在复制叉会合点两侧约 100 bp 处有 7 个终止子,每个约 23 bp,其中 Ter E、Ter D 和 Ter A 在一侧,而 Ter G、Ter F、Ter B 和 Ter C 在另一侧(图 14-21)。一个逆时针方向移动的复制叉允许通过 G、F、B 和 C,却不能通过 A、D 或 E,而顺时针方向移动的复制叉能通过 E、D 和 A,但止步于 C、B、F 或 G。两组终止子,A、C 是主要的,D、E 及 B、F、G 分别是 A、C 的候补位点,一旦居先的终止子失败,还有候补位点做保障,使终止过程得以完成。

Tus 蛋白能识别并结合于终止子的 23 bp 序列,形成 Tus-Ter 复合物,具有反解链酶活性,能阻止 Dna B 的解链作用,从而抑制复制叉的前进。在 ori C 处双向起始的两个复制叉

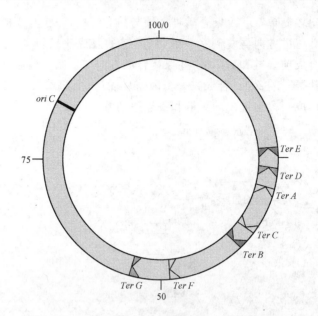

图 14-21 显示 *Ter* 位点位置的大肠杆菌染色体图谱

Ter C、Ter B、Ter F 和 *Ter G* 位点和 TUS 蛋白一起,允许一个逆时针方向运动的复制体通过,而不允许顺时针方向运动的复制体通过。*Ter A、Ter D* 和 *Ter E* 位点与此相反。结果,在 *ori C* 起始的双向 DNA 复制的两个复制叉将在 *ori C* 对面的 *Ter* 位点之间会合

一般是等速前进的,但如果其中一个先到达复制末端,Tus 会令它停止,等待另一个的会合。Tus 使复制叉停止运动后,复制体解体,此时,还有一段序列以一种未知机制最终完成复制,形成两个环状染色体,相互缠绕在一起,称为连锁环(interlocking rings),见图 14-22。分开它们需要 DNA 拓扑异构酶Ⅳ。当细胞分裂时,分开的染色体各自进入子代细胞。其他环状染色体的复制终止过程与此类似。

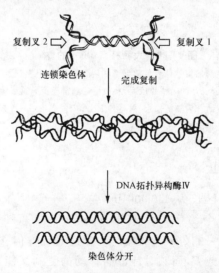

图 14-22 两个连锁的闭环双链 DNA 彼此解开

五、真核生物 DNA 的复制

真核细胞的 DNA,被组织成复杂的核蛋白结构,比细菌的 DNA 大得多。虽然,二者复制的主要过程是相同的,但是,也存在一些差别。

（一）真核生物 DNA 的复制是多起点的

真核生物染色体具有多个复制起点。通过测算,可估算出复制子的大小。哺乳动物的复制子大多在 $100\sim200$ kb 之间。人的细胞有 23 对染色体,单倍体基因组大约有 3×10^9 bp,平均每个染色体有 1000 个复制子。果蝇或酵母的复制子比较小,平均为 40 kb。

真核生物 DNA 的复制速度比原核生物慢,基因组比原核生物大,然而真核生物染色体 DNA 上有许多复制起点,它们可以分段进行复制(图 14-23)。细菌 DNA 复制叉移动速度为 50 000 bp/min,哺乳动物复制叉移动速度仅 $1000\sim3000$ bp/min,相差约 $20\sim50$ 倍,然而哺乳动物的复制子大小只有细菌的几十分之一,所以,就每个复制单位而言,复制所需时间在同一数量级上。真核生物与原核生物染色体 DNA 的复制还有一个明显的区别,那就是,真核生物染色体在全部复制完成之前,起点不再重新开始复制,而在快速生长的原核生物中,起点可以连续发动复制。真核生物在快速生长时,往往采用更多的复制起点。黑腹果蝇的早期胚胎细胞中相邻两个复制起点的平均距离为 7.9 kb,培养的成体细胞中复制起点的平均距离为 40 kb,说明成体细胞只利用了一部分复制起点。图 14-24 显示果蝇 DNA 多复制起点,图中箭头所指为多复制眼。

多起点双向

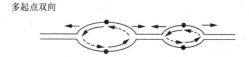

图 14-23　真核生物染色体 DNA 的多复制起点示意图

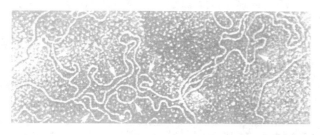

图 14-24　正在复制的果蝇 DNA 的一个片段的电镜照片

（二）真核生物的 DNA 聚合酶和复制体

真核生物有几种 DNA 聚合酶,现在从哺乳动物细胞中分离出 5 种,按照它们被发现的顺序依次命名为聚合酶 α、β、γ、δ 和 ε,表 14-4 中列出了它们的性质。真核生物 DNA 聚合酶和细菌 DNA 聚合酶基本性质相同,均以 4 种脱氧核糖核苷三磷酸为底物,需要 Mg^{2+} 激活,聚合时必须有模板和引物 3'-OH 的存在,链的延伸方向为 $5'\rightarrow3'$。

表 14-4　哺乳动物的 DNA 聚合酶*

	DNA 聚合酶 α(Ⅰ)	DNA 聚合酶 β(Ⅳ)	DNA 聚合酶 γ(M)	DNA 聚合酶 δ(Ⅲ)	DNA 聚合酶 ε(Ⅱ)
定位	细胞核	细胞核	线粒体	细胞核	细胞核
亚基数目	4	1	2	2	>1
外切酶活性	无	无	$3'→5'$外切酶	$3'→5'$外切酶	$3'→5'$外切酶
引物合成酶活性	有	无	无	无	无
持续合成能力	中等	低	高	有 PCNA 时高	高
抑制剂	蚜肠霉素	双脱氧 TTP	双脱氧 TTP	蚜肠霉素	蚜肠霉素
功能	引物合成	修复	线粒体 DNA 合成	核 DNA 合成	修复

* 酵母相应 DNA 聚合酶以括弧内罗马数字和 M 表示。

真核细胞核染色体的复制由 DNA 聚合酶 α 和 δ 完成。现在认为,聚合酶 α 的功能只是合成引物,但是,它在合成一小段 RNA 引物链后还可以聚合 4～5 个寡聚脱氧核糖核苷酸。DNA 聚合酶 δ 既有持续合成能力,又有校正功能,由它完成 DNA 复制。推测在复制叉上有一个 DNA 聚合酶 α,以合成引物;两个 DNA 聚合酶 δ,分别合成前导链和后随链。DNA 聚合酶 δ 与一种称为增殖细胞核抗原(PCNA)的复制因子结合。PCNA 相当于大肠杆菌 DNA 聚合酶Ⅲ的 β 亚基,它能形成环状夹子,极大增加聚合酶的持续合成能力。

DNA 聚合酶 ε 可能相当于细菌的 DNA 聚合酶Ⅰ,它是一种修复酶,参与 DNA 的修补合成。RNA 引物被 RNase H1 和 MF-1 水解,然后由 DNA 聚合酶 ε 填补缺口,DNA 连接酶Ⅰ将冈崎片段相连接。DNA 聚合酶 β 是修复酶。DNA 聚合酶 γ 是线粒体的 DNA 合成酶。

在真核生物的 DNA 复制中,另有两个蛋白质复合物参与作用。RP-A 是真核生物的 DNA 单链结合蛋白,相当于大肠杆菌的 SSB 蛋白。RF-C 是夹子装配器,相当于大肠杆菌的 γ 复合物,帮助 PCNA 因子安装到双链上以及拆下来,它还促进复制体的装配。现将细菌和真核生物复制体的组成总结于表 14-5。表中所说的进行性因子也就是持续性因子。

表 14-5　细菌和真核生物复制体的组成

组　成	细　菌	真核生物
复制酶	DNA 聚合酶Ⅲ全酶	DNA 聚合酶 α/DNA 聚合酶 δ
进行性因子	β 夹子	PCNA
定位因子	γ 复合物	RF-C
引物合成酶	Dna G	DNA 聚合酶 α(引物合成酶)
去除引物	RNase H 和 DNA 聚合酶Ⅰ	RNase H1 和 MF-1($5'→3'$外切核酸酶)
后随链修复	DNA 聚合酶Ⅰ和 DNA 连接酶	DNA 聚合酶 ε 和 DNA 连接酶Ⅰ
解螺旋酶	Dna B(定位需要 Dna C)	T 抗原
消除拓扑张力	旋转酶	拓扑异构酶Ⅱ
单链结合	SSB	RP-A

(三) 端粒和端粒酶

真核生物染色体线性 DNA 复制时,后随链最末的一个冈崎片段,其 RNA 引物被除去后,留下的空缺无法填补,造成子代 DNA 分子一条链的 $5'$ 末端因此变短(图 14-25)。但在正常条件下,情况并非如此,这是由于真核生物线性染色体的末端具有一种特殊结构,称为端粒(telomer)，它在维持基因完整性和功能稳定性方面具有重要意义，见图 14-26。图中还标出了染色体 DNA 复制的多个起始点和着丝粒。着丝粒是每条染色体中央附近的结构，它是有丝分裂中正常染色体分离所需要的。

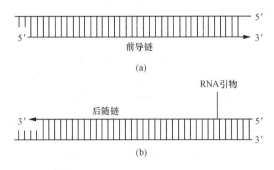

图 14-25　平端染色体的复制

前导链合成可进行至染色体的末端(a)。然而，DNA 聚合酶不能合成后随链的最后 5′末端(b)。引物的去除，以及剩余单链的降解导致染色体每轮复制后就短一点

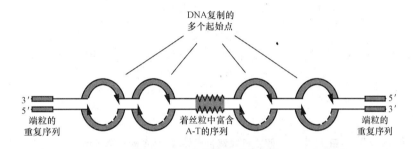

图 14-26　真核染色体的结构

端粒和着丝粒的相对位置，以及 DNA 复制的多个起始点

端粒 DNA 由上千个拷贝组成，四膜虫的单拷贝序列为 TTGGGG，人的则为 TTAGGG。由此可见，端粒重复序列一条链富含 G，其互补链富含 C。

端粒酶的本质是核糖核蛋白，由 RNA 和蛋白质组成，用其分子内的 RNA 做模板，从 5′→3′方向合成端粒结构的重复序列，四膜虫端粒酶的 RNA 有 159 个核苷酸，模板区为 AACCCCAAC，其蛋白部分在功能上与逆转录酶相似，称为端粒逆转录酶。端粒序列的合成过程如图 14-27 所示。端粒酶启动富含 G 的端粒链 3′端和模板 RNA 之间的杂交，以 AAC 做模板，加接 TTG 到端粒链的 3′端。端粒酶转位，模板 RNA 的 AAC 与端粒链新掺入的 TTG 配对后，再加接上 GGGTTG，如此反复进行，使富含 G 的端粒链得以延伸，及至达到足够长度时，引发酶即合成 RNA 引物，与端粒链 3′端互补。DNA 聚合酶用新生的引物合成 DNA，使富含 C 的端粒链得以完整。去除新生引物后，富含 G 的端粒链上必然留下一个 12～16 bp 的 3′突端。

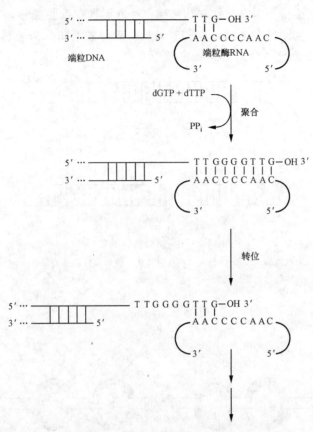

图 14-27　四膜虫端粒酶合成端粒 DNA 的推测机制

端粒的 5′结尾链随后通过正常的后随链合成方式被延长

内 容 提 要

　　DNA 的复制是半保留的,即子代分子的一条链来自亲代,另一条是新合成的。

　　人们先后从大肠杆菌中分离出 DNA 聚合酶Ⅰ、Ⅱ和Ⅲ。DNA 聚合酶的反应机制是,需要 4 种脱氧核糖核苷三磷酸为底物,要求有模板和引物。DNA 链的合成方向为 5′→3′。DNA 聚合酶Ⅰ除了能催化合成 DNA 链之外,还具有 3′→5′和 5′→3′外切核酸酶的活性。DNA 聚合酶Ⅱ和Ⅲ也有 3′→5′外切核酸酶的活性,但无 5′→3′外切酶活性。由 10 种不同亚基组成的 DNA 聚合酶Ⅲ以不对称二聚体的形式存在,是大肠杆菌的复制酶。

　　DNA 复制开始于特定的起点,单向或双向进行。DNA 复制时,在复制叉上一条链的合成是连续的,叫做前导链,另一条链的合成是分段进行的,即不连续的,叫做后随链,这种复制方式称为半不连续复制。不连续的片段叫做冈崎片段。

　　DNA 复制分起始、延伸和终止三个阶段。复制起始,亲本链解开,SSB 防止单链"退火",含引发合成酶的引发体合成 RNA 引物,DNA 聚合酶Ⅲ合成 DNA 链。由于 DNA 聚合酶只能沿 5′→3′方向复制,因此,后随链模板必须回折成环。原核生物 DNA 复制的终止阶段,两个方向相反的复制叉在终止区相遇。

　　真核生物含有至少 5 种 DNA 聚合酶,具有多个复制起始点。为了复制后随链的 5′末端,真核生物染色体以端粒序列为结尾。端粒是由端粒酶合成的。

习　　题

1. 简述什么是 DNA 的半保留复制和 DNA 的半不连续复制。

2. DNA 由 ^{15}N 标记的大肠杆菌转移到 ^{14}NH$_4$Cl 中培养,在增殖 3 次后的大肠杆菌 DNA 分子中 ^{15}N^{15}N,^{15}N^{14}N,^{14}N^{14}N 3 种分子所占的比例各是多少?

3. 试解释为什么 DNA 聚合酶催化的反应只能在引物的 5′端向 3′端延长而不是 3′端向 5′端延长?

4. 什么是复制体?

5. 什么是双向复制? 什么是单向复制?

6. DNA 复制叉上的基本活动主要包括哪几项?

7. 简述 DNA 连接酶的作用机制。

8. 聚合酶的哪些性质确保了 DNA 复制的忠实性?

第十五章　DNA 的修复和重组

　　生长在自然界中的生物，常常受到各种物理化学因素，如紫外线、电离辐射和化学诱变剂的影响，从而使其 DNA 受到损伤。此外，DNA 在复制过程中也可能产生碱基错配。为了维持 DNA 分子遗传信息的完整性，细胞内存在一套 DNA 损伤的修复机制。这种修复，是生物在长期进化过程中获得的一种保护功能。

　　DNA 分子内或分子间发生携带遗传信息的核苷酸序列的重排，称为遗传重组（genetic recombination），或称基因重排（gene rearrangement）。重组产物称为重组体 DNA（recombinant DNA）。重组体 DNA 的序列来源于两个或两个以上亲本 DNA 的序列，或来源于一个 DNA 分子的不同部位。DNA 重组广泛存在于各类生物中。

　　修复可维持 DNA 遗传信息的完整性，而重组则会扩展生物遗传的多样性（diversity），可能使后代具有更强的生存能力。重组还为 DNA 损伤提供修复机制。

一、突变是 DNA 损伤的结果

（一）脱氨作用和脱嘌呤作用

　　自发脱嘌呤作用和胞嘧啶的自发脱氨作用是常见的 DNA 损伤形式。胞嘧啶自发脱氨形成尿嘧啶，如果这种改变得不到更正，DNA 经过几轮复制之后，其 G-C 碱基对就会变成 A-T 碱基对（图 15-1）；类似的变化是自发脱嘌呤作用，DNA 分子中的嘌呤核苷酸残基，在生理温度下，其 N-糖苷键自发水解，嘌呤碱基脱落。据估计，在人体细胞的每 10^9 bp 中，每天就有多达 10^3 次的脱嘌呤作用。

（二）胸腺嘧啶二聚体

　　物理因素的影响也常使 DNA 分子受损伤，如紫外线和电离辐射，会引起同一条 DNA 链上相邻胸腺嘧啶之间形成环丁基环，从而产生一个链内胸腺嘧啶二聚体（thymine dimer），见图 15-2。类似的胞嘧啶二聚体也可能形成，但发生频率较低。这种嘧啶二聚体，在分子局部扭曲 DNA 的碱基配对结构，可能使得与互补链上相应碱基之间的氢键遭到破坏。嘧啶二聚体影响复制和转录。

（三）化学诱变剂

　　能引起 DNA 分子结构改变的化学物质称为化学诱变剂（chemical mutagen），诱变使 DNA 受损伤。目前，许多诱变剂的作用机制已经弄清楚。

　　与 DNA 正常碱基结构类似的化合物称为碱基类似物（base analog），它能在 DNA 复制时取代正常碱基掺入，并与互补链上碱基配对。5-溴尿嘧啶（5BU）是胸腺嘧啶（5-甲基尿嘧啶）的类似物，在通常情况下它以酮式结构存在，能与腺嘌呤配对；但有时以烯醇式结构存在，与鸟嘌呤配对（图 15-3）。胸腺嘧啶也有酮式和烯醇式互变异构现象，但其烯醇式发生

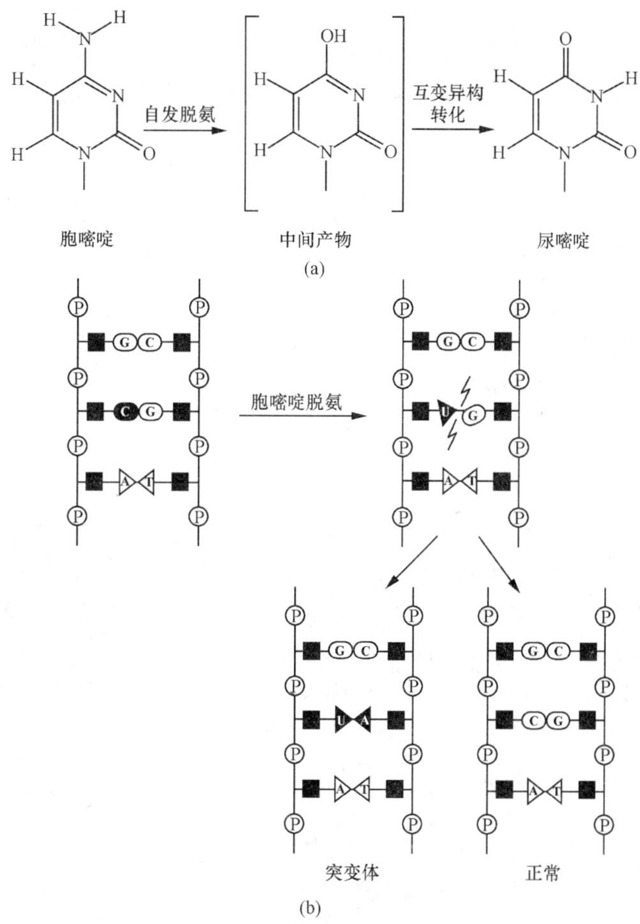

H — N — H

自发脱氨

互变异构
转化

胞嘧啶　　　　　　　中间产物　　　　　　尿嘧啶

(a)

胞嘧啶脱氨

突变体　　　　正常

(b)

图 15-1　胞嘧啶脱氨引起突变示意图

（a）脱氨作用使胞嘧啶转变为尿嘧啶；（b）如果胞嘧啶的脱氨得不到改正，其结果就是经过以后几轮的 DNA 复制之后，G-C 就突变为 A-T

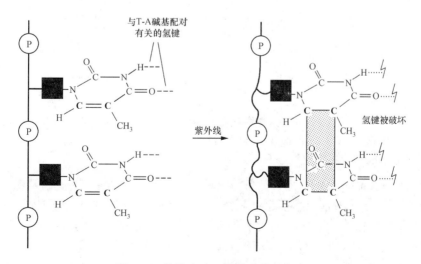

与 T-A 碱基配对有关的氢键

紫外线

氢键被破坏

图 15-2　胸腺嘧啶二聚体形成示意图

率极低。而 5-溴尿嘧啶,由于其电负性强的影响,烯醇式发生率高得多,因此,显著提高了诱变能力。当 5-溴尿嘧啶代替胸腺嘧啶掺入 DNA 时,在以后的复制中便诱导 A-T 转变为 G-C。5-溴尿嘧啶也偶尔代替尿嘧啶掺入 DNA,此时将诱导 G-C 转变为 A-T。

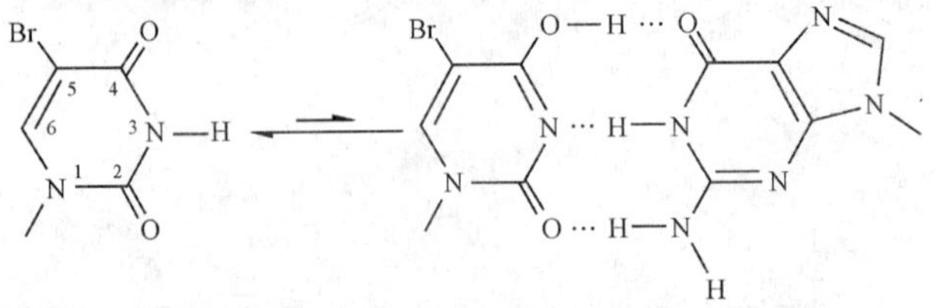

5-溴尿嘧啶
(酮式互变异构体)

5-溴尿嘧啶
(烯醇式互变异构体)

鸟嘌呤

图 15-3　5-溴尿嘧啶

5-溴尿嘧啶的酮式是其最常见的互变异构体。然而,经常采用与鸟嘌呤碱基配对的烯醇式

在水溶液中,亚硝酸(HNO_2)引起芳香伯胺氧化脱去氨基,因此它能脱去 DNA 碱基上的氨基。胞嘧啶由亚硝酸引起的脱氨与其自发脱氨的结果一样都成为尿嘧啶,与腺嘌呤配对。腺嘌呤脱氨后成为次黄嘌呤(Ⅰ),与胞嘧啶配对,而不是与原来的胸腺嘧啶配对,见图 15-4。分别由于胞嘧啶和腺嘌呤脱氨的 DNA,经过两轮复制后,其 G-C 碱基对将转变为 A-T 碱基对,而 A-T 碱基对将转变成 G-C 碱基对。

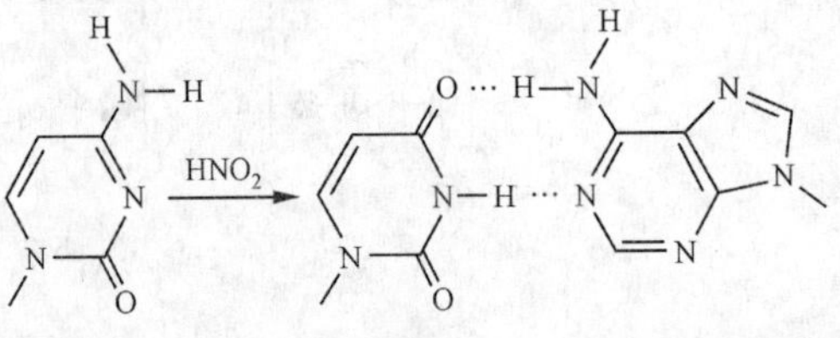

胞嘧啶

尿嘧啶

腺嘌呤

(a)

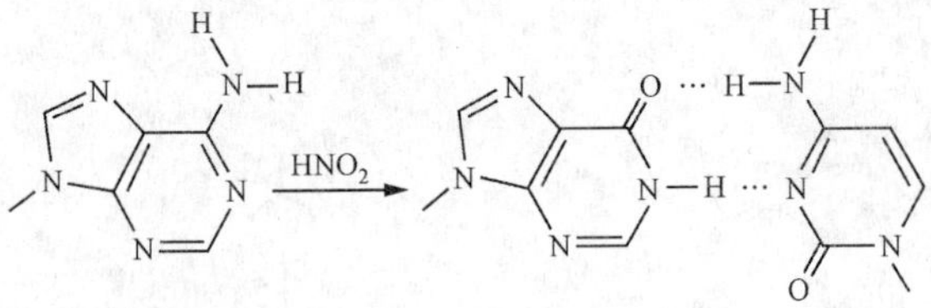

腺嘌呤

次黄嘌呤

胞嘧啶

(b)

图 15-4　由亚硝酸引起的氧化脱氨基作用

(a) 胞嘧啶被转变为与腺嘌呤碱基配对的尿嘧啶;(b) 腺嘌呤被转变为次黄嘌呤,一种与胞嘧啶碱基配对的鸟嘌呤衍生物(它缺少鸟嘌呤的 2 位氨基)

烷化剂(alkylating agent)是一类强的化学诱变剂,如氮芥和乙基亚硝基脲。烷化剂常使鸟嘌呤第 7 位氮原子烷基化,引起电荷分布的变化而改变碱基配对性质,如 7-甲基鸟嘌呤(MG)与胸腺嘧啶配对。此外,烷基化后的嘌呤和脱氧核糖结合的糖苷键变得不稳定,容易引起嘌呤的脱落。即使在没有烷化剂的情况下,也会产生自发脱嘌呤作用。DNA 分子由于碱基丢失,所产生序列中的缺口,被一种容易出错的酶系统修复填平,当丢失的嘌呤被嘧啶代替时,便引起 DNA 的改变。

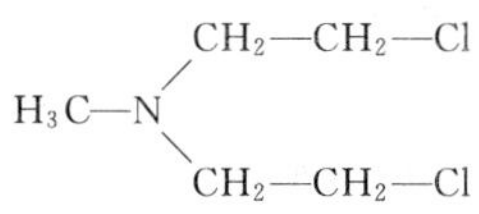

$$CH_2-CH_2-Cl$$
$$H_3C-N$$
$$CH_2-CH_2-Cl$$

氮芥

$$O \quad CH_2-CH_3$$
$$H_2N-C-N$$
$$N=O$$

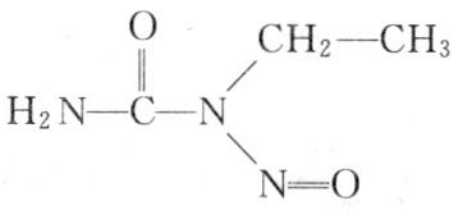

乙基亚硝基脲

受损伤的 DNA,如果得不到及时修复,最严重的后果是引起 DNA 碱基序列的改变,这些改变通过复制传给子代细胞成为永久性的变化,这就是突变(mutation)。一个碱基对替换了另一个碱基对,此为点突变(point mutation)。增加或缺失一个或多个碱基对的突变,称为插入作用(insertion)或缺失作用(deletion)。如果突变对基因功能的影响是可忽略的,称为沉默突变(silent mutation)。能给细胞提供优越性的突变虽然罕见,然而,在自然选择和进化过程中,它能使生物产生多样性。大多数突变有害,在动物细胞中,突变的积累与癌的形成有密切联系。

二、DNA 的损伤修复机制

DNA 每天遭受数以千计的损伤,其中包括复制时出现的错误。因此,细胞必须具备有效的修复系统,否则,关键基因的 DNA 损伤几小时之后,细胞的基本功能就会丧失。

(一)碱基切除修复

细胞内有许多特异的 DNA 糖基化酶,它们能识别 DNA 链中不正常的碱基,并将其水解下来。在 DNA 损伤过程中,腺嘌呤脱氨后会形成次黄嘌呤,对于这一不正常的碱基,细胞内的次黄嘌呤-N-糖基化酶可以把它除去。胞嘧啶脱氨后也会转变成尿嘧啶,它被尿嘧啶-N-糖基化酶切掉(图 15-5)。糖基化酶还可识别并除去由烷化剂引起的烷基化碱基。受损碱基被除去后,DNA 分子中无嘌呤或无嘧啶位点常称为 AP 位点。此外,DNA 的碱基被修饰后,造成 N-糖苷键不稳定而自发水解也可产生 AP 位点。

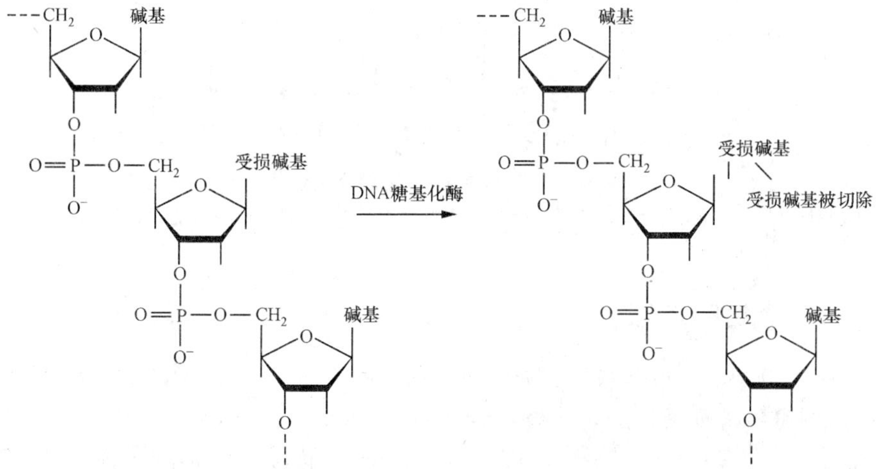

图 15-5　糖基化酶切除受损碱基

一旦 AP 位点形成后,即由 AP 内切核酸酶在位点附近将 DNA 链切开。不同 AP 内切核酸酶的作用方式不同,切点或在 5′ 侧,或在 3′ 侧。随后外切核酸酶将包括 AP 位点在内的 DNA 片段切除。兼有外切酶活性的 DNA 聚合酶 I 使 DNA 链 3′ 端延伸以填补空缺,最后 DNA 连接酶将链连接上(图 15-6)。必须切除 AP 位点附近若干个核苷酸后才能进行修复合成,细胞内没有相应的酶能在 AP 位置直接将碱基补上。

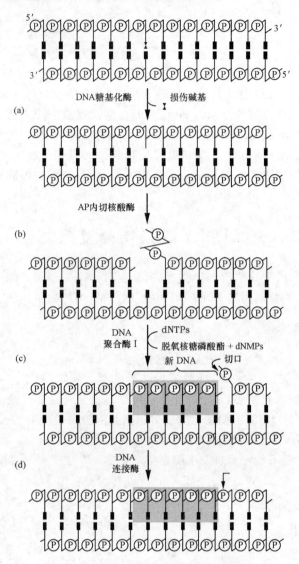

图 15-6　DNA 的碱基切割修复途径

(a) DNA 糖基化酶除去受损伤碱基;(b) AP 内切核酸酶除去无碱基位点;(c) DNA 聚合酶Ⅰ填充缺口;(d) DNA 连接酶封口

(二) 核苷酸切除修复

上面介绍了由于单个碱基缺陷所进行的碱基切除修复。如果 DNA 损伤造成双螺旋结构较大变形,则需要进行核苷酸切除修复(nucleotide excision repair)。研究最多的是大肠杆菌 DNA 短片段修复(short patch repair),之所以这样称谓,是因为剪切修补的聚核苷酸区域相对短小。损伤链由剪切酶(excinuclease)切除。该酶 A、B、C 三个亚基分别由基因 *uvrA*、*uvrB* 和 *uvrC* 产生,称为 UvrA、UvrB 和 UvrC。受损核苷酸螺旋发生扭曲,UvrAB 三聚体结合到变形处,UvrA 很快脱离,UvrC 与 UvrB 结合成二聚体,切除损伤位置的寡核苷酸片段,空缺最后由 DNA 聚合酶Ⅰ填补,DNA 连接酶封口(图 15-7)。

在大肠杆菌中,如果 DNA 发生多处严重损伤,会诱导一种长片段修复(long patch re-

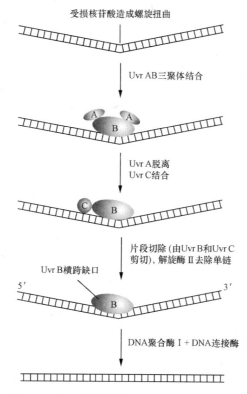

图 15-7　大肠杆菌中的短片段核苷酸切除修复

pair)，其切割的 DNA 片段可达 2 kb。

（三）错配修复

DNA 的错配修复(mismatch repair)机制是在对大肠杆菌的研究中被阐明的。DNA 在复制过程中发生错配，即正常碱基 A、G、C 和 T 插入到新合成链的错误位置，如果新链被校正，则基因编码信息不会受影响。细胞错配修复系统能区分"旧"链和"新"链。DNA 腺苷酸甲基化酶(DNA adenine methylase，Dam)，可使 GATC 序列中的腺嘌呤 N^6 位甲基化而不改变其碱基配对性质。DNA 复制与新链甲基化之间存在一段延迟时差，因此，复制后的 DNA，在短期内(数分钟)为半甲基化的 GATC 序列(图 15-8)。修复系统利用这一时机，扫描 DNA 寻找错配碱基，切除未甲基化的异常链片段，并以甲基化"旧"链为模板进行修复合成。

参与大肠杆菌错配修复的几个特殊蛋白由 *mut* 基因编码。MutS 识别并结合到 DNA 的错配碱基部位，MutH(有内切核酸酶活性)识别错配位点附近的 GATC 序列，并结合其上(图 15-9)，剪开位于 G 5′侧的磷酸二酯键，解旋酶Ⅱ解离的受损单链区由核酸外切酶降解除去。切除的片段可达 1000 个核苷酸以上，直到超越错配区。在此过程中，MutL 蛋白则配合 MutS 和 MutH 起作用。切除 DNA 链异常片段，留下的空缺由 DNA 聚合酶填补，连接酶最后封口。

以上介绍的是大肠杆菌长片段错配修复过程，其短错配修复和超短错配修复过程与此类似。

（四）直接修复

有些 DNA 损伤，无需进行碱基或核苷酸的剪切，通过直接方式便得以修复。

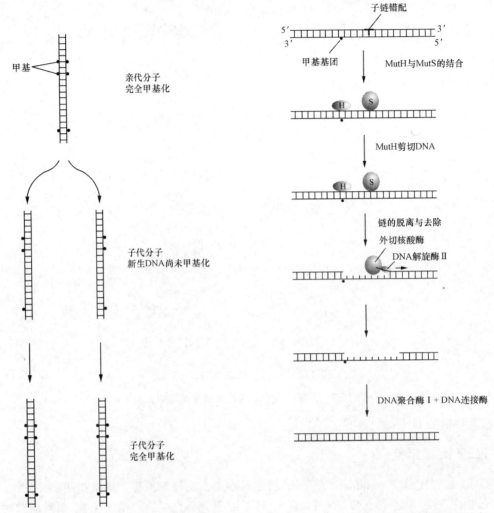

图 15-8　大肠杆菌中新合成 DNA 的甲基化并

不在复制后立即出现,这为错配修复蛋白

识别子链并校正复制错误提供了机会

图 15-9　大肠杆菌中的长片段错配修复

　　电离辐射造成磷酸二酯键的断裂称为缺刻(nick),缺刻两端核苷酸的 $3'$-OH 和 $5'$-磷酸基没有破坏,可被 DNA 连接酶直接修复(图 15-10)。

　　当 DNA 分子遭受紫外线照射,同一条链相邻两个胸腺嘧啶碱基之间形成二聚体(T̂T),光复活修复(photoreactivation repair)是这种损伤的直接修复方式。首先光复活酶结合于损伤部位,然后可见光(最有效波长为 400 nm 左右)激活光复活酶,它能将胸腺嘧啶二聚体转化为原来的单体核苷酸,见图 15-11。

(五) 重组修复

　　当复制遇到一个嘧啶二聚体时会停下来,并在二聚体位点后重新开始聚合,产生的子链在二聚体的对面有一个缺口(图 15-12)。这种损伤可通过姐妹链交换(sister strand exchange)来修复。其机制是:从"好"链上的同源 DNA 片段切下一截没有缺陷的单链片段,插入子链跳过嘧啶二聚体所造成的空位上。DNA 聚合酶 I 和 DNA 连接酶共同作用把插入片段与邻近区域相连接,从而填补缺口。片段供体链(有缺口的亲链)被切所形成的缺口

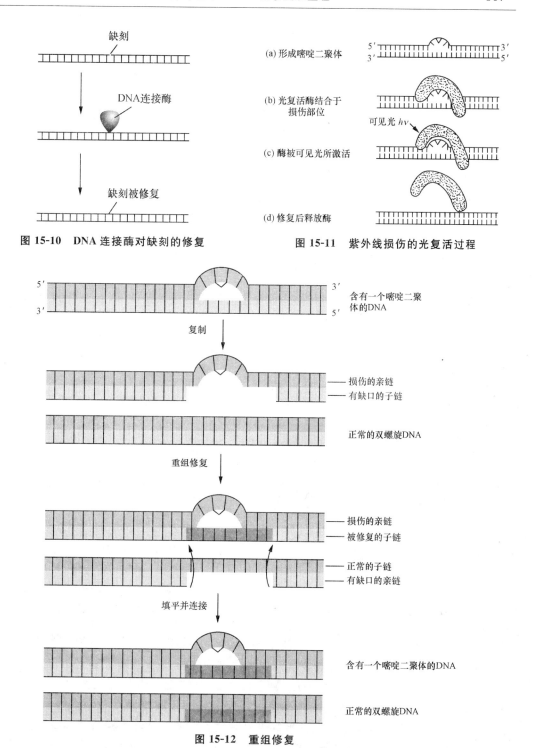

缺刻

DNA连接酶

缺刻被修复

图 15-10　DNA 连接酶对缺刻的修复

(a) 形成嘧啶二聚体

(b) 光复活酶结合于损伤部位

可见光 hv

(c) 酶被可见光所激活

(d) 修复后释放酶

图 15-11　紫外线损伤的光复活过程

5′　　　　　　　　　　　　　3′
3′　　　　　　　　　　　　　5′　含有一个嘧啶二聚体的DNA

复制

损伤的亲链
有缺口的子链

正常的双螺旋DNA

重组修复

损伤的亲链
被修复的子链

正常的子链
有缺口的亲链

填平并连接

含有一个嘧啶二聚体的DNA

正常的双螺旋DNA

图 15-12　重组修复

这一系统允许损伤位点相对的新合成的 DNA 链上的缺口被来自其姐妹双螺旋的相应片段填平

同样由 DNA 聚合酶 I 和 DNA 连接酶填补完整。此过程称为重组修复。

　　重组修复不能将 DNA 损伤最终消除，但是，随着复制的不断进行，若干代后，嘧啶二聚体可被切除修复或光复活作用去除。

（六）差错倾向修复

复制中的 DNA 遭受紫外线强烈照射，结果形成许多胸腺嘧啶二聚体（T̂T）。在这种情况下，原有 DNA 聚合酶受抑制，同时诱导产生新的 DNA 聚合酶Ⅳ和Ⅴ，它们精确识别碱基的能力低，缺乏校正功能。复制继续进行时，由 DNA 聚合酶Ⅳ和Ⅴ催化，在 DNA 模板链损伤部位的对应点上，即使出现不配对的碱基，复制仍能继续前进，直至最后完成（图 15-13）。这种允许复制通过许多损伤点（即使错配）而不中断的复制，称为差错倾向修复（error prone repair），因为它是由 SOS 反应（SOS response）诱导出现的一种应急措施，所以也叫做 SOS 修复。这种修复带来高频率的变异，其所蕴含的原则是，宁愿允许错配失去某些遗传信息而活下来，总比根本不能生存的好。

差错倾向修复的结果产生突变体，见图 15-14。由于紫外线照射，亲本 DNA 中的一条链形成胸腺嘧啶二聚体，在 SOS 反应引发的第一轮复制中，两个子一代分子有一个是突变体，第二轮复制的子二代，两个是忠实复制的分子，另两个则是突变体分子。在一般环境中，突变对生物不利，可是在 DNA 受到损伤或复制被抑制的特殊条件下，突变将有利于生物的生存，因此，SOS 反应可能在生物进化中起重要作用。

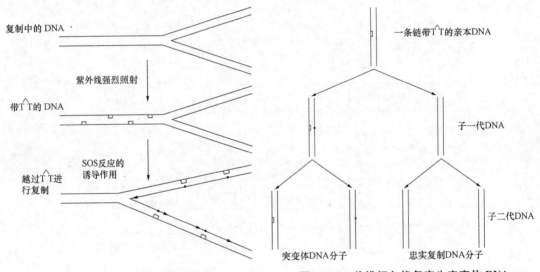

图 15-13　进行中的差错倾向修复　　　　　图 15-14　差错倾向修复产生突变体 DNA

　　　在大肠杆菌中，损伤的 DNA 或抑制复制的手段都能引起一系列细胞表型（生物除 DNA 以外的所有性状和特征的总和）的改变，此过程称为 SOS 反应。这是由 RecA 蛋白和 LexA 阻遏物相互作用而建立起来的。紫外线照射、交联剂或烷化剂的作用都可引发 SOS 反应。RecA 蛋白除了在同源重组中起重要作用外，它也是 SOS 反应的发动因子。RecA 蛋白一旦被激活，SOS 反应就很快发生。激活的信号是什么？体外实验表明，RecA 的激活需要单链 DNA 和 ATP 的存在，这提示，信号可能是在 DNA 损伤位点处的单链区域内所形成的一些结构。当激活信号出现时，RecA 蛋白被激活而促进 LexA 自身潜在的蛋白水解酶活性。LexA 蛋白是许多基因的阻遏物，当它自身的蛋白水解酶活性被激活后便自我分解，使一系列基因得以表达（表 15-1）。RecA 和 LexA 在 SOS 反应中是两个相互关联的重要物质，RecA 激发 LexA 的自我水解（切割），后者阻遏 RecA。LexA 切割后，*recA* 基因大量表达，RecA 蛋白含量从每细胞约 1200 分子的基础水平上升 50 倍，这就意味着有足够的

RecA 保证所有的 LexA 都被切开,以防止其重新形成对目的基因的阻遏。

表 15-1　大肠杆菌 SOS 反应诱导的部分基因

基因名	所编码的蛋白及在 DNA 修复中的功能	基因名	所编码的蛋白及在 DNA 修复中的功能
已知功能的基因		$dinB$	编码 DNA 聚合酶 IV
$polB(dinA)$	编码 DNA 聚合酶 II 亚基,在重组修复中重新开始复制所需	参与 DNA 代谢的基因 ssb	在 DNA 修复中功能未知 编码 SSB 蛋白
$uvrA$ $uvrB$	编码 UvrABC 内切核酸酶 UvrA 和 UvrB 亚基	$uvrD$ $himA$	编码 DNA 解螺旋酶 II 编码寄主整合因子亚基,参与位点特异重组、复制、转座基因表达调节
$uvrC$ $uvrD$	编码 DNA 聚合酶 V		
$sulA$	编码抑制细胞分裂蛋白,以便进行 DNA 修复	$recN$ 未知功能的基因 $dinD$	重组修复所需
$recA$	编码 RecA 蛋白,这是一种差错倾向修复和重组修复都需要的蛋白	$dinF$	

在细胞中,当损伤 DNA 和抑制复制的手段都不复存在,RecA 蛋白的激活信号被去除时,$lexA$ 基因高水平表达,缺乏活性的 RecA 失去使 LexA 脱稳定(被切割)的能力,这样,LexA 蛋白迅速以未切割的形式积累,并关闭目的基因。所以 SOS 反应是可逆的,其机制如图 15-15 所示。

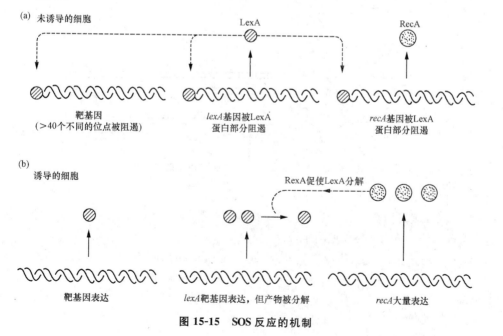

图 15-15　SOS 反应的机制

三、DNA 的同源重组

同源重组(homologous recombination)仅发生在具有广泛同源性的 DNA 片段之间,也称一般重组(general recombination)。

(一) Holliday 模型

1964 年,Holliday 在研究遗传重组的机制时提出一个 Holliday 模型,它对在分子水平上认识同源重组起了十分重要的作用(图 15-16)。这个模型有 4 个要点:

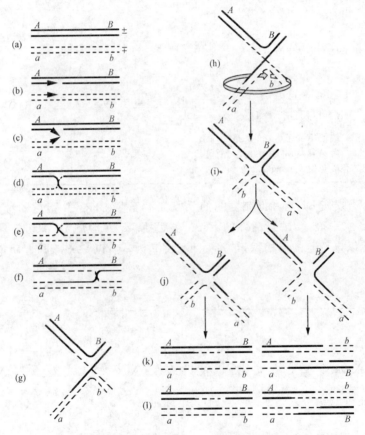

图 15-16 同源 DNA 双螺旋之间一般性重组的 Holliday 模型

(1) 两个同源 DNA 双螺旋分子并排放置[图中(a)]。

(2) 两个双螺旋 DNA 分子各自一条链断裂,并与另一个 DNA 分子对应的链连接,形成连接分子(joint molecule),见图中(b)～(e)。

(3) 连接分子通过分支移位产生异源双链(heteroduplex)DNA,称为 Holliday 结构,见图中(f)～(i)。(i)代表典型的 Holliday 结构,其外形像希腊字母 X,X 的英文注音为 chi,所以此中间体又称为 Chi 结构,交叉处称为 *chi* 位点,该位点有一段 Chi 序列 5′GCTGGT-GG3′。

（4）Holliday 结构通过不同方式被拆分为两个双螺旋 DNA 分子[图中(j)～(l)]。左侧为非重组体分子，但两个分子中各自一条链含有异源区。右侧则形成传统的重组分子。

（二）大肠杆菌的同源重组

和真核生物相比，对大肠杆菌同源重组了解得比较清楚，不但与重组有关的酶类得到了鉴定，而且它们的作用也已基本阐明。虽然，大肠杆菌同源重组和 Holliday 模型相比，不是每一个细节都完全一样，但是，在分子水平上重组事件发生的先后顺序是相似的。首先，从一个已断裂分子中产生的 DNA 单链与其对应的双螺旋发生作用；然后配对区域扩展，重组中间体形成；最终中间体被拆分，形成重组体分子。

1. RecBCD 核酸酶的作用

大肠杆菌 RecBCD 核酸酶由 3 个亚基组成，它们分别由基因 *recB*、*recC* 和 *recD* 编码。该酶有 3 种活性：① 依赖于 ATP 的核酸外切酶活性；② 可被 ATP 增强的内切核酸酶活性；③ ATP 依赖的解旋酶活性。

大肠杆菌基因组中天然存在 Chi 序列（5'GCTGGTGG3'），共有 1009 个，平均隔 5 kb 有一个，分布在 DNA 各部位，是重组热点。在 Chi 序列单一侧相距几千个碱基对处，如果发生双链断裂即可激活重组热点。当 DNA 分子断裂时，RecBCD 酶结合在其游离端，使 DNA 双链解旋，能量由 ATP 水解供给。及至酶移动到 Chi 序列，在其 3' 侧 4～6 个核苷酸处将一条链切开，产生具有 3' 端的游离单链。随后单链可参与重组各步骤（图 15-17）。

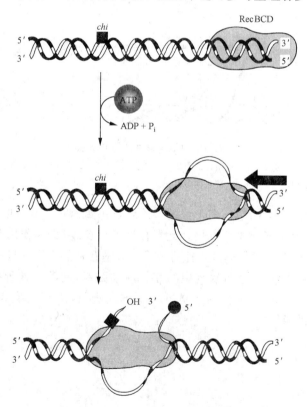

图 15-17 RecBCD 蛋白的作用模型

RecBCD 蛋白作用于双链 DNA 的末端，通过该蛋白质的解旋酶和单链内切核酸酶活性使 DNA 解旋，并在单链内切核酸酶活性的作用下 *chi* 位点的右侧 4～6 个核苷酸处切断单链 DNA 链。继而由 RecA 蛋白促进同源重组

2. RecA 蛋白介导的 DNA 链交换

在大肠杆菌中,RecA 蛋白介导的 DNA 链交换是重组的最关键步骤。RecA 的功能,除了诱发 SOS 反应外,还促进 DNA 单链侵入双螺旋形成三链结构(图 15-18),并与同源双链分子发生链交换,从而使重组过程的 DNA 配对、分支移动和 Holliday 中间体的形成等步骤得以产生。当 RecA 与 DNA 单链结合时,很多 RecA 单体协同聚集在单链上,形成螺旋状纤丝(helical filament)。RecF、RecO 和 RecR 蛋白调节 RecA 纤丝的装配和拆卸。

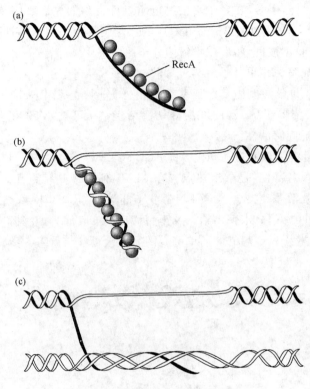

图 15-18　RecA 蛋白的作用方式

两个同源的 DNA 分子之间通过 RecA 蛋白的作用发生联会。在(a)、(b)和(c)中,RecA 蛋白和单链 DNA 相结合并迫使单链进入双螺旋结构形成三链结构,促进同源性重组

RecA 蛋白与单链 DNA 结合,所形成的螺旋纤丝每圈含 6 个蛋白单体和 18.6 个碱基,为相应 B 型 DNA 双螺旋长度的 1.5 倍。此复合物可与双链 DNA 作用引起部分解旋,以便阅读碱基序列,迅速扫描寻找与单链互补的区段。碱基互补的区段一旦找到,双链进一步解旋以允许转换碱基配对,使单链与双链中的互补序列配对,同源链被置换出来(图 15-19)。链的交换速度大约为 6 bp/s,交换沿单链 $5' \rightarrow 3'$ 方向进行,直至交换终止,在此过程中由 RecA 水解 ATP 提供能量。

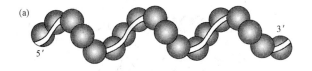

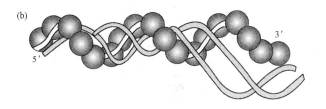

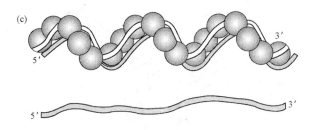

图 15-19　RecA 蛋白介导的 DNA 链交换模型

DNA 链交换的侧面观：(a) RecA 蛋白与单链 DNA 结合；(b) 复合物与同源双链 DNA 结合；(c) 入侵单链与双链中的互补链配对，同源链被置换出来

以上述及的反应是单链对双链的侵入。其实，RecA 也可使两个双螺旋分子相互发生作用，条件是其中的一个分子含有一条至少 50 个碱基长的单链区。

3. Ruv 蛋白的作用机制

在大肠杆菌中，有一组由 3 个基因编码的蛋白质，它们是 *ruvA*、*ruvB* 和 *ruvC* 基因编码的 RuvA、RuvB 和 RuvC 蛋白。这 3 种蛋白的作用机制如图 15-20 所示。

四、DNA 位点特异重组

在两个 DNA 分子很短的相同序列区（20～200 bp）内，通过链的断裂和再连接，从而产生片段交换。DNA 分子中很短的相同序列区属于独特的重组位点，因此，上述由链断裂和再连接而产生的片段交换过程称为 DNA 位点特异重组（site-specific recombination）。位点特异重组广泛存在于各类细胞中，具有不同的功能。

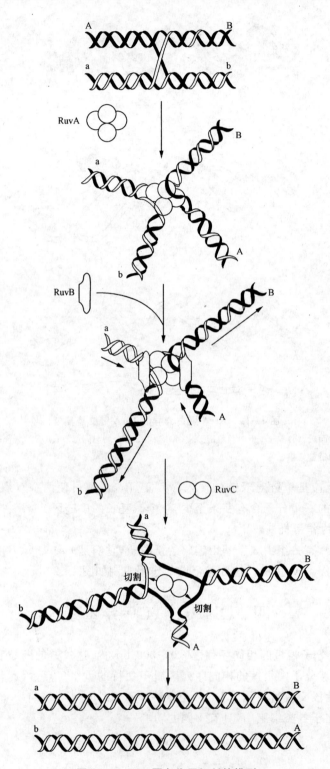

图 15-20　Ruv 蛋白作用机制的模型

RuvA 蛋白与 Holliday 连接体结合,然后 RuvB 与 RuvA 蛋白结合,RuvC 切割 Holliday 中间体的两条链,拆分后形成两条 DNA 分子

（一）λ 噬菌体 DNA 的整合与切除

λ 噬菌体 DNA 在宿主染色体上的整合（integrate）与切除（excise），是遗传学上最早研究清楚的位点特异重组。当 λ 噬菌体进入大肠杆菌细胞后存在裂解状态和溶源状态。裂解状态，λDNA 在宿主细胞中以独立的环形分子出现；溶源状态，λDNA 则是宿主染色体的一部分，称为原噬菌体（prophage）。两者间的相互转换是通过位点特异重组实现的。

λ 噬菌体与宿主的特异重组位点称为附着位点（attachment site, *att* site）。噬菌体的附着位点（*attP*）长度为 240 bp，细菌相对应的附着位点（*attB*）只有 23 bp，这种大小差异表明，二者在重组中所起的作用不同，*attP* 可提供附加信息。这两个位点含有共同的核心序列 15 bp（O 区）。噬菌体 *attP* 位点的序列以 POP′ 表示，细菌 *attB* 位点序列以 BOB′ 表示。整合需要的重组酶由 λ 噬菌体编码，称为整合酶（λ integrase, Int），此外，还需要由宿主编码的整合宿主因子（interation host factor，IHF）协助作用。整合酶作用于 POP′ 和 BOB′ 序列，将两个 DNA 分子切开，然后交互再连接。噬菌体 DNA 被整合后两侧形成新的附着位点，左侧是 *attL*，由序列 BOP′ 组成，右侧是 *attR*，由序列 POB′ 组成（图 15-21）。整合酶的作用是催化磷酸基团转移反应，不是水解反应，没有能量丢失，所以整合过程无需水解 ATP 提供能量。在切除反应中，需要将原噬菌体两侧附着位点连接到一起，因此，除 Int 和 IHF 外，还需要噬菌体 *xis* 基因编码的 Xis 蛋白参与作用。Xis 对控制反应方向起重要作用，它和 Int 结合形成的复合体与 BOP′ 及 POB′ 结合，促进二者的相互作用与重组，但不能催化 BOB′ 和 POP′ 之间的重组。故当 Xis 大量存在时，切除作用是不可逆的。

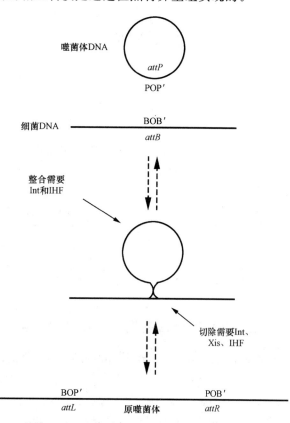

图 15-21　*attP* 和 *attB* 位点间的重组反应模式

通过在 *attP* 和 *attB* 间的交互重组，环状的噬菌体 DNA 转换为整合的原噬菌体，原噬菌体通过 *attL* 和 *attR* 间的交互重组而被切除

λ噬菌体 DNA 的整合反应需要 *attB* 和 *attP* 核心序列中链的割裂与重接(图 15-22)。首先在 *attP* 和 *attB* 位点上产生同样的交错切口,形成 5′-OH 和 3′-P 末端。5′单链区全长 7 个碱基。同位素标记实验证明,两个核心区的断裂完全相同,连接过程不需要任何新 DNA 的合成。在整合反应中,互补的单链末端交互杂合连接,最终完成整合过程。

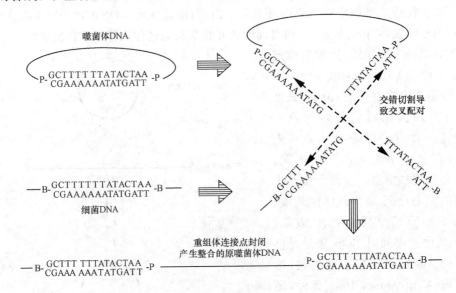

图 15-22　噬菌体整合过程的分子机制

在 *attP* 和 *attB* 共有的核心序列上交错切割,交错切割导致交互配对,重组体末端连接,产生整合的原噬菌体

(二) 免疫球蛋白基因的位点特异重组

免疫球蛋白(immunoglobulin, Ig)分子,即抗体,它由两条轻链(L 链)和两条重链(H 链)组成。轻链有 kappa(κ)和 lambda (λ)两型(参看第三章中"免疫球蛋白的结构与功能"部分)。生殖细胞和体细胞免疫球蛋白分子,其重链 DNA 编码序列分为可变区(V)、连接区(D 和 J)以及恒定区(C)。恒定区含 μ、δ、γ 等片段(图 15-23)。

小鼠的重链基因约有 1000 个 V 区、12 个 D 区、4 个 J 区和几个 C 区。在早期 B 淋巴细胞的重组途径中,D 区和 J 区先重排,然后 V 区与 D-J 复合片段再重排,形成 V-D-J 重组产物,转录后,可变 RNA 进行拼接,产生 V-D-J-μ 和 V-D-J-δ 重组抗体终产物。它们结合在膜上。在后期淋巴细胞中,发生重链转换事件,这时,V-D-J-μ 中的 μ 被 γ 取代,形成 V-D-J-γ 抗体,由细胞分泌。

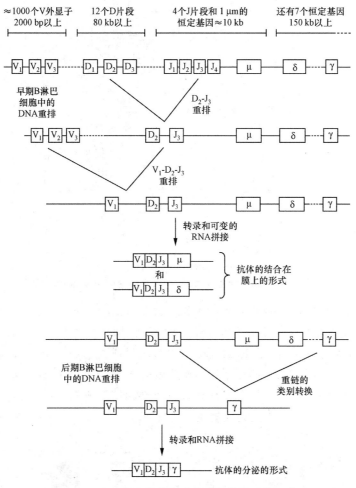

图 15-23　生殖细胞和体细胞中重链基因重排示意图

　　Tonegawa 在研究抗体基因重组机制时,测定了小鼠免疫球蛋白重链和轻链中 κ 链的基因序列,发现在 V 片段下游 3′端,J 片段上游 5′端,以及 D 片段两侧均存在保守的重组信号序列(recombination singnal sequence)。该信号序列都有一个共同的回文核苷酸七聚体(CACAGTG)和另一个共同的核苷酸九聚体(ACAAAAACC),在不同片段间的七聚体互补,九聚体也互补,它们配对后形成的结构如图 15-24 所示。从图中可见,剩下的两段不配对序列称为间隔序列,一段 12 bp,另一段 23 bp。间隔序列的长短也是一种识别信号,重组通常只是 12 bp 片段与 23 bp 片段相连接,12 bp 片段之间、23 bp 片段之间都不发生连接,这称为 12-23 规则。重链基因 V、J 片段的信号序列间隔为 23 bp,D 片段两侧信号序列间隔为 12 bp,而且信号序列总是七聚体核苷酸一端与基因片段相连。轻链与重链类似。

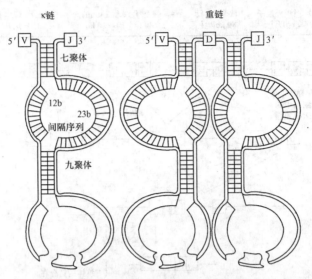

图 15-24　免疫球蛋白轻链、重链基因重组序列

V(D)J 的重组由重组酶催化实现。重组酶的基因 *rag*(recombination activating gene) 有两个,分别产生的蛋白质是 Rag1 和 Rag2。Rag1 识别信号序列,包括 12/23 间隔以及核苷酸七聚体和九聚体信号,随后 Rag2 加入,并与之形成复合物。九聚体提供最初识别位点,七聚体为切割位点,Rag1/Rag2 复合物将编码序列与插入序列的接头切开,形成的 3′-OH攻击互补链上的磷酸二酯键,使编码序列末端相接形成发卡结构,同时释放出插入序列,最后在发卡连接处断开,进而完成重组过程(图 15-25)。

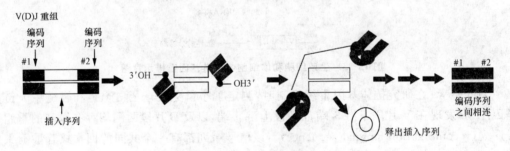

图 15-25　真核生物重组酶的作用方式
(引自王学敏,等,2004)

以上列举了 λ 噬菌体 DNA 整合与切除、免疫球蛋白基因重组两种位点特异重组的实例。下面,根据体外实验结果,介绍重组酶催化的位点特异重组反应的一般原理(图 15-26)。重组酶识别并分别结合到重组位点两侧的 DNA 序列上。每个重组位点的一条 DNA 链被切割,重组酶通过磷酸酪氨酸(有时是磷酸丝氨酸)酯键连接于 DNA 的切开位置。这种蛋白-DNA 的临时连接,保留了 DNA 被切割时失去的磷酸二酯键,使在其后的反应步骤中不需要 ATP 高能辅因子。当切割的 DNA 链和新的伴侣 DNA 链重新形成磷酸二酯键时,消耗蛋白-DNA 连接键的键能。重组的两个 DNA 分子,如果先断裂两条链,交错连接,此时形成 Holliday 中间体,之后另两条链再断裂并交错连接,完成类似的反应。有些重组酶使 4 条 DNA 链同时断裂并再连接,而不需要形成 Holliday 中间体。重组酶具有特异性内切核酸酶和连接酶的双重功能,其催化的重组过程,DNA 既不丢失,也不合成。

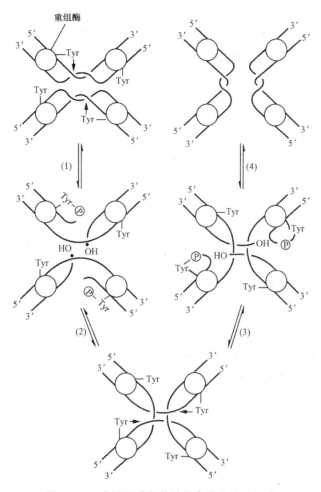

图 15-26 由重组酶催化的位点特异重组反应

内 容 提 要

　　细胞 DNA 受紫外线、电离辐射和化学诱变剂的影响而受损伤。常见的化学诱变剂有碱基类似物、烷化剂和嵌入染料等,它们的作用机制已基本清楚。如果 DNA 损伤得不到修复,都会引起突变,突变的积累与癌变有关。

　　细胞内 DNA 的损伤,在一定条件下可以修复。碱基切除修复,是在糖基化酶作用下,除去尿嘧啶、次黄嘌呤和黄嘌呤等不适当的碱基。在核苷酸切除修复中,一段含有损伤的寡核苷酸被正常的片段置换。错配修复系统能够识别错配位点以及"新""旧"链,将错配新链切除并加以改正。光复活是直接修复的一种方式,它分解紫外线引起的胸腺嘧啶二聚体,但高等哺乳动物没有这种机制。重组修复是比较普遍的修复机制,需要多种和 DNA 复制、重组有关的酶类参与作用。

　　损伤的 DNA 或抑制复制的手段都能引起 SOS 反应。它由 RecA 蛋白和 LexA 蛋白相互作用而建立,并导致差错倾向修复。差错倾向修复产生突变体。

　　在一般重组中,同源 DNA 片段链发生交换,形成 Holliday 结构。此结构通过不同方式被拆分，最终形成非重组分子和传统的重组分子。大肠杆菌的同源重组包含两个步骤，需要 RecA 蛋白参加。第一步是单链 DNA 侵入靶 DNA 分子，并与同源序列进行碱基配对；第二步，将所形成的异源双链异构化，形成 Holliday 连接体，随后的 DNA 切割和连接反应再将连接体分开，最终完成重组。

发生在两个 DNA 分子独特序列区内的重组为位点特异重组。λ 噬菌体的整合和切除，免疫球蛋白重链基因 V-D-J 片段的重组都是位点特异重组，前者需要整合酶(Int)、整合宿主因子(IHF)和切除因子 Xis 蛋白参与，后者在 Rag1 和 Rag2 位点专一重组酶的作用下，完成抗体基因重排。

习　题

1. 简述引起 DNA 损伤的各种因素。DNA 损伤的修复对生物机体有何意义？
2. DNA 损伤的种类主要有哪些？
3. 紫外线照射使 DNA 形成胸腺嘧啶二聚体，哪些修复机制可以修复这种损伤？
4. 什么是光复活修复？
5. 为什么说光复活修复和切除修复是无差错修复？
6. 何为差错倾向修复？试述它的机制。
7. 错配修复和核苷酸切除修复两种机制的重要差别是什么？
8. 你如何理解 DNA 重组与生物进化的关系？
9. 简述 Holliday 模型的要点。
10. 简述大肠杆菌 DNA 同源重组的过程。
11. 什么是位点特异重组？扼要说明 λ 噬菌体 DNA 的整合和切除过程。
12. 试述免疫球蛋白重链基因片段的重组过程。

第十六章　转　　录

转录(transcription)是指以 DNA 的一条链作为模板,在 DNA 指导的 RNA 聚合酶的催化下,用 4 种核糖核苷三磷酸(NTP)作原料,通过碱基配对的方式,合成 RNA 分子的过程。转录产生的 RNA 链与 DNA 模板链互补。细胞的各类 RNA,包括合成蛋白质的 mRNA、rRNA 和 tRNA,以及具有各种功能的一群小 RNA,都是通过转录合成的。和复制不同,转录是有选择性的。细胞内,某个时期只有基因组中一个小区域被转录,换句话说,某一特定时期只有细胞需要的信息才会被转录。DNA 分子包含的遗传信息,需要通过转录和翻译才得到表达。

RNA 也可携带遗传信息,因此,能以 RNA 为模板合成 DNA,这一过程即逆转录(也称反转录)。

一、转录需要 DNA 指导的 RNA 聚合酶

(一) 大肠杆菌 RNA 聚合酶

RNA 聚合酶催化 DNA 指导的 RNA 合成,1960 年由 Samuel Weiss 和 Jerard Hurwitz 两人独立发现,已从大肠杆菌中获得高度提纯的产品。大肠杆菌的 RNA 聚合酶全酶是一种多亚基的蛋白质,其组成为 $\alpha_2\beta\beta'\sigma$,所含的两个锌原子与 β' 亚基相连接。全酶分子质量约为 480 000。在全酶中,σ 亚基结合疏松,其解离后的部分($\alpha_2\beta\beta'$)叫做核心酶(core enzyme)。σ 亚基促进转录起始,核心酶只能使已开始合成的 RNA 链延长。此外,在全酶制剂中,还存在一种相对分子质量较小的 ω 亚基,功能不详。核心酶不含该亚基。对各亚基的说明列于表 16-1。每个大肠杆菌细胞约含 7000 个酶分子。

表 16-1　大肠杆菌 RNA 聚合酶各亚基的性质和功能

亚基	基因	相对分子质量	亚基数目	功能
α	$rpoA$	40 000	2	酶的装配 与启动子上游元件和活化因子结合
β	$rpoB$	155 000	1	结合核苷酸底物 催化磷酸二酯键形成 ⎱催化中心
β'	$rpoC$	160 000	1	与模板 DNA 结合
σ	$rpoD$	32 000～92 000	1	识别启动子 促进转录的起始
ω		9000	1	未知

(引自王镜岩,等,2002)

用电子结晶学技术(electron crystallography)测定了大肠杆菌 RNA 聚合酶的低分辨率结构,见图 16-1。其"手"状结构为最显著的特征。

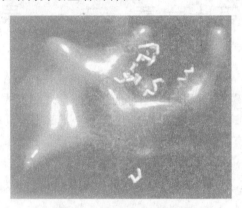

图 16-1   RNA 聚合酶的结构

(二) RNA 聚合酶催化的反应

RNA 聚合酶催化 RNA 的合成,需要 4 种核糖核苷三磷酸(NTP),即 ATP、GTP、CTP 和 UTP 作底物,并需 DNA 做模板,Mg^{2+} 能促进聚合反应:

$$(RNA)_n 残基 + NTP \xrightleftharpoons[Mg^{2+}]{酶 \cdot DNA} (RNA)_{n+1} 残基 + PP_i \xrightarrow{H_2O} 2P_i$$

和 DNA 聚合酶不同,RNA 聚合酶无需引物,它能直接在模板上合成 RNA 链,并不断加接 NTP 到链的 $3'$-OH 末端上以延长 RNA 链。合成按 $5' \rightarrow 3'$ 方向延伸,第一个核苷酸带有 3 个磷酸基,其后每加接一个核苷酸脱去一个焦磷酸,形成磷酸二酯键($5'$ pppNpNpN…),反应是可逆的,但由于焦磷酸的释放和分解,可推动反应趋向聚合。

细菌的 mRNA、rRNA 和 tRNA 由同一种 RNA 聚合酶进行转录。RNA 聚合酶的转录速度,在 37℃时约为 50 bp/s,远比 DNA 的复制速度(800 bp/s)慢。与 DNA 聚合酶不同,RNA 聚合酶无 $3' \rightarrow 5'$ 外切核酸酶性质,缺乏校对功能,因此,转录的错误率较高,每加入 $10^4 \sim 10^5$ 个核苷酸,可能出现一个碱基错误。由于转录的产物是多拷贝的,而且,最终都被降解或替换,因此,错误的 RNA,不像错误的 DNA 那样能对细胞产生严重后果。

(三) 模板链和非模板链

转录需要 DNA 做模板。在体外,RNA 聚合酶能使 DNA 的两条链同时进行转录。但在体内 DNA 两条链中仅有一条用于转录;或者某些区域以这条链转录,另一些区域以另一条链转录(图 16-2)。用于转录的链称为模板链、反义链、非编码链或负链(一链);对应的链称为非模板链、有义链、编码链或正链(＋链),见图 16-3。编码链与转录出来的 RNA 链有相同的碱基序列和取向,只是以尿嘧啶取代了胸腺嘧啶。

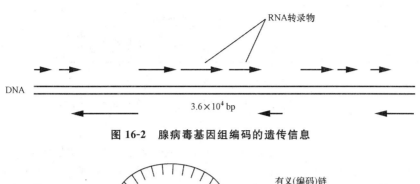

图 16-2 腺病毒基因组编码的遗传信息

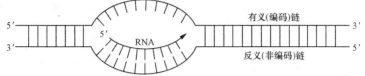

图 16-3 有义和反义 DNA 链

双螺旋 DNA 的模板链称为它的反义链或非编码链,其有义链或编码链与被转录的 RNA 有相同的序列和取向

在 RNA 聚合酶催化的反应中,天然(双链)DNA 作为模板比变性(单链)DNA 更为有效。

二、原核生物基因转录的机制

(一) 启动子

在认识启动子(promoter)之前,先看一个典型的真核基因模式图(图 16-4)。图中给出了一个基因调节区、启动子和转录单位的相对位置。从转录起始位点到转录终止序列的 DNA 区间称为一个转录单位。这里的终止序列也称终止子。所谓转录单位,即为编码多肽链,或编码相应 rRNA、tRNA 和其他 RNA 的 DNA 序列,又称结构基因(structural gene)。

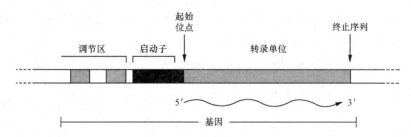

图 16-4 典型的真核基因示意图

波形线为新生的 RNA 链,基因的调节区和启动子中的长方形表示蛋白质的结合位点,这些蛋白质是 RNA 的合成所需要的

启动子是 RNA 聚合酶识别、结合和开始转录的一段 DNA 序列,位于结构基因上游(左侧),长度从 100 bp 到 200 bp 不等,本身不被转录(图 16-5)。由图可见,启动子由 3 个部分组成:−35 序列、Pribnow 框(Pribnow box,−10 序列,−10 区)和转录起点。−35 序列与 Pribnow 框之间的间隔为 16～19 个碱基,Pribnow 框与转录起点的间隔为 5～9 个碱基。

启动子的碱基序列如图 16-6 所示。转录单位的起点核苷酸定为 +1,从起点的近端向

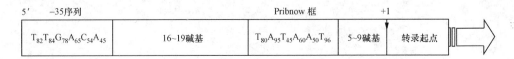

图 16-5 启动子结构示意图

启动子由 3 个成分组成：—35 序列、Pribnow 框、转录起点。碱基右下角的数字是表示该碱基在序列中出现的百分率

远端编号，左侧叫上游（upstream），其核苷酸用负的数码表示，因此，起点左方第一个核苷酸为—1。起点右侧为下游（downstream），起点本身及下游的核苷酸用正的数码表示。下游即转录区。

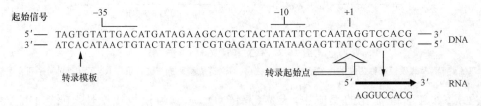

图 16-6 启动子的碱基序列

利用足迹法（footprint）和 DNA 测序法可以确定启动子的序列结构。所谓足迹法即是将 DNA 起始转录的限制双链片段分离出来，并将其中一条链的末端进行放射性标记。将此标记双链片段的样品分成两份，一份直接用 DNA 酶水解，得一组长短相差一个核苷酸的片段；另一份加 RNA 聚合酶（DNA 特异结合蛋白）使之结合，再以 DNA 酶进行部分水解。与 RNA 聚合酶结合的部位被保护而免受水解，其余部分则水解成长短不同的片段，经凝胶电泳即可检出聚合酶所结合的部位（图 16-7）。由图中可见，被酶蛋白保护的区域，在电泳图谱上留下一段空白，此即所谓"足迹"。如果电泳时设有足迹部位序列的分析泳道，其序列便可直接读出。用这种方法测定了不同启动子的序列，所得结果见图 16-8。在图中，通过比较已知启动子的结构，可寻找出它们的共同序列（consensus sequence）。—10 区的共同序列是 TATAAT，—35 区的共同序列为 TTGACA，与图 16-5 所表示的完全一致。这两段共同序列，属于保守序列（conserved sequence）。

下面，对原核生物启动子中的几个主要区域进一步说明。

转录起始点 转录起始点的碱基多为嘌呤，+1 核苷酸往往是 A 或 G。

—10 区 位于转录起始点的上游，有一个 TATAAT 的 6 碱基保守序列，其中心位于上游 10 bp 处。在不同启动子中，它的实际位置略有变动，一般在上游 9～18 bp 之间。1975 年，由 David Pribnow 首先观察到这个区域的序列，所以又称 Pribnow 框。它是 RNA 聚合酶的牢固结合位点。由于—10 区富含 A-T 碱基对，熔点较低，在 RNA 聚合酶诱导下，易于解链形成开放复合物（open complex），便于转录的起始，因此又称这个区域为解链区。

—35 区 在转录起始位点上游更远的距离，另有一段保守序列 TTGACA，其中心位于上游 35 bp 处，所以称为—35 区。RNA 聚合酶的 σ 因子可识别这段保守序列，并与之结合。—35 区是聚合酶的初始识别位点，它决定启动子的强弱。

此外，在绝大多数原核生物启动子中，—35 区与—10 区之间的距离为 16～19 bp，也有少至 15 bp，多至 20 bp 的。这个区域，碱基序列并不重要，关键是碱基数目。适当的距离，可为 RNA 聚合酶提供合适的空间，便于转录的起始。

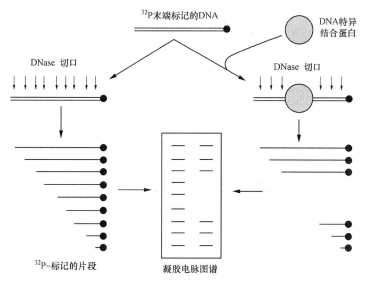

图 16-7 足迹法测定 RNA 聚合酶-DNA 结合位点

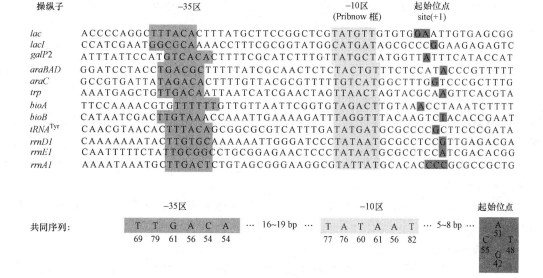

图 16-8 一些 *E. coli* 启动子的有义(编码)链的序列

在－35区的上游,还有一个分解代谢物基因激活蛋白(CAP)结合位点。CAP 是原核生物基因表达的一种正调节蛋白,当它与 cAMP 形成复合物后,能改变构象,提高本身对启动子 DNA 的亲和力。CAP 与其位点结合后,促进转录的进行。

(二)大肠杆菌基因转录的三个阶段

大肠杆菌的转录可分 3 个阶段进行:起始、延伸和终止。

1. RNA 链的起始点和转录的起始

RNA 聚合酶有两个与核苷酸结合的位点,即起始位点和延伸位点。起始位点总是结合 ATP 或 GTP,一般结合 ATP 居多,于是合成的产物总是 pppA(pppG)-RNA 链,被转录的第一个 DNA 碱基通常是 T。

　　大肠杆菌 RNA 聚合酶先由 σ 亚基识别并结合到−35 区,然后全酶结合上启动子,覆盖
75～80 bp,在 DNA 的−55～＋20 处形成全酶-启动子封闭复合物,DNA 仍为双链。酶在
DNA 序列上"溶解"一个短区域,形成开放复合物(图 16-9)。

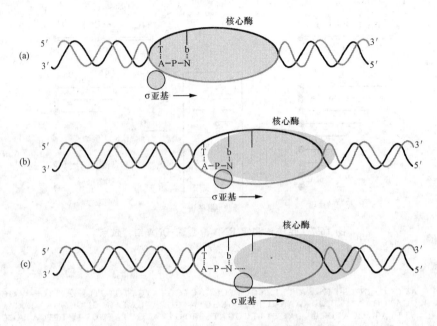

图 16-9　转录起始示意图

　　起始的 ATP 结合到开放复合物的 RNA 聚合酶上,与模板 T 形成氢键,第二个 NTP 与
模板下一个碱基形成氢键后,两个核苷酸相连为 A-N,酶的 β 亚基参与 A-N 间磷酸二酯键
的形成[图 16-9(a)]。

　　第一个碱基 A 从酶的起始结合位点释放,起始完成。此时,A-N 与模板 DNA 之间保
持着氢键连接[图 16-9(b)]。

　　聚合酶释放出 A-N 二核苷酸,并沿着 DNA 模板链向下游方向移动,延伸期就此开始
[图 16-9(c)]。

　　2. 转录的延伸

　　当延伸的 RNA 链连接上几个核苷酸(最佳数目是 8 个)时,RNA 聚合酶构象发生变
化,σ 亚基脱离,以后的延伸作用由核心酶完成,核心酶结合下一个与 DNA 配对的碱基,沿
模板链移动,形成 RNA-DNA 杂合体(图 16-10)。

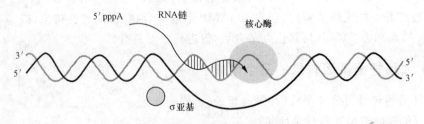

图 16-10　转录延伸阶段示意图

　　核心酶移动时,解开 DNA 螺旋,解开的区域一般包括 17 bp。当酶通过了之后,螺旋马
上恢复。DNA 双螺旋重新形成时,新合成的 RNA 链从它与 DNA 的氢键结合中释放出来。

在大肠杆菌中,37℃时,RNA 链的延伸速率为 25～50 nts/s。

3. 转录的终止

在转录中,DNA 模板链含有一段能触发 RNA 聚合酶解离下来的序列,称为终止子。RNA 合成在终止子处终止。大肠杆菌有两类终止子,一类不依赖 ρ(rho)蛋白(ρ 因子),另一类依赖于 ρ 蛋白。

不依赖 ρ 蛋白的终止子富含 G-C 碱基对,有回文结构,难解链,RNA 聚合酶不易通过此区域,有利于终止,终止子模板转录的 RNA 链,以倒数 15～20 位核苷酸为中心形成发卡结构(图 16-11)。模板末端富含 A,A-U 碱基对比 G-C 碱基对容易解开,便于 RNA 链的释放。转录出的 RNA 所形成的发卡结构,有利于中断 DNA-RNA 杂合体的形成。

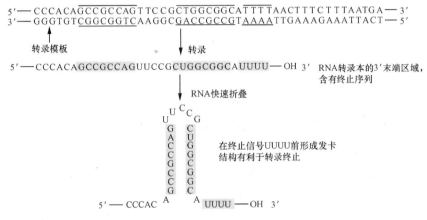

图 16-11 不依赖 ρ 蛋白的终止子结构

不依赖 ρ 蛋白的终止过程如图 16-12 所示。

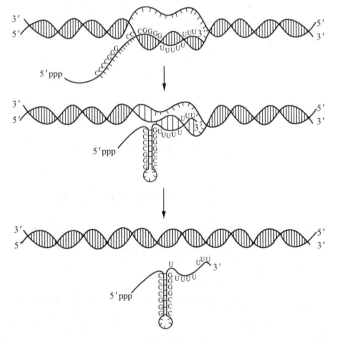

图 16-12 不依赖 ρ 蛋白的终止过程

(引自赵亚华,2006)

依赖 ρ 蛋白的终止子存在一段特殊短序列,其转录产物也能形成发卡结构(图 16-13)。ρ 蛋白已被提纯,它的作用机制可能是这样:在正在合成的 RNA 链上,ρ 蛋白跟随聚合酶移动,当 RNA 链形成发卡结构时,聚合酶停止移动,ρ 蛋白赶上,并与之作用。依靠 ATP 提供能量,ρ 蛋白断裂 DNA-RNA 杂合体的氢键连接,RNA 链便从模板上解离下来,转录即告终止(图 16-14)。

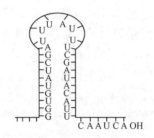

图 16-13 依赖于 ρ 蛋白的终止结构

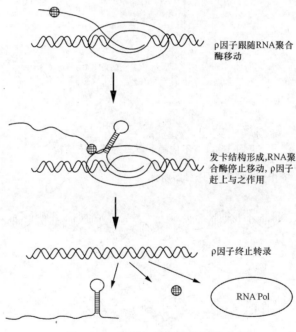

图 16-14 依赖 ρ 因子的转录终止

三、真核生物的基因转录

生物体中转录的基本原则是相似的,所不同的是,真核细胞的转录比细菌复杂得多。

(一) 真核 RNA 聚合酶

真核细胞核中含有三类不同的 RNA 聚合酶(RNA polymerase,RNA Pol),它们的合成功能各异。

(1) RNA 聚合酶 Ⅰ(RNA Pol Ⅰ) 存在核仁(nucleoli)中,它合成大多数 rRNA 的前体,对 α-鹅膏蕈碱不敏感;

（2）RNA 聚合酶Ⅱ（RNA Pol Ⅱ）　存在核质中，它合成 mRNA 的前体，对 α-鹅膏蕈碱敏感；

（3）RNA 聚合酶Ⅲ（RNA Pol Ⅲ）　存在核质中，它转录小 RNA 的基因，包括 tRNA、5S rRNA 和其他核内、胞质的小 RNA，对鹅膏蕈碱中度敏感。

α-鹅膏蕈碱是一种毒蕈产生的八肽化合物，对真核生物有较大毒性。它的微量存在即被抑制的酶，属于对 α-鹅膏蕈碱敏感的酶。

真核 RNA 聚合酶的相对分子质量在 500 000～700 000 之间，由复杂的亚基组成。

（二）真核启动子

真核生物细胞中有 3 种转录方式，分别由 RNA 聚合酶Ⅰ、RNA 聚合酶Ⅱ和 RNA 聚合酶Ⅲ催化，因此，在真核细胞中也存在 3 类启动子（图 16-15），即 RNA 聚合酶Ⅰ启动子、RNA 聚合酶Ⅱ启动子和 RNA 聚合酶Ⅲ启动子。真核生物的基因，根据其启动子的不同也分为三类，即Ⅰ类、Ⅱ类和Ⅲ类。这 3 类基因分别由 3 类启动子控制，不同启动子的结构各有特点。

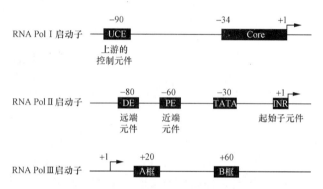

图 16-15　三类真核生物启动子示意图

方框中所示为精确的起始所需要的 DNA 序列元件。注意，tRNA 基因编码序列中有 RNA Pol Ⅲ 的启动子元件（A 框和 B 框）

1. RNA 聚合酶Ⅰ启动子

在细胞内，RNA 聚合酶Ⅰ转录 rRNA 基因，包括 5.8S，18S 和 28S rRNA。3 种 rRNA 的基因（rDNA）成簇存在，3 种 rRNA 被共同转录在一个转录物上，然后经加工才成为三种成熟的 rRNA。

RNA 聚合酶Ⅰ启动子主要由两部分组成（图 16-15）。首先，是起始位点（＋1）上游的核心（core）启动子，它位于 −34～＋1 的区域内，这段序列的存在，就足以使转录起始。在核心启动子的上游，还有另一段序列，其中心位于 −90 位点，称为上游控制元件（UCE），它的存在，可大大提高核心启动子的转录起始效率。

目前了解较清楚的，是人的 RNA 聚合酶Ⅰ启动子。这个启动子与图 16-15 中的模型相比，其核心区和 UCE 的位置略有变化。人 RNA 聚合酶Ⅰ启动子核心序列位于 −45～＋20 的区域内，而 −180～−107 区域则是 UCE 元件。核心区和 UCE 两个区域内的碱基组成和一般启动子的结构有差异，均富含 G-C 对，具有 85% 的同源性。

2. RNA 聚合酶Ⅱ启动子

RNA 聚合酶Ⅱ主要负责 mRNA 和部分小 RNA(snRNA)的转录,其启动子结构最为复杂。RNA 聚合酶Ⅱ不能单独起始转录,必须和其他辅助因子形成转录起始复合物后才能起始转录。RNA 聚合酶Ⅱ的启动子属于通用型启动子,即在各种组织中均可被 RNA 聚合酶Ⅱ所识别,没有组织特异性,它位于转录起始点+1 的上游,由多个短序列元件组成(图 16-15)。

下面对 RNA 聚合酶Ⅱ启动子略加说明:

帽子位点　转录起始位点+1 的碱基大多为 A(指非模板链),这与原核生物相似。转录物的 5′端 A 还需加上甲基化 G 的帽子(mRNA),所以这个起始位点+1 又称帽子位点(cap site)。

起始子元件　起始子(initiator,INR 或 Inr)首次由 Grosschal 和 Birnstiel 提出,它是一个包括转录起始位点+1 在内的 60 bp 长的 DNA 片段,缺失时,启动子能正常起始转录,但强度下降 4 倍。

TATA 框　TATA 框(TATA box)位于−30 处,又称 Hogness 框。它类似于原核生物启动子的−10 区,具有帮助聚合酶选择起始位点的功能。

近端元件　近端元件(proximal element,PE)约位于−60 处,它决定启动子起始转录的效率。人 β-珠蛋白启动子的 PE 为 CAAT 框(CAAT box),因其保守序列为 CAAT 而得名。其位置和图 16-15 所表示的略有差异。它的存在,可增加启动子的强度。

远端元件　远端元件(distal element,DE)约位于−80 处(在不同细胞中的位置略有出入),其核心序列为 GGGCGG,因此称为 G-C 框。它是转录因子(转录调节蛋白)SP-1 的结合位点。

现已发现,RNA 聚合酶Ⅱ的启动子,有的只含 TATA 框;有的只有 Inr;有的二者兼有;有的二者均没有。各种启动子,其具体结构与功能的阐明,还有待进一步研究。

3. RNA 聚合酶Ⅲ启动子

RNA 聚合酶Ⅲ转录 5S rRNA、tRNA 和部分 snRNA 的基因。这 3 种基因的启动子结构不同,RNA 聚合酶Ⅲ必须和其他转录因子共同作用,才能识别不同的启动子。RNA 聚合酶Ⅲ的启动子可分为两大类:5S rRNA 和 tRNA 基因的启动子位于转录起始点(+1)下游,称为内部启动子;snRNA 基因的启动子位于转录起始点(+1)上游,和其他启动子相似。

进一步研究确定,内部启动子又可分为两种,每种含有两个短序列元件。一种内部启动子的短序列元件为 A 框和 C 框,对应 5S rRNA;另一种的短序列元件为 A 框和 B 框,对应 tRNA。所谓"框"就是一段保守序列,它们之间由其他序列隔开。用系统碱基诱变方法进行研究发现,在内部启动子+1 下游不远的范围内有 3 个敏感区,它们就是 A 框、B 框和 C 框,其碱基改变会显著削弱启动子的功能。

snRNA 基因的启动子位于转录起始点(+1)的上游,含 3 个短序列元件,分别为 TATA 框、近端序列元件(PSE 或 PE)和八聚核苷酸元件(OCT)。RNA 聚合酶Ⅲ只需要转录起始位点加上 TATA 框就能起始转录,但 PSE 和 OCT 元件可大大提高其转录效率。RNA 聚合酶Ⅲ启动子结构如图 16-15 和图 16-16 所示。

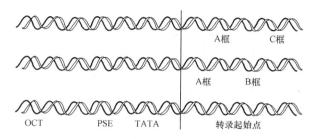

图 16-16 RNA 聚合酶Ⅲ的启动子的结构

（三）真核转录因子

真核 RNA 聚合酶缺乏原核 RNA 聚合酶的全能性，自身不能结合于各自的启动子，需要转录因子的协助。RNA 聚合酶Ⅱ所需的转录因子属于通用转录因子（general transcription factors，GTF），一般简写为 TFⅡ。通用转录因子属于一大类，因其不止一种，所以在 TFⅡ的后面用英文字母加以区别（表 16-2）。通用转录因子广泛存在于各类细胞中，在转录时与 RNA 聚合酶Ⅱ共同组成复合物。

表 16-2 人的 RNA 聚合酶Ⅱ基础转录需要的转录因子

因 子	亚基数	相对分子质量
TFⅡD		
TBP	1	38 000
TAF	12	15 000～250 000
TFⅡA	3	12 000,19 000,35 000
TFⅡB	1	35 000
TFⅡE	2	34 000,57 000
TFⅡF	2	30 000,74 000
TFⅡH	9	35 000～89 000

（四）RNA 聚合酶Ⅱ和转录因子在启动子上的装配

RNA 聚合酶Ⅱ与转录因子在启动子上的装配过程如图 16-17 所示。结合蛋白 TBP 结合于 TATA 框，TFⅡB 进入，形成 TFⅡB-TBP 复合物，TFⅡA 使其稳定。TFⅡF 和 RNA 聚合酶先组成小复合物，再与 TFⅡB-TBP 复合物结合。TFⅡF 能增强 RNA 聚合酶Ⅱ结合启动子的专一性。最后，TFⅡE 及 TFⅡH 和早先形成的初级复合物结合构成闭合复合物。TFⅡH 的 DNA 解螺旋活性促进 DNA 解链，从而产生开放复合物；其激酶活性，催化 RNA 聚合酶Ⅱ最大亚基肽链 C 末端多个位点磷酸化，增强转录起始。要完成一个具有最低转录活性复合物的组装，还需要其他因子参与。

在转录延长（伸）阶段，大部分起始因子脱离，只保留 TFⅡF，并有延长因子参与作用。

RNA 聚合酶Ⅱ所催化的转录，其终止机制还不大清楚，一旦转录完毕，聚合酶脱磷酸化、释放，并准备投入新一轮的转录起始。

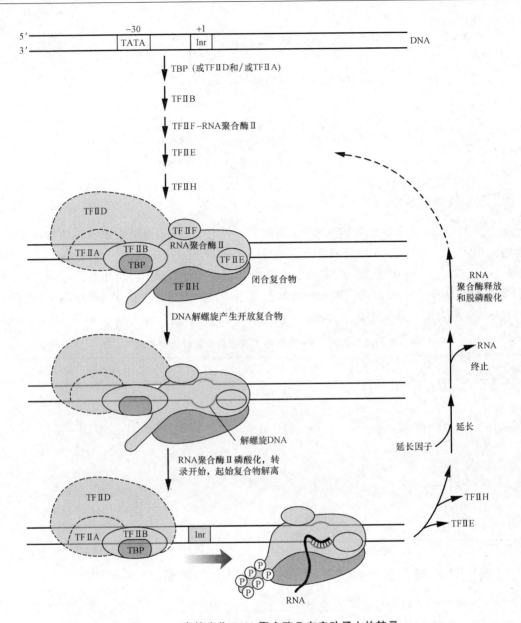

图 16-17 真核生物 RNA 聚合酶 Ⅱ 在启动子上的转录

由 TBP(常带有 TFⅡA),TFⅡB 加上 RNA 聚合酶Ⅱ、TFⅡE、TFⅡF 和 TFⅡH,依次组装形成闭合复合物。TBP 常常结合成较大复合物 TFⅡD 的一部分。TFⅡH 和 TFⅡE 的解螺旋酶活性在 Inr 区使 DNA 解螺旋形成开放复合物,RNA 聚合酶Ⅱ的一个最大亚基被 TFⅡH 所磷酸化,聚合酶离开启动子区开始转录

四、转录的抗菌素抑制剂

(一) 放线菌素 D

放线菌素 D(actinomycin D)是链霉菌属产生的抗生素。在细菌和真核生物中,由 RNA

聚合酶催化的 RNA 链的延长能被这种抗生素特异性地抑制，见图 16-18。这个分子结构异常的抗生素，其平面部分插入有连续的 G-C 碱基对的 DNA 双螺旋中，形成非共价复合物，使 DNA 变形。双螺旋的局部改变，阻止聚合酶沿着模板移动，因而抑制 DNA 的模板功能。

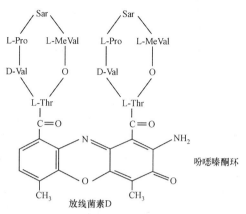

Sar 为 N-甲基甘氨酸，即肌氨酸，MeVal 代表 N-甲基缬氨酸。Thr 的羟基与 MeVal 的羧基连接，形成两个相同的环五肽，它们分别位于吩噁嗪酮环平面的两边(图中未示出)

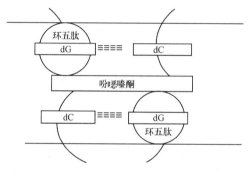

图 16-18　放线菌素 D 与 DNA 的结合模型

（二）利福霉素

利福霉素（rifampicin）是从链霉菌属分离得到的一类抗生素。它与细菌 RNA 聚合酶的 β 亚基结合，专一地抑制第一个磷酸二酯键的形成，从而阻断 RNA 合成的起始。它与放线菌素 D 不同，后者只阻断延伸而不影响起始。一种人工合成的利福霉素衍生物称为利福平（rifampicin），它可供口服，具有广谱抗菌作用，对结核杆菌高效，并能杀死麻风杆菌。

内 容 提 要

在 DNA 指导下 RNA 的合成，也称转录，从 $5' \rightarrow 3'$ 的方向进行，由焦磷酸分解而推动。RNA 链的合成不需要引物。转录单位是基因中被转录的部分，与 $5'$ 端的启动区截然分开。

RNA 合成需要依赖于 DNA 的 RNA 聚合酶全酶的催化。大肠杆菌的 RNA 聚合酶由 5 个亚基组成（$\alpha_2\beta\beta'\sigma$），其中的 σ 亚基仅用于起始时识别启动子，另外 4 个亚基一起称为核心酶，催化 RNA 链的合成。

真核生物有三种不同的 RNA 聚合酶全酶，简称为 RNA Pol Ⅰ、RNA Pol Ⅱ 和 RNA

Pol Ⅲ，它们分别转录 rRNA、mRNA 和 snRNA、tRNA 和 5S RNA。利用 α-鹅膏蕈碱的抑制作用可以区分这三类 RNA 聚合酶。

转录包括起始、延伸和终止 3 个阶段。大肠杆菌中的转录起始需要 RNA 聚合酶全酶结合到启动子的－35 区和－10 区上，形成复合物。这个复合物必须发生构象变化，从无活性的"闭合"复合物转变为有活性的"开放"复合物，然后 RNA 合成才能开始。

大肠杆菌转录的终止或是依赖于蛋白质，或是不依赖于蛋白质，前者由一种终止蛋白 ρ 介导，ρ 伴随着 RNA 聚合酶延伸 RNA-DNA 杂合链，并引起模板脱离；后者终止与一种抑制性茎环结构的形成有关。

真核生物的启动子有三类，分别由 RNA Pol Ⅰ、RNA Pol Ⅱ和 RNA Pol Ⅲ进行转录。依赖于 RNA Pol Ⅱ的基因转录，需借助各种各样转录因子和辅助转录因子才能形成前起始复合物。RNA Pol Ⅱ大亚基羧基末端的磷酸化与 RNA 合成的起始同时发生。

重要转录的抗菌素抑制剂有放线菌素 D 和利福霉素等。

习　题

1. 何谓转录？说明转录和复制的不同点。

2. 名词解释：转录单位，TATA 框，启动子。

3. 原核生物启动子的－10 区富含 A-T 碱基对，这有何意义？

4. 什么是核酸研究中常用的足迹法？简述其原理。

5. 简述大肠杆菌两类转录终止子结构上的差异。

6. 为什么在原核生物中，不同基因的启动子的基本结构是相似的？

7. 在任何给定时间内，细菌合成的 RNA 中有近一半是 mRNA，为什么细菌细胞中的 mRNA 只占总 RNA 的极少部分？

8. 真核生物 RNA 聚合酶有哪三类？用什么简单方法加以区分？

9. 放线菌素 D 和利福霉素是如何抑制转录的？

第十七章　RNA 的转录后加工

在生物体内,多数 RNA 的初始转录物(primary transcript)并无生物学活性,必须经过进一步处理和变化,包括链的断裂、5′端与 3′端的切除和特异结构的形成,核苷的修饰和糖苷键的改变以及剪接和编辑等步骤,才能转变为成熟的 RNA,发挥生物学作用。上述过程,统称为 RNA 的转录后加工(processing)。

真核生物 RNA 初始转录物的后加工更为重要。

一、断(割)裂基因、顺反子和操纵子的概念

在论述 RNA 的转录后加工之前,先简单介绍断裂基因(split gene)、顺反子(cistron)和操纵子(opron)的基本概念。

(一) 断(割)裂基因

基因的概念最初是在 19 世纪由遗传学家首先提出来的,而对其化学本质及功能的真正了解却是 20 世纪 40 年代以后的事。如今生物学领域许多新发现、新技术,包括基因工程、基因诊断和治疗、基因组计划和克隆动植物等,都与基因有关。将生物化学、遗传学、细胞生物学等多学科融合到一起的分子生物学,对基因的深入研究,成为人们揭示生命奥秘的重要环节。

基因是什么? 虽然,在某些特定生物内,RNA 也可作为遗传信息的携带者,但是,就基因的定义而言,目前人们普遍接受的是:基因是含有生物学信息的 DNA 片段,根据这些生物学信息,可以编码具有生物学功能的产物,包括 RNA 和多肽链。如果功能产物是蛋白质,则可以说,一个基因一条多肽链。

1977 年,人们首先发现真核生物基因在编码区内含有间隔序列(spacer sequence),打断了对应于蛋白质的核苷酸序列,这就是所谓的基因不连续性。这一发现,大大改变了对基因的传统看法。现在知道,大多数真核生物的基因都是不连续的,称为断裂基因。所谓断裂基因是指,编码序列在 DNA 分子上不是连续排列的,而是为不编码的间隔序列所隔开。构成断裂基因的核苷酸序列被分为两类:编码的序列称为外显子(exon),它对应于成熟的 mRNA 分子;不编码的间隔序列称为内含子(intron),在成熟的 mRNA 分子中它已被除去。换句话说,断裂基因是由一系列交替排列的外显子和内含子构成,其起始点和终止点都是外显子,分别对应其转录产物 RNA 链的 5′端和 3′端。一个断裂基因,如果有 n 个内含子,则总是有 $n+1$ 个外显子,见图 17-1。

(二) 顺反子

对应于一个蛋白质(RNA)分子的 DNA 片段,加上启动子和终止子,统称为顺反子,见图 17-2。图中所示的 RNA 为 mRNA。按照这个定义,一个顺反子就是一个功能水平上的基因。如今,顺反子可作为基因的同义词。

在图 17-2 中所示的顺反子,其转录出的 mRNA 分子只编码一条多肽链,这样的顺反子

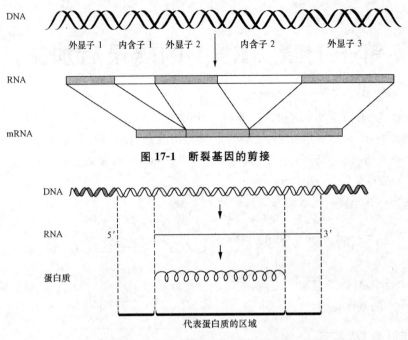

图 17-1 断裂基因的剪接

图 17-2 一条多肽链对应的 DNA 片段

称为单顺反子（monocistron），其对应的 mRNA 称为单顺反子 mRNA（monocistronic mRNA）。当一个 mRNA 分子（一条 mRNA 多核苷酸链）编码几条多肽链时，称为多顺反子 mRNA（polycistronic mRNA），多顺反子 mRNA 所对应的 DNA 片段，称为多顺反子（poly-cistron），见图 17-3～17-5。

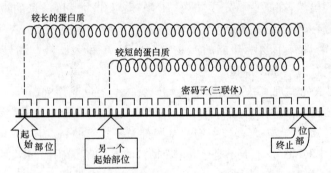

图 17-3 由单个基因通过在不同部位的起始（或终止）表达而形成两种蛋白质

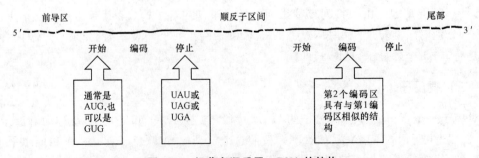

图 17-4 细菌多顺反子 mRNA 的结构

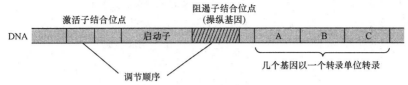

图 17-5 一个代表性原核生物操纵子模型

基因 A、B、C 被转录成同一个多顺反子 mRNA。蛋白质（激活子或阻遏子）结合后的 DNA 顺序可以激活转录或阻遏转录

（三）操纵子

操纵子是基因表达的协调单位（coordination unit），它由成簇（clustered）存在的基因以及启动子和调节序列组成，见图 17-5。操纵子一般含有 2~6 个基因，它们构成一个转录单位一起被转录。有些操纵子含有多达 20 个以上的基因。

二、原核生物 RNA 的加工

原核生物（prokaryote）的 rRNA 和 tRNA 都以前体的形式合成，转录成一个很长的 RNA 分子。然后，在酶和蛋白质参与下，切断、加工成为成熟分子。

（一）原核细胞 rRNA 前体的加工

在原核细胞中，有 5S、16S 和 23S 3 种 rRNA，它们的基因与 tRNA 的基因混合排列在一个操纵子中。大肠杆菌有 7 个这样的操纵子。16S rRNA 与 23S rRNA 的基因之间常插入 1~2 个 tRNA 的基因，有的在 $3'$ 端 5S rRNA 基因之后还有 1~2 个 tRNA 的基因。rRNA 与 tRNA 混合基因初始转录物的沉降常数为 30S，约含 6500 个核苷酸。这个初始转录物由 RNaseⅢ、RNase P 和 RNase F 分别在不同位点进行切割，形成相应的前体，各个前体再由 RNase M16、RNase M23 和 RNase M5 进行加工，才形成成熟的 rRNA 分子（图 17-6）。不同细菌 rRNA 前体的加工过程虽不完全相同，但基本类似。

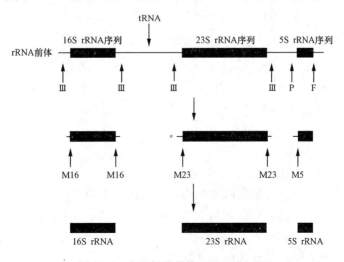

图 17-6 大肠杆菌前体 rRNA 的加工

前体 rRNA 包含 16S、23S 和 5S rRNA 三种拷贝，被核糖核酸酶Ⅲ、P 和 F 切割，形成的分子被核糖核酸酶 M16、M23 和 M5 切割形成成熟的 rRNA

在 30S 初始转录物中,根据碱基配对原则,有些部位形成双链茎环二级结构,各种 RNase 对茎环切割位点的选择,基于它们对二级结构特征的识别(图 17-7)。30S 初始转录物在被酶切割之前,有些特异碱基进行甲基化,这可能是为了使 rRNA 免受核苷酸酶的破坏。

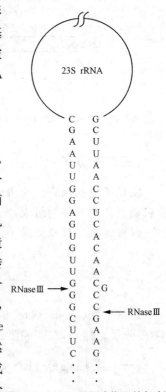

图 17-7　RNaseⅢ 对茎环的切割

(二) 原核细胞 tRNA 前体的加工

在大肠杆菌中,tRNA^{Tyr} 的基因有两个,它们相邻排列。两个基因的碱基序列相同,转录出相连在一起的相同的两个 tRNA^{Tyr},中间存在一段 200 个碱基的间隔序列。一条链上两个相同的 tRNA^{Tyr} 被转录完成后,再切断进一步加工成熟,见图 17-8。为了简化对 tRNA^{Tyr} 加工的研究,曾用基因技术建造了只含单个基因的转录单位,见图 17-9。在这个建造的初始转录物中,tRNA 采取碱基配对的三叶草结构,其两端都有一个发卡结构。对三叶草结构的加工以 RNase E 或 F 的切割开始,这样,正好在一个发卡结构的上游形成一个新的 3′端。RNase D 是一种外切核酸酶,从这新的 3′端逐一切去 7 个核苷酸,然后停止。同时 RNase P 在这个三叶草结构的起点切割,形成成熟的 5′端。接下来,RNase D 再去除两个核苷酸,产生成熟分子的 3′端。在这个 tRNA 分子中,3′-CCA-OH 保留下来,不被 RNase D 去除。

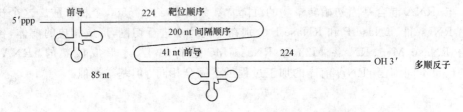

图 17-8　大肠杆菌相邻两个 tRNA^{tyr} 的初始转录物

所有成熟 tRNA 分子 3′末端都有 CCA-OH 结构,它具有接受氨酰基的功能。细菌的 tRNA 前体存在两类不同的 3′末端序列。一类自身具有 CCA 三核苷酸,当下游的附加序列被切除后,成熟的末端结构便显露出来,图 17-9 所示的即属此类。另一类其自身并无 CCA 序列,当前体切除 3′末端附加序列后,必须外加 CCA。添加 CCA 是在 tRNA 核苷酰转移酶催化下进行的,反应式如下:

$$tRNA + CTP \longrightarrow tRNA\text{-}C + PP_i$$
$$tRNA\text{-}C + CTP \longrightarrow tRNA\text{-}CC + PP_i$$
$$tRNA\text{-}CC + ATP \longrightarrow tRNA\text{-}CCA + PP_i$$

成熟的 tRNA 分子,存在众多的修饰结构,其中包括各种甲基化碱基和假尿嘧啶核苷。每一种修饰核苷酸都有催化其生成的修饰酶。

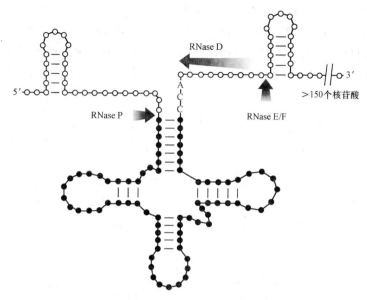

图 17-9 大肠杆菌 tRNA 前体的加工

（三）原核生物 mRNA 前体的加工

原核生物的 mRNA 不稳定,半衰期只有几分钟。此外,它一经转录就立即进行翻译,一般不进行转录后加工。但也有少数多顺反子 mRNA 需通过内切核酸酶切成较小的单位,然后进行翻译。例如,核糖体一些大亚基蛋白的基因,与 RNA 聚合酶 β 和 β' 亚基的基因组成混合操纵子,它在转录出多顺反子 mRNA 后,需通过 RNase Ⅲ 将核糖体蛋白与聚合酶亚基的 mRNA 切开,然后再各自进行翻译。

类似的加工过程也见于噬菌体。例如,大肠杆菌噬菌体 T7 的早期基因转录出一条长的多顺反子 mRNA,经 RNaseⅢ 切割成 5 个单独的 mRNA 和一段 5′端前导序列。mRNA 的切割对其中某些早期蛋白是必要的。推测,如不切割,较长的 mRNA 可能产生二级结构,会阻止有关编码序列的翻译。

对原核生物 mRNA 前体来说,进行转录后加工也罢,不进行也罢,其生物学意义都在于对 mRNA 的翻译起调控作用。

三、真核生物 RNA 的加工

（一）rRNA 的转录后加工

真核生物有 4 种 rRNA,即 5.8S rRNA、18S rRNA、28S rRNA 和 5S rRNA。其中,前三者的基因组成一个转录单位,产生 47S 的前体,并很快转变成 45S 的前体。哺乳动物的 45S 前体由 RNA Pol Ⅰ 转录,含有 18S、5.8S 和 28S rRNA,其总长度是三种相应成熟 rRNA 长度和的二倍。真核生物 rRNA 前体的加工也是先甲基化,然后再被切割,共有 110 多个甲基化位点,在转录过程中或在转录以后被甲基化。甲基基团主要是加在核糖的 2′-OH 上,在加工后,它们仍保留在成熟的 rRNA 中,这有力地说明甲基化的模式指导着 rRNA 的加工反应,甲基化也是 45S 前体最终转变为成熟 rRNA 的标志。

由 45S 前体加工成成熟的 rRNA,其剪切位点,一个在 18S rRNA 的 5′侧,三个位于 18S rRNA 和 5.8S rRNA 的间隔区,另两个位于 5.8S rRNA 和 28S rRNA 的间隔区 (图 17-10),也可能存在别的方式。目前还不清楚,是否在剪切位点断裂后立即产生成熟末端,还是要经过进一步加工。对负责剪切的酶类了解得不多,不过,可以肯定地说,加工过程需要类似 RNaseⅢ和其他内切核酸酶的参与。

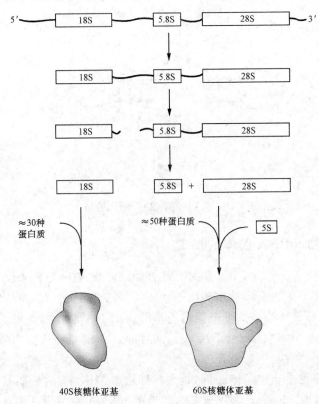

图 17-10 人的 45S rRNA 加工为起作用的 28S、18S 和 5.8S 产物
60S 核糖体大亚基的组装需要 28S、5.8S 和 5S rRNA,而 40S 小亚基则含有 18S rRNA

真核生物 RNA Pol Ⅲ将 5S rRNA 和 tRNA 转录在一起,经过加工处理后成为成熟的 5S rRNA。

真核生物细胞的核仁(nucleolus)是 rRNA 合成、加工和装配成核糖体的场所。

(二) tRNA 前体的加工

真核生物 tRNA 的转录后加工需要经过几个步骤,如图 17-11 所示。

(1)真核生物 tRNA 的基因也成簇排列,并被间隔区分开,其初始转录物是一个大前体,因此,加工必须首先将 5′和 3′端切开,以便从大前体中释放出小前体。

(2)小前体为 4.5S 或稍大,相当于 100 个左右的核苷酸。成熟的 tRNA 分子为 4S,约 70~80 个核苷酸。前体分子在 tRNA 的 5′端和 3′端都有附加序列,需由内切核酸酶和外切酶加以切除。与原核生物类似的 RNase P 可切除 5′端的附加序列,3′端附加序列的切除则需要多种内切核酸酶和外切酶的作用。真核 tRNA 前体的 3′端不含 CCA 序列。成熟 tRNA 3′端的 CCA 是后加上去的,催化该反应的是核苷酰转移酶(转核苷酸酶),胞苷

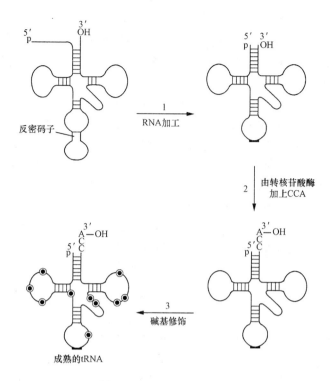

图 17-11　tRNA 加工步骤

第 1 步，RNA 酶切割和 tRNA 剪接反应除去内含子；第 2 步，有些 tRNA 的末端 CCA 是由转核苷酸酶加上去的；第 3 步，专一的碱基修饰。注意，在有内含子的酵母 tRNA 中，反密码子形成一个茎-环结构，其内含子中有互补的核苷酸，这些核苷酸可能有利于剪接反应中的专一性

酰和腺苷酰分别由 CTP 和 ATP 供给。

（3）所有成熟 tRNA 都有许多修饰的碱基，它们在特异修饰酶的催化下，由还原作用、甲基化作用和脱氨作用产生。在蛋白质合成过程中，这些修饰的碱基，会影响 tRNA 对密码子的识别。

真核生物 tRNA 基因的数目比原核生物的大得多。例如，大肠杆菌基因组约有 60 个 tRNA 基因，啤酒酵母有 320～400 个，果蝇 850 个，爪蟾 1150 个，而人体细胞则有 1300 个。在酵母 tRNA 基因中，约有 40 种存在内含子，它们需通过剪接反应除去。

（三）核内 mRNA 前体的加工

1. hnRNA 的概念

在真核生物细胞核内，编码蛋白质的基因以单个基因作为转录单位，其初始转录物称为 mRNA 的前体，属于单顺反子 mRNA。大多数核内蛋白质基因存在间隔序列（内含子，80～10^4 bp），它与编码序列（外显子，100～200 bp）一起被转录。内含子需要在转录后的加工过程中被切除。

真核生物，细胞核内的基因长短差异较大，其初始转录物大小不等，被统称为不均一核内 RNA（heterogenous nuclear RNA，hnRNA），hnRNA 的碱基组成与总的 DNA 碱基组成类似。它们在核内迅速合成和降解，很不稳定。不同类型细胞的 hnRNA 半衰期不同，几分钟至 1 h 左右。而细胞质 mRNA 的半衰期一般在 1～10 h 以内。哺乳动物 hnRNA 平均链长在 8000～

10 000 个核苷酸之间,而细胞质 mRNA 平均链长为 1800～2000 个核苷酸。

据计算,哺乳动物的 hnRNA,约有 25% 是 mRNA 的前体。换句话说,hnRNA 包含着 mRNA 的前体,mRNA 的前体是 hnRNA 的一种。

2. mRNA 前体加工的概览

由于细胞核结构将转录和翻译过程分隔开,因此,合成蛋白质的模板(mRNA)在核内产生后须经过一系列复杂的加工过程,并通过核孔复合体外运至细胞质中,才能表现出翻译功能。由 hnRNA(mRNA 前体)转变为 mRNA 的加工过程包括:5′端形成特殊的帽子结构;在链的 3′端切断并加上多聚核苷酸 poly(A)尾巴;通过剪接除去内含子;链内部核苷酸被甲基化。这些步骤的概览表示在图 17-12 中。

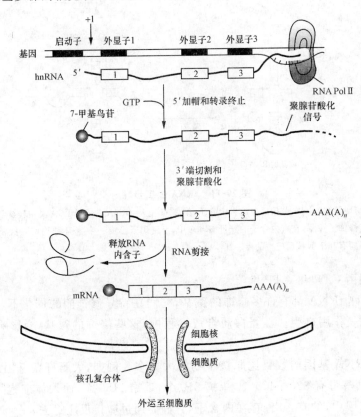

图 17-12　RNA 剪接加工过程概览

示意 5′端上的 7-甲基鸟苷加帽,RNA 剪接过程将 hnRNA 加工为 mRNA,3′聚腺苷酸化作用以及向细胞质的转运。注意,5′加帽是在转录终止前在新生的 hnRNA 上进行的

3. 5′端加帽子

真核生物 mRNA 有一个帽子结构(cap structure),它由 7-甲基鸟嘌呤通过 5′-5′三磷酸桥与转录物 5′端起始核苷酸(通常是腺苷酸)相连而成。帽子结构可以缩写成 $m^7 G^{5'} ppp^{5'} NmpNp$,加帽反应在 RNA 合成了 30 个核苷酸之后就开始进行,见图 17-13。有些帽子结构形成 7-甲基鸟苷三磷酸 $m^7 Gppp$,称为 Cap0(帽 0);有些在 $m^7 Gppp$ 之后的 N_1 核苷,甚至 N_2 核苷的核糖 2′-OH 上也被甲基化,分别称为 Cap Ⅰ 和 CapⅡ。

5′端的帽子结构对蛋白质合成的起始很重要,它可能是核糖体的识别信号,还可能保护 mRNA 转录物,使不受外切核酸酶降解。

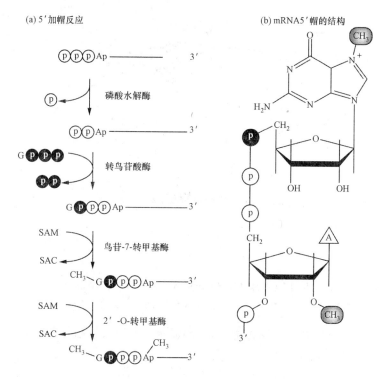

图 17-13 真核生物 mRNA 的 5′-加帽反应

（a）5′加帽所需要的酶促反应，SAM 为 S-腺苷酰甲硫氨酸，SAC 为 S-腺苷酰高半胱氨酸；（b）7-甲基鸟苷帽的结构

4. 3′端的聚腺苷酸化

在转录之后，真核生物 mRNA 的 3′端必须进行两步反应的修饰，以便形成一段 20～250 残基的多聚腺苷酸尾部结构。第一步，由切割聚腺苷酸化专一性因子（CPSF）识别存在于大多数 mRNA 3′端的 AAUAA 序列，并与之结合（图 17-14），随后，另一种称为切割促进因子（CStF）的蛋白质再与 CPSF 相互作用，促进对 mRNA 的切割，切割位点约在 AAUAA 下游 20 个核苷酸处；第二步，poly(A) 聚合酶（PAP）与转录物的游离 3′端结合，并将一段约 20 个核苷酸的 poly(A) 尾部接加上去。在一种与寡聚(A)结合的蛋白质的作用下，PAP 活性得到加强后，催化短的 poly(A) 继续延长，最大可延伸至 250 个残基。聚腺苷酸化是一种重要的调节手段，因为 poly(A) 尾部的长度既能增强 mRNA 的稳定性，又可调节翻译的效率，而且还有助于成熟 mRNA 从核内输送到细胞质中。

此外，真核 mRNA 还有一种转录后的修饰，即甲基化碱基，主要是 N^6-甲基腺嘌呤（m^6A）。这类修饰成分在 hnRNA 中已经存在，似乎对翻译功能不是必要的，可能对 mRNA 前体的加工起识别作用。

四、RNA 的剪接和编辑

大多数真核细胞的基因都是断裂基因，但也有少数编码蛋白质的基因，以及一些 tRNA 和 rRNA 的基因是连续的。一个断裂基因的外显子和内含子共同转录在一条 RNA 链上，将内含子除去，把外显子连接起来，产生成熟的 RNA 分子，这一过程称为 RNA 的剪接

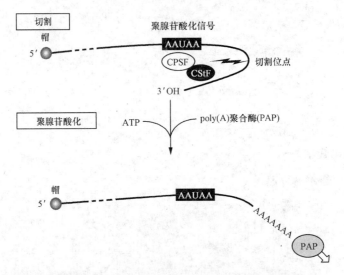

图 17-14　真核生物 mRNA 3′端的聚腺苷酸化

包括在 AAUAA 序列下游一位点上的切割和 poly(A)聚合酶所催化的游离 3′-OH 的聚腺苷酸化

(splicing)。RNA 编码序列的改变称为编辑(editing),编辑会导致氨基酸序列的改变,结果使一个基因产生多种蛋白质。

(一) 内含子的类型

内含子有四种类型:

第 Ⅰ 类(group Ⅰ)内含子含有 4 个重复的保守序列,长度为 10~12 个碱基。4 个保守序列形成的二级结构称为中央核心结构,它是第 Ⅰ 类内含子的特征。本类内含子分布较广,出现在核、线粒体、叶绿体的 rRNA、mRNA 和 tRNA 基因中,了解比较清楚的第 Ⅰ 类内含子,是原生动物四膜虫(*Tetrahymena*)rRNA 的内含子。

第 Ⅱ 类内含子有 6 个螺旋区,结构复杂,更保守,一般存在于真菌、藻类和植物线粒体、叶绿体 mRNA 的初始转录物中。

第 Ⅲ 类内含子是核基因 mRNA 前体的内含子。

第 Ⅳ 类内含子是 tRNA 中的内含子,它具有独特的剪接机制。

内含子并不局限在真核生物中,一些细菌及细菌病毒也发现有内含子的基因。

内含子具有不同的结构,因此,剪接机制是多种多样的。迄今所知,RNA 的剪接共有四种方式:第 Ⅰ 类自我剪接(self-splicing)、第 Ⅱ 类自我剪接、核 mRNA 剪接体(spliceosome)的剪接、核 tRNA 的酶促剪接(enzymatic splicing)。

(二) rRNA 的自我剪接

以四膜虫前体 rRNA 的自我剪接为代表,阐述第 Ⅰ 类自我剪接的机制。

1982 年,Cech 在研究四膜虫前体 rRNA 的剪接时,获得一个惊人的发现,此类剪接无需蛋白质的酶参与作用,即可自我催化完成。Cech 称具有催化功能的 RNA 为核酶。稍后,Altman 发现 RNaseP 中单独的 M_1 RNA 也有催化功能。由于发现核酶,1989 年 Cech 和 Altman 共同获得诺贝尔化学奖。

四膜虫 35 S 前体 rRNA,在只有一价和二价阳离子以及鸟苷或游离鸟苷酸存在时,不需要蛋白质,它的一个 413 个核苷酸的内含子可自我切除,并能将两个外显子拼接起来,形成 26S 成熟 rRNA,剪接过程包括三步反应(图 17-15)。

（1）鸟苷的 3′-OH 攻击内含子 5′-磷酸,与内含于 5′端形成 GpA 磷酸二酯键,移出带 3-OH 的左外显子。

（2）被释放的左外显子 3′-OH 攻击右外显子的 5′-磷酸,形成另一个 UpU 磷酸二酯键,使两个外显子拼接起来,并移去内含子。此时的内含子共有 414 个核苷酸,因为它的 5′端接上了外来的 G。

（3）内含子 3′-OH 攻击 5′端第 15 位核苷酸的磷酸,使内含子形成 GpA 磷酸二酯键而环化,并移去 5′端片段。

这三步反应,实际上是三次转酯反应,在整个过程中,RNA 维持折叠的、以氢键相连的构象,保证内含子精确切除。

环状内含子还可催化自我切割和转酯反应,最后形成 395 个核苷酸的线型分子,称为L-19。L 取自英文 Linear(线状)的第一个字母,19 是指有 414 个核苷酸的内含子,从 5′端起去除 19 个核苷酸。

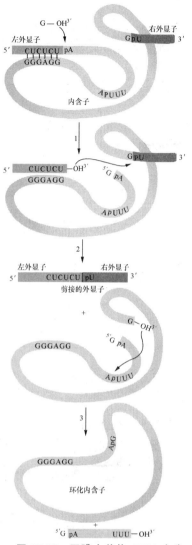

图 17-15　四膜虫前体 rRNA 自我剪接的反应顺序

（三）第 Ⅱ 类自我剪接

图 17-16(a)表示第 Ⅱ 类自我剪接的反应步骤。两个基本转酯作用与第 Ⅰ 类自我剪接的相同,只是亲核物质不是来自鸟苷或游离的鸟苷酸,而是来自内含子本身腺苷酸残基的 2′-OH,第一次亲核攻击,使腺苷酸和内含子中 5′核苷酸之间形成异常的 2′,5′-磷酸二酯键,见图 17-16(b)。随后,上游外显子释放的 3′-OH 攻击下游外显子与内含子交界处的 5′磷酸,这是第二个转酯作用。经过两次转酯反应,内含子成为套索(lariat)结构被切除,两个外显子得以连接在一起。套索中常有异常 2′,5′-磷酸二酯键的腺苷,在分支点(branch point)位置上形成有 3 个磷酸二酯键的结构。

第 Ⅱ 类自我剪接,切除的是第二类内含子。

（四）核 mRNA 剪接体的剪接

1. 真核基因存在内含子——回环定位实验

将纯化的人 β-珠蛋白基因组 DNA 的热变性片段,和成熟 β-珠蛋白的 mRNA 进行杂交实验,再用电子显微镜观察到的结构表示在图 17-17。图中显示 mRNA 与模板基因组 DNA 之间形成的 RNA-DNA 杂交体,两个 DNA 链的区段被挤出杂交体之外形成回环(loop)。DNA 单链上的这两个回环代表在 mRNA 剪接过程中已被除去的内含子序列。

2. 核 mRNA 前体(hnRNA)的剪接

真核生物编码蛋白质的核基因含有 2～50 个(或更多)内含子,它们在初始转录物中占

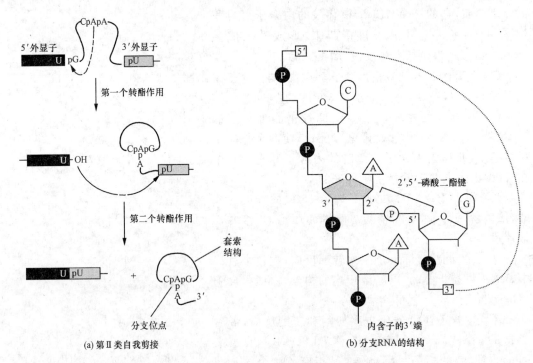

(a) 第Ⅱ类自我剪接

(b) 分支RNA的结构

图 17-16　第Ⅱ类自我剪接的生物化学

（a）第Ⅱ类自我剪接内含子的 RNA 加工途径；(b) 内含子中的腺苷酸与内含子-外显子交界处的 5′核苷酸之间形成的 2′,5′-磷酸二酯键的结构

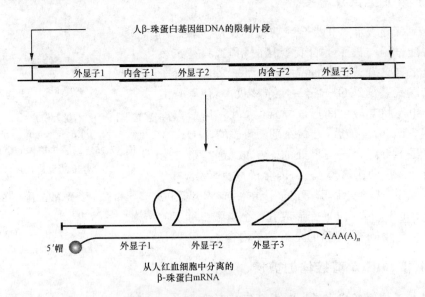

图 17-17　RNA-DNA 杂交示意图

示意人的 β-珠蛋白基因组 DNA 模板链中内含子 1 和 2 的环出,杂交反应中两个纯化的组分是 β-珠蛋白基因组 DNA 的热变性的片段和已加工完毕的 β-珠蛋白的 mRNA

相当长的长度,必须切除,见表 17-1。每个内含子的 5′端均为 GT,3′端均为 AG,对应于 RNA 为 GU、AG,此称为 GU-AG 规则（GU-AG rule）。内含子的大小可从 80 bp 到 10 000 bp 以上,在进化过程中,其序列发生突变不会影响基因的功能。根据资料统计,唯一

保守序列是 5′剪接位点(或称供体位点 GU)与 3′剪接位点(或称受体位点 AG)以及这两个位点邻近的核苷酸(图 17-18)。

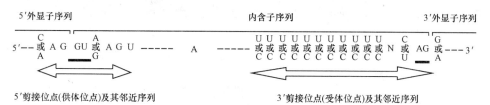

图 17-18　真核细胞 RNA 剪接位点

表 17-1　一些人类基因的剪接情况

基　因	基因大小/kb	mRNA 大小/kb	内含子数目	剪接幅度/%
β 珠蛋白	1.5	0.6	2	60
胰岛素	1.7	0.4	2	76
蛋白激酶 C	11	1.4	7	87
清蛋白	25	2.1	14	91
过氧化氢酶	34	1.6	12	95
LDL 受体	45	5.5	17	87.7
因子Ⅷ	186	9	25	95
甲状腺球蛋白	300	8.7	36	97
(肌)营养不良蛋白	＞2000	17	＞50	99

snRNA 是核内小 RNA(small nuclear RNA)的英文缩写,它们富含尿嘧啶碱基(U),因此用 U 来命名。重要的有 U1、U2、U4、U5 和 U6 五种。在自然状态下,核内的 snRNA 以核糖核蛋白体颗粒的形式存在,写为 snRNP,这些颗粒与 mRNA 前体结合,形成剪接体。剪接体普遍存在于高等生物的细胞中,它的功能是使 mRNA 剪接体折叠成合适的构象,以便于剪接能在正确的部位上进行。

mRNA 前体(初始转录物)的剪接机制如图 17-19 和图 17-20 所示。

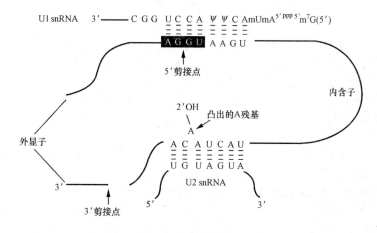

图 17-19　mRNA 初始转录物的剪接机制

许多真核 mRNA 前体内含子、外显子交界的剪接点有些保守顺序。U1 snRNA 5′末端的一个序列互补于内含子 5′末端的剪接点,U1 和初始转录物在这个区域的碱基配对帮助确定 5′剪切点,U2 snRNA 和分叉点碱基配对突出了分叉点,激活了腺苷酸残基,它的 2′-OH 通过 2′,5′-磷酸二酯键形成套索结构

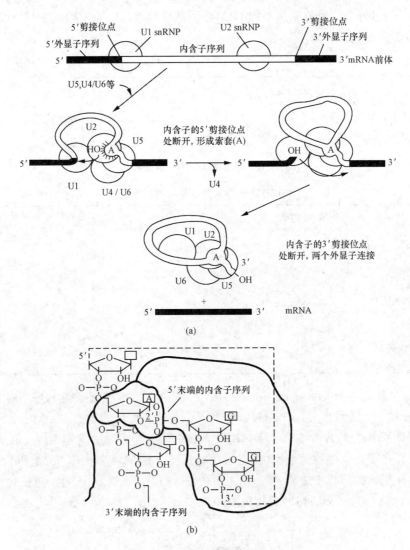

图 17-20　mRNA 前体的剪接机制

（a）装配剪接体。首先是各 snRNPs 借助于识别功能,结合于各自的位点,然后是分支点 A（见图 17-16）在 snRNPs(U1、U2、U5、U4/U6)的作用下攻击 5′剪接位点,把它切开,并与 A(腺苷酸)共价结合,内含子形成一个半游离的套索状。最后,第一个外显子的 3′-OH 末端攻击内含子的 3′剪接位点,把它切开,第一个外显子与第二个外显子相连接,套索状的内含子则完全被切离下来。（b）套索(A)的分子结构。黑色的粗线条示套索形状

（1）snRNP 中的 U1 snRNP 和 U2 snRNP 分别与内含子 5′端和分叉点的互补序列结合,前者帮助寻找内含子 5′端剪接点,后者给套索结构定位。

（2）随后,每种 snRNP 各就各位结合到 mRNA 前体上。

（3）内含子 5′端有一切割，释放出左侧外显子及右侧的内含子-外显子-snRNP 复合物。

（4）在此时的剪接体中，内含子 5′端通过 2′,5′-磷酸二酯键连接到它的分叉点，形成一个套索状分子。

（5）切断右侧接界，释放出套索分子和右侧外显子。

（6）左、右外显子连接起来，完成剪接。

（五）酵母 tRNA 前体的剪接

20 世纪 70 年代对酵母 tRNA 前体的剪接机制进行了较深入的研究。酵母基因组共有约 400 个 tRNA 的基因，其中断裂基因仅占十分之一。它们各含一个内含子，位于反密码子 3′侧相隔 1 个核苷酸之处，长度不一，在 14～46 bp 之间。在所有内含子中，并没有发现可被剪接酶识别的保守序列，可能酶识别的只是共同的二级结构。内含子都含有一段与反密码子相配对的碱基序列，序列互补的结果使反密码环形成与成熟 tRNA 不同的构象（图 17-21），而其他部位的结构均和成熟的 tRNA 相同。

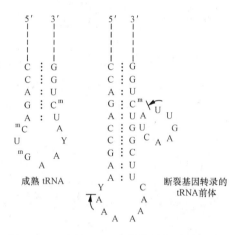

图 17-21　酵母 tRNA^{phe} 前体拼接前后的结构

GAA 为反密码子；|←——　——→|内含子

内切核酸酶依靠识别二级结构而断裂 tRNA 前体，产生 tRNA 两个半分子和一个线状内含子，再由连接酶将两个半分子连接起来（图 17-22）。详细的反应过程是，内切核酸酶切除内含子后，5′半分子外显子 3′端先形成 2′,3′-环式单磷酸酯，再在环磷酸二酯酶作用下形成 2′-磷酸酯；与此同时，激酶使 3′半分子的外显子 5′-OH 磷酸化。ATP 提供的 AMP 先与 RNA 连接酶相连，再转移到 3′半分子的 5′-磷酸基上，形成 5′,5′-二磷酸酸酐键。两个半分子连接时 3′半分子失去 AMP，最后磷酸酯酶除去 2′-磷酸（图 17-23）。

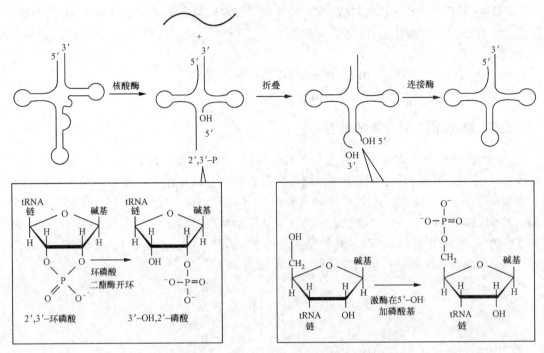

图 17-22　酵母 tRNA 内含子的剪接与连接

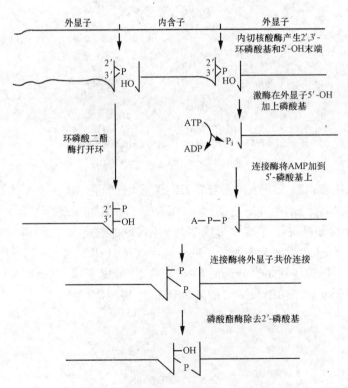

图 17-23　酵母和植物 tRNA 前体的拼接过程

至此,介绍了 RNA 前体剪接的 4 种方式,总结于图 17-24。

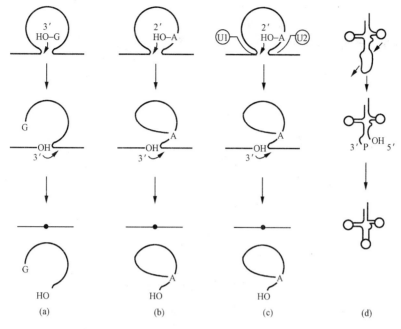

图 17-24　RNA 的剪接方式

(a) 类型 I 自我剪接；(b) 类型 II 自我剪接；(c) 核 mRNA 剪接体的剪接；(d) 核 tRNA 的酶促剪接

（六）反式剪接和可变剪接

1. 反式剪接

前面介绍的四类剪接方式均为分子内的剪接，称顺式剪接（cis-splicing）。生物体内还存在分子间的剪接，即反式剪接（trans-splicing）。反式剪接的外显子不在同一基因中，甚至分布在两条染色体，最早在锥体虫中发现。这类虫体的一种可引起非洲昏睡病。锥体虫许多 mRNA 5′端有一段共同的 35 个核苷酸前导序列 SL（spliced leader）。SL 并非由各个转录单位的上游所编码，而是来自另外一些重复基因的转录产物。实际上 SL 是这些基因的外显子，其后连接的 100 bp 片段为内含子。反式剪接过程见图 17-25。这种剪接方式还存在于其他生物中。

2. 可变剪接

内含子的转录耗费了细胞的资源和能量，如果它对机体没有任何益处，进化不会选择断裂基因。现在知道，内含子的存在可通过剪接使一个基因产生多种基因产物。

一个基因所对应 mRNA 的初始转录物有两种：一种是简单转录物，只产生一种成熟的 mRNA 和一种相应的多肽产物；另一种是复杂转录物，通过不同剪接方式，可以得到不同的 mRNA 和翻译产物，这样的剪接方式称为可变剪接（alternative splicing）。所产生的多个蛋白质即为同源体（isoform）。

图 17-26 显示可变剪接的两种模式。

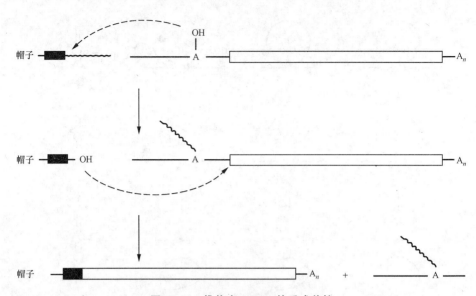

图 17-25　锥体虫 mRNA 的反式剪接

（引自王学敏，等，2004）

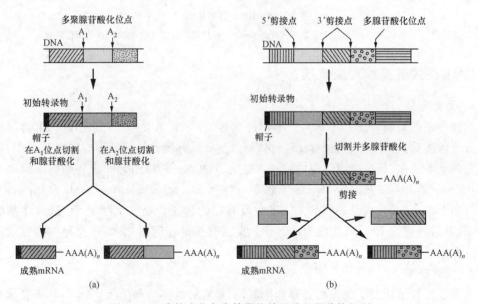

图 17-26　真核生物复杂转录物的两种不同剪接机制

　（a）多种切割和多腺苷酸化位点，图中示 A_1，A_2 两个 poly(A) 加接位点；（b）两种不同的内含子剪接方式，图中示两个不同的 3′ 端剪切点

　　今以降钙素（calcitionin）mRNA 的初始转录物为例，进一步说明可变剪接的机制。降钙素基因有 6 个外显子，它的初始转录物 3′ 端有两个 poly(A) 位点，其一显现于甲状腺中，另一显现于脑中。在甲状腺中，通过剪接产生降钙素 mRNA，它包括外显子 1～4。在脑中剪接去除降钙素外显子（外显子 4），产生降钙素相关肽（CGRP）mRNA。同一基因在不同组织中由于剪接方式的不同而得到两种不同的激素（图 17-27）。

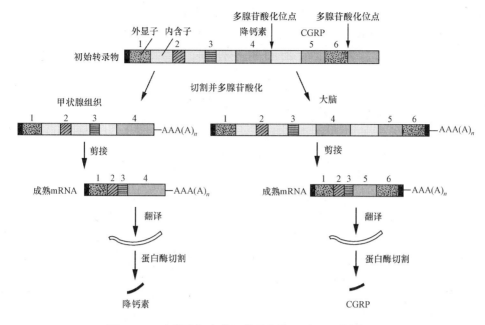

图 17-27　大鼠降钙素基因转录物的两种不同剪接方式

初始转录物有两个 poly(A)加接位点：在甲状腺中选择第一个；在脑中选择第二个。在脑中剪接去掉的一个降钙素外显子在甲状腺中得以保留。最后在甲状腺中产生降钙素，在脑中产生另一种激素——降钙素基因相关多肽（CGRP）

（七）RNA 的编辑

RNA 的编辑主要指 mRNA 在转录后因插入、缺失核苷酸，或核苷酸替换，改变了 DNA 模板原来的遗传信息，从而翻译出氨基酸序列不同的多种蛋白质的过程。按中心法则规定，遗传信息在由 DNA 传递到 RNA 的过程中，DNA 序列决定 RNA 序列。RNA 编辑是在 RNA 分子上出现的一种修饰现象，似乎是中心法则的一个例外。编辑不仅扩展了基因的遗传信息，也可能是生物适应环境的一种措施。

1986 年 Benne 等在研究锥体虫线粒体 DNA 时，比较了 co Ⅱ（细胞色素氧化酶亚基Ⅱ）的基因与其转录物的序列，发现转录物在移码突变位点附近有 4 个不被基因 DNA 编码的额外尿苷酸，正好纠正了基因的移码突变（图 17-28）。这些尿苷酸可能是在转录中或转录后插进去的。这种改变 RNA 编码序列的方式属于 RNA 的编辑。

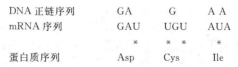

图 17-28　锥体虫 co Ⅱ 基因与其表达产物的序列比较

＊标出插入核苷酸的位置

锥体虫线粒体编码不完整 mRNA 的基因称为隐藏基因（cryptogene），它不能编码许多成熟 RNA 中存在的核苷酸。不完整 mRNA 在作为翻译模板前必须进行编辑。编辑由指导 RNA（guide RNA，gRNA）指导，沿 mRNA 的 3′端到 5′端的方向进行。gRNA 与 mRNA 未编辑区杂交，提供 A 为模板，将 U 插入 mRNA 序列内形成 A-U 碱基对。当 gRNA 中 A

缺失时，mRNA 中的 U 成为多余，将会被除去。先由核酸酶在需除去的 U 旁剪开，再由外切核酸酶切除 U，接下来 RNA 连接酶连接两端。当 gRNA 存在 A 时，插入 U 的过程由末端尿苷酸转移酶(TUTase)催化完成(图 17-29)。

前mRNA
5′端
gRNA
核酸酶
3′外切核酸酶
UMP
末端尿苷
酸转移酶
UTP
连接酶
缺失
插入

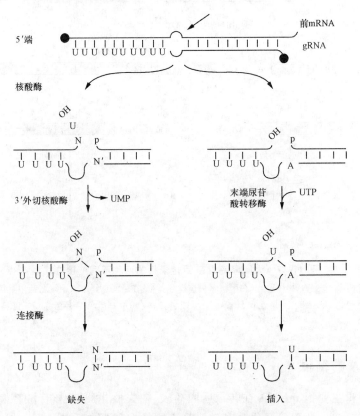

图 17-29 锥体虫线粒体 mRNA 的编辑

(引自王学敏，等，2004)

另一种不同形式的 RNA 编辑形式发生在脊椎动物载脂蛋白(apolipoprotein)的组分 B 中。载脂蛋白的一种形式称为 apoB-100，含 4563 个氨基酸残基，是在肝脏中合成的；另一种形式称为 apoB-48，仅含 2152 个氨基酸残基，合成于小肠。两者都是由 apoB-100 基因产生的 mRNA 作模板而合成。在小肠中有一种胞嘧啶脱氨酶，它结合于 mRNA 的第 2153 个密码子(CAA)上，从而将 C 转变为 U，因此在该位置便形成了终止密码子 UAA。经过 mRNA 编辑，小肠中形成的 apoB-48 是 apoB-100 的一种截短形式(图 17-30)。

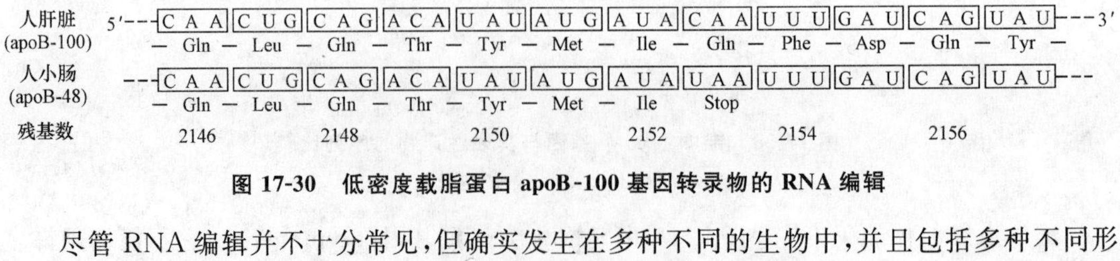

人肝脏
(apoB-100)
5′---CAA CUG CAG ACA UAU AUG AUA CAA UUU GAU CAG UAU---3′
— Gln — Leu — Gln — Thr — Tyr — Met — Ile — Gln — Phe — Asp — Gln — Tyr —
人小肠
(apoB-48)
---CAA CUG CAG ACA UAU AUG AUA UAA UUU GAU CAG UAU---
— Gln — Leu — Gln — Thr — Tyr — Met — Ile Stop
残基数
2146 2148 2150 2152 2154 2156

图 17-30 低密度载脂蛋白 apoB-100 基因转录物的 RNA 编辑

尽管 RNA 编辑并不十分常见，但确实发生在多种不同的生物中，并且包括多种不同形式的核苷酸变化，表 17-2 列出了哺乳动物各种 RNA 编辑的实例。

表 17-2　哺乳动物 RNA 编辑举例

组　织	靶 RNA	变　化	影　响
肝、小肠	载脂蛋白 B mRNA	C→U	Glu 密码子转变为终止密码子
肌肉	α-半乳糖苷酶 mRNA	U→A	Phe 密码子转变为 Tyr 密码子
睾丸、肿瘤	Wilms 肿瘤-Ⅰ mRNA	U→C	Leu 密码子转变为 Pro 密码子
肿瘤	Ⅰ型神经纤维瘤 mRNA	C→U	Arg 密码子转变为终止密码子
脑	谷氨酸受体 mRNA	A→Ⅰ	在不同的位置导致不同的密码子变化

五、RNA 的降解

　　所有转录物在细胞中的寿命都是有限的,某种 RNA 的稳态水平决定于其转录速率和降解速度。rRNA 和 tRNA 是稳定 RNA,其更新率较低,mRNA 是不稳定 RNA,其更新率非常高。mRNA 与其编码基因的表达活性直接相关,因此,它的降解是调节基因表达的一种重要手段。

　　一个 mRNA 分子的降解速率可通过它的半衰期来衡量。在不同生物之间和同一生物体内部,mRNA 的降解速率差异较大。细菌 mRNA 通常很快降解,其半衰期不超过几分钟。真核细胞 mRNA 的寿命较长,酵母 mRNA 半衰期是 10～20 min,哺乳动物的是几个小时。

　　在所有细胞中都存在各种核糖核酸酶,可以降解 RNA。如图 17-31 所示,大肠杆菌 RNA 内切酶将茎-环结构切掉,使 mRNA 的 3′端暴露,被多核苷酸磷酸化酶(PNPase)和 RNAase Ⅱ降解。

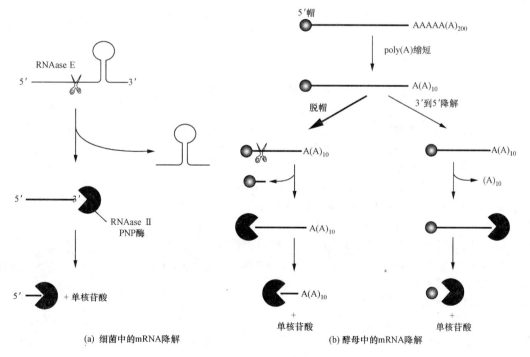

(a) 细菌中的mRNA降解　　　　(b) 酵母中的mRNA降解

图 17-31　RNA 降解机制

剪刀代表内切核酸酶,带缺口的圆形代表外切核酸酶;酵母中的"脱帽"降解途径是主要的机制

　　用酵母作实验证明,poly(A)尾的逐渐缩短是 mRNA 降解中的关键步骤。在多数情况下,poly(A)尾缩短,5′端"脱帽",随后是 5′→3′外切核酸酶的降解;另一种方式是,完全除去 poly(A)尾,导致 3′→5′外切核酸酶的降解。真核生物可能还有其他的 RNA 降解途径。

内 容 提 要

　　RNA 在转录后需要经过一系列复杂的加工过程才能转变为成熟的分子。原核生物 rRNA 和 tRNA 是稳定 RNA,存在切割、剪接和修饰等加工过程。mRNA 不稳定,一般不需要加工。真核生物 RNA 加工过程较为复杂,mRNA 存在特殊结构,其加工包括 5′端加帽和 3′端聚腺苷酸化等。

　　真核生物 RNA 存在几种剪接方式。第 I 类自我剪接发生在 rRNA 中,由外来鸟苷介导,它在两步转酯反应的第一步中起亲核物质的作用。这种无蛋白质参与的反应依赖于 RNA 分子内部结构。

　　第 II 类自我剪接利用位于内含子中的腺苷酸残基作为第一个转酯步骤的亲核物质。在第 I、II 类的自我剪接中,上游外显子-内含子交界处先被切开,然后上游外显子 3′-OH 对下游外显子进行亲核攻击。

　　mRNA 前体(hnRNA)的剪接过程需要 snRNP 剪接体促进两步转酯反应,其机制与第 II 类自我剪接相似。需要 U 系列 snRNP 参与,U6 起着中央组织者的作用,它还参与催化第二个转酯步骤。此类剪接以套索形式释放内含子。

　　酵母 tRNA 前体的剪接是一种酶促剪接。

　　RNA 的编辑是信息加工过程。信息加工可抽提有用信息,以适应调节和选择表达的需要。

　　合成速率和降解速率的平衡可控制 RNA 稳定的水平。外切和内切核酸酶在 RNA 降解过程中起重要作用。

习　　题

1. 名词解释:断裂基因,顺反子,外显子,内含子,hnRNA。
2. 什么是 RNA 的剪接? 它包括哪几种类型?
3. 以原核生物为例,试述其 rRNA 前体的加工过程。
4. 大肠杆菌 tRNA 基因有何特点? 其 tRNA 前体如何加工为成熟分子?
5. 试述原核生物 mRNA 和真核生物 mRNA 在结构上的主要区别。
6. 真核生物 mRNA 的帽子结构有哪几种? 各有何特征? 其主要功能是什么?
7. 用什么实验方法证明内含子的存在? 其依据的原理是什么?
8. 真核生物核内 mRNA 前体需要经过哪些步骤才能转变为成熟分子?
9. 真核生物有哪几种 RNA 的剪接方式? 试简述之。
10. 何谓 RNA 的编辑? 举例说明之。

第十八章　遗传密码和蛋白质合成

遗传信息贮存在 DNA 的核苷酸序列中,通过转录传递给 mRNA。只有 mRNA 携带的遗传信息才被用于指导蛋白质的生物合成,即决定蛋白质中氨基酸排列顺序。因此,一般用 U、C、A、G 4 种核苷酸的组合,而不用 T、C、A、G 4 种脱氧核苷酸的组合来代表遗传信息。

DNA 模板链的核苷酸序列决定 mRNA 中的核苷酸序列,mRNA 中的核苷酸序列又决定着蛋白质中的氨基酸序列。实验证明,mRNA 链上每 3 个核苷酸的组合称为三联体(triplet),也叫遗传密码。实际上,遗传密码(genetic code)是 mRNA 核苷酸序列和蛋白质氨基酸之间的对应关系。在高等动植物基因组(genome)中,只有 1% 左右用于编码蛋白质氨基酸序列,更多部分用于编码基因表达的调控信息。

DNA 是生物遗传信息的主要携带者,遗传信息以密码的形式排列在 DNA 分子上,表现为特定的核苷酸顺序,并通过 DNA 的复制由亲代传给子代。在生物机体的生长发育过程中,遗传信息自 DNA 转录给 RNA,然后翻译成特异的蛋白质,以行使各种生命功能。

翻译(translation)即为蛋白质生物合成(biosynthesis)的过程。在此过程中,把 mRNA 分子内的碱基排列顺序转变为蛋白质肽链中的氨基酸排列顺序。这是基因表达的第二步,也是产生基因产物蛋白质的最后阶段。不同组织细胞具有不同的生理功能,这是因为它们表达不同的基因,产生具有特殊功能蛋白质的结果。

蛋白质合成是细胞中消耗能量最多的过程,需要量多达所产生的 ATP 的量的 90%。为了保证蛋白质合成达到高度精确,参与反应的成分至少有 200 种,主要包括 mRNA、tRNA、rRNA 以及有关的酶和蛋白质因子。mRNA 为翻译的模板,tRNA 负责转运氨基酸,rRNA 与多种蛋白质组成的核糖体作为翻译进行的场所。蛋白质的生物合成过程包括 3 个主要阶段,即多肽链合成的起始(initiation)、延伸(elongation)和终止(termination)。此外,合成的肽链释放后还需进行加工和修饰(modification)。原核生物与真核生物蛋白质合成的基本过程相似,但也有不少差别。真核生物的翻译过程更为复杂。

一、tRNA 是一种连接物分子

1958 年 Crick 提出,在蛋白质合成中需要一种连接物(adaptor)分子,把模板 mRNA 中所贮存的信息与多肽链中氨基酸序列联系起来,见图 18-1。后来证明,tRNA 就是这种连接物分子。tRNA 分子的 3′末端有一个叫做氨基酸臂(amino acid arm)的部位,这是与氨基酸连接的地方,此外,还有一个与模板 mRNA 识别的部位,它是一组三碱基序列,叫做反密码子(anticodon)。在 mRNA 分子上也有被反密码子识别并与之互补的三碱基序列,称为密码子(codon)。mRNA 分子上的每个密码子都会选择一个具有互补反密码子的 tRNA 分子,并通过它把一个氨基酸传送到生长中的肽链上,安装在适当的位置。tRNA 的连接物功能是由反密码子和密码子碱基配对来体现的,如图 18-2 所示。

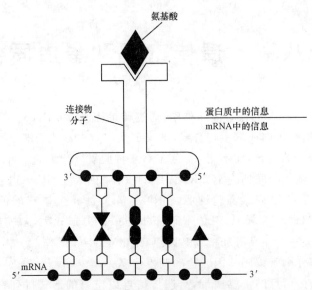

图 18-1　翻译需要一种连接物分子把 mRNA 和蛋白质中的一级序列信息相互沟通

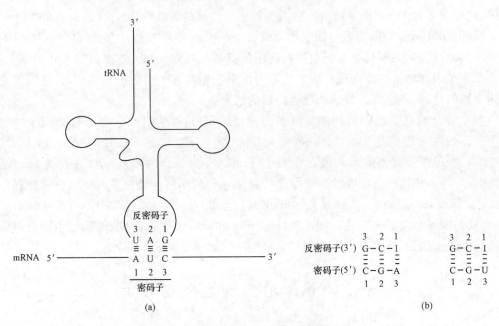

图 18-2　密码子与反密码子的碱基配对关系

（a）密码子与反密码子是反平行的；（b）反密码含有肌苷酸残基时的碱基配对关系

二、遗传密码

（一）遗传密码的特征

　　1961 年,Crick 和 Brenner 等人的 T4 噬菌体遗传实验结果确定了遗传密码的一些特征,下面逐一介绍。

1. 三个碱基一组，编码一个氨基酸

分子生物学中引人注目的困惑之一，就是仅由 4 种残基组成的核苷酸序列是如何决定多肽链中 20 种氨基酸序列的？显然，核苷酸和氨基酸之间不可能有一一对应关系，如果那样，只能为 4 种氨基酸编码。当以两个碱基作为编码单元时，也只能对应 16(4×4)种氨基酸，数目还不够。而以三个碱基作为编码单元，则可编码 64(4×4×4)种氨基酸，不仅足够，而且有余。遗传学实验证明，三个碱基一组编码一个氨基酸，此三碱基组称为三联体，即密码子。

2. 密码子是不重叠的

如何把 DNA 连续的碱基序列分组成为密码子呢？存在两种情况，一种密码子可能是重叠(overlapping)的，另一种密码子可能是不重叠的，图 18-3 示出了它们可能的排列情况。由图可见，ABC 可能编码一种氨基酸，BCD 编码另一种，CDE 编码第三种，等等。如果是这样，密码子是相互重叠的。然而，将 C 突变为 C′，发现只有一个氨基酸改变，如果密码子是重叠的，则应该有三个氨基酸改变。事实证明，对大多数生物而言，在一个基因中，密码子是不能重叠的，图中 ABC 对应一种氨基酸，DEF 对应第二种，GHI 对应第三种，等等。

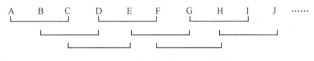

图 18-3　重叠密码和不重叠密码

3. 三联体密码是按顺序阅读的

Crick 等人的实验表明，在 mRNA 核苷酸序列的任何位置上，插入或缺失一个核苷酸都会改变三联体密码的阅读框架(reading frame)，使基因失活。插入或缺失核苷酸称为移码突变(frameshift mutation)。但是如果先插入一个核苷酸，后又缺失一个核苷酸，阅读框架仍然保持不变，原来编码的信息便能够在变异位点之后照旧表现出来(图 18-4)。先插入后缺失两个相关的突变称为互为抑制突变，因为它们能够各自消除对方的突变性状。

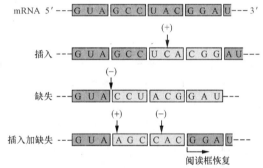

图 18-4　三联体密码是连续的、不重叠的

遗传学证据表明在基因的内部插入或缺失一个碱基会导致其后续密码的改变

在实验基础上，Crick 等人总结得出，遗传密码是从基因内一个固定位置开始，按顺序一个三联体、一个三联体地阅读的，没有内部标点标识读码框架。按照这种方案，对任何一个 DNA 序列都有三种可能的阅读框架，每种阅读框架将形成自己的密码子序列(图 18-5)。

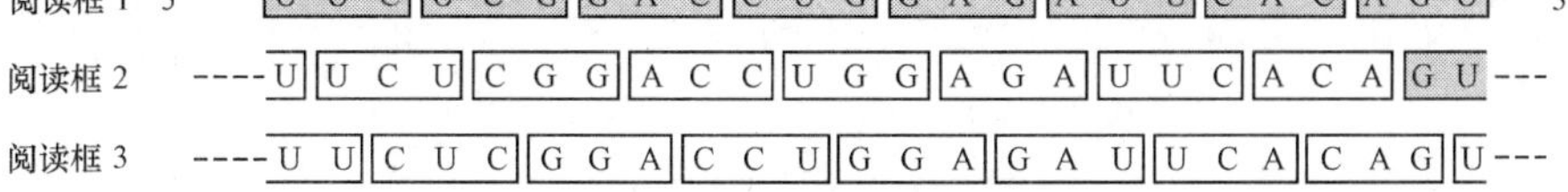

阅读框 1　5′----UUC UCG GAC CUG GAG AUU CAC AGU---3′
阅读框 2　----U UCU CGG ACC UGG AGA UUC ACA GU---
阅读框 3　----UU CUC GGA CCU GGA GAU UCA CAG U---

图 18-5　所有 mRNA 都有三种潜在阅读框

目前已经证明,在绝大多数生物中,基因密码是不重叠的,但在一些单链 DNA 噬菌体中,为了最大限度地利用其少量的 DNA 资源,却含有完全重叠的、具有不同阅读框架的基因密码。细菌也有类似的编码节约措施,例如,细菌基因多顺反子 mRNA 的核糖体起始序列,常常和其前面基因的末端重叠(图 18-6)。

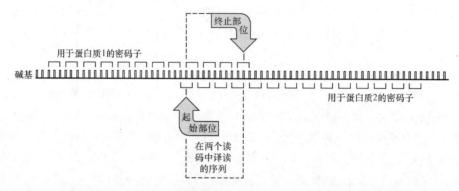

图 18-6　两个基因可通过在不同读码中译读 DNA 而共用同一序列

(二) 遗传密码的破译

自 1961 年起,科学家不断进行实验,陆续破译(deciphering)了全部遗传密码。

1. 实验 1——无细胞翻译系统的制备

1961 年,Nirenberg 等人将大肠杆菌破碎,离心除去细胞碎片,上清液含有蛋白质合成所需各种成分,其中包括 DNA、tRNA、核糖体、氨酰 tRNA 合成酶以及蛋白质合成必要的其他各种因子。将上清液在 37℃ 下保温,发现能合成蛋白质,但持续一段时间后,由于内源 mRNA 被降解,该系统自身蛋白质的合成即停止。当补充外源 mRNA 以及 ATP、GTP 等成分,再在 37℃ 保温时,就能继续合成新的蛋白质。上述上清液不存在完整细胞结构,但是能合成蛋白质,所以称为无细胞蛋白质合成系统,即无细胞翻译系统(cell free system)。

2. 实验 2——制备多聚尿(胞、腺)苷酸

Nirenberg 以 UDP、CDP 和 ADP 为底物,在多核苷酸磷酸化酶的催化下,分别合成六聚尿苷酸 poly(U_6)、六聚胞苷酸 poly(C_6)和六聚腺苷酸 poly(A_6)。

$$UDP \longrightarrow UUUUUU \quad poly(U_6)$$
$$CDP \longrightarrow CCCCCC \quad poly(C_6)$$
$$ADP \longrightarrow AAAAAA \quad poly(A_6)$$

3. 实验 3——破译 Phe、Pro 和 Lys 的密码子

Nirenberg 等人的早期实验证明,在无细胞翻译系统中,poly(U_6)、poly(C_6)和 poly(A_6)能分别指导 Phe -Phe、Pro -Pro 和 Lys -Lys 3 种二肽的合成(Phe、Pro、Lys 均为标记氨基酸)(图 18-7)。

$$无细胞翻译系统 + \frac{GTP}{ATP} + \begin{array}{ll} poly(U_6) & Phe \\ poly(C_6) + Pro \\ poly(A_6) & Lys \end{array} \longrightarrow \begin{array}{l} Phe\text{-}Phe \\ Pro\text{-}Pro \\ Lys\text{-}Lys \end{array}$$

图 18-7　破译相同碱基的密码子

由此推断密码子 UUU 代表 Phe,CCC 代表 Pro,AAA 代表 Lys。这三个密码子最早得到破译具有里程碑意义。虽然从 Crick 等人早先的实验结果已预示,遗传密码的阅读有起

始和终止信号,但当时对起始密码子和终止密码子还是一无所知。所幸的是,Nirenberg 等人在实验中采用较高 Mg^{2+} 浓度,以至于合成的多聚核苷酸不需要起始密码子便可指导肽链的合成,此时密码子阅读的起点是任意的。

以上实验证明了由相同碱基组成的三联体密码,但不能证明由两种或三种碱基所组成的三联体密码。

4. 实验 4——随机三联体的合成

在 UUU、CCC 和 AAA 三个遗传密码破译之后,Nirenberg 等人又进一步用两种核苷酸合成共聚物,例如,U 和 G 的共聚物可以出现 8 种不同的三联体,即 UUU、UUG、UGU、GUU、GUG、GGU、UGG 和 GGG。

$$UDP + GDP \longrightarrow 共聚物(8 种不同的三联体)$$

在上述反应中,U 和 G 的摩尔比为 0.76：0.24,由多核苷酸磷酸化酶催化合成的共聚物的各种三联体的出现概率列于表 18-1。poly(G)因易于形成多股螺旋,不宜作 mRNA,所以 GGG 不是有效的密码子。以上述随机共聚物为模板,在无细胞翻译系统中合成蛋白质,经测定,标记氨基酸掺入的相对量与密码子的出现频率相一致(表 18-2)。

表 18-1　U、G 组成随机三联体出现的相对频率

三联体	计算概率	出现的相对频率/%
UUU	$0.76 \times 0.76 \times 0.76 = 0.439$	100
UUG	$0.76 \times 0.76 \times 0.24 = 0.139$	31
UGU	同 UUG	31
GUU	同 UUG	31
UGG	$0.76 \times 0.24 \times 0.24 = 0.0438$	10
GUG	同 UGG	10
GGU	同 UGG	10
GGG	$0.24 \times 0.24 \times 0.24 = 0.0138$	3

表 18-2　以 U、G 随机共聚物为模板的氨基酸的掺入率

氨基酸	相对掺入率/%	推断的密码子组成
Phe	100	UUU
Val	37	2U1G
Leu	36	2U1G
Cys	35	2U1G
Trp	14	1U2G
Gly	12	1U2G

5. 实验 5——核糖体结合实验

通过类似实验 4 的方法可以确定 20 种氨基酸密码子的碱基组成,但不知道它们的排列顺序。比如,推断 Val 密码子的碱基组成为 2U1G,但要确定它是 UUG、UGU 和 GUU 中的哪一种,还需进行另外的实验。

1964 年 Nirenberg 发现,用人工合成的三核苷酸取代 mRNA,在没有 GTP 时不能合成蛋白质,但是核苷酸三联体却能与其对应的氨酰-tRNA 一起结合在核糖体上。将此反应混合物通过硝酸纤维素滤膜时,核糖体便和核苷酸三联体以及特异结合的氨酰-tRNA 形成复合物而截留在膜上。

　　首先用有机化学方法或酶学技术合成 UUG、UGU 和 GUU,然后进行如图 18-8 的操作(核糖体结合实验)。

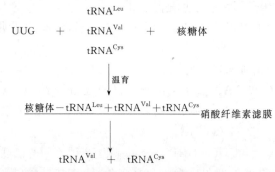

图 18-8　核糖体结合试验示意图

　　发现 tRNA^{Leu} 与核糖体结合留在膜上,tRNA^{Val} 和 tRNA^{Cys} 不能与核糖体结合而通过了滤膜。由此证明 UUG 识别 Leu,是 Leu 的密码子。用同样的方法确定了 UGU 编码 Cys,GUU 编码 Val。事实上,所有 64 种可能的三联体都已合成,其中 50 种以上的密码子都是通过这种简单而精确的方法破译的,此即所谓核糖体结合实验(ribosome binding assay)。但是,在这套实验系统中,仍然有一些三联体密码不能肯定,需要用其他方法来证实。

　　1964 年前后,Khorana 将化学方法和酶法巧妙地结合起来,合成含有重复序列的多聚核苷酸,下面所列的是这位科学家为破译遗传密码设计的实验。

　　6. 实验 6——poly(UG)和 poly(UAC)的合成

　　poly(UG)含有两种三联体密码子 UGU 和 GUG,以其为模板,在无细胞翻译系统中可合成 poly(Cys·Val)(图 18-9)。

　　经与核糖体结合实验所得结果相比较,可以确定 UGU 是 Cys 的密码子,GUG 是 Val 的密码子。在核糖体结合实验中,还知道 GUU 也编码 Val,说明对应于 Val 的不只是一种密码子。

　　如果用多聚三核苷酸作模板,由于阅读框架不同,可以产生三种不同均一氨基酸的多肽。例如,poly(UAC)可指导 poly(Tyr)、poly(Thr)和 poly(Leu)的合成(图 18-10)。

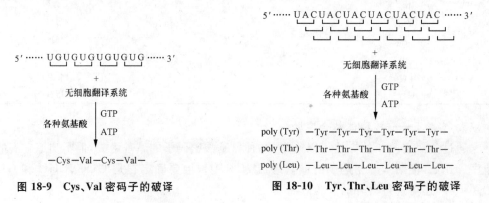

图 18-9　Cys、Val 密码子的破译　　　　　**图 18-10　Tyr、Thr、Leu 密码子的破译**

这一实验结果提示,密码子 UAC、ACU 和 CUA 所对应的氨基酸分别是 Tyr、Thr 和 Leu。

7. 实验7——终止密码的破译

用某些四核苷酸多聚物作模板,因出现终止密码,只能合成小肽。例如 poly(GUAA) 可合成-Val-Ser-Cys(图 18-11)。又如 poly(AUAG)可合成-Ile-Asp-Arg(图 18-11)。

$5'\cdots\cdots$ GUAAGUAAGUAA$\cdots\cdots$ $3'$ $5'\cdots\cdots$ AUAGAUAGAUAG$\cdots\cdots$ $3'$

—Val—Ser—Cys—Stop   —Ile —Asp—Arg—Stop

图 18-11　终止密码子的破译

上述两个实验,分别证明 UAA 和 UAG 是终止密码子。用同样的方法还证明 UGA 也是终止密码子。

用多聚三核苷酸和多聚四核苷酸作模板,所合成的多肽产物列于表 18-3。

表 18-3　用三个碱基或四个碱基重复的合成多核苷酸指导多肽合成

多核苷酸 (三核苷酸重复)	多肽产物	多核苷酸 (四核苷酸重复)	多肽产物
$(UUC)_n$	$(Phe)_n$,$(Ser)_n$,$(Leu)_n$	$(UAUC)_n$	$(Tyr\text{-}Leu\text{-}Ser\text{-}Ile)_n$
$(AAG)_n$	$(Lys)_n$,$(ARG)_n$,$(Glu)_n$	$(UUAC)_n$	$(Leu\text{-}Leu\text{-}Thr\text{-}Tyr)_n$
$(UUG)_n$	$(Leu)_n$,$(Cys)_n$,$(Val)_n$	$(GUAA)_n$	二肽或三肽
$(CCA)_n$	$(Pro)_n$,$(His)_n$,$(Thr)_n$	$(AUAG)_n$	二肽或三肽
$(GUA)_n$	$(Val)_n$,$(Ser)_n$,(链终止子)		
$(UAC)_n$	$(Tyr)_n$,$(Thr)_n$,$(Leu)_n$		
$(AUC)_n$	$(Ile)_n$,$(Ser)_n$,$(His)_n$		
$(GAU)_n$	$(Asp)_n$,$(Met)_n$,(链终止子)		

(三) 遗传密码非绝对通用

1. 遗传密码表

自 1961 年起,经过研究,终于在 1966 年完全确定了编码 20 种氨基酸的密码子,这是 20 世纪最重要的科学发现之一。在 64 个(种)密码子中,除 3 个终止密码子外,其余 61 个均对应特定的氨基酸。表 18-4 列出了全部遗传密码。在破译遗传密码的实验系统中,多肽链的合成可从模板上任何一个碱基起始,但在生物体内,蛋白质合成并不是从 mRNA 分子上的任意碱基起始,而是从特定的起始密码子开始。起始密码子有两个,即 AUG 和 GUG,前者应用最普遍。已知多肽链合成的第一个氨基酸原核生物为甲酰甲硫氨酸,真核生物为甲硫氨酸(二者均对应 AUG),但甲硫氨酸的密码子只有一个,这就是说,编码多肽链内部甲硫氨酸和起始氨基酸是同一个密码子。AUG 和 GUG,当它们接到特殊指令时才作为起始密码子,如没有接到特殊指令,只起普通密码子的作用。

表 18-4　遗传密码

密码子第一个字母(5′端)	密码子第二个字母			
	U	C	A	G
U	UUU　Phe UUC　Phe UUA　Leu UUG　Leu	UCU　Ser UCC　Ser UCA　Ser UCG　Ser	UAU　Tyr UAC　Tyr UAA　Stop UAG　Stop	UGU　Cys UGC　Cys UGA　Stop UGG　Trp
C	CUU　Leu CUC　Leu CUA　Leu CUG　Leu	CCU　Pro CCC　Pro CCA　Pro CCG　Pro	CAU　His CAC　His CAA　Gln CAG　Gln	CGU　Arg CGC　Arg CGA　Arg CGG　Arg
A	AUU　Ile AUC　Ile AUA　Ile AUG　Met	ACU　Thr ACC　Thr ACA　Thr ACG　Thr	AAU　Asn AAC　Asn AAA　Lys AAG　Lys	AGU　Ser AGU　Ser AGA　Arg AGG　Arg
G	GUU　Val GUC　Val GUA　Val GUG　Val	GCU　Ala GCC　Ala GCA　Ala GCG　Ala	GAU　Asp GAC　Asp GAA　Glu GAG　Glu	GGU　Gly GGC　Gly GGA　Gly GGG　Gly

表中粗体字母表示密码子的第三个字母。AUG 代表起始密码子和甲硫氨酸；UAA，UAG，UGA 为终止密码子。

2. 密码子的简并性

表 18-4 列出了全部 64 个(种)三联体密码子,除 3 个终止密码子外,其余 61 个编码特定的氨基酸。20 种氨基酸中,只有色氨酸与甲硫氨酸各对应一个密码子,其余 18 种氨基酸每种分别由两个或多个三联体密码子编码(表 18-5)。同一种氨基酸有两个或更多密码子的现象称为密码子的简并性(degeneracy)。对应于同一种氨基酸的不同密码子称为同义密码子(synonymous codon),大多数同义密码子仅第 3 个碱基有差别。密码子简并性的意义在于,万一个别碱基突变,还有另外密码子来补救,保证信息传递到氨基酸不会发生错误。

表 18-5　氨基酸密码子的简并性

氨基酸	密码子数目	氨基酸	密码子数目
Ala	4	Leu	6
Arg	6	Lys	2
Asn	2	Met	1
Asp	2	Phe	2
Cys	2	Pro	4
Gln	2	Ser	6
Glu	2	Thr	4
Gly	4	Trp	1
His	2	Tyr	2
Ile	3	Val	4

3. 遗传密码的通用性和例外

虽然,全部遗传密码都是用无细胞翻译系统进行实验而破译的,但以后许多科学研究的结果都充分证明了遗传密码表的正确性。遗传密码全部被破译后,人们一直认为,密码是绝对通用(in common use)的,即不同进化水平的生物,包括病毒、细菌及真核生物,基本上共用一套遗传密码,表 18-4 中所列出的称为通用密码子。1979 年,发现线粒体的遗传密码与通用密码有异,这件事震动了分子生物学界。目前已知,线粒体 DNA 的编码方式与通用遗传密码有所不同,见表 18-6。

表 18-6　已知线粒体遗传密码含义的改变

线粒体	密码子*					线粒体	密码子*				
	UGA	AUA	AGA AGG	CUN	CCG		UGA	AUA	AGA AGG	CUN	CCG
正常密码子含义	终止	**Ile**	**Arg**	**Leu**	**Arg**	啤酒酵母	Trp	Met	＋	Thr	＋
						丝状真菌	Trp	＋	＋	＋	＋
脊椎动物	Trp	Met	终止	＋	＋	锥体虫	Trp	＋	＋	＋	＋
果蝇	Trp	Met	Ser	＋	＋	高等植物	＋	＋	＋	＋	Trp

* N 代表任一核苷酸;"＋"代表与正常密码子相同。

三、蛋白质的合成通论

(一) 氨基酸由特异的合成酶活化并连接到 tRNA 上

1957 年,Zamecnik 和 Hoagland 发现,蛋白质合成时氨基酸的活化并连接到 tRNA 分子上,是由特异氨酰-tRNA 合成酶(aminoacyl-tRNA synthetase)催化完成的。

1. tRNA 的氨酰化反应

tRNA 的氨酰化反应分两步进行:

$$氨基酸 + ATP \longrightarrow 氨酰\text{-}AMP + PP_i(PP_i \longrightarrow 2P_i)$$
$$氨酰\text{-}AMP + tRNA \longrightarrow 氨酰\text{-}tRNA + AMP$$

用图 18-12 对反应加以更详细说明。第一步,氨基酸的羧基通过与 ATP 的 α-磷酸形成酸酐键并取代焦磷酸 PP_i,反应产物氨酰-AMP 一直结合在酶上。由于 PP_i 水解的驱动,这一反应在生理条件下是不可逆的。第二步,将氨酰-AMP 上的氨酰基转移到 tRNA 中腺苷酸残基 $2'$- 或 $3'$-OH(因氨基酸而定)的位置上,形成氨酰-tRNA。产生的终产物使氨基酸本身活化,有利于肽键的形成,也便于 tRNA 携带氨基酸安放到 mRNA 的适当位置。

20 种氨基酸,各自有一种相应的氨酰-tRNA 合成酶,这些酶的分子大小、亚基结构和氨基酸组成各不相同。亚基相对分子质量在 33 000～114 000 的范围,全酶为一条多肽链,或含 2 或 4 个亚基。

2. 氨酰-tRNA 合成酶的识别功能

遗传信息的正确翻译,即蛋白质合成的忠实性依赖于氨酰-tRNA 合成酶的高度特异性。氨酰-tRNA 合成酶能识别将要活化的氨基酸和相应的受体 tRNA,并专一地把它们连接起来(图 18-13)。不同氨基酸所对应的受体 tRNA 特异序列是氨酰-tRNA 合成酶的识别信号。这里讲的特异序列是指单个碱基或碱基对所构成的特征元件,它们成串地聚集在 tRNA 的氨基酸臂和反密码环上。

3. 氨酰-tRNA 合成酶的水解校正功能

许多氨酰-tRNA 合成酶除有酰化活性部位外,似乎还含校正活性部位,用于水解非正确组合的氨基酸和 tRNA 之间形成的共价联系。异亮氨酰-tRNA 合成酶的酰化活性部位一般能区分异亮氨酸和缬氨酸,然而,这两种氨基酸只有一个甲基的差异,偶尔也会发生错

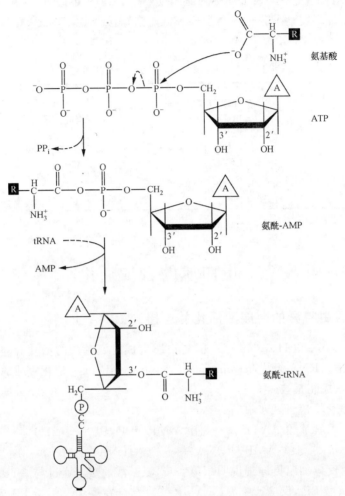

图 18-12 氨酰 tRNA 合成酶催化的 tRNA 氨酰化的两步反应

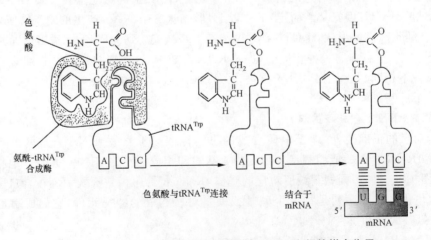

图 18-13 氨酰-tRNA 合成酶在氨基酸与 tRNA 之间的媒介作用

误,即生成缬氨酰-tRNA^{Ile}。当异亮氨酰-tRNA 合成酶遇到缬氨酰-tRNA^{Ile}时,它的校正活性部位会将缬氨酸水解下来:

$$缬氨酰\text{-}tRNA^{Ile}+H_2O \longrightarrow 缬氨酸+tRNA^{Ile}$$

这样,在蛋白质合成中,缬氨酸取代异亮氨酸的错误掺入就可避免。氨酰-tRNA 合成酶通过其酰化部位和校正部位的共同作用,使翻译产生错误的频率小于万分之一。

（二）由反密码子识别密码子

tRNA 的反密码子是对 mRNA 分子上密码子进行识别的部位,识别过程就是碱基配对过程。连接在 tRNA 分子上的氨基酸在识别过程中不起作用。在氨酰化过程中,半胱氨酰-$tRNA^{Cys}$ 是一对正确连接,而丙氨酰-$tRNA^{Cys}$ 则是一对错误连接,但二者都是依靠 $tRNA^{Cys}$ 分子上的反密码子 ACA 去阅读半胱氨酸的密码子 UGU,并与之配对。这说明,对 mRNA 分子上密码子的识别并不取决于连接在 tRNA 分子上的氨基酸,而是取决于反密码子。

（三）一个 tRNA 分子可识别一个以上的密码子

1. 密码子碱基和反密码子碱基反向排列

密码子和反密码子碱基配对时,其排列要遵循 DNA 双螺旋模型反向排列的法则。

反密码子　　　　$3'\cdots x'-y'-z'\cdots 5'$

密码子　　　　　$5'\cdots x-y-z\cdots 3'$

反密码子 5′端的碱基为第一碱基,密码子 3′端的碱基为第三碱基。

2. 某些反密码子识别一个以上的密码子

tRNA 分子上的反密码子在识别 mRNA 分子上的密码子时,密码子第一位、第二位碱基配对是严格的,第三位碱基可以有一定的变动。Crick 称这一现象为"摆动"。例如,反密码子 GAA 可阅读 UUU 和 UUC 两个密码子,而酵母丙氨酸 tRNA 的反密码子 IGC 则可阅读 GCU、GCC 和 GCA 三个密码子:

反密码子　　　　$3'-A-A-G-5'$　　　$3'-A-A-G-5'$

密码子　　　　　$5'-U-U-U-3'$　　　$5'-U-U-C-3'$

反密码子　$3'-C-G-I-5'$　$3'-C-G-I-5'$　$3'-C-G-I-5'$

密码子　　$5'-G-C-U-3'$　$5'-G-C-C-3'$　$5'-G-C-A-3'$

按照 Crick 的"摆动"假说,反密码子第一位碱基与密码子第三位碱基配对的规则列于表 18-7。表中的 I 代表次黄嘌呤。由于"摆动"现象的存在,细胞内只需 32 种 tRNA,就能识别 61 个编码氨基酸的密码子。

表 18-7　反密码子与密码子之间的碱基配对

反密码子第一位碱基	密码子第三位碱基
A	U
C	G
G	U C
U	A G
I	U C A

3. "摆动"假说

1965 年，Crick 提出"摆动"假说（"wobble" hypothesis）解释某些反密码子能对应几个密码子的事实。

在 DNA 双螺旋的模型中，螺旋直径为 2.0 nm，只有 A-T、G-C 配对其距离才能和这一直径的大小相吻合，别的配对方式不成，因为别的配对方式都会造成空间位阻。A-U 配对与 A-T 配对是等效的，因此，按双螺旋模型，碱基的标准配对是 A-T、A-U 和 G-C。Crick 提出，因为反密码子位于单链的 RNA 环内，当它与密码子相互作用，碱基进行配对时不需要形成严格标准的双螺旋结构。他用模型证明，密码子、反密码子相互作用时，密码子第三碱基位置，也就是反密码子第一碱基位置对空间条件的要求不是很严格，可以允许有微小结构上的变动，这种变动称为"摆动"。这里微小结构上的变动要受到限制，即密码子第三碱基和反密码子第一碱基的配对不能产生大于嘌呤-嘌呤配对所引起的畸变程度。

这就是"摆动"假说。因为这个假说能解释一个反密码子可以对应几个密码子的事实，目前已被完全肯定。

（四）无义突变、基因间抑制和翻译移码

1. 无义突变

下列氨基酸所对应的密码子分别是：

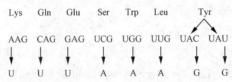

这些密码子只要改变一个碱基，就可以突变为终止密码子 UAG。因此，终止突变的现象比较普遍，例如：

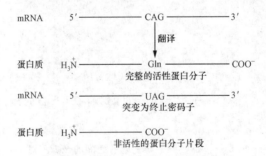

这种用终止密码子代替某个氨基酸密码子的突变称为无义突变（nonsense mutation）。无义突变的结果造成完整的活性蛋白分子转变为非活性的蛋白分子片段。对应于三种终止密码子，无义突变有琥珀型（UAG）、赭石型（UAA）和乳白型（UGA）三种。一般基因突变造成密码子的改变，称为错义突变（missense mutation）。

2. 基因间抑制

某些 tRNA 能校正基因的有害突变，这样的 tRNA 称为校正子 tRNA（suppressor tRNA）。校正子 tRNA 通常是由于反密码子发生改变，不按常规引入氨基酸，却显示了校正功能，见图 18-14。在前述例子中，Gln 密码子 CAG 突变为终止密码子 UAG，引起肽链合成的中断，产物为非活性蛋白分子片段，显然这是一种有害突变。欲纠正这一有害突变，终止

密码子中的 U 逆转突变回 C 便可解决问题,但这种情况较为少见,较普遍的是校正子 tR-
NA 在无义突变造成的终止密码子处引入一个氨基酸,使多肽链得以继续合成。引入氨基
酸的种类决定于校正子 tRNA 的种类,往往并非原来的氨基酸,因此产物是活性突变蛋白。
图 18-14 给出的校正子 tRNA 是 tRNA^{Tyr},其反密码子 AUG 突变为 AUC,这样,便可将
Tyr 安放在终止密码子 UAG 的位置上,使肽链合成继续进行,最终得到的活性突变蛋白有
一个氨基酸的不同,即 Gln→Tyr。值得注意的是,无义突变的校正子 tRNA 并不在正常终
止密码子处引入氨基酸,说明正常翻译终止还有其他信号存在。还有一类校正子 tRNA,其
反密码子或附近核苷酸的改变导致识别的密码子为两个核苷酸或四个核苷酸,因而可校正
-1 或 +1 的移码突变。

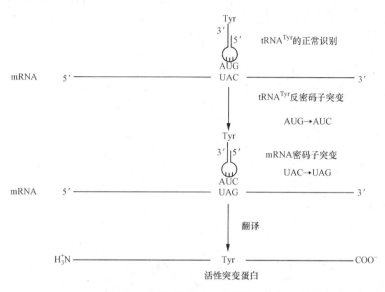

图 18-14　校正子 tRNA 的校正功能

　　无论是 tRNA 的突变,或是 mRNA 的突变,归根结底都是基因的突变,所以突变 tRNA
分子校正 mRNA 的突变叫做基因间的抑制(intergenic suppression)。突变的 tRNA 分子
叫做校正子 tRNA,简称校正子(suppressor)。

3. 翻译移码

　　蛋白质合成是按照连续三联体密码子的顺序来进行的,一旦阅读框架建立,密码子将依
次翻译,没有重叠和标点,直到遇到终止密码子。通常,mRNA 分子链内另外两个阅读框架
不含有用的遗传信息,但是,少量基因 mRNA 具有假结和颈环结构,它们是移码信号,在翻
译过程中使核糖体在某个点上"打嗝"(hiccup),导致从该点开始的阅读框架改变。劳氏肉
瘤病毒 Gag 蛋白和 Pol 蛋白基因 mRNA 的翻译产生移码的情况见图 18-15。这两种蛋白
的基因是重叠的,*pol* 的阅读框架相对于 *gag* 来说左移一个碱基对(-1 阅读框),在 Gag 蛋
白的 mRNA 上,核糖体恰好于 UAG 终止密码子之前"打嗝",然后又在 -1 的可读框上恢复
翻译工作,于是产生一种 Gag-Pol 的融合蛋白,此融合蛋白后来被蛋白酶水解为成熟的逆转
录酶。这种大的融合蛋白是由于翻译移码(translation frameshift)引起的,翻译移码发生在
重叠区域,它允许核糖体跳过 *gag* 基因末端的 UAG 终止密码子。翻译移码在翻译事件中
发生的概率约为 5%,是调节蛋白质相对水平的一种方法,它的存在,使 DNA 的编码信息能
得到最有效的利用。

```
            --- Leu — Gly — Leu — Arg — Leu — Thr — Asn — Leu    Stop
gag 阅读框  5'---CUAGGGCUCCGCUUGACAAAUUUAUAG GGAGGGCCA---3'
pol 阅读框      ---CUAGGGCUCCGCUUGACAAAUUU AUAGGGAGGGCCA---
                                                    Ile — Gly — Arg — Ala   ---
```

图 18-15   劳氏肉瘤病毒的 *gag-pol* 基因重叠区

(五) 蛋白质合成方向从 N-末端到 C-末端

1. 核糖体是合成蛋白质的细胞器

核糖体(ribosome)是小型细胞器,1955 年 Zamecnik 确认其为蛋白质合成的场所。在原核细胞中,核糖体可游离存在,也可与 mRNA 结合形成串状的多核糖体。在一个大肠杆菌细胞中,核糖体多达 20 000 个,每个直径约 18 nm。核糖体主要由 rRNA 和蛋白质组成,二者分别占细菌 RNA 含量的 80% 和蛋白质含量的 10%。真核生物的核糖体比原核生物的更大、更复杂,既可游离存在,也可与细胞内质网相结合,形成粗面内质网。每个真核细胞所含核糖体的数目比原核细胞多得多,为 $10^6 \sim 10^7$ 个,它们的直径约为 23 nm。图 18-16 示出不同生物核糖体的结构成分。

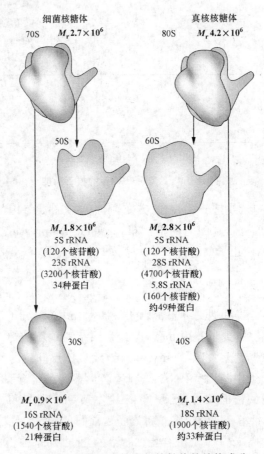

图 18-16   细菌和真核生物核糖体的结构成分

核糖体具有下列功能：

（1）和 mRNA 结合，使密码子与 tRNA 反密码子以高度准确性相互配对；

（2）含有各种特异位点，便于氨酰-tRNA、肽酰-tRNA 以及刚释放了氨酰基的 tRNA 的结合；

（3）介导那些促进多肽链合成起始、延伸和终止的非核糖体蛋白因子之间的相互作用；

（4）催化肽酰-tRNA 和新进入的氨酰-tRNA 之间肽键的形成；

（5）完成新延伸的肽酰-tRNA 和 mRNA 的转位，从而通过解读按顺序排列的密码子合成肽链。

2. 多肽链合成方向从 N-末端到 C-末端

多肽链的合成方向是从 N-末端到 C-末端的，1961 年，Dintzis 的研究证实了这一点。他把能活跃地合成血红蛋白的网织红细胞（未成熟的红细胞）置于 ^{3}H 标记的亮氨酸中进行孵育，限制在短于合成一条完整多肽链所需的时间内。结果发现，来自完整血红蛋白分子（可溶性）的胰蛋白酶降解肽段被标记了，而且 ^{3}H 相对含量随肽链靠近 C-末端而递增（图18-17），这说明新掺入的标记氨基酸添加在生长中多肽链的 C-末端。多肽链合成方向从 N-末端到 C-末端已被普遍证实。

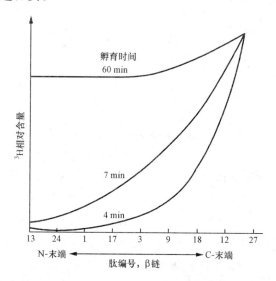

图 18-17　多肽从 N 端向 C 端合成的展示

兔网织红细胞与[^{3}H]-亮氨酸孵育如所示的时间。曲线显示[^{3}H]-亮氨酸在来自可溶性兔血红蛋白 β 亚基的胰蛋白酶降解肽段中的分布情况。水平轴数字表示从 N-末端向 C-末端排列的被检肽段的数目

3. mRNA 从 5′→3′方向翻译蛋白质

首先人工合成 3′端带一个 C（胞嘧啶）的 poly(A)，以此为模板，通过无细胞翻译系统合成多肽（图 18-18）。

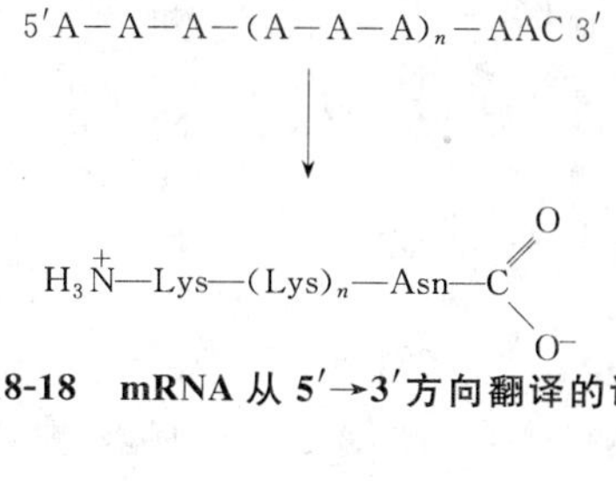

$$5'A-A-A-(A-A-A)_n-AAC\ 3'$$

$$\downarrow$$

$$H_3\overset{+}{N}-Lys-(Lys)_n-Asn-C\overset{O}{\underset{O^-}{\diagdown}}$$

图 18-18　mRNA 从 5′→3′方向翻译的证明

产物是一条 C-末端为 Asn 的 poly(Lys)肽链。

已知 AAA 和 AAC 两个密码子分别编码 Lys 和 Asn。经测定,肽链 N-末端是 Lys,C-末端是 Asn,由此证明 mRNA 从 $5'→3'$ 方向翻译蛋白质,或者说核糖体从 $5'→3'$ 方向解读 mRNA。

4. 几个核糖体同时翻译一个 mRNA 分子

为了提高效率,在原核生物和真核生物中都有多个核糖体同时翻译一个 mRNA 分子的现象。结合在一个 mRNA 分子上的一群核糖体称多核糖体(polyribosome),见图 18-19。核糖体之间的间隔为 $5.0～15.0$ nm,它们沿着 mRNA 的 $5'→3'$ 方向移动,功能各自独立。一旦一个核糖体通过了它在 mRNA 上的起始位点,第二个核糖体就能在那个位点起始翻译。

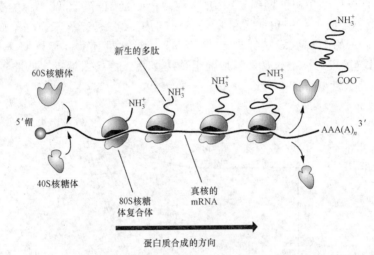

图 18-19 遗传信息从 mRNA 流向蛋白质

mRNA 和蛋白质序列的极性相同,它们都是由左向右合成的

在原核生物中,mRNA 的转录与多肽链的翻译是同时进行的,如图 18-20 所示。正在合成的 mRNA 有一个游离的 $5'$-末端,由于翻译按 $5'→3'$ 方向进行,mRNA 也是从 $5'→3'$ 方向进行合成,适合于新生 mRNA 立即翻译。mRNA 首先合成与核糖体结合的部位,接着是 AUG 起始密码子和氨基酸序列的编码区,最后是终止密码子。转录 mRNA 和翻译蛋白质同时进行的过程叫做转录与翻译的偶联(coupled transcription-translation),这种偶联加快了蛋白质的合成速度。

原核生物中,转录与翻译的偶联已成规律,但是,在真核生物中则不然。因为真核细胞核膜把转录和翻译的部位分隔开了,即转录和翻译两个过程已经区室化,致使它们不能偶联进行,见图 18-21。

四、原核生物的蛋白质合成

(一) 细菌蛋白质合成由甲酰甲硫氨酸起始

细菌中有两种 tRNA 能携带甲硫氨酸,一种是 $tRNA_m^{Met}$,它能连接甲硫氨酸,识别 mRNA 内部的 AUG 密码子;另一种是 $tRNA_f^{Met}$,识别起始密码子 AUG,在细胞中,其连接的

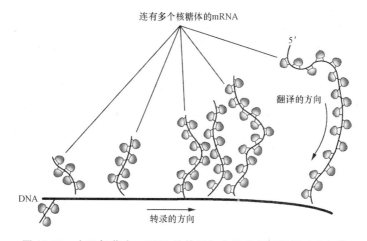

图 18-20　大肠杆菌中 mRNA 的转录与多肽的翻译是同时进行的

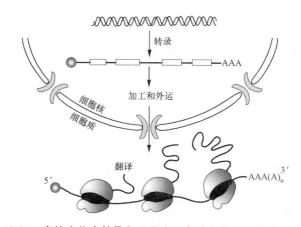

图 18-21　真核生物中转录和翻译这两个过程是区室化的

甲硫氨酸被甲酰化。甲酰化了的甲硫氨酸称为甲酰甲硫氨酸,写作 fMet,它氨酰化后形成的起始氨酰-tRNA 是 fMet-tRNA$_f^{Met}$,称为甲酰甲硫氨酰-tRNA(图 18-22)。tRNA$_f^{Met}$ 能将 fMet 带到核糖体上,使蛋白质合成起始于甲酰甲硫氨酸。

比较 tRNA$_m^{Met}$ 和 tRNA$_f^{Met}$ 的结构,两者在反密码子茎环和氨基酸臂上的碱基配对存在差异。这些差异发出信号,引导蛋白质合成起始因子识别 tRNA$_f^{Met}$,延伸因子识别 tRNA$_m^{Met}$。

在真核细胞中,所有由胞质核糖体合成的多肽都是以甲硫氨酸(而不是甲酰甲硫氨酸)开始的,但是,真核线粒体和叶绿体核糖体合成的多肽是以甲酰甲硫氨酸开始的。细菌与这些真核细胞器在蛋白质合成机制上的相似性,说明起源于细菌祖先的线粒体和叶绿体可能是在进化的早期以共生方式掺入真核细胞的。

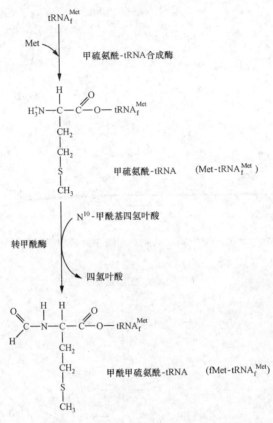

图 18-22　甲酰甲硫氨酰-tRNA(fMet-tRNA$_f^{Met}$)的形成

(二) SD 序列

在 mRNA 分子中,距离 5′-末端约 10 个碱基处有一段富含嘌呤的保守序列,1974 年 Shine 和 Dalgarno 两位科学家首先观察到,因此称为 Shine-Dalgarno 序列,简称 SD 序列。 SD 序列的长短约 3～9 个碱基,位于起始密码子 AUG 的上游。它和核糖体 30S 亚基中 16S rRNA 3′-末端富含嘧啶的序列相互配对,见图 18-23,18-24。在原核生物中,SD 序列是蛋白质合成的起始信号,它能提高核糖体 30S 亚基识别起始密码子 AUG 的频率,增强翻译。

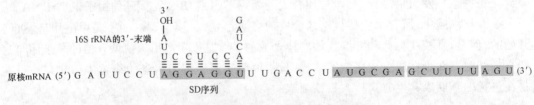

图 18-23　细菌 mRNA 5′-末端的 SD 序列

起始
密码子

araB	—UUUGGAUGGAGUGAAACGAUGGCGAUU—
galE	—AGCCUAAUGGAGCGAAUUAUGAGAGUU—
lacI	—CAAUUCAGGGUGGUGAUUGUGAAACCA—
lacZ	—UUCACACAGGAAACAGCUAUGACCAUG—
Qβ噬菌体复制酶	—UAACAUGAGGAUUACCCAUGUCUAAG—
φX174噬菌体A蛋白	—AAUCUUGGAGGCUUUUUUAUGGUUCGU—
R17噬菌体外壳蛋白	—UCAACCGGGGUUUGAAGCAUGGCUUCU—
核糖体S12	—AAAACCAGGAGCUAUUUAAUGGCAACA—
核糖体L10	—CUACCAGGAGCAAAGCUAAUGGCUUUA—
trpE	—CAAAAUUAGAGAAUAACAAUGCAAACA—
trp先导序列	—GUAAAAAGGGUAUCGACAAUGAAAGCA—
16S rRNA的3′-末端	3′ HO AUUCCUCCACUAG— 5′

图 18-24　一些被大肠杆菌核糖体识别的翻译起始序列

（三）70S 起始复合物的形成

核糖体由大小亚基组合而成，小亚基用于结合 mRNA 和 tRNA，大亚基则催化肽键的形成。核糖体结构空间示意图（图 18-25）示出了核糖体的肽酰位点（peptidyl site）和氨酰位点（aminoacyl site），二者分别简称为 P 位点和 A 位点。它们彼此靠近，恰好容纳下 mRNA 分子上的两个连续的三联体密码子。

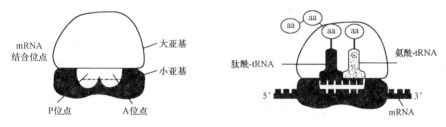

图 18-25　核糖体结构空间示意图

大肠杆菌 70S 起始复合物的形成过程分 3 步进行（图 18-26）。

（1）在完成了一轮多肽链合成之后，30S 亚基和 50S 亚基以无活性的 70S 核糖体形式保持结合状态。起始因子（initiation factor，IF）IF-3 和 30S 亚基结合，以促进核糖体复合物的解离。IF-1 可能通过帮助 IF-3 的结合而提高解离速率。

（2）随后 mRNA 和三元复合物 IF-2·GTP·fMet-tRNA$_f^{Met}$ 结合。由于含 fMet-tRNA$_f^{Met}$ 的三元复合物可在 mRNA 之前与核糖体结合，因此，fMet-tRNA$_f^{Met}$ 的结合显然不是由密码子-反密码子相互作用介导的。IF-3 也在 30S 亚基与 mRNA 的结合中发挥作用。

（3）IF-3 先释放，然后核糖体 50S 亚基通过刺激 IF-2 水解其结合的 GTP 生成 GDP 和 P$_i$，同时结合到 30S 起始复合物中。这个不可逆反应改变了 30S 亚基的构象，并释放 IF-1 和 IF-2，以参与进一步的起始反应。

起始翻译进行到此形成了 fMet-tRNA$_f^{Met}$·mRNA·核糖 70S 起始复合物。在这个复合物中，fMet-tRNA$_f^{Met}$ 占据了核糖体的 P 位点，而 A 位点仍然空着，但已准备好接受氨酰-tRNA 的进入。tRNA$_f^{Met}$ 是唯一直接进入 P 位点的 tRNA，其他所有 tRNA 在肽链延伸过程中必须首先进入 A 位点。

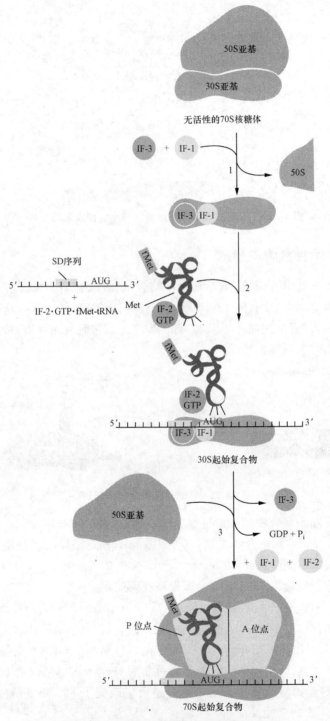

图 18-26 大肠杆菌核糖体中翻译起始的途径

(四) 肽链的延伸

起始过程结束后,70S 复合物已形成。随后,密码子的翻译则由 3 个阶段的循环反应来完成(图 18-27)。因为每一个氨基酸掺入,形成一个肽键,这些反应就要重复一次,所以该循环称为核糖体延伸循环。肽链的延伸以最快达每秒 40 个残基的速度进行,需要非核糖体蛋白的延伸因子(elongation factor,EF)参与。

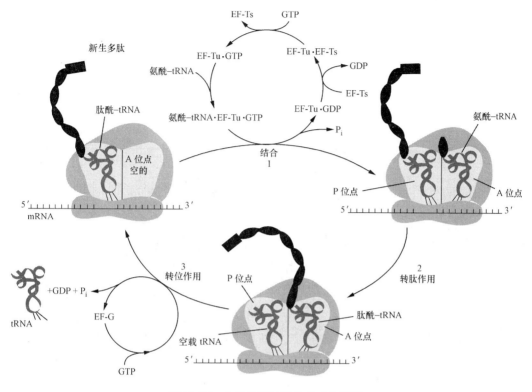

图 18-27　大肠杆菌核糖体的延伸循环

E 位点未被显示。真核生物的延伸采用了相似的循环,但 EF-Tu 和 EF-Ts 被单个多亚基蛋白质 eEF-1 所取代,
EF-G 被 eEF-2 所取代

1. 氨酰-tRNA 的结合

当起始密码子 AUG 紧邻的密码子被其氨酰-tRNA 上的反密码子识别并结合后,延伸反应便开始了,图 18-27 显示的是合成一段肽链之后的延伸状态。

在大肠杆菌延伸循环的"结合"阶段,GTP 和延伸因子 EF-Tu 先形成一个二元复合物,然后和一个氨酰-tRNA 结合,产生三元复合物再与核糖体结合。氨酰-tRNA 在核糖体 A 位点上结合形成密码子-反密码子复合物,并伴随 GTP 水解形成 GDP,导致 EF-Tu·GDP 和 P_i 的释放。当 EF-Tu·GDP 中的 GDP 被延伸因子 EF-Ts 取代,而 EF-Ts 进而又被 GTP 置换以后,EF-Tu·GTP 二元复合物就得以再生。

在没有 EF-Tu 的情况下,氨酰-tRNA 也能和核糖体 A 位点结合,但速度太慢,以至于不能维持细胞的生长。事实上 EF-Tu 是大肠杆菌中丰度最高的蛋白质,大约与细胞中 tRNA 的数量相当,因而,全部氨酰-tRNA 基本上都被 EF-Tu 占据了。

2. 转肽作用

图 18-28 所示延伸循环中的第二阶段,通过 A 位氨酰-tRNA 3′端连接的氨基以亲核方式取代 P 位点上肽酰-tRNA 中的 tRNA,从而生成一个新的肽键,并把新生的多肽转移到 A 位点的 tRNA 上。这个反应要求 A 位和 P 位 tRNA 的 CCA 末端的相互靠近。同样,两个 tRNA 的反密码子也必须以并排方式排列,处于紧密相邻的位置,这样它们就可以和

mRNA 上连续的密码子结合(图 18-28)。

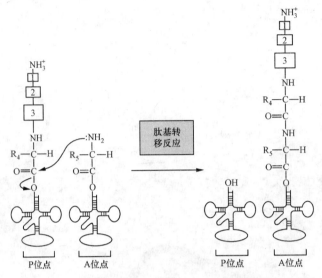

图 18-28　蛋白质合成的延伸阶段中的肽基转移反应

新生的多肽链通过在其 C-末端加上一个残基而得以延长,然后转移到 A 位的 tRNA 上,这个过程叫做转肽作用(transpeptidation),也叫肽基转移反应(peptidyl transfer reaction)。转肽作用不需要 ATP 辅助因子,因为新生多肽和 P 位点 tRNA 之间的酯键是一种"高能"键。

1992 年 Noller 证明,在转肽作用中,肽基转移酶的反应是由 50S 核糖体亚基中 23S rRNA(真核生物中则为 60S 核糖体亚基中的 28S rRNA)的核酶活性所催化的,而不是像原来设想的由核糖体中蛋白质所催化的。

3. 转位作用

虽然核糖体只能结合两个氨酰-tRNA,但却能最多结合 3 个脱酰基的 tRNA,事实上核糖体除了 A 位点、P 位点外,还有第三个位点,即 E 位点,它和失去肽基后的 tRNA 暂时结合。

肽键的生成导致新的肽酰受体 tRNA 末端从 A 位转到 P 位,而其反密码子仍然留在 A 位点(图 18-29)。先前在 P 位的受体 tRNA 的末端移到 E 位点,而其反密码子末端仍留在 P 位。这种结构在延伸循环的最后阶段产生,该过程称为转位作用(translocation)。转位过程最终把肽酰-tRNA 整个转移到 P 位点,A 位点空出,而没有荷载的先前在 P 位的 tRNA 则完全转移到 E 位点,为核糖体的下一轮延伸循环作好准备。肽酰-tRNA 的密码子-反密码子结合的维持起着"位置保留者"的作用,使核糖体沿着 mRNA 严格以 3 个核苷酸进行转位,这样便保证维持着正确的阅读框架。然而,当翻译遇到 mRNA 的同源多聚体片段时,如poly(U),就经常发生"框移作用",在这种情况下,密码子-反密码子的配对很容易向前或者向后滑动一个核苷酸。有时还会发生这样的情况,核糖体跳过一大段 mRNA(如 50 个核苷酸)后继续进行翻译,这一过程称为翻译跳跃(translational jumping)。翻译跳跃类似于mRNA 的剪接,只不过被跳跃跨越的 mRNA 片段没有被切除,而是被核糖体忽略掉而已。无论是"框移作用"还是翻译跳跃,都发生在 mRNA 的特殊位置,对这些位置的结构已有所了解,但核糖体是怎样进行识别的尚不大清楚。

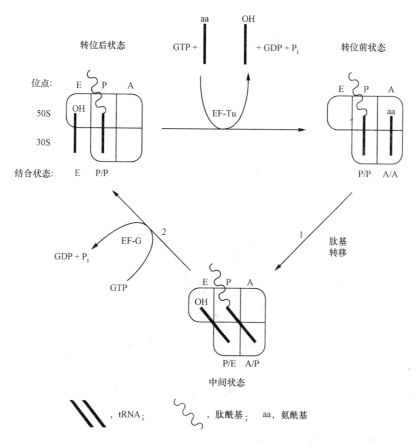

图 18-29　延伸循环中核糖体的结合状态

在大肠杆菌中,转位过程需要一种延伸因子 EF-G,它和 GTP 一起与核糖体结合,只有当 GTP 水解成 GDP+P_i 时才被释放(图 18-27)。在新一轮延伸周期开始之前必须释放 EF-G,因为 EF-G 和 EF-Tu 的核糖体结合位点是部分或完全重叠的,因而它们与核糖体结合时是相互排斥的。移位前 GTP 的水解为 RNA 的移动提供能量。

(五) 肽链合成的终止

翻译终止涉及已合成的肽酰-tRNA 中连接 tRNA 和 C 端氨基酸酯键的断裂,这一过程除终止密码子外,还需释放因子(release factors,RFs)的参与。在大肠杆菌中,终止密码子通常没有相应的 tRNA,当它们进入核糖体的 A 位点后被释放因子识别:RF-1 识别 UAA 和 UAG,而 RF-2 则识别 UAA 和 UGA。第三种释放因子 RF-3 是一种和 GTP 形成复合体的结合蛋白,可以促进核糖体与 RF-1 和 RF-2 的结合(图 18-30)。

释放因子而不是氨酰-tRNA 和终止密码子的结合,可诱导核糖体肽基转移酶把肽酰基转移到水分子上。换言之,终止反应实际上是将肽基转移酶活性转变成酯酶活性,其所催化反应的产物是从核糖体上解离下来的一个自由多肽分子和一个空载的 tRNA 分子。释放因子被逐出核糖体,同时伴随着与 RF-3 结合的 GTP 经水解生成 GDP+P_i。产生的无活性核糖体必须释放其结合的 mRNA,才能开始新一轮的多肽合成。

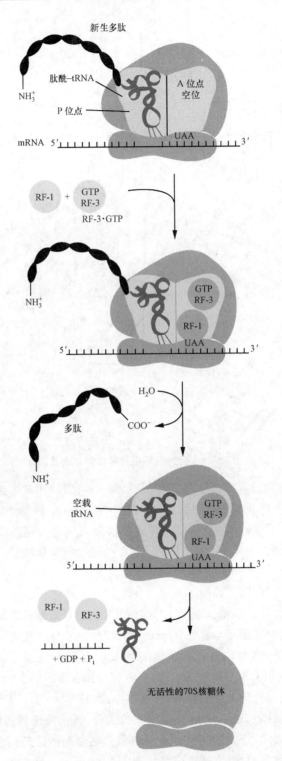

图 18-30　大肠杆菌核糖体的翻译终止途径

RF-1 识别终止密码子 UAA 和 UAG,而 RF-2 识别 UAA 和 UGA

（六）翻译需要的蛋白质因子

大肠杆菌蛋白质生物合成（翻译）包括起始、延伸和终止三个主要阶段，参与这三个阶段的非核糖体蛋白质因子分别是起始因子（IF）、延伸因子（EF）和释放因子（RF），它们都是一些可溶性的蛋白质，表 18-8 列出了这些因子的种类、名称、相对分子质量和功能。

表 18-8　大肠杆菌蛋白质合成所需的可溶性蛋白因子

因　子	相对分子质量	功　能
起始因子		
IF-Ⅰ	9 000	协助 IF-Ⅲ 结合
IF-Ⅱ	97 000	结合起始 tRNA 和 GTP
IF-Ⅲ	22 000	从无活性的核糖体上释放 30S 亚基并帮助 mRNA 结合
延伸因子		
EF-Tu	43 000	结合氨酰-tRNA 和 GTP
EF-Ts	74 000	从 EF-Tu 中置换 GDP
EF-G	77 000	通过 GTP 和核糖体结合促进转位
释放因子		
RF-Ⅰ	36 000	识别终止密码子 UAA 和 UAG
RF-Ⅱ	38 000	识别终止密码子 UAA 和 UGA
RF-Ⅲ	46 000	与 GTP 结合并刺激 RF-Ⅰ 和 RF-Ⅱ 的结合

注：表中 IF、EF 和 RF 后面的罗马数字与相应的阿拉伯数字同义。

（七）真核细胞和原核细胞蛋白质合成的区别

真核生物蛋白质生物合成的机制与原核生物基本相同，都包括起始、延伸和终止三个阶段，但也有区别。

1. 真核细胞起始 tRNA 只对应 AUG

在真核细胞的蛋白质合成中，起始 tRNA 所荷载的 Met 不甲酰化，其反密码子只对应 AUG，mRNA 常是单顺反子。对原核细胞而言，其起始 tRNA 反密码子所对应的起始密码子的第一个碱基可能允许有摆动，即除了对应 AUG 外，有时对应 GUG。

2. 许多起始因子和 GTP 参与 40S 前起始复合物的形成

真核 mRNA 5′端具有甲基化的帽子结构，蛋白质合成起始过程需要荷载的起始 tRNA、GTP、ATP 和许多起始因子的参与（图 18-31）。

（1）80S 核糖体的解离

在生理条件下，80S 核糖体处于结合与解离的平衡状态中，倾向于结合状态。两种起始因子 eIF-1A 和 eIF-3 结合到 40S 亚基，eIF-3A 结合上 60S 亚基，此时则可阻止亚基偶联。

（2）三元复合物的形成

Met-tRNA·eIF-2·GTP 三元复合物通过两个步骤形成。首先，GTP 结合 eIF-2，形成二元复合物，然后与荷载 Met 的 tRNA（Met-tRNA）结合。该过程需要 eIF-1A 和 eIF-3 参与。

（3）形成 40S 前起始复合物

40S 亚基结合了 eIF-1A 和 eIF-3 后，处在稳定的亚基状态。三元复合物直接与 40S 亚基结合，形成 40S 前起始复合物（40S·Met-tRNA·eIF-2·GTP）。此复合物即使没有

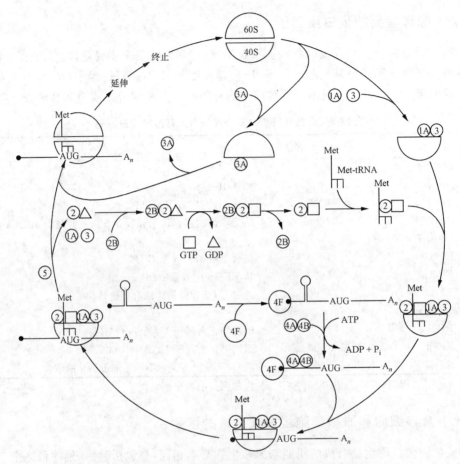

图 18-31　真核生物蛋白质生物合成的起始过程

②,eIF-2;③,eIF-3;⑤,eIF-5;⓵Ⓐ,eIF-1A;⑤Ⓐ,eIF-3A;④Ⓐ,eIF-4A;④Ⓑ,eIF-4B;④Ⓕ,eIF-4F

mRNA 时也比较稳定。

（4）40S 前起始复合物结合 mRNA

40S 前起始复合物与 mRNA 结合时，mRNA 5′端的帽子结构先与 eIF-4F、eIF-4A 和 eIF-4B 结合，消除非翻译区分子内的二级结构，然后 40S 前起始复合物才结合上 mRNA 的 5′端，形成 40S·mRNA·Met-tRNA 复合物。帽子结构在此复合物的形成过程中起重要作用。

（5）对起始密码 AUG 的识别

40S 前起始复合物中的 eIF-2 是一种帽子结合蛋白（cap-binding protein），可能引导 40S 亚基结合在靠近 mRNA 的 5′帽子处，但是，40S 前起始复合物与 mRNA 结合并不能使 tRNA 的反密码子正好与 AUG 结合。AUG 一般位于帽子结构下游的 50～100 个核苷酸的范围内。1989 年，Kozak 曾提出扫描模型（scanning model）来解释 40S 亚基对 mRNA 上起始密码子 AUG 的识别。按照这个模型，40S·mRNA·Met-tRNA 起始复合物可以沿 mRNA 非翻译区自 5′端向 3′端滑动搜寻，直至定位在第一个 AUG（起始密码子）处。有关解旋因子 eIF-4A、eIF-4B 和 eIF-4F 在此过程中的变化尚不清楚。

（6）生成 80S 起始复合物

40S·mRNA·Met-tRNA 复合物在 AUG 处正确定位后，形成 40S 起始复合物，它在

eIF-5 的作用下，eIF-2·GTP 水解为 eIF-2·GDP，从而导致 eIF-2·GDP 及其他 eIFs 从 40S 亚基上解离下来。GDP 又必须转换成 GTP 方能进入起始过程。催化 GDP 和 GTP 交换反应的是 eIF-2B。eIF-3A 脱离后的 60S 亚基与 40S 亚基结合形成 80S 起始复合物。只有这些 eIFs 释放后才能形成完整的 80S 起始复合物，此时 eIF-2 再进入起始过程。

3. 真核生物至少需要四种延伸因子

真核生物蛋白质合成的延伸循环十分类似原核生物。真核生物延伸因子 eEF-1α、eEF-1β 担当原核中 EF-Tu 和 EF-Ts 的任务，eEF-2 以类似于原核生物 EF-G 的方式行使功能。然而，真核生物和原核生物相对应的延伸因子是不能互换的。eEF-1γ 因子对真核生物是需要的，在原核生物中则缺乏对应物。

白喉毒素(diphtheria toxin)是由两条肽链组成的毒性蛋白，它不抑制细菌蛋白质合成，但能使真核细胞的 eEF-2 失活，从而抑制转位作用，使蛋白质合成停止。

4. 真核生物只有一种释放因子

真核生物只有一种释放因子(eRF)，它能识别三种终止密码子 UAA、UAG 和 UGA。实验表明，eRF 不能终止细菌核糖体肽链延伸的反应，说明真核生物和原核生物翻译终止机制存在差异。

在翻译终止途径中，真核 eRF 也与 GTP 结合，通过 GTP 水解以类似于原核的方式从核糖体中被释放出来，之后，产生的无活性性核糖体必须释放其结合的 mRNA，才能开始新一轮多肽的合成。

(八) 蛋白质翻译后的修饰和折叠

1. 蛋白质的修饰

翻译后的前体蛋白质通常是没有生物活性的，需要经过一系列的加工才能成为具有生物活性的成熟分子。蛋白质的加工主要包括 4 种类型：肽链 N 端残基的修饰、二硫键的形成、氨基酸侧链的修饰(modification)和肽链的断裂。

（1）肽链 N-末端的修饰

无论是原核生物还是真核生物的蛋白质合成，都是从第一个残基 fMet 或 Met 起始的，但大多数成熟蛋白质，特别是真核生物的蛋白质，并不保留第一个残基，fMet 或 Met 一般都要被切除，这是由氨肽酶催化水解来完成的。水解的过程有时发生在肽链合成的进程中，有时发生在肽链从核糖体上释放之后。原核细胞的蛋白质有半数不保留 fMet 中的甲酰基，而留下 Met 残基作为成熟蛋白质 N-末端的氨基酸。脱甲酰酶(deformylase)除去甲酰基。至于是脱甲酰还是进一步除去 Met，常与相邻的第二个残基有关。如第二个残基是 Arg、Asn、Asp、Glu、Ile 或 Lys，则以脱甲酰为主。如第二个残基是 Ala、Gly、Pro、Thr 或 Val，则通常除去 Met。

真核细胞刚合成的蛋白质，其第一个 Met 残基被氨肽酶除去后，有时还加接上其他氨基酸。

（2）二硫键的形成

蛋白质的立体结构中往往具有二硫键，如 RNase。mRNA 中没有胱氨酸的密码子，二硫键的形成都是翻译后加工的结果。两个半胱氨酸(Cys)残基的侧链氧化产生二硫键，是由内质网(endoplasmic reticulum, ER)腔内一种特殊酶催化的，而不是在细胞质中形成的。具有二硫键的蛋白大多是胞外的分泌蛋白，胞内蛋白少见。进入 ER 的蛋白质前体才进行

Cys-SH 侧链的氧化。二硫键不改变蛋白质的性质,但可使其立体构象更加稳定。

（3）氨基酸侧链的特殊修饰

组成蛋白质的 20 种氨基酸,至今已发现有 150 种以上不同类型的侧链修饰,涉及除 Ala、Gly、Ile、Leu、Met 和 Val 之外的所有其他氨基酸侧链。修饰的方式主要有胶原蛋白中 Pro 和 Lys 残基的羟基化,其他蛋白中氨基酸残基的磷酸化、糖基化、甲基化和乙基化等。

（4）肽链在特殊位点的断裂

翻译后的很多前体蛋白质要经过肽链断裂,才能成为成熟的活化蛋白质。

胰岛素在刚合成完毕时,除了含有信号肽序列(signal peptide sequence)之外,还含有 C 肽段,这种前体称为前胰岛素原(preproinsulin)。前胰岛素原在内质网腔切除信号肽后,称为胰岛素原(proinsulin)。胰岛素原在两个特殊位点(30~31 位,63~64 位残基之间)断裂,除去 A、B 链之间的 C 肽后,成为有生物活性的激素分子,才称为胰岛素。C 肽的功能是使 A、B 肽链之间的 Cys 残基形成正确的二硫键。如果将成熟的胰岛素还原和变性,再在温和条件下复性和氧化,由于 A、B 链之间随机形成二硫键,胰岛素的活性难以恢复。但若用胰岛素原进行同样的处理,胰岛素原的结构完全可以得到恢复。因此,C 肽在胰岛素立体构象的形成中具有至关重要的作用。

2. 蛋白质的折叠

蛋白质折叠是一个双重意义的过程。在结构上,这个过程使伸展的肽链成为特定的三维结构;在功能上,它使无活性的分子具有特定生物学功能的蛋白质分子。新生肽的折叠需要分子伴侣(molecular chaperone)的帮助。

在蛋白质折叠或组装过程中,需要某些其他蛋白质或肽段参与作用,帮助形成正确构象,但这些其他蛋白质或肽段不是折叠或组装引物的一部分,起帮助作用的蛋白质或肽段称为分子伴侣。分子伴侣有两类:一类是分子内的分子伴侣,它是蛋白质分子的一部分肽段,但不是最终折叠产物的一部分;另一类是分子外分子伴侣,它们是帮助某些蛋白质折叠或组装的蛋白质或酶。

一条多肽链即使在被完全合成出来之前,就已经开始呈现其成熟构象。蛋白质折叠在最初的 30~40 个残基连接在一起时就开始了,此刻多肽链开始从核糖体中显露出来。分子伴侣可能与新合成的多肽结合,并促进折叠以及使折叠好的构象与其他亚基缔合。

（九）蛋白质合成的抗菌素抑制剂

蛋白质生物合成抑制剂具有高度专一性,这对于研究蛋白质合成机制起重要作用。许多临床上的抗生素是通过特异抑制原核生物的蛋白质合成而发挥作用的,它们抑制原核生物的蛋白质合成,而不抑制真核生物的蛋白质合成。据此,可寻找治疗由于细菌感染而引起的疾病的药物。

嘌呤霉素(puromycin)在化学结构上,与氨酰-tRNA 中的氨酰基类似(图 18-32),能有效地与氨酰-tRNA 分子竞争核糖体上的 A 位点。嘌呤霉素有一个 α-氨基,在肽基转移酶催化下能与正在生长的肽链羧基形成肽键。当发生转位时,由于嘌呤霉素不能结合到 P 位点上,这样,末端带有嘌呤霉素的多肽就会脱离核糖体,翻译立即停止,仅得到半截蛋白质。

原核生物、真核生物细胞的蛋白质合成都能被嘌呤霉素抑制。有两种高效抗生素专一抑制细菌中的蛋白质合成。一种是四环素(tetracycline),它与 A 位点结合,阻止氨

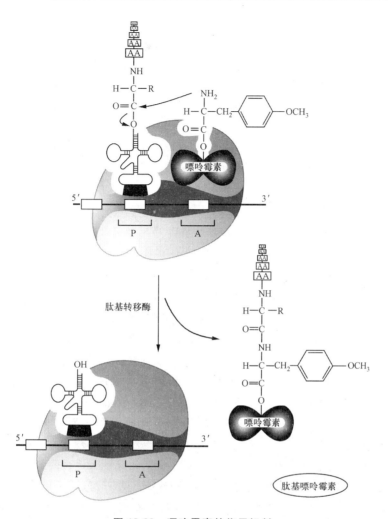

图 18-32　嘌呤霉素的作用机制

嘌呤霉素能进入核糖体的 A 位点并起着氨酰-tRNA 的作用,其结果是原核生物和真核生物中的多肽链合成的终止

酰-tRNA 的进入;另一种是氯霉素(chloramphenicol),它抑制 50S 核糖体亚基中 23S RNA 的肽酰基转移酶活性。其他抗生素的作用机制列在表 18-9 中。

表 18-9　细菌和真核生物中蛋白质合成的抑制剂

抑制剂	专一性	作用机制
嘌呤霉素	原核生物,真核生物	与 A 位点结合,使未成熟的多肽链终止
四环素	原核生物	与 A 位点结合,阻止氨酰-tRNA 进入
氯霉素	原核生物	抑制 50S 核糖体的肽基转移酶活性
链霉素	原核生物	抑制翻译起始的保真性
白喉毒素	真核生物	使真核生物的延伸因子 eEF-2 失活
蓖麻毒蛋白	真核生物	由于腺嘌呤的 N-糖基裂解而使 28S rRNA 失活
环己酰亚胺	真核生物	抑制 60S 核糖体的肽基转移酶活性

内 容 提 要

　　遗传信息贮存在 DNA 的核苷酸序列中。遗传密码是指编码氨基酸的核苷酸序列。密码的基本单位是由三核苷酸组成的三联体密码子,以 $5'\to3'$ 方向、非重叠、无标点的方式编排在核酸分子上。

　　1961 年,Nirenberg 用 poly(U)、poly(C)、poly(A)作模板合成多聚氨基酸,首先破译了一些密码子。后来,再用由共聚核苷酸组成的随机三联体作模板,根据三联体出现的相对频率,对照氨基酸掺入相对量,估算出 20 种氨基酸对应的密码子的碱基组成,在此基础上,再以核糖体结合试验的结果为依据,确定了 50 个以上的密码子。1964 年前后,Khorana 巧用化学法和酶法,合成了含各种二、三、四核苷酸重复序列的多聚核苷酸,以此作模板证实了各种氨基酸的密码子。1966 年,64 个(种)密码子全部破译,除了三个终止密码子外,其余 61 个均对应特定的氨基酸。20 种氨基酸中,只有 Met 和 Trp 各对应一个密码子,其余氨基酸每种分别由两个或多个密码子编码,此即密码子的简并性。从低等生物到高等生物,基本上共用一套遗传密码,但线粒体及少数生物基因组的密码子有变异。"摆动"假说指出,与 tRNA 反密码子发生碱基配对时,密码子的三个核苷酸只有两个是必须严格遵守 DNA 双螺旋模型中的配对规则的。

　　原核生物和真核生物蛋白质的合成大同小异,都需要 mRNA、核糖体、氨酰-tRNA 和高能磷酸键的水解,每形成一个肽键需要 4 个高能磷酸键(将氨酰化步骤中水解的 2 个磷酸键计算在内)。mRNA 的翻译方向从 $5'$ 到 $3'$,多肽链合成的方向则是从 N-末端到 C-末端。

　　tRNA 起着连接物分子的作用,它阅读 mRNA 链内编码的遗传信息。有 20 种不同的氨酰-tRNA 合成酶,每一种都识别不同的 tRNA,并使之荷载上适当的氨基酸。

　　蛋白质合成包括三个不同阶段:起始、延伸和终止。起始复合物由起始因子、核糖体亚基、mRNA 和起始氨酰-tRNA 组成。延伸阶段是连续的循环过程,包括氨酰-tRNA 进入 A 位点、GTP 水解和肽基转移酶反应,此反应是由核糖体 rRNA 核酶活性所催化的。当三个终止密码子中的一个存在于 A 位点而没有 tRNA 与之对应时,翻译即告终止。

　　翻译后的前体蛋白质是没有生物活性的,需要经过一系列的加工修饰和折叠才能成为具有生物活性的成熟分子。

　　蛋白质合成的抑制剂四环素、氯霉素和链霉素都阻断细菌中的蛋白质合成。白喉毒素、蓖麻毒蛋白和环己酰亚胺是真核生物翻译蛋白质的抑制剂。嘌呤霉素以氨酰-tRNA 的类似物起作用,它能引起原核生物和真核生物中未成熟肽链延伸的终止。

习　　题

　1. 名词解释:

　SD 序列,密码子,密码子的简并性,无义突变,同义密码子,移码(框移)突变,基因间抑制,翻译跳跃。

　2. 核糖体的基本结构是怎样的? 具有哪些功能?

　3. 1961 年,Nirenberg 怎样破译第一个遗传密码?

　4. 什么是大肠杆菌无细胞翻译系统?

　5. 解释核糖体结合实验破译遗传密码的原理。

6. 大肠杆菌中某个基因的核苷酸序列如下：

AUG UCC AAA CCC GAC GAC UAC AAG…CUC AUA GUG CCA AAG UUG UAA

经诱变剂处理后有三处发生 A→U 突变，请推测(1)、(2)、(3)这三种情况中哪一种突变对应的蛋白质最有可能成活，为什么？

7. 在大肠杆菌蛋白质合成中，70S 起始复合物是怎样形成的？

8. 简述蛋白质合成延伸循环中的转位作用。

9. 大肠杆菌蛋白质生物合成过程有哪些步骤消耗 GTP？

10. 在原核生物蛋白质生物合成中，由氨基酸开始，合成一条含 200 个残基的多肽链，一共消耗多少个高能磷酸键？

11. 试述原核生物、真核生物蛋白质生物合成的异同。

12. 为什么嘌呤霉素对蛋白质生物合成有抑制作用？

第十九章　原核生物基因表达的调控

基因表达的调控可以在转录水平上,或在翻译水平上进行。原核生物的基因组和染色体结构都比真核生物简单,转录和翻译可在同一时间和位置上发生,况且原核 mRNA 只有几分钟的寿命,翻译调控显得不重要,因此,其基因表达的调控主要在转录水平上进行。操纵子模型可以很好说明原核生物基因表达的调控机制。

一、乳糖操纵子

（一）β-半乳糖苷酶是诱导酶

大肠杆菌利用葡萄糖作为碳源时,细胞内仅存在微量的 β-半乳糖苷酶（β-galactosi-dase）。当在培养基中以乳糖代替葡萄糖,大肠杆菌就得利用乳糖作碳源,这就要求合成能利用乳糖的有关酶类,使乳糖进入大肠杆菌细胞,并将其水解为半乳糖和葡萄糖。水解乳糖的酶为 β-半乳糖苷酶,催化乳糖透过大肠杆菌质膜的为 β-半乳糖苷透性酶（β-galactoside permease）,此外还有一种 β-半乳糖苷乙酰基转移酶（β-galactoside acetyltransferase）,催化乙酰 -CoA 的乙酰基转移到 β-半乳糖苷上,它可能参与乳糖的代谢,其余功能尚不清楚。这三种酶都是由于乳糖作为大肠杆菌培养基中唯一碳源而诱导产生的诱导酶,其中以 β-半乳糖苷酶含量提高最为显著,就是说,β-半乳糖苷酶对乳糖的诱导效应最为敏感（图 19-1）。由此可见,大肠杆菌对周围环境的变化是能够做出迅速反应的。当底物（乳糖）不存在时,就避免合成与该底物有关的酶类（如 β-半乳糖苷酶）。但也随时做好准备,一旦底物出现,马上就合成有关酶类。

事实表明,乳糖存在时,β-半乳糖苷酶大量合成;乳糖缺乏时,该酶几乎不合成。β-半乳糖苷酶是

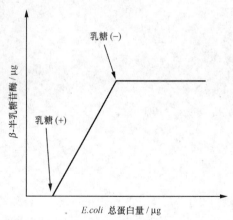

图 19-1　乳糖诱导 β-半乳糖苷酶的大量产生

典型的诱导酶,乳糖是诱导物。进一步研究发现,在大肠杆菌细胞中,乳糖被诱导前少量存在的 β-半乳糖苷酶催化转变为 1,6-别乳糖（1,6-allo lactose）,它才是真正的诱导物。1,6-别乳糖,在被其诱导产生的 β-半乳糖苷酶的作用下水解为葡萄糖和半乳糖（图 19-2）。

人工合成的异丙基硫代半乳糖苷（isopropyl thiogalactoside, IPTG）是一种非常有效的诱导物,它的特点是能诱导合成 β-半乳糖苷酶又不被该酶所作用。能够诱导酶的合成,而又不为该酶所作用的分子称为义务诱导物（gratuitous inducer）。

（二）调节基因的发现——乳糖操纵子模型

1961 年,Jacob 和 Monod 通过对大肠杆菌乳糖发酵变种的研究发现了调节基因（regu-

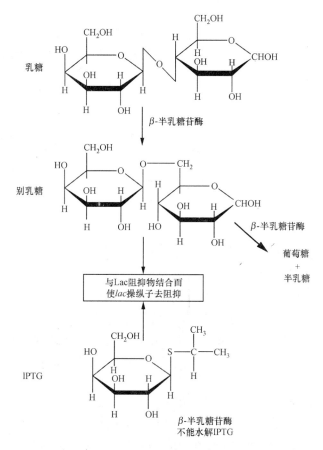

图 19-2　别乳糖和 IPTG 都是 *lac* 操纵子的诱导物

β-半乳糖苷酶迅速使别乳糖产生半乳糖和葡萄糖，但 IPTG 不能被 β-半乳糖苷酶水解，因此在生理上是 *lac* 操纵子的更为强有力的诱导物

latory gene）。在大肠杆菌细胞中，β-半乳糖苷酶、β-半乳糖苷透性酶和 β-半乳糖苷乙酰基转移酶分别由 3 个相连的，依次为 *lacZ*、*lacY* 和 *lacA* 的基因编码，这些基因聚集在一起成簇，称为基因簇（gene cluster）。

在研究对乳糖的利用中发现：

变种 1，*lacZ⁻Y⁺A⁺*，有诱导剂存在时，β-半乳糖苷酶依然缺少，其余两种酶有正常量。这是 β-半乳糖苷酶基因突变所致。

变种 2，*lacZ⁺Y⁺A⁺*，无论有或没有诱导剂时，均能大量合成三种酶。这一变种，又称组成型（constiutive）变种。

一些基因的表达稳定地保持在一个水平，不因器官或细胞种类的不同而不同，这类基因称为组成型表达的基因。有些基因调节因子（包括调节蛋白和 DNA 分子上的调节序列）的突变致使基因不受调控地表达，这类基因也称组成型表达基因。这类突变称为组成型突变。上述大肠杆菌的变种 2 含有组成型表达基因，故称组成型变种。

Jacob 和 Monod 根据变种 1 和变种 2 的实际情况推论，这三种酶的合成速率是由一个与决定它们结构基因（structural gene）无关的共同成分控制的，这种共同控制成分的基因为调节基因 *lacI*。按照这种推论，大肠杆菌野生型（wild-type）、变种 1 和变种 2 的基因型（gene-type）分别为：

野生型　　　　　　　　　　　　$lacI^+ Z^+ Y^+ A^+$

变种 1　　　　　　　　　　　　$lacI^+ Z^- Y^+ A^+$

变种 2　　　　　　　　　　　　$lacI^- Z^+ Y^+ A^+$

根据以上分析，Jacob 和 Monod 首先提出了乳糖操纵子模型（lactose operon model），见图 19-3。

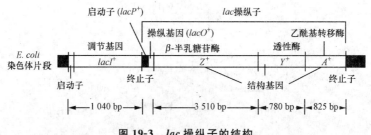

图 19-3　*lac* 操纵子的结构

大肠杆菌的乳糖操纵子，是由乳糖分解代谢的三个结构基因 *lacZ*、*lacY*、*lacA* 构成的一个典型操纵子。它们具有共同的调控元件，构成一个共同转录的调控单位。*lacZ* 编码 β-半乳糖苷酶，*lacY* 编码 β-半乳糖苷透性酶，*lacA* 编码 β-半乳糖苷乙酰基转移酶。这三个结构基因构成一个多顺反子（poly-cistron），在其上游有调控元件，包括 RNA 聚合酶、阻遏蛋白（repressor）和正调控因子 CAP 结合的区域，这些区域，主要由操纵基因（operator）和启动子（promotor）构成。

在 *lac* 操纵子的上游还有一个调控基因 *lacI*，它编码阻遏蛋白。在细菌中，*lacI* 与 *lac* 操纵子毗邻。*lacI* 是一个独立的转录单位，有自己的结构基因和调控区域。*lacI* 编码 360 个氨基酸残基的多肽，以四聚体形成阻遏蛋白。

所谓结构基因，即编码蛋白质或 RNA 的基因。大肠杆菌 *lac* 操纵子的调控基因和三个结构基因的表达功能如图 19-4 所示。

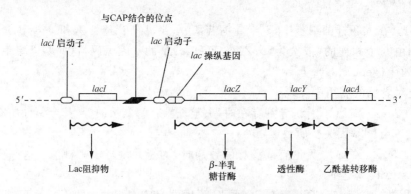

图 19-4　大肠杆菌中 *lac* 操纵子功能图

注意，*lacI* 基因的位置与 *lac* 操纵子相连，但并不认为它是 *lac* 操纵子的一部分，因为调节 *lacI* 启动子的因子并不是调节 *lac* 操纵子的因子

（三）乳糖操纵子是基因表达的协调单位

大肠杆菌在应对环境变化时，*lac* 操纵子的 *lacI* 控制结构基因 *lacZYA* 的机制归纳在图 19-5 中。*lacI* 基因合成了一个单体阻遏物，它在细胞中随机结合组成的四聚体与操纵基因

结合,阻止 RNA 聚合酶在启动子部位起始转录,最终阻止结构基因 *lacZYA* 的表达;添加诱导物,将阻遏物转变成无活性形式,不能与操纵基因结合,这时,转录从启动子部位开始,将 *lacZYA* 三个结构基因的基因簇转录为一条链状 mRNA 分子,直到 *A* 的终止区为止。实际上,包括 *lacZYA* 基因的这段 DNA 就是一个多顺反子,属于多顺反子的 mRNA 合成了三种酶。

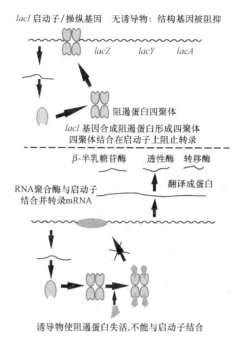

图 19-5 阻遏蛋白与操纵基因结合,使乳糖操纵子处于失活状态,加入诱导物后,阻遏蛋白不与操纵基因结合,允许 RNA 聚合酶起始转录

阻遏物是蛋白质,有两个结合部位,一个与操纵基因结合,另一个与诱导物结合。当诱导物与之结合时,改变了阻遏蛋白的构象,从而影响了它与操纵基因结合部位的活性,以至于不能与操纵基因结合,这叫做变构控制(allosteric control)。正如图 19-5 中所示,阻遏物是由相同亚基组成的四聚体蛋白质,每个亚基的相对分子质量是 37 000。在每个 *E.coli* 细胞中,约有 10 个四聚体。

诱导实现协同调节(coordinate regulation),在这种调节中,所有受控制的基因作为整体表达或不表达。mRNA 从 5′端依次翻译,这解释了为什么诱导总是引起 β-半乳糖苷酶、β-半乳糖苷透性酶和 β-半乳糖苷乙酰基转移酶依次出现,共用的 mRNA 翻译解释了为什么在不同的诱导条件下三种酶的相对量总是保持不变。诱导是基因表达的开关,诱导物影响转录和翻译的绝对水平,并不影响三种基因的相互关系。

某种调控因子的存在,使操纵子的结构基因关闭,而当调控因子不存在,使操纵子的结构基因开启,这样的调控方式称为负调控。现根据负调控的含义来观察 *lac* 操纵子的调控方式。当 *lacI* 基因的产物,即阻遏蛋白存在时,*lac* 操纵子的 *lacZYA* 基因关闭,而当阻遏蛋白缺乏或无活性时,*lacZYA* 基因处于开启状态。因此,乳糖操纵子具有负调控的表达方式(图 19-5)。阻遏蛋白是负调控因子(negative regulatory factor)。细菌细胞对乳糖等碳源的利用和氨基酸的合成,往往以负调控方式控制。在 *lac* 操纵子中,负调控只是对乳糖存在作出的一种反应。

（四）操纵基因具有反向二重对称的碱基序列

操纵基因(operator, O)是原核生物操纵子中被阻遏蛋白识别和结合的区域,对基因调控起重要作用,经实验计算表明,在没有诱导物存在的情况下,阻遏物与操纵基因结合的概率比阻遏物与 DNA 任何其他部位结合的概率大 20 倍,也就是说,阻遏物对操纵基因的亲和力很强。为什么是这样? 这与操纵基因碱基序列的特点有关系。操纵基因最重要特征是具有反向二重对称(anti-doublet symmetry)的碱基序列,即回文结构(palindrome)。回文结构可通过实验测出, $lacO$ 基因的 DNA 与阻遏蛋白形成复合物后,先用 DNase 水解,分离免受酶水解的 DNA,得到与阻遏蛋白结合而被保护的 $lacO$ DNA 片段。测序表明,这 28 bp 序列有以 +11 为中心轴的反向对称(图 19-6)。两侧各有两段 6 bp 的反向重复序列 TGT-GTG 和 AATTGT。DNA 序列的这种对称性,也反映了它的结合蛋白在结构上的对称性。的确,阻遏蛋白是由相同亚组成的对称四聚体。可能阻遏蛋白的对称性与操纵基因碱基序列的对称性相匹配,是它们之间亲和力强的原因。

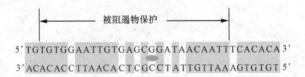

图 19-6　乳糖操纵基因 O 的碱基序列

它是被阴影框起的部分,是一个相互对称的区域,含有 28～35 个碱基

近年,对 lac 阻遏蛋白与 lac 操纵基因结合的机制又提出新的观点。以往认为 lac 操纵子只有一个 $lacO$。事实上, lac 操纵子类似于 gal(半乳糖)操纵子,由 3 个可以紧密结合阻遏物的操纵序列组成,分别是 O_1、O_2、O_3,见图 19-7。主要的操纵基因 $lacO_1$ 在转录起始位点附近,是经典的操纵基因,以 +11 为中心。两个辅助的操纵基因分别在起始位点上、下游。上游操纵基因 $lacO_3$ 以 −82 为中心,在 $lacI$ 基因的末端。下游操纵基因 $lacO_2$ 以 +412 为中心,涵盖了整个 $lacZ$ 基因。遗传工程实验表明,在体内必须三个操纵序列都存在,抑制才能达到最高效。

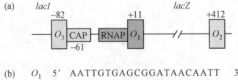

图 19-7　$E.coli$ lac 操纵子有三个 lac 操纵基因

(a) lac 操纵子的控制区域,含有三个 $lacO(O_1,O_2$ 和 O_3); (b) 三个操纵基因的 DNA 序列,其中阴影显示为与 O_1 不同的碱基

（五）诱导物对阻遏蛋白与操纵基因结合的影响

诱导物进入细胞,降低操纵基因结合阻遏蛋白的亲和力。为什么是这样? 有两个作用

模型解释。

1. 平衡模型

阻遏蛋白与 DNA 结合状态和游离状态迅速达到平衡。诱导物同游离状态的阻遏蛋白结合，阻止它再与 DNA 结合，使平衡有利于解离状态，见图 19-8(a)。图 19-8(b)见下文。

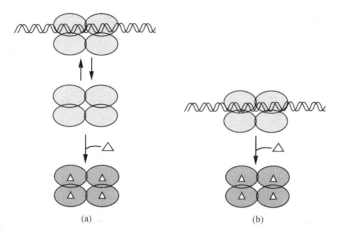

图 19-8　诱导物使阻遏蛋白释放的模型

（a）模型中诱导物与游离的阻遏蛋白结合，打破阻遏蛋白与 DNA 结合的平衡；（b）模型中诱导物的结合使阻遏蛋白直接从操纵基因中释放出来

2. 解离模型

阻遏蛋白对操纵基因 DNA 有较高的亲和力，解离速度慢。诱导物直接同结合在操纵基因 DNA 上的阻遏蛋白相互作用，即诱导物结合到阻遏蛋白上，使之改变构象后从 DNA 上解离下来（释放出来），见图 19-8(b)。体外实验表明，加入 IPTG 能很快引起阻遏蛋白与操纵基因复合物的不稳定。

在不被诱导的细胞中，也就是细胞内没有一定量的诱导物（乳糖或 IPTG），此时，几乎所有的阻遏蛋白四聚体都随机结合于 DNA 上，无论具有高亲和力的 *lac O* 还是低亲和力的随机序列，没有游离的四聚体阻遏蛋白存在于细胞中。

（六）cAMP 促进若干分解代谢物操纵子的转录

1. 操纵子的正调控模型

到目前为止，我们把操纵子中的启动子作为一段 DNA 序列来看待，它与 RNA 聚合酶结合后起始转录。但是，有些启动子，当没有辅助蛋白帮助时，RNA 聚合酶仍然无法起始转录。能帮助 RNA 聚合酶起始转录的辅助蛋白叫做正调节物（positive regulator），因为只有它的存在才能起始转录。图 19-9 给出了操纵子的正调控模型。由图可见，调节基因表达合成无活性的激活物，由小分子诱导物诱导转变成有活性的激活物，然后在 RNA 聚合酶上游紧邻部位结合，使转录起始。图

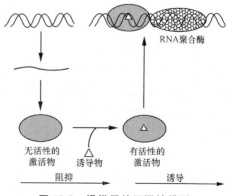

图 19-9　操纵子的正调控模型

中有活性的激活物为辅助蛋白,即正调节物。

2. 分解代谢(产)物的阻遏作用

当葡萄糖和乳糖一起作为细菌的碳源时,葡萄糖总是优先被利用,葡萄糖的存在阻止了乳糖的利用。细菌的这种选择性,是通过阻止 *lac* 操纵子的表达来完成的。这种情况在其他糖类,如 *gal*(半乳糖)、*ara*(阿拉伯糖)操纵子中同样发生。这是葡萄糖分解代谢物的阻遏作用。

为什么葡萄糖会阻遏细菌对其他糖类的利用呢? 这是由于葡萄糖分解代谢物降低了 cAMP 的水平(图 19-10),致使其他糖类的分解代谢受阻。葡萄糖对转录的作用不是直接的,而是通过它的一个未知分解代谢物降低细胞内 cAMP 水平来起作用。

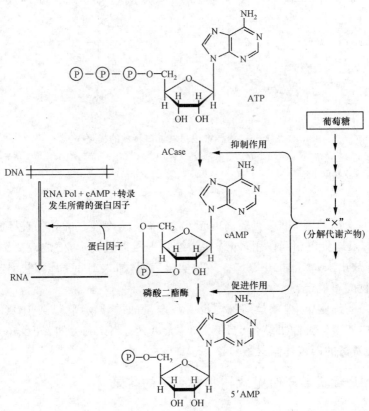

图 19-10　葡萄糖分解代谢敏感的基因转录受 cAMP 的控制

从图 19-10 中可见,cAMP 是 ATP 被腺苷酸环化酶(adenylate cyclase,ACase)催化合成的。若编码腺苷酸环化酶的基因发生了突变,就不会出现分解代谢物的阻遏作用。因此设想,葡萄糖分解代谢物通过抑制腺苷酸环化酶,降低了 cAMP 的水平。至于葡萄糖代谢物如何控制细胞内 cAMP 的水平尚不清楚,只知道 ATP 是 cAMP 的直接前体,cAMP 活化了分解代谢物激活蛋白 CAP(catabolite gene activation protein)。

3. CAP 是 *lac* 操纵子的正调控物

分解代谢物激活蛋白 CAP,又称环腺苷酸受体蛋白(cyclic AMP receptor protein,CRP),它是 *E. coli* 细胞内作用最强的基因调节蛋白之一,属正调控物。

当无葡萄糖代谢存在时,所形成的大量 cAMP 与 CAP 相结合,引起 CAP 构象的变化而使之具有活性,这里的 cAMP 起着典型小分子诱导物的作用。活性分解代谢物激活蛋白和 cAMP 形成的复合物 cAMP-CAP,以高亲和力与 *lac* 操纵子中紧邻启动子的位置结合,促进 mRNA 转录的起始。当葡萄糖存在时,降低 cAMP 含量,使 CAP 不能被激活而无法与操纵子结合,从而阻遏基因的表达,见图 19-11。

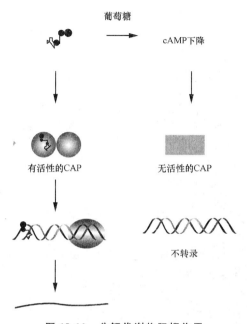

图 19-11　分解代谢物阻抑作用

葡萄糖降低 cAMP 水平,引起分解代谢物阻抑作用

　　CAP 是由两个相同亚基组成的二聚体,每个亚基相对分子质量为 22 500。在 *lac* 操纵子中,用 DNase 的消化实验证明:CAP 结合在 RNA 聚合酶结合位点上游之旁,二者相连而不重叠(图 19-12)。被 CAP 识别的 DNA 碱基序列有一个反向二重对称轴。

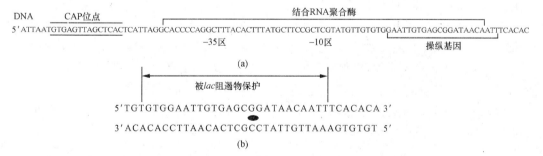

图 19-12　*lac* 操纵基因、RNA 聚合酶结合区和 CAP 位点的 DNA 序列(a)
和操纵基因上对称轴两侧的回文序列(b)

　　不同操纵子的 CAP 结合位点与转录起始点的相对位置不同(图 19-13)。*gal* 操纵子的 CAP 结合位点位于启动子内;*lac* 操纵子,其 CAP 位点与启动子毗邻;*ara* 操纵子的 CAP 结合位点距离转录起始点较远。

　　CAP 与位于 *lac* 启动子毗邻的结合序列相互作用,使 DNA 呈弯曲状态,弯曲点位于二重对称轴的中心,弯曲度大于 90°(图 19-14)。DNA 发生弯曲,使 CAP 和 RNA 聚合酶能紧密接触,从而帮助 RNA 聚合酶更容易形成开放型的启动子复合物,促进转录起始。在这里,CAP 对 *lac* 启动子来说是正调控物。

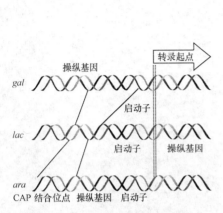

图 19-13　不同操纵子中 CAP 结合位点
相对启动子的位置有多种变化

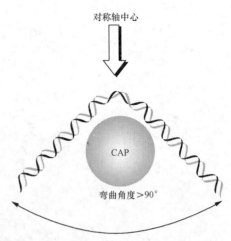

图 19-14　CAP 使 DNA 从对称轴弯曲

4. CAP 对 *lac* 操纵子的正调控

　　细菌的操纵子往往不是单通道的,一个操纵子的表达常常用负调控和正调控进行综合控制。调控因子使基因的表达水平下降,甚至关闭,这种调控作用是负调控(negative regulation)。阻遏物对 *lac* 操纵子的调控是负调控。调控因子使基因的表达水平上升,这种方式称为正调控(positive regulation)。CAP 对 *lac* 操纵子的调控是正调控。

　　对 CAP 的作用有两个假设:① CAP 的结合,使 RNA 聚合酶与启动子结合的亲和力显著增强;② CAP 承担 DNA 解链的任务,这样,转录时的解链从 CAP 结合位点开始。

　　lac 操纵子中有两个 CAP 结合位点 Ⅰ 和 Ⅱ,其中 Ⅰ 是强位点,Ⅱ 是弱位点。当 CAP 与Ⅰ结合后,对Ⅱ的亲和力大大提高。若无 CAP 存在,RNA 聚合酶照样能与 −10 序列结合,但只形成封闭型起始复合物,双螺旋不能解开,其原因是,*lac* 操纵子 −10 序列 TATGTTG中央的一个 G-C 碱基对增强了双螺旋的稳定性,RNA 聚合酶不能诱导其解链。CAP 的结合,使含 G-C 的区域变得不稳定,−10 序列内 G-C 碱基对被诱导解链,形成开放型的转录起始复合物。

二、阿拉伯糖操纵子的负调控和正调控

(一) 阿拉伯糖操纵子

　　大肠杆菌阿拉伯糖操纵子(arabinose operon)可缩写为 *ara* 操纵子,它具有比 *lac* 操纵子更复杂的调控模式(图 19-15)。首先,阿拉伯糖操纵子使用同一种蛋白 Ara C 蛋白进行负调控和正调控。它和信号分子阿拉伯糖的结合能改变构象,从阻遏物(阻遏子)变成识别不同 DNA 序列的激活蛋白(激活子),因而它具有两种截然不同的效用。其次,一些参与调控的 DNA 序列可以在较远的距离起作用。远距离的 DNA 序列可通过 DNA 环化(DNA looping)而靠近启动子,这种环化作用通过蛋白质和蛋白质、蛋白质和 DNA 的相互作用来实现,*ara* 操纵子的远距离调控成了真核基因表达调控的范例。在真核生物中,远距离调控普遍存在。

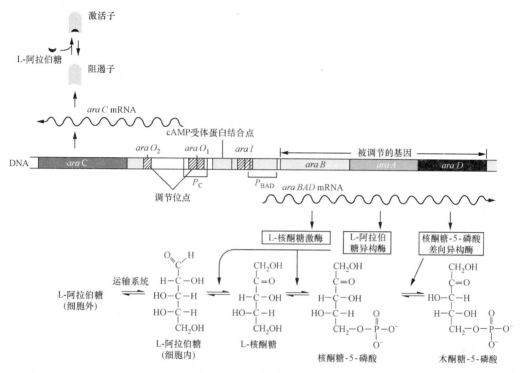

图 19-15 阿拉伯糖操纵子

大肠杆菌细胞能把阿拉伯糖转变成木酮糖-5-磷酸这个戊糖磷酸途径的中间体,因而阿拉伯糖可作为碳源被利用。*ara* 操纵子有 *araA*、*araB* 和 *araD* 三个结构基因,分别编码 L-阿拉伯糖异构酶、L-核酮糖激酶和核酮糖-5-磷酸差向异构酶。它还包括一个含有两个调控基因(*araO₁*、*araO₂*)的调控位点、一个 AraC 的结合位点 *araI*(I,诱导物)和一个紧邻于 *araI* 的启动子(P_{BAD})。AraC 的基因使用自己的启动子(P_C,靠近 *araO₁*)以相反于 *araA*、*B*、*D* 基因的方向进行转录。一个 CAP(CRP)蛋白的结合位点紧挨 *ara* 操纵子的启动子。像 *lac* 操纵子一样,*ara* 操纵子的转录也受到 CAP-cAMP(CRP-cAMP)的调控。

(二) 负调控和正调控

在 *ara* 操纵子中,AraC 蛋白的作用是主要的。第一,它调控自己的生物合成。当细胞中 AraC 浓度超过 40 拷贝时,它结合于 *araO₁* 阻遏自己 mRNA 的转录(图 19-16)。图中标出 *araI* 含有 *I1* 和 *I2* 两个位点。第二,*araC* 对 *araBAD* 既是负调控因子,又是正调控因子,它既能与 *araO₂* 结合,又能与 *araI* 结合,所起的调控作用如图 19-17 所示:在葡萄糖很丰富且没有阿拉伯糖的情况下,结合于 *araO₂* 和 *araI* 的两个 AraC 蛋白之间相互作用,使 DNA 形成一个约 210 bp 的回环(loop),这种结构令 *araBAD* 启动子的转录受抑制,基因 *araB*、*araA*、*araD* 不被转录[图 19-7(b)]。当葡萄糖不存在(或处于低水平)同时有阿拉伯糖时,CRP-cAMP(CAP-cAMP)很丰富,它们结合在 *araI* 附近,而阿拉伯糖与 AraC 结合,并改变了它的构象,此时 DNA 回环被展开,结合于 *araI* 位点的 AraC 蛋白成为激活蛋白(激活子),它和 CRP-cAMP 复合物协同诱导 *araBAD* 基因的转录[图 19-17(c)]。*ara* 操纵子是一个复杂的调控系统,它能使大肠杆菌对环境改变作出迅速的可逆反应。

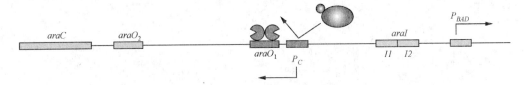

图 19-16　*araC* 基因的自我调控

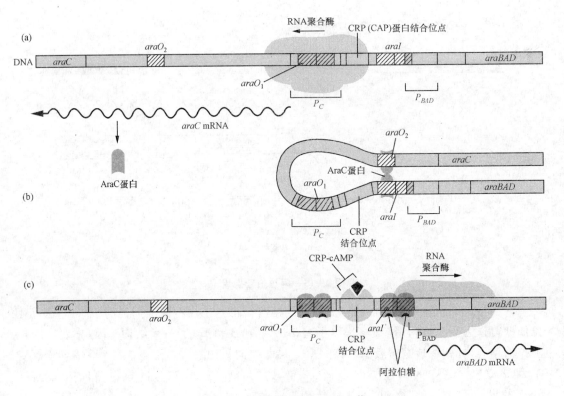

图 19-17　阿拉伯糖操纵子的调节

(a) 当阿拉伯糖被除去时,*araC* 基因从它自己的启动子转录;(b) 当葡萄糖水平高,阿拉伯糖水平低时,AraC 蛋白结合于 *araO₂* 和 *araI* 的半位点,形成一个 DNA 环阻止 *araBAD* 转录;(c) 当有阿拉伯糖存在而葡萄糖浓度低时,AraC 和阿拉伯糖结合并改变构象成为激活子;DNA 环被打开,AraC 和 *araI*、*araO₁* 每个半位点都结合,串联的蛋白相互作用,并和 CAP-cAMP 蛋白协调促进从 *araBAD* 基因的转录

三、色氨酸操纵子

(一) 色氨酸操纵子的结构

大肠杆菌色氨酸操纵子可缩写成 *trp* 操纵子,其结构如图 19-18 所示。图下方色氨酸合成代谢途径分 5 步完成,每步需要一种酶。这 5 种酶的编码基因属于结构基因,彼此相邻为 *trpE*、*trpD*、*trpC*、*trpB* 和 *trpA*,被转录成一条多顺反子 mRNA 链。在 *trpE* 的 5′端上

游有三个区段,*trpP*、*trpO* 和 *trpL*。*P* 代表启动子,*O* 为操纵基因,*L* 即前导顺序,它们属于调控区,其结构表示在图 19-19。*trpL* 是 162 bp 的序列,转录到 mRNA 内成为 5′ 端的前导(leader)序列。*trpO* 是阻遏蛋白活化形式,即二聚体的结合位点。*trpP* 启动子与一般启动子一样,具有正常的−10 序列和−35 序列,−10 序列跨越到 *trpO* 之内。*trpR* 是调控基因,离整个操纵子很远,位于 *E. coli* 染色体图 90 min 处。在 162 bp 的前导区 *trpL* 中有一段序列,称为衰减子或弱化子(attenuator),其上游是 14 个氨基酸的前导肽(lead peptide)编码序列。它们都参与衰减子系统的调控作用。*trpA* 下游方向的 36 bp 序列中有一个不依赖 ρ 因子的终止子 *t*,沿 *t* 下游约 250 bp 处还有一个依赖 ρ 因子的终止子 *t*′。

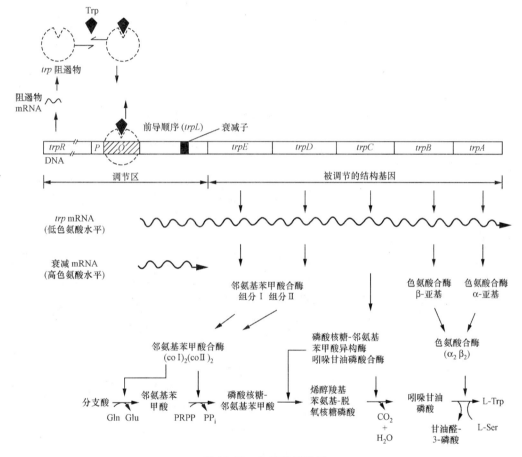

图 19-18　色氨酸操纵子

（二）色氨酸操纵子的负调控

　　E. coli 具有合成标准氨基酸的能力。在多数情况下,培养基不供给某种外源氨基酸或细胞内缺乏该氨基酸时,操纵子可以开启产生所需酶类去合成相应的氨基酸。当细胞不缺乏某种氨基酸时,操纵子将是关闭的。

　　正如图 19-20 所示,调节基因 *trpR* 产生无活性的阻遏蛋白(阻遏物),又称脱辅阻遏蛋白,它因无色氨酸存在而不能结合于 *trpO* 位点,结果操纵子中 5 个结构基因转录出一条多顺反子 mRNA 链。当培养基中或细胞内含有色氨酸时,它作为一种辅阻遏物(不是诱导物)激活无活性的阻遏蛋白,使之结合上 *trpO* 位点,阻止操纵子的转录。当细胞内色氨酸浓度

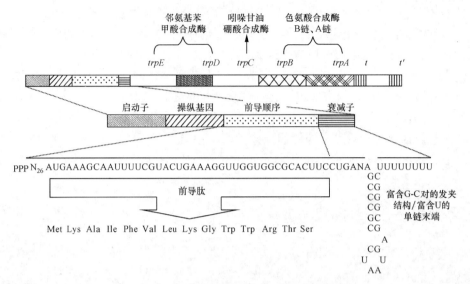

图 19-19 *trp* 操纵子的结构基因和调控区域的结构

很低时,*trpO* 又呈空载状态,重新从 *trpP* 起始 Trp mRNA 的合成。因此,色氨酸操纵子是负调控运转的。

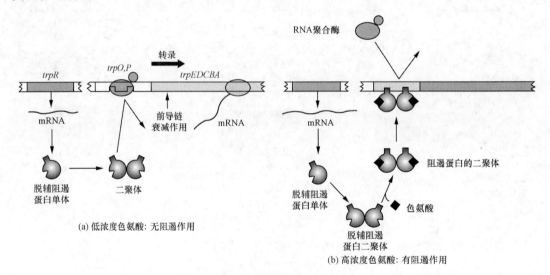

图 19-20 色氨酸操纵子的负调控

　　trp 阻遏蛋白(阻遏物)只有和色氨酸结合之后,它才具有和操纵基因结合的构象,色氨酸的存在增强阻遏蛋白对 *trpO* 的亲和力。

　　在 *trp* 操纵子中,*trpO* 和 *trpP* 位点的序列有重叠(图 19-21)。由于存在这种重叠,*trp* 阻遏蛋白和 *trpO* 的结合阻止了 RNA 聚合酶与 *trpP* 的结合,因而 *trp* 基因不能转录。阻遏蛋白和 RNA 聚合酶,二者在 *trpO* 上的结合是相互排斥的。

　　色氨酸—阻遏蛋白复合物与 *trpO* 的结合位点是从 -1～-20,这段 DNA 中包含具有二重对称轴的序列。对称性序列,在蛋白质与 DNA 相互作用中起着重要作用。

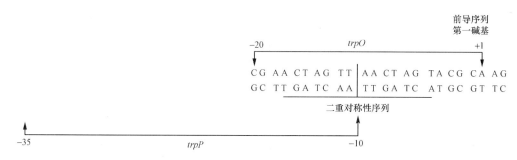

图 19-21　*trpP* 和 *trpO* 的序列重叠区

（三）色氨酸操纵子受衰减子的控制

阻遏蛋白-操纵基因的负调控系统，对 *trp* 操纵子来说是一个充分有效的开关，主管着转录是否启动。但是存在一种奇怪的现象：mRNA 的合成一旦开始，并不自动地合成全长分子，大多数 mRNA 分子在第一个结构基因 *trpE* 的转录开始之前就停止。除非色氨酸分子确实很少，才能保证合成完整的 mRNA。

进一步研究发现，在 *trp* 操纵子中，除了启动区—操纵区的复合结构有调控作用外，还有衰减子参与调控。正如前面曾说，衰减子是一段位于 *trpL* 内的 DNA 序列，它缺失时，能增强结构基因的表达。这种增强效应与阻遏作用无关，因为它能使阻遏水平和脱阻遏水平二者的转录都得到提高。因此，衰减子施加的影响必定发生在 RNA 聚合酶离开启动区之后，与起始转录时的条件无关。

1976 年，Yanofsky 发现 *trp* 操纵子有两种转录水平：脱阻遏水平（derepressed level）和阻遏水平（repressed level），前者的转录效率为 70，后者仅为 1。

对 *trp* 操纵子的转录来说，衰减子是一道屏障。衰减子的序列特点是，在一小段富含 G-C 回文对称结构后面有 8 个连续的 U 碱基（图 19-19）。无论在体内或体外，RNA 聚合酶都能在该部位终止，产生一个 140 个碱基的转录物。

图 19-22 表示，在衰减子部位出现的终止活动受色氨酸水平的控制。当有足够的色氨酸存在时，终止作用是有效的。但在缺少色氨酸时，RNA 聚合酶则能把转录继续进入结构基因。对转录的这种调控作用叫做衰减作用（attenuation）。衰减作用像阻遏作用一样，都是在同一个方向上控制着操纵子。当存在色氨酸时，操纵子受阻；除去色氨酸时，RNA 聚合酶就可以自由接近结构基因的启动区，而且也不再过早地被迫在衰减区内终止。

由图 19-22 可见：衰减区控制着 RNA 聚合酶进入 *trp* 结构基因的进程。无论是处于阻遏表达状态或脱阻遏表达状态，RNA 聚合酶在启动区起始后，前进到第 90 位（以前导序列 5′ 端第一个碱基为 +1 计算）碱基处暂停。当 RNA 聚合酶到达此位点，如有色氨酸存在，它的终止作用概率约 90%，并释放 140 个碱基的前导 mRNA。如无色氨酸存在，RNA 聚合酶则继续转录进入结构基因。*trpE* 在 +163 位起始。

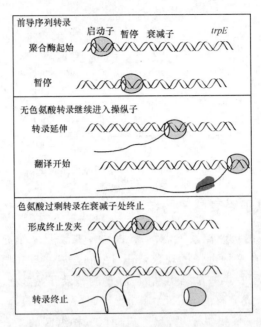

图 19-22 衰减子控制着 RNA 聚合酶能否进入 *trp* 基因

聚合酶在启动子处起始后行进至＋90 处，这时如果色氨酸缺乏，它会越过＋140 的衰减子进入结构基因；如果色氨酸充足，衰减子发生作用，90％的聚合酶在衰减子处游离下来，产生一个 140 bp 的前导肽 mRNA

（四）衰减作用的机制

在 *trp* 衰减子上的终止如何受色氨酸水平调控？*trpL* 序列的特点提示了一种机制（图 19-23）。图示表明：前导序列中有一个核糖体结合部位，其 AUG 起始密码子后面是 13 个密码子的编码区，它被翻译成前导肽（leader peptide），所含两个相连在一起的色氨酸令人注意。*trp* 衰减子序列的特点是，具有一段富含 G-C 区，下游紧邻另一段富含 A-T 序列。衰减区含有具二重对称轴的回文结构。

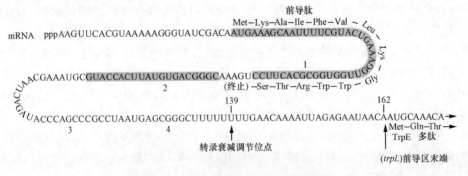

图 19-23 *trp* 操纵子前导序列和前导肽

图 19-24 表示,前导 mRNA 序列可分成 1、2、3、4 几个节段[图中(a)],其碱基序列(图
19-23)可供选择组成配对结构。核糖体穿越前导区的能力可控制这些结构之间的变换,而
前导序列又决定着 mRNA 能否提供发生终止作用所需的结构特征。图(b)告诉我们,1
与 2 配对,3 与 4 配对。3、4 配对使在 U$_8$ 序列前面形成了发卡结构,它是转录终止作用的
重要信号。如果 1 和 2 配对受到阻碍,就会形成另一种不同结构[图(c)],即 2 和 3 配对,而
4 成了孤独形式找不到配对链,于是终止区发卡结构无法形成。现在再观察图 19-25,它表
明,核糖体所在位置能够决定 1、2、3、4 呈何种配对结构:图 19-25(a)所代表的意义与
图 19-24(b)相同。当色氨酸不足而有其他氨基酸存在时,由于缺少携带色氨酸的 tRNA
(Trp-tRNA),核糖体被阻滞于第 1 段的 Trp 密码子处,3 和 4 不能相互作用,2 不被拉入核
糖体,却与 3 作用,使 3、4 不能配对,终止信号无法形成,结果是转录继续进行
[图 19-25(b)]。当色氨酸丰富时,携带色氨酸的 tRNA 浓度也高,翻译就可紧跟着转录而
通过多个色氨酸密码子,这样,Trp mRNA 先导区 1 被完全翻译,2 被核糖体所覆盖而不能
与 3 配对,使 3、4 得以配对形成发卡结构信号,RNA 聚合酶终止转录[图 19-25(c)]。衰减
子模型能较好地说明某些氨基酸生物合成的调控机制。

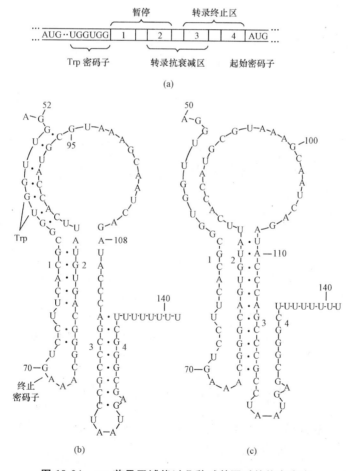

图 19-24 *trp* 前导区域能以几种碱基配对的构象存在

(a) 前导序列各区域的功能;(b) 区域 1 与 2 和 3 与 4 配对;(c) 区域 2 与 3 配对

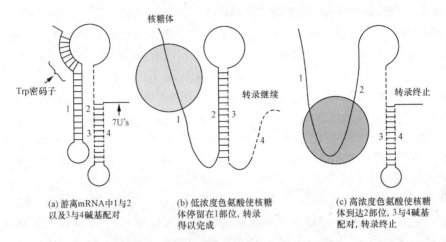

图 19-25　大肠杆菌色氨酸操纵子的衰减机制

(五) 原核生物中衰减作用的普遍性

细菌利用衰减效应作为基因表达的调控机制是否广泛存在？回答是肯定的。除了 *trp* 操纵子之外，还发现了不少其他与氨基酸生物合成相关的操纵子都存在衰减子控制。*E. coli* 中至少有 5 种氨基酸生物合成的基因功能是通过衰减效应来调控的，如 *trp*、*val*、*phe*、*thr* 和 *leu* 等操纵子，都是采用这种调控方式。因此说，衰减调控是一种普遍现象。

衰减调控方式的关键是各种操纵子的前导肽序列。图 19-26 给出了几种氨基酸合成酶类操纵子的前导肽。看得出，每种前导肽都有连续的相应氨基酸起调控作用，如 *his* 操纵子前导肽有 7 个连续的组氨酸；*phe* 操纵子前导肽含 7 个苯丙氨酸。这些前导肽中的每一个，其总长度都比 *trp* 的前导肽长，衰减作用的调节更灵敏。

pheA　Met Lys His Ile Pro Phe Phe Phe Ala Phe Phe Phe Thr Phe Pro

his　Met Thr Arg Val Gln Phe Lys His His His His His His His Pro Asp

leu　Met Ser His Ile Val Arg Phe Thr Gly Leu Leu Leu Leu Asn Ala Phe Ile Val
　　　Arg Gly Arg Pro Val Gly Ile Gln His

thr　Met Lys Arg Ile Ser Thr Thr Ile Thr Thr Thr Ile Thr Ile Thr Thr Gly Asn
　　　Gly Ala Gly

Ile　Met Thr Ala Leu Leu Arg Val Ile Ser Leu Val Val Ile Ser Val Val Val Ile Ile
　　　Ile Pro Pro Cys Gly Ala Ala Leu Gly Arg Gly Lys Ala

图 19-26　氨基酸生物合成操纵子的前导肽序列及其调控氨基酸

四、λ 噬菌体基因组的调控

λ 噬菌体是一种双链 DNA 的温和噬菌体（temperate phage）。它的遗传学背景和生活周期的调控，是噬菌体中研究得最清楚的。

(一) λ 噬菌体的裂解发育和溶源化发育途径

λ 噬菌体在进入宿主细胞后不久，其长度为 48 502 bp 的线性 DNA 环化闭合，因其末端含有 12 个核苷酸的完整单链结构，即黏性末端（cohesive end，sticky end，cos），为环化提供了条件，见图 19-27。在这一阶段，病毒可以选择生命循环过程中的裂解发育途径(lytic development pathway)或溶源化发育途径(lysogenic development pathway)。

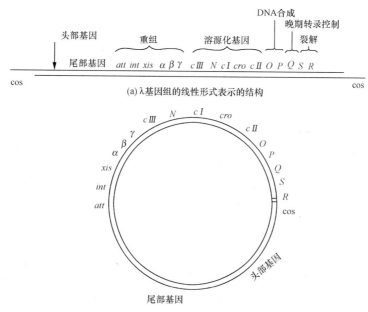

(a) λ基因组的线性形式表示的结构

(b) λ基因组的环结构。线状λDNA分子进入细胞后，靠两端cos区连接成环状分子

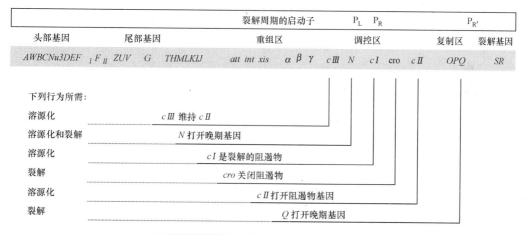

(c) λ噬菌体相关的功能的基因簇及在两种生长途径中的作用

图 19-27　λ 噬菌体的遗传图

1. 裂解发育途径

λ噬菌体侵入细菌，它的 DNA 注入细菌细胞，这时，噬菌体接收了宿主细胞内的"装置"，利用它复制和表达自身的基因，而不再复制和表达细菌的基因。

噬菌体基因通常拥有保证使它的 DNA 优先复制的功能，于是噬菌体的 mRNA 迅速转录，代替了细菌细胞内的 mRNA，进而合成病毒蛋白，之后，以蛋白质和 DNA 装配成它的子代噬菌体。结果，在 37℃ 下经过 45 min，宿主细胞裂解，释放出的 100 倍增量的第二代噬菌体颗粒(图 19-28)。

2. 溶源化发育途径

λ噬菌体也可以进入溶源化发育途径，在这种方式的生命过程中，它的 DNA 插入宿主

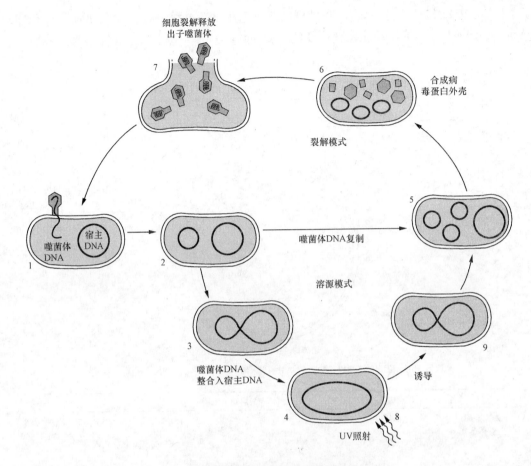

图 19-28　λ 噬菌体的生命循环

病毒附着在细胞上并注入其 DNA 从而造成大肠杆菌宿主的感染(1),线状 DNA 环化(2),开始感染过程。在溶源方式中,噬菌体的 DNA 整合到宿主染色体特定的位点上(3 和 4),从而被动地和细菌细胞一起复制。另外,在裂解方式中,噬菌体的 DNA 可以自己进行复制(5),合成病毒蛋白外壳(6),结果宿主细胞裂解并释放约 100 倍的新生病毒(7)。DNA 受损伤时,例如 UV 照射(8)会导致原噬菌体 DNA 结束溶源方式(9)而进入裂解方式

细胞染色体的特定部位,被动地和宿主 DNA 一起复制。这时,噬菌体被称为原噬菌体(prophage),宿主被称为溶源性细菌(lysogen)。在合适的条件下,即便是细菌经过好几代之后,噬菌体 DNA 仍可经诱导脱离宿主 DNA,开始进入裂解循环。

溶源性复制的优越性是,"寄生"状态的噬菌体 DNA 和宿主稳定地结合在一起,可以长期存在。但是,一旦宿主 DNA 受损伤,噬菌体便结束溶源状态,开始进入裂解途径。噬菌体对生命循环方式的选择,与其基因转录的复杂性有关。

(二) 裂解发育途径的三个阶段

1. 早期、晚早期和晚期基因

λ 噬菌体含有早期基因(early gene)、晚早期基因(delayed early gene)和晚期基因(late gene),它们共约 50 个,都编码蛋白质,见图 19-29。当 λ 噬菌体 DNA 侵入宿主细胞后,溶源和裂解途径的最初过程是相同的,二者均要求早期和晚早期基因的表达。然后它们分道扬镳。晚期基因的表达使噬菌体进入裂解循环;而 CI 阻遏物合成的建立则进入溶源状态。

早期基因只有两个,即调节基因 *cro* 和抗终止基因 *N*。*cro* 的功能为抑制溶源性阻遏蛋白 CI 的合成,从而使噬菌体得以进入裂解循环。*N* 基因的产物为抗终止蛋白,它可使早期基因的转录越过终止信号而进入晚早期基因,为 λ 噬菌体对溶源和裂解途径的选择作好准备。

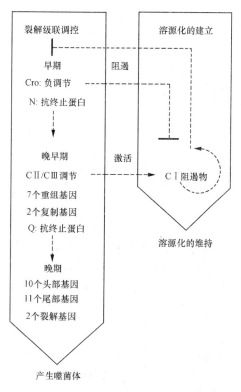

图 19-29　λ 噬菌体裂解途径与溶源化的关系

晚早期基因包括两个复制基因(为裂解所需),7 个重组基因(某些与裂解有关,另一些与溶源整合有关)以及 3 个调节基因(*cI*、*cIII* 和 *Q*)。*cII*/*cIII* 调节基因与建立溶源性阻遏物的合成有关。*Q* 基因的产物也为抗终止蛋白,它使晚期基因得以表达。晚期基因包括裂解基因以及噬菌体头部和尾部蛋白的基因。

2. 裂解转录的三个阶段

(1) 早期转录(early transcription)。RNA 聚合酶从启动子 p_L 开始左向转录,从启动子 p_R 和 p'_R 开始向右的转录[图 19-30(a)]。在终止位点 t_{L1} 终止的左向转录本 L1 编码 *N* 基因的产物 PN。从 p_R 开始的右向转录有 50% 的概率在 t_{R1} 终止,产生 R1 转录本,若在 t_{R2} 终止,则产生 R2 转录本。R1 仅仅编码 Cro 蛋白,而 R2 还会编码 *cII* 基因产物、P^O 和 P^P(后二者参与 λDNA 的合成)。从 p'_R 开始的向右的转录在 t'_R 处终止,所产生的短转录本 R4 并不编码任何蛋白质。

(2) 晚(延迟)早期转录(delayed early transcription)。这一阶段从有相当数量的 pN 积累开始。pN 蛋白在终止位点 t_{L1}、t_{R1} 和 t_{R2} 处起转录反终止子(transcription antiterminator)的作用,从而产生延长的 L2 和 R3 转录本[图 19-30(b)]。L2 编码将 λDNA 从 *E. coli* 染色体切除的蛋白质(*xis* 和 *int* 基因的产物),而 R3 既编码 pO、pP 和 Cro 蛋白,也编码转录反终止子 pQ。最后,阻遏物 Cro 蛋白积累,并抑制从 p_L 和 p_R 起始的转录。

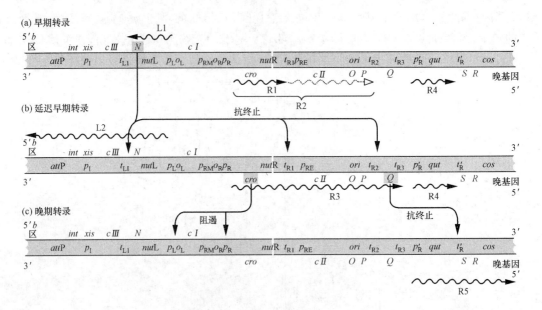

图 19-30　λ噬菌体裂解方式的基因表达

　　向左和向右的转录的基因确定的蛋白质分别标明在染色体的上方和下方。控制位点在 DNA 链之间标出。这个基因图谱是不详细的，没有标出所有的基因和控制位点。转录用波浪箭头表示，并表明 mRNA 的行进方向；调控蛋白的作用由箭头指明，从调控蛋白指向它的作用位点。裂解过程分三个转录阶段(a)早期转录，(b)延迟早期转录和(c)晚期转录。后两个阶段的基因表达受到之前阶段合成的蛋白质的调控作用，如同文中所述

　　(3) 晚期转录(late transcription)。当 pQ 积累到一定程度时，便阻止转录在 t_R' 处终止[图 19-30(c)]，所产生的转录本 R5 编码包括形成噬菌体衣壳的蛋白和催化宿主细胞裂解的蛋白。

3. pN 和 pQ 的抗终止作用

　　抗终止作用(anti-termination)是原核生物基因表达转换(gene expression shift)方式之一。λ噬菌体提供了抗终止作用的最好范例。

　　图 19-31(a)给出了 λ噬菌体 N 基因左右两侧的遗传位点。图中用平行线表示 DNA 的两条链。上链代表 N 基因向左转录，下链代表 cro 基因向右转录，向左、向右的启动区分别用 p_L 和 p_R 箭头表示。这意味着 DNA 的两条链可分别作为向左和向右的转录单位的模板。

　　宿主 RNA 聚合酶从两个启动区 p_L 和 p_R 开始，分别转录 N 基因和 cro 基因，基因直达 t_{L1} 和 t_{R1} 处。这两个终止位点都是 rho(ρ)因子依赖性的。这些转录单位产生了编码 pN 蛋白和 Cro 蛋白的两种早期 mRNA[图 19-31(b)]。N 基因的表达使情况发生了变化。产物 pN 是一种抗终止作用的蛋白质，它与 RNA 聚合酶结合后，使其通过 t_{L1} 和 t_{R1} 而进入每一侧的晚早期基因区。

　　pN 的抗终止作用具有高度特异性，它识别转录产物 RNA 上的 nut 位点(而不是 DNA 上的 nut 位点)，nut 位点即 pN 利用位点(pN utilization site)。负责向左和向右的抗终止作用的位点分别用 nutL 和 nutR 表示，它们的确切位置是，nutL 位于 p_L 的起点和 N 编码区的开始端之间；而 nutR 则位于 cro 基因的终止端和 t_{R1} 之间。如噬菌体 λ 遗传图所示，相对于各自转录单位的机构来说，它们的位置很不一样，nutL 位于开始端，而 nutR 则靠近终

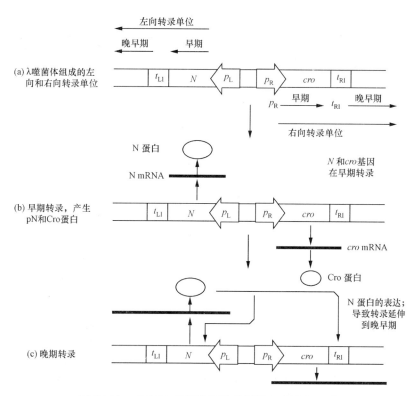

图 19-31 pN 蛋白的表达导致转录进入晚早期区域

止区。

怎样发生抗终止作用的呢？pN 结合于 *nut* 上，当 RNA 聚合酶经过时，它们相互作用，在宿主细胞中某些蛋白质的帮助下，使酶继续通过终止位点而无视其信号[图 19-31(c)]。

λ 宿主有 4 个基因，分别编码 NusA、NusB、NusG 和核糖体 S10（NusE）等蛋白（图 19-32）。这些 Nus 蛋白发挥作用会导致宿主细胞的死亡。但在这里，噬菌体为了适应需要，却挪用这些蛋白来调控自己的基因。挪用的蛋白同 RNA 聚合酶一起组成转录装置的一部分而起作用。*NusA* 是一个普通转录因子，可增强 RNA 聚合酶在终止位点上停顿的趋势，提高终止效率。NusB 和 S10 形成二聚体，特异地与 RNA 的 *nut* boxA 序列相结合。NusG 可以与所有 Nus 因子、RNA 聚合酶聚集成一个复合物。pN 插在 NusA 和 RNA 聚合酶之间，与二者相连结合成复合物。pN 作为一种反终止蛋白，其功能是阻止 NusA 发挥促进终止的作用。

pQ 蛋白以其抗终止功能控制 λ 噬菌体晚期基因的转录，但是它不同于 pN 蛋白的系统。*qut* 序列是 pQ 的作用位点，它位于晚期转录单位的起始处，覆盖了晚期启动子 p'_R 和转录起始位点下游 16～17 bp，这意味着 pQ 作用涉及对 DNA 的识别。pQ 直接结合于 DNA *qut* 位点，而不是结合转录物 RNA 的 *qut* 位点，这与 pN 抗终止系统相反。

pQ 的基本作用是干扰 RNA 聚合酶的停顿。在缺乏 pQ 时，RNA 聚合酶在 DNA *qut* 位点上停顿，产生短的晚期基因产物 RNA。当 pQ 存在时，便与 RNA 聚合酶相互作用后一同结合到转录产物 RNA 的 *qut* 位点，此时，明显改变了酶的构象，使其在晚期基因表达的 t'_R 处抗终止。在此，NusA 蛋白使这个过程更有效，促进 RNA 聚合酶进入下一阶段晚期基因的转录。

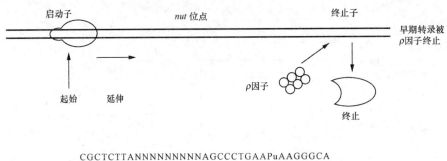

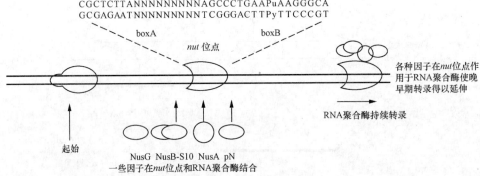

图 19-32　*nut* 位点的结构和与 RNA 聚合酶结合的 Nus 蛋白因子

　　nut 位点序列有两个部分，即 boxA 和 boxB（图 19-33），其中 boxA 在各种 *nut* 位点中高度保守，boxB 变化较大。*qut* 位点和 *nut* 位点一样，boxB 的转录产物中含有碱基重复序列，形成 RNA 发卡结构（图 19-33）。

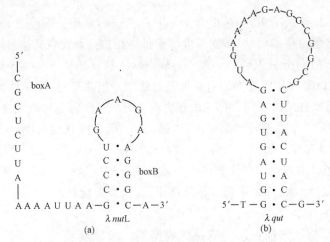

图 19-33　λ 噬菌体控制位点的 RNA 序列

（a）*nut*L，这一位点与 *nut*R 很类似；（b）*qut*，每一个这种控制位点都会形成碱基对发卡结构

（三）溶源化发育途径的三个阶段

1. 溶源化的建立

　　溶源发育途径需要阻遏蛋白 CⅠ，而 CⅠ 蛋白的存在又是其自身合成的前提。那么第一个 CⅠ 蛋白是怎样来的呢？*cⅠ* 基因转录的起始点是 p_{RM}，启动子 p_{RM} 中的"RM"是阻遏蛋白维持（repressor maintenance）的意思，它维持溶源化过程。当 λ DNA 进入新的宿主细

胞时,因为没有阻遏物 C I 的帮助,RNA 聚合酶不能与 p_{RM} 结合而转录 C I 基因。由于系统中缺少 C I 阻遏物,此时,RNA 聚合酶可以利用 p_R 和 p_L(C I 阻遏物的存在阻止 p_R、p_L 转录起始)。因此,λ DNA 侵染细菌后的第一件事就是 N 和 cro 的转录,它们分别起始于 p_L 和 p_R。N 基因产物 pN 的抗终止作用使转录得以进一步延伸进入晚早期,c III 基因在左方转录,c II 基因在右方转录。

　　c II 和 c III 基因表达产物,即 C II 蛋白和 C III 蛋白对第一个 C I 阻遏物的表达起直接和间接的促进作用。从图 19-34 可见,cro 和 c II 基因之间有另一个启动子 p_{RE},这个符号中的"RE"代表阻遏作用的建立(repression establishment)。p_{RE} 启动子的 -10 和 -35 序列与典型的共同序列缺乏相似性,因此,细菌 RNA 聚合酶不能识别和结合。C II 蛋白能识别这种非标准的结构,首先结合于这段序列的 $-21 \sim -44$ 的区域,为 RNA 聚合酶再结合创造条件,也就是说,这个启动子只有当 C II 蛋白存在时才能被 RNA 聚合酶辨认。

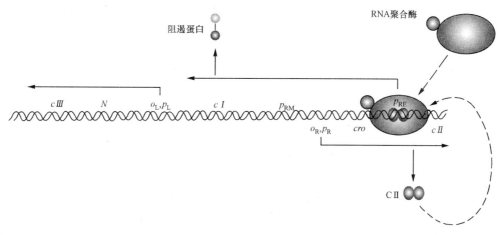

图 19-34　溶源化建立

　　p_{RE} 的左向转录是以 cro 基因有义链为模板的,p_R 的右向转录则是以 cro 基因的反义链为模板。c I 基因从启动子 p_{RE} 向左方的转录,得到的 RNA 含有 cro 的有义转录产物以及 c I 的反义转录产物。cro 基因能在两个方向上同时转录令人费解。如果两个 RNA 聚合酶相向而遇时,可能以某种方式通过。也可能因为 p_{RE} 是强势启动区,它的使用抑制了 p_R 的转录启动。

　　现在对溶源化建立作一个小结。基因 N 和 cro 在 p_L 和 p_R 处起始转录,通过 N 基因表达产物 pN 的作用,使转录延伸到 c III 和 c II 基因的区域。表达的 C II 蛋白使 p_{RE} 的转录得以建立并延伸通过 c I 区。cro 的有义转录物不翻译,c I 的反义转录物则翻译大量阻遏蛋白 C I,它们立即与 o_L 和 o_R 结合。这种结合直接抑制了自 p_L 和 p_R 的进一步转录,并关闭噬菌体基因的表达,也停止了 C II、C III 蛋白的合成。C II 在体内极不稳定,容易被宿主细胞内的 Hfla 蛋白降解。C III 对 C II 有保护作用,它们形成复合物,免受降解。即便是这样,由于 C I 的积累,早期基因被关闭,C II 和 C III 蛋白终将耗尽,其结果是 p_{RE} 不再被利用。不过,此时溶源化发育途径的建立已经完成。

2. 溶源途径的维持

(1) 溶源回路

在溶源途径的维持阶段，cI 基因从启动区 p_{RM} 处开始转录，在其左方终止。由于 cI 基因转录的 mRNA 缺少常见的核糖体结合位点，所以其翻译效率不高，此时，虽然系统内阻遏蛋白的含量低，但能满足维持溶源状态的需要。

阻遏蛋白单体二聚化后与两个操纵区结合(图 19-35)。在 o_L 位点，阻遏蛋白阻止 RNA 聚合酶在 p_L 处的转录起始，这样，基因 N 的表达便停止，同时也关闭了使用 p_L 的整个左向早期转录单位的表达。在 o_R 处，阻遏物的结合阻碍了 p_R 的使用，因此，cro 基因和其他右向的早期基因也不再表达。

在 o_R 处的阻遏物还具有另一种功能。由图 19-35(a)可见，p_{RM} 与右边操纵区 o_R 的位置毗邻，只有当阻遏物结合在 o_R 处，RNA 聚合酶才能自 p_{RM} 位点启动。在 cI 基因的转录中，阻遏物起正调控作用。由于阻遏物又是它所调控的基因的产物，于是，它们间的相互作用便建立起一种自体调控回路，其中需要阻遏物的存在，以维持其自身的继续合成。

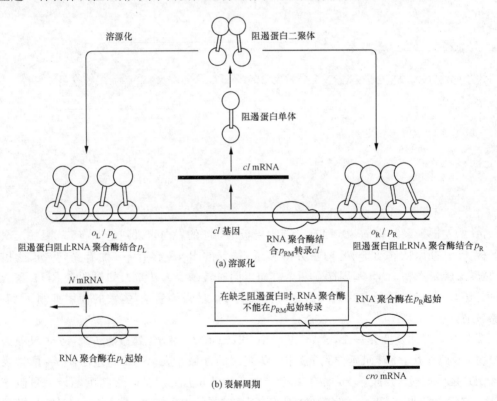

图 19-35　cI 基因自我调控维持溶源化

溶源状态是稳定的，因为它有控制回路作保障，只要阻遏物够用，cI 基因就不断表达，其结果是 o_L 和 o_R 无限期地继续被占用，λ 噬菌体的裂解生命周期就不能发生。

阻遏物一旦失活，便从 o_L 和 o_R 位点脱落，这样，RNA 聚合酶便得以与 p_L 和 p_R 结合，从而起始裂解生命周期[图 19-35(b)]。

(2) 操纵基因中阻遏物的结合位点

从图 19-36 中可见，每一操纵区都含有与阻遏物二聚体相结合的 3 个位点：o_{R1}、o_{R2}、o_{R3} 或 o_{L1}、o_{L2}、o_{L3}，每个结合位点是一段 13～17 bp 的序列，在它们当中，虽然没有两个是完全相同的,但大体上一致,而且以其中心碱基对为轴,显示出部分对称性。

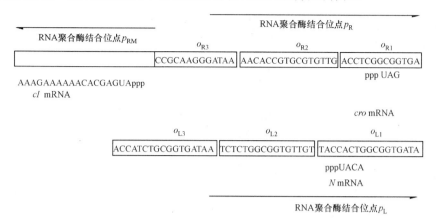

图 19-36　操纵区内阻遏物的结合位点

每个操纵区含有 3 个阻遏蛋白结合位点,并且与启动子部位 RNA 聚合酶结合位点相互重叠。为便于与 o_R 比较,将 o_L 的方向倒置

Cro 蛋白与 C I 蛋白一样,都能与操纵区结合,但各自对操纵区的亲和力大小不同(图 19-37)。按图中亲和力强弱的排序,阻遏物 C I 蛋白总是优先与 o_{L1} 和 o_{R1} 结合,而 Cro 蛋白总是优先与 o_{L3} 和 o_{R3} 结合。

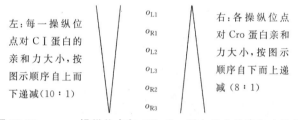

图 19-37　o_L、o_R 操纵位点与 C I 、Cro 蛋白结合的亲和力比较

体外实验表明,阻遏物浓度低时,它保护一个操纵位点的约 25 bp 片段免遭 DNase 消化。这个片段相当于位点 1 加上一些邻近的核苷酸。当浓度增加时,阻遏物则可保护 50 bp 的片段,约相当于 $o_{R1} \sim o_{R2}$($o_{L1} \sim o_{L2}$)的区域。当浓度更高时,整个操纵区约 80 bp 的片段都得到保护[图 19-38(A)];λ Cro 蛋白的情况与此相仿[图 19-38(B)]。

λ 噬菌体阻遏物结合 o_L 或 o_R 中两个位点比结合一个位点时能更有效地将 RNA 聚合酶排除在外。

阻遏蛋白以二聚体形式与操纵区结合(图 19-39)。二聚体每个亚基相对分子质量为 26 000,有明显的 N 端结构域和 C 端结构域,前者的长度为 1~92 个氨基酸残基,是结合 DNA 操纵区的部位;后者,132~236 个氨基酸残基,负责形成二聚体。两个结构域之间由 40 个残基组成的多肽连接(link together)。N 端结构域与操纵区结合的效率因 C 端结构域的附着而增强。

C 端结构域的二聚化增强 N 端结构域对操纵区的亲和力。蛋白酶在亚基连接区 111~112 位氨基酸残基之间水解断裂,使二聚体 C-末端脱落,此时,N-末端不再有足够的亲和力保留在操纵区上,因此从 DNA 上解离下来,致使裂解途径开始。

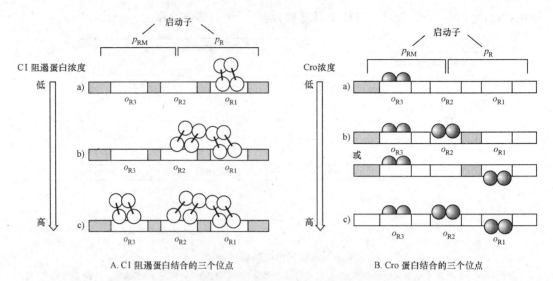

图 19-38 决定 λ 噬菌体生长周期的调控系统 CI 和 Cro 蛋白作用位点

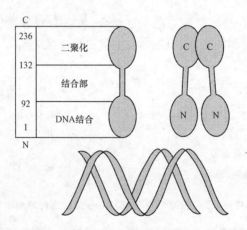

图 19-39 阻遏蛋白的 N 端和 C 端形成独立的结构域,C 端结构域连接在一
起形成二聚体,N 端结构域结合 DNA

（3）λ 噬菌体阻遏物调节其自身的合成

在溶源化的宿主细胞中,阻遏物的分子数是被精确控制的。图 19-40 表示 cI 基因的自我调控。① 缺乏 CI 蛋白时,cI 基因处在极低转录水平,所产生的 CI 蛋白不足以激活 p_{RM} 而建立溶源化,同时 RNA 聚合酶从 p_R 向右方高效转录,产生 Cro 蛋白抑制溶源化。② 一旦溶源化建立,λ DNA 整合到宿主细胞的基因内,二聚体 CI 蛋白结合于 o_{R1} 和 o_{R2},阻遏了 cro 基因从 p_R 开始的转录,促进从 p_{RM} 开始转录 cI 基因。p_R 与 p_{RM} 分别与 o_{R1} 和 o_{R3} 重叠。③ CI 蛋白在高浓度时,除了结合于 o_{R1} 和 o_{R2} 之外,还结合于 o_{R3},因而阻止了其自身基因从 p_{RM} 开始的转录。一般控制阻遏物的浓度只够占据 o_{R1} 和 o_{R2} 两个位点即可维持溶源状态。

3. 溶源化的终止

λ 噬菌体如何从溶源状态中解脱出来？引发的关键是阻遏物 CI 浓度的降低,低到足以使 cro 基因开始转录。阻遏物 CI 被蛋白酶水解,C 端结构域脱落,引起 N 端结构域对操纵区的亲和力下降而从 DNA 上解离下来,这样等于降低了阻遏物的浓度,使维持溶源状态成为不可能。

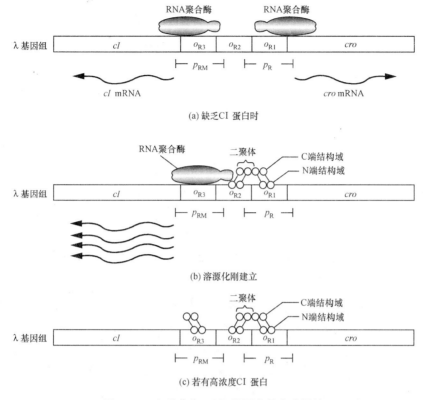

图 19-40　λ噬菌体 cI 阻遏蛋白的自我调控

一旦 cro 基因被转录，新合成的 Cro 蛋白与 o_{R3} 结合，以阻止 cI 基因转录的起始。因为 o_{R3} 与 Cro 蛋白的亲和力大于 o_{R1}，因此，Cro 蛋白含量水平低时可抑制 CI 阻遏蛋白的合成，但不停止 Cro 蛋白自身的合成。这样，阻遏物 CI 就不占优势，此时，裂解途径的一连串过程就不可逆地运转起来。所以说，几个蛋白质和几个操纵子位点间的相互作用决定了 λ 噬菌体的发育途径。

（四）裂解途径和溶源化途径的选择

λ 噬菌体感染宿主细胞后，进入溶源化还是进入裂解周期，取决于 CI 阻遏蛋白和 Cro 蛋白之间竞争的结果，也取决于二者的数量。

如果 CI 蛋白占优势，将建立溶源化。如果 Cro 蛋白占优势，宿主细胞将进入裂解生长。当 cI 基因产生足够的阻遏蛋白，其将结合于 o_L 和 o_R，阻遏早期基因进一步转录，因而妨碍组装子代噬菌体和引起宿主细胞裂解的晚期基因的表达。另一方面，如果产生足够的 Cro 蛋白，将阻止 cI 基因转录，这样就阻止了溶源化而进入裂解途径，图 19-41 表示：① 基因 cI 从启动子 p_{RM} 起始转录，合成足够的阻遏蛋白，此时，cI 占优势，它阻止 RNA 聚合酶与 p_R 结合，这样就阻止了 cro 的转录而建立溶源化；② RNA 聚合酶从 p_R 起始转录，产生足够的 Cro 蛋白，此时，占优势的它阻碍 RNA 聚合酶与 p_{RM} 结合，因而阻止了 cI 的转录，进入裂解途径。

是什么决定 CI 阻遏物或者 Cro 蛋白占优势？最重要的因素似乎是 CII 蛋白的浓度。细胞内 CII 蛋白含量越高，越可能进入溶源化。CII 蛋白激活 p_{RE}，因而帮助开启溶源化的

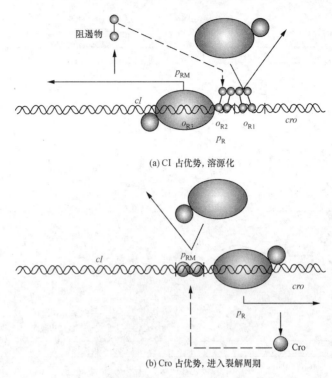

(a) CⅠ占优势, 溶源化

(b) Cro 占优势, 进入裂解周期

图 19-41　CⅠ和 Cro 之间的竞争

程序。p_{RE}被 CⅡ蛋白的激活, 是通过产生 Cro 的有义 RNA 来对抗裂解程序而实现的。Cro 的有义 RNA 能抑制反义 RNA 的翻译。

内 容 提 要

原核生物基因表达的调控主要在转录水平上进行, 操纵子模型能很好说明其调控机制。操纵子是由结构基因和相邻的一组调节基因组成的协调单位, 其启动区是 RNA 聚合酶的结合部位。操纵基因介于启动区和结构基因之间, 它是阻遏物的结合部位, 一旦结合上阻遏物便可阻止 RNA 聚合酶由启动区移向结构基因。阻遏物的编码基因位于操纵子之外, 每一操纵子均各有其专一的阻遏物基因。某些代谢物可阻止阻遏物同操纵基因结合, 促进相应 mRNA 的合成; 另一些代谢物可促进阻遏物同操纵基因的结合, 从而关闭该操纵子的活动。在正调控机制中, 有的调节物可有效地促进 RNA 聚合酶同启动子结合, 例如, cAMP 和其受体蛋白(CAP)结合的复合物就起这种作用。cAMP 在细胞内的浓度受一定的代谢物的影响。

大肠杆菌 *lac* 操纵子的转录, 受 LacⅠ阻遏物和分解代谢物激活蛋白(CAP)二者的控制。乳糖和其他 β-半乳糖苷(如 IPTG)与 LacⅠ阻遏物结合后, 使其与 DNA 专一序列结合的能力降低。在乳糖存在下, *lac* 操纵子被转录, 合成乳糖代谢所需要的酶类。

ara 操纵子使用 AraC 蛋白进行负调控和正调控。无阿拉伯糖时, AraC 是阻遏物; 当阿拉伯糖存在时, AraC 是激活物。

trp 操纵子在两个水平上控制色氨酸生物合成酶类的产生, 其过程除了受阻遏物-操纵基因的调控外, 衰减作用也削弱转录。衰减机制是操纵子前导序列中选择性的 mRNA 二级

结构的形成,这些二级结构的特征决定转录过程是前进还是终止。

λ噬菌体的裂解生长需要反终止子 pN、pQ 和抑制阻遏物的 Cro 蛋白的表达。λ噬菌体究竟是溶源生长还是裂解生长,主要决定于 Cro 蛋白还是阻遏物优先占据它们共同的操纵基因的位点。

习　题

1. 什么是组成型表达基因? 操纵基因突变会对乳糖操纵子造成什么影响?

2. 请绘出乳糖操纵子的结构图。

3. 分解代谢激活蛋白(CAP)在原核生物基因表达中起什么作用?

4. 以乳糖操纵子为例,说明什么是正调控作用? 什么是负调控作用? 什么是阻遏作用?

5. AraC 蛋白在大肠杆菌 *ara* 操纵子中起何种调节作用?

6. 请绘制 *trp* 操纵子的模式图。

7. 什么是衰减(弱化)子? 如果前导序列缺失,对 *trp* 操纵子结构基因的表达会有什么影响?

8. *trp* 操纵子的前导序列起什么作用? 如何起作用?

9. *trp* 操纵子的衰减作用是在什么水平调节基因表达的?

10. 找出 λ噬菌体在下列生理阶段所需的因子:

(1) 溶源化状态;(2) 裂解周期;(3) 溶源化的建立。

11. 什么是抗(反)终止作用?

12. 在 λ噬菌体中,阻遏蛋白以亚基二聚体的有效形式和靶 DNA 序列相结合,这种二聚化对基因表达的调节有何意义?

13. λ噬菌体怎样从溶源状态进入裂解周期?

第二十章 真核生物基因表达的调控

　　真核生物比原核生物结构更复杂,细胞高度分化,具有更庞大的基因组,例如哺乳动物的基因组就有数万个基因。真核生物细胞内 DNA 含量远远高于原核生物,其中很大一部分是用于贮存调控信息的,所以,真核生物基因表达的调控更复杂,更精细。真核生物基因表达的调控,根据其性质可分为两大类:第一类称为瞬时调控,相当于原核生物细胞对环境条件变化做出的反应。瞬时调控包括某种底物或激素浓度的升降以及细胞周期不同阶段酶活性和浓度的调节。第二类是发育调控或称不可逆调控,它决定真核细胞生长、分化和发育全过程。根据基因表达调控在同一事件中发生的先后次序,又可将其分为不同"调控水平"(level of control)。这种在不同水平上进行的调节称为多级调节系统(multistage regulation system),见图 20-1。原核生物细胞的基因调控属于瞬时调控,发育调控仅存在于真核细胞中。

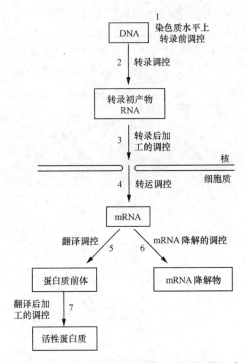

图 20-1　真核生物基因表达的 7 个可调控位点

　　本章着眼于多级调节系统论述真核细胞基因表达的调控。

一、染色体和染色质水平上的调控

　　在原核生物中,基因的"活性"和基因的"表达"常常可以通用,没有严格的区别。但在真核生物中,基因的"活性"和基因的"表达"却是两个不同的概念。基因的"活性"(activity of gene)是指这个基因已具备表达的充分条件,具有可以表达的倾向,但真正的表达还需要很多蛋白因子的参与才能实现。染色体和染色质水平上的调控,实际上就是在这个层面上使基因活化,也就是说,使其具有"活性"。

1. 染色质 DNA 削减

染色质 DNA 削减是使基因具有活性,或者说是使基因活化的一种调控方式。某些低等真核生物,在细胞发育过程中会丢失染色质的某些 DNA 片段。如原生动物四膜虫(*Tetrahymena thermophila*)含有一个大核和一个小核,大核由小核发育而来。大核可以进行转录,小核则不能。在从小核发育成大核的过程中有多处染色质 DNA 断裂,并删除约 10% 的基因组 DNA,在删除这些序列之前,基因并不表现转录活性,删除之后即活化为表达型的基因,据此,推测所删除的片段可能抑制了基因正常功能的表达。

近年来,在分子水平上对这种染色质 DNA 削减机制进行研究的结果表明,在四膜虫基因组中存在着一种染色体断裂序列(chromosome breakage sequence,CBS),见图 20-2。CBS 是一种 15 bp 序列:AAAG AGGT TGGT TTA,以多拷贝存在于小核基因组中,发育成大核后则不复存在。由图可见,在 CBS 识别因子和具有核酸酶活性的辅助因子作用下,把断裂序列连同它两翼的约 20 个核苷酸切除,从而使染色体断裂为许多小片段,然后端粒酶把断头的 3'-末端加上端粒重复序列。这样的断裂过程可重复进行。

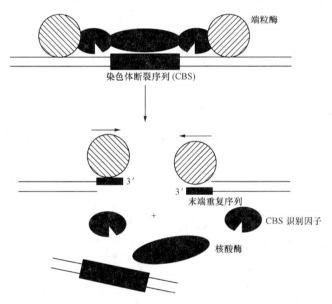

图 20-2　四膜虫染色体断裂模型

2. 基因扩增

基因扩增(amplification of gene),是指基因组内特定基因的拷贝数在短期内专一性地大量增加。它是通过改变基因数量来调节基因表达产物水平的一种调控方式。最好的例子是爪蟾(*Xenopus*)的卵母细胞(oocyte),为贮备大量核糖体以适应卵母细胞受精后发育的需要,它采取特殊方式两次扩增 rRNA 的基因(rDNA),使 rRNA 基因单位数放大数千倍,此时,卵母细胞可合成 10^{12} 个核糖体,rRNA 占整个细胞 RNA 总数的 75%。rDNA 通过滚环复制或 θ 型复制而扩增,串联排列,在卵母细胞核中形成数以千计的核仁(nucleoli),每个核仁含有大小不等的环状 rDNA。

卵母细胞 rDNA 扩增,合成数量庞大的核糖体,组成翻译装置,进一步合成各种各样的蛋白质,满足其受精后发育的需要。这是基因扩增调控表达产物水平的典型例子。

3. 染色体重排

染色体重排(chromosome rearrangement)即基因重排,就是基因发生改变。这是一种在染色体水平调控基因表达的方式,不仅真核细胞采用,原核细胞中也存在。重排,常见的是基因组失去一段特殊序列,或是一段序列从一个位置转移到另一位置,这里以免疫球蛋白基因重排为例说明(参看第十五章图 15-25)。

免疫球蛋白基因,只有经过重排才具有转录活性。重排使免疫球蛋白在基因 DNA 水平上产生序列多样性,导致表达产物蛋白质的多样性,从而适应对各种抗原进行免疫反应的需要。

4. 染色体 DNA 的甲基化修饰

染色体 DNA 的碱基可被甲基化修饰。动物细胞 DNA 的胞嘧啶约有 2%~7%是甲基化的。甲基化主要出现在 C-G 二核苷酸对中,有两个胞嘧啶都发生甲基化,或者只有其中一个胞嘧啶发生甲基化两种情况:

$$5'^m CpG3' \qquad\qquad 5'^m CpG3'$$
$$3'Gp^m C5' \qquad\qquad 3'GpC5'$$

只有一个胞嘧啶甲基化的又称半甲基化位点。

研究表明,活性基因呈低甲基化(under-methylated)或甲基化不足的状态;在基因不能表达的组织中,呈甲基化状态。如果将甲基化和非甲基化的基因分别导入宿主细胞,则甲基化基因没有转录活性,而非甲基化的基因是有转录活性的。为什么 DNA 甲基化后转录会被抑制呢? 这是因为:① 一些转录因子能识别含 CpG 的序列,当其中的胞嘧啶发生甲基化了,识别的相互作用被抑制。② 细胞内存在一种 ^{m}CpG 结合蛋白,它是一种转录阻遏物,能与转录调控因子竞争性地结合到带 ^{m}CpG 的调控位点上。一旦阻遏物的结合占了优势,调控因子被排斥在调控区之外,转录就会关闭。③ 甲基化对转录的抑制仅发生在染色质组装后。^{m}CpG 可稳定染色质的失活状态,并能阻止转录因子的进入,防止染色质的活化。④ 胞嘧啶上 5-甲基拥挤在 DNA 大沟之内,导致构象偏离标准的双螺旋状态。这种 DNA 构象的变化,可能加强阻遏蛋白的结合力,削弱激活蛋白的结合力。

综上所述,在生物发育分化过程中,DNA 甲基化作用能引起染色质结构、DNA 构象、DNA 稳定性以及 DNA 与蛋白质相互作用方式的改变,从而调控着基因的表达。

大多数脊椎动物 DNA 约含 40%的 G-C 碱基对,其中一些形成 CpG 二核苷酸序列。CpG 分布的密度一些区段约为 1/100 bp,另一些区段则大于 10/100 bp。富含这种二核苷酸序列的 DNA 区段称为 CpG 岛(CpG rich-island)。CpG 岛的长度一般为 1~2 kb,岛内G-C 碱基对含量约 60%,大大高于岛外的 DNA 区段。人类基因组大约有 75 000 个CpG 岛。

在一个细胞中,细胞的骨架蛋白、染色体组分的蛋白、核糖体蛋白、执行糖代谢和其他基本代谢功能的蛋白质,统称为管家蛋白(house-keeping protein),编码它们的基因就是管家基因(house-keeping genes),在管家基因中,CpG岛含量较高。

5. 染色质去凝缩的活化效应和异染色质化

真核基因的转录活性与染色质的结构状态密切相关。真核细胞核内DNA和蛋白质以及RNA,构成以核小体为基本单位的染色质,其中DNA以高压缩比将很长的分子装配成短小的染色体(参看第五章图5-14)。染色质存在两个结构层次,比较疏松的区域称为常染色质(euchromatin),能活跃地进行转录;而高度凝缩(condensation)的区域称为异染色质(heterochromatin),不具转录活性。

染色质去凝缩的活化效应见诸于红细胞β-珠蛋白的基因簇(β-globin gene cluster)。这个基因簇共有5个基因:ε、γ^G、γ^A、δ和β。它们连锁成串,包括调控区在内长达100 kb。这5个基因,在发育的不同时期专一地在红细胞样细胞(erythroid)中表达,而在非红细胞样细胞中则不表达。研究表明,在红细胞样细胞中,染色质整体上去凝缩(decondensation),是这些基因表达的总开关;在非红细胞样细胞中,染色质处于凝缩包装状态。

基因活化可能分两步:首先染色质去凝缩,使某些调控蛋白易于接近,为转录做准备;其次,另外的调控蛋白装配到调控区内,从而使具体的基因进行特异性表达,见图20-3。

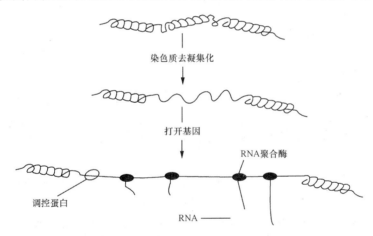

图 20-3　基因活化的两个步骤中的第一步就是染色质的去凝缩

真核细胞,可以通过常染色质的异染色质化,在更大范围内调控基因的表达。这种整体性的调控涉及大片的基因失活。在高等生物的发育分化过程中是至关重要的。

雌性哺乳动物早期胚胎细胞有两个常染色质化的X染色体,以后,其中一个异染色质化而永久失去活性。也就是说,在这些动物的体细胞中,只允许一个X染色体上的基因活动,否则将使细胞的功能失调。例如,在妇女的宫颈癌、胃癌细胞中,异染色质化的那个X染色体去凝缩,这样,癌细胞便存在两个常染色质化的X染色体。

通常染色质的活性转录区无或很少甲基化;非活性区则甲基化程度高。

6. 组蛋白的乙酰化作用

组蛋白的乙酰化与基因活化密切相关。研究发现,核小体核心组蛋白的 8 个亚基有 32 个潜在的乙酰化位点,在含有活化基因的 DNA 结构中,乙酰化程度增加。

组蛋白的乙酰化作用是由乙酰化酶催化而实现的,该酶催化乙酰基团从乙酰-CoA 供体转移到核心组蛋白 N 端富含的 Lys 残基侧链上。

为什么乙酰化能促进基因的转录活性? 一般有三种看法:① 乙酰化作用导致组蛋白正电荷减少,削弱其与 DNA 的结合力,引起核小体结构解聚,这样,转录因子和 RNA 聚合酶能方便地结合到基因上;② 组蛋白结合上乙酰基,阻止核小体装配成规格更高的结构层次,使染色质处于比较松弛的状态;③ 组蛋白乙酰化可能作为转录调控蛋白相互作用的一种"识别信号",从而促进转录前起始复合物的装配。

核心组蛋白去乙酰化将导致基因转录受抑制。低乙酰化的组蛋白会在基因抑制区积累,而异染色质区则处于一种低乙酰化状态。核心组蛋白某些位点的去乙酰化,对维持基因沉默(silencing)起重要作用。

7. 活性染色质对 DNase 的高度敏感性

用 DNase Ⅰ、DNase Ⅱ和微球菌核酸酶处理染色质,所表现出的敏感程度可反映染色质的转录活性状况。基因组不同区域的染色质,被不同浓度 DNA 酶水解的特性称为基因组 DNA 对酶的敏感性。

小心地从脊椎动物细胞分离出核 DNA,用 DNase Ⅰ 处理,约有 10% 的基因组 DNA 被酶水解,成为酶溶性的小片段,其长度约为 200 bp 的倍数。关于染色质对 DNase Ⅰ 敏感性的问题,从研究中得到如下认识:

(1)染色质相关区域对 DNase Ⅰ 的敏感性具有细胞、组织的特异性,只有在活跃表达的组织中,才显示基因对酶的敏感性。

(2)在染色质中,基因对酶的敏感性只反映它具有被转录的潜在能力,并不表明该基因一定在转录着。

(3)染色质上对 DNase Ⅰ 的敏感区域有精确的界限。在某组织的细胞内,有转录潜能的区域才表现出敏感性,不具转录潜能的区域对酶不敏感。

(4)在一个基因范围内的不同位置,对 DNase Ⅰ 敏感性的程度也不同。基因编码 mRNA 的范围只表现出一般的敏感性,而基因的调控区某些位点则显示出高度的敏感性。

必须指出,具有转录活性的染色质,增强其对核酸酶降解的敏感性,这只是活性染色质的一种特性,并不是"对核酸酶降解的敏感性"能够活化染色质。

二、转录水平上的调控

在真核基因表达的多级调控系统中,转录水平上的调控是一个重要的调控层面。真核基因调控区远比原核基因复杂,仅仅在转录水平上,就受到多层次、多因子的协同调控。

（一）真核基因调控基本模型

在真核基因转录过程中，采用的是协同调控机制。细胞中由不同特异性的调控蛋白参加不同的调控机构，以便启动或关闭相关基因的表达。根据协同作用的原则，一个细胞可以通过启用少数调控蛋白行使多种调控职能。

在一个真核基因启动/关闭模型中（图 20-4），基因上游是核心启动子（core promotor）的 DNA 序列，二者相邻接近。核心启动子结合 RNA 聚合酶Ⅱ（Pol Ⅱ）及其辅助因子。这些辅助因子又称普通转录因子或基本转录因子，它们组成的基本转录因子复合物亦称基本转录机构，引导 PolⅡ 从正确的起始位点开始转录。当细胞内缺乏调控蛋白时，核心启动子一般无活性，不能与基因转录机构相互起作用。紧靠核心启动子的上游是调节启动子（regulatory promoter），上游的远端是增强子（enhancer）序列。

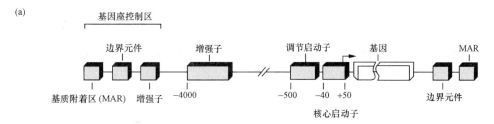

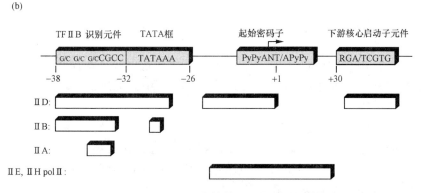

图 20-4　真核基因的启动/关闭模型

（a）真核基因调控基本模型；（b）表示核心启动子中的序列元件，以及与相应序列结合的转录因子与转录酶

在一个基因 DNA 分子上，除启动子外，能够促进转录的序列即为增强子，它由多个独立的特异性序列组成，一般长度为 100～200 bp，基本核心组件常常是 8～12 bp 序列，可有完整或不完整的回文结构。增强子有两个显著特点：① 与启动子的相对位置不固定，不但分布在转录起始位点的上游，也可分布在下游，相距转录起始点 200～5000 bp，甚至30 000 bp 以远；② 在沿基因的两个方向上都有增强活性，不仅促进特定启动子的转录，对附近其他启动子也起作用。

(二) 真核Ⅱ类基因的调控区

真核细胞的一个基因调控区(gene control region),包括启动子及对其控制的所有调控序列。这些调控序列距离启动子或远或近,多数在基因的上游,也有的在下游。在高等真核细胞中,一个基因调控区调控序列的长度往往扩展到 50 000 bp,其中常常间以不被调控蛋白所识别的空挡区(spacer),这个空挡区也称间隔序列。图 20-5 示出真核Ⅱ类基因的调控区。所谓Ⅱ类基因,是指真核细胞 RNA 聚合酶Ⅱ转录的基因,一般都编码蛋白质。与调控蛋白相比,转录因子只有少数几种,但在细胞中含量丰富,并装配在所有Ⅱ类基因的启动子上,而调控蛋白多达数千种,分布在基因上游、下游的调控区,但在细胞中含量少。不同的细胞类型或基因,往往需要不同的调控蛋白,因此它们对 DNA 序列的识别有特异性。

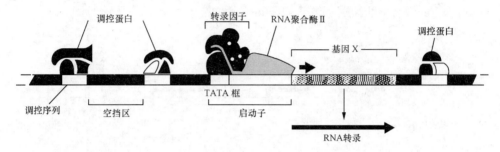

图 20-5　基因调控区示意

(三) 转录调控蛋白

真核基因的调控蛋白有活化蛋白和阻遏蛋白两类。活化蛋白起正调控作用,它们具有两个不同的功能区域,一个识别 DNA 调控序列并与之结合;另一个则与启动子上的转录机构接触,从而促进转录的启动。

阻遏蛋白(repressor protein)起负调控作用,在真核生物基因中,它们的调控位点远离TATA 框,因此,不像在原核生物中那样,直接与 RNA 聚合酶竞争操纵基因上的结合位点。阻遏蛋白的作用方式有三种:① 与活化蛋白竞争结合位点;② 掩盖活化蛋白的活化表面;③ 直接与转录因子相互作用抑制转录(图 20-6)。

虽然,某些调控蛋白可以单独起作用,但大多数总是首先形成一个复合体,然后才结合到调控序列上。这些调控序列对单独蛋白不起作用。调控蛋白复合体的形成过程是,首先两个蛋白单体以微弱的亲和力二聚化,然后结合到相应的 DNA 位点上,随即,二聚体创造一个为第三个蛋白所识别的结合面,依此类推,从而形成一个活化/抑制的功能集团 (图 20-7)。

对调控蛋白复合体的说明:

(1) 蛋白质之间的作用力微弱,以至于它们不能事先在溶液中装配起来,而只能在DNA 上装配。因此,特定的 DNA 调控序列便成为相应蛋白质复合体装配的"晶核"(nucleation site)。

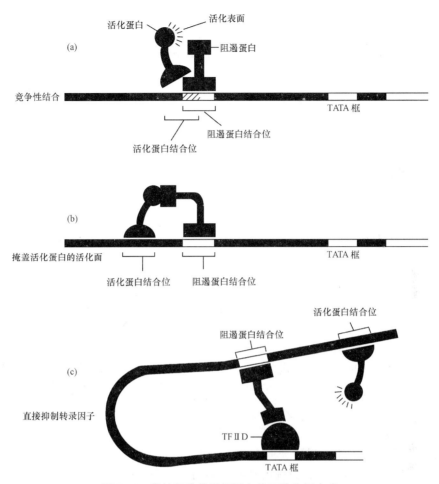

图 20-6　真核细胞的阻遏蛋白的三种作用方式

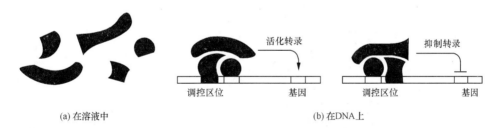

图 20-7　调控蛋白复合体的装配

（2）不同复合体，对转录具有活化或抑制功能，同一种调控蛋白可参与形成不同复合体。它起活化或抑制作用，并不决定于蛋白本身，而是决定于它参与的是哪一种复合体。所以，一定的调控序列和结合在它上面的复合体才算一个功能单位。

（3）调控蛋白复合体可以活化基因转录，也可抑制基因转录。

（四）转录的组合调控机制

1. 亮氨酸拉链二聚体的组合调控

调控蛋白的二聚体，无论对 DNA 的识别能力或结合能力都特别强，因此，促进转录更有效。亮氨酸拉链二聚体(leucine zipper dimer)是一个典型例子。

　　亮氨酸拉链由两个"亮氨酸拉链基序"组成,好比一件衣服的拉链拉开后,左、右两侧各为一个拉链的"基序"。亮氨酸拉链基序,是由约 60 个氨基酸残基肽链形成的卷曲螺旋形的α螺旋,其拉直后的氨基酸序列见图 20-8。亮氨酸拉链基序,可出现在同一调控蛋白的不同亚基中,也可出现在不同的调控蛋白中。

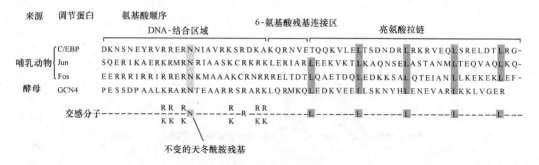

图 20-8　亮氨酸拉链

几个含亮氨酸拉链的蛋白氨基酸顺序比较。在拉链区每七个氨基酸残基出现一个亮氨酸,而在 DNA 结合区有几个赖氨酸(K)和精氨酸(R)

　　一个双元亮氨酸拉链基序,其疏水侧链基团位于上方,带电的解离侧链基团位于下方,使α螺旋具有两性性质。上方螺旋每圈 3.5 个残基,两圈有一个亮氨酸出现,见图 20-9。双元基序中,一条蛋白肽链螺旋疏水平面上的亮氨酸突起,与对面平行蛋白肽链螺旋上的亮氨酸交错对插,形成拉链。因此,名为亮氨酸拉链。实际上拉链区很短,其上的亮氨酸所在的两个α螺旋是相互缠绕成卷的。位于下方的肽链 N 端碱性区(侧链基团带电荷)也形成α螺旋而与 DNA 结合,与蛋白质结合的 DNA 位点,往往具有反向重复序列。此种结构称为碱性亮氨酸拉链。调控蛋白通过拉链的"连接"形成二聚体。

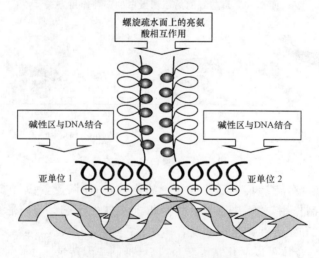

图 20-9　双元亮氨酸拉链基序

在一个双元亮氨酸拉链基序中,当两个相邻拉链的疏水面以互相平行的方向作用时,所产生的二聚体化作用会将各自的碱性区连在一起亮氨酸拉链二聚体以中部的拉链为枢纽形成两个反向"Y"形结构,就像一个夹子夹住晒衣绳那样结合在 DNA 的大沟中(图 20-10)。

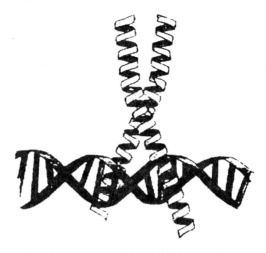

图 20-10 亮氨酸拉链二聚体与 DNA 结合

以中部的拉链为枢纽形成两个反向的"Y"形结构。下面的倒 Y 的两条 α 螺旋是与一定 DNA 序列相结合的结合域,每一个 α 螺旋结合于 DNA 双链的一条,结合部位左右对称

除了亮氨酸拉链二聚体外,还有其他形式的二聚体。它们可以是同二聚体(homodimer),也可以是异二聚体(heterodimer)。同二聚体由两条相同的多肽链组成,异二聚体由两条不同的多肽链组成(图 20-11)。碱性亮氨酸拉链广泛存在于同二聚体或异二聚体的转录激活因子中。

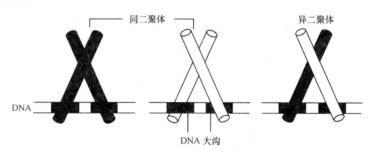

图 20-11 二聚体的不同组合

二聚体的两种蛋白质可以有 3 种不同的组合而产生 3 种 DNA 结合特异性

二聚体调控是一种组合调控(combinational control),它可在溶液中组合,而不是像前述的调控蛋白复合体必须在 DNA 上进行。

2. 锌指蛋白多聚体的组合调控

有一类调控蛋白,其特点是以一个以上的 Zn 原子作为结构成分。所有配备 Zn 原子的
DNA 结合蛋白都含有"锌指"(zinc finger),这个名称来源于它的图解形状像手指,见图 20-
12。锌指结构含有一个至多个重要单位,最多可达 37 个。每一锌指单位约含 30 个氨基酸
残基,形成一个反平行 β 发夹,随后是一个 α 螺旋,由 β 片层上两个半胱氨酸残基和 α 螺旋
上两个组氨酸残基与 Zn 原子构成四面体配位结构。α 螺旋是 DNA 的主要识别单元,它可
以成串排列接触深沟(大沟)中的碱基对,相互间形成氢键。α 螺旋上不同的氨基酸残基识
别不同的碱基对,于是形成多聚体组合[图 20-12(c)],从而调控基因转录。锌指最早发现于
转录因子 TFⅢA,它所形成的多聚体组合的功能主要是激活真核 rRNA 基因的转录。

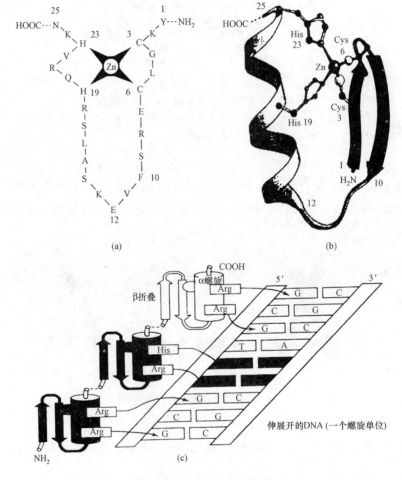

图 20-12 锌指结构示意图

(a) 是锌指的结构图解,形似手指;(b) 是锌指的三维结构,是由一个反平行的 β 折叠(氨基酸 1~10)和一个 α 螺
旋构成;(c) 是几个锌指重复成串地排列于大沟中。为图示方便起见,把一个 DNA 螺旋拉平

锌指与 DNA 螺旋结合的情况见图 20-13。

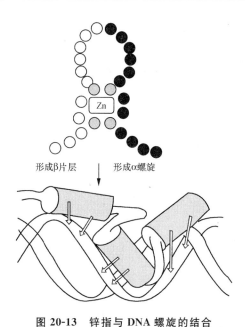

形成β片层 形成α螺旋

图 20-13 锌指与 DNA 螺旋的结合

锌指可以形成 α 螺旋而插入 DNA 的大沟中,在另一面连着 β 折叠

3. 类固醇激素受体二聚体的组合调控

类固醇激素受体这类调控蛋白以同二聚体的形式起作用,从而调控基因转录。糖皮质激素受体(glucocorticoid hormone recepter,GR)是类固醇激素受体的代表。糖皮质激素与其受体的相互作用如图 20-14 所示。激素通过简单的扩散作用穿过膜而进入细胞,在胞质中与 GR 结合,形成有活性的复合体,GR-激素复合体被运入核中,以同二聚体(图 20-15)形式与具有反向重复序列的 DNA 效应元件结合。典型的效应元件位于增强子内,当活性复合体结合到增强子上面时,邻近的启动子被活化并起始转录。类固醇激素受体就是这样通过活化增强子的机制而调控很多靶基因的。

在无激素的情况下,GR 与热激蛋白(heat-shock protein,Hsp)90 形成复合体定位于细胞质中,当激素进入细胞质后,两个 Hsp90 释放。Hsp90 热激蛋白含量丰富,存在于各种细胞中,其功能是作分子伴侣,促进蛋白质折叠。"热激"一词来源于下列发现:当细胞受到胁迫,如加热时,其 Hsp90 含量显著增加。

类固醇激素受体存在另一种锌指结构,在其结合 DNA 的结构域中,两个锌离子形成两个锌簇(zine cluster),每个锌离子由 4 个半胱氨酸残基组成四面体配位结构。一个锌指(或称锌簇)与 DNA 结合,另一个用于形成二聚体。图 20-15 中的 GR、PR(孕酮受体)和 AR(雄激素受体)均以同二聚体的形式,与由三核苷酸隔开的反向重复序列相结合。

(五) 增强子的远距离调控作用

真核生物的增强子能够促进转录,尽管它距离所影响的启动子常常达数千碱基对。这种现象在原核细胞中也有少数发现,而且在增强子上往往只结合一个调控蛋白,但在真核细胞的增强子上结合的是调控蛋白复合体。事实上,一个启动子可被沿 DNA 链分布的很多调控序列及这些序列上面的调控蛋白复合体所调控。

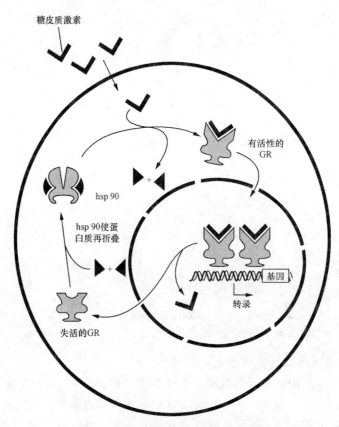

图 20-14 糖皮质激素受体功能的激活

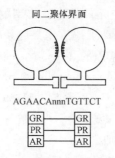

图 20-15 类固醇激素受体的同二聚体

　　增强子的远距离调控是如何实现的呢？如图 20-16 所示,在启动子与增强子之间形成一个回环结构,使增强子上的调控蛋白复合体可以直接与启动子上的转录因子及聚合酶接触,从而发挥作用。DNA 形成的这种回环结构,方便增强子上的调控蛋白与转录因子及聚合酶反复接触,这无异于在启动子区域增加了调控蛋白的浓度。

　　真核生物(如人金属硫蛋白)基因的增强子,大多具有多种蛋白质因子的结合位点。金属硫蛋白(metallothionein,MT)可与重金属离子(如镉)结合,将其带出细胞外,从而保护细胞免除重金属的毒害。通常基因以基础水平表达,但如果被金属离子或糖皮质激素诱导,便能以较高水平表达。图 20-17 所示的人金属硫蛋白基因控制区内,含有多个增强子元件,其中金属应答元件(MRE)的作用是,使得 TATA 框下游的基因在对重金属的应答反应中受到激活。GC 框是对活化因子 Sp1 作出应答的结构。BLE 是基础水平的增强子。GRE 元

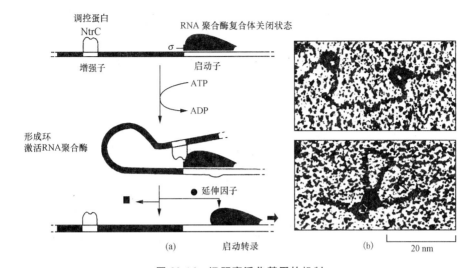

图 20-16　远距离活化基因的机制

（a）NtrC 是细菌的一种调控蛋白，在真核细胞中则是调控蛋白复合体；（b）是该过程的电镜图片

件受糖皮质激素（G）及其受体 GR 的促进。金属硫蛋白基因增强子对启动子的调控是通过两者之间 DNA 的回环结构来介导的。真核细胞基因具有远距离、多因子调控的特点。

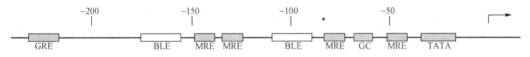

图 20-17　人金属硫蛋白基因的控制区

（六）CREB 的调控作用

原核生物中，cAMP 通过结合 CAP 蛋白形成 cAMP-CAP 复合物，从而促进细菌操纵子的转录。在真核生物中，cAMP 也参与转录的激活作用，它能促进细胞内蛋白激酶 A（PKA）的活性。在细胞核中，PKA 催化一种名为 cAMP 应答元件结合蛋白（cAMP response element binding protein，CREB）的磷酸化，磷酸化的 CREB（CREB-P）能激活转录。CREB 通过碱性亮氨酸拉链而二聚化，并以碱性氨基酸与 DNA 结合，在 DNA 上结合的位点是 cAMP 应答元件 CRE（cAMP response element）。

在激活基因转录的过程中，CREB 的磷酸化是十分必要的。细胞内存在一种 CREB 结合蛋白（CREB-binding protein，CBP），当 CREB 被 PKA 磷酸化后，CBP 与 CREB-P 的亲和力增强，CBP 除了结合 CREB 外，还能接触普遍性的转录因子，因而它能募集 TFⅡB 和其他转录因子，还有 RNA 聚合酶全酶。通过 CBP 的作用，使 CRE 元件上结合的 CREB 可与转录装置偶联而发挥调控作用。在此，CBP 是基因活化的一种辅激活因子（co-activator），或称中介因子（mediator）。与 CRE 元件偶联的基因被激活的模型如图 20-18 所示。

三、转录后 mRNA 可变剪接对基因表达的调控

一般的断裂基因在其初始转录物（primary transcript）的剪接中，往往是把所有的内含子剪掉，然后把外显子依次连接起来。这样的剪接，一种断裂基因只能产生一种成熟的 mRNA，合

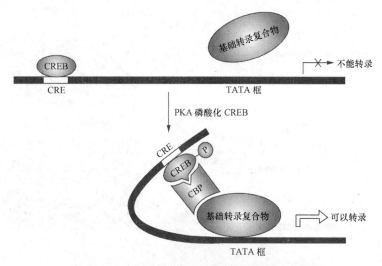

图 20-18　与 CRE 元件偶联的基因被激活的模型

成一种多肽链。但是,后来发现很多断裂基因在其转录物的剪接中,由于剪接的方式不同,一种断裂基因可以产生两种或两种以上,甚至几十种成熟的 mRNA,从而合成几十种肽链。对一个基因多种表达方式的调控机制,目前还没有完全搞清楚。降钙素断裂基因初始转录物存在可变剪接,降钙素的同一基因,在甲状腺和脑两种不同组织中,由于剪接方式的不同而表达两种不同的激素蛋白,其详细过程请参阅第十七章图 17-27。

四、mRNA 运输的调控

　　mRNA 在细胞核内合成,却在胞质中作为模板合成蛋白质。mRNA 从细胞核到细胞质,其运输是受控制的(参看第十七章图 17-12)。成熟的 mRNA 并没有全部进入细胞质。研究表明,大约只有 20% 的 mRNA 进入胞浆,留在核内的 mRNA 大概在 1 h 内降解成小片段。mRNA 穿过核膜到胞质是一个主动运输过程,核膜上的核孔通道宽约 9 nm,但可以通过大于 9 nm 的颗粒,如核糖体(15 nm)。核糖体在核内组装,再运输到胞浆。RNA 从核内到胞浆的运输调控机制还不大清楚。

五、翻译水平上的调控

(一) 翻译起始的调控

　　真核生物,有些翻译调控作用发生在起始复合物形成之前。

1. 阻遏蛋白的调控作用

　　进入胞浆的 mRNA 分子,并不是立即全与核糖体结合翻译蛋白质。一些特定的翻译抑制蛋白(阻遏蛋白)可结合到 mRNA 的 5′端,从而抑制翻译。如铁蛋白(ferritin)mRNA 5′端非编码区,有一段 30 个核苷酸的序列,称为铁应答元件(iron-response element),它折叠成茎-环(发卡)结构,并能与铁结合调节蛋白(regulatory iron-binding protein)结合。当没有铁存在时,该蛋白可与 mRNA 茎环结合,抑制翻译(图 20-19),起阻遏蛋白的作用,该蛋白若与铁结合,便从 mRNA 上解离下来,使翻译效率提高 100 倍。

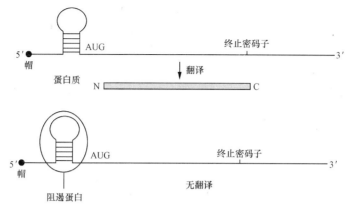

图 20-19　铁蛋白 mRNA 的翻译调控

2. 帽子结合因子功能的调控

真核生物翻译起始的限速步骤,是帽子结合因子与 mRNA 5′帽子的结合。结合因子活性高,与帽子结合快,可快速起始翻译;结合因子活性低,与帽子结合慢,则翻译起始就延缓。结合因子活性的高低,由其自身的磷酸化作用来调节。促进蛋白合成的刺激信号(如胰岛素)使结合因子磷酸化,增强其活性;抑制蛋白合成的刺激信号则使结合因子去磷酸化,降低活性。结合因子的磷酸化是由其本身含有的激酶活性催化来完成。由此可见,真核 mRNA 的帽子结合因子,通过磷酸化和去磷酸化作用调节其活性,从而控制翻译起始的快慢。

3. 5′AUG 对翻译的调控作用

按照蛋白质生物合成的模式,以 mRNA 为模板的翻译,开始于编码区内最靠近 5′端的第一个(起始)密码子 AUG。90% 以上的真核 mRNA 符合第一 AUG 规律。但是,有些 mRNA 在其起始密码 AUG 上游非编码区内,还有一个或数个 AUG,称为 5′AUG。5′AUG 的阅读框架与编码区内的正常阅读框架不一致。如果从 5′AUG 开始翻译,就会很快遇到终止密码子,从而合成无活性短肽。5′AUG 和正常的起始密码子 AUG 作为翻译起始密码子,各占一定概率。因此,5′AUG 的存在起到削弱正常 AUG 启动翻译的作用,使蛋白质合成维持在较低的水平。5′AUG 多见于原癌基因中,它是原癌基因表达的重要调控因素。5′AUG 缺失是某些原癌基因翻译激活的原因。

4. mRNA 5′端非编码区长度对翻译的影响

起始密码子 AUG 上游非编码区的长度可以影响翻译水平。当第一 AUG 密码子距离帽子的位置太近时,不易被 40S 核糖体亚基识别。当其距离帽子结构在 12 个核苷酸以内时,有一半以上的核糖体 40S 亚基会滑过第一 AUG;当 5′端非编码区的长度在 17~80 个核苷酸之内时,体外的翻译效率与其长度成正比。所以,第一 AUG 至 5′端之间的长度同样影响翻译起始的效率。

(二) 小分子 RNA 对翻译水平的影响

1993 年发现一种小分子 RNA,名为 lin-4 RNA,它对真核生物 mRNA 的翻译起阻抑作用。lin-4 RNA 由 *lin-4* 基因编码,阻抑 lin-14 蛋白的合成。lin-14 这种核蛋白调控生长发育时间的选择。*lin-4* 基因表达产物为两个小分子 RNA,一个长度是 22 个核苷酸,另一个在 3′端延长至 40 个核苷酸。它们的序列是保守的,只要有一个碱基变化,就会影响其对 lin-14 mRNA 翻译的阻抑作用。lin-4 RNA 的阻抑作用需要 lin-14 mRNA 中的特异序列,如去掉这种序列,mRNA 不再被阻抑。特异序列位于终止密码子与多聚 A 尾巴之间的 3′端非编码区内,它与 lin-4 RNA 相互作用,阻抑翻译,调控 *lin-14* 基因的最终表达。

六、mRNA 稳定性对翻译的调控

mRNA 是翻译蛋白质的模板,在细胞内,其稳态水平的高低直接影响蛋白质的合成量。因此,mRNA 的稳定性是翻译水平调控的重要手段。真核 mRNA 的稳定性差异很大,它们的半衰期从 20 min 到 24 h 不等,也有不足 1 min,或长达数周的。

mRNA 半衰期的长短,常常由 3′端非编码区内是否存在一种特异的去稳定元件(specific destabilizing element)来调控。植入这种元件的 mRNA,就会引起降解,而去除一个元件的 mRNA,不一定避免降解,这表明,一种 mRNA 中可能不只存在一个去稳定元件。

除去 poly(A)可引发 mRNA 的降解。在酵母细胞中,核酸酶可降解 poly(A),但需要一种 poly(A)结合蛋白的存在。poly(A)去除后,继而导致 5′端脱帽。无帽无尾的 mRNA 可被 5′→3′或 3′→5′外切核酸酶逐步降解(参看第十七章图 17-31)。

mRNA 3′端非编码区是影响其稳定性的主要区域。该区常有富含 AU 的序列,它以 UUAUUUAU 8 核苷酸为核心,称为 AUUUA 元件,起抑制翻译的作用。抑制效率取决于 AUUUA 拷贝数的多少,与距离终止密码子的远近无关。

在一些短效细胞因子的 mRNA 3′端非编码区内,所含 AU 序列可加快其降解速率。此类 mRNA 在翻译了适量的多肽后,即迅速降解,以免过量表达影响细胞的正常生存状态。

七、翻译后加工的调控

新生多肽链合成后,通常需经过加工与折叠才能成为有活性的蛋白质。翻译后的加工,在基因表达的调控上起着重要作用。

1. 新生肽的水解

新合成蛋白质的半衰期,影响蛋白整体生物学功能,因此,新生肽链的水解,也是基因表达调控的一个层面。

细胞内蛋白质主要通过酶催化降解,不同的肽链有不同的蛋白酶识别位点,一个简单的降解信号就是 N-末端的第一个氨基酸。常见氨基酸中,Met、Ser、Thr、Ala、Val、Cys、Gly 和 Pro 是"稳定化氨基酸",其余 12 种是"去稳定氨基酸"(destabilizing amino acid)。胞浆中的稳定蛋白质,从未发现其 N 端第一个氨基酸是"去稳定氨基酸"。新生肽链合成的起点总是 Met,它被氨肽酶(aminopeptidase)切除,随后由氨酰-tRNA-蛋白质转移酶催化,在 N 端加上一个氨基酸,这种修饰,决定肽链 N-末端是"稳定化氨基酸"还是"去稳定氨基酸"。

由于合成的蛋白质转运到核及各种细胞器的速度也是受控制的,所以,未能及时运走的蛋白质会被迅速降解,这是控制功能蛋白数量的重要步骤。

2. 肽链中氨基酸的共价修饰

蛋白质的翻译后修饰发生在氨基酸侧链上,多数的修饰作用还不大清楚,但已知其中一些可逆共价修饰,如磷酸化、甲基化和酰基化等,对调节蛋白质的活性起着重要作用。

3. 蛋白质通过信号肽的分拣、运输和定位

蛋白质根据其合成场所(核糖体)所处位置归类,并正确转运到细胞内各个部位,从而发挥作用,这个过程称为蛋白质分拣(protein targeting)。蛋白质分子中的分拣信号有两种:一种称为靶向序列(targeting sequence)或信号序列(signal sequence),通常是蛋白质分子靠N-末端的一个特异小肽段,含有该蛋白运输去向的信息;另一种称为靶向斑块(targeting patch),是蛋白质分子中肽链通过折叠使互不连续的段落相互靠拢而形成的局部主体结构,其功能与靶向序列相同。靶向序列和靶向斑块也统称为信号肽(signal peptide)。蛋白质在细胞内的运输方式有两种:由附着于内质网上的多核糖体所合成的蛋白质,以小泡介导的方式运输;另一种是胞浆中游离多核糖体所合成的蛋白质,它们经跨膜转运到线粒体、过氧化物酶体或细胞核。

信号肽可引导蛋白质从胞浆进入内质网、线粒体、叶绿体和核内,也能将某些蛋白质保留在内质网内。信号肽通常从蛋白质上被切除,但也有被保留的。

(1) 引导蛋白质进入内质网的信号肽,位于蛋白质的 N-末端,其中含有 5~10 个疏水氨基酸,负载这种信号肽的蛋白质,大多通过内质网进入高尔基体,其中在羧基端还带有 Lys、Asp、Glu、Leu 4 个特定的氨基酸的,则永久地留在内质网内。

(2) 进入线粒体的蛋白质,其信号肽的特点是带正电荷的氨基酸残基与疏水氨基酸残基交替排列,如 H_2N-Met-Leu-Ser-Leu-Arg($+$)-Gln-Ser-Ile-Arg($+$)-Phe-Phe-Lys($+$)-Pro-Ala-Thr-Arg($+$)-Thr-Leu-Cys-Ser-Ser-Arg($+$)-Thr-Leu-Leu-,其中相隔的疏水氨基一般为 3~5 个。

(3) 进入核内的蛋白质,其信号肽有成簇(5 个连续排列)带正电荷的氨基酸残基,如-Pro-Pro-Lys-Lys-Lys-Arg-Lys-Val-。

(4) 分布于胞浆的蛋白质,其信号肽可与脂肪酸链共价结合,然后与生物膜相连接而不进入内质网。如 Src 蛋白(癌基因产物),其 N-末端的 Gly 共价结合豆蔻酸链,Ras 蛋白(癌基因产物)C-末端 4 个 Cys 的侧链共价结合棕榈酸。如果不能定位在膜上,Scr 蛋白和 Ras 蛋白就不能行使其功能。

翻译后的加工还包括肽链断裂或切除部分肽段;加上糖基(糖蛋白)或配基(杂蛋白);形成分子内二硫键,以固定折叠构象;在酶和分子伴侣的帮助下进行折叠。这些后加工过程对基因表达的调控也起很大作用。

内 容 提 要

真核生物基因表达的调控,比原核生物更复杂、更精细。整个基因表达过程,可在染色体和染色质、转录、转录后剪接、mRNA 运输、翻译、mRNA 稳定性和翻译后加工七个水平上进行调控。

染色体和染色质水平上的调控,主要指染色质 DNA 削减、基因扩增、染色体重排、染色体 DNA 的甲基化修饰、染色质的去凝缩和异染色质化以及组蛋白的乙酰化,从而改变基因的结构和活性的过程。转录水平上的调控是一个重要调控层面。在真核生物基因调控的基本模型中可见,由不同的特异蛋白组成调控机构,以便启动或关闭相关基因的表达。转录调控蛋白有两类:一类为活化蛋白,起正调控作用;另一类为阻遏蛋白,起负调控作用。转录的组合调控机制包括亮氨酸拉链二聚体、类固醇激素受体二聚体和锌指蛋白多聚体的组合调

控。真核基因增强子常常结合调控蛋白复合体,通过 DNA 形成的回环结构实施远距离调控。断裂基因的初始转录物,通过可变剪接产生不同的 mRNA,从而形成多种表达产物——多肽链。

翻译水平上的调控开始于起始复合物形成之前,特定的阻遏蛋白可结合到 mRNA 5′端非编码区,从而抑制翻译。帽子结合因子的活性、5′AUG 和 mRNA 5′端非编码区的长短对翻译效率都有影响。一种名为 lin-4 的 RNA 小分子对真核 mRNA 的翻译有阻抑作用。在真核细胞内,mRNA 稳定性程度的高低,直接影响蛋白质的合成量。翻译后水平的调控方式主要有新生肽的水解、肽链中氨基酸残基的修饰和以不同方式的加工折叠成不同的活性多肽,最后通过信号肽的分拣、运输和在细胞内的定位而使活性蛋白发挥作用。

习　　题

1. 什么叫做基因表达?
2. 一个真核基因的终产物是蛋白质,这个基因的表达可以在哪些层面进行调控?
3. 名词解释:
CpG 岛,增强子,管家基因,亮氨酸拉链,锌指。
4. 以原生动物四膜虫所含小核、大核的发育关系为例,说明染色质 DNA 削减的正调控作用。从分子水平上看,染色质 DNA 存在怎样的削减机制?
5. 为什么 DNA 发生甲基化后其转录会被抑制?
6. 什么是染色质去凝缩的活化效应?
7. 说明真核基因调控基本模型中各部位元件的功能及它们的相互关系。
8. 什么是调控蛋白复合体? 它具备何种特点?
9. 人金属硫蛋白基因调控区有哪些主要元件? 它们如何实现远距离调控?
10. 真核生物翻译起始有哪几种调控方式?
11. 何为"稳定化氨基酸"和"去稳定氨基酸"? 它们与真核基因表达调控有何关系?
12. 什么是信号肽? 它具有何种功能?

参 考 文 献

曹凯鸣,李碧羽,彭泽国,编著.1991.核酸化学导论.上海:复旦大学出版社:65—79.

郭尧君.2005.蛋白质电泳实验技术.北京:科学出版社.

黄熙泰,于自然,李翠凤,主编.2005.现代生物化学.2版.北京:化学工业出版社:225,272—274,337—338,356—357,393—394,400—403,407,419—427,456—467.

李建武,编著.1990.生物化学.北京:北京大学出版社:24—29,132—139,279—284.

李振刚,编著.2004.分子遗传学.北京:科学出版社:173—175,213—224.

李明刚,编著.2004.高级分子遗传学.北京:科学出版社:651,668,680,702,716,727.

潘瑞炽,编.2003.植物生理学.4版.北京:高等教育出版社.

沈仁权,顾其敏.1993.生物化学教程.北京:高等教育出版社.

陶慰孙,李惟,姜涌明.1995.蛋白质分子基础.2版.北京:高等教育出版社.

王境岩,朱圣庚,徐长法,主编.2002.生物化学(上、下).3版.北京:高等教育出版社:63,123—153,252—277,319—347,384—429,475—476,486—497,503—504,551—553,39—43(下),109—110(下),137—138(下),178—181(下),184—185(下),237(下),291(下),314(下),361—362(下),421—424(下),429—432(下),441—442(下),445—446(下),477—479(下),525(下),531—533(下),551—553(下),574—577(下).

王学敏,焦炳华.2004.高级医学生物化学教程.北京:科学出版社.

徐长法,余瑞元,主编.1999.高等学校生物化学试题库(光盘).北京:高等教育出版社.

徐晓利,马涧泉.1998.医学生物化学.北京:人民卫生出版社.

杨歧生,编著.2004.分子生物学.杭州:浙江大学出版社:222—224,240—241,286,297,302,473,480,483,489,493—494,496—516,519,521,530,561—562.

袁勤生,编.2001.现代酶学.上海:华东理工大学出版社:1—24,77—87.

余瑞元,牟晓东,王燕峰,等.1999.原位杂交检测大鼠前庭代偿中 GAP—43mRNA 水平.生物化学与生物物理进展,26(6):559—563.

余瑞元,王燕峰,徐长法.2003.CREB 研究进展.中国生物工程杂志,23(1):39—42

张玉静,主编.2002.分子遗传学.2版.北京:科学出版社:54,61—62,77,101,106,167,180—183,221,238—249,304—307,312—313.

郑集,陈钧辉.2004.普通生物化学.3版.北京:高等教育出版社.

赵亚华.2006.分子生物学教程.2版.北京:科学出版社.

Brown T A. 2002. 基因组. 袁建刚,周严,张伯勤,主译. 北京:科学出版社:247—254,394—399.

Boyer P D. 1997. The ATP synthase—a splendid molecular machine. Annu Rev Biochem,66:717—749.

Blunt T, Finnie N J, Taccioli G E, et al. 1995. Defective DNA-dependent protein kinase activity is linked to V(D)J recombination and DNA repair defects associated with the murine scid mutation. Cell,80:813—816.

Buratowski S. 2000. Snapshots of RNA polymerase II transcription initiation. Curr Opin Cell Biol, 12:320—325.

Cavarelli J, Moras D. 1993. Recognition of tRNAs by amionacyl—tRNA synthetases. FASEB J,7(1):79—86

Cook P R. 1999. The organization of replication and transcription. Science,284:1790—1795.

Conaway R C, Conaway J W. 1997. General transcription factors for RNA polymerase Ⅱ. Prog Nucl Acid Res Mol Biol ,56:327—346

Depamphilis M L. Eukaryotic DNA replication:Anatomy of an origin. Annu Rev Biochem,62:29—34.

Eaton S, Bartlett K, Pourfarzam M. 1996. Mammalian mitochondrial β—oxidation. Biochem J, 320: 345—357.

Green R, Noller H F. 1997. Ribosomes and translation. Annu Rev Biochem, 66:679—716.

Herendeen D R ,Kelly T J. 1996. DNA Polymerase Ⅲ:running ring around the fork. Cell, 84:5—8.

Kolodner R. 1996. Biochemistry and genetics of eukaryotic mismatch repair. Genes Dev,10:1433—1437.

Lewis M, Chang G, Horton N'C. 1996. Crystal structure of the lactose operon repressor and its complexes with DNA and inducer. Science,271:1247—1254.

Matthews H R, Freedland R A, Miesfeld R L. 2001. 生物化学简明教程. 吴相钰,译. 北京:北京大学出版社: 297,309,316—318,325—326,331,339,345—347,356—357,363,367—371,390,406.

Murray H L, Jarrell K A. 1999. Flipping the switch to an active spliceosome. Cell, 96:599—602.

Marx J. 1995. Cell division:How DNA replication originates. Science,270:1585—1587.

Meijer A J, Lamers W H, Chamuleau R A. 1990. Nitrogen metabolism and ornithine cycle function. Physiol Rev, 70:701—709.

Nelson D L, Cox M M. 2000. Lehninger Principles of Biochemistry. 3rd . New York:Worth Publishers:36, 116—119,257—269, 339—341, 345—346, 582, 711, 918—919, 932—936, 947—949, 953—954, 965, 968,980—982,988—989,996,999,1025—1028,1031,1036,1046,1077,1084,1088—1090,1092.

Pennisi E. 2003. DNA's cast of thousands. Science,300:282—285.

Remington J S. 1992. Mechanisms of citrate synthase and related enzymes. Curr Opin Struct Biol,2:730—735.

Sprinzl M. 1994. Elongation factor Tu:a regulatory GTPase with an integrated effector. Trends Biochem Sci,19:245—250.

Shinagawa H, Iwasaki H. 1996. Processing the holliday junction in homologous recombination. Trends Biochem Sci,21:107—111

Stryer L. 1995. Biochemistry. 4th ed. New York: W. H. Freeman and Company:75—77,88—90,104—109,341, 510—514, 546—547, 581—584, 727—728, 740, 745, 753, 790—791, 794—796, 802—805, 808—809,811,820—821,842—849,900—904,950—951,959,1000.

Voet D, Voet J G. 2003. 基础生物化学(上、下). 朱德熙,郑昌学,主译. 北京:科学出版社:60—63,208—209,218—221, 238, 258—263, 397—501, 580—606, 622—660, 684—695, 706—731, 751—752, 762—763,795—798,804—805,816—817,889—896.